TRAITÉ

DE

LA CHALEUR

III

Corbeil. — typogr. et stér. de Crété.

TRAITÉ

DE

LA CHALEUR

CONSIDÉRÉE

DANS SES APPLICATIONS

PAR

E. PÉCLET

ANCIEN INSPECTEUR GÉNÉRAL DE L'UNIVERSITÉ, PROFESSEUR DE PHYSIQUE
APPLIQUÉE AUX ARTS A L'ÉCOLE CENTRALE,
MEMBRE DU CONSEIL DE LA SOCIÉTÉ D'ENCOURAGEMENT.

TROISIÈME ÉDITION

ENTIÈREMENT REFONDUE ET ACCOMPAGNÉE DE 674 FIGURES DANS LE TEXTE

TOME TROISIÈME

PARIS

VICTOR MASSON ET FILS

PLACE DE L'ÉCOLE DE MÉDECINE

M DCCC LXI

Droit de traduction réservé.

TRAITÉ

DE LA CHALEUR

LIVRE XIV.

DU REFROIDISSEMENT.

CHAPITRE PREMIER.

CONSIDÉRATIONS GÉNÉRALES SUR LE REFROIDISSEMENT DANS L'AIR.

1944. Lorsqu'un corps échauffé est exposé à l'air, il se refroidit, et par le rayonnement de sa surface et par le contact de l'air. Si la surface du corps est maintenue à une température constante, la quantité de chaleur perdue par mètre carré et par heure peut se déduire avec une grande précision des formules que nous avons données dans le livre II de cet ouvrage ; mais quand la chaleur émise par la surface n'est pas constamment restituée, les lois du refroidissement ne sont plus les mêmes et la température du corps s'abaisse progressivement. Quand le corps est métallique, ou quand il est formé d'un vase métallique plein d'eau ou d'un autre liquide, on peut, sans erreur sensible, du moins dans un grand nombre de cas, considérer tous les points du corps comme ayant sensiblement la même température, et comme se refroidissant simultanément de la même quantité ; et, quand on connaît la température de l'air, la forme du corps, son poids et sa capacité calorifique, on peut arriver par le calcul à déterminer les conditions de son refroidissement et sa température après un certain temps. Mais si le corps conduisait mal la chaleur, sa température irait en augmentant à mesure qu'on s'éloignerait de sa surface, et celle d'un point dépendrait, après un certain temps, non-seulement des différents éléments dont nous avons parlé, mais encore de sa position. La question serait d'une extrême complication, et réellement insoluble d'une manière générale; heureusement cette question ne se présente pas dans l'industrie.

1945. Si, dans le cas d'un vase plein d'eau ou d'un corps métallique exposé à l'air à une certaine température, il était important d'avoir au moins une valeur approximative de la température du corps après un certain temps x, on pourrait admettre pour le refroidissement la loi de Newton. En désignant par V la vitesse du refroidissement, c'est-à-dire le rapport entre la variation très-petite de température dt et le temps dx, on aurait :

$$V = \frac{-dt}{dx} = at \quad ; \text{ d'où } \quad dx = \frac{-dt}{at} \quad ; \text{ et } \log t = C - \frac{ax}{M}.$$

M étant le module des tables 2,3025, t la température après le temps x ; en désignant par T la température à l'origine du temps, on aurait $C = \log T$, et la formule deviendrait $\log t = \log T - \frac{ax}{M}$. Cette formule ne renferme plus qu'une seule inconnue a, qu'il faudrait déterminer en observant la température t' après le temps x', ce qui donnerait $a = -(\log t' - \log T)\frac{M}{x'}$.

1946. Ordinairement, les questions relatives au refroidissement se réduisent aux suivantes : 1° ralentir la vitesse du refroidissement ; 2° augmenter la vitesse du refroidissement ; 3° fabrication de la glace ; 4° conservation de la glace. Nous les examinerons successivement.

CHAPITRE II.

DISPOSITIONS PROPRES A RETARDER LE REFROIDISSEMENT DES CORPS.

1947. Lorsque les corps sont placés dans l'air, ils se refroidissent, comme nous l'avons déjà dit, en communiquant la chaleur aux corps environnants par le rayonnement de leurs surfaces, et par le contact et le renouvellement de l'air.

1948. Pour diminuer la transmission directe, il faut faire en sorte que les corps avec lesquels celui qui est échauffé se trouve en contact, soient, autant que possible, mauvais conducteurs, et il faut surtout éviter le contact des liquides, qui, par leur grande capacité calorifique, par leur mobilité et par leur évaporation, absorbent très-facilement la chaleur.

1949. Pour diminuer la perte de chaleur due au rayonnement, il faut employer des corps ayant un très-faible pouvoir émissif, tels que les métaux polis.

1950. Pour réduire la quantité de chaleur enlevée par le contact de l'air, qui, comme nous l'avons vu, est indépendante de l'état et de la nature de la surface des corps, il faut s'opposer au renouvellement de l'air qui environne le corps, en couvrant sa surface d'une enveloppe qui ne soit ouverte que par le bas.

1951. De tous les moyens qu'on peut employer, les enveloppes formées de matières conduisant mal la chaleur et renfermées dans des surfaces métalliques brillantes, sont les plus efficaces. Les enveloppes multiples sont aussi très-avantageuses. Les formules et les nombres que j'ai donnés dans le livre VI de cet ouvrage, permettront facilement de trouver dans chaque cas particulier les pertes produites, et les moyens les plus simples et les plus efficaces pour les éviter.

CHAPITRE III.

DISPOSITIONS PROPRES A ACCÉLÉRER LE REFROIDISSEMENT DES CORPS.

1952. Lorsqu'un corps est solide, ou liquide, mais contenu dans un vase fermé, et qu'il doit être refroidi, on augmente la vitesse du refroidissement en donnant à la surface du corps ou du vase un grand pouvoir émissif par un enduit terne. On augmente aussi le refroidissement du corps en accélérant le renouvellement de l'air à sa surface, par une cheminée placée au-dessus de lui, ou en produisant une vive agitation dans l'air qui l'environne.

1953. Quand le corps peut être plongé dans l'eau, et qu'on peut disposer d'une masse assez grande de ce liquide, il y a un grand avantage, sous le rapport du temps, à effectuer son refroidissement dans l'eau. D'après quelques expériences, pour des excès de température compris entre 10 et 26°, la quantité A de chaleur transmise au liquide par mètre carré et par heure pour une différence de température de t, est sensiblement

$$A = 43t(1 + 0,105t).$$

Mais, comme dans ces expériences la température du vase n'a pas dépassé 40°, il ne faudrait pas appliquer la formule à une température plus élevée. Elle s'éloignerait surtout beaucoup de la réalité si le liquide environnant était amené à l'ébullition, parce que le renouvellement du liquide en contact avec la surface du vase s'effectuerait bien plus rapidement par la formation des vapeurs que par les mouvements qui proviennent des simples changements de densité. La vitesse du refroidissement serait encore beaucoup augmentée si le corps ou le liquide était vivement agité.

1954. Quand le corps est liquide, vaporisable à une température inférieure à celle de son ébullition, et qu'on ne craint pas d'en perdre une partie, le mode de refroidissement le plus puissant est l'évaporation ; les circonstances qui favorisent l'évaporation sont : 1° une grande surface libre du liquide, 2° un renouvellement rapide de l'air en contact avec le liquide.

Après avoir posé les principes généraux qui doivent servir de guide dans tous les cas , nous examinerons quelques dispositions particulières.

1955. L'acide sulfurique, tel qu'il sort des chambres de plomb dans lesquelles il a été produit, est d'abord rapproché dans des chaudières de plomb, et on termine sa concentration dans de grands vases de platine, disposés de manière qu'on puisse recueillir et condenser les vapeurs qui se dégagent. Lorsque le liquide a acquis la densité convenable, il faut l'enlever rapidement, afin que les opérations puissent se succéder après de courtes interruptions, non-seulement pour éviter une perte de combustible, mais pour que l'intérêt du capital du vase de platine, capital qui dépasse souvent 40,000 francs, se porte sur une plus grande masse de produits. La disposition qu'on emploie consiste en un siphon en platine, dont la courte branche descend verticalement jusqu'au fond de la chaudière; la plus longue, peu inclinée à l'horizon, est ordinairement formée de deux tubes parallèles réunis à leurs extrémités : ces deux tubes inclinés sont placés dans une caisse métallique pleine d'eau froide, qui se renouvelle constamment par un tube amenant l'eau vers le fond, et par un autre tube partant de la surface du liquide. Pour faire écouler l'acide sulfurique concentré et bouillant, on amorce le siphon en fermant le robinet qui se trouve à l'extrémité de la branche libre, et ouvrant deux petits godets qui se trouvent au point culminant : par l'un on verse de l'acide froid, par l'autre l'air se dégage; quand le premier est plein, on les ferme tous les deux et on ouvre le robinet d'écoulement, et les robinets d'accès de l'eau dans le réfrigérant.

1956. Dans les brasseries, il est important d'accélérer autant que possible le refroidissement du moût, afin de déterminer promptement la fermentation, car un refroidissement trop lent nuit à la qualité de la bière. Autrefois on se contentait de placer le moût dans de grandes caisses d'une petite profondeur et d'une grande surface. Dans ce système on pouvait accélérer beaucoup le refroidissement en favorisant, par un moyen quelconque, le renouvellement de l'air en contact avec la bière ; par exemple, en plaçant à la surface du liquide une roue à ailes planes, disposées comme celles d'un ventilateur à force centrifuge, dont l'axe serait vertical et tournerait avec une grande vitesse. D'après une expérience faite en Angleterre, pour une bâche où le liquide avait 0^m135 de profondeur, et 30 mètres carrés de surface, le refroidissement de 4000 litres de moût durait 10 heures ; et en établissant à la surface de la bière une roue à quatre ailes de 2 mètres de diamètre, dont les arêtes inférieures des ailes étaient à 0,027 de la surface du liquide, et qui faisait 120 tours par minute, le refroidissement a eu lieu en 2 heures. Maintenant, dans les grands établissements, on emploie des appareils qui permettent d'utiliser une grande partie de la chaleur perdue.

1957. Le premier appareil dont on s'est servi a été imaginé par Nickols ; il était formé de trois tuyaux en cuivre concentriques : le tuyau intérieur était plein d'air ; dans l'intervalle de ce tuyau et de celui qui l'enveloppait, circulait de l'eau froide, et l'intervalle du second et du troisième était parcouru en sens contraire par la bière ; enfin, un tube qui avait toute la longueur des grands tuyaux versait de l'eau froide sur la surface extérieure de la dernière enveloppe. Cet appareil est compliqué, d'un prix élevé et très-difficile à nettoyer.

, 1958. Une autre disposition, due à M. Tamisier, paraît plus avantageuse que la précédente. L'appareil est composé de trois lames de cuivre rectangulaires, parallèles, repliées alternativement de haut en bas et de bas en haut, formant deux canaux ayant une surface commune et fermés latéralement. La bière circule dans le canal supérieur, l'eau parcourt en sens contraire le canal inférieur, et des injections d'eau froide ont lieu sur toutes les parties de la surface extérieure du canal, par des tubes garnis de têtes d'arrosoir. Enfin, on a ménagé des regards dans les parties culminantes du conduit supérieur, et des orifices dans toutes les parties inférieures, pour enlever de temps en temps les dépôts formés par la bière.

1959. Il est évident que, dans les deux appareils que nous venons de décrire, s'il n'y avait pas d'injection d'eau froide sur la surface extérieure, si l'on n'employait qu'un volume d'eau égal à celui du moût et si le circuitavait une étendue suffisante, il y aurait, en faisant marcher l'eau en sens contraire du moût, échange presque complet de température entre les deux liquides, et l'eau qui a servi au refroidissement pourrait être employée utilement à la préparation d'une nouvelle décoction. Mais, pour ce dernier objet et surtout pour la facilité du nettoyage, les appareils que nous avons décrits (1795 et suiv.) sont bien préférables.

1960. Le refroidissement de l'eau de condensation des machines à vapeur est indispensable quand on ne peut pas disposer d'une quantité d'eau froide suffisante, et qu'on est obligé de faire servir constamment la même eau, ou bien quand l'eau froide est prise à une grande profondeur et que les pompes consomment trop de travail.

1961. On peut refroidir l'eau de condensation d'une machine à vapeur, et utiliser la chaleur qu'elle renferme, en effectuant son refroidissement soit par un courant d'air qui passe dans des tuyaux plongés dans l'eau et qu'on amène dans des séchoirs ou dans des ateliers, soit en la faisant circuler dans des conduits placés dans des ateliers.

1962. Mais quand on n'a pas l'emploi de la chaleur de l'eau de condensation, la meilleure méthode consiste à favoriser le refroidissement par l'évaporation. La figure 511 représente une coupe verticale, d'une

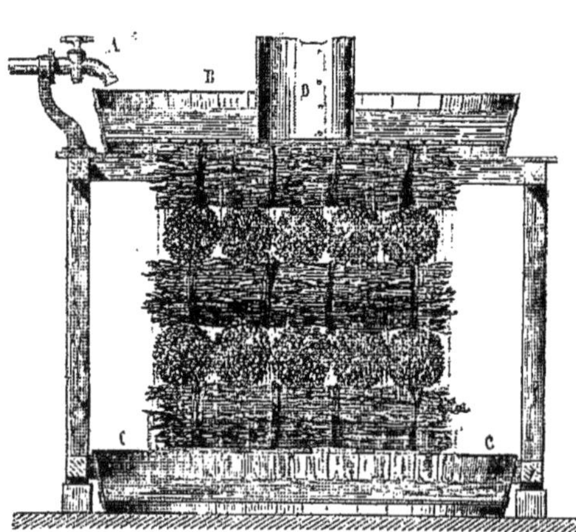

Fig. 511.

disposition assez simple, qui produit un refroidissement très - rapide. L'eau chaude arrive par le tube A dans la bâche B, soutenue à une certaine hauteur par un bâti en bois ; elle s'écoule par un grand nombre d'orifices très-petits percés dans le fond de cette bâche, et tombe sur des fagots d'épines qui la divisent et donnent accès à l'air aspiré par la cheminée D ; l'eau, après avoir traversé les fagots, tombe dans la bâche CC, où elle est prise par une pompe qui la remonte dans la bâche B.

1963. La figure 512 représente une coupe verticale d'un appareil disposé d'une autre manière. La bâche supérieure est garnie d'un grand nombre de tubes métalliques D, D, fixés sur son fond, s'élevant à une certaine hauteur, et se prolongeant au-dessous de quelques centimètres ; à la partie inférieure des tubes, sont attachés des tuyaux en toile S, S, maintenus ouverts par des anneaux métalliques qui se trouvent au bas de chacun d'eux. De nombreux orifices, percés dans le fond de la bâche B et autour des cylindres, permettent au liquide de s'écouler sur la surface des tuyaux de toile pour tomber dans la bâche C ; les tuyaux forment alors des cheminées dans lesquelles l'air échauffé par l'eau chaude se meut rapidement et produit une prompte évaporation.

1964. Dans la figure 513, on voit un appareil disposé encore d'une autre manière. Le fond

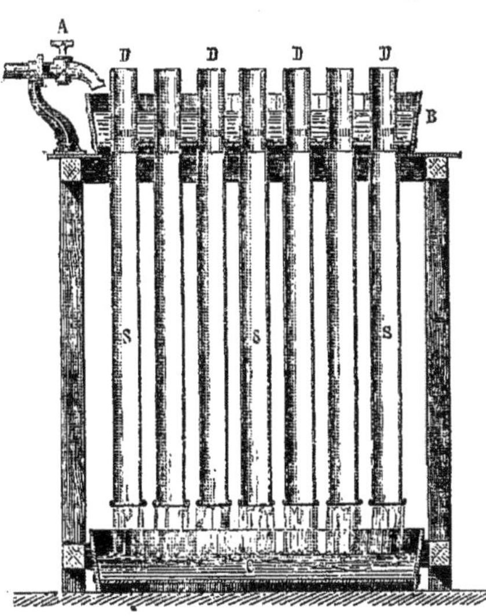

Fig. 512.

de la bâche supérieure est percé d'un grand nombre de trous circulaires dans lesquels sont placées des cordes d'un diamètre un peu inférieur ; ces cordes passent dans deux trous voisins ; elles sont soutenues par leur milieu, et servent de conduits à l'eau qui s'écoule de la bâche supérieure dans la bâche inférieure. L'air, appelé par la cheminée centrale, traverse le faisceau de cordes et refroidit rapidement l'eau qui coule sur les surfaces.

1965. L'appareil représenté dans la figure 514 a beaucoup d'analogie avec le précédent. L'eau s'écoule

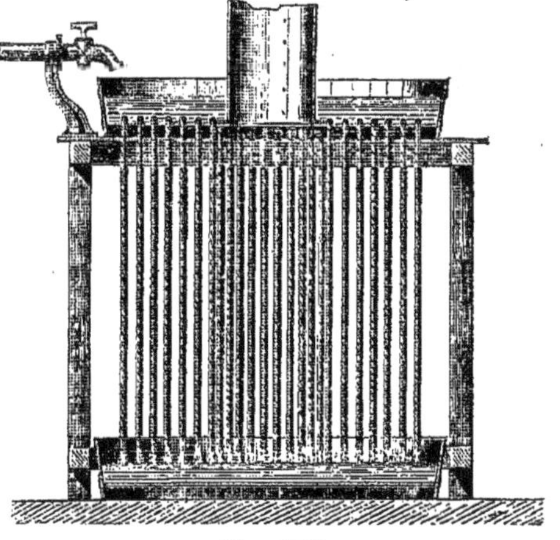

Fig. 513.

encore à la surface de cordes, mais les bâches sont rectangulaires ; l'espace qui les sépare est fermé de toute part, et communique d'un côté avec un ventilateur à force centrifuge et par le côté opposé avec une cheminée. L'eau de la bâche inférieure est remontée par

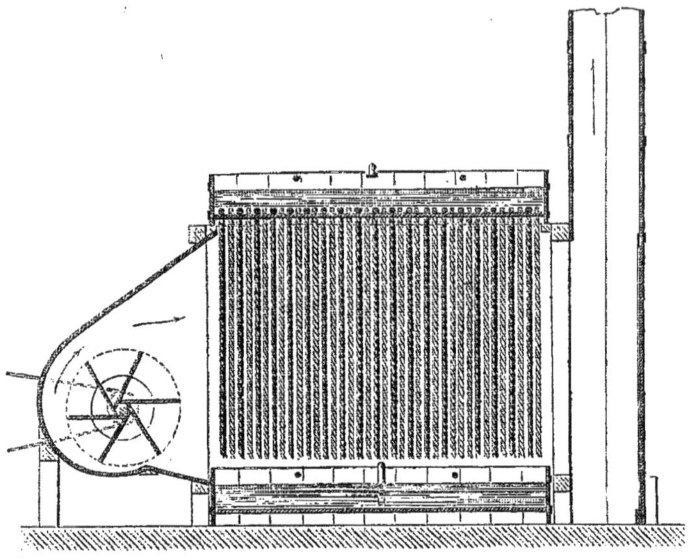

Fig. 514.

une pompe, dans le cas où une seule chute ne la refroidit pas suffi-samment.

CHAPITRE IV.

REFROIDISSEMENT DES CORPS AU-DESSOUS DE LA TEMPÉRATURE AMBIANTE. PRODUCTION ET CONSERVATION DE LA GLACE.

1966. Le refroidissement d'un corps au-dessous de la température ambiante, abstraction faite de certaines actions chimiques, peut être produit, par le contact du corps, 1° avec de l'air qui se sature de vapeur d'eau; 2° avec de l'air comprimé qui se détend; 3° avec de la glace ou des mélanges frigorifiques.

1967. *Refroidissement par l'évaporation.* — Lorsqu'un courant d'air sec, ou seulement non saturé, passe sur un liquide, l'évaporation en abaisse la température; cet abaissement est indépendant de la vitesse de l'air. D'après les expériences faites par M. Gay-Lussac, l'air étant parfaitement sec, et sa température, ainsi que celle du liquide, étant de

$$0^\circ, \qquad 5, \qquad 10, \qquad 15, \qquad 20, \qquad 25$$

les abaissements obtenus ont été de

$$5^\circ 82; \quad 7^\circ 27; \quad 8^\circ 97; \quad 10^\circ 82; \quad 12^\circ 73; \quad 14^\circ 70.$$

Mais si l'air était déjà en partie saturé de vapeur d'eau, l'abaissement de température serait beaucoup plus petit; dans les mêmes circonstances, on peut regarder cet abaissement comme proportionnel à la quantité de vapeur dont l'air peut se charger. Ainsi, dans les cas les plus ordinaires, l'air étant à moitié saturé, le refroidissement serait moitié de celui que nous avons indiqué.

1968. Si le corps qui doit être refroidi était de l'eau, tous les appareils que nous avons indiqués dans le chapitre précédent pourraient être employés. Mais, si le liquide était autre et si son refroidissement ne pouvait pas avoir lieu par sa propre évaporation, il faudrait le faire circuler lentement dans un système de tuyaux métalliques dont les surfaces extérieures, recouvertes de toile, seraient parcourues par de petits filets d'eau, dont on accélérerait l'évaporation au moyen d'un courant d'air produit par un ventilateur.

1969. Si le corps qui doit être refroidi était de l'air, et si l'on pouvait le saturer de vapeur, la disposition de la figure 514 serait la plus commode.

1970. Mais, si l'air devait conserver son état hygrométrique primitif, l'appareil serait beaucoup plus compliqué. Il faudrait faire circuler l'air entre deux réservoirs par un grand nombre de tuyaux métalliques, et refroidir la surface des tuyaux en y faisant écouler de l'eau dont l'évaporation serait activée par un courant d'air rapide, comme dans la figure 514.

1971. M. Baumhauer, d'Amsterdam, membre du jury de l'exposition universelle de 1855, a présenté un appareil destiné au refroidissement de l'air des appartements. Cet appareil se compose d'un cylindre dans lequel de l'eau tombe très-divisée à travers un courant d'air marchant dans le même sens, et qui s'écoule ensuite dans une cheminée d'appel chauffée par un bec de gaz; ce cylindre est environné d'un autre, ouvert par les deux bouts, renfermant des toiles métalliques transversales destinées à transmettre le refroidissement à l'air qui descend entre les deux cylindres par le seul effet de l'abaissement de la température. Cette disposition est fondée sur le même principe que celui que je viens d'indiquer et qui était décrit dans la seconde édition de cet ouvrage.

1972. On pourrait produire pour l'eau, par son évaporation dans le vide, un refroidissement beaucoup plus considérable que par l'évaporation due au renouvellement de l'air ; mais nous ne parlerons de ce moyen de refroidissement que quand il-sera question de la congélation de l'eau.

1973. *Refroidissement d'un gaz par sa dilatation.* — Lorsqu'on comprime un gaz, il s'échauffe, et si, avant qu'il ait perdu la température qu'il a acquise par la compression, on le ramenait à son volume primitif, il reprendrait évidemment sa température initiale; par conséquent, si un gaz comprimé se trouvait à la température ordinaire, il se refroidirait par sa dilatation d'un nombre de degrés égal à celui dont il s'est échauffé par la compression.

1974. D'après Laplace, en désignant par θ la température de l'air, par d sa densité, par θ' la température qu'il prend par une compression brusque qui lui donne une densité d', on a

$$\theta' = (274 + \theta) \left(\frac{d'}{d}\right)^{0,42} - 274.$$

En supposant $\theta = 0°$ et $d' = 5d$, on trouve $\theta' = 256°$. Ce serait là, par conséquent, l'abaissement de température qu'éprouverait cet air en reprenant sa densité primitive.

1975. La dilatation des gaz est donc un moyen très-puissant de produire un grand abaissement de température dans ces gaz et dans les corps qu'on met en contact avec eux ; mais cette méthode de refroidissement exige un travail mécanique considérable quand on veut opérer sur de grandes masses ; d'ailleurs le refroidissement produit par la dilatation ne serait pas, à beaucoup près, aussi considérable que celui qui est indiqué par le calcul, à cause de la chaleur développée dans l'air par les jets de gaz comprimés et de la chaleur fournie par l'enveloppe.

1976. Nous rapporterons à ce sujet la belle expérience de M. Thilorier, qui fait voir combien est puissant le mode de refroidissement dont il s'agit. De l'acide sulfurique et du bicarbonate de soude étant introduits dans un cylindre de fonte, et n'étant mis en contact qu'après la fermeture du cylindre, il se forme de l'acide carbonique qui se liquéfie sous une pression, à 0°, de 36 atmosphères. En ouvrant un orifice par lequel le gaz sort de l'appareil, le refroidissement est de 93° au-dessous de la glace ; le gaz est solidifié, et prend la forme d'une neige très-divisée.

1977. On pourrait employer ce mode de refroidissement pour refroidir l'air de quelques degrés au-dessous de la température ambiante en se servant d'une machine pour comprimer l'air, de longs tuyaux métalliques d'un grand diamètre pour le refroidir, et en le faisant sortir à leur extrémité par des orifices d'un diamètre beaucoup plus petit.

1978. *Refroidissement de l'air par le contact de la glace ou des mélanges frigorifiques.* — J'ai donné, dans les notes placées à la fin du premier volume, un tableau des effets produits par différents mélanges frigorifiques ; j'indiquerai ici les dispositions les plus convenables de l'appareil qu'il faudrait employer pour refroidir l'air au moyen de la glace.

1979. Les figures 515 et 516 représentent une coupe verticale et une coupe horizontale de l'appareil en question. A est un tuyau vertical parcouru par l'air qui doit être refroidi ; BB, un vase annulaire qui renferme la glace ; ce vase a une double enveloppe CC, remplie d'édredon, de ouate, de son, ou de paille hachée ; un tuyau à robinet D laisse écouler dans le vase E l'eau produite par la liquéfaction de la glace. La paroi intérieure du vase B est en fonte et porte plusieurs rangées d'appendices dirigés dans le sens des rayons, d'une petite hauteur, et disposés de manière que ceux qui appartiennent à deux rangées successives ne soient pas dans le même plan. Par cette disposition, le vase plein de glace peut n'avoir qu'une petite hauteur, et cependant refroidir très-rapidement l'air qui le traverse.

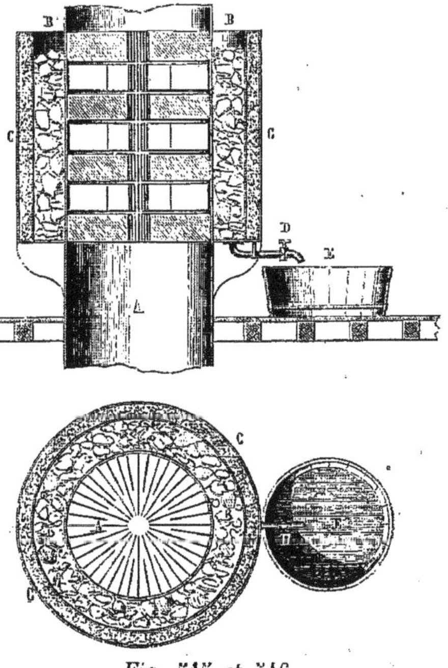

Fig. 515 et 516.

1980. Mais lorsque l'air ne doit être refroidi que d'un petit nombre de degrés, et qu'il ne doit pas être amené à une température inférieure à 10°, il est beaucoup plus avantageux de le faire circuler dans des conduits placés dans le sol à une profondeur suffisante. C'est la méthode la plus convenable pour rafraîchir l'air, pendant l'été, dans les pays chauds ; l'air pourrait être lancé par un ventilateur à force centrifuge, et le travail d'un seul homme suffirait à la ventilation d'une pièce renfermant de 50 à 60 personnes, si la vitesse de l'air dans le canal ne dépassait pas 2 ou 3 mètres.

1981. — *Refroidissement des corps par le rayonnement vers le ciel, pendant les nuits sereines.* — Lorsqu'un corps doué d'un grand pouvoir rayonnant est exposé dans un lieu découvert, pendant une nuit calme et sereine, il éprouve un refroidissement, dû à ce que l'enceinte planétaire est à une très-basse température.

Le refroidissement serait beaucoup plus considérable si l'air, la terre et la condensation de la vapeur d'eau à la surface du corps ne lui restituaient pas une partie de la chaleur qu'il perd. Par conséquent, pour obtenir par ce moyen un grand refroidissement, il faut que le pouvoir émissif de la surface soit maximum, et que le corps soit supporté par d'autres très-mauvais conducteurs.

1982. Depuis un temps immémorial, on fait au Bengale de la glace par un procédé fondé sur le rayonnement nocturne. On place des vases de terre peu profonds, plein d'eau, sur des couches de cannes à sucre ou de tiges de maïs non comprimées; lorsque, pendant la nuit, le ciel a été pur, l'air calme, et que la température de l'atmosphère s'est abaissée au-dessous de 10°, on trouve le matin l'eau congelée. M. Wels a essayé ce procédé en Angleterre, pendant l'été, et il a parfaitement réussi.

1983. *Congélation de l'eau.* — Les moyens physiques les plus efficaces pour la congélation de l'eau sont : 1° la dilatation de l'air comprimé ; 2° la vaporisation de l'eau ou d'un autre liquide dans le vide; 3° les mélanges réfrigérants.

1984. Le premier moyen, que j'ai déjà indiqué, consiste à faire arriver dans un cylindre vertical, plein d'eau, environné de matières peu conductrices de la chaleur, un courant d'air comprimé, qui se divise en petites bulles et traverse de bas en haut une plaque métallique, percée d'un grand nombre de petits orifices ; mais l'appareil serait un peu compliqué et exigerait une grande force motrice. Il se composerait d'une pompe qui comprimerait l'air ; celui-ci s'écoulerait, comprimé, dans un tuyau d'un petit diamètre plongé dans de l'eau, dont il prendrait la température, et de là en très-petits filets et en se détendant dans un vase plein d'eau. La pompe serait elle-même environnée d'eau, de manière que la chaleur développée par la compression serait absorbée à mesure qu'elle se produirait. On peut facilement calculer le travail dépensé correspondant à un certain refroidissement. Désignons par S la surface du piston en centimètres carrés, par H la longueur intérieure du cylindre, par z le chemin parcouru après un certain temps ; à cet instant la pression exercée sur le piston par l'air comprimé sera S . 1,03 . H: (H — z), et le travail produit pour un très-petit chemin dz sera

$$\left\{ \frac{S.1,03H}{H-z} - S.1,03 \right\} dz = S.1,03 \left\{ \frac{zdz}{H-z} \right\}.$$

expression qu'il faut intégrer depuis $z=0$, jusqu'à $z=Z$, Z étant la limite de la course du piston. En supposant $Z = mH$, on trouve pour l'intégrale cherchée :

$$S . H . 1,03 \left(2,3025 \log \frac{1}{1-m} - m \right)$$

En supposant $m = 4:5$; S $= 10000$; H $= 1^m$; cette expression devient égale à 8330^{km}; et la chaleur absorbée par le gaz détendu pour se réchauffer à $0°$, serait égale à $1,3 . 256 . 0,24 = 80$ calories, qui excède peu la chaleur nécessaire à la congélation d'un kilogramme d'eau. Le travail d'un cheval-vapeur, dans une heure, étant de $75 . 3600 = 270000$, si tout le travail était utilisé, un cheval-vapeur pourrait congeler par heure $270000 : 8330 = 32^k 4$; mais comme il y aurait beaucoup de travail perdu dans les transmissions de mouvement, et surtout par la chaleur résultant de la compression, qui ne pourrait pas être absorbée complétement à mesure de sa production, la quantité d'eau congelée par le travail d'un cheval, dans une heure, serait certainement beaucoup plus petite que celle qui résulte du calcul précédent. Si le volume du gaz était réduit à $0,1$, le travail serait de 14445^{km}, et le refroidissement, étant de 135 calories, coûterait plus de travail. Il paraît que, dans l'Inde, ce procédé a été employé pour faire de la glace, mais que le prix de revient est trop élevé, et que les établissements qui se sont formés avaient de la peine à soutenir la concurrence avec la glace d'Amérique.

1985. Le second moyen paraît plus simple. L'appareil se composerait de deux cylindres en fonte, placés verticalement, communiquant entre eux par leurs parties supérieures, environnés de matières non conductrices, renfermant, l'un de l'eau, l'autre du chlorure de calcium, et communiquant avec une puissante machine pneumatique. Lorsque le vide aurait été fait dans les deux cylindres, une évaporation rapide s'établirait, par suite de l'absorption de la vapeur par le chlorure de calcium, et refroidirait promptement l'eau au-dessous de 0°. Pour que l'évaporation se fît plus rapidement, il faudrait que l'eau, dans l'un des vases, fût constamment rejetée en pluie, et que le chlorure de calcium fût distribué sur des cloisons, de manière à présenter beaucoup de surface à la vapeur. Si les corps environnants ne restituaient pas de chaleur à l'eau, en la supposant primitivement à 10°, la congélation de 1^k d'eau exigerait l'émission de $10 + 79 = 89$ unités de chaleur, et, par conséquent, l'évaporation de $89 : 540 = 0^k 155$ d'eau ; mais comme il y aurait toujours de la chaleur fournie par les corps environnants, et surtout par le vase de condensation, la quantité de vapeur à fournir serait beaucoup plus considérable. La dépense de travail pour produire et maintenir le vide serait peu importante, ainsi que la dépense de combustible pour la calcination du chlorure de calcium. Le degré de perfection qu'on a obtenu dans les appareils à cuire dans le vide, ne permet pas de douter qu'on arriverait très-facilement à maintenir le vide pendant le temps nécessaire à la congélation. Mais, de ces considérations générales à l'exécution, il y a encore loin, et des essais sur une assez grande échelle seraient indispensables, non-seulement pour s'assurer qu'on ne rencontrera pas des difficultés imprévues, mais encore pour étudier les détails de construction et pour déterminer approximativement le prix de revient de la glace obtenue.

1986. Il paraît que, dans certaines parties des États-Unis, on a réussi à produire la congélation de l'eau sur une très-grande échelle par l'évaporation de l'éther dans le vide. Des vases de fonte, contenant de 14 à 15 kilogrammes d'eau, sont placés dans une enceinte environnée d'une couche épaisse de charbon ; autour des vases on a ménagé des rigoles, destinées à l'écoulement de l'éther. On fait le vide dans l'enceinte au moyen d'une puissante machine pneumatique, et on fait écouler de l'éther dans la rigole en maintenant l'action de la machine, qui enlève continuellement la vapeur d'éther, la refoule ensuite, la condense et rejette le liquide dans un vase extérieur. Le thermomètre descend, dit-on, jusqu'à — 9° degrés centigrades, et la glace ainsi produite ne revient qu'à 15 centimes le kilogramme ; l'opération ne dure pas plus d'une heure. La chaleur latente de la vapeur d'éther étant de 109, en supposant l'eau à 15°, la chaleur qu'il faut enlever à 1 kilogr. d'eau étant de $79 + 15 = 94$, on voit qu'il faut évaporer un peu moins de 1 kilogr. d'éther pour congeler 1 kilogr. d'eau.

Je pense qu'il y aurait de l'avantage à remplacer les caisses de fonte par des tubes étamés intérieurement, un peu coniques, s'ouvrant dans une plaque de fonte qui formerait la partie supérieure de la chambre, et renfermant une tige de fer étamée, recourbée à la partie inférieure, qui servirait à enlever la glace. Il serait aussi plus commode de remplacer la rigole qui doit conduire l'éther autour des surfaces des vases par des toiles qui les envelopperaient, et sur lesquelles on ferait descendre l'éther. L'éther est préférable à l'eau et à l'alcool, malgré sa plus faible chaleur latente, à cause de la plus grande densité de sa vapeur sous la pression correspondante à la congélation de l'eau. En admettant la loi de Dalton, qui consiste en ce que *les vapeurs des différents liquides ont des tensions égales à des températures également éloignées de celle de leur ébullition*, l'éther bouillant à 36°, et ce liquide étant maintenu sensiblement à 0°, la tension de la vapeur d'éther sera égale à celle de l'eau à $100 - 36 = 64°$. c'est-à-dire à $0^m 178$ de mercure, ou à 0,234 d'atmosphère ; et comme la densité de la vapeur d'éther, relativement à l'air, est 2,58, un litre de vapeur d'éther à 0° pèserait $2,58 . 1,3 . 0,234 = 0^g 784$, et la quantité de chaleur qu'il renfermerait serait de $0,000784 . 109 = 0^c,085$. Pour l'eau, la tension de la vapeur à 0° étant de 0,0046 de mercure, ou de 0,0060 d'atmosphère, et la densité de la vapeur d'eau, par rapport à l'air, étant de 0,622, le poids de 1 litre de vapeur d'eau sera de $0,622 . 1,3 . 0,006 = 0^g 0048$, et la quantité de chaleur qu'il renfermerait serait de $506 . 0,0048 : 1000 = 0,0024$.

M. Carré s'occupe depuis quelque temps, en France, de la construction d'un appareil basé sur le même principe. Il se compose, comme celui que nous venons de décrire, de trois organes principaux : un réfrigérant, la pompe à l'éther, et le condenseur. Le réfrigérant est un cylindre de cuivre, placé verticalement, et dans lequel l'éther liquide arrive d'une manière continue. La paroi supérieure est percée d'un certain nombre de trous circulaires dans lesquels s'engagent des tubes, fermés par le bas, ouverts par le haut, soudés sur le bord du trou et suspendus ainsi dans l'intérieur du cylindre. Ces tubes renferment de l'alcool dans lequel plongent d'autres tubes contenant l'eau à congeler. La pompe fait le vide dans le réfrigérant à 0^m67 de mercure, et envoie dans le condenseur la vapeur d'éther qui, après être repassée à l'état liquide, revient dans le réfrigérant.

D'après quelques premières expériences, cet appareil produirait jusqu'à 30 kilogr. de glace par force de cheval et par heure. La température dans le réfrigérant descend au-dessous de — 20°.

1987. Enfin, l'eau peut être congelée par différents mélanges frigorifiques. Dans tous ces mélanges, l'abaissement de température provient de la liquéfaction d'un ou de plusieurs des corps mis en contact. Les effets produits par un certain nombre de ces mélanges ont été indiqués dans les notes placées à la fin du premier volume.

1988. En 1845, M. de Villeneuve a présenté à l'Académie des sciences un appareil destiné à la congélation de l'eau par un mélange frigorifique, et sur lequel il a été fait un rapport favorable. Le mélange frigorifique employé était formé d'acide chlorhydrique et de sulfate de soude cristallisé. L'appareil se composait d'un premier vase en fer-blanc, légèrement conique, renfermant l'eau qui devait être congelée ; ce vase portait un pivot à sa partie inférieure, et une manivelle au-dessus du couvercle ; il était garni latéralement d'appendices en fer étamé. Un autre vase, également en fer-blanc, mais à double enveloppe, contenait le mélange frigorifique ; l'intervalle était rempli d'un corps mauvais conducteur. Ce dernier vase était percé à la partie inférieure d'une ouverture garnie d'une soupape conique, portant une crapaudine ; cette soupape pouvait être soulevée au moyen d'un levier. La partie supérieure de la double enveloppe était rétrécie de manière à toucher le cylindre intérieur et à lui servir de guide dans le mouvement de rotation qu'on lui imprimait à l'aide de la manivelle ; au-dessous de cet appareil se trouvait un récipient, également en fer-blanc, dans lequel tombait le mélange qui avait produit son effet ; il était percé de plusieurs ouvertures par lesquelles on introduisait des bouteilles à rafraîchir. Pour se servir de cet appareil, on remplit d'eau le vase mobile, et on introduit dans le vase enveloppant 1ᵏ 500 de sulfate de soude cristallisé, et 1ᵏ 200 d'acide chlorhydrique ; on tourne vivement la manivelle, et, après 5 à 6 minutes d'agitation, on fait écouler le mélange dans le récipient inférieur ; on le remplace par le même poids des mêmes matières, et, après 10 à 12 minutes d'agitation, on renouvelle le mélange, et, enfin, une troisième fois, après 15 minutes d'agitation. La durée totale de l'opération est à peu près d'une heure, et on obtient 3 kilogr. de glace pour une consommation de 6 kilogr. de sulfate de soude et de 4ᵏ 80 d'acide chlorhydrique. Le sulfate de soude coûtant environ 20 fr. les 100 kilogr., et l'acide chlorhydrique 9ᶠ 50, 1 kilogr. de glace revient à 53 centimes.

1989. En 1846, M. Goubaud a présenté à la Société d'encouragement un appareil à congeler l'eau, disposé d'une autre manière, et dans lequel il emploie un autre mélange frigorifique. L'appareil se compose d'un seau en bois avec couvercle, destiné à recevoir le mélange réfrigérant ; le vase de congélation est formé d'une boîte cylindrique de quelques centimètres de hauteur, en étain, fermée par un couvercle à vis, au fond de laquelle se trouvent soudés un grand nombre de petits tubes coniques en étain. L'appareil est surmonté d'une tige en fer qui traverse le couvercle en bois du seau, et porte une manivelle qu'on tourne à la main. Il est muni à la partie inférieure d'un pivot en fer qui s'engage dans une cavité centrale ménagée au fond du seau et entourée d'une lame en spirale destinée à agiter continuellement le liquide environnant. Pour se servir de cet appareil on remplit d'eau le vase d'étain ; on met dans le seau de l'eau et une proportion convenable du sel réfrigérant, et on agite vivement ; après 15 minutes, plus ou moins suivant la température primitive de l'eau, elle est congelée ; pour extraire la glace, on enlève le vase d'étain, on le lave, on enlève le couvercle, et, par le renversement, la glace se détache. Une commission de la Société d'encouragement, qui avait été chargée d'examiner l'appareil en question, a obtenu, après 15 à 18 minutes, 500 gr. de glace, en employant 2^{kil} 500 de sel et 2^{lit} 50 d'eau à 12°. Le sel dissous dans l'eau peut facilement être ramené, par l'évaporation, à son état primitif. La concentration doit être prolongée jusqu'à ce que le liquide marque 36° au pèse-sel ; par le refroidissement, le sel se prend en masse ; on le fait égoutter, ensuite on le pulvérise pour l'employer de nouveau ; les eaux mères sont mises à part, pour être réunies aux dissolutions des opérations suivantes. D'après les expériences faites par la commission dont je viens de parler, la perte de sel par l'évaporation est à peu près de 10 gr. par kilogramme ; elle serait beaucoup plus grande si l'évaporation était trop rapide ou si on dépassait la limite assignée, parce qu'une partie du sel serait décomposée. M. Goubaud l'évalue de 10 à 15 gr., c'est-à-dire de 1 à 1,5 pour 100 ; et comme le sel est vendu 4 fr. le kilogr., le prix de revient du kilogramme de glace, abstraction faite du prix de l'appareil et de celui de la concentration, est compris entre 0^r 04 et 0^r 06.

1990. En 1849, M. Fumet a présenté à la Société d'encouragement un appareil dans lequel il emploie les mêmes éléments de refroidissement, mais qui est moins bien disposé que celui dont nous venons de parler ; il est formé de deux vases cylindriques concentriques, entre lesquels le liquide à congeler est renfermé. C'est une mauvaise disposition, parce que le liquide réfrigérant intérieur n'est pas agité par le mouvement de rotation ; la surface externe n'a point d'appendices, et enfin le vase qui renferme le mélange de sel et d'acide n'est pas protégé du réchauffement extérieur par une enveloppe non conductrice.

1991. Le même glacier a imaginé un appareil pour conserver les aliments, en les maintenant à une basse température. C'est tout simplement une armoire à deux panneaux, en bois, dont les autres faces sont formées de surfaces parallèles en métal, et d'une enveloppe extérieure en bois, séparée de la paroi métallique par un petit intervalle rempli d'air qui ne se renouvelle pas. On met de la glace à la partie supérieure ; l'eau provenant de la fusion s'écoule entre les parois latérales, et sort par un tuyau qui se recourbe extérieurement, afin d'éviter le renouvellement de l'air intérieur.

1992. Les glaciers, pour congeler les sorbets, se servent de vases en étain ayant des couvercles fermant à vis, garnis d'une poignée. Ces vases, qu'on désigne sous le nom de *sorbétières*, renferment le liquide à congeler ; on les agite de temps en temps dans un mélange de glace et de sel marin, et on les ouvre pour détacher, avec une spatule en bois, la glace qui s'est formée à la surface intérieure. Cette opération est longue. M. Loefz a imaginé une disposition au moyen de laquelle la glace se forme avec une grande rapidité, et qui peut être employée avec un mélange frigorifique quelconque. Cet appareil, qui est maintenant très-répandu, permet de se servir de sorbétières ouvertes, et d'enlever

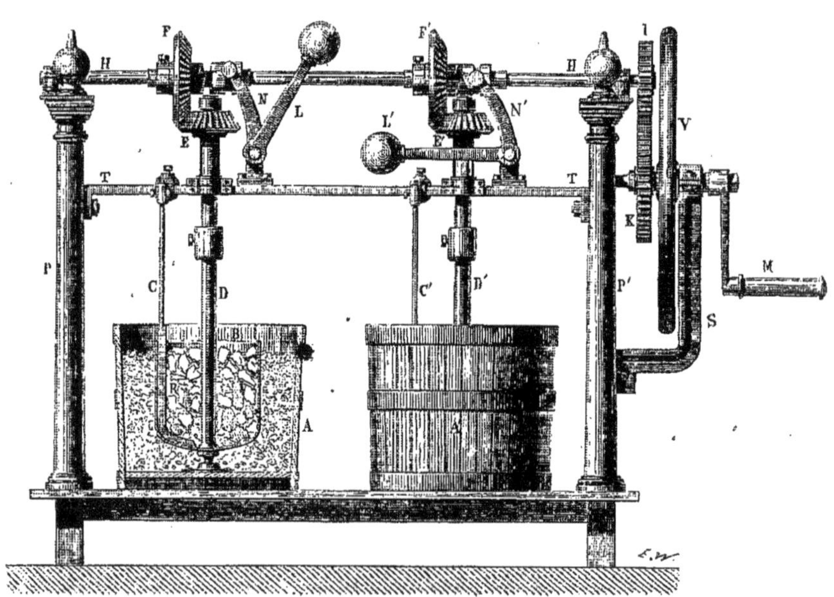

Fig. 517.

d'une manière continue, et très-rapidement, la glace qui se forme à la surface intérieure. Il est représenté dans la figure 517. A, vase

de bois, renfermant le mélange de sel et de glace pilée; le diamètre est d'environ 0^m 60 ; la hauteur est également de 0^m 60 ; B, sorbétière en étain de 0^m 006 d'épaisseur, de 0^m 40 de hauteur, et de
0^m 31 de diamètre ; D, arbre en fer étamé qui traverse la sorbétière,
à laquelle il est fixé, et qui se termine par un pivot tournant dans une
crapaudine; C, pièce en fer à biseaux suivant le contour de la surface
intérieure des sorbétières, et fixé sur la traverse TT. Le mouvement
de rotation se donne au moyen d'une manivelle M, du volant V, de
l'arbre H reposant sur les deux montants P,P', et d'une série d'engre-
nages E, F, I, K. Il y a ordinairement deux sorbétières mises en
mouvement par la même manivelle; mais chacune d'elles est pourvue d'un embrayage N, manœuvré par un levier à contre-poids L,
comme l'indique la figure. Au moyen de cet appareil, en faisant
faire à la sorbétière 300 tours par minute, on produit de 4 à 5 kilogr.
de glace en 5 minutes, avec le travail d'un seul homme.

1993. *Conservation de la glace.* — Dans les pays tempérés et dans
les pays chauds où l'on peut recueillir de la glace pendant la saison la
plus froide de l'année, on la conserve dans des espèces de citernes qu'on
désigne sous le nom de *glacières.* Les glacières sont creusées dans le
sol; elles ont en général la forme d'un tronc de cône renversé, dont les
parois sont formées d'une maçonnerie épaisse recouverte d'une couche
de ciment, de manière que l'eau ne puisse pas les traverser. A la partie
inférieure se trouve une grille, et au-dessous un puisard, dans lequel se
réunissent les eaux qui proviennent de la fusion de la glace, et d'où elles
s'écoulent, soit naturellement à travers les terres, soit par des conduits
qui les amènent au jour par une pente continue, quand les glacières
sont creusées sur le penchant d'une colline. L'orifice de la glacière est
recouvert par une voûte épaisse en maçonnerie, ou par une charpente
recouverte de plusieurs couches de chaume. L'entrée est toujours placée au nord ; elle est formée d'un couloir avec une porte à chaque
extrémité, et ordinairement entourée d'arbres qui empêchent les rayons
solaires d'y arriver. La glace doit être recueillie pendant un temps sec.
On couvre d'abord la grille du puisard, et toute la surface des parois,
d'une couche épaisse de paille longue ; c'est sur cette couche que l'on
place la glace, en la disposant de manière à laisser entre les blocs le
moins d'intervalle possible. On peut aussi employer de la neige, mais
il faut la comprimer fortement, de manière à former des blocs rectangulaires que l'on serre les uns contre les autres. La glace est ensuite recouverte d'une couche de paille, sur laquelle on met des planches ou
des pierres.

1994. Malgré toutes les précautions employées pour empêcher la chaleur des corps environnants de pénétrer dans la glacière, on perd toujours, pendant chaque saison, une partie de la glace, et cette perte, relativement à la masse qui a été recueillie, est toujours d'autant plus grande que la glacière est plus petite ; car la perte est proportionnelle à la surface, et les surfaces des corps semblables dont les dimensions augmentent croissent dans un plus petit rapport que les volumes. La première année qu'on se sert d'une glacière, on éprouve un déchet beaucoup plus grand que dans les années suivantes ; il arrive même quelquefois, quand la maçonnerie n'a pas eu le temps de sécher, qu'on ne conserve point de glace.

1995. On donne ordinairement aux grandes glacières 4 à 5 mètres

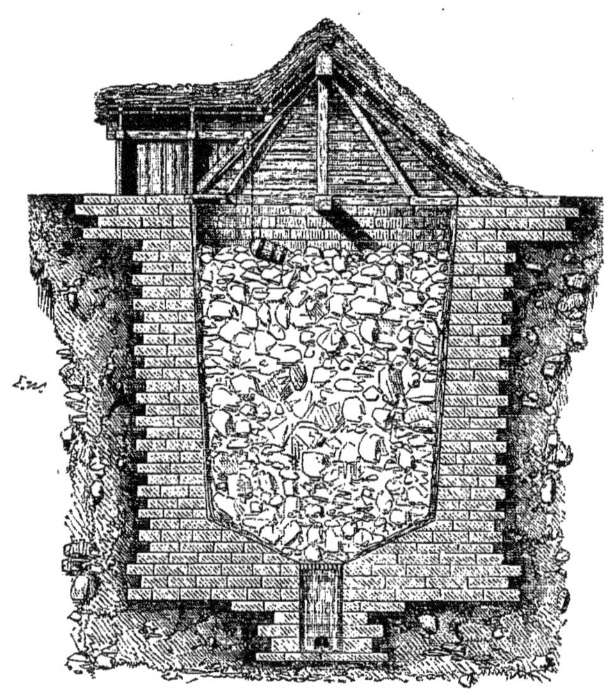

Fig. 518.

de diamètre, et 7 mètres de profondeur. La figure 518 représente la coupe verticale d'une glacière.

1996. La figure 519 représente une coupe verticale d'une petite glacière américaine, d'une construction très-simple, et qui peut suffire à une nombreuse famille. A est une excavation de 2 mètres en tous sens, creusée dans le sol ; *b* est une rigole pratiquée au fond de l'exca-

vation, et qui sert à l'écoulement de l'eau provenant de la fusion de la
glace; c, c pièces de bois de $0^m\,15$ d'équarrissage et de 2 mètres de

Fig. 519.

longueur, placées au fond de l'excavation, et qui s'appuient sur le sol
par leurs extrémités; d, traverses posées sur les poutres c; elles servent
à supporter un certain nombre de solives de $0^m\,05$ d'équarrissage et de
2 mètres de longueur; f, f, montants de $0^m\,08$ d'équarrissage, s'appuyant par leurs extrémités inférieures sur le fond de la glacière, et
s'élevant jusqu'à sa partie supérieure; g, lattes de $0^m\,04$ d'épaisseur,
formant le revêtement des parois de la glacière, et clouées sur les montants f; une garniture de paille de $0^m\,08$ d'épaisseur est attachée sur les
lattes; G, glace remplissant l'excavation; e, e, quatre poutres de $0^m\,16$
d'équarrissage et de 3 mètres de long, destinées à soutenir la terre
amoncelée au-dessus de la glacière; l, lattes placées en travers sur les
poutres e, e, et recouvertes d'un lit de paille; n, tertre d'un mètre de
hauteur, surmontant la glacière; p, trou carré creusé dans le tertre
et revêtu de planches pour former une caisse qu'on remplit de paille;
q, entrée, dirigée au nord; quelques marches, de 1 mètre de largeur
à l'extrémité libre, et de $0^m\,4$ seulement à l'autre bout conduisent
à la porte de la glacière recouverte de bottes de paille très-serrées, r;
s, trappe revêtue de paille et fermant l'entrée de la glacière.

1997. Une glacière ayant les dimensions indiquées peut contenir
4000 kilogr. de glace. On ne doit y entrer que le soir ou le matin, une
seule fois par jour. Pour retirer la glace, on fait dans le revêtement en
paille un trou seulement suffisant pour y passer le bras.

1998. On a employé avec succès, mais seulement pour rafraîchir des liquides, la disposition suivante : un tonneau cerclé de fer, de 2 mètres de hauteur et de 1 mètre de diamètre, est placé dans une excavation creusée dans le sol d'une cave ; il est environné d'une ceinture de 0^m 10 de cendres fortement tassées. Le tonneau est garni d'un double fond percé de trous, et, l'intervalle des deux fonds, d'un tube qui conduit l'eau provenant de la fusion de la glace dans un seau, placé au fond d'un puisard, et qu'on remonte à l'aide d'une corde lorsqu'il est rempli. On ferme la glacière au moyen d'un vase en bois, d'une petite hauteur, rempli de cendres pressées, garni de larges rebords couverts en dessous d'une étoffe de laine grossière, et suspendu à une corde qui, après avoir passé sur deux poulies, se termine par un contrepoids. Pour remplir la glacière, on commence par placer au milieu un piquet, autour duquel on comprime la glace, et qu'on enlève après. Cette disposition est bien entendue, mais il serait plus avantageux de remplacer la cendre par de la paille hachée, d'augmenter l'épaisseur de cette matière autour du tonneau et d'en placer au-dessous ; si le sol de la cave était humide, il serait avantageux d'environner le tonneau d'une enceinte imperméable, en briques, dans laquelle serait placée la paille hachée.

1999. Je pense qu'il y a peu de modifications à introduire dans les grandes glacières ; car, avec les précautions connues, on obtient tout l'effet qu'on peut espérer. Seulement, il est important de leur donner les plus grandes dimensions possibles, car la quantité annuelle de glace fondue par la transmission de la chaleur à travers le sol augmente proportionnellement à la surface intérieure de la glacière ; et, comme nous l'avons déjà dit, ces surfaces augmentent dans un plus petit rapport que les volumes. Il est aussi plus important qu'on ne l'avait pensé de préserver les glacières du contact des terres humides, même de celles dans lesquelles l'eau est stagnante ; car la terre humide conduit beaucoup mieux la chaleur que la même terre desséchée.

2000. Dans l'île Bourbon, les glacières sont en plein vent ; elles contiennent ordinairement 200000 kilogrammes de glace. La glace est environnée d'une couche de tan, de 3 pieds d'épaisseur ; une seconde enveloppe, séparée de la première par un espace vide de pied, est également formée de tan, mais de 1 pied seulement d'épaisseur. La glace est en gros morceaux ; les intervalles sont remplis de tan. La perte est de 0,25 en trois mois.

2001. Le transport de la glace, soit aux Indes occidentales, soit dans les provinces méridionales de l'Union, forme dans l'Amérique du Nord une branche de commerce fort importante. C'est principalement de

Boston que partent les navires chargés de glace. Celle-ci, après avoir été retirée des étangs et des rivières, est coupée, au moyen d'une machine, en blocs de 2 pieds carrés de surface, et d'une épaisseur d'un pied à 18 pouces, suivant l'intensité du froid ; ensuite on l'empile dans des bâtiments construits au-dessous du sol. On prend peu de précautions pour transporter la glace aux Indes occidentales, voyage qui dure de dix à quinze jours. Le fond de la cale du navire et ses parois sont tapissés d'une couche de tan de 4 pouces d'épaisseur. La glace, après y avoir été placée, est couverte d'un lit très-épais de foin ; puis on ferme hermétiquement les écoutilles, et on ne les rouvre qu'au moment du déchargement. Pour transporter la glace aux Indes orientales, à Calcutta ou à Madras, il est nécessaire d'employer d'autres moyens afin de la conserver, pendant un trajet qui dure ordinairement cinq à six mois. Le récipient de glace, isolé de toute part, s'étend depuis l'écoutille d'avant jusqu'à l'écoutille d'arrière, sur une longueur de 50 pieds ; il est construit de la manière suivante : on dispose à fond de cale un plancher composé de planches d'un pouce d'épaisseur, sur lequel on répand un lit de tan ; on recouvre cette couche d'un autre plancher, et on construit de même les autres parois du récipient, qui doivent être entièrement isolées des parois du navire ; on isole de même la pompe et le grand mât. Les cubes de glace sont rangés l'un à côté de l'autre, le plus près possible, afin de laisser le moins d'espace entre eux et de former une masse solide du poids de 180 tonneaux environ. On recouvre cette masse d'un pied d'épaisseur de foin, qu'on comprime fortement, et le tout est mis à l'abri du contact de l'air par une couverture en planches. Entre cette couverture et le pont, on tasse fortement un lit de tan. Une espèce de flotteur, dont la tige passe à travers un tube gradué, s'appuie sur la surface de la glace et indique la dépression qu'elle éprouve par la fusion. La perte sur la quantité indiquée, 180 tonneaux, a été évaluée à 55 tonneaux dans le trajet de Boston à Calcutta. (*Mechanics Magazine*, 1836.)

LIVRE XV.

CHAUFFAGE ET VENTILATION DES LIEUX HABITÉS.

2002. Nous nous occuperons, dans ce livre, du chauffage et de l'assainissement des lieux habités ; mais, avant d'examiner cette question
pour les cas particuliers, nous étudierons avec soin les principes généraux qui doivent toujours servir de guide.

CHAPITRE PREMIER.

CONSIDÉRATIONS GÉNÉRALES.

2003. L'homme vicie l'air qui l'environne par la respiration et la
transpiration, et, dans certaines circonstances, par des émanations mé-
phitiques qui semblent se propager directement à travers l'air. Pour étudier les conditions de l'assainissement, il faut connaître le volume d'air
à fournir par heure à chaque individu renfermé dans un espace clos
pour que ce lieu soit salubre ; il faut aussi déterminer le volume d'air
nécessaire pour les différents appareils d'éclairage et leur influence sur
l'altération de l'air de l'espace dans lequel ils brûlent. L'homme, par
l'acte même de la respiration, produit constamment de la chaleur, et
cette quantité doit être évaluée, afin qu'on puisse en tenir compte, s'il y a
lieu, dans l'évaluation de celle qui doit être fournie. Il est en outre
indispensable de connaître les quantités de chaleur qui traversent les
enveloppes de nos habitations dans les circonstances ordinaires : tous
les éléments nécessaires à ce sujet ont été déterminés par l'expérience
et réunis dans le premier volume de cet ouvrage. Enfin, il faut examiner les avantages et les inconvénients des différents modes de chauffage
et de ventilation, afin qu'on puisse choisir, dans chaque cas particulier, celui qui est le plus convenable.

**Volumes d'air nécessaires à la respiration et aux appareils
d'éclairage.**

2004. L'air est formé en volumes de 0,21 d'oxygène et de 0,79 d'a-
zote ; il contient, en outre, une très-petite quantité d'acide carbonique,

comprise entre 4 et 6 dix-millièmes, et une quantité de vapeur d'eau, qui varie dans des limites très-étendues, suivant les circonstances atmosphériques. D'après M. Dumas, le nombre des expirations, par minute, est de 16 à 17, chacune de $0^{mc},000315$, ou à peu près 1/3 de litre ; le volume d'air expiré, par heure, est alors de $0^{mc},33$, et cet air renferme 0,04 d'acide carbonique. D'après cela, si la respiration était la seule cause d'insalubrité et si l'air expiré n'était pas mêlé avec l'air aspiré, il suffirait de donner à chaque individu 1/3 de mètre cube d'air par heure.

2005. Mais l'homme, par son organisation, agit encore d'une autre manière pour vicier l'air qui l'environne : c'est par la transpiration pulmonaire et cutanée. Les vapeurs qu'il émet se dissolvent dans l'air ; comme elles sont toujours accompagnées de matières organiques, elles lui communiquent une mauvaise odeur, et ces matières sont, sans aucun doute, la cause la plus puissante d'insalubrité des lieux habités ; car, dans certains cas, où l'air des pièces qui renferment un grand nombre d'individus affecte péniblement la respiration, on ne trouve pas dans sa composition un accroissement d'acide carbonique qui puisse expliquer la différence d'effet produit par cet air et l'air pur. D'après cela, il est plus convenable de prendre, pour la dose d'air à fournir par individu et par heure, le volume nécessaire pour dissoudre la vapeur d'eau résultant de la transpiration.

On a fait beaucoup d'expériences pour déterminer le poids de la vapeur d'eau résultant de la transpiration cutanée et pulmonaire ; mais les nombres observés varient dans des limites assez étendues, de 45 gr. à 77, dont la moyenne est de 61 gr. M. Barral, par des expériences récentes, a obtenu 50 gr. On comprendra facilement la diversité des résultats obtenus, en considérant la variété des circonstances qui influent sur la transpiration des hommes, même à l'état de repos. Un mètre cube d'air saturé à 15° renferme à peu près 13 gr. de vapeur d'eau ; si l'air était à moitié saturé, le volume d'air de ventilation devrait être compris entre $45 : 6,5 = 6^{mc},92$, et $77 : 6,5 = 11^{mc},84$. Ce serait entre ces limites que devrait se trouver la dose de ventilation, si l'air qui emporte les produits de la respiration et de la transpiration se dégageait pour faire place à l'air neuf sans se mêler avec lui ; ce qui arriverait si l'air pénétrait dans la pièce par un grand nombre de points du sol et s'écoulait par la partie supérieure, circonstances qui peuvent être réalisées dans certains cas, dans les grands amphithéâtres par exemple.

2006. Mais, quand le chauffage de la pièce a lieu par l'air de ventilation, arrivant par un certain nombre d'orifices pratiqués dans le sol, ou à une hauteur quelconque, cet air s'élève vers le plafond et descend ensuite, par couches sensiblement isothermes, jusqu'aux orifices de départ qui doivent être placés près du plancher ; il résulte de là que lorsqu'il est respiré, il est déjà mêlé avec les gaz et les vapeurs qui ont été produits par la respiration et la transpiration pendant le temps qui s'est écoulé depuis son entrée ; il n'est donc jamais pur, et il faut alors avoir recours à des expériences directes pour déterminer la ration d'air à fournir à chaque individu. Or, comme la quantité d'acide carbonique qui se trouve dans l'air varie proportionnellement à la ventilation, si on connaissait l'effet produit par de l'air renfermant différentes doses d'acide carbonique, on pourrait en déduire la limite inférieure de la quantité d'air de ventilation, en supposant un mélange complet de l'air pur et de l'air déjà altéré par la respiration et la transpiration. Cherchons d'abord la quantité d'acide carbonique qui se trouve dans l'air avec une ventilation de 7^{mc} et de 11^{mc} par personne et par heure. D'après M. Dumas, un homme, dans les conditions ordinaires, brûle par heure, par l'effet de sa respiration, une quantité de carbone et d'hydrogène équivalente à 10 grammes de carbone ; en admettant la combustion de 1 gramme d'hydrogène, comme l'équivalent de l'hydrogène en carbone est $3^{g},33$, il se brûle $6^{g},66$ de carbone qui produisent $1^{m}.865.0,00666 = 0^{mc},024$ d'acide carbonique, et une ventilation de 7^{mc} et de 11^{mc} par heure élève la proportion d'acide carbonique dans l'air à 0,0017 et 0,0011. Voici maintenant les résultats des expériences.

2007. Dans une salle d'école primaire renfermant 180 garçons de 7 à 10 ans, chauffée et ventilée par la disposition qui sera indiquée plus loin, j'ai toujours reconnu qu'avec une ventilation de 6^{mc} par enfant et par heure il n'y avait qu'une faible odeur dans la salle. M. Leblanc a répété ces expériences en mesurant la ventilation dans des circonstances différentes et en faisant l'analyse de l'air ; voici les résultats obtenus. La ventilation étant de 6 mètres cubes par enfant et par heure, la quantité d'oxygène disparue dans cette atmosphère a été de 0,0016 ; la quantité d'acide carbonique pouvait donc s'élever au plus à 0,0022 ; aucune odeur ne régnait dans la salle ; la respiration n'y était nullement gênée ; la température était de 17°. Le volume d'air étant réduit par heure à $4^{mc},65$ par individu, la proportion d'acide carbonique s'est élevée à 0,0047 ; il n'y avait pas d'odeur sensible. La salle ayant été complètement fermée et la ventilation régulière annulée, après le même nombre d'heures de séjour que précédemment, la proportion d'acide carbonique s'est élevée à 0,0087 ; l'atmosphère était lourde, l'instituteur se plaignait de la chaleur, et attendait avec impatience le moment de pouvoir ouvrir les fenêtres. La température intérieure était de 18°; le thermomètre extérieur marquait 16°, l'air était un peu agité.

2008. L'appréciation par l'odeur est trop délicate pour qu'on puisse regarder ces expériences comme bien concluantes. Celles qui ont été faites à l'ancienne Chambre des députés, semblent nécessiter une volume d'air plus considérable. La chambre des séances, comme nous le dirons plus loin, est chauffée par des calorifères placés dans les caves; l'air chaud pénètre dans la salle par des ouvertures percées dans les contre-marches, et il sort de la salle par des orifices nombreux pratiqués à une certaine hauteur tout autour de la salle, et dans le plafond des tribunes. L'air s'écoule ensuite par plusieurs tuyaux ménagés dans l'épaisseur des murailles et communiquant avec tous les orifices dont nous venons de parler, et arrive dans une large cheminée, au milieu de laquelle se trouve un foyer alimenté par du coke. La ventilation se règle principalement au moyen d'un registre vertical, placé dans le canal qui conduit l'air froid aux calorifères. Le chauffeur, homme intelligent et qui connaît très-bien l'appareil qu'il est chargé de diriger, m'a dit qu'il avait reconnu par expérience la hauteur à laquelle devait être placé ce registre, dans les différentes circonstances, pour que l'on ne se plaignît pas d'une odeur désagréable dans la salle; qu'un peu au-dessous de ces limites l'odeur devenait sensible.

Une expérience a été faite à la fin d'une séance nombreuse, vers quatre heures du soir; le volume d'air froid introduit était de $1^{mc},9$ par seconde, ou de 6,840 mètres cubes par heure; et, comme la salle renfermait de 1,000 à 1,100 personnes, la ventilation était de 6 à 7 mètres cubes par personne et par heure, du moins en n'ayant égard qu'à l'air fourni par les calorifères. Mais, comme il y avait nécessairement de l'air appelé par les fissures des portes et des fenêtres et par les portes qui s'ouvrent de temps en temps, le chiffre réel de la ventilation ne pouvait se déterminer que par la mesure de la vitesse de l'air dans tous les tuyaux qui le conduisent à la cheminée d'appel : cette vitesse a été observée dans deux embranchements, mais on a oublié de la mesurer dans le troisième, de sorte qu'il a été impossible de déterminer exactement le volume de l'air écoulé. Ces expériences, répétées depuis par M. Leblanc, ont donné 4,400 mètres cubes pour le volume d'air sortant des caves, et 11,000 mètres cubes pour le volume total débité par les cheminées d'appel; le volume d'air par personne et par heure était ce jour-là de 18 mètres cubes, et l'air renfermait 0,0025 d'acide carbonique.

2009. Dans les expériences que je viens de rapporter, j'ai eu l'occasion de constater un fait fort singulier. L'odeur dans les cheminées d'appel était extrêmement désagréable, et cependant l'air de la salle était sans odeur et les cheminées très-propres. Ce phénomène ne semble pouvoir s'expliquer que de deux manières : 1° En supposant que l'odeur de l'air est augmentée par le mouvement ; 2° en admettant que les matières animales en dissolution ou en suspension dans l'air éprouvent, par leur contact prolongé, une fermentation qui en change la nature. Ces deux causes concourent probablement à produire l'effet dont il est question. Je dois dire cependant que M. Leblanc n'a pas observé cette mauvaise odeur.

2010. Ce chimiste a fait des expériences fort intéressantes sur l'influence de l'acide carbonique à haute dose dans l'atmosphère respiré par un chien de forte taille, un cochon d'Inde, un verdier et une grenouille. Ces animaux étaient renfermés dans une pièce exactement close, pourvue d'une vitre à travers laquelle on pouvait observer ce qui se passait dans la chambre ; un tuyau en plomb, placé à la partie supérieure de la pièce et percé d'un grand nombre de petits orifices, versait constamment de l'acide carbonique pur produit par un appareil à eau de Seltz. Au bout de 7 minutes de dégagement, le malaise du chien était visible ; au bout de 15 minutes il souffrait beaucoup : à cet instant on avait consommé 10 kilos d'acide sulfurique ; au bout de 25 minutes, la bougie s'est éteinte ; enfin, au bout de trois quarts d'heure de dégagement effectif, l'oiseau et le chien étaient agonisants et la grenouille énormément gonflée : la proportion d'acide carbonique était alors de 30,4 pour 100. On ne peut rien déduire de bien positif de ces expériences, parce qu'il est peu probable que, malgré la précaution de faire écouler l'acide carbonique par la partie supérieure de la pièce et par de très-petits filets, le mélange des gaz ait été bien établi ; d'ailleurs la composition de l'air, aux différentes époques indiquées, n'a pas été observée.

2011. D'autres expériences, faites par M. Leblanc, ont eu pour objet de déterminer la dose d'acide carbonique correspondante à l'extinction de la bougie. « Plusieurs expériences faites sur l'air puisé dans des ballons où la combustion avait cessé de se soutenir, ont donné 4 et 4,5 p. 100 d'acide carbonique en volume ; une bougie placée dans cette atmosphère s'éteint subitement ; la même proportion d'acide carbonique dans l'air, provenant de la respiration, constitue également une atmosphère dans laquelle les bougies s'éteignent. (*Annales de chimie et de physique*, t. V, p. 237.) D'après ces dernières expériences, la bougie s'éteint dans une atmosphère qui ne renferme que 0,17 ou 0,165 d'oxygène, comme celui qui sort de nos poumons.

La flamme des chandelles persiste quelque temps après l'extinction des bougies ; il en est de même des lampes des mineurs garnies de leur porte-mèche ; les lampes à double courant d'air, ou même les lampes des mines dégarnies de leur porte-mèche, peuvent encore brûler quand les autres modes d'éclairage ne peuvent plus servir. Lorsque l'air renferme de 4 à 5 p. 100 d'acide carbonique, et que la flamme d'une bougie ne peut plus subsister, la respiration devient gênée, et le travail est encore possible, pourvu que la température ne soit pas trop élevée. Mais quand l'atmosphère renferme 10 p. 100 d'acide carbonique, cette atmosphère devient irrespirable, et les hommes qui y pénétreraient s'exposeraient à une asphyxie presque immédiate. « M. Leblanc, dans son Mémoire sur la composition de l'air (*Annales de chimie et de physique*, t. XV), rapporte que, étant monté, pour y vider un flacon plein de mercure, dans une entaille, à 1 mètre seulement au-dessus de la couronne de la galerie, espace dont l'air renfermait 10 p. 100 d'acide carbonique, au bout de une à deux minutes il fut pris de défaillance, sans avoir éprouvé de malaise préalable. Le maître mineur, homme robuste, qui l'accompagnait, après le même séjour dans l'entaille, fut saisi de vertiges et de nausées qui ont duré quelques instants après le retour dans un air pur. La diminution de la proportion d'oxygène par un accroissement de celle de l'azote produit le même effet que quand elle provient de la présence de l'acide carbonique. Il résulte de là que l'acide carbonique qui est versé dans l'air par l'acte de la respiration et par la combustion, n'agit qu'en diminuant la proportion d'oxygène libre, et non pas par une action directe sur nos organes. »

2012. D'après les expériences faites à la Conciergerie par MM. Boussingault, Leblanc et moi, et que je rapporterai plus loin, la dose d'air nécessaire à un détenu renfermé dans une cellule doit être portée à 10 mètres cubes par heure ; mais la cellule dans laquelle l'expérience a été faite contenait une cuvette mobile, et avait, par conséquent, une cause exceptionnelle d'insalubrité.

2013. Enfin, on a reconnu que, dans les hôpitaux, les salles de chirurgie ne pouvaient être assainies et dépouillées de toute mauvaise odeur, qu'avec une ventilation de près de 100 mètres cubes d'air par individu et par heure.

2014. Il résulte de tout cela : 1° qu'une ventilation de 6 mètres cubes par individu et par heure est une limite au-dessous de laquelle il ne faut pas descendre, quand l'air de ventilation est mêlé avec l'air de la pièce et qu'il n'existe aucune cause particulière d'insalubrité ; 2° que, quand la ventilation a lieu de bas en haut, par tous les points du sol ou par des orifices très-nombreux et très-rapprochés, une ventilation de 7 à 11 mètres cubes d'air par personne et par heure, fournit à chacun de l'air paraissant suffisamment pur ; 3° que, dans presque tous les cas, il y a des causes particulières d'insalubrité, pour lesquelles le chiffre de la ventilation doit être élevé à un point que l'expérience seule peut déterminer ; 4° que l'acide carbonique versé dans l'air par la respiration n'agit point directement sur nos poumons, mais seulement en diminuant la proportion d'oxygène ; 5° que les quantités d'acide carbonique que l'on trouve dans l'air par l'analyse décroissent à mesure que la ventilation augmente, mais ne lui sont point exactement proportionnelles, comme cela devrait être dans des circonstances identiques ; cela tient probablement à ce que l'air de ventilation ne se distribue pas toujours uniformément dans la pièce.

Dans tous les cas, indépendamment du chiffre total de ventilation, il y a encore deux conditions indispensables à remplir : la première consiste à répartir uniformément la ventilation dans toute l'étendue de la pièce, car on ne peut pas évidemment admettre que, sous le rapport de l'assainissement, le volume d'air en excès que certaines personnes reçoivent compense le volume d'air insuffisant qui serait réservé pour les autres ; la seconde, à ventiler avec de l'air pur. En Angleterre, on a cherché à purifier l'air de ventilation en le faisant passer à travers un mur de coke en gros morceaux, recevant à sa partie supérieure de l'eau en petits filets très-nombreux ; après quelque temps, on a trouvé au fond du réservoir dans lequel l'eau s'est écoulée un dépôt d'une grande ténuité et d'une extrême fétidité.

2015. *Influence des appareils d'éclairage.* — Les lieux habités sont encore viciés par les appareils d'éclairage. Pour en apprécier l'influence, voici les quantités de matières consommées, par heure, par les appareils le plus en usage :

Chandelle de 6 à la livre.	Bougie.	Lampe gros bec.
11 gr.	11 gr.	42 gr.

La flamme d'une bougie s'éteignant lorsque l'air renferme 4 p. 100 d'acide carbonique, il est très-probable que la combustion doit éprouver des influences analogues à celles qui se produisent sur la respiration, et, par suite, il faut compter sur une ventilation minimum de 6 mètres cubes par bougie et par heure, et sur 24 mètres cubes par lampe à gros bec, pour que la combustion ait toujours lieu dans de bonnes conditions.

2016. *Influence de la grandeur des pièces.* — Quand les pièces ont une grande élévation, l'air qu'elles renferment peut suffire à la respiration pendant un certain temps; mais excepté dans les églises, il est rare que le volume d'air soit suffisant lorsque le nombre de personnes est considérable et que leur séjour doit se prolonger. Il est utile de calculer ce volume, pour fixer l'époque à laquelle doit commencer la ventilation. Cet air est toujours employé utilement, attendu que celui qui a servi à la respiration ou qui a été en contact avec le corps, étant à une température supérieure à 30°, tend à s'élever; il se produit alors de doubles courants, qui amènent successivement l'air de la pièce à la partie inférieure. A l'ancienne Chambre des députés, le volume de la salle était de plus de 4,000 mètres cubes et suffisait à peine pendant une demi-heure dans les séances nombreuses.

2017. *État hygrométrique de l'air.* — L'état hygrométrique de l'air a une grande influence sur la transpiration pulmonaire et cutanée. En effet, la perte de vapeur d'eau par l'acte de la respiration est proportionnelle à la différence entre la tension de la vapeur à 38°, et la tension de l'air extérieur ; la perte de vapeur par l'évaporation cutanée est aussi sensiblement proportionnelle à cette différence, en admettant, du moins, que l'air en contact avec la peau en prend la température et la conserve jusqu'à ce qu'il soit saturé. On conçoit alors que, à mesure que l'état hygrométrique de l'air s'élève, ces deux transpirations diminuent, et que le contraire arrive quand son état hygrométrique s'abaisse. Ces variations dans la transpiration doivent nécessairement occasionner des perturbations dans les fonctions organiques. Une trop grande dessiccation de l'air, qui peut résulter seulement de son échauffement, produit souvent de violents maux de tête. Il est donc nécessaire que l'air ne soit ni trop sec ni trop humide ; on admet généralement qu'il doit être à moitié saturé ; alors, à 15°, chaque mètre cube renferme à peu près 6^{gr},5 de vapeur d'eau. Il faut donc, à la suite des appareils de chauffage, verser dans l'air échauffé destiné à la ventilation une quantité d'eau suffisante pour qu'il contienne la dose de vapeur que nous venons d'indiquer.

2018. — *Atmosphères asphyxiables.* — M. Leblanc a fait des expériences d'un grand intérêt sur les effets produits dans un espace clos, chauffé directement par la combustion du charbon ; un chien de forte taille y était renfermé ; on mit dans un fourneau quelques morceaux de braise incandescente que l'on recouvrit de braise non allumée, et la porte fut fermée. Au bout de 5 à 6 minutes, la flamme surmontait le combustible, et le malaise de l'animal était visible; après 10 minutes, il tombait épuisé; enfin, au bout de 25 minutes, il succombait. A cet instant, la bougie brûlait encore avec le même éclat; 10 minutes après la mort de l'animal, la bougie s'est éteinte, après avoir pâli de plus en plus. A ce moment, le ballon d'analyse a été rempli, et l'analyse a donné : oxygène, 19,19 ; azote, 76,62 ; acide carbonique, 4,61 ; oxyde de carbone, 0,54; hydrogène carboné, 0,04. M. Leblanc considère les effets produits comme provenant de la présence de l'oxyde de carbone, car la dose d'acide carbonique était beaucoup moins grande que celle qu'un chien de même taille avait supportée dans l'expérience que nous avons rapportée (2010), et d'après des expériences directes, à la dose de 4 à 5 p. 100 dans l'air, il fait périr instantanément un moineau; un centième de ce gaz dans l'air détermine la mort d'un oiseau au bout de 2 minutes. J'ajouterai aux faits constatés par M. Leblanc que, dans les forges où l'on dirige par des tuyaux de conduite les gaz qui s'échappent du gueulard des hauts-fourneaux, et qui sont principalement formés d'azote et d'oxyde de carbone, quand il y a des fuites et que les ouvriers se trouvent dans les jets de gaz, ils tombent évanouis; mais ils reprennent bientôt leurs sens quand on les place immédiatement dans l'air pur, pourvu que l'action de l'oxyde de carbone n'ait pas été très-prolongée. L'asphyxie par l'acide carbonique et par l'oxyde de carbone ont des caractères bien différents qui permettent de les distinguer : par l'acide carbonique, ou, plus exactement, par la diminution de la proportion d'oxygène, l'agonie est longue et convulsive, tandis que l'oxyde de carbone agit brusquement et produit son effet dans un temps très-court.

Chaleur produite par la respiration.

2019. Dans l'acte de la respiration, il se produit une véritable combustion, et cette combustion dégage la même quantité de chaleur que celle qui serait produite dans un calorifère par la combustion de la même quantité de carbone, comme les expériences de M. Dulong, et plus tard celles de M. Despretz, l'ont démontré. D'après M. Dumas, les quantités de carbone et d'hydrogène brûlés, par heure, dans l'acte de la respiration, sont équivalentes, comme nous l'avons déjà dit, à 10 grammes de carbone, et, par conséquent, la chaleur émise dans le même temps s'élève à $0,010 . 8000 = 80$ unités.

2020. C'est cette chaleur qui maintient le corps humain à une température voisine de 38°, et qui compense celle qu'il communique constamment aux corps environnants par rayonnement et par contact ; mais une grande partie de cette chaleur est employée à former la vapeur qui est produite par la transpiration cutanée et celle qui se trouve dans l'air sortant des poumons ; et comme cette vapeur ne se condense pas, qu'elle est entraînée par l'air de ventilation, la chaleur qu'elle renferme n'est utilisée d'aucune manière et doit être retranchée de la quantité totale. Or, en admettant le chiffre moyen, 61 gr., pour la quantité de vapeur d'eau produite, la chaleur de vaporisation s'élèverait à $618 . 0{,}061 = 37{,}7$, et, par conséquent, la quantité de chaleur qui serait employée au chauffage de l'air serait de $80 - 37{,}7 = 42{,}3$. Il est important de remarquer que cette quantité de chaleur pourrait élever 9^{mc} d'air de 0° à 15°. Ainsi, dans un grand nombre de cas, elle serait suffisante pour échauffer l'air de ventilation, d'autant plus qu'il faudrait ajouter à la chaleur que nous avons calculée la chaleur émise par le refroidissement de la vapeur de 38° à 15°, qui est de $23 . 0{,}47 = 10{,}81$.

2021. D'après MM. Andral et Gavarret, la quantité de carbone brûlé, pendant une heure, par un homme adulte et bien portant, dans l'acte de la respiration, est de $11^{gr} 3$, et par une femme adulte $6^{gr} 4$. Le premier nombre augmenterait à peu près d'un dixième ceux que nous avons obtenus en partant des expériences de M. Dumas.

2022. Il résulte de tout ce que je viens de dire que la ventilation est indispensable dans les lieux habités, parce que l'air est toujours altéré par la respiration et la transpiration cutanée, et de plus, dans un grand nombre de cas, parce qu'il existe d'autres causes d'insalubrité. La ventilation s'effectue quelquefois naturellement ; mais le plus souvent elle doit être produite par la chaleur ou par une action mécanique. Nous examinerons d'abord, d'une manière générale, ces trois modes de ventilation.

Ventilation naturelle.

2023. Si l'air atmosphérique et celui qui remplit nos habitations étaient exactement à la même température, l'air serait partout immobile, du moins si l'on fait abstraction des vents ; mais les variations diurnes de température tendent à produire des courants qui marchent tantôt dans un sens, tantôt dans l'autre. Considérons une pièce pourvue d'une cheminée plus ou moins élevée, et dans laquelle l'air extérieur puisse pénétrer facilement par les fissures des portes et des fenêtres. La pièce et la cheminée pourront être considérées comme un canal composé de deux branches, l'une horizontale, et l'autre verticale, ouvert par les deux bouts. Or, d'après ce que nous avons vu précédemment, si l'air du canal est à une plus haute température que l'air extérieur, il s'écoulera par l'orifice le plus élevé, tandis qu'il s'échappera par l'orifice inférieur dans le cas contraire. En général, pendant l'été et le printemps, la température des appartements est plus basse que celle de l'air pendant le jour, et plus haute pendant la nuit; alors, pendant le jour, l'air atmosphérique s'introduit par le point le plus haut, pour s'écouler par le point le plus bas, et le contraire existe pendant la nuit. En hiver, l'air des appartements étant, en général, à une température constamment plus élevée que celle de l'air atmosphérique, l'air s'écoule toujours par l'orifice supérieur.

2024. Il est facile de se rendre compte de ce qui arriverait dans un canal vertical, creusé dans le sol, ne communiquant avec le jour que par l'orifice supérieur. En hiver, l'air étant plus chaud au fond du puits qu'à sa surface, il s'établira nécessairement deux courants qui renouvelleront l'air plus ou moins rapidement. En été, la température, à la surface du sol, étant, en général, plus élevée qu'au fond du puits, les courants n'existeront plus.

2025. Examinons maintenant ce qui arrivera dans un canal allongé, creusé dans le sol, et dont les deux extrémités viennent s'ouvrir à la surface du sol.

On sait que, à une profondeur peu considérable, la température est constante et ne participe point aux variations diurnes et annuelles de température de la surface du sol; à de plus grandes profondeurs, la température reste invariable pour chaque couche, mais va en augmentant à peu près de 1 degré par 25 à 30 mètres à mesure qu'on descend ; la température de la première couche à température constante est égale à la température moyenne de la surface du sol. Il résulte de là que les parois des grandes excavations souterraines sont, en général, plus chaudes en hiver que la surface du sol, et que, pour celles qui n'ont pas une grande profondeur, la différence de température peut changer de signe dans les saisons intermédiaires, et même le jour et la nuit.

Il est facile de voir d'après cela que, si le canal dont il s'agit est situé à une grande profondeur, la température de ses parois se trouvant plus élevée que celle de l'air pendant l'hiver, et plus froide pendant l'été, l'air atmosphérique pénétrera, en été, dans le canal par l'orifice le plus élevé, pour s'écouler par l'orifice le plus bas, et que le contraire aura lieu en hiver.

Lorsque les deux orifices seront au même niveau, l'équilibre existera ; mais il ne sera stable que dans le cas où l'air du canal sera plus froid que l'air atmosphérique ; dans le cas contraire, lorsque l'équilibre aura été rompu, le mouvement continuera dans le même sens. En effet, supposons d'abord que l'air du canal soit à une température plus élevée que l'air extérieur ; aussitôt que le mouvement aura commencé, la partie du canal dans laquelle l'air atmosphérique aura pénétré possédera une moindre force ascensionnelle que l'autre, et le mouvement se prolongera, quoique l'air, en cheminant, prenne progressivement la température de l'enveloppe. Mais, si l'air du canal souterrain est à une plus basse température, il est évident que, si l'air extérieur pénétrait dans une des branches du canal, l'état primitif tendrait à se rétablir, et se rétablirait effectivement après plusieurs mouvements oscillatoires.

2026. Si le canal souterrain, au lieu d'avoir la forme d'un siphon renversé, était disposé en sens contraire, c'est-à-dire, si le canal horizontal qui réunit les deux branches verticales était plus élevé que les deux extrémités qui communiquent avec l'air par deux courts canaux horizontaux, disposition qu'on ne pourrait réaliser que dans une montagne, il est évident que, dans tous les cas, il arriverait le contraire de ce que nous avons dit pour un canal ayant la forme d'un siphon. Ainsi, quand l'air du canal sera plus froid que l'air extérieur, il s'écoulera par l'orifice le plus bas ; quand il sera plus chaud, l'écoulement aura lieu par l'orifice le plus élevé ; et, quand les deux orifices seront à la même hauteur, l'équilibre ne sera stable que quand l'air du canal sera plus chaud que l'air atmosphérique.

2027. Dans les deux formes différentes du canal, et quand les deux orifices ne sont pas à la même hauteur, on pourrait déterminer par le calcul la vitesse d'écoulement, si l'on connaissait la température de l'air dans les différentes parties du circuit. Mais ces températures ne peuvent pas se déduire de celle de l'air atmosphérique et de celles des différents points de la paroi, parce que l'air qui traverse le canal n'en prend point instantanément la température, et que la différence varie avec la section et la nature plus ou moins conductrice du terrain.

A plus forte raison, il serait impossible de calculer les dimensions d'un canal qui, pour un état donné de l'air et pour des températures également données des différentes couches du terrain, produisît un effet déterminé.

Ventilation par la chaleur.

2028. La ventilation par la chaleur peut être produite de deux manières : 1° en échauffant l'air qui doit sortir ; 2° en échauffant l'air avant son entrée. Le premier mode est employé quand l'air appelé ne doit pas servir au chauffage; le second, quand l'air vicié doit être remplacé par de l'air échauffé : dans ce dernier cas, il se présente des circonstances dans lesquelles l'air vicié doit, en outre, recevoir à sa sortie un certain accroissement de température pour s'échapper avec une vitesse suffisante.

2029. Lorsque l'air expulsé doit être échauffé dans la cheminée d'appel et que la ventilation doit être très-faible, on peut se contenter de placer dans la cheminée une lampe à double courant d'air. Mais, quand la ventilation doit être puissante, on emploie toujours des foyers alimentés par des combustibles, d'un prix moins élevé, et presque toujours des combustibles solides. L'air d'appel ne devant jamais être chauffé que d'un petit nombre de degrés, de 20° à 40°, la grille ne doit occuper qu'une petite partie de la section de la cheminée, comme on le voit dans la figure 520. B est la cheminée ; D, la porte du foyer, qui peut être alimenté ou par l'air de ventilation, ou par l'air extérieur, en ouvrant la porte du cendrier E. Cette disposition a

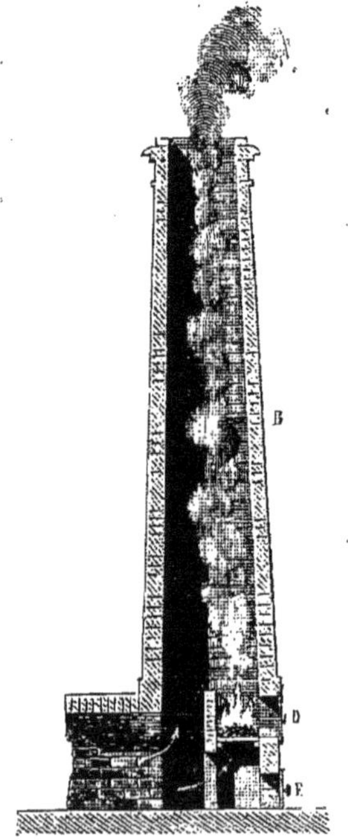

Fig. 520.

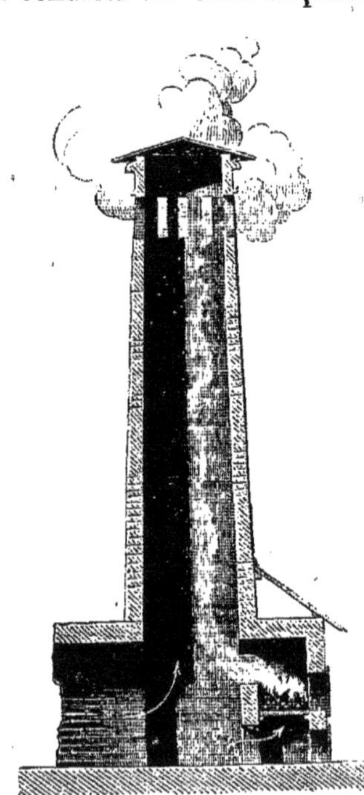

Fig. 521.

l'inconvénient de rétrécir la cheminée; mais on peut l'éviter en plaçant le foyer en dehors de la cheminée, comme l'indique la figure 521. Mais dans l'un et dans l'autre système il se produit un effet qui pourrait devenir fâcheux si la cheminée n'avait pas une très-grande hauteur ; le courant d'air chaud s'élevant contre une des parois, la température ne devient uniforme dans la section qu'à une certaine hauteur ; si la cheminée n'était pas très-élevée, il pourrait s'établir sur la face opposée un courant descendant qui anéantirait le tirage. On peut obvier à cet inconvénient en plaçant la grille au milieu de la cheminée, ou mieux en faisant dégager l'air brûlé d'un foyer latéral par un tuyau de fonte annulaire, percé d'un grand nombre d'orifices qui répartiraient uniformément l'air chaud dans la section. La vitesse d'écoulement de l'air par la cheminée étant toujours très-petite, il est nécessaire de la surmonter d'un chapeau fixe ou mobile ; la disposition de la figure 521 est souvent employée, et n'a presque jamais donné lieu à des retours de l'air, même par les plus grands vents. La cheminée doit être en maçonnerie d'une grande épaisseur, afin que la quantité de chaleur renfermée dans la maçonnerie régularise le tirage, malgré les variations d'intensité du foyer. Dans tous les cas, mais surtout pour les petites consommations de combustible, il serait préférable d'employer un foyer à alimentation continue, qui permettrait de maintenir la ventilation pendant la nuit sans la présence du chauffeur, en ayant soin de prendre une disposition dont nous avons parlé et qui permet de régler à chaque instant la consommation de combustible au moyen d'un registre placé à l'orifice d'accès de l'air, sous la grille du foyer.

2030. Les circonstances qui influent sur le tirage des cheminées d'appel, savoir, la température à laquelle l'air y est élevé et la température extérieure, agissent d'une manière différente, suivant que l'air appelé est à la température extérieure ou à une température constante ; et, dans ce dernier cas, suivant que l'air monte ou descend pour gagner la cheminée d'appel, et suivant la hauteur des prises d'air. Comme ces différentes circonstances se présentent dans la ventilation des lieux habités, nous les examinerons successivement.

Cheminée d'appel appelant de l'air à la température extérieure.

2031. Le cas dont il s'agit se rencontre dans tous les établissements ventilés, pendant les mois de l'année où le chauffage est suspendu. La vitesse d'accès v est donnée par la formule

$$v^2 = \frac{2ga}{(1+R)} \frac{H(t - \theta)}{(1 + at)}$$

dans laquelle H représente la hauteur de la cheminée, t la température moyenne de l'air qui la parcourt, θ la température de l'air extérieu a le nombre 0,00365, et R la somme des résistances que l'air éprouve dans tout son parcours, résistance que nous savons calculer dans tous les cas qui peuvent se présenter. Le facteur $\frac{2g\mathrm{H}a(t-\theta)}{1+at}$ représente la vitesse théorique, c'est-à-dire, celle que prendrait l'air s'il n'éprouvait point de résistance : ainsi, quand le circuit ne change pas et que t et θ varient seuls, la vitesse d'accès est toujours la même fraction de la vitesse théorique.

2032. Quand le circuit est formé d'un canal rectiligne d'une section constante, la résistance provient uniquement du frottement, et, comme alors $\mathrm{R} = \mathrm{KL} : \mathrm{D}$, on voit que la vitesse v varie sensiblement en raison inverse de la racine carrée de la longueur du canal.

2033. On voit aussi, à l'inspection de la formule, que la vitesse v varie à peu près proportionnellement à la racine carrée de la hauteur de la cheminée, parce qu'en général ces variations de hauteur n'ont que très-peu d'influence sur la valeur de R.

2034. Quant à l'influence de la valeur de t, on ne peut pas l'apprécier à l'inspection de la formule; pour reconnaître comment v varie, supposons d'abord $\theta = o$, prenons successivement pour t :

$$2^\circ \quad 4^\circ \quad 6^\circ \quad 8^\circ \quad 10^\circ \quad 12^\circ \quad 14^\circ \quad 16^\circ \quad 18^\circ \quad 20^\circ \quad 25^\circ \quad 30^\circ \quad 35^\circ$$

et calculons les valeurs de la racine de $at : (1 + at)$; nous trouverons pour ces valeurs

$$0,08 \quad 0,12 \quad 0,14 \quad 0,17 \quad 0,19 \quad 0,20 \quad 0,22 \quad 0,23 \quad 0,25 \quad 0,26 \quad 0,29 \quad 0,31 \quad 0,33$$

et pour des valeurs de t égales à

$$40^\circ \quad 45^\circ \quad 50^\circ \quad 55^\circ \quad 60^\circ \quad 65^\circ \quad 70^\circ \quad 75^\circ \quad 80^\circ \quad 85^\circ \quad 90^\circ \quad 95^\circ \quad 100^\circ$$

on trouve, pour les valeurs de la même fonction de t,

$$0,36 \quad 0,38 \quad 0\ 39 \quad 0,40 \quad 0,42 \quad 0,43 \quad 0,45 \quad 0,46 \quad 0,47 \quad 0,48 \quad 0,49 \quad 0,50 \quad 0,51$$

et la valeur maximum de cette fonction, quand t est très-grand, se réduit à l'unité.

Si l'on supposait $\theta = 15^\circ$, température moyenne de la saison d'été, et t successivement égal à

$$17^\circ \quad 19^\circ \quad 21^\circ \quad 23^\circ \quad 25^\circ \quad 27^\circ \quad 29^\circ \quad 31^\circ \quad 33^\circ \quad 35^\circ$$

on trouverait, pour les valeurs de la racine carrée de $at : (1 + at)$:

0,083 0,117 0,142 0,164 0,182 0,199 0,215 0,229 0,242 0,254.

Ainsi, le même excès de température $t — \theta$ produit sensiblement le même effet pour $t = 0°$ et $\theta = 15°$.

2035. *Détermination de l'effet produit par une cheminée d'appel, appelant de l'air à la température extérieure.* — On peut d'abord mesurer directement l'effet produit, en observant la vitesse moyenne de l'air dans une section quelconque du canal, avant ou après le foyer. Ces expériences se font avec une grande facilité, au moyen de l'anémomètre ; mais il faut que la vitesse de l'air ne soit pas trop petite, qu'elle dépasse $0^m 12$, minimum d'indication de ces instruments ; que le tuyau dans lequel on place l'anémomètre ne soit pas trop petit ; et, enfin, dans le calcul de la vitesse moyenne, il faut suivre la méthode indiquée (417). Ce moyen de déterminer l'effet produit est le meilleur et le plus sûr ; nous allons en voir cependant d'autres moins exacts, qu'on pourrait employer à défaut d'anémomètre, ou quand on ne peut pas en faire usage.

2036. On pourrait obtenir une évaluation du volume d'air appelé par la cheminée, si l'on connaissait le poids du combustible brûlé par heure, et la proportion n d'oxygène libre que renferme l'air de la cheminée. En effet, désignons par v le volume d'air rigoureusement nécessaire pour brûler 1 kilogramme de combustible, par V le volume d'air appelé par la cheminée, en supposant que cet air alimente le foyer. Le volume d'air non altéré et renfermant 0,21 d'oxygène sera $V—v$, et la proportion d'oxygène qui se trouvera dans le volume V sera évidemment 0,21 $(V—v):V$; ainsi on aura

$$n = \frac{0.21(V — v)}{V} \quad ; \text{ et par suite } \quad V = \frac{0,21 v}{0,21 — n} \quad ; \quad \ldots\ldots(a)$$

si l'on suppose que la valeur de V soit successivement égale à

$5v$; $10v$; $15v$; $20v$; $25v$; $30v$; $35v$; $40v$;

on trouve pour les valeurs de n,

0 168 ; 0,189 ; 0,196 ; 0,199 ; 0,2016 ; 0,2030 ; 0,2040 ; 0,2047.

Si l'on pouvait négliger la quantité d'hydrogène que renferme le combustible, et si l'on mesurait la proportion n' d'acide carbonique que renferme l'air, on aurait, en conservant les notations précédentes, $n' = 0,21 - n$, et pour les valeurs de V que nous avons supposées, on trouverait pour les valeurs de n'

$$0,042; \quad 0,021; \quad 0,014; \quad 0,011; \quad 0,0084; \quad 0,0070; \quad 0,0060; \quad 0,0033.$$

Ainsi, pour des valeurs de V qui dépassent 10 v, ce qui arrive toujours, car elles dépassent souvent 100 v, les valeurs de n sont rapprochées de 0,21, et celles de n' sont très-petites. Cette méthode exige, pour donner des résultats certains, une précision dans les analyses difficile à réaliser. Elle ne peut donc être employée que dans des circonstances exceptionnelles. J'en ai parlé pour faire voir qu'il ne suffit pas, pour résoudre une question, d'une relation entre l'inconnue et certaines données de la question ; il faut encore que cette relation soit telle que les erreurs, inévitables dans l'estimation des données, n'en produisent pas de très-grandes dans la valeur des inconnues.

2037. On pourrait obtenir une valeur suffisamment approchée, dans presque tous les cas, de l'effet d'une cheminée d'appel, si l'on connaissait le poids P du combustible brûlé par heure, et l'accroissement $t - \theta$ de température que l'air reçoit en pénétrant dans la cheminée. En effet, la quantité totale de chaleur produite dans une heure sera $P \times C$, C représentant la puissance calorifique du combustible ; le poids P' d'air appelé par heure sera donné par la relation

$$P'(t - \theta).\,0,2377 = P.\,C \quad ; \text{ d'où } \quad P' = \frac{PC}{(t - \theta).\,0,2377}.$$

Cette valeur de P' donnerait facilement le volume d'air appelé par seconde, et, par suite, la valeur de la vitesse d'accès de l'air dans la cheminée.

La valeur de $t - \theta$ s'obtiendrait facilement au moyen du thermomètre différentiel à air décrit (563).

2038. Toutes ces méthodes exigent des expériences plus ou moins compliquées ; il serait plus avantageux d'avoir des instruments qui indiquent à chaque instant, sur un cadran ou sur une échelle divisée, l'état de la ventilation. On pourrait employer la disposition de l'anémomètre décrit (418), ou les appareils à tangente et à sinus décrits (421 et 422). Des essais faits en mesurant directement les volumes d'air correspondant à différentes indications de l'instrument, serviraient à vérifier l'exactitude de la loi admise, et à construire une table donnant les volumes d'air appelés. Les manomètres à tube incliné et à flotteur (428 et 429) seraient préférables aux autres ; tous deux pourraient être employés pour déterminer l'appel au bas de la cheminée, en faisant communiquer l'intérieur du vase avec un tube traversant l'épaisseur de la muraille ; comme la vitesse d'écoulement est proportionnelle à la racine carrée de la résistance, et que cette résistance est constante, en déterminant une seule fois le volume d'air appelé correspondant à une certaine dépression, on formerait facilement une table donnant les volumes d'air appelés correspondants aux différentes dépressions. Le manomètre à flotteur est surtout applicable aux appareils dans lesquels la vitesse d'écoulement et la résistance sont très-faibles, parce qu'il est très-sensible. Si l'on voulait mesurer directement la vitesse, il faudrait employer la disposition indiquée (423), et faire communiquer les deux tubes, l'un avec le réservoir et l'autre avec l'extrémité du tube de verre quand on ferait usage du manomètre à tube incliné. Pour se servir du manomètre à flotteur, cet instrument devrait être placé dans une cage en verre exactement fermée ; l'un des tubes communiquerait avec la cage, l'autre avec l'intérieur du réservoir d'air de l'appareil. Si le tube placé parallèlement à l'axe de la cheminée était fixé au sommet de celle-ci, comme la pression latérale serait égale à la pression extérieure, il suffirait, en employant l'un ou l'autre instrument, de faire communiquer le tube en question avec l'intérieur du réservoir d'air.

2039. *Détermination de la quantité de combustible à brûler dans le foyer d'une cheminée d'appel, appelant l'air à la température extérieure, pour produire un effet déterminé.* — Si l'on connaissait toutes les dimensions du canal, on pourrait calculer la valeur de R, qui représente la somme totale des résistances que l'air éprouve en le parcourant ; on aurait alors l'accroissement de température par la formule :

$$v^2(1 + R)(1 + at) = 2gHa(t - \theta) \quad ; \text{ d'où } \quad t = \frac{2gHa\theta + v^2(1 + R)}{2gHa - a(1 + R)}.$$

L'accroissement de température et le poids de l'air appelé étant connus, on en déduira facilement le poids du combustible à brûler par heure, pour une certaine valeur de θ.

2040. La valeur de R pourrait aussi se déduire de l'observation de la température correspondant à une certaine consommation de combustible, comme je l'ai indiqué (2037).

2041. Une question qui se présente souvent dans la ventilation par les cheminées appelant l'air à la température ordinaire, est celle-ci :

une cheminée d'appel fonctionnant et produisant une vitesse d'accès v, la température intérieure étant t, et la température extérieure θ, quelle est la température t' que l'air doit recevoir dans la cheminée pour que la vitesse d'accès devienne v', θ restant le même. On a

$$v^2 = \frac{2g\mathrm{H}a\,(t - \theta)}{(1 + at)(1 + \mathrm{R})} \quad ; \quad v'^2 = \frac{2g\mathrm{H}a(t' - \theta)}{(1 + at')(1 + \mathrm{R})}$$

en posant $v' : v = m$, ces deux équations donnent

$$m^2 = \frac{(t' - \theta)}{1 + at'} \cdot \frac{1 + at}{(t - \theta)} \quad ; \text{ d'où } \quad t' = \frac{m^2(t - \theta) + \theta(1 + at)}{1 + at - m^2a(t - \theta)} \dots\dots(a)$$

On voit d'abord, à l'inspection de cette formule, que m a une certaine limite correspondant à $1 + at - m^2a\,(t - \theta) = o$, qui donne

$$m^2 = \frac{1 + at}{a(t - \theta)} \dots\dots\dots\dots\dots\dots\dots\dots\dots(b)$$

par exemple pour $t = 30°$, $\theta = 15°$, on a $m = 4.50$. Si l'on supposait successivement m égal à

$$2 \qquad\qquad 3 \qquad\qquad 4$$

l'équation (a) donnerait pour t',

$$87°,1 \qquad\qquad 191°,5 \qquad\qquad 951°,2$$

et les consommations de combustible rapportées à celles correspondant à la première vitesse seraient

$$\frac{2(87,1 - 15)}{30 - 15} = 9,6 \quad ; \quad \frac{3(191,5 - 15)}{30 - 15} = 70,59 \quad ; \quad \frac{4(951,2 - 15)}{30 - 15} = 265,6.$$

Ces rapports iraient évidemment en augmentant à mesure que θ deviendrait plus petit ; pour $\theta = o$, la limite de m serait $1,40$.

2042. Si, comme cela arrive quelquefois, la cheminée partait des combles, la pièce au-dessous étant maintenue à une température constante T, et désignant sa hauteur par H', on aurait

$$v^2 = \frac{2g}{1 + \mathrm{R}}\left\{\frac{\mathrm{H}a(t - \theta)}{1 + at} + \frac{\mathrm{H}a(\mathrm{T} - \theta)}{1 + a\mathrm{T}}\right\} \; ; \text{ et } v'^2 = \frac{2g}{1 + \mathrm{R}}\left\{\frac{\mathrm{H}a(t' - \theta)}{1 + at} + \frac{\mathrm{H}'a(\mathrm{T} - \theta)}{1 + a\mathrm{T}}\right\}$$

Si l'on suppose, comme précédemment, $v' : v = m$, et si l'on représente par M le terme constant des valeurs de v et de v', on trouve

$$t' = \frac{H\left[m^2(t - \theta) + \theta(1 + at)\right]}{(1 + at)(H + Ma - m^2 Ma) - m^2 a(t - \theta)} ;$$

en supposant $\theta = o$, $T = 15$, $t = 30$, $H = 10^m$, $H' = 5^m$, il vient

$$t' = \frac{300 m^2}{11,1104 - m^2 \cdot 0,536}$$

En faisant m successivement égal à

$$2 \qquad \bullet \qquad 3 \qquad\qquad 4$$

on trouve pour t'

$$133°,96 ; \qquad 563°,07 ; \qquad 1897°,23 ;$$

et pour les rapports de quantités de chaleur consommées

$$14,84 ; \qquad 109,71 ; \qquad 501,92.$$

2043. *Cheminée d'appel appelant l'air à la température extérieure par un canal dans lequel la résistance peut être négligée.* — Le cas dont il s'agit est, par exemple, celui des cheminées d'appel des lieux d'aisances des écoles, des hôpitaux, des prisons, des casernes, car la somme des orifices d'accès de l'air dans les fosses étant toujours très-grande relativement à la section de la cheminée, les pertes de charge dans tout le trajet peuvent toujours être négligées ; il en est de même de celle qui provient du frottement dans la cheminée. En outre, dans ce cas, la température de l'air dans la cheminée étant toujours très-petite, on peut négliger le terme at dans le dénominateur de la valeur de v ; toutes les questions relatives à ces sortes de cheminées d'appel se résolvent ainsi d'une manière très-simple. Désignons par A la quantité de chaleur produite par seconde, par x l'excès de température que l'air reçoit dans la cheminée, par S sa section, on aura évidemment :

$$S \cdot v \cdot 1,3 \cdot 0,24 \cdot x = A ,$$

ou

$$S^2 (0,312)^2 \cdot x^2 \cdot 2gHax = A^2 \quad ; \text{ ou } \quad 0,0067 S^2 \cdot H \cdot x^3 = A^2 \ldots (1)$$

et comme on a en même temps

$$v^2 = 2gHax = 0,0716 Hx \ldots (2)$$

les équations (1) et (2) peuvent servir à résoudre toutes les questions qui peuvent se présenter.

Je suppose qu'on veuille évacuer 2 mètres cubes d'air par seconde avec une cheminée de 10 mètres de hauteur et de $0^m 50$ de section ; on aura $v = 2^m : 0,5 = 4^m$; l'équation (2) donnera $x = 22^o,34$, et l'équation (1) donnera $A = 2^c,89$, ce qui correspond à 10404 calories par heure, ou à $1^k 25$ de houille. Si l'on rendait la consommation de houille constante, et si la cheminée avait une section 2 ou 3 fois plus grande, l'équation (1) donnerait pour les valeurs de x, $14^o 07$, et $9^o 29$; les vitesses correspondantes déduites de l'équation (1) seraient $3^m 17$ et $2^m 57$; et les volumes écoulés par seconde seraient de $3^{mc} 17$ et de $3^{mc} 85$. Si, au contraire, on rendait les sections 2 ou 3 fois plus petites, l'équation (1) donnerait, pour les valeurs de x, $35^o 29$ et $46^o 46$; les vitesses correspondantes seraient $5^m 026$ et $5^m 76$; et les volumes écoulés seraient $1^{mc} 25$ et $0^{mc} 95$. On voit, d'après cela, qu'il y a de l'avantage à augmenter la section de la cheminée ; mais il faut toujours que cette section soit très-petite relativement à la hauteur, afin que la chaleur produite se répartisse uniformément ; cependant, dans les cas dont il s'agit, une grande hauteur est moins nécessaire que quand l'appel a une résistance considérable à vaincre, parce qu'on n'a pas à craindre qu'il se forme dans la cheminée un courant d'air extérieur en sens contraire du courant d'air chaud. Il ne serait pas prudent de donner au courant une vitesse inférieure à 2 mètres, dans la crainte que l'appel ne fût trop influencé par les vents. Il est toujours utile de garnir le sommet de la cheminée de l'un des appareils décrits (549 et suiv.), et même de préférer ceux qui utilisent le vent au profit du tirage.

On peut se servir, pour alimenter le foyer, de toute espèce de combustible ; la tourbe et les mottes de tannée seraient très-avantageuses, parce que ces combustibles sont à bon marché et qu'ils brûlent lentement. Dans tous les cas, le foyer doit être placé dans la cheminée, ou mieux dans un renflement communiquant avec elle, et le cendrier doit être garni d'un tuyau à registre qui permette de régler à volonté la combustion. Un poêle à alimentation continue serait d'un service très-commode.

2044. Il semble au premier abord que, pour éviter tout dégagement de l'air des fosses, il suffit qu'un courant s'établisse des cuvettes aux fosses, quelque petit qu'il soit ; mais il n'en est pas ainsi, à cause des variations de la pression atmosphérique. Si la pression barométrique descendait brusquement, ou dans un temps assez court, de 2 centimètres, variation qui se manifeste assez fréquemment, le volume d'air de la fosse deviendrait 1,027 de ce qu'il était; et si, pendant le temps de la variation, la cheminée n'avait pas appelé un volume d'air égal aux 0,03 de celui de la fosse, il est évident que l'air de celle-ci se serait dégagé dans les cabinets. Il est donc important que la ventilation dépasse une certaine limite, afin de diminuer la durée du dégagement de l'air des fosses, lorsque le baromètre descend. Si l'on voulait fixer à une minute la durée de la sortie des gaz des fosses pendant les plus grandes variations brusques du baromètre, qui ne dépassent jamais 3 centimètres, il faudrait que la cheminée appelât par minute un volume d'air égal aux 0,04 de celui de la fosse ; en supposant que la capacité de cette dernière soit de 50^{mc}, 75^{mc}, 100^{mc}, les 0,04 de ces valeurs sont de 2^{mc}, 5^{mc}, 4^{mc}; et les volumes à évacuer par seconde seraient de $0^{mc}\,033$; $0^{mc}\,050$; $0^{mc}\,066$; et par conséquent, en supposant une vitesse seulement de 1^{m}, les sections des cheminées seraient de $0^{mq}\,033$; $0^{mq}\,050$; $0^{mq}\,066$.

2045. On trouve dans quelques établissements une disposition des tuyaux de communication des cuvettes avec les fosses, consistant à prolonger les tuyaux au-dessous de la voûte de la fosse, et à fixer à la partie inférieure une cuvette dont les bords sont plus élevés que les extrémités des tuyaux. Par cette disposition, aussitôt que la cuvette est remplie, toute communication des cuvettes et des fosses est interceptée par un joint hydraulique, et par conséquent les émanations des fosses ne peuvent pas se répandre dans les cabinets, si les fosses communiquent avec l'extérieur au moyen d'une cheminée, et dans le cas où la fosse serait exactement fermée, quand la différence des niveaux de l'extrémité du tube et des bords de la cuvette est suffisante pour qu'un excès de pression de 2 ou 3 centimètres de mercure (variations de pression qui se manifestent assez fréquemment), c'est-à-dire de 27 à 40 centimètres d'eau, ne puisse pas faire descendre le liquide de la cuvette au-dessous des bords du tuyau. On évite ainsi le dégagement de l'air des fosses; mais les cabinets restent infectés par les matières récentes qui occupent la partie inférieure des tuyaux, et il faut, par conséquent, que ces cabinets soient fortement ventilés pour faire disparaître toute odeur.

2046. *Influence des dimensions de la cheminée d'appel.* — Nous avons vu que l'effet des cheminées d'appel augmentait proportionnellement à la racine carrée de sa hauteur; par conséquent, il convient de leur donner la plus grande hauteur possible, pourvu toutefois que les circonstances locales le permettent sans trop grande dépense. Les cheminées d'appel qui partent de la surface du sol ont rarement plus de

30 mètres de hauteur ; mais celles qui sont employées à la ventilation des mines de houille, étant formées, en grande partie, par un puits qui descend jusqu'à la profondeur des travaux, atteignent jusqu'à 200 mètres de hauteur ; pour ces dernières, un prolongement plus ou moins considérable au-dessus de la surface du sol est presque sans influence.

Il est encore plus important de donner aux cheminées une section convenable. Considérons, par exemple, un canal d'une section constante, aboutissant à une cheminée ayant la même section ; si l'on rendait la section de la cheminée 2 fois, 3 fois, 4 fois plus petite, pour que l'appel restât le même, la vitesse d'écoulement par la cheminée devrait croître dans le même rapport, et, par suite, les excès de température de l'air dans la cheminée devraient augmenter dans un plus grand rapport que les carrés de ces nombres, comme on peut le voir à l'inspection de la formule (2031). Si, au contraire, on augmentait la section, il y aurait seulement un accroissement d'effet résultant de la détente et de la diminution des frottements dans la cheminée. On voit, d'après cela, que, quelles que soient la forme et les dimensions du canal qui précède la cheminée, il y a toujours avantage à donner à la cheminée la plus grande hauteur et la plus grande section ; mais, dans chaque cas particulier, la hauteur est limitée par les dépenses de construction, et la section par la nécessité de donner à l'air qui s'écoule une vitesse suffisante pour éviter l'influence des vents, et pour que l'écoulement se fasse à plein orifice, ce qui n'aurait pas lieu avec une section trop considérable relativement à la hauteur.

2047. *Influence de la résistance du canal et manière de la déterminer.* — On voit facilement, à l'inspection de la formule (2031), combien il est important que la valeur de R soit le plus petite possible. Par exemple, si l'on avait $R = 9$, $t = 35$, $\theta = 15$, pour obtenir la même ventilation avec une résistance double, on devrait avoir à peu près $20.19 = (t' - 15)\,10$; d'où $t' = 53°$; si la valeur de R devenait 2 fois plus petite, on aurait $20 . 5,5 = (t' - 15)\,10$, d'où $t' = 26°$; le calcul exact donne pour ces deux cas $55° 5$ et $25° 6$.

2048. La valeur de R représente, comme nous l'avons vu, la somme totale des pertes de charge dans tout le circuit, rapportée à la charge d'écoulement réel ; sa valeur est facile à calculer. Le circuit se compose toujours de la cheminée, d'un ou de plusieurs espaces, dont la section est très-grande relativement à la section de la cheminée, et où la vitesse de l'air est très-petite ; d'un certain nombre de petits tuyaux égaux, disposés de manière à régulariser la ventilation ; et enfin d'un canal plus ou moins long qui conduit l'air à la cheminée.

2049. Pour mieux faire comprendre le mode de calcul, prenons un exemple particulier, le plus compliqué qui puisse se présenter : une prison cellulaire. Nous la supposons de 200 cellules, réparties dans deux corps de bâtiment parallèles, à trois étages, y compris le rez - de-chaussée, formant les faces d'une grande galerie fermée en dessus ; les cellules de chaque étage s'ouvrent sur un balcon qui règne sur toute la longueur de la galerie ; nous supposerons qu'au-dessous des balcons se trouve un canal renfermant des tuyaux de chauffage ; que l'air extérieur entre dans la galerie par un ou plusieurs orifices, après avoir reçu une température voisine de 15° ; qu'il pénètre dans les canaux de chauffage pour y prendre un accroissement de température représentant la chaleur perdue par les vitres et les murailles de la cellule ; que de chaque cellule il descend, par un tuyau vertical, dans un canal à très-grande section qui règne dans toute la longueur des bâtiments, et qu'au delà il est conduit par un autre canal dans la cheminée. Supposons que la vitesse du courant soit la même dans tous les tuyaux, excepté, bien entendu, dans les rélargissements inévitables, et désignons par H et D la hauteur et le diamètre de la cheminée, par l et d la longueur et le diamètre ou le côté du conduit qui amène l'air du canal de chauffage à l'orifice de sortie, orifice qui est le même pour toutes les cellules ; par l' et d' la longueur et le diamètre du plus grand tuyau de descente ; enfin, par L et D' la longueur et le diamètre de chacun des tuyaux qui amènent l'air à la cheminée. Négligeons le frottement dans les parties rélargies du circuit, les contractions et les détentes à l'entrée et à la sortie des tuyaux ; remarquons qu'il y a quatre accroissements brusques de section à l'entrée de l'air dans la galerie, un à l'entrée dans le canal de chauffage sous les balcons, dans la cellule, un dans le canal au-dessous du sol, qu'il y a quatre changements de direction à angle droit dans chaque canal d'air chaud au-dessous du plancher et le long des murs de chaque cellule, et l'équivalent à peu près de deux changements de direction à angle droit dans le canal dont nous avons désigné la longueur par L, nous aurons d'après les formules du livre II :

$$R = 4 + 4 + 2 + \frac{HK}{D} + \frac{lK}{d} + \frac{l'K}{d'} + \frac{LK}{D'}.$$

Supposons que la hauteur de la cheminée d'appel soit de 30 mètres ; que chaque détenu doive recevoir 20 mètres cubes d'air par heure, et que la vitesse d'accès de l'air dans la cheminée soit limitée à 2^m, afin de rendre moins sensible l'action des vents. Le volume d'air appelé par seconde sera égal à 200 . 20 : 3600 = 1^{mc}1111, et le diamètre D de la cheminée sera à peu près $0^m 84$; chacun des conduits des cellules aura pour section $1,1111 : 400 = 0^m 00275$; et, en les supposant carrés, leur côté sera de $0^m 052$; d'après les dimensions ordinaires des cellules, on aura $l = 5^m$, et $l' = 7^m$; la valeur de D' sera égale à $0^m 595$, et on peut prendre 5^m pour la longueur du canal; alors la valeur de R devient

$$R = 4 + 4 + 2 + 0,86 + 2,31 + 3,23 + 0,20 = 16,60.$$

Ainsi la valeur de $R + 1$ différerait peu de 18, et le facteur $\sqrt{\dfrac{1}{R+1}}$ serait à peu près égal à $0,23$; ainsi la vitesse d'accès de l'air dans la cheminée serait inférieure au quart de la vitesse théorique.

2050. Remarquons maintenant que, si l'on augmentait la section de la cheminée et de tous les carnaux, mais de manière que la vitesse fût toujours la même dans tous, les trois premiers termes de la valeur de R ne changeraient pas, les quatre derniers seuls diminueraient; si, par exemple, toutes les sections étaient rendues 4 fois plus grandes, chacun de ces termes deviendrait seulement 2 fois plus petit, et la limite inférieure de la valeur de R serait égale à 10; ainsi, quelque soit l'accroissement de toutes les sections, la vitesse d'écoulement restera toujours inférieure à un tiers de la vitesse théorique.

2051. Mais si, sans changer la section de la cheminée, on augmente les sections de tous les autres carnaux, le quatrième terme 0,86, qui représente le frottement dans la cheminée, restera seul constant, et les autres termes diminueront rapidement. Supposons, par exemple, que toutes les sections des carnaux deviennent 4 fois plus grandes, les vitesses de l'air y seront 4 fois plus petites; et, comme les pertes de charges sont proportionnelles aux carrés des vitesses rapportées à celles de l'écoulement, les trois premiers termes deviendront 16 fois plus petits, et les trois derniers 32 fois plus petits. Ainsi, la valeur de R deviendrait $0,62 + 0,86 + 0,18 = 1,66$; et la vitesse réelle d'accès dans la cheminée serait égale à $0,61$ de la vitesse théorique. La limite extrême aurait lieu quand les sections seraient assez grandes pour que tous les termes, excepté celui qui représente le frottement de l'air dans la cheminée, pussent être négligés; alors la vitesse serait égale à $0,78$ de la vitesse théorique.

2052. Il est important de remarquer que si, dans l'expression générale de la vitesse d'accès théorique, on prend pour θ la valeur moyenne des mois de chauffage, et si l'on suppose que l'air arrive dans la cheminée à $15°$, sans que, dans le trajet, il y ait accroissement ou perte de charge, ce qui arriverait si les orifices d'appel étaient à la hauteur du foyer d'appel, et que l'air ne fût pas suréchauffé dans la cheminée, la vitesse théorique serait égale à 4^m 27 ; ainsi, pour obtenir une vitesse d'écoulement réelle égale à 2^m, il suffirait que le facteur provenant des résistances fût égale à $2 : 4,27 = 0,468$, ce qui correspond à $R = 3,54$. Mais alors, pour des valeurs de θ plus petites, il y aurait accroissement de vitesse, qu'il faudrait modérer par un registre, si l'on voulait conserver la vitesse de 2^m, et il ne faudrait allumer le foyer d'appel que pour des températures supérieures.

2053. Dans tout ce que je viens de dire, j'ai supposé que l'air ne se refroidissait pas dans la cheminée ; c'est une supposition qu'on peut admettre sans crainte de s'éloigner sensiblement de la vérité, pourvu qu'elle soit en briques et d'une épaisseur convenable, car nous avons vu (489), combien la perte de chaleur, dans les cheminées en briques parcourues par de l'air à 300°, était faible et avait peu d'influence sur le tirage. Nous avons de même admis que l'air des cellules ne se refroidissait pas dans son trajet jusqu'à la cheminée, cette hypothèse n'est jamais rigoureusement exacte ; il y a une perte de chaleur difficile à évaluer, car elle dépend de circonstances trop compliquées ; cependant quand il n'y a pas de conduites placées dans les combles, ce refroidissement doit être assez faible ; enfin on ne peut pas avoir égard dans les calculs à l'appel d'air extérieur par les fissures des surfaces de circuit. On ne doit donc considérer les résultats du calcul que comme une approximation suffisante pour diriger les ingénieurs, et il sera toujours nécessaire de déterminer par des expériences, après la construction des appareils, à quelle température l'air doit être surchauffé à son entrée dans la cheminée, pour obtenir la ventilation demandée. Ces expériences se font facilement au moyen de l'anémomètre, et permettent de déterminer, pour une certaine valeur de la température extérieure, la consommation de combustible correspondante à cette ventilation ; nous allons examiner les moyens de rendre la ventilation constante, quelle que soit la température extérieure.

2054. *Conduite du foyer pour obtenir une ventilation constante.*— Le cas que nous considérons, je le répète, est celui où l'air appelé est à la température extérieure, ou à une température constante, mais où, dans tout le circuit qui précède la cheminée, il n'y a ni perte ni accroissement de charge produisant des variations d'appel ; dans ce cas, la méthode la plus simple et la plus exacte pour diriger le foyer, consisterait à placer à côté du chauffeur un manomètre à eau, disposé comme je l'ai indiqué (563), et qui donnerait avec une très-grande précision la valeur de $t - \theta$, ou de l'excès de la température de l'air dans la cheminée sur la température extérieure; le foyer étant dirigé de manière que cet excès reste le même, la ventilation sera également constante; du moins elle ne variera que dans des limites très-rapprochées. En prenant 15° pour la température moyenne des six mois d'été, — 3° et + 32° pour les températures extrêmes, les ventilations varieraient dans le rapport des nombres 1,033 ; 1, et 0,977 ; la combustion serait réglée par un registre placé dans le cendrier. On pourrait aussi mettre à côté du chauffeur un des manomètres que nous avons décrits (426 et suiv.), et dont le réservoir communiquerait avec un petit tube qui viendrait s'ouvrir au bas de la cheminée; les dépressions indiqueraient les charges correspondantes à l'écoulement. Le manomètre incliné, qui est le plus simple, serait suffisant, car les vitesses d'écoulement sont rarement inférieures à 2 mètres, ce qui correspond à une charge en eau de 0^{mm} 265, et comme les vitesses sont presque toujours réduites à un tiers ou à un quart de la vitesse théorique, la dépression du manomètre serait de 9 . 0^{mm} 265 = 2^{mm} 385, ou de 16 . 0,265 = 4^{mm} 24, dépressions qui, avec une inclinaison du tube égale à 1 : 10, correspondraient à des longueurs de colonnes inclinées de 2^c 28 et de 4^c 24. Il ne serait pas impossible de placer un de ces appareils dans le cabinet du directeur de l'établissement pour servir de contrôle permanent de la ventilation et du service du chauffeur.

2055. On parvient encore à obtenir une ventilation sensiblement constante, en brûlant dans le foyer constamment la même quantité du même combustible, car dans ces conditions la valeur de $t - \theta$ reste constante. Les variations d'intensité du foyer entre deux chargements consécutifs seraient sans influence, à cause de la grande quantité de chaleur renfermée dans la maçonnerie qui environne le foyer, comme le démontrent les expériences faites à la prison Mazas, et que nous rapporterons plus loin, mais on aurait lieu de craindre une certaine inégalité de ventilation résultant des variations dans la qualité du combustible et surtout dans les circonstances atmosphériques.

Cheminées d'appel, appelant de l'air à une température constante, différente de la température extérieure.

2056. Le cas que nous considérons maintenant est celui de toutes les cheminées d'appel des lieux habités pendant la saison du chauffage; les phénomènes sont bien plus compliqués que ceux que nous venons d'examiner, parce que, suivant le mode de chauffage, les positions des orifices d'accès de l'air extérieur, de l'air échauffé dans la cheminée d'appel, il y a des colonnes d'air chaud dont la charge agit tantôt dans le même sens que celle de la cheminée d'appel, tantôt dans un sens contraire. Nous examinerons successivement les différents cas qui peuvent se présenter.

2057. 1° *L'air extérieur entrant échauffé au niveau du sol, s'élevant et descendant ensuite pour s'écouler également au niveau du sol dans la cheminée d'appel.* — C'est un mode de chauffage et de ventilation très-fréquemment employé; l'air chaud s'élève verticalement en se refroidissant, s'étale au-dessous du plafond et descend principalement contre les surfaces intérieures des vitres et des murailles auxquelles il transmet une partie de la chaleur nécessaire au maintien de la température, et s'écoule ensuite par la cheminée, après avoir reçu un certain accroissement de température. Dans le cas dont il s'agit, il y a trois colonnes d'air chaud qui produisent le mouvement : celle d'arrivée de l'air chaud; celle de descente qui agit en sens contraire, et celle de la cheminée, dont l'effet s'ajoute à celui de la première; la différence des charges correspondantes à la première et à la seconde peut être très-grande quand la quantité de chaleur absorbée par les murailles, ou transmise régulièrement par les vitres et les murailles est considérable, que le chauffage n'a lieu que par l'air de ventilation et que la ventilation est faible; elle est, au contraire, assez petite quand le chauffage a lieu en grande partie par rayonnement, et que la ventilation est très-considérable. Dans ce dernier cas, qui se rencontre assez fréquemment, on peut négliger la différence des effets des deux premières colonnes et la vitesse d'écoulement est donnée par la formule

$$v^2 = \frac{2ga}{1+R} \cdot \frac{H(15 + x - \theta)}{1 + a(15 + x)},$$

en supposant que la température intérieure est égale à 15°, ce qui a lieu ordinairement, et en désignant par x l'accroissement de température que reçoit l'air en pénétrant dans la cheminée; les autres lettres représentent les mêmes quantités qu'au n° 2031. Il résulte de cette formule que pour la même consommation de combustible employée au chauffage du même volume d'air, la vitesse d'écoulement est plus grande que quand l'air pénètre dans la cheminée à la température extérieure, parce que l'air est déjà échauffé à 15°.

2058. Dans le cas dont il s'agit, la régularité de la ventilation s'obtiendrait en rendant $x - \theta$ constant, ce qu'on pourrait constater, comme dans le cas précédent, par une mesure directe de cette différence de température, ou par un manomètre qui indiquerait l'appel au bas de la cheminée. Mais, dans ce cas, la vitesse ne serait proportionnelle à la racine carrée de x que pendant l'absence de chauffage, quand on supposerait que $\theta = 15°$.

2059. On pourrait aussi brûler constamment en hiver la même quantité de combustible, et de même en été, mais dans chaque saison des quantités de combustible différentes. En supposant que la température de l'air appelé soit de 15°, et en prenant 6° pour la température moyenne de l'hiver, 16° pour la température moyenne de l'année, et en désignant par x et x' les accroissements de température que l'air devrait éprouver dans la cheminée pour produire le même appel, on aura évidemment

$$\frac{15 + x - 6}{1 + a(15 + x)} = \frac{15 + x' - 16}{1 + a(15 + x')} \quad ; \text{ d'où } \quad x' = \frac{10,54 + 1,057x}{1,0219}$$

En supposant $x = 20°$, on trouverait $x' = 31°,00$ et les consommations de combustible devraient être dans le rapport de ces nombres pendant le chauffage et dans le reste de l'année : il est important de remarquer qu'en supposant que les températures de l'hiver s'écartent de 6°, en plus ou en moins, de la température moyenne, c'est-à-dire que les valeurs de θ soient de 12 ; 6, et 0, les vitesses d'écoulement sont proportionnelles aux nombres 4,51 ; 5,07 ; 5,56 ; ou aux nombres 0,89 ; 1 ; 1,096 ; et par conséquent en consommant une quantité constante de combustible, les plus grandes variations de vitesse seraient à peu près d'un dixième de celle correspondante à la température moyenne.

2060. 2° *L'air extérieur étant introduit et chauffé à chaque étage et descendant au niveau du sol pour pénétrer dans la cheminée d'appel.* — Ce cas se rencontre dans les prisons cellulaires et dans les hôpitaux. D'après ce que nous avons dit ci-dessus et au n° 448, en supposant la température intérieure constante, et en négligeant l'effet résultant des mouvements de l'air chaud en sens contraire à chaque étage, on aura

$$v^2 = \frac{2ga}{1 + R} \left\{ \frac{H(x + 15 - \theta)}{1 + a(15 + x)} - \frac{H'(15 - \theta)}{1 + 15a} \right\}$$

H étant la hauteur de la cheminée d'appel, et H' celle du canal de descente. On voit, d'après cette formule, que quand la valeur de θ change, les deux termes du second facteur varient dans le même sens, et par conséquent, que si l'on brûlait une quantité constante de combustible dans le foyer, les variations de vitesses seraient plus petites que celles du premier terme seul, qui sont à peu près d'un dixième, comme nous venons de le voir. En prenant $H = 30^m$; $H' = 8^m$, pour des températures extérieures égales à $0°$, $6°$, $12°$, les vitesses sont proportionnelles aux nombres $1,07$; 1 ; $0,92$; ainsi, en brûlant une quantité de combustible constante dans le foyer, la ventilation ne varierait que de 7 à 8 centièmes en plus ou en moins de celle qui correspond à la température moyenne extérieure. L'uniformité de l'excès de température de l'air dans la cheminée sur l'air extérieur pourrait être constatée par un thermomètre différentiel (563), ou par un manomètre multiplicateur qui indiquerait la dépression au bas de la cheminée.

Pendant les mois de l'année où le chauffage est suspendu, le second terme de la formule disparaît, et on retombe dans le cas que nous examiné d'abord (2057).

2061. Quant au rapport de la valeur moyenne de x dans les deux parties de l'année, elle s'obtiendra par l'équation

$$\frac{H(x + 15 - 6)}{1 + a(15 + 6)} - \frac{H'(15 - 6)}{1 + 15a} = \frac{H(x' + 15 - 16)}{1 + a(15 + x')}$$

En prenant $x = 20$, $H = 30$, $H' = 8$, on a $x' = 28° 13$. A la prison Mazas, qui se trouve dans les conditions que nous avons supposées, il résulte des expériences de plusieurs années que, pour obtenir la même ventilation pendant les mois de chauffage et dans le reste de l'année, les consommations moyennes des combustibles sont 20 et 25^k ; et, comme l'accroissement de température en hiver est à peu près de $20°$, on a $x' = 25°$; le calcul donne $28° 13$, mais la différence des tirages pour ces deux excès de température est très-petite, car ces vitesses sont proportionnelles aux nombres 24 et 25. Il est important de remarquer que la valeur de H' est nulle pour le rez-de-chaussée ; qu'elle est égale à la hauteur d'un étage pour le premier et de deux étages pour le second ; mais il faut prendre la plus grande valeur de H', attendu que l'uniformité de la ventilation ne peut s'effectuer qu'en restreignant par des registres la ventilation des étages qui offrent le moins de résistance.

2062. 3° *L'air extérieur étant introduit et échauffé à chaque étage, et s'échappant par une cheminée placée dans les combles.* — C'est une disposition appliquée par M. Duvoir-Leblanc dans plusieurs hôpitaux. L'air froid arrivant de l'extérieur s'échauffe en passant dans des poêles à eau chaude, gagne la partie supérieure de la salle et redescend, au niveau du plancher, pour s'écouler par les orifices inférieurs des cheminées partielles, qui le conduisent à la cheminée des combles. Dans ce cas, comme dans le précédent, on peut négliger les charges qui correspondent aux deux premiers mouvements de l'air, et alors la vitesse d'écoulement résulte des effets produits dans les cheminées partielles des salles et dans la cheminée des combles ; elle est alors représentée par la formule

$$v^2 = \frac{2ga}{1+\mathrm{R}} \left\{ \frac{\mathrm{H}(x + 15 - \theta)}{1 + a(15 + x)} + \frac{\mathrm{H}'(15 - \theta)}{1 + 15a} \right\}$$

H étant la hauteur de la cheminée et H' celle de l'étage supérieur, car, ici comme dans le cas précédent, l'uniformité de ventilation exige que l'on règle avec des registres la ventilation sur celle de l'étage pour lequel la puissance de la cheminée est le plus faible. On voit, à l'inspection de la formule, que, quand θ varie, les deux termes de la valeur de v diminuent tous les deux, et, comme ils s'ajoutent, la variation est plus grande que celle du premier terme seul. En supposant $\mathrm{H} = 8, \mathrm{H}' = 3, x = 20$, pour des valeurs de θ égales à $0°, 6°, 12°$, les valeurs de v sont proportionnelles aux nombres $1,11$; 1, et $0,86$; elles sont, par conséquent, comprises entre $0,11$ et $0,14$ de la valeur moyenne. Si ces variations pouvaient être admises, la régularité de la ventilation s'obtiendrait comme dans le cas précédent.

Alors, pour produire le même effet, en hiver et en été, avec le même appareil, on devrait évidemment avoir

$$\frac{\mathrm{H}(x + 15 - 6)}{1 + a(15 + x)} + \frac{\mathrm{H}'(15 - 6)}{1 + 15a} = \frac{\mathrm{H}(x' + 15 - 6)}{1 + a(15 + x')} ;$$

En supposant $\mathrm{H} = 8^{\mathrm{m}}$; $\mathrm{H}' = 3^{\mathrm{m}}$; $x = 20$ et $\theta = 6$, on trouve $x' = 35° 16$. Ainsi, en été, la dépense moyenne de combustible serait égale à $35, 16 : 20 = 1,75$ de celle d'hiver.

2063. Dans cette disposition comme dans la précédente, on pourrait régler exactement la ventilation, par une consommation uniforme de combustible ; il n'y aurait d'incertitude que celle résultant de la qualité du combustible et de la combustion plus ou moins complète ; pour régler la ventilation d'une manière plus exacte encore, on placerait à côté du chauffeur un thermomètre différentiel (563), qui donnerait à chaque instant l'excès $t - \theta$ de la température intérieure sur celle de l'air, ou bien un manomètre à tube de verre incliné ou à flotteur.

2064. *Comparaison des deux derniers systèmes de ventilation sous le rapport de l'économie du combustible.* — En conservant pour H et H' les valeurs que nous avons indiquées précédemment, en désignant par x et x' les accroissements de température dans les cheminées qui produiraient les mêmes effets, et en admettant que les résistances sont sensiblement les mêmes, on aura pour la ventilation moyenne de l'été, en prenant $\theta = 16$,

$$\frac{30^m(x + 15 - 16)}{1 + a(15 + x)} = \frac{8(x' + 15 - 16)}{1 + a(15 + x')} \quad ; \text{ d'où } \quad x' = \frac{31,62 \cdot x - 40,05}{8,539 - 0,08 \cdot x}.$$

En supposant $x = 20$, on trouve $x' = 72,54$; en n'ayant pas égard aux dénominateurs, on obtient $x' = 72,25$: ainsi les dénominateurs ont peu d'influence. Il résulte de là que les dépenses de combustible, nécessaires pour obtenir la même ventilation en été par deux cheminées, l'une de 30^m partant du sol, et l'autre de 8^m partant des combles, sont dans le rapport des nombres 1 et 3,62.

2065. Pendant la saison du chauffage, pour obtenir la même ventilation au moyen des deux appareils, pour la température moyenne 6°, on aurait, en négligeant les dénominateurs qui ont réellement peu d'influence, comme nous venons de le voir,

$$30(x + 15 - 6) - 8(15 - 6) = 8(x' + 15 - 6) + 3(15 - 6) \; ; \text{ d'où } x' = \frac{30x - 213}{8}$$

En supposant $x = 20°$, on trouve $x' = 48$; ainsi, dans la saison du chauffage, la cheminée dans les combles consommerait à peu près deux fois et demie la quantité de chaleur qu'exigerait la cheminée partant du sol pour produire le même effet. Elle absorberait même beaucoup plus de chaleur, parce que l'air, en parcourant les canaux placés dans les combles, se refroidirait infailliblement, et toute la perte de chaleur devrait être restituée dans la cheminée d'appel.

2066. Dans tous les calculs que je viens de faire, j'ai négligé la perte de charge dans le mouvement d'ascension et de descente de l'air chaud dans la pièce ; mais, comme l'accroissement de ventilation qui en résulterait serait le même dans les deux systèmes, cette considération ne pourrait que diminuer l'avantage calculé de la ventilation par la cheminée, partant du sol, sans le détruire. Il est évident que, pour la ventilation d'été, quand on peut supposer la température intérieure égale à la température extérieure, les dépenses de combustible, pour obtenir la même ventilation, seront sensiblement en raison inverse des hauteurs; ainsi, pour les hauteurs de cheminée que nous avons admises, elle serait près de quatre fois plus grande pour la cheminée des combles que pour la cheminée s'ouvrant à la surface du sol.

2067. J'ai supposé aussi que les résistances étaient les mêmes dans les deux systèmes; et cependant, dans le premier, les circuits ont une plus grande étendue que dans le second; mais cela ne modifie pas sensiblement les résultats obtenus.

2068. En outre, comme la cheminée des combles ne peut pas avoir un foyer latéral pour chauffer l'air, à cause des inconvénients et des dangers qu'il présenterait, et de la nécessité d'y maintenir un chauffeur en permanence, le chauffage doit toujours avoir lieu par des poêles à eau chaude ou à vapeur. Mais ce mode de chauffage exige des dépenses bien plus élevées de premier établissement, à cause de la grande étendue des surfaces de chauffe de ces appareils réchauffeurs, et il occasionne une perte considérable de chaleur par la cheminée du foyer de chauffage, tandis qu'avec la cheminée partant du sol, le chauffage de l'air appelé peut avoir lieu directement par l'air brûlé, et toute la chaleur du foyer est utilisée.

2069. En résumé, il y a toujours une économie considérable dans la consommation de combustible pour la ventilation d'hiver, et surtout pour la ventilation d'été, et en même temps dans les frais d'installation des appareils, à faire descendre au niveau du sol les gaz qui ont servi à l'assainissement et à les faire sortir par une haute cheminée d'appel.

2070. On a proposé plusieurs fois un autre mode de ventilation qui, sous le rapport de la salubrité, présenterait beaucoup plus d'avantages que ceux dont nous venons de parler et qui, sous le rapport de la consommation du combustible, rentrerait à peu près dans le premier cas que nous avons considéré. Dans ce système, l'air extérieur, préalablement échauffé, entre par tous les points du sol, sort par le plafond, et ensuite descend extérieurement par un canal communiquant avec le bas de la cheminée d'appel. Par cette disposition, chacun ne respirerait que de l'air pur, et la dépense de combustible serait à peu près la même que dans le premier cas. Ce mode présente, pour les orifices d'entrée et de sortie et pour l'égale répartition de l'air, des difficultés d'installation telles qu'il est rarement possible de l'employer.

2071. Dans tous ces systèmes, la ventilation d'été peut être mesurée exactement par un manomètre communiquant avec un tube placé au bas de la cheminée et perpendiculairement à sa surface; quant à la ventilation d'hiver, ces mêmes appareils ne donnent une évaluation de la ventilation qu'à une approximation qui dépend des disposi tions du circuit parcouru par l'air ; quand l'air descend pour gagner une haute cheminée d'appel, les variations sont en général assez petites pour être négligées, et l'uniformité de ventilation peut s'obtenir par une consommation constante de combustible ou par la permanence dans l'excès de la température de l'air sur la température extérieure ; il n'en est point ainsi quand la cheminée part des combles, à cause de la petite hauteur de la cheminée ; l'emploi des anémomètres permanents devient alors indispensable.

Remarque sur les calculs relatifs aux cheminées d'appel. — Dans tous les calculs qui précèdent, nous avons toujours pris les températures moyennes de l'hiver et de l'été, mais les variations considérables qui se produisent dans la température, non-seulement d'une saison à l'autre, mais encore dans une même journée, sans rien changer aux résultats comparatifs que nous avons obtenus, pourront modifier notablement les résultats obtenus.

La ventilation par les cheminées d'appel fonctionne d'une manière à peu près régulière dans les grands appareils où la chaleur renfermée dans les parois de la cheminée compense les variations inévitables dans le chauffage ; mais dans les applications restreintes, le tirage des cheminées est influencé par les rayons solaires, par l'état hygrométrique de l'air et par les vents qui agissent à la fois sur les orifices d'entrée et de sortie. Il suffit de voir ce qui se passe dans les cheminées d'appartement, même dans celles qui ont une assez grande hauteur, pour comprendre combien l'action des agents extérieurs peut être considérable.

Différents modes de chauffage des cheminées d'appel.

Indépendamment du chauffage direct de l'air appelé, que nous avons indiqué, il en est plusieurs autres que nous devons examiner.

2072. *Appel de l'air de ventilation par les cendriers des fourneaux de chauffage.* — Les cheminées des appareils de chauffage appellent ordinairement de 9 à 18 mètres cubes d'air par kilogramme de houille brûlée sur la grille (207) ; cet air peut être pris dans les lieux qui doivent être ventilés, et par conséquent cet appel ne coûte absolument rien. Si l'on couvrait seulement en partie la grille de combustible, on pourrait appeler dans le foyer des volumes d'air variables dans des limites très-étendues ; mais alors la ventilation coûterait beaucoup plus que par une cheminée spéciale. En effet, supposons qu'on appelle dans le foyer 400 mètres cubes d'air par kilogramme de houille, c'est à peu près le tiers de ce qu'on appelle dans les cheminées d'aérage bien disposées ; le poids de cet air sera de $400 . 1,3 = 520^k$; une petite partie des 8000 unités de chaleur produites par la combustion pénétrera par rayonnement dans les surfaces du calorifère qui environnent le foyer, le reste se distribuera dans les 520^k d'air ; si l'on négligeait la chaleur provenant de ce rayonnement, comme il faut $520 . 0,24 = 124,8$ calories pour échauffer la masse d'air de 1°, elle serait portée à $8000 : 124,8 = 64° 10$; tandis que si la cheminée appelait seulement 18 mètres cubes d'air par kilogramme de houille, l'air brûlé sortirait du foyer à 1200°. Il résulte évidemment de là que le calorifère, qu'il soit à vapeur, à eau chaude, à air chaud, produira d'autant moins d'effet que le volume d'air appelé sera plus considérable. Il est évident que, si le calorifère était à air chaud ou à vapeur, et si, dans une première période du chauffage, la température de l'eau avait été portée au delà de 100°, l'air d'appel dans une seconde période en abaisserait la température ; ainsi, ce mode de ventilation a pour effet de diminuer la quantité de chaleur qui passe à travers le calorifère, dans certaines circonstances de la supprimer et même d'échauffer l'air aux dépens de la chaleur qui aurait été accumulée, et en outre d'élever inutilement la température de l'air dans la cheminée d'appel au-dessus de la limite nécessaire.

2073. Un fait constaté dans les grands appareils de ventilation, c'est qu'il suffit de donner à l'air appelé un accroissement de température d'environ 20°. Ce serait donc cette température que devraient avoir les surfaces du calorifère, si l'air appelé ne devait pas absorber plus de chaleur que dans une cheminée spéciale ; mais alors le calorifère ne produirait évidemment point d'effet.

2074. En outre, par ce système de ventilation, le chauffage et la ventilation étant produits par le même foyer, on ne peut régler ni l'un ni l'autre, parce que chacun exige des quantités de chaleur qui varient suivant des lois différentes. En un mot, avec ce mode de ventilation, on ne sait jamais ce qu'on fait, ni pour le chauffage ni pour la ventilation.

2075. Au reste, il y a un principe évident par lui-même et dont il ne faut se départir que quand il y a nécessité absolue, c'est de ne jamais faire dépendre la ventilation du chauffage, parce que la ventilation doit être constante, et que le chauffage, dépendant de la température extérieure, doit pouvoir varier dans des limites très-étendues.

2076. L'appel par un foyer de chauffage ne pourrait être avantageux qu'autant qu'il ne dépasserait pas 18 à 20 mètres cubes par kilogramme de houille ; mais cette ventilation est, en général, très-petite relativement à celle qui doit être produite, et il n'en résulte qu'une économie insignifiante, car, dans les cheminées spéciales, rarement l'air y est échauffé de plus de 20°, et la chaleur employée pour échauffer 20^m cubes d'air est égale à $1,3 . 20 . 20 . 0,24 = 124,8$ unités de chaleur, qui sont les $124,8 : 8000 = 0,016$ de la quantité totale de chaleur produite par le combustible ; une pareille économie est illusoire, car les effets produits par le même poids du même combustible, brûlé sur la même grille, dans les mêmes circonstances apparentes, varient dans des limites beaucoup plus étendues, suivant l'habileté du chauffeur. J'ajouterai enfin que l'air appelé dans le foyer du calorifère aurait à vaincre les résistances du canal de circulation et de l'appareil de chauffage, ce qui exigerait un accroissement de tirage dans la cheminée.

2077. *Cheminées d'appel dans lesquelles l'air appelé ne doit pas alimenter la combustion.* — Ordinairement il n'y a pas d'inconvénient à mêler l'air brûlé sortant du foyer avec l'air appelé ; mais, quand ce dernier renferme des mélanges explosifs, ou quand il serait dangereux que, par l'action des vents, de l'air chargé de fumée rentrât dans les pièces ventilées, il faut chauffer indirectement l'air d'appel.

2078. Une disposition consiste à employer un foyer latéral, et à faire écouler l'air brûlé par un tuyau placé au centre de la cheminée d'appel et dépassant le sommet ; le tuyau et la cheminée doivent être surmontés d'un chapeau disposé pour s'opposer autant que possible à l'influence des vents qui tendent à faire revenir l'air brûlé dans la pièce. Il est plus simple et presque toujours suffisant d'élever le tuyau à fumée seulement à quelques mètres de hauteur, et de faire déboucher l'air brûlé dans la cheminée d'aérage. La partie inférieure du tuyau à fumée peut rougir sans inconvénient, car les mélanges explosifs qui se rencontrent dans les gaz qui doivent être expulsés ne s'enflamment qu'au rouge blanc. Pour augmenter la surface de chauffe, le tuyau pourrait s'élever en serpentant dans la cheminée ; mais dans ce cas il ne faudrait pas oublier de prendre les précautions nécessaires pour le nettoyage intérieur. Une autre disposition consiste à faire passer l'air appelé dans un tuyau métallique, placé dans une cheminée en briques, par laquelle s'écoule l'air brûlé du foyer.

2079. Les dispositions à tuyau intérieur jusqu'au sommet de la cheminée sont peu avantageuses sous le rapport de l'économie du combustible, parce que l'air appelé ne s'échauffe que progressivement, et que la température moyenne de l'air dans la cheminée doit être, pour produire le même effet, beaucoup plus élevée que si l'air était échauffé à son entrée ; si l'air s'échauffe progressivement de $t°$, en s'élevant jusqu'au sommet, la température moyenne de l'air, celle qui produit l'appel, est égale à $t:2$; tandis qu'elle serait égale à $t°$, si l'air avait cette température au bas de la cheminée. Il est donc plus avantageux de chauffer l'air appelé, en totalité ou en partie, au moyen d'un calorifère.

2080. La figure 522 représente un appareil construit il y a long-temps par M. Cockerill, pour chauffer l'air d'une cheminée d'appel : l'appareil, placé à côté de la cheminée, consiste en un gros tuyau de tôle disposé au-dessus du foyer et logé dans une enveloppe en maçonnerie qui communique par le haut et par le bas avec la cheminée d'appel. Il ne doit produire que très-peu d'effet utile, à cause de la mauvaise disposition de la surface de chauffe.

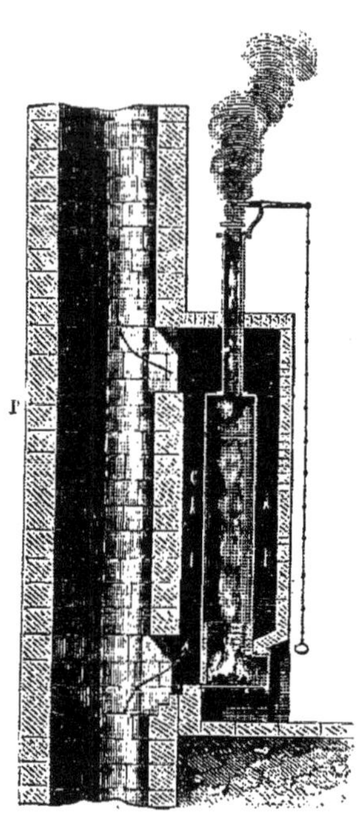

Fig. 522.

2081. Une meilleure disposition, sous le rapport de l'efficacité des surfaces de chauffe et de la facilité du nettoyage, consiste à faire circuler l'air brûlé dans des tuyaux horizontaux. L'appareil peut être disposé comme l'indique la figure 523 ; il se compose de deux calorifères à tubes horizontaux ; un registre tournant oblige l'air d'appel à circuler autour des tubes; l'air brûlé parcourt successivement les différentes rangées horizontales, de haut en bas, avant de se rendre dans la cheminée d'écoulement de l'air brûlé, laquelle est placée dans la cheminée d'appel.

2082. Il peut convenir dans quelques cas exceptionnels de chauffer l'air dans la cheminée d'appel au moyen d'un calorifère à eau chaude ou à vapeur, comme l'indique la figure 524.

2083. Il semble, au premier abord, qu'il y aurait toujours de l'avantage, sous le rapport de la régularité de la ventilation, même quand l'air appelé pourrait sans inconvénient passer à travers le foyer, à chauffer cet air par un calorifère à eau chaude avant son entrée dans la cheminée : les petites variations d'intensité du foyer seraient atténuées par la masse d'eau en circulation ; mais, comme le démontrent très-bien les expériences faites dans les prisons cellulaires de Mazas et de Provins que nous rapporterons plus loin, la chaleur renfermée dans la cheminée produit cet effet. Cette disposition n'aurait alors que des inconvénients ; la dépense de combustible et les frais de premier établissement seraient beaucoup plus considérables.

2084. Il se présente cependant des circonstances dans lesquelles il devient nécessaire de l'employer ; c'est quand les cheminées d'appel

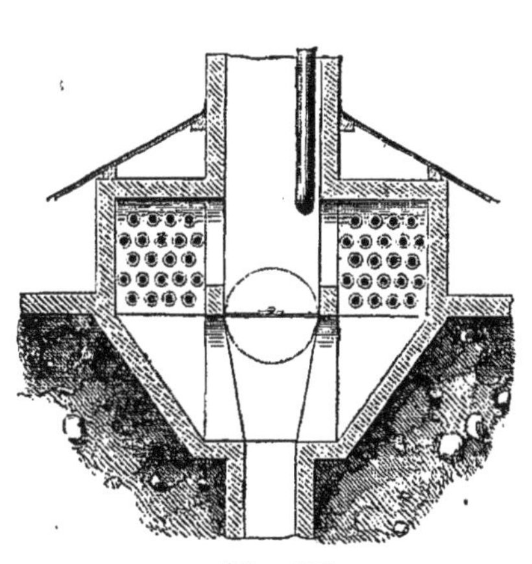

Fig. 523.

Fig. 524.

sont éloignées des foyers, quand elles partent, par exemple, des combles des édifices, et qu'il y a de sérieux inconvénients à y établir des foyers par la difficulté de les surveiller, ou par la crainte d'un incendie. Mais ce sont des dispositions qu'il faut éviter, parce que les cheminées, n'ayant que peu d'élévation, n'ont qu'un faible tirage. C'est, du reste, un point sur lequel je reviendrai encore en parlant du chauffage et de la ventilation des édifices publics.

2085. Dans quelques appareils, on a chauffé l'air de ventilation par un tuyau à circulation d'eau chaude, d'une grande longueur, placé dans la cheminée d'appel. C'est la disposition la plus vicieuse qu'on puisse employer, car une grande partie de la chaleur dépensée est sans influence sur le tirage. De même que dans le cas du n° 2079, l'air qui s'élève dans la cheminée en contact avec le tuyau d'eau chaude, s'échauffe progressivement ; et, comme le tirage d'une cheminée résulte de la température moyenne de l'air qui s'y trouve, et que la consommation de chaleur dépend de la température de l'air à la sortie, il s'ensuit évidemment que ce mode de chauffage occasionne une grande perte de chaleur. Si, par exemple, l'air entrait dans la cheminée à 15° et y était échauffé successivement jusqu'à 35°, le tirage serait sensiblement le même que si l'air était de bas en haut à 20°, et l'on aurait dépensé la chaleur nécessaire pour l'échauffer à 35°. Cette disposition ne saurait être justifiée que par l'impossibilité de placer un foyer au bas de la cheminée, ou d'échauffer l'air avant son entrée dans la cheminée.

2086. Dans toutes les cheminées d'appel, chauffées par l'air brûlé, que l'air appelé soit ou non employé à la combustion, comme la vitesse d'écoulement de l'air est très-petite, le tirage peut être influencé par les vents, et il est par conséquent nécessaire, comme nous l'avons déjà dit plusieurs fois, de garnir le sommet des cheminées d'un appareil destiné à soustraire le tirage à leur action, ou mieux d'un des appareils décrits dans le premier volume, qui les font concourir à l'accroissement du tirage. Je rappellerai cependant que la composante verticale de haut en bas de la vitesse du vent ne diminue pas d'autant la vitesse d'écoulement, et que cette dernière vitesse ne deviendrait nulle qu'autant que cette composante serait égale à la vitesse due à la charge qui est toujours beaucoup plus grande que la vitesse réelle (538).

Ventilation mécanique.

2087. Dans le quatrième livre de cet ouvrage, nous avons passé en revue les différents appareils qu'on peut employer pour produire une ventilation mécanique ; nous nous bornerons ici à examiner les phénomènes généraux qui se produisent, et nous nous occuperons d'abord de la comparaison de la dépense relative à la ventilation par une cheminée d'appel, et par une action mécanique.

2088. Nous avons trouvé (57) que le rapport R, entre le travail produit par la même quantité de chaleur employée mécaniquement, et dans une cheminée, en supposant qu'un cheval-vapeur exigeait par heure 4^k de houille, était donné par la formule

$$R = \frac{2,118(1 + at)}{aH} ;$$

t, représentant l'excès de température de l'air dans la cheminée sur la température extérieure, a le nombre 0,00365, et H la hauteur de la cheminée. Si on calcule la valeur de R, en supposant t égal successivement à 10°, 20°, 30°, 40°, 50°, 100°, 200°, 300°, 400°, et pour des hauteurs de cheminée égales à 5^m, 10^m, 15^m, 20^m, 25^m, 30^m, on trouve les résultats suivants :

$t =$		$10°$	$20°$	$30°$	$40°$	$50°$	$100°$	$200°$	$300°$	$400°$
$H =$	5^m	120	124	129	133	137	158	200	243	285
$=$	10^m	60	62	64	66	68	79	101	121	142
$=$	15^m	40	41	43	44	45	53	66	81	95
$=$	20^m	30	31	32	33	34	39	50	61	71
$=$	25^m.	24	25	26	26	27	31	40	48	57
$=$	30^m	20	20	21	22	23	26	33	40	47.

2089. On voit, d'après ces nombres, que la valeur de R augmente
très-rapidement, à mesure que t augmente et que H diminue, comme
il était d'ailleurs facile de le prévoir à l'inspection de la formule. La
valeur de R serait double, si l'on employait une machine ne consommant que 2^k de houille par cheval et par heure. Mais pour toute espèce de machine, il y aurait une certaine perte de travail dans la transmission du mouvement et dans la machine elle-même. L'effet utile
peut varier de 0,20 à 0,80 suivant le genre de machine employé.

2090. J'ajouterai que, dans un grand nombre de cas, on a l'emploi
utile de la vapeur détendue; en se servant alors d'une machine à haute
pression, à détente, sans condensation, le travail de la machine ne coûte
sensiblement rien. Ainsi en prenant 4 atmosphères pour la pression
de la vapeur sur le piston et 1^{at} 1/2 pour la pression à la sortie de la machine, on trouve, par la formule de M. Regnault, que la perte de chaleur
éprouvée par la vapeur est de 11 calories, c'est-à-dire 1 3/4 p. 100
de la quantité de chaleur contenue dans la vapeur à 4 atmosphères.

2091. La ventilation mécanique présente donc un avantage immense, sous le rapport économique, sur la ventilation par une cheminée
d'appel; mais cette considération n'est pas la seule qu'il faut faire in-
tervenir dans le choix du mode de ventilation. C'est par l'examen, dans
chaque cas particulier, des avantages et des inconvénients résultant de
l'emploi de ces deux systèmes que l'on doit se décider, et il est impossible
de dire d'une manière absolue que tel système est toujours préférable,
dans toutes les circonstances que l'on rencontre dans les applications.

2092. La ventilation mécanique ne peut être employée que quand
il s'agit d'une puissante ventilation exigeant un travail assez considérable. Elle a l'avantage, en général, de consommer beaucoup moins
de combustible qu'une cheminée qui produirait le même effet, et
même, comme nous venons de le voir, n'exige presque aucune dépense,
quand on a l'emploi utile de la chaleur de la vapeur détendue; en
outre, ce système permet de la régler d'une manière facile et certaine,
de la mesurer à chaque instant, et de la faire varier dans des limites

très-étendues. Au premier aspect il semble que la ventilation mécanique doit coûter beaucoup plus cher d'installation que celle par cheminée d'appel; mais dans les cas nombreux où l'on se trouve avoir déjà un moteur, elle revient à meilleur marché à cause de la diminution de section des conduits, et en général pour les ventilations des grands établissements elle ne doit pas coûter davantage.

2093. La ventilation par une cheminée d'appel peut être employée pour les grandes comme pour les petites ventilations. Les frais d'installation sont à peu près les mêmes que pour le système mécanique ; mais la ventilation coûte presque toujours plus cher, surtout en été, quand l'air n'a pas été chauffé. On ne peut la faire varier que dans des limites assez restreintes, et avec un accroissement considérable dans la consommation du combustible. Enfin, dans certaines circonstances, ce mode présente de grandes difficultés par la nécessité où il met de réunir l'air de ventilation de différentes pièces, pour le diriger vers la cheminée d'appel.

2094. Les appareils mécaniques peuvent aussi être mis en mouvement par des hommes; et, quoique le travail coûte beaucoup plus que quand il provient de la vapeur, il est des cas où, sous d'autres rapports, il est avantageux de l'employer; mais c'est surtout dans les maisons de détention, où le travail coûte peu, que ce mode de ventilation devrait être employé.

2095. Quand on considère le peu de travail qu'exigent des ventilations même d'une certaine importance, quand les vitesses sont très-petites, on est conduit à un mode particulier de ventilation mécanique, qui serait d'une application facile, mais peu sûre à cause de l'attention et de la surveillance qu'il exige. Ce mode consiste à employer le travail d'un homme, pendant un certain temps, à élever un poids à une certaine hauteur, d'où on le laisserait ensuite tomber lentement à l'aide d'un mécanisme semblable à celui des tournebroches. Dans sa chute, il reproduirait en partie le travail dépensé. Nous verrons des cas de petites ventilations où ce mode peut être appliqué avec un certain avantage.

Remarques sur les mouvements de l'air dans les lieux ventilés.

2096. Pour qu'un lieu quelconque soit assaini par la ventilation, il ne suffit pas qu'un certain volume d'air y entre et en sorte dans un temps donné ; car des courants d'air qui traverseraient une pièce en suivant le plancher ou le plafond, sur une petite hauteur, seraient évidemment sans utilité. A la vérité, il pourrait se produire de doubles courants de haut en bas, ou de bas en haut, plus ou moins rapprochés, résultant de l'excès de température de l'air expiré sur l'air environnant; mais ils concourraient peu à l'assainissement. On ne doit réellement considérer comme efficaces que les courants d'air qui passent à travers la partie de la pièce occupée, et surtout ceux qui sont dirigés verticalement.

2096 *bis*. Le meilleur mode de ventilation consisterait à introduire l'air par un très-grand nombre de points de la surface du sol, et à le faire sortir par des orifices percés dans le plafond; la ventilation se produirait ainsi uniformément de bas en haut; cette disposition serait avantageuse, en ce que la respiration serait toujours alimentée par de l'air pur; mais elle ne peut être employée que dans des circonstances particulières, par exemple dans les grands amphithéâtres, parce que les orifices d'accès peuvent être percés dans les contre-marches, ou derrière les bancs. Ordinairement l'air chaud arrive dans la pièce par un petit nombre d'orifices percés dans le plancher, ou par les cylindres intérieurs des poêles; alors les veines d'air se dirigent vers le plafond, par suite de la vitesse résultant de l'appel, et de l'excès de leur température sur celle de l'air environnant; l'air descend ensuite par couches sensiblement isothermes jusqu'aux orifices d'écoulement qui se trouvent au niveau du sol. Pendant l'été, la température de l'air intérieur est ordinairement plus élevée que la température extérieure; alors les veines d'air froid qui pénètrent dans la pièce, tendent d'un côté à s'élever verticalement, en vertu de leur vitesse acquise, et de l'autre à tomber, en vertu de l'excès de la température intérieure sur la température extérieure; par conséquent l'air d'appel pourrait ne s'élever qu'à une hauteur insuffisante pour renouveler l'air dans la partie de la pièce habitée. Pour éviter cet inconvénient, il faudrait diriger horizontalement les veines d'air froid; l'air tomberait alors sur le sol; et si les orifices de sortie se trouvaient à la hauteur du plafond, la pièce serait traversée de bas en haut par l'air de ventilation; dans ce dernier cas, la ventilation serait beaucoup plus efficace pour la salubrité que pendant le chauffage, parce que l'air vicié par la respiration serait immédiatement entraîné par le courant. Dans le cas où les veines resteraient verticales et dirigées de bas en haut, il faudrait toujours établir des orifices de sortie à la partie supérieure et à la partie inférieure; ceux du bas resteraient constamment ouverts pendant la saison de chauffage, ceux d'en haut étant fermés; et pendant l'été, on reconnaîtrait facilement, par expérience, quand il conviendrait de changer la position des orifices de sortie; et pour cela, l'effet produit sur nos organes serait une indication bien plus certaine que les expériences chimiques les plus délicates. Mais il vaudrait mieux disposer les orifices d'accès de l'air dans les pièces, de manière que les veines puissent à volonté être rendues verticales ou horizontales.

2096 *ter*. La ventilation d'une pièce peut avoir lieu de deux manières différentes : par une diminution ou par une augmentation de la pression intérieure ; les cheminées d'appel produisent toujours le premier effet ; les machines peuvent produire l'un ou l'autre. Lorsqu'il y a diminution de pression, il y a toujours un volume plus ou moins considérable d'air extérieur qui pénètre dans les pièces par les fissures des portes et des fenêtres, en formant des veines qui s'étendent à des distances plus ou moins considérables ; et quand les pièces sont nombreuses, comme il faut établir des tuyaux de communication de chacune avec la cheminée d'appel, cette condition complique beaucoup la disposition des appareils. Quand la ventilation est produite par un excès de pression, il n'y a point de veines par les orifices des portes et des fenêtres, les orifices d'entrée de l'air peuvent être disséminés ou disposés de manière à n'avoir aucun inconvénient, et la sortie de l'air par des orifices convenablement placés ne peut point produire de courants nuisibles, parce que les veines ne se manifestent qu'à l'extérieur. Indépendamment des effets dont je viens de parler, il y a dans ces deux modes de ventilation une différence que certaines personnes ont considérée comme pouvant exercer une certaine influence sur la santé, je veux parler de la diminution de pression qui existe dans le premier cas, et de l'accroissement de pression qui a lieu dans le second ; mais comme ces variations sont toujours très-petites, qu'elles dépassent rarement quelques millimètres d'eau, qu'elles sont par conséquent bien inférieures aux variations ordinaires du baromètre, il est bien difficile d'admettre qu'elles puissent avoir une influence quelconque. Dans tous les cas, une condition importante à remplir consiste dans l'uniformité de la ventilation dans toutes les parties occupées des pièces ventilées.

Observations générales sur les différents modes de chauffage.

2097. Pour maintenir une pièce à une température constante, il faut évidemment y introduire, dans un certain temps, une quantité de chaleur égale à celle qui passe dans le même temps à travers les vitres et les murailles ; car, en mettant à part la ventilation, il n'y a pas d'autre perte de chaleur. Ainsi, la quantité de chaleur à fournir ne dépend que des surfaces, et le volume de la pièce n'y entre que d'une manière indirecte. Cependant, la plupart des constructeurs d'appareils de chauffage, pour faire apprécier la puissance de leurs appareils, désignent les capacités des pièces qu'ils peuvent chauffer. C'est une erreur qu'on a de la peine à concevoir; car il est évident que des pièces de même capacité, formées par des murs de nature et d'é-paisseurs différentes, n'ayant pas des surfaces vitrées égales, exigent des quantités de chaleur très-différentes pour être maintenues à une température constante, celle de l'air extérieur étant la même.

2098. Si les murailles se mettaient instantanément au régime qui convient à la température extérieure, la quantité de chaleur à fournir varierait à chaque instant; mais, comme elles renferment beaucoup de chaleur, quand elles ont été échauffées, la quantité de chaleur fournie et la température extérieure peuvent varier dans des limites assez éten-dues et pendant un temps assez long, suivant la nature et l'épaisseur des murailles, sans que la température intérieure éprouve des variations sensibles. Ainsi, pourvu que les appareils qui transmettent la chaleur aient une étendue suffisante, le foyer pourra toujours être dirigé de manière à produire une température sensiblement constante.

2099. La chaleur nécessaire au maintien du régime peut être pro-duite par le rayonnement, ou par l'air chaud, ou par ces deux modes réunis. Dans nos foyers domestiques, elle provient du rayonnement. Elle résulte principalement du contact de l'air, quand les surfaces chauffées, ou directement, ou par l'eau chaude, ou par la vapeur, sont formées d'un métal poli, et qu'elles sont placées dans l'intérieur des pièces. Cette chaleur ne provient que de l'air chaud, quand les surfaces de chauffe sont entièrement en dehors des pièces. Enfin, elle résulte à peu près également du rayonnement et du contact de l'air, lorsque les surfaces de chauffe, placées dans l'intérieur des pièces, sont formées de fonte ou de tôle non polie.

2100. La chaleur rayonnante, jouissant de la propriété de traverser l'air sans éprouver des pertes sensibles, si une pièce était uniquement chauffée par rayonnement, les rayons iraient se perdre presque totale-ment contre les vitres et contre les murailles; la chaleur reçue par les murailles échaufferait l'air, il s'établirait des courants ascendants contre leurs surfaces et des courants opposés dans l'intérieur. Par ce mode de chauffage, qui est celui de nos habitations particulières, l'air n'atteint jamais une température élevée, d'autant plus qu'il se produit toujours une grande ventilation, et rarement avec de l'air préalable-ment chauffé par une partie de la chaleur de la fumée du foyer.

2101. Lorsqu'une pièce est chauffée par un courant d'air chaud, cet air gagne la partie supérieure en se refroidissant rapidement; il

s'établit le long des murailles des courants descendants, qui les échauffent et conservent leur régime ; et l'air intérieur peut être maintenu
à une température constante.

D'après ce que je viens de dire, il est possible de se rendre compte
de ce qui arriverait, si le chauffage avait lieu à la fois par le rayonnement et par le contact de l'air.

2102. Dans ce qui précède, j'ai supposé que la température de la
pièce devait être maintenue constamment à une certaine température.
Je ne connais que les hôpitaux dans lesquels il soit nécessaire d'avoir
jour et nuit la même température dans les salles. Cette permanence
peut être obtenue par une combustion continue dans les foyers, ou,
malgré une interruption de chauffage de nuit, par des réservoirs d'eau
chaude qui se refroidissent lentement. Mais, à moins que les murailles
n'aient qu'une bien faible épaisseur, la chaleur qu'elles renferment est
presque toujours suffisante pour maintenir la température, pendant la
nuit, sans diminution notable.

2103. En général, quand les bâtiments ont des murailles d'une suffisante épaisseur, les chauffages de nuit sont inutiles, et on peut
presque toujours, le matin, par un chauffage actif et dans un petit
nombre d'heures, réparer en grande partie la perte du régime qui a eu
lieu pendant la nuit.

2104. Quand les murailles n'ont qu'une faible épaisseur, comme
dans certaines usines, elles se refroidissent beaucoup pendant la nuit ;
mais on parvient encore facilement à les échauffer, en commençant le
chauffage un certain nombre d'heures avant l'arrivée des ouvriers :
nombre variable avec la température extérieure.

2105. Lorsque les édifices ont d'épaisses murailles, et que les pièces
ne sont employées que certains jours, à certaines heures, ce serait une
grande dépense que d'y maintenir un régime constant dans la température des murailles, ou du moins de le rétablir complétement quand les
pièces doivent être utilisées. Il faut alors, pendant quelques heures
d'un chauffage très-vif, échauffer partiellement les murailles, et compenser leur faible température par un plus grand échauffement de
l'air pendant l'occupation des pièces.

2106. Dans tous les cas, excepté dans les foyers domestiques, la chaleur développée par le foyer est employée à chauffer des surfaces qui
transmettent ensuite la chaleur ; ces surfaces peuvent être chauffées directement, ou par l'intermédiaire de la vapeur ou de l'eau chaude. De
là une grande diversité dans la nature et les dispositions des appareils.
Chaque mode de chauffage a des avantages et des inconvénients ; en

outre, dans chaque édifice à chauffer, il y a des circonstances particulières et des conditions à remplir souvent fort différentes. Ainsi, il n'existe aucun mode de chauffage qui, dans tous les cas possibles, soit toujours supérieur à tous les autres.

2107. Je me bornerai ici à examiner les avantages et les inconvénients des principaux modes de chauffage employés dans les établissements publics. Ces modes peuvent se réduire à cinq.

Le premier, le plus ancien, consiste en cheminées ordinaires et poêles, ayant chacun un foyer spécial.

Le second consiste dans des calorifères placés en dehors des pièces à chauffer, et qui y versent de l'air chaud.

Le troisième consiste dans des appareils à vapeur, placés dans les pièces à chauffer.

Le quatrième, dans des poêles à eau chaude chauffés par une chaudière placée dans la cave.

Enfin, le cinquième consiste dans des poêles à eau chaude, formant des circuits partiels dont les réservoirs sont chauffés par la vapeur.

2108. Le premier mode de chauffage, celui où chaque pièce est chauffée par un appareil spécial, a le grand inconvénient d'exiger trop de soins, trop de surveillance et trop de dépense de combustible, par les excès de température qu'on y produit souvent. Ce mode de chauffage tend à être maintenant abandonné dans les grands établissements où l'on préfère installer un système général de chauffage qui offre bien plus d'économie et de régularité dans les effets produits.

2109. Le second mode, qui consiste dans le chauffage des pièces au moyen de l'air échauffé en dehors par des calorifères, ne peut être employé qu'autant que l'air chaud n'a pas un long trajet à parcourir, à cause du refroidissement qu'il éprouve dans les tuyaux par suite de sa faible capacité calorifique. Ce mode de chauffage ne saurait être appliqué avec avantage que dans le cas de pièces assez rapprochées, l'air chaud circulant dans l'épaisseur des murs intérieurs. Dans ce cas, les calorifères les plus simples et les plus économiques sont ceux dans lesquels la chaleur passe directement de l'air brûlé à l'air froid, à travers des surfaces métalliques. Les calorifères à vapeur ou à eau chaude ont l'avantage de limiter la température de l'air chaud, et ces derniers de prolonger le chauffage même après l'extinction du foyer ; mais les calorifères à foyer direct peuvent être disposés de manière à éviter le suréchauffement de l'air ; et, en employant des foyers à alimentation continue, ces appareils peuvent marcher seuls, sans exiger trop de surveillance.

2110. Dans ce système, la ventilation s'effectue en même temps que le chauffage ; car il faut évidemment que l'air de la pièce sorte d'une manière quelconque pour faire place à l'air chaud venant du calorifère. Mais la ventilation par le seul effet de l'appareil de chauffage est très-irrégulière. Pour qu'elle soit constante, il faut un système régulier d'appel, ou une injection régulière d'air. Il est bon aussi de remarquer que, si la ventilation était très-faible, l'air chaud devrait arriver à une température très-élevée, ce qui présenterait de graves inconvénients.

2111. Le troisième mode de chauffage, celui qui a lieu par des calorifères à vapeur, exige une surveillance et des soins spéciaux tant pour la conduite du feu que pour le règlement des robinets. Il est surtout très-avantageux quand les foyers ne peuvent être placés qu'à une grande distance des pièces à chauffer, à cause du petit diamètre qu'on peut donner aux tuyaux de conduite de vapeur, et par suite de la faible condensation que la vapeur peut y éprouver, si les tuyaux sont convenablement enveloppés de matières conduisant mal la chaleur ; on peut ainsi n'avoir qu'un seul foyer, même pour les plus vastes établissements. Le chauffage à vapeur est aussi très-utile pour le chauffage des pièces dont les murailles n'ont qu'une faible épaisseur, et les vitres une grande surface, parce qu'il permet d'y maintenir très-facilement une température constante, malgré les grandes variations que peut éprouver la température extérieure, permanence de température que l'on n'obtiendrait pas par les autres systèmes.

2112. Le quatrième mode de chauffage est celui qui a lieu par la circulation de l'eau chaude dans des poêles en fonte ou en tôle. Ces appareils, ainsi que je l'ai déjà dit (1724), se composent ordinairement d'une chaudière en tôle placée dans une cave, surmontée d'un tuyau qui s'élève dans les combles, où il se termine par un vase d'expansion ouvert ou fermé ; du fond du vase d'expansion partent des tubes qui amènent l'eau successivement dans un certain nombre de poêles d'un même étage, et retournent à la partie inférieure de la chaudière.

2113. On a modifié cette disposition, de manière à faire disparaître plusieurs inconvénients de la précédente. La chaudière est toujours placée dans une cave ; mais le tuyau qui la surmonte et qui s'élève dans les combles, au bas du vase d'expansion, ne fait pas partie du circuit parcouru par l'eau chaude. Du sommet de la chaudière part un tuyau horizontal, qui se prolonge dans toute la longueur du bâtiment ; ce tuyau est porté sur rouleaux de manière qu'il puisse obéir aux effets provenant des variations de température. Sur ce tuyau sont fixés des tuyaux verticaux d'un plus petit diamètre, qui s'élèvent aux différents étages, où ils alimentent un ou plusieurs poêles, et les tuyaux de retour sont logés à côté des tuyaux d'ascension, dans des caniveaux verticaux pratiqués dans des murs de refend, où ils peuvent facilement être visités. Je reviendrai plus loin sur cette disposition.

Les appareils de chauffage à l'eau chaude, tout aussi et peut-être plus compliqués que ceux à vapeur, ont l'avantage de ne pas exiger des soins aussi continus. Des variations, même assez grandes, dans l'activité du foyer, n'ont presque point d'influence sur la température moyenne de l'eau chaude, à cause de son grand volume, et, par cette circonstance, le chauffage peut se continuer pendant la nuit, malgré l'extinction totale du foyer, avec un faible refroidissement. Ces appareils sont d'un prix élevé. Les pressions exercées par l'eau, surtout dans les parties inférieures, même quand le vase d'expansion est ouvert, sont très-considérables, car elles correspondent à une atmosphère pour chaque $10^m,33$ de hauteur, et ces pressions sont beaucoup augmentées quand le vase d'expansion est fermé; elles risquent d'occasionner des fuites d'eau très-chaude de nature à produire de graves accidents. Comme nous venons de le dire, par suite de la grande masse d'eau chaude en circulation, la température de l'eau ne peut éprouver que des variations très-lentes, même pour des variations très-grandes dans l'activité du foyer; or, si les murailles n'avaient qu'une faible épaisseur, et si les surfaces des vitres avaient une grande étendue, un accroissement ou une diminution rapide dans la température extérieure exigerait nécessairement, pour que la température intérieure ne changeât pas, une diminution ou un accroissement dans la température moyenne de l'eau chaude en circulation, changement qui ne peut être produit que dans un temps assez long, pendant lequel la température intérieure serait trop basse ou trop élevée.

2114. L'inconvénient que je viens de signaler s'affaiblit à mesure que les murailles ont une plus grande épaisseur, et les vitres une plus petite surface, parce qu'alors les murailles absorbent ou émettent de la chaleur, de manière à affaiblir les variations de température intérieure qui résulteraient de celles de l'air extérieur et de la permanence de température de l'eau chaude. Mais comme l'absorption ou l'émission de chaleur par les murailles n'a pas lieu instantanément, que la chaleur émise par les surfaces de chauffe, et par le rayonnement et par l'air, traverse la pièce avant de se rendre aux murailles, l'influence des variations de température extérieure sur le chauffage se manifeste encore, quoique à un moindre degré. Dans tous les cas, le chauffage à l'eau chaude a le même inconvénient qu'une machine dont la vitesse devrait varier accidentellement à chaque instant, et qui serait pourvue d'un énorme volant qui régulariserait le mouvement. Ainsi cette permanence d'effets des calorifères à eau chaude, que nombre de personnes ont regardée comme un avantage, n'est réellement qu'un inconvénient qui existe dans tous les cas ; seulement cet inconvénient nuit moins à la régularité du chauffage lorsque les murs sont très-épais et que les vitres ont relativement une faible surface. Tous ces faits, qui résultent de considérations théoriques, s'accordent parfaitement avec l'expérience, comme nous le verrons plus loin.

2115. Il semble, au premier abord, que les inconvénients que je viens de signaler dans le chauffage à eau chaude par circulation, pourraient être atténués en diminuant le volume d'eau renfermé dans la chaudière et dans les poêles, tout en conservant leurs surfaces libres ; mais les variations de l'activité du foyer auraient alors plus d'influence, et les poêles, traversés successivement par le même courant d'eau chaude, pourraient se trouver à des températures très-différentes ; on retombe alors sur les inconvénients des autres modes de chauffage, relativement à la direction du foyer.

2116. Enfin, le dernier système de chauffage a lieu par l'eau chaude, formant des circuits partiels chauffés par la vapeur. Il offre tous les inconvénients du chauffage à eau chaude par circulation, moins toutefois celui de la pression. Ce système, employé pour la première fois par M. Grouvelle dans la prison Mazas, ne saurait convenir que lorsque les espaces à chauffer sont éloignés du lieu où les foyers peuvent être établis et qu'on ne tient pas à une grande régularité dans la température.

2117. Dans chaque cas particulier, l'examen des conditions à remplir et leur importance relative, permettront facilement de reconnaître quel est le procédé de chauffage le plus avantageux.

2118. Dans tous les systèmes, il est indispensable de donner à l'air chaud de ventilation un état hygrométrique convenable, en y introduisant une certaine quantité de vapeur d'eau, parce que l'air se dessèche par le seul fait de son élévation de température, et qu'alors il provoque un accroissement de transpiration qui exerce une influence fâcheuse sur la santé.

2119. *Chauffage direct par la combustion.* — Dans tout ce qui précède, j'ai supposé que la chaleur produite par la combustion était transmise indirectement aux espaces à chauffer et à l'air de ventilation par l'intermédiaire de poêles et de calorifères de diverse nature ; en brûlant directement les combustibles dans les pièces, on pourrait produire le chauffage et la ventilation à très-peu de frais, car toute la chaleur serait utilisée, et on supprimerait tous les appareils compliqués destinés à la transmission du calorique. Il est par conséquent important d'examiner en détail cette question, d'autant plus que ce mode de chauffage a lieu naturellement par le fait même de la respiration, et par tous les appareils d'éclairage.

2120. Il est d'abord évident qu'on ne saurait employer que les combustibles qui ne produisent pas de fumée, ou du moins ceux dont on peut effectuer une combustion complète. Ces combustibles sont : le charbon de bois, le coke, le gaz d'éclairage, les huiles de lampe.

2121. Pour le charbon de bois et le coke, il faudrait d'abord que l'appareil fût disposé de manière à éviter complétement la production de l'oxyde de carbone. Il paraît qu'on y parvient complétement, pour le charbon de bois en poudre, en le brûlant en couches minces dans des vases métalliques très-larges, et en renouvelant le combustible par-dessous. La combustion s'effectue à la suite d'un double mouvement de l'air, de haut en bas, et de bas en haut ; elle est très-lente, parce que l'air ne pénètre jamais dans la masse de charbon et à cause des cendres qui se déposent. La quantité de chaleur nécessaire pour échauffer un mètre cube d'air de 0° à 1°, et sous la pression ordinaire, étant égale à $1,3 \cdot 0,24 = 0^c 312$, la température obtenue par la combustion de 1^k de charbon dans 1000 mètres cubes d'air s'élèverait à $8000 : 312 = 25,64$; la quantité d'acide carbonique produit serait de $3^k 65$, ou de $3,65 : 1,98 = 1^{mc} 84$, et la proportion dans l'air de 0,00184.

Ainsi, s'il ne se formait point d'oxyde de carbone, et s'il ne se perdait point de chaleur à travers les vitres et les murailles, en réglant la ventilation d'après l'accroissement de température, on obtiendrait un chauffage à la fois très-économique et très-salubre. Mais il faudrait beaucoup de soins dans la conduite du foyer, pour qu'on fût bien assuré qu'il ne se forme point d'oxyde de carbone, et comme en général il y a toujours une assez grande quantité de chaleur absorbée par les vitres et les murailles, l'accroissement de température ne pourrait pas servir d'indication de la ventilation ; il risquerait alors d'arriver que l'air devînt insalubre par une trop grande proportion d'acide carbonique. Les inconvénients que peut avoir ce mode de chauffage sont tellement graves, que, malgré les avantages économiques qu'il présente dans certains cas, il ne faut pas hésiter à le proscrire pour les pièces habitées. Il peut être employé sans danger pour les antichambres et les pièces de circulation, où l'ouverture fréquente des portes produit une abondante ventilation et où d'ailleurs on ne séjourne pas. Dans le midi de la France, en Espagne et dans une partie de l'Amérique, où les appartements sont en général mal clos et d'une grande hauteur, son extrême simplicité et la facilité avec laquelle on transporte le foyer d'une chambre à une autre le rendent d'un usage très-fréquent.

2122. Le chauffage par le gaz d'éclairage ne présente pas les dangers résultant de la combustion des charbons, à savoir, la production de l'oxyde de carbone; avec les becs ordinaires et la disposition des appareils de chauffage, la combustion est complète, et les gaz qui se produisent sont en très-grande partie composés de vapeur d'eau et d'acide carbonique. En considérant le gaz de l'éclairage comme uniquement formé d'hydrogène protocarboné, il renfermerait en poids 0,75 de carbone, et 0,25 d'hydrogène; sa puissance calorifique serait de 13000; on aurait pour le poids de la vapeur d'eau produite par la combustion de 1^k de gaz $0,25 . 9 = 2^k 25$; pour celui de l'acide carbonique $0,75 . 3,65 = 2^k 73$; et pour le volume de ce dernier $2,73 : 1,98 = 1^{mc} 37$. D'après cela, si on brûlait un mètre cube de gaz qui pèse $0^k 76$, la chaleur produite serait égale à $13000 . 0,76 = 9880$ calories; le volume d'acide carbonique fourni s'élèverait à $1^{mc} 37 . 0,76 = 1^{mc} 04$; et le poids de la vapeur d'eau à $2,25 . 0,76 = 1^k 71$. Si la chaleur produite était disséminée dans 1000 mètres cubes d'air, la température de cet air croîtrait de $9880 : 312 = 31°6$; la proportion d'acide carbonique serait de 0,00104; et chaque mètre cube renfermerait $0^k 0017$ d'eau, tandis qu'à l'état de saturation, il en contiendrait $0^k 032$. Ainsi, le chauffage par la combustion directe du gaz de l'éclairage peut être très-salubre, pourvu que la ventilation et l'état hygrométrique soient convenables. L'état de la ventilation pourrait être apprécié par la température, s'il y avait peu de perte par les parois de la pièce, du moins relativement à la chaleur produite dans le même temps. Ce mode de chauffage est surtout avantageux quand les becs de gaz sont en même temps employés à l'éclairage, parce que ce dernier effet supporte les frais de chauffage. Si le gaz devait être employé uniquement pour le chauffage, son emploi coûterait beaucoup plus cher que celui des combustibles solides. A Paris, la Compagnie générale livre le gaz aux consommateurs à raison de $0^r 30$ le mètre cube, ce qui fait revenir les 1000 calories à $1000 . 0,30 : 9880 = 0^r 03$; tandis que 1000 unités de chaleur obtenues par la houille, qui coûte environ $0^r 05$ le kilogramme, et dont on   eut obtenir 6000 calories effectives, coûtent $0,05 : 6 = 0^f 0085$. Il y a cependant des circonstances dans lesquelles ce mode de chauffage serait avantageux : c'est, par exemple, le cas où il faudrait échauffer très-rapidement l'air d'un grand espace fermé.

Les considérations précédentes supposent que le gaz est pur, mais il n'en est jamais ainsi ; il renferme toujours des matières étrangères qui viennent modifier les résultats de notre calcul ; elles diminuent la puissance calorifique et la réduisent à 10000 ou 11000 suivant le degré d'impureté. Leur combustion, donne de plus naissance à de mauvaises odeurs, quelquefois très-sensibles, et à des produits volatils qui viennent attaquer et ternir les dorures et ornements de toute espèce.

2123. Il est encore facile de chauffer l'air avec des calorifères à gaz, disposés comme ceux dans lesquels le foyer est alimenté par les combustibles ordinaires. Les appareils seraient plus simples, parce qu'on n'aurait pas à se préoccuper du nettoyage des tuyaux de conduite; mais il faudrait alimenter les becs avec le moins d'air possible, afin de faire circuler de l'air à une plus haute température, circonstance qui augmenterait la quantité de chaleur transmise par les surfaces de chauffe, et qui diminuerait la perte de chaleur par la cheminée. Ce mode de chauffage n'altérerait point l'air échauffé, mais il serait encore plus cher que le chauffage direct; et je ne vois réellement que peu de circonstances dans lesquelles il serait utile de l'employer.

2124. Tout ce que je viens de dire sur le chauffage par la combustion du gaz, aurait lieu pour le chauffage par les autres modes d'éclairage, les lampes et les bougies, et le prix de revient serait encore plus élevé. Mais comme le chauffage par les bougies et les lampes a toujours lieu en même temps que l'éclairage, il est utile de savoir les effets qu'ils produisent sous ce rapport. Pour la cire, dont la puissance calorifique est de 11000, la combustion de 1^k élèverait la température de 1000 mètres cubes d'air de $35°2$; il se produirait $1^{mc} 508$ d'acide carbonique, et la proportion de ce gaz dans l'air serait alors de $0,0015$; le poids de la vapeur d'eau formée serait de $1^k 25$, de sorte que chaque mètre cube renfermerait $0^k 00125$; l'air à $35°$ peut en dissoudre $0^k 031$. Pour l'huile de lampe ordinaire, dont la puissance calorifique est de 10400, la combustion de 1 kilogramme élèverait la température de 1000 mètres cubes de $33° 33$; le volume d'acide carbonique produit serait de $1^{mc} 42$; la proportion d'acide dans l'air, de $0,00142$; le poids de vapeur produite serait de $1^k 197$, et par mètre cube de $0^k 00119$, tandis qu'à cette température, un mètre cube d'eau pourrait dissoudre $0^k 029$ de vapeur.

2125. *Observations sur les quantités de chaleur employées par le chauffage.* — Supposons d'abord que le chauffage soit continu, et que la température intérieure des pièces soit maintenue jour et nuit au même point. La différence entre les températures des surfaces intérieures et extérieures des murailles étant peu considérable, on pourra admettre, sans s'écarter beaucoup de la vérité, que si la quantité de chaleur fournie intérieurement est convenable, le régime des murailles sera constamment établi, et que la quantité de chaleur employée sera proportionnelle à l'excès moyen de la température intérieure sur la température extérieure. C'est, en effet, ce qu'on a constaté par expérience dans plusieurs grands établissements chauffés par différents procédés, comme nous le verrons en parlant du chauffage des églises et des prisons cellulaires. Dans les cas que nous considérons, il y a à déterminer la quantité de chaleur perdue par les murailles, par le sol et par la partie supérieure des édifices. J'examinerai d'abord ces deux derniers points.

2126. La perte de chaleur par le sol des édifices est en général assez faible, et peut presque toujours être négligée. En effet, dans nos climats, la couche de température constante est à peu près à 8 mètres de profondeur, et la température est égale à la température moyenne annuelle, qui est de 10 à 11 degrés. Cette profondeur suppose que la surface du sol est libre; elle varie avec la nature du terrain; elle doit diminuer au-dessous des lieux couverts de constructions, parce qu'ils sont soustraits aux variations diurnes et annuelles de température, surtout quand les constructions qui dépassent le sol sont faites sur cave. Le sol des édifices maintenus à une température constante doit transmettre peu de chaleur, par la raison que je viens d'indiquer, et aussi à cause du flux permanent de chaleur qui arrive des grandes profondeurs. C'est, du reste, un fait bien confirmé par l'expérience.

2127. Les édifices publics et les maisons particulières étant toujours terminés à la partie supérieure par une charpente horizontale, épaisse, dont la partie inférieure forme le plafond du dernier étage, et cette charpente, qui conduit déjà si mal la chaleur, étant surmontée de celle qui soutient la toiture, il en résulte qu'on peut négliger la perte de chaleur par la partie supérieure des édifices. Il en est de même dans les églises dont les voûtes sont en pierre, parce que en général la toiture est soutenue par une grande quantité de pièces de bois qui rendent la diffusion de la chaleur très-lente. Mais quand les églises n'ont point de voûtes au-dessous de la toiture, il y a par la partie supérieure une perte de chaleur qui dépend de la nature des matériaux employés, et de leur épaisseur.

2128. On n'a donc le plus souvent à s'occuper que de la transmission de la chaleur à travers les murs et les vitres. Nous avons calculé séparément, dans le premier volume, les quantités de chaleur transmises, par mètre carré et par heure, par les murailles et par les vitres, dans des cas extrêmes qui ne se rencontrent jamais exactement; il est évident que ces quantités dépendent des surfaces totales des vitres et des murailles. Nous examinerons, dans les différents cas particuliers, les modifications que les nombres indiqués doivent éprouver.

2129. *Température des mois de chauffage à Paris.* — La connaissance des températures moyennes des mois de chauffage étant indispensable pour la détermination des surfaces de transmission de la chaleur, et pour le calcul approximatif des quantités moyennes de combustible à brûler, j'ai réuni, dans le tableau suivant, les résultats des observations faites à l'Observatoire de Paris, de 1840 à 1850 inclusivement.

MOIS.	TEMPÉRATURE			LIMITES EXTRÊMES des températures moyennes.		
	moyenne.	maximum.	minimum.			
Janvier........	2°29	11°40	— 7°50	— 1°4	à	5°2
Février........	4°34	13°40	— 4°85	— 0°6	à	7°5
Mars.........	6°58	17°67	— 2°91	1°3	à	9°1
Avril.........	10°49	22°81	1°06	8°2	à	12°7
Mai.........	14°40	26°89	4°39	11°0	à	17°3
Juin	17°90	30°51	7°53	15°5	à	21°0
Juillet........	18°67	32°44	10°17	16°6•	à	20°8
Août.........	18°48	30°65	9°60	14°85	à	20°95
Septembre....	16°10	28°34	6°60	14°2	à	18°5
Octobre	11°00	20°43	0°84	8°5	à	12°3
Novembre	7°00	16°00	— 2°40	5°4	à	8°4
Décembre	3°01	11°87	— 6°70	— 2°3	à	5°8

2130. A Paris, il y a sept mois de chauffage, du commencement d'octobre à la fin du mois d'avril; la température moyenne de ces sept mois, déduite de dix années d'observations, est de 6° 4; mais cette température moyenne peut varier de 2° 71 à 8° 71. En supposant la température intérieure maintenue à 15°, l'excès moyen de la température intérieure sur la température extérieure sera de 8° 6; et cet excès pourrait varier de 15° — 2° 71 = 12° 29, à 15° — 8° 71 = 6° 29.

2131. Lorsque le chauffage est intermittent, il est impossible de calculer, même approximativement, les dépenses de combustible nécessaires pour maintenir les pièces pendant un certain temps à une certaine température, parce qu'une très-grande partie de la chaleur produite est absorbée par les murailles, et que cette quantité varie suivant l'épaisseur et la nature des murailles, la température extérieure et la durée de l'intermittence.

2132. Pour les grands établissements publics, dans lesquels la température doit être constante, comme dans les hôpitaux, les prisons cellulaires, l'étude détaillée des projets doit être accompagnée du calcul des quantités de chaleur maximum à fournir dans les circonstances les plus défavorables, et de la quantité moyenne de chaleur consommée pendant la durée du chauffage. La consommation moyenne de combustible se déduit facilement de la quantité de chaleur à fournir, mais il faut dans chaque cas tenir compte de la chaleur perdue qui peut s'élever jusqu'à 50 p. 100.

2133. Les dimensions des appareils doivent être calculées pour les circonstances les plus défavorables. On pourrait cependant, pour les surfaces de chauffe, rester un peu au-dessous de celles qui correspondent au minimum de température extérieure, du moins quand ce minimum n'est pas de longue durée (comme cela a lieu dans la majeure partie de la France), et que les murailles ont une grande épaisseur, parce que l'énorme quantité de chaleur qu'elles renferment suffit pour pourvoir à un froid exceptionnel; d'ailleurs, si la température intérieure s'abaissait de 1 ou 2°, pendant les plus grands froids, on ne s'en apercevrait pas, car la sensation qu'on éprouve dans les lieux échauffés dépend surtout de l'excès de leur température sur celle de l'air extérieur. Mais l'économie qu'on obtiendrait pourrait avoir de graves inconvénients ; si par une circonstance quelconque le chauffage avait été interrompu, et s'il fallait établir le régime dans les murailles au milieu de l'hiver, on n'y parviendrait pas avec des appareils qui n'auraient pas une puissance suffisante.

CHAPITRE II.

CHAUFFAGE ET ASSAINISSEMENT DES HABITATIONS PARTICULIÈRES.

Le chauffage des habitations particulières peut s'effectuer par différentes méthodes, que nous allons examiner successivement.

Chauffage par le sol.

2134. Chez les Romains, les maisons d'habitation des personnes riches étaient chauffées par le sol, au-dessous duquel se trouvaient des tuyaux en maçonnerie parcourus par l'air brûlé, venant d'un foyer spécial. Cet air s'élevait ensuite dans des canaux verticaux, placés dans l'intérieur des murs, et qu'on a considérés comme destinés à chauffer les étages supérieurs, mais qui certainement servaient en même temps de cheminées, car, sans cheminées, la combustion n'aurait pu s'effectuer. Ces appareils portaient le nom d'*hypocaustrum*.

2135. En Chine, des dispositions analogues sont usitées à Pékin, où les hivers sont très-froids, mais encore seulement par la classe riche.

2136. Ce mode de chauffage n'est plus employé en Europe. Il est peu avantageux, à cause de la grande quantité de chaleur transmise à travers le sol; et d'ailleurs l'existence des caves, au-dessous des maisons modernes, le rend à peu près impossible à établir.

Chauffage direct par la combustion.

2137. La combustion directe du charbon ou du bois, dans des brasiers placés au milieu de la pièce, a été le premier moyen de chauffage. Ce système, dont nous avons déjà parlé (2119), était généralement employé par les Grecs et les Romains; il est encore usité, avec le charbon de bois, en Espagne, en Italie, et dans certaines contrées de l'Amérique. Il est d'une extrême simplicité, et utilise toute la chaleur dégagée par le combustible; mais, d'un autre côté, les produits de la combustion, toujours désagréables aux personnes, et nuisibles aux meubles et aux tentures, peuvent de plus, dans certains cas, être fort dangereux pour la santé.

2138. Remarquons, en effet, que 1 kilogramme de charbon, en brûlant, convertit en acide carbonique la totalité de l'oxygène qui se trouve dans 9 mètres cubes d'air; mais l'air devient impropre à la respiration quand il ne renferme plus que le tiers de l'oxygène normal : d'où il suit que la combustion de 1^k de charbon rend irrespirables 27 mètres cubes d'air. Ainsi, l'air d'un appartement clos, de 4^m de longueur sur 4 de largeur et 3 de hauteur (soit 48 mètres cubes de capacité), serait rendu impropre à la respiration, et asphyxierait les hommes qui le respireraient, par la combustion de $1^k 74$ de charbon.

2139. Il est vrai que l'excès de température forcerait bien vite à ouvrir les fenêtres; car, en admettant qu'il n'y eût que peu de causes de refroidissement, la combustion de cette quantité de charbon élèverait la température de l'air de $\dfrac{1,74 \times 7000}{48^{mc} \times 1,3 \times 0,2377} = 820°$. En réalité, le danger ne résulte que de la production de l'oxyde de carbone, qui donne beaucoup moins de chaleur, et dont l'action sur l'économie animale est encore bien plus délétère. Les expériences de M. Félix Leblanc ont en effet démontré, comme nous l'avons vu (2018), que la présence de 1 centième de ce gaz dans l'air suffit pour donner la mort aux animaux à sang chaud.

2140. Le chauffage direct de l'air par la combustion doit être proscrit, toutes les fois que les hommes doivent séjourner dans l'air échauffé; mais on peut l'appliquer avec moins d'inconvénients au chauffage des antichambres et des pièces où l'ouverture des portes produit nécessairement un renouvellement d'air qui atténue beaucoup les dangers que nous avons signalés. Il convient toutefois de conduire la combustion dans les brasiers de manière à éviter la production de l'oxyde de carbone; et sous ce rapport, l'emploi de la braise, dont la combustion s'effectue principalement à la surface, d'une manière lente et continue, permet, beaucoup moins que le charbon en fragments, la production de ce gaz.

Chauffage de l'air des appartements par le rayonnement du combustible dans des foyers ouverts.

2141. On a fait beaucoup de recherches pour savoir si les anciens faisaient usage des cheminées. Les maisons découvertes à Herculanum et à Pompéia n'en offrent point; ainsi on doit présumer qu'à l'époque de la destruction de ces deux villes, on ne connaissait pas encore les cheminées en Italie, et qu'on se servait alors de foyers ouverts et portatifs. Les palais paraissent avoir été chauffés, à cette époque, comme nous l'avons déjà dit, par des fours placés au-dessous du rez-de-chaussée, dont la chaleur se distribuait dans la masse des bâtiments, et aussi par des foyers fixes, ouverts de tous les côtés, établis au milieu des pièces, et dont la fumée s'échappait par un orifice percé dans le toit. Ces deux modes de chauffage devaient exiger une énorme quantité de combustible.

2142. Au temps de Sénèque, on commença à pratiquer des tuyaux dans les murs, pour porter la chaleur dans les étages supérieurs. Il est probable que c'est là l'origine des tuyaux destinés à recevoir la fumée.

2143. L'époque à laquelle il faut placer l'origine des cheminées est assez incertaine; les auteurs du commencement du quatorzième siècle semblent ne les pas connaître.

2144. La date la plus ancienne, et en même temps la plus certaine où il ait été question des cheminées, est l'année 1347. Une inscription trouvée à Venise apprend que cette année un tremblement de terre renversa un grand nombre de cheminées. Les premiers ramoneurs qui vinrent en France étaient originaires de la Savoie, du Piémont et des autres pays circonvoisins. Ces contrées ont été pendant longtemps les seules où le métier de ramoneur fût pratiqué ; d'où l'on peut conjecturer que les cheminées ont été inventées en Italie.

2145. L'usage des poêles est très-répandu dans le Nord, tandis qu'en France et dans la Grande-Bretagne, on préfère les foyers découverts. Dans les parties les plus chaudes de l'Espagne et de l'Italie, on voit très-peu de cheminées ; le seul moyen de tempérer le froid, souvent très-vif pendant certains jours d'hiver, consiste à brûler du charbon de bois dans les foyers portatifs appelés braseros, dont nous avons déjà parlé (2137).

2146. On donna d'abord à l'ouverture des foyers découverts et aux tuyaux à fumée des dimensions démesurées ; ces dimensions, conservées encore dans les campagnes, produisent de très-graves inconvénients. La ventilation est énorme, et la masse d'air froid qui afflue du dehors vers le foyer refroidit tellement l'appartement, qu'il n'y a qu'une très-minime proportion de chaleur utilisée. Enfin, la vitesse de l'air dans la cheminée étant très-petite à cause de son grand diamètre et de la température peu élevée de la fumée, le tirage est facilement influencé par les vents, et il s'établit souvent dans la cheminée deux courants opposés, qui occasionnent le dégagement de la fumée dans la pièce ; il peut même arriver que la quantité d'air appelé, croissant avec l'activité de la combustion, l'appartement se refroidisse d'autant plus que la consommation de combustible est plus forte. Les grandes ouvertures de foyers et les grandes sections de cheminées ont été abandonnées dans les villes depuis longtemps ; mais celles qui ont été conservées sont encore souvent trop considérables, et les foyers actuels ont, en partie du moins, les inconvénients des anciens.

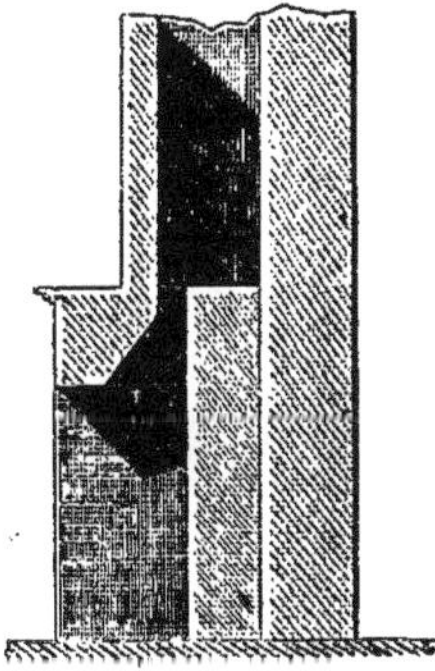

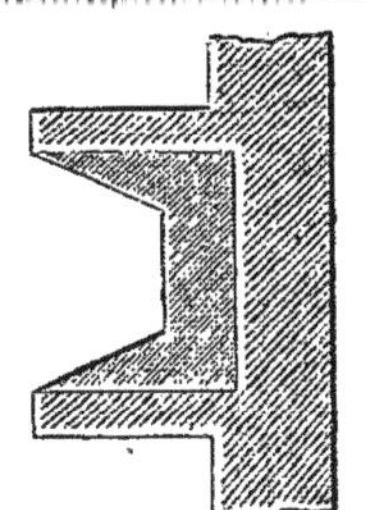

Fig. 525 *et* 526.

2147. Rumfort fut le premier qui améliora la construction des foyers ; il rétrécit à 0,12 ou 0,15 de large l'orifice de communication avec la cheminée, diminua de près de moitié la profondeur du foyer, et le termina latéralement par des murs inclinés à 45°. Ces foyers (*fig.* 525 et 526), connus généralement sous le nom de cheminées à la Rumfort, sont beaucoup plus avantageux que les anciens ; la quantité d'air non brûlé qui passe dans le tuyau à fumée étant plus petite que pour les foyers ordinaires, la température de la fumée cesse d'être aussi faible. L'air brûlé se répartit d'une manière plus uniforme dans le canal, et l'ouverture supérieure étant également rétrécie, les doubles courants ne s'y établissent pas aussi facilement ; la combustion est aussi plus vive, parce que la vitesse de l'air à l'orifice est plus grande, et que l'air affluent est mieux dirigé sur le combustible, ou du moins sur la flamme.

2148. Lhomond a modifié la disposition de Rumfort, et ajouté un tablier mobile, qui permet de régler à volonté l'orifice d'accès de l'air.

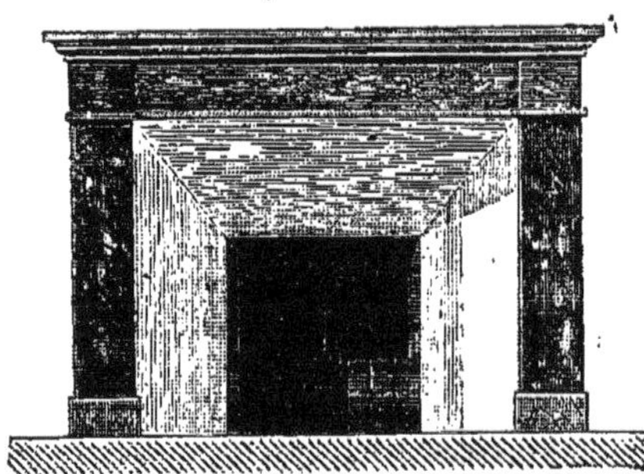

Fig. 527.

On peut ainsi forcer presque tout le courant à passer sur le combustible ; ce qui est très-utile, surtout pour l'allumage du foyer. Les figures 527, 528, représentent cette cheminée en élévation et en coupe horizontale ; la figure 529 donne les détails du tablier mobile. Ce tablier se compose de trois volets en tôle mince, glissant les uns sur les autres dans une rainure figurée au plan ; celui qui est à la

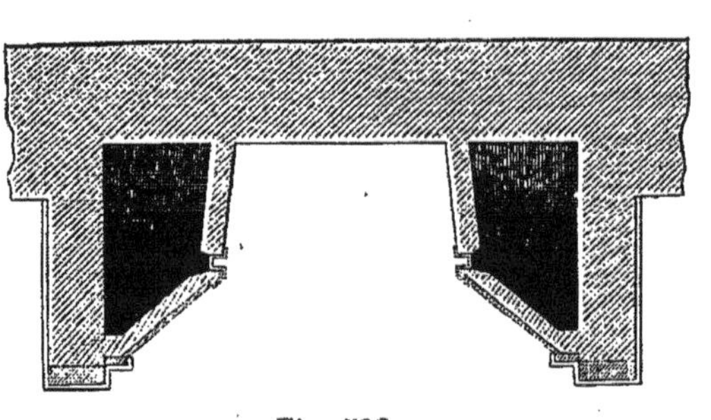

Fig. 528.

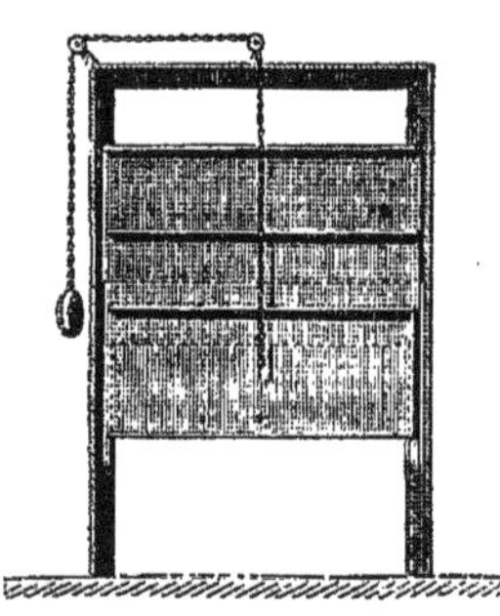

Fig. 529.

partie inférieure est soutenu au milieu par une chaîne qui, après avoir passé sur deux poulies, se termine par un contre-poids. Les cheminées de Lhomond sont aujourd'hui excessivement répandues, surtout à Paris.

2149. *Cheminée à houille et à coke.* — Les figures 530 et 531 représentent l'élévation et la coupe d'une cheminée à houille. Les jambages sont disposés comme dans la cheminée de Lhomond, et le combustible brûle sur une grille formée de barreaux qui sont fixés dans les murs

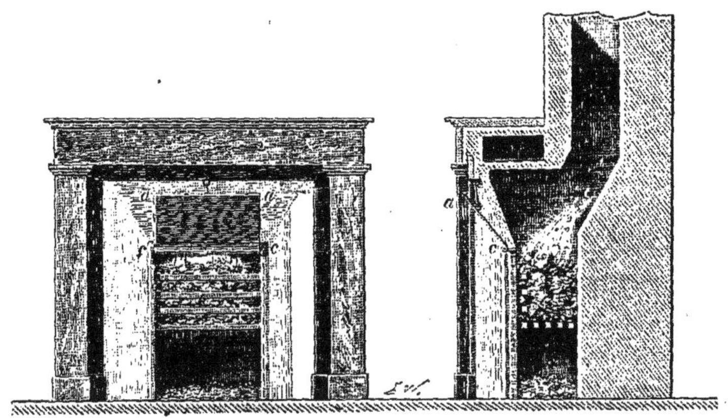

Fig. 530.   Fig. 531.

latéraux du foyer. *abcd* est un tablier mobile autour de la charnière *cd*, et qu'on abaisse devant la grille pour allumer le combustible. Dans cette position, tout l'air appelé par la cheminée passe nécessairement à travers le foyer, et le tirage est beaucoup augmenté. On emploie aussi des tabliers qui ne font point partie de la devanture de la cheminée, et qu'on accroche à un clou devant le foyer, quand on veut allumer le combustible.

2150. En Amérique, on brûle l'anthracite dans des foyers disposés à peu près de la même manière.

2151. Une bonne disposition de foyer à houille consiste à placer a grille tout à fait en saillie, de manière à utiliser le plus possible la chaleur rayonnante. Une calotte demi-circulaire sert à diriger la fumée dans le tuyau de cheminée.

2152. On peut encore brûler la houille et le coke dans une cheminée ordinaire de Lhomond, en mettant à la place des chenets une grille en fonte de forme convenable.

2153. *Considérations générales sur les cheminées.* — Le chauffage par les foyers découverts a pour objet de laisser voir le feu. Cette vue du feu est devenue un besoin auquel on sacrifie une grande quantité de combustible, et auquel on ne renoncera pas en France et dans quelques pays. Ce qu'il convient donc de chercher à réaliser, c'est d'effectuer avec cette condition le chauffage et la ventilation le plus économiquement possible.

2154. La première condition à remplir, pour toutes les cheminées, est d'assurer le renouvellement de l'air dans les pièces chauffées. Le plus souvent on ne prend aucune disposition particulière dans ce but, et l'air nécessaire à la combustion s'introduit par les fissures des portes et des fenêtres. Il en résulte des courants d'air froid souvent très-désagréables, et des irrégularités qui peuvent être cause que la fumée se répand dans la pièce. Il est préférable de régler la ventilation par des ouvertures spéciales et de dimensions suffisantes, prenant directement l'air à l'extérieur ; et il convient, au point de vue de la salubrité et de l'économie, de chauffer l'air avant son introduction dans l'appartement.

2155. Il n'est pas possible de fixer d'une manière précise les dimensions des tuyaux de cheminée. D'après un grand nombre d'expériences faites sur différentes cheminées, dont plusieurs étaient disposées de la manière la plus favorable pour diminuer le volume d'air qui échappe à la combustion, on peut admettre qu'en général, dans les foyers découverts, le volume d'air appelé est au moins de 100^{mc} par kilogramme de bois, et on a reconnu qu'une ouverture circulaire de 0,20 à 0,25 de diamètre est presque toujours suffisante pour le tuyau de cheminée, et à plus forte raison pour le tuyau d'arrivée d'air. Pour les vastes appartements, qui, étant destinés à réunir un grand nombre de personnes, doivent avoir une puissante ventilation, on peut donner aux tuyaux $0^{mq}25$ de section.

2156. La seule chaleur utilisée dans les foyers ordinaires est celle qui provient du rayonnement ; par conséquent, les combustibles les plus avantageux sont ceux qui ont un grand pouvoir rayonnant. La houille et le coke, sous ce rapport, sont préférables au bois.

2157. L'ouverture d'une cheminée ordinaire laisse passer dans l'appartement à peu près le quart de la quantité totale de chaleur rayonnée par les combustibles. Or, comme la chaleur rayonnée est 0,25 de la chaleur totale dégagée pour le bois, 0,50 pour le charbon de bois, la houille et le coke, la chaleur utilisée dans les foyers découverts est à peu près égale à 0,06 de la chaleur totale pour le bois, et 0,12 pour les trois autres combustibles.

2158. On a cherché à perfectionner les cheminées, soit en facilitant l'accès de l'air, soit en utilisant une plus grande fraction de la chaleur rayonnante, et une partie de celle renfermée dans les gaz chauds. Nous allons passer en revue les principaux types qui ont été ou qui sont encore appliqués.

2159. *Cheminées à ventouses.* — La figure 532 représente la coupe d'un système de cheminée aujourd'hui à peu près abandonné, mais qui, lors de son invention, a eu beaucoup de vogue : c'est ce qu'on appelle une cheminée à ventouse. Un canal, construit le plus souvent dans l'intérieur même du tuyau de cheminée, puise l'air à l'extérieur, et vient le verser en avant du foyer, entre les deux tabliers fixes AB et A'B'. Cette disposition a l'inconvénient de produire devant la cheminée un courant d'air froid et incommode, sans effectuer la ventilation de l'appartement.

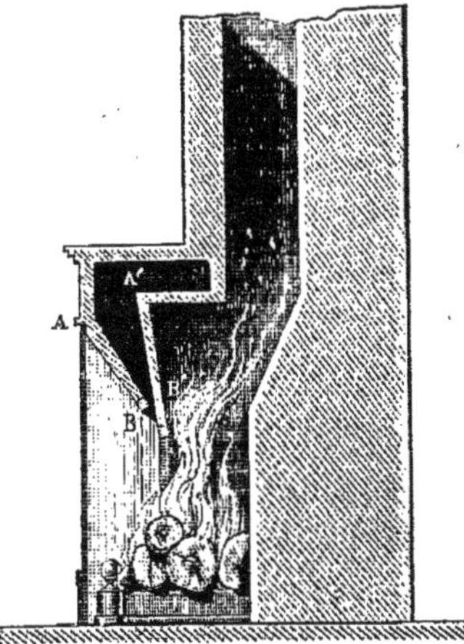

Fig. 532.

2160. *Cheminées à foyer mobile.* — Il y a une trentaine d'années, M. Bronzac, pour augmenter l'effet utile du combustible, a eu l'ingénieuse idée de rendre le foyer mobile. Ce foyer se compose d'une caisse en fonte (*fig.* 533, 534), ouverte en

Fig. 533.   Fig. 534.

avant, et mobile sur quatre galets ; la caisse est logée dans une cheminée ordinaire de Lhomond. Pour allumer le feu, on enfonce le foyer dans la cheminée, dont on baisse le tablier ; quand la combustion et le tirage sont bien établis, on l'avance dans l'intérieur de la pièce, de manière à profiter autant que possible, sans qu'il en résulte de fumée, de la chaleur rayonnante. Ces appareils, bien exécutés à l'origine, ont eu beaucoup de succès ; mais, après l'expiration du privilége de l'inventeur, leur construction moins soignée par des fumistes qui voulaient les livrer à trop bas prix, a été probablement une des causes qui en ont beaucoup restreint l'usage.

2161. A l'exposition universelle de 1855 se trouvait un appareil du même genre. Le foyer pouvait s'avancer de plusieurs mètres dans l'intérieur de l'appartement ; la fumée se rendait alors dans la cheminée par un tuyau formé de tubes rentrant les uns dans les autres, comme pour un télescope.

2162. *Foyers découverts à flamme renversée.* — La figure 535 représente un appareil dans lequel le foyer est entièrement découvert. La flamme, au lieu de s'élever verticalement, se renverse dans la masse en ignition, et la totalité de l'air appelé est ainsi obligée de traverser le foyer. Pour établir le tirage, on brûle quelques menus combustibles par la porte placée au-dessus de la grille. Les foyers à flamme renversée, qui utilisent plus de chaleur rayonnante lorsque toute la masse de charbon est embrasée, exigent un tirage puissant, qui ne suffit même pas toujours pour empêcher le dégagement de la fumée dans la pièce. La disposition de la figure 535 est indiquée comme principe, et ne saurait être employée qu'avec de nombreuses modifications.

Fig. 535.

2163. Les figures 536 et 537 représentent une cheminée imaginée par M. Millet, et dans laquelle la combustion se fait à flamme renversée, dans des conditions qui diminuent les chances de dégagement de fumée dans la pièce. L'appareil se compose de trois plaques métalliques cintrées, ABCD, *abcd*. Les trois grands côtés AB, BC, CD, se raccordent avec le chambranle de la cheminée ; les trois petits côtés encadrent le foyer ; le tablier mobile *f* sert à fermer plus ou moins le cadre du foyer ; il reste en équilibre dans toutes ses positions à l'aide du contre-poids P, fixé à une chaîne attachée au tablier, et qui passe sur la poulie *g* ; *hi*, ouverture pratiquée dans le contre-cœur, et que l'on ferme plus ou moins, à l'aide du volet *kl*. La position de ce volet se règle au moyen de la poignée *m* ; cette dernière, mobile autour de l'axe horizontal n, porte au point p deux chaînes dont l'une, après s'être enroulée sur la poulie q, supporte le poids r, et dont l'autre s'enroule sur

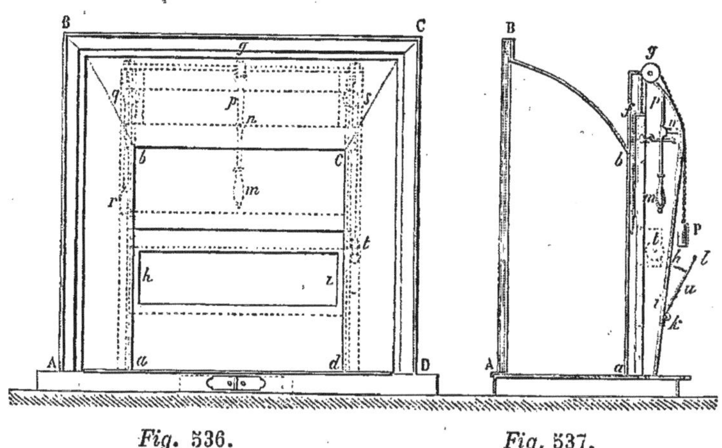

Fig. 536.   Fig. 537.

les poulies s et t, et s'attache à un crochet fixé au volet. Le contrepoids r est destiné à maintenir le volet dans une position quelconque. La fumée peut s'écouler dans la cheminée par l'orifice hi et par une fente percée dans la partie supérieure de la caisse, et qui diminue de section à mesure qu'on élève le tablier, sans pouvoir jamais être complétement fermée.

2164. Par cette disposition, la combustion est plus complète que dans les appareils ordinaires ; ce qui est loin d'être ici un avantage pour le chauffage, parce que la flamme se produit en grande partie dans la cheminée. La combustion s'effectue avec une quantité d'air peu supérieure à celle nécessaire, ce qui est un grave inconvénient ; car les appartements ne sont réellement salubres qu'avec une assez grande ventilation. En outre, il arrive encore assez fréquemment que de la fumée se dégage dans la pièce.

2165. Récemment, M. Touet-Chambor a cherché à répandre un appareil (*fig.* 538, 539) basé sur le même principe que le précédent, mais disposé pour brûler de la houille ; et à cet effet une grille F remplace les chenets. L'air qui afflue sur le combustible produit une flamme renversée, qui pénètre dans la cheminée à travers une seconde grille G, dont on règle la section libre par un registre H glissant entre deux rainures, et maintenu par un contre-poids. Au-dessus du foyer se trouvent deux ouvertures, fermées en partie par deux registres C,C, et par lesquelles s'écoulent les produits de la combustion qui auraient échappé à l'appel par la grille G. Cet appareil ne présente pas plus d'avantages que celui de M. Millet; toutefois, pour éviter de perdre la chaleur des gaz chauds, M. Touet-Chambor a ajouté dans la che-

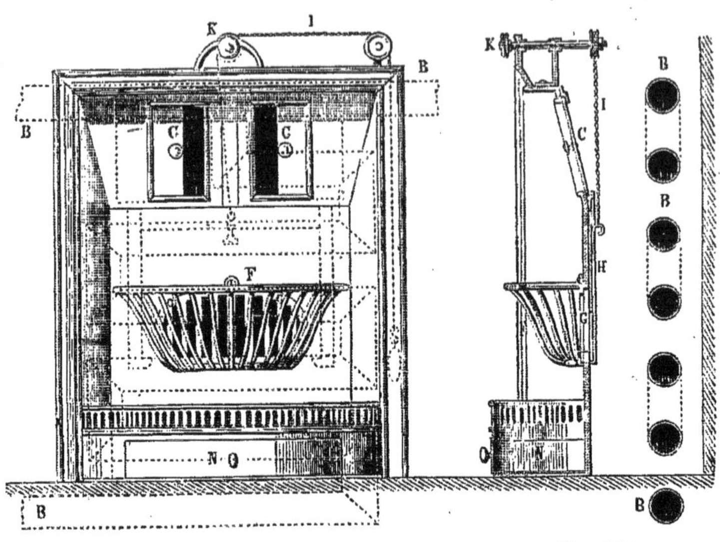

Fig. 538.   Fig. 539.

minée un tuyau B, B, en tôle, dans lequel de l'air venant de l'extérieur circule et s'échauffe avant de pénétrer dans l'appartement.

2166. M. le docteur anglais Arnott a présenté à l'exposition universelle de 1855 une cheminée dont j'ai déjà parlé, et qui avait le double objet de brûler la fumée et de renfermer du combustible pour un grand nombre d'heures. Comme cet appareil présente en outre des dispositions relatives à la ventilation, j'y reviendrai plus loin.

2167. *Foyers découverts, dans lesquels on utilise une partie de la chaleur de l'air brûlé.* — Dans toute cette série d'appareils, il existe à l'arrière ou autour du foyer une espèce de calorifère qui communique par le bas avec l'air extérieur, et par le haut avec l'appartement. L'air, en s'y échauffant, détermine un appel d'autant plus actif que le calorifère a une plus grande hauteur, et que la température y est plus élevée; il entre donc constamment dans la pièce un courant d'air qui produit la ventilation, et sert ensuite à la combustion. Avec ce genre de cheminées disparaît l'inconvénient de l'air froid appelé par les fissures des portes et fenêtres; les cheminées tendent également moins à fumer, parce que l'air peut pénétrer plus facilement dans l'appartement. Une condition importante à remplir, dans tous ces appareils, est de rendre le nettoyage facile, ainsi que le ramonage de la cheminée.

2168. Une des dispositions les plus simples, employée quelquefois, consiste à placer dans la cheminée (*fig.* 540) un tuyau de tôle communiquant par le bas avec l'air extérieur, et s'ouvrant dans la pièce près du plafond. L'appel d'air extérieur s'établit ainsi d'une manière très-efficace; mais il faut démonter le tuyau pour le ramonage. On a évité cet inconvénient, en faisant passer la fumée dans le tuyau, et l'air extérieur tout autour, comme le montre la figure 541. Mais ces dispositions, qui exigent que la cheminée ait une assez grande section, nécessitent

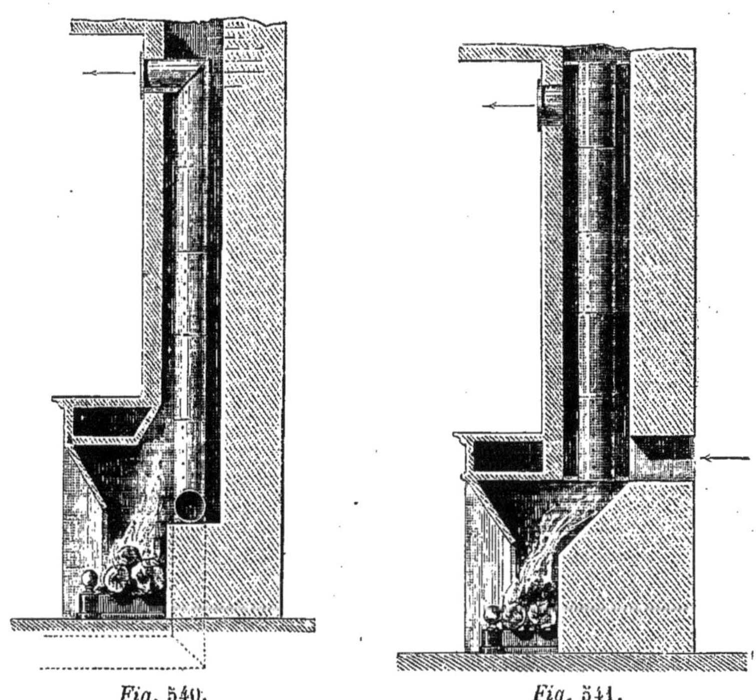

Fig. 540.   Fig. 541.

en outre des constructions accessoires toujours gênantes quand il faut les faire après coup.

2169. M. Leras, professeur de physique au lycée d'Alençon, a exposé en 1855 une cheminée, représentée figure 542. Le foyer a très-peu de profondeur, et, par suite, l'amplitude du rayonnement du combustible est très-étendue. L'air extérieur circule d'abord sous l'âtre de la cheminée, puis derrière, et enfin de chaque côté du foyer; il vient s'échapper par plusieurs bouches placées latéralement. L'ouverture du foyer est environnée d'une plaque en cuivre poli, pour augmenter la chaleur rayonnée. Tout cet ensemble ne laisse pas de donner une économie importante ; toutefois, l'avancement du foyer risque d'occasionner souvent de la fumée dans les pièces.

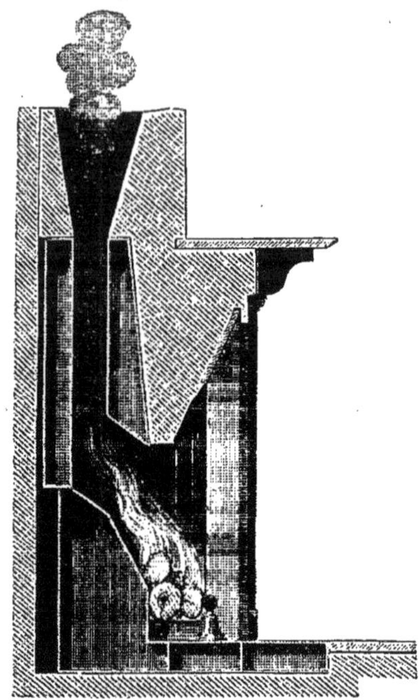

Fig. 542.

2170. Les figures 543 et 544 représentent une élévation et une coupe transversale d'un autre appareil destiné à utiliser une partie de la chaleur de l'air brûlé. Sous le foyer est une caisse rectangulaire, en fonte ou en tôle, d'une petite hauteur ; elle communique avec un canal qui s'ouvre à l'extérieur. Sur la partie postérieure de la caisse se trouvent fixés un certain nombre de tubes recourbés, qui viennent aboutir à une autre caisse placée au-dessus du cadre du foyer, et qui est fermée en avant par une toile métallique. L'air brûlé, passant entre les tubes pour se rendre dans le tuyau de cheminée, échauffe l'air froid qui circule dans leur intérieur, et qui vient se dégager ensuite dans la pièce. Il n'est pas possible, avec cette disposition, de brûler de la houille ou

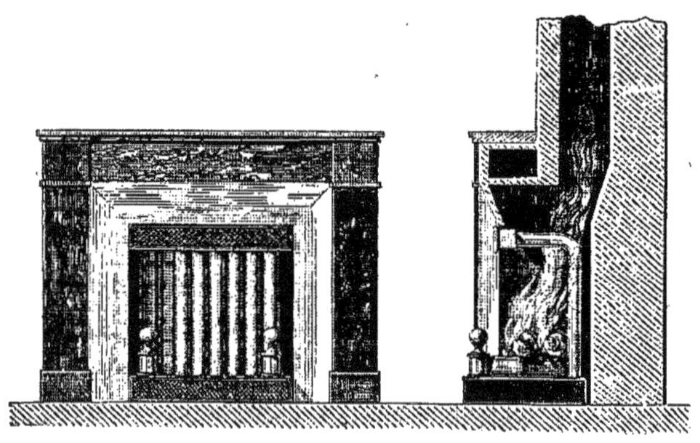

Fig. 543.   Fig. 544.

du coke ; la combustion se maintiendrait trop difficilement au contact des tubes.

La figure 545 représente une disposition du même genre dans laquelle les tubes sont placés horizontalement au-dessus du foyer. Elle est toutefois moins bonne que la précédente dans laquelle l'appel de l'air froid est déterminé dans les tubes par la hauteur de la colonne d'air chauffé ; avec des tubes horizontaux cet appel n'existe plus.

2171. L'appareil représenté dans les figures 546, 547, 548, 549, se compose d'une caisse en tôle A'A'CD, dont la face antérieure AA'BB' s'ajuste sur le chambranle de la cheminée ; cette caisse est ouverte à la partie inférieure, et enveloppe le canal qui amène l'air extérieur. Sur la face antérieure est percée une ouverture L, par laquelle l'air extérieur échauffé se rend dans la chambre. Cette caisse en renferme une autre plus petite en fonte, *abcd* (*fig.* 549) et *adef*

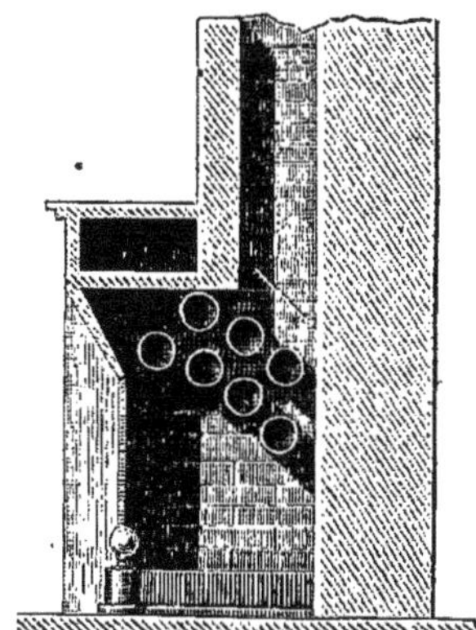

Fig. 545.

(*fig.* 547), qui sert de foyer ; le tuyau *t*, muni du registre *r*, conduit l'air brûlé dans la cheminée. Les faces latérales de la caisse du foyer

Fig. 546.

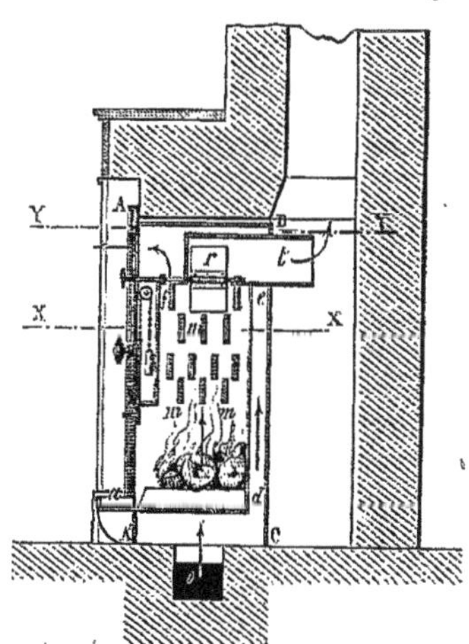

Fig. 547.

sont traversées par des plaques *m, m*, venues de fonte, et qui se prolongent en dedans et en dehors. L'air extérieur arrive au-dessous du foyer par deux canaux *o, o*. Les orifices *p* servent à introduire dans l'appareil l'air de la pièce, quand la section du canal d'appel est trop petite. La figure 548 est une coupe suivant Y Y ; la figure 549, une coupe en X X.

Cet appareil est assez compliqué, et la surface de chauffe de l'air extérieur est faible. Il est à craindre, en outre, que les saillies en fonte ne

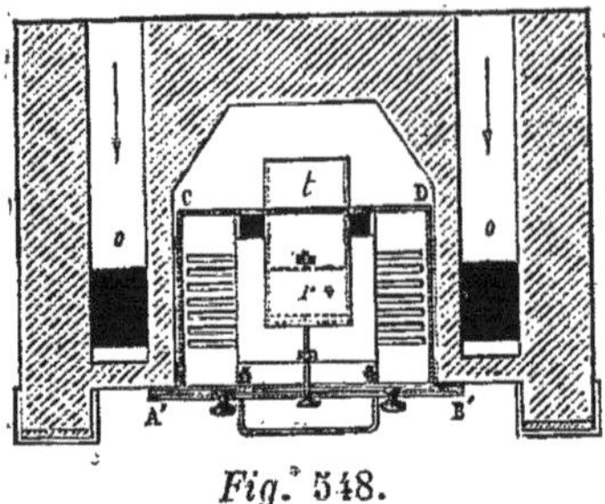

Fig. 548.

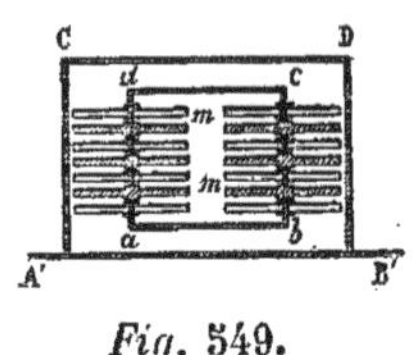

Fig. 549.

produisent que peu d'effet ; car les intervalles doivent s'obstruer rapidement par la suie, et le nettoyage n'est pas très-commode.

2172. Pour diminuer l'accès d'air inutile dans la cheminée, sans enlever la vue du feu, Descroizilles a imaginé de fermer la partie supérieure de l'ouverture des foyers découverts par un rideau en toile métallique très-fine, qui, appliqué aux foyers à bois et surtout aux foyers à houille, a donné de bons résultats. La figure 550 représente

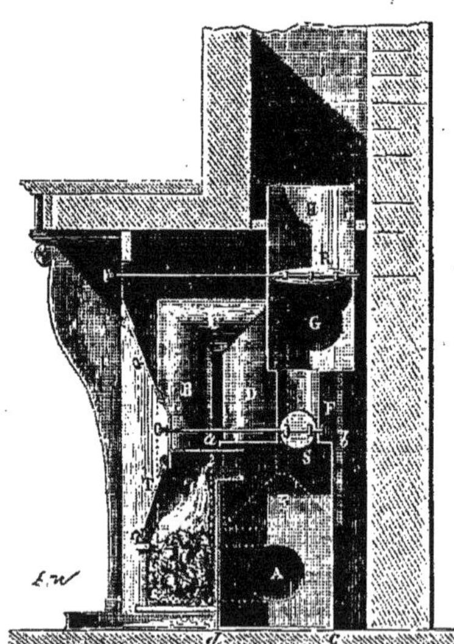

Fig. 550.

un foyer Descroizilles avec un appareil à chauffer l'air, placé derrière. Le foyer se compose d'une caisse en fonte, avec une grille en avant ; un cadre en fonte, dans lequel se trouve la toile métallique T, peut tourner autour d'une charnière, et couvrir ou découvrir le feu à volonté. L'air brûlé s'élève du foyer, redescend dans une caisse *abcd*, et s'écoule simultanément, à droite et à gauche, dans deux tuyaux A. Il passe successivement dans des tubes B, C, D, E, F, G, et aboutit enfin au tuyau H, qui communique avec la cheminée. Un système pareil de tubes est placé de l'autre côté de la caisse *abcd*. En ouvrant le registre S, on fait communiquer directement la caisse avec la cheminée par la tuyau I, ce qui permet d'établir facilement le tirage quand on allume le foyer. Le registre R sert à régler la combustion. L'air se chauffe au contact des tubes, et se dégage dans la pièce par des orifices ménagés au-dessous du linteau de la cheminée. Ces appareils chauffent assez économiquement ; mais la toile métallique gêne toujours un peu la vue du feu, et se détruit souvent ; de plus, le nettoyage des tuyaux est très-incommode, car il est nécessaire de les démonter complétement pour l'effectuer ; il en est de même pour le ramonage. On a cherché à remplacer la toile métallique par des lames ou des tubes de verre, des lames de mica, afin de permettre de mieux voir le feu ; mais la fragilité de ces matières les a fait abandonner.

2173. La cheminée de M. Fondet (*fig.* 551, 552, 553) se compose

Fig. 553.

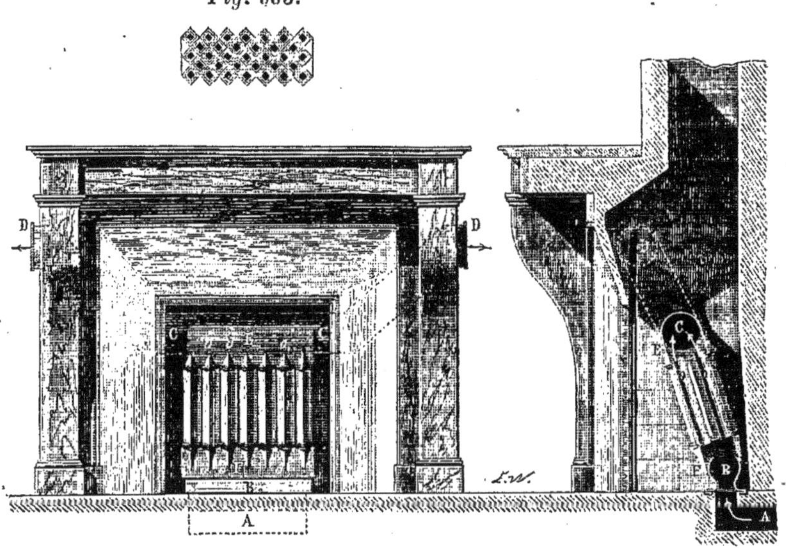

Fig. 551.   Fig. 552.

de deux tuyaux horizontaux, F et E, en fonte, réunis par un grand nombre de petits tubes prismatiques, *o, o, o,* disposés en quinconce, comme l'indique la figure 553. L'appareil forme le fond du foyer, et est incliné en avant de $\frac{1}{4}$ à $\frac{1}{5}$ d'angle droit. Le tuyau horizontal inférieur F communique avec l'air extérieur par le conduit AB ; celui-ci vient se chauffer dans les tubes prismatiques autour desquels circule la flamme, et se rend par les tuyaux C, D, à deux bouches de chaleur D, D, situées sur les côtés de la cheminée. Le nettoyage s'opère au moyen d'une raclette que l'on passe dans les intervalles des tubes. Cet appareil, un des plus employés aujourd'hui à Paris, donne de bons résultats ; il exige seulement, comme on le voit, une construction spéciale dans l'intérieur des cheminées, et ne permet pas de faire varier la ventilation.

2174. L'appareil représenté (*fig.* 554 et 555) paraît mieux remplir

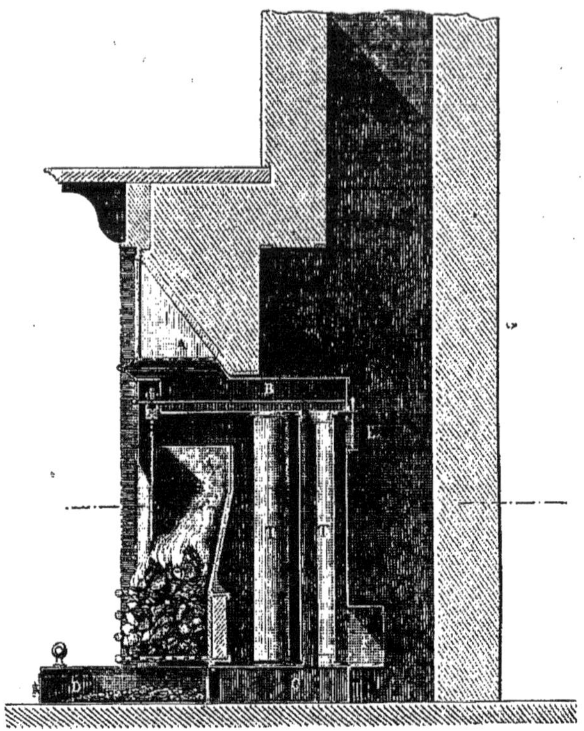

Fig. 554.

les conditions d'un foyer d'appartement. Il se compose d'une caisse
en tôle renfermant le foyer, derrière lequel se trouvent des tuyaux T
disposés en quinconce, et qui établissent la communication entre une
caisse inférieure à air froid C, et une caisse supérieure à air chaud B.
Le foyer est séparé des tuyaux par une plaque de fonte qui peut s'enlever
facilement pour le nettoyage. Le courant des gaz chauds sortant du
foyer se recourbe par-dessus cette plaque, et viênt, après avoir circulé
en descendant autour des tubes, s'échapper dans la cheminée par une
ouverture F placée au point le plus bas. Un orifice muni d'un registre
sert à établir le tirage quand on allume le feu. L'air froid, venant de
l'extérieur ou de la pièce, entre dans la caisse inférieure, s'échauffe
dans les tuyaux en tôle et autour de la caisse à fumée en H, H, et vient
se dégager dans l'appartement par une ouverture A pratiquée au sommet de la caisse à air chaud. Une plaque mobile permet de faire passer

sur le combustible la proportion d'air qu'on juge convenable, tout en laissant visible une grande partie du feu. D est le cendrier. Cet appareil

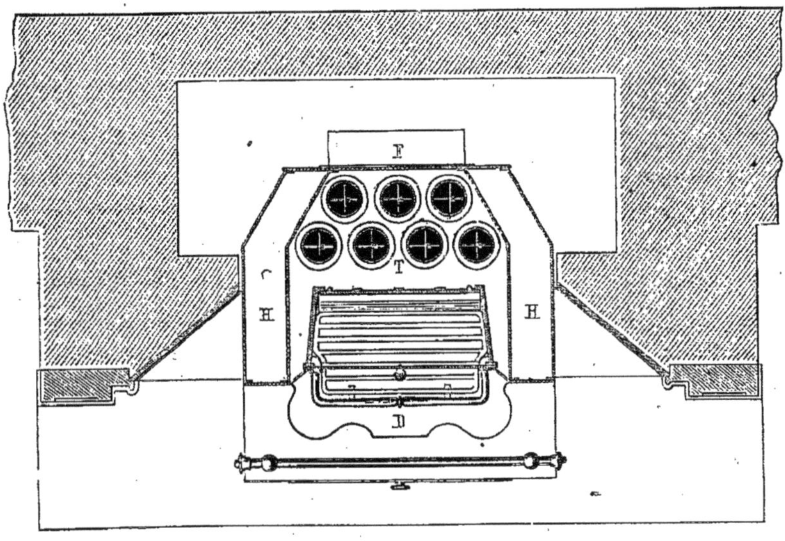

Fig. 555.

est encore peu répandu, mais il paraît destiné à l'être ; il se place sans construction ni démolition dans une cheminée ordinaire de Lhomond, et comme il peut s'enlever tout d'une pièce, il ne gêne nullement le ramonage. J'en ai adapté un à la cheminée de mon cabinet de travail, et j'ai pu ainsi l'apprécier par un usage personnel assez prolongé.

Observations sur les cheminées d'appartement. — Nous venons de passer en revue les principaux perfectionnements essayés depuis Rumfort pour les cheminées d'appartement. Tous ont porté soit sur des modifications de détail à la cheminée de Lhomond, soit sur les moyens d'obtenir du combustible un plus grand effet utile.

Comme nous l'avons déjà vu, le rendement des cheminées d'appartement est très-faible ; les dispositions proposées pour l'augmenter peuvent se ranger en deux classes.

Dans la première, on a eu pour but d'augmenter la chaleur rayonnée dans l'appartement, et pour cela on a avancé le foyer dans la pièce. La cheminée de M. Bronzac (2160) peut être prise pour type de ce système. On est arrivé ainsi à utiliser environ deux fois plus de chaleur que dans les cheminées ordinaires de Lhomond.

Dans la seconde classe, on a cherché à tirer parti de la chaleur emportée par la fumée, et pour cela on a disposé à la suite du foyer des appareils calorifères plus ou moins simples. Les cheminées décrites n⁰ˢ 2167 et suivants rentrent dans cette classe. L'effet utile obtenu a été encore plus considérable, mais il reste limité par la condition de laisser le foyer visible. Il s'introduit ainsi dans la cheminée un volume d'air qui ne sert pas à la combustion, et qui, refroidissant la fumée, diminue beaucoup l'effet des calorifères.

2176. *Cheminées qui fument.* — Les foyers découverts, tels qu'on les construit ordinairement, laissent souvent dégager de la fumée dans les appartements. Les causes qui font fumer les cheminées, et les moyens d'y remédier ont été décrits avec beaucoup de précision par Franklin ; nous les exposerons sommairement d'après lui, en faisant quelques additions.

2177. La première cause de production de la fumée est le défaut de ventilation, ou seulement la difficulté de l'introduction de l'air extérieur dans l'appartement. Il est évident qu'il doit entrer dans la pièce un volume d'air égal à celui qui s'élève dans la cheminée ; par conséquent, si la pièce est exactement fermée, la fumée, ne pouvant pas sortir sans y produire un vide partiel se répandra dans l'appartement. Il arrive presque toujours qu'une certaine quantité de fumée monte dans la cheminée ; cet effet provient d'un double courant qui s'établit dans le canal ; l'air extérieur descend dans l'appartement par une partie de la cheminée, tandis que la fumée s'élève par l'autre ; mais ces deux courants n'étant point séparés, le courant descendant entraîne toujours avec lui une certaine quantité de fumée qui se répand dans la pièce.

Cette cause aura évidemment une influence d'autant plus grande, que l'appartement sera plus petit, que les portes et fenêtres joindront plus exactement et que le diamètre de la cheminée sera plus considérable.

Quand la fumée est produite par la cause que je viens de signaler, on peut y remédier, 1° en diminuant la quantité d'air qui s'écoule par la cheminée, 2° en favorisant la ventilation extérieure, 3° par l'un et l'autre de ces moyens. On diminuera toujours la dépense d'air par la cheminée en rétrécissant l'un des deux orifices, d'introduction ou de sortie ; mais on devra choisir de préférence celui qui donne accès à l'air pour la combustion.

Quant à la ventilation extérieure, on pourra l'établir, soit au moyen d'un vasistas, soit par une ventouse, soit enfin par un canal placé sous le parquet. On pourra chauffer l'air appelé ou le laisser entrer à la température extérieure. Cette cause de dégagement de fumée est la plus générale ; j'ai rarement vu d'appartements dans lesquels les appels d'air extérieur aient des dimensions suffisantes.

2178. La seconde cause du dégagement de la fumée réside dans une température trop faible de l'air brûlé dans la cheminée. La vitesse du courant n'est plus suffisante pour évacuer la fumée qui se dégage, et il en reflue une partie dans l'appartement. Cette faible température résulte de ce qu'une très-grande quantité d'air échappe à la combustion et refroidit la fumée.

Le seul remède efficace consiste dans le rétrécissement permanent du foyer, latéralement et supérieurement, et dans l'emploi d'un tablier mobile. On diminue ainsi le volume d'air inutile à la combustion.

2179. La troisième cause provient d'une trop faible hauteur de la cheminée, d'où résulte une trop petite vitesse d'ascension de la fumée. Il faut alors exhausser la cheminée, ou si c'est trop difficile, rétrécir le foyer.

2180. La quatrième cause du dégagement de la fumée résulte de l'action de plusieurs foyers les uns sur les autres, lorsqu'ils sont placés dans des appartements communiquants, et n'ayant aucun mode de ventilation convenablement établi.

Si, plusieurs foyers étant disposés comme nous venons de le dire, on fait du feu dans un seul, l'air extérieur sera principalement appelé par les autres cheminées, attendu que l'air pénètre bien plus facilement et en bien plus grand volume par les cheminées que par les fissures des portes et des fenêtres. Si tous sont allumés et que les orifices d'entrée de l'air ne soient pas suffisants pour les alimenter tous, il arrivera nécessairement que celui dont le tirage est le plus fort l'emportera sur les autres, et par conséquent que la fumée de ces derniers se répandra dans toutes les pièces. Un quelconque des foyers peut même faire fumer tous les autres, quoiqu'il ait un tirage plus faible, soit par une moindre hauteur de la cheminée, soit par un plus grand diamètre du canal, soit enfin parce que la quantité de combustible que l'on y consomme est moindre ; il suffit, pour cela, que ce foyer ait été allumé le premier, car, dans ce cas, l'air a dans les autres cheminées un mouvement de haut en bas, qui ne peut que difficilement être détruit, attendu que le tirage d'une cheminée n'est à son maximum que quand tout le tuyau est rempli d'air chaud : par conséquent, si, à l'origine, il y a déjà un mouvement de l'air en sens contraire, il faudra un foyer d'une grande activité, et une vitesse presque nulle de l'air de haut en bas, pour que le tirage puisse s'établir.

Le seul moyen de remédier alors à la fumée consiste à donner à chaque pièce une ventilation suffisante.

2181. La cinquième cause du dégagement de la fumée consiste dans la communication de plusieurs tuyaux de cheminée les uns avec les autres. Lorsqu'un tuyau d'un diamètre uniforme reçoit à une certaine hauteur un canal qui le pénètre, si le courant s'établit d'abord dans le dernier, la veine d'air qui en sort peut fermer l'autre comme une soupape. Il faut alors placer au-dessous de l'ouverture une plaque, afin que le tirage se partage également entre les deux conduits.

Lorsque plusieurs cheminées communiquent, et que les tuyaux ont des diamètres convenables, l'appel a lieu par tous les embranchements, qu'ils fournissent ou non de l'air chaud. Il en résulte que si plusieurs ne donnent que de l'air froid, la température de l'air dans le canal commun est peu élevée, et par conséquent que le tirage dans chaque conduit d'air chaud excède peu celui qui aurait lieu si ce conduit débouchait dans l'air; ainsi il se dégage de la fumée parce que la hauteur réelle de la cheminée est trop faible. Cette disposition est aussi très-favorable au refoulement de la fumée dans les pièces où l'on ne fait pas de feu, parce que, la vitesse se trouvant très-réduite dans le canal commun, un grand nombre de circonstances peuvent produire un courant de haut en bas dans les cheminées sans feu. On peut remédier au dernier inconvénient en établissant dans les cheminées des trappes ou registres que l'on ferme quand on n'y fait pas de feu ; ces trappes diminuent beaucoup les chances de fumée dans les pièces où l'on fait du feu, parce qu'il n'y a plus d'air froid dans la cheminée commune. Mais ce qu'il y a de mieux à faire, c'est de donner à chaque cheminée un tuyau spécial jusqu'au-dessus des toits.

2182. La sixième cause qui fait fumer les cheminées réside dans l'action du soleil et des vents directs ou réfléchis : il faut alors avoir recours aux appareils que nous avons décrits dans le premier volume.

2183. Une dernière cause peut faire pénétrer de la fumée dans les appartements. Dans les grands calorifères, le tirage de la cheminée à air brûlé étant toujours beaucoup plus actif que l'appel par la cheminée d'écoulement de l'air échauffé, il n'est pas nécessaire que les joints soient étanches, car la différence des tirages produit des pressions latérales qui font passer de l'air échauffé dans l'air brûlé ; il en résulte bien une perte de combustible, mais il n'y a pas dégagement de fumée dans les pièces. Dans les appareils formant calorifères qui se trouvent au-dessus ou autour des foyers découverts et qui sont destinés à utiliser une partie de la chaleur de l'air brûlé, il n'en est pas toujours ainsi. Si l'ouverture du foyer était considérable et si les tuyaux de chauffage de l'air étaient placés dans un lieu où la vitesse d'écoulement de l'air brûlé fût très-faible, il pourrait arriver que la vitesse d'écoulement de l'air échauffé fût plus grande, et par conséquent que si les tuyaux n'étaient pas étanches, l'air brûlé pénétrât dans les tuyaux d'écoulement de l'air chaud. Ces circonstances se présentent rarement, mais il est toujours important dans toutes les dispositions de rendre les joints aussi hermétiques que possible, car le mélange de l'air brûlé, même en petite quantité, avec l'air de ventilation, a de graves inconvénients.

Chauffage intérieur par les poêles.

2184. Les poêles sont des appareils placés dans l'intérieur des appartements, formant une capacité plus ou moins considérable dans laquelle on brûle le combustible. La fumée se rend à la sortie du foyer, soit directement, soit après diverses circulations, dans un tuyau qui la conduit dans une cheminée. Les portes du foyer et du cendrier sont tantôt dans l'appartement, tantôt dans une salle voisine. Les poêles sont en tôle, en fonte, en faïence ou en briques.

2185. On donne souvent aux poêles le nom de calorifères ; mais nous réserverons cette dernière dénomination pour les appareils qui servent à chauffer de l'air pris à l'extérieur, et qui le versent ensuite dans les pièces destinés à le recevoir.

2186. Les poêles en métal, pour la même étendue de surface et la même quantité de combustible brûlé, refroidissent plus la fumée que ceux qui sont en faïence ou en maçonnerie, parce que les métaux conduisent mieux la chaleur : ainsi les poêles en terre cuite doivent avoir plus de volume et plus de surface de chauffe que ceux en métal.

2187. Les poêles en métal s'échauffent rapidement et se refroidissent de même; ceux de maçonnerie et de faïence, au contraire, s'échauffent lentement; mais une fois échauffés, ils cèdent lentement leur chaleur et entretiennent longtemps une douce température.

2188. Dans les poêles en métal, il est avantageux que la combustion soit lente et permanente. Dans les poêles en terre cuite, il est bon qu'elle soit vive, et ne dure que le temps nécessaire pour échauffer la masse de maçonnerie, opération qu'on renouvelle à des intervalles plus ou moins éloignés. Dans ces derniers appareils, quand le combustible est consumé, il est utile de fermer la porte du cendrier, et un registre placé dans le tuyau à fumée, afin d'éviter que le poêle ne soit traversé par un courant d'air qui le refroidirait infructueusement.

2189. On prétend que les poêles en fonte ou en tôle ont l'inconvénient de donner à l'air une mauvaise odeur et de le dessécher. L'odeur de l'air chauffé par un métal provient probablement de l'altération qu'éprouvent les matières organiques en suspension dans l'air, par le contact du métal dont la température est souvent très-élevée, et toujours supérieure, pour la même quantité de combustible consommée, à celle que prennent les parois d'un poêle en faïence ou en briques. Il est facile de s'assurer qu'il existe en effet dans l'air une grande quantité de corps légers, non-seulement par les dépôts qui se forment sur les surfaces qui restent longtemps immobiles, mais par la vue de cette poussière, quand un rayon solaire pénètre dans une chambre obscure; la poussière est alors fortement éclairée, et le seul aspect indique une origine organique. Cependant, quelques expériences sembleraient indiquer que les métaux chauffés ont une odeur propre.

Quant à la dessiccation de l'air, on n'a jamais fait aucune expérience exacte à ce sujet; mais tout le monde sait que l'on est dans l'usage de mettre sur les poêles en fonte des vases pleins d'eau, pour fournir de la vapeur à l'air, et que les poêles en faïence rendent cette précaution moins nécessaire. Chacun a pu observer que les poêles en fonte, indépendamment de l'odeur qu'ils donnent à l'air, provoquent des maux de tête, quand on n'emploie pas le moyen que nous venons d'indiquer pour saturer l'air d'humidité. Mais la dessiccation de l'air par les poêles métalliques n'est qu'apparente; l'air ne paraît plus sec que parce qu'étant plus chaud, il peut dissoudre plus de vapeur, et par conséquent qu'il est d'autant plus éloigné du terme de saturation qu'il est à une température plus élevée. Si les poêles en faïence ou en briques ne paraissent pas produire le même effet, cela tient à ce qu'ils n'échauffent pas l'air au même degré. Au surplus, quand on considère que dans une grande partie de l'Europe, on a l'habitude de se chauffer avec des poêles de fonte ou de tôle, on peut difficilement croire que leur usage soit réellement insalubre.

En résumé, je ne regarde pas en général le chauffage par les surfaces métalliques comme insalubre; il peut devenir incommode, parce que la température du métal est quelquefois très-variable, et il peut donner une odeur désagréable, et dessécher trop fortement l'air, quand le métal est à une trop haute température; mais on peut éviter tous ces inconvénients, comme nous l'avons déjà dit en parlant des calorifères.

2190. *Poêles simples sans circulation intérieure, et sans tuyaux de circulation.* — Ces poêles sont ceux qu'on emploie le plus fréquemment; ils sont construits en fonte ou en tôle, et ce n'est guère que dans les villes qu'ils sont en faïence. Dans ces appareils, le corps du poêle ne renferme que le foyer, et rarement la surface de chauffe est suffisante pour absorber une partie considérable de la chaleur du foyer ou de la fumée, surtout dans ceux de faïence, parce que cette matière n'étant employée que pour obtenir une chaleur modérée, et pour éviter les inconvénients du chauffage avec la tôle et la fonte, on cherche souvent à diminuer, autant que possible, les tuyaux extérieurs à fumée. Aussi ces derniers consomment beaucoup de combustible et chauffent peu, parce que la fumée est abandonnée à une trop haute température. Mais comme, dans tous ces poêles, le tirage a lieu dans la partie du tuyau qui s'élève verticalement, les gaz brûlés pourraient être complétement refroidis, si on prolongeait suffisamment le circuit horizontal.

Quand on brûle du bois, de la tourbe, de la houille, du coke dans les poêles, les foyers n'exigent aucune disposition particulière; seulement il est toujours avantageux d'employer des grilles, et de faire arriver l'air en dessous, ce qui ne se fait pas toujours. Mais quand on brûle de l'anthracite, les foyers doivent être disposés d'une manière spéciale que nous indiquerons en parlant des poêles américains.

2191. *Poêles en terre cuite et à circulation intérieure.* — Ces poêles sont principalement employés dans le Nord, en Suède, et surtout en Russie. Dans ce dernier pays, les poêles ont de très-grandes dimensions, et se construisent en même temps que les maisons. Ce sont des masses rectangulaires, allongées verticalement, presque entièrement en briques, percées de canaux verticaux, que l'air brûlé parcourt plusieurs fois de bas en haut et de haut en bas. Ces poêles ont ordinairement de 2 à 3 mètres de hauteur, et occupent une surface horizontale de 1^{mq} 25. Le foyer est à la partie inférieure, et sa capacité varie de 0^{mc} 5 à 0^{mc} 10. L'air brûlé, après avoir circulé dans des canaux intérieurs verticaux, successivement en sens contraire, s'écoule ensuite dans la cheminée. On fait un feu très-actif le matin, et lorsque le bois est bien tout transformé en braise, on ferme la porte du foyer, et presque complétement le registre de la cheminée. Ces masses échauffées se refroidissent lentement et maintiennent une température douce dans les pièces pendant vingt-quatre heures.

En Suède, on emploie des appareils analogues, mais dont les dimensions sont beaucoup plus faibles. Les figures 556, 557, 558, 559, 560, 561 représentent un de ces appareils.

La figure 556 est une coupe verticale suivant IK (*fig.* 559); la figure 557, une coupe verticale suivant LM (*fig.* 560); la figure 558, une coupe verticale suivant PQ (*fig.* 561). Les figures 559, 560, 561

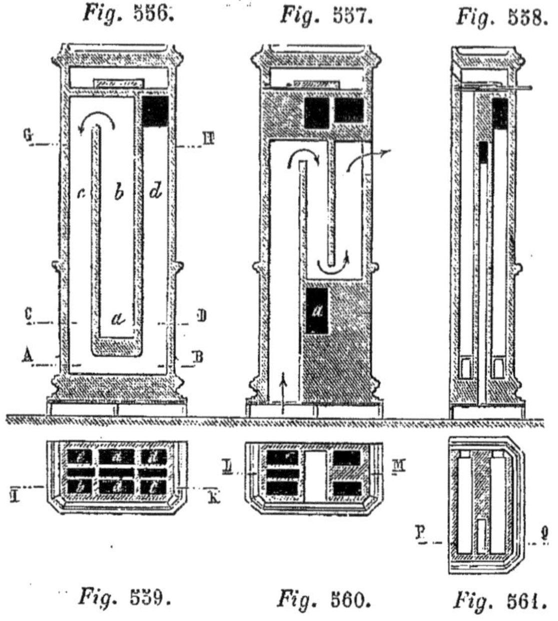

sont des coupes horizontales faites suivant les plans GH, CD et AB (*fig.* 556). Les circulations centrales, représentées dans la figure 557, sont destinées à chauffer de l'air qui entre dans le poêle par la partie inférieure. Le foyer est en *a*, l'air brûlé parcourt simultanément les deux séries de canaux *b*, *c*, *d*, *e*, qui se trouvent de chaque côté des canaux à air; puis les deux courants se réunissent en un seul qui communique avec la cheminée.

Dans tous ces appareils, les circulations ont toujours lieu dans des canaux verticaux et non horizontaux, parce qu'on a trouvé, par expérience, que le tirage s'établit plus vite dans la première disposition que dans la seconde. L'explication en est d'ailleurs facile. Au commencement du chauffage, lorsque les briques sont froides, le courant d'air brûlé se refroidit peu, du moins dans sa partie centrale, lorsqu'il s'élève d'abord, tandis qu'il n'en est point ainsi quand il marche dans des canaux horizontaux. C'est d'ailleurs ce que j'ai constaté dans deux poêles où les circuits étaient horizontaux dans l'un et verticaux dans l'autre : le premier fumait toujours quand on l'allumait; et dans le second, le tirage était très-bon dès les premiers instants.

2192. *Poêles en briques et en fonte, à bouches de chaleur.* — Ces poêles (*fig.* 562) sont très-répandus en France; ils sont principalement employés dans les salles à manger.

Ordinairement le foyer est environné de tuyaux en fonte, qui s'ou-vrent d'un côté au-dessous du poêle, et de l'autre dans une cage en briques, où se réunit l'air échauffé dans les tuyaux, et d'où il s'écoule dans la pièce par des orifices désignés sous le nom de bouches de chaleur; l'air brûlé, en sortant du foyer par les in-tervalles des tuyaux de fonte, circule dans la masse de terre cuite, en mon-tant et descendant un certain nom-bre de fois avant de se rendre dans la cheminée. Ces appareils sont en gé-

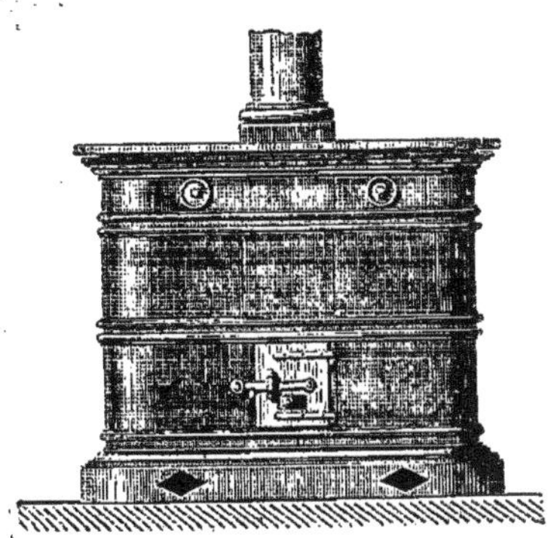

Fig. 562.

néral assez mal disposés; la combustion n'a pas lieu sur la grille; il y a beaucoup de chaleur perdue, résultant de ce que l'air brûlé est aban-donné à une trop haute température, et les bouches de chaleur sont en général beaucoup trop petites.

2193. Une disposition qui serait bien préférable à celle qui est gé-néralement employée, consisterait à placer autour du foyer une série de canaux verticaux que l'air brûlé parcourrait successivement : cha-cun d'eux renfermerait un tuyau de fonte; et tous ces tuyaux se-raient maintenus par des talons appuyés sur les bords d'orifices cir-culaires pratiqués dans deux plaques de fonte parallèles : la plaque supérieure formerait la partie inférieure du réservoir d'air chaud qui alimenterait les bouches de chaleur. Il serait même plus simple et plus commode de laisser descendre librement la fumée autour des tuyaux de fonte, et de la faire écouler dans la cheminée par la partie infé-rieure de la caisse, qui pourrait être en tôle, en fonte, ou en maçon-nerie.

2194. Ces poêles, en faïence et à circulation de fumée, sont quelque-fois isolés au milieu des pièces qu'ils doivent chauffer; alors le tuyau à fumée chemine sous le sol pour se rendre à la cheminée. Dans cette disposition, il faut nécessairement que la cheminée soit pourvue, à sa partie inférieure, d'un petit foyer pour déterminer le tirage. Ce foyer se réduit le plus souvent à une ouverture munie d'une porte qui per-met de brûler quelques copeaux ou du papier dont la flamme déter-mine l'appel.

Les figures 563 et 564 représentent une coupe verticale et une coupe horizontale d'un poêle isolé, disposé comme je viens de l'indiquer ; le tuyau à air brûlé est placé dans le tuyau d'appel de l'air extérieur, ce qui n'a pas lieu ordinairement, mais ce qui doit augmenter l'effet utile.

2195. On emploie souvent, dans les hôpitaux, des poêles (*fig.* 565) renfermant plusieurs bains de sable superposés, destinés à chauffer ou à tenir chauds les médicaments. Les bains de sable forment les parties supérieures de caisses en tôle qui sont parcourues successivement par l'air brûlé, sorti d'un foyer placé à la partie inférieure de l'appareil.

2196. *Poêles américains à anthracite.* — Ces appareils n'ont été connus en France que par la description qui en a été donnée par M. M. Chevalier, dans le *Journal d'Architecture.* Dans la seconde édition du *Traité de la chaleur*, j'ai rapporté cette description et les détails de construction qui l'accompa-

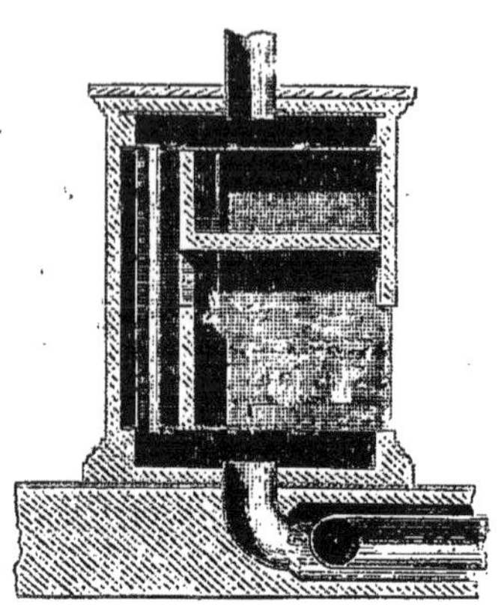

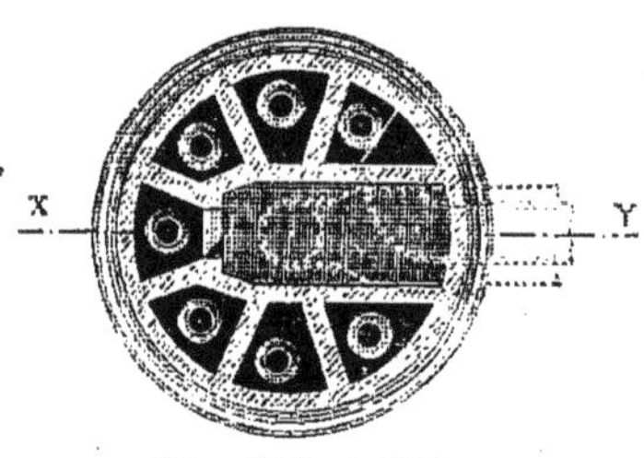

Fig. 563 et 564.

gnent. Mais comme ces dispositions peuvent être modifiées de bien des manières différentes, je me bornerai à indiquer les conditions à remplir, et comment elles l'ont été dans les poêles les plus généralement employés.

Les conditions à remplir sont : 1° de maintenir le foyer à une température élevée en l'environnant de briques, au moins de trois côtés ; 2° d'alimenter le foyer sans le refroidir, conditions qu'on remplit en introduisant les combustibles par la partie supérieure du poêle ; 3° de pouvoir facilement dégager les cendres, sans donner accès à une trop grande quantité d'air qui éteindrait le foyer.

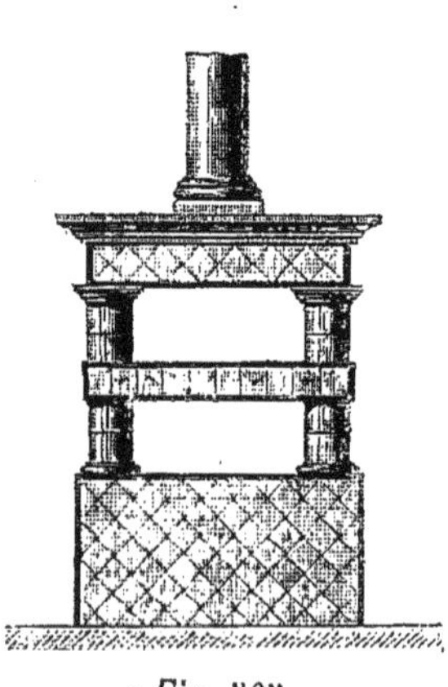

Fig. 565

D'après M. Chevalier, les poêles les plus répandus sont ceux de Nott, de Spoor et d'Olney. Dans tous ces poêles, le foyer est environné de briques, l'alimentation a lieu par la partie supérieure, et il y a un registre pour régler l'accès de l'air ; ils ne se distinguent réellement que par la forme et la disposition de la grille.

Dans le poêle de Nott, la grille est formée de barreaux circulaires ayant pour longueur les deux tiers de la circonférence, fixés à un axe qui passe par le centre commun, et auquel on peut imprimer un mouvement de va-et-vient par une manivelle extérieure ; la partie inférieure du foyer est une caisse en fonte qui enveloppe la grille à la hauteur du diamètre du cylindre formé par les barreaux ; on peut nettoyer très-facilement la grille en lui imprimant un mouvement oscillatoire. La grille du poêle Spoor est plane, circulaire, mais elle peut tourner et basculer complétement. La grille du poêle d'Olney est beaucoup plus simple : elle se compose de barreaux pliés à angle droit et placés de manière à former deux grilles : l'une horizontale, l'autre verticale ; la première supporte le combustible, la seconde est ordinairement fermée par une porte qui ne s'ouvre que pour nettoyer la première au moyen d'une tige de fer qu'on fait passer à travers ses barreaux.

2197. *Poêles à flamme renversée.* — Un des premiers appareils se composait d'un tronc de cône vertical, avec une grille à sa partie inférieure ; il était fermé par un couvercle mobile à jour ; c'est par l'orifice supérieur qu'on introduisait le combustible, et c'est par les jours du couvercle que pénétrait l'air brûlé se rendant à la cheminée par les tuyaux de chauffage. Avec cette disposition, les grilles et le tuyau qui forment le foyer s'altèrent, et sont mis très-rapidement hors de service. On peut modifier heureusement ce système en s'approchant des dispositions (1598 à 1601).

2198. *Poêles à eau chaude.* —Pour éviter l'inconvénient qui résulte des surfaces métalliques trop fortement échauffées, on pourrait employer des appareils formés d'un vase plein d'eau, chauffé intérieurement par un foyer et des conduits à fumée d'une suffisante étendue. Il ne se formerait point de vapeur, si la surface extérieure et la section du tuyau à fumée avaient été calculées de manière que la perte de chaleur par l'enveloppe, lorsque la température de l'eau serait de 100°, fût égale à la chaleur produite par la combustion du plus grand poids de combustible qu'on pourrait brûler dans le même temps. Il serait bon, d'ailleurs, de placer sur le poêle un petit tuyau qui porterait à l'extérieur ou dans le tuyau à fumée la vapeur qui viendrait à se produire. On devrait aussi avoir un registre qui permît de fermer la cheminée quand l'eau serait arrivée à l'ébullition. Ces appareils auraient l'avantage de conserver la chaleur pendant assez longtemps. Toutefois, ils ne devraient pas renfermer un trop grand volume d'eau, parce qu'ils seraient trop lents à se réchauffer ou à se refroidir, et trop incommodes quand l'air extérieur éprouverait des variations brusques de température.

2199. *Poêles à température constante.*—Il y a à peu près quinze ans, un constructeur français imagina un poêle dont la température était rendue constante au moyen d'un registre qui réglait l'accès de l'air dans le foyer ; le mouvement du registre était produit par le mouvement du mercure dans le réservoir d'un thermomètre, mouvement qui se transmettait au moyen d'un flotteur et d'une petite chaîne à la partie supérieure du registre. L'invention n'a pas réussi et il est facile d'en voir la cause. Ce n'est pas le poêle qui doit être maintenu à une température constante, mais la pièce dans laquelle il est placé, et par conséquent la température du poêle doit varier en sens contraire de la température extérieure. Cependant, plusieurs poêles à température constante ont été présentés à l'exposition universelle de 1855. On a prétendu alors qu'on pouvait, suivant le besoin, régler le régulateur; mais, dans ce cas, il est plus simple de le supprimer et de régler la combustion à l'aide du registre du tuyau à fumée. Un régulateur de combustion serait une chose très-utile s'il était disposé de manière à maintenir constante la température de la pièce ; mais appliqué à un poêle, c'est un véritable contre-sens.

2200. *Poêles métalliques à circulation d'air intérieure.* — Ces poêles, qui sont généralement désignés sous le nom de poêles calorifères, se composent toujours d'une enveloppe cylindrique ; ils reçoivent l'air par la partie inférieure, et le versent par la partie supérieure dans la pièce, après qu'il a été échauffé ; ils renferment un foyer et des tuyaux diversement contournés que l'air brûlé parcourt avant de sortir de l'enveloppe pour se rendre dans la cheminée.

2201. Un des premiers appareils de ce genre a été construit par M. Chevalier, avec le but spécial de pouvoir être transporté d'une pièce dans une autre. La circulation de l'air brûlé dans l'appareil est réduite à la disposition la plus simple, et le tuyau à fumée se termine par un tuyau vertical de $0^m,60$ de hauteur, qu'on introduit dans la cheminée de la pièce qu'on veut échauffer. La surface de chauffe se réduit à celle du foyer qui occupe une grande partie de la section de l'enveloppe et à celle d'une caisse cylindrique en fonte placée au-dessus, et dont l'air brûlé est obligé de faire le tour. Un diaphragme force l'air de la pièce à s'élever librement entre l'enveloppe et le cylindre concentrique qui forme le foyer et la caisse qui le surmonte.

Il résulte des expériences faites par une commission de la Société d'encouragement que, cet appareil transporté dans différentes pièces grandes et petites , le tirage s'est toujours bien établi, et qu'alimenté par du bois, le registre complétement ouvert, et le cylindre enveloppant allongé de 0,50, l'air brûlé se dégageait à 105°. Or, comme la température à laquelle se trouverait l'air brûlé par la combustion du bois, si elle était complète, serait à peu près de 900 degrés, si toute la chaleur développée était employée à le chauffer, il en résulte que dans cet appareil la perte de chaleur excéderait peu $\frac{1}{9}$. Mais comme les conditions dans lesquelles ces expériences ont été faites ne sont pas celles dans lesquelles ces appareils fonctionnent ordinairement, on se tromperait beaucoup si on comptait sur un résultat aussi avantageux. Dans cet appareil, l'air chaud ne sortait que par quatre ouvertures latérales d'un petit diamètre, et, par conséquent, en petit volume et à une température très-élevée, circonstances peu favorables à l'effet utile.

2202. On a construit depuis, sur le même principe, un grand nombre de poêles-calorifères, en modifiant, soit le foyer, soit la circulation de l'air brûlé. Ces appareils, quand ils sont portatifs, sont d'un usage très-commode, et tendent à se répandre. Comme ils sont entourés d'une enveloppe en tôle, la température est moins élevée que dans les poêles ordinaires. Ils peuvent d'ailleurs servir à produire la ventilation; il suffit pour cela de laisser ouvert le bas de la cheminée d'une quantité convenable.

Les poêles Joly, que nous avons décrits (1602), rentrent dans la même classe des calorifères portatifs. Ils présentent l'avantage de renfermer un grand réservoir de charbon, ce qui permet de ne s'occuper de l'alimentation qu'à des intervalles assez éloignés.

2203. Les figures 566, 567 représentent un poêle calorifère construit par M. d'Hamelincourt, ancien élève de l'École centrale, successeur de M. René Duvoir. Le foyer C est placé au centre. Il est formé d'une grille et de quatre plaques épaisses de fonte qu'on peut facilement remplacer quand elles sont usées. Les produits de la combustion s'élèvent verticalement jusque dans la chambre D où ils se divisent pour descendre par les six tuyaux elliptiques GH et EF ; ils arrivent ainsi à la chambre A qui communique avec une cheminée. Pour détruire le mauvais effet des dilatations inégales, on a employé des joints de sable. Toute cette partie de l'appareil est en fonte et entourée d'une enveloppe rectangulaire en tôle. L'air froid arrive par la partie inférieure, s'échauffe, sans rencontrer d'obstacle, au contact de toutes les parois métalliques, et sort dans la pièce par une large bouche de chaleur. Ce calorifère me paraît bien entendu, surtout sous le rapport de la disposition des surfaces de chauffe qui sont bien utilisées.

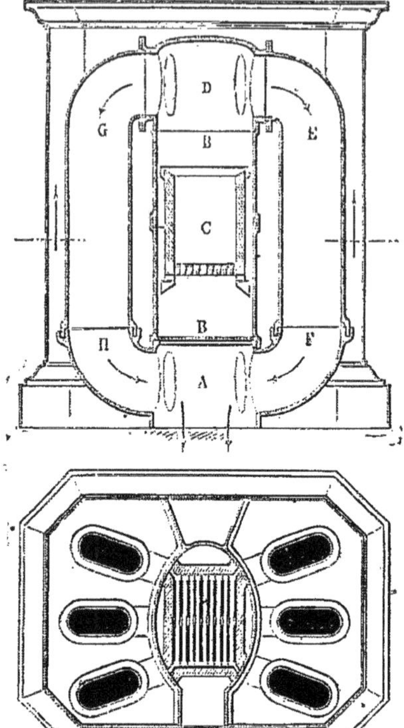

Fig. 566 *et* 567.

2204. Nombre de fumistes français ont imaginé des calorifères plus ou moins bien disposés; mais dans presque tous, les bouches de chaleur ont de trop petites dimensions. La plupart estiment l'effet utile d'un appareil, par la haute température de l'air échauffé, tandis que ce qu'on doit rechercher, c'est au contraire de chauffer un grand volume d'air à une température peu élevée. Cette fâcheuse déc est tellement enracinée chez les poêliers - fumistes, que l'un d'eux, qui dirige des ateliers importants, a présenté à l'exposition, en 1855, un appareil dont il a remis les dessins au jury, et dont les bouches de chaleur versaient l'air à 400°. Cet appareil était en cuivre poli; il ne laissait sortir l'air chaud que par des bouches d'une matière peu conductrice, et sa surface extérieure était composée d'un poêle en fonte, entouré d'une double enveloppe de très-petite section. Il faut dire que le public se laisse facilement séduire par ces résultats, et, en accordant sa faveur aux appareils de cette espèce, justifie jusqu'à un certain point cet état de choses.

2205. La disposition la plus convenable pour la circulation de l'air brûlé, consiste à le faire monter immédiatement au-dessus du foyer jusqu'au point le plus haut de l'appareil, et à le faire descendre ensuite dans une double enveloppe communiquant par le bas avec la cheminée; le tuyau central et le canal annulaire sont séparés par un cylindre de tôle mince qui s'échauffe par rayonnement; l'air brûlé, en descendant dans le canal annulaire, s'y distribue uniformément. La figure 568 représente un poêle-calorifère remplissant l'ensemble des dispositions qui me semblent les plus convenables. Le foyer est environné d'une épaisseur de briques, parce que j'ai supposé qu'on brûlait de la houille sèche. Le nettoyage de cet appareil s'effectue facilement en enlevant les tampons qui ferment le canal central et le canal annulaire. Si l'enveloppe devait avoir pour section un rectangle allongé, on ferait descendre l'air brûlé par deux tuyaux rectangulaires placés de chaque côté du canal qui surmonte le foyer.

S'il y avait un grand intérêt à donner à l'appareil une surface de chauffe considérable, on pourrait supprimer le revêtement intérieur en briques du foyer, et faire venir de fonte au tuyau d'ascension de l'air brûlé des appendices qui se prolongeraient en dedans et en dehors, en ne changeant rien du reste à la disposition générale de l'appareil.

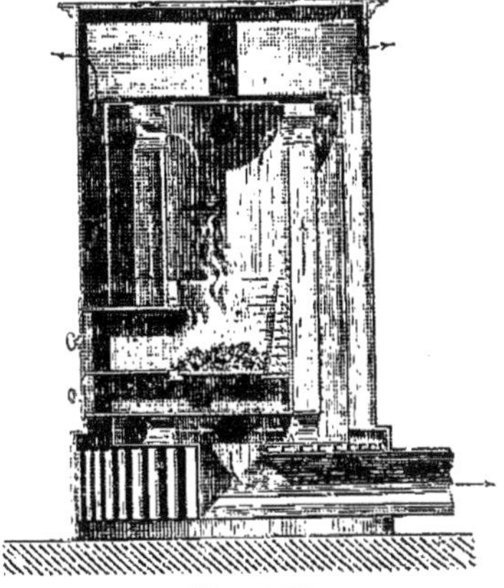

Fig. 508.

Cheminées-poêles.

2206. Je désigne ainsi les appareils de chauffage qui ont de l'analogie avec les cheminées, en ce qu'ils laissent voir le feu, et avec les poêles, parce qu'ils échauffent l'air par les parois du foyer. Ils sont vulgairement connus sous le nom de *cheminées prussiennes*. L'appareil le plus simple est formé d'une caisse rectangulaire dont la face antérieure est semblable au foyer d'une cheminée à la Lhomond ; la caisse est quelquefois en fonte, mais plus ordinairement en tôle ; la partie antérieure peut se fermer et s'ouvrir à volonté au moyen d'un tablier vertical, composé de trois lames de métal que l'on fait monter ou descendre à l'aide de deux chaînes qui s'enroulent sur un cylindre de fer, et que l'on met en mouvement au moyen d'une manivelle placée latéralement. Ces appareils se placent ordinairement devant une cheminée que l'on a préalablement bouchée, et la fumée y est conduite intérieurement par un tuyau court horizontal, ou par un tuyau qui s'élève jusqu'au plafond. Dans ce dernier cas, l'effet produit est évidemment plus considérable, la surface de chauffe étant augmentée. Les parois intérieures sont ordinairement en briques. Les tuyaux de dégagement de l'air brûlé ont, comme les tuyaux des foyers découverts ordinaires, des diamètres qui varient de 0^m20 à 0^m30. Ces appareils ont les avantages et les inconvénients des foyers découverts ; mais ils transmettent de plus une certaine quantité de chaleur par les parois extérieures.

2207. On construit maintenant beaucoup de cheminées-poêles en fonte, d'une seule pièce, alimentés par la houille ; la grille est en berceau, et l'intervalle qui sépare les bords de la grille de l'encadrement du foyer, peut être fermé par une plaque mobile en fonte ou en tôle.

2208. On a cherché, comme pour les foyers découverts, à utiliser une partie de la chaleur de l'air brûlé, pour chauffer l'air de ventilation. Desarnod avait construit un appareil qui produisait un assez grand effet utile, mais qui, fort compliqué, ne pouvait être nettoyé qu'en le démontant complétement. Plusieurs dispositions sont employées actuellement ; elles ne présentent rien de particulier et sont analogues à celles que nous avons déjà vues au sujet des cheminées d'appartement. Ces derniers appareils peuvent d'ailleurs être facilement transformés en cheminées-poêles ; il suffit pour cela de les mettre en saillie dans la pièce.

Examen des différents modes de chauffage employés.

2209. Dans ce qui précède, j'ai décrit les différents modes de chauffage et de ventilation employés dans nos habitations particulières ; pour les comparer, il faut d'abord poser les conditions à remplir et examiner ce qui se passe dans les divers systèmes.

2210. Les conditions à remplir consistent à maintenir la température à un certain degré à peu près constant et à produire une ventilation efficace en rapport avec les circonstances, ventilation qui ne doit pas être inférieure à 6^m cubes par personne et par heure.

2211. Considérons une pièce d'une dimension moyenne, dans laquelle nous supposerons le régime établi, l'air extérieur étant à 6°, température moyenne des sept mois de chauffage, et l'air intérieur étant à 15° ; et calculons la quantité de chaleur renfermée dans les murailles et le plancher, ainsi que la quantité de chaleur perdue pendant le chauffage.

Supposons que la pièce ait 5^m de largeur, 4^m de hauteur, deux fenêtres de $2^m 30$ sur $1^m 20$, dont la surface totale est de $5^{mq} 52$; les murailles exposées à l'air ont alors $14^{mq} 48$ de surface ; nous supposerons la profondeur de 5^m, et trois portes ayant ensemble $7^{mq} 25$ de surface ; la surface totale des murailles latérales et de celles du fond sera 60 — 7,25 = $52^{mq} 75$; en supposant leur épaisseur de $0^m 40$, la quantité d'unités de chaleur qu'elles absorberont de 0° à 15° sera 52,750 . 0,4 . 2,2 . 15 . 0,5 . 1000 = 348150. En admettant que le plancher ait 0^m30 d'épaisseur, que les pièces de bois occupent la moitié du volume total, et le plâtre un quart, le volume du bois sera égal à 25 . 0,30 . 0,5 = 3^{mc}75 ; celui du plâtre, à 1^{mc}87 ; la chaleur absorbée par le bois de 0° à 15° sera de 3,75 . 1000 . 0,6 . 15 . 0,5 = 16875 ; celle du plâtre sera égale à 1,87 . 1000 . 1,25 . 15 . 0,19 = 6660. En prenant seulement pour la pièce la moitié de la chaleur des murailles intérieures et celle du plafond ou du plancher, la somme de ces quantités de chaleur sera égale à 174075 + 16875 + 6660 = 197500.

La surface des murailles exposées à l'air extérieur étant de 14^{mq}48, celle des vitres de 5^{mq}52, la quantité totale de chaleur transmise par mètre carré et par heure sera (867, 881) de 14,48 . 16,23 + 5,52 . 23,85 = 366.

2212. Il résulte de là plusieurs conséquences importantes. 1° En supposant une interruption de chauffage de dix heures, ce qui a lieu ordinairement, la perte de chaleur par les vitres et les murailles ira constamment en diminuant par l'abaissement de température des surfaces intérieures de la pièce, mais en la supposant égale à celle qui a lieu pendant le chauffage, elle serait de 3660, tandis que la chaleur renfermée dans les murailles et le plancher est de 197500 ; ainsi la perte n'est qu'une très-petite partie de la chaleur renfermée dans les murailles ; cette perte varie nécessairement avec les dimensions des vitres et des murailles, mais dans les cas ordinaires on peut admettre qu'elle est toujours très-faible, d'autant plus que les rideaux qui couvrent habituellement les fenêtres la diminuent encore de beaucoup. 2° Si par une longue interruption de chauffage, le régime des murailles avait été perdu, il faudrait beaucoup de temps et un chauffage très-long pour le rétablir.

2213. Il est important de remarquer que si les murailles d'une pièce étaient à une basse température, et si on la chauffait par rayonnement ou par un courant d'air chaud, ou bien par ces deux moyens à la fois, avec un calorifère placé dans l'intérieur, l'air chaud ne se refroidirait que lentement en descendant contre les murailles, et avec une lenteur qui augmenterait à mesure que les surfaces intérieures des murailles auraient été plus échauffées, et par conséquent que le chauffage de la pièce pourrait s'effectuer momentanément, mais avec une dépense de combustible beaucoup plus grande que si le régime était établi.

Examinons maintenant les effets produits par les différents modes de chauffage, tant sous le rapport du chauffage lui-même que sous celui de la ventilation.

2214. *Chauffage par le rayonnement.* — Les cheminées le plus généralement employées, sont les cheminées à ouverture rétrécie et à tablier mobile (2148). Dans ce mode de chauffage on n'utilise, comme nous l'avons vu, qu'une faible partie du rayonnement du combustible, et toute la chaleur entraînée par l'air qui a servi à la combustion est perdue pour le chauffage. De plus l'ouverture de la cheminée étant libre, la cheminée appelle un très-grand volume d'air qui n'alimente pas la combustion. Ces cheminées sont donc de mauvais appareils de chauffage, mais de puissants appareils de ventilation. Pour avoir une idée des effets produits, considérons un foyer communiquant avec une cheminée de 0^m20 de diamètre, de 20^m de hauteur, dans lequel on brûle seulement 1^k de bois par heure, la quantité de chaleur produite sera à peu près égale à 2600 unités; et en supposant que 2000 s'écoulent avec l'air dans la cheminée, que la température de la pièce soit de 15°, on trouve que la température de l'air dans la cheminée sera de 32°, et que le volume d'air appelé par heure sera de 375 mètres cubes : volume qui serait beaucoup plus considérable, si la section et la hauteur de la cheminée étaient plus grandes, ainsi que la consommation de combustible. La ventilation est cependant toujours notablement diminuée par la résistance que l'air éprouve à passer à travers les fissures des portes et des fenêtres, et par la diminution de pression qui se produit dans la pièce; aussi elle augmente toujours par l'ouverture d'une porte et d'une fenêtre. Malgré ces circonstances, la ventilation est encore très-forte et presque toujours très-incommode, parce que l'air appelé provient directement de l'extérieur, et tend à refroidir la pièce d'autant plus que la température extérieure est plus basse. On comprend ainsi que, quelle que soit la consommation de combustible, on ne puisse pas parvenir à échauffer convenablement la pièce; et il pourrait même arriver qu'un accroissement dans la quantité de combustible brûlé, produisît un abaissement de température, parce que la quantité de chaleur rayonnée peut croître dans un rapport plus faible que le refroidissement provenant de l'accroissement d'appel. C'est un fait que j'ai constaté par expérience. J'ajouterai qu'en général, cette grande ventilation est beaucoup moins efficace pour l'assainissement qu'on ne serait tenté de le croire, parce que l'air appelé, pénétrant dans la pièce par les fissures des portes et des fenêtres, tombe rapidement sur le sol, où il se réunit avec celui qui passe au-dessous des portes pour gagner, en rasant le plancher, l'ouverture de la cheminée. Cet air ne se mêle donc qu'en petite partie avec celui de la pièce, et seulement par le mouvement des personnes qui s'y trouvent, l'acte de la respiration et les appareils d'éclairage ; la température de l'air est croissante de bas en haut, et suivant une loi d'autant plus rapide que la pièce est occupée par un plus grand nombre de personnes, et qu'elle est éclairée par plus de lampes et de bougies.

2215. Nous avons supposé que l'air appelé par la cheminée était fourni par les fissures des portes et des fenêtres : c'est ce qui arrive en général ; mais si les portes et les fenêtres joignent bien, ou si, comme cela se fait souvent, les joints sont garnis de bourrelets, pour diminuer l'accès de l'air extérieur, la fumée doit refluer dans la pièce. Supposons d'abord que l'appartement soit exactement fermé ; la combustion produira une dépression constante dans la pièce, et la colonne d'air chaud de la cheminée cessera évidemment de s'élever, quand la pression de l'atmosphère au sommet de la cheminée, augmentée de celle qui provient de la colonne d'air chaud, fera équilibre à la tension de l'air de l'appartement. Mais cet équilibre ne pourrait subsister qu'autant que toutes les molécules d'une même tranche horizontale de la colonne d'air chaud seraient solidaires, qu'elles seraient obligées de marcher ensemble dans la même direction, et avec la même vitesse. Comme il n'en est point ainsi, qu'elles sont réellement indépendantes, la plus légère différence dans la température ou le frottement, détruira cet équilibre, et il se produira deux courants : l'un d'air chaud, qui sortira de la cheminée ; l'autre d'air extérieur, qui pénétrera dans la pièce, en entraînant avec lui une partie du gaz provenant de la combustion. Admettons maintenant que la pièce ne soit pas exactement close, et qu'on augmente progressivement la somme des orifices d'accès de l'air extérieur, les doubles courants dont je viens de parler se manifesteront encore jusqu'à ce que les sections des orifices aient atteint une certaine étendue qui dépendra des dimensions de la cheminée et de la consommation de combustible. Cette absence d'orifices d'accès de l'air extérieur, pour la ventilation de chaque pièce, a encore l'inconvénient de favoriser l'introduction de l'air extérieur par les cheminées des pièces voisines en communication, de ne pas permettre souvent d'en allumer simultanément les foyers, et, par suite, d'amener dans une pièce de la fumée par un tuyau de cheminée, au-dessous duquel le foyer peut ne pas être allumé (2180). A la vérité, on dispose souvent contre les murs des maisons particulières, des orifices garnis de plaques de fonte à jour, destinés à permettre l'accès de l'air extérieur derrière les foyers ; mais la somme totale des orifices libres est en général trop petite.

III.   8

2216. Ainsi nos cheminées domestiques, disposées comme elles le sont presque partout en France, n'utilisent qu'une très-petite partie du combustible : elles provoquent une grande ventilation, quand les fissures des portes et des fenêtres le permettent ; mais cette ventilation a lieu par des veines d'air froid qui, se prolongeant à une grande distance, sont toujours désagréables, et peuvent, dans certains cas, causer des maladies graves, surtout dans les réunions et les bals, où les dames peuvent se trouver longtemps exposées à leur contact glacé. Fréquemment aussi, il redescend de la fumée dans les pièces, par suite de l'absence de dispositions pour laisser pénétrer régulièrement un volume d'air égal à celui qui s'écoule par la cheminée.

2217. M. le docteur Arnott a imaginé un appareil spécial pour la combustion de la houille et du coke, dont nous avons fait la description (730). Quand il est appliqué au chauffage des appartements, l'air extérieur arrive au-dessous de la plaque mobile qui forme le fond du foyer, et la cheminée est percée, à la hauteur du plafond, d'un orifice fermé par une soupape, et qu'on peut ouvrir plus ou moins, à l'aide d'un cordon. Cette soupape permet de régler la ventilation ; mais l'accès de l'air froid dans la pièce au-dessous du foyer, par des veines qui peuvent se prolonger à une grande distance, doit être très-incommode.

2218. Les appareils dans lesquels on chauffe de l'air pris dans la pièce, en le faisant passer dans des tuyaux disposés autour du foyer, produisent évidemment plus d'effet utile que les cheminées dont nous venons de parler, puisqu'ils emploient une partie de la chaleur perdue. En outre, ils diminuent la ventilation par le rétrécissement des orifices d'accès de l'air dans la cheminée ; et enfin, quand ils sont disposés convenablement, ils établissent dans l'air de la pièce un mouvement qui dissémine l'air d'appel, et doit le rendre plus efficace pour l'assainissement. Ces appareils ne réaliseraient toutefois qu'une faible utilisation du combustible, si l'ouverture de la cheminée était trop grande, parce que l'air brûlé, étant mêlé avec l'air appelé au-dessus du foyer, n'est plus à une température assez élevée pour échauffer convenablement les tuyaux parcourus par l'air.

2219. *Poêles.* — Tous les poêles métalliques, quelles que soient leurs formes et leurs dispositions, peuvent utiliser complétement la chaleur développée dans le foyer, pourvu que l'air brûlé s'élève d'abord à une hauteur suffisante pour produire le tirage, et que les surfaces de refroidissement de la fumée soient assez étendues. Bien qu'ordinairement l'air brûlé soit abandonné à une température assez élevée, ils utilisent cependant presque tous une grande partie de la chaleur. Mais avec ces appareils, la ventilation est à peu près nulle, car ils n'appellent que le volume d'air nécessaire à la combustion. Ainsi ces poêles sont d'excellents appareils de chauffage, mais ils sont insalubres. Les poêles en terre cuite ont les mêmes avantages, et, de plus, ils n'ont pas l'odeur spéciale que prend le métal soumis à une température trop élevée; mais ils sont aussi insalubres que les poêles métalliques. Les poêles à alimentation continue sont évidemment dans le même cas. Quant aux poêles à température constante, leur but est contraire à celui qu'on doit chercher à atteindre, puisque, pour maintenir une pièce à une température constante, il faut y introduire une quantité de chaleur qui varie proportionnellement à l'excès de la température intérieure sur la température extérieure, et que cette dernière varie constamment.

2220. Les poêles à double enveloppe sont exactement dans le cas des poêles ordinaires, quand l'intervalle des enveloppes n'est parcouru que par l'air de la pièce. Mais quand l'enveloppe communique avec l'air extérieur, que le tuyau à fumée se rend dans une cheminée ouverte par le bas, l'effet utile du combustible s'élève beaucoup, et la ventilation est obtenue dans d'assez bonnes conditions. En effet, l'air extérieur tend à pénétrer dans la pièce, par suite de son échauffement dans l'enveloppe, et par l'excès de la température de l'air dans la cheminée sur la température extérieure; toutefois la ventilation varie nécessairement avec le chauffage, ce qui est mauvais.

Pour ces appareils, comme pour tous ceux dans lesquels l'air est échauffé dans des tuyaux, les orifices de dégagement de l'air chaud, ou *bouches de chaleur*, ont, en général, de trop petites sections, parce que, pour la plupart des constructeurs, et souvent pour le public, les appareils sont d'autant meilleurs qu'ils produisent des courants d'air plus chauds et plus rapides; et c'est précisément le contraire qu'on doit chercher. Il faut chauffer un grand volume d'air à une température peu élevée, afin d'obtenir plus d'effet des surfaces de chauffe, et de ne pas altérer l'air.

M. Darcet a publié, dans les *Annales d'hygiène*, un article fort intéressant sur cette manie des constructeurs, de donner aux bouches de chaleur des dimensions insuffisantes. Je citerai un passage de cet article.

« Le vice de construction que je signale ici est tellement commun qu'on le remarque presque partout, et principalement dans les établissements publics, où la grandeur des poêles fait encore mieux ressortir l'extrême petitesse de leurs bouches de chaleur. Je pourrais donner mille exemples de ce fait, mais je me contenterai d'en citer quelques-uns des plus remarquables.

« En 1841, le conseil général des manufactures fut assemblé, au ministère du commerce, dans une salle nouvellement bâtie, sans système régulier de ventilation, beaucoup plus longue que large, et très-mal chauffée par un grand poêle placé à l'une de ses extrémités. Le bureau était établi sur une estrade, à l'extrémité opposée, et le grand poêle n'était garni que de très-petites bouches de chaleur, n'ayant peut-être pas, à elles toutes, un décimètre carré d'ouverture libre.

« Pour échauffer la salle, le jour de l'ouverture de la session du conseil, le garçon de bureau avait été obligé de pousser le feu au point de chauffer au rouge jusqu'aux garnitures en cuivre des bouches de chaleur; l'air contenu dans la salle avait une odeur de *brûlé* fort désagréable, et la chaleur, trop forte près du poêle, n'avait pu parvenir, du côté opposé, jusqu'au bureau où siégeait le ministre. Je me plaignis de cet état de choses; on m'envoya, le lendemain, le fumiste du ministère; je lui fis augmenter convenablement l'ouverture de la prise d'air, et je fis établir, sur le devant du poêle, une grande bouche de chaleur ayant, autant que je puis m'en souvenir, 20 décimètres carrés d'ouverture, c'est-à-dire environ vingt fois autant de section qu'en avaient les bouches de chaleur primitives : on ne toucha pas à l'armature du poêle, et toute la réparation fut terminée en un jour de travail. Une seconde cheminée ne servant pas, existant derrière le bureau, à l'opposé de celle du poêle, je la fis ouvrir par le bas, au-dessous de l'estrade, pour évacuer l'air vicié dans la salle, et le lendemain, jour de séance des trois conseils réunis, on obtint, sans pousser le feu dans le poêle, tout le succès désirable, tant sous le rapport de l'échauffement égal de tous les points de la salle, que sous celui de la salubrité de l'air qu'on y respirait.

« Le même changement a été fait de la même manière et avec le même succès au poêle de la salle des séances du conseil de salubrité à la Préfecture de police, à celui du laboratoire des essais à la Monnaie de Paris, etc., etc. »

2221. Dans l'article dont je viens de parler, M. Darcet admet que l'air, en sortant du poêle, doit être échauffé seulement de 20°; alors, en supposant que la combustion de 1^k de houille peut échauffer 900 mètres cubes d'air de 20°, et que la vitesse de sortie est de 2^m, il en conclut que les poêles doivent avoir des bouches de chaleur de 12,50 décimètres carrés de surface pour chaque kilogramme de houille à brûler par heure. Mais il ne suffit pas que les bouches de chaleur aient une surface assez grande, il faut que dans tout le circuit que parcourt l'air qui s'échauffe, la section ne soit pas inférieure à celle des bouches; autrement le rélargissement du canal, à son extrémité, n'aurait que peu d'influence. L'énorme section à laquelle M. Darcet est conduit serait souvent difficile à établir. Je pense qu'une section deux fois plus petite serait bien suffisante dans tous les cas, et bien supérieure encore à celle que les constructeurs d'appareils donnent toujours aux bouches de chaleur.

Modes de chauffage et de ventilation les plus convenables dans les différents cas.

2222. Pour les antichambres des grandes maisons, le chauffage par les poêles en terre cuite, garnis de larges bouches de chaleur versant un grand volume d'air à une température peu élevée, est le mode le plus avantageux, parce que l'alimentation du foyer ne se fait qu'à des époques assez éloignées, et que l'air échauffé peut servir à la ventilation des pièces voisines. Ce même mode de chauffage serait aussi le plus convenable pour les escaliers des hôtels.

2223. Pour les salles à manger, comme elles ne sont occupées que pendant les heures de repas, elles ne doivent être échauffées que par intermittence ; le meilleur mode de chauffage consiste dans des calorifères en tôle, qui permettent de cesser le chauffage quand la chaleur produite par les convives et les lumières est suffisante. La forme la plus convenable serait celle d'un parallélipipède, long et étroit, renfermant des tuyaux verticaux, communiquant par le bas avec l'air extérieur, et versant l'air échauffé dans la pièce par la partie supérieure, l'air brûlé cheminant de haut en bas dans l'intervalle des tubes. Un orifice destiné à la ventilation devrait être établi au bas de la cheminée. Pour les petites habitations, le poêle pourrait être surmonté d'une caisse en tôle, servant à chauffer les assiettes. Les poêles en terre cuite ne sont utiles que quand ces salles sont constamment occupées.

2224. Les chambres particulières sont ordinairement chauffées par de simples cheminées. Ces appareils, comme je l'ai dit, produisent peu d'effet utile sous le rapport du chauffage, et beaucoup trop sous le rapport de la ventilation. L'appareil décrit (2174) serait d'un usage bien plus avantageux que tous les autres parce qu'il permet de régler le chauffage et la ventilation, et qu'il utilise la majeure partie de la chaleur produite.

2225. On pourrait aussi employer des poêles ordinaires ou les poêles à double enveloppe désignés sous le nom de calorifères. On obtiendrait ainsi un plus grand effet utile ; mais la ventilation se trouverait réduite au volume d'air nécessaire à la combustion. Il serait toutefois

facile de produire une ventilation variable à volonté, dans des limites
assez étendues, en établissant (*fig.* 569 et 570) dans la plaque de tôle

Fig. 569.

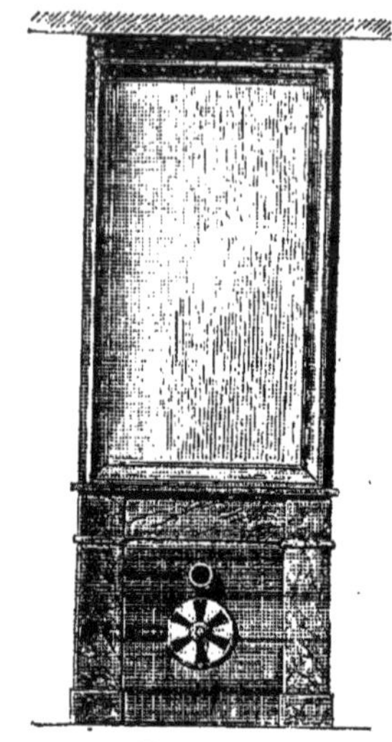

Fig. 570.

qui ferme l'ouverture du bas de la cheminée et que traverse le tuyau
à fumée du poêle ou du calorifère, une ouverture à registre glissant

Fig. 571.

ou tournant par laquelle l'air de la pièce
s'écoulerait dans la cheminée; seulement,
dans ce mode de ventilation, l'air extérieur
est uniquement fourni par les fissures des
portes et des fenêtres.

2226. Si le tuyau de cheminée était
adossé à un mur extérieur, on pourrait
facilement produire une ventilation par
un appel régulier de l'air extérieur au
moyen de la disposition indiquée par la
figure 571 ; A est le tuyau d'appel qui
traverse le mur placé derrière la cheminée, B le tuyau d'écoulement de l'air
brûlé; au-dessous est l'orifice à registre
de sortie de l'air de l'appartement.

2227. Dans le cas où la pièce ne serait
pas munie de cheminée dans le mur, le
même résultat est encore facile à obtenir au moyen de la disposition

indiquée dans la figure 572; A est le tuyau d'appel, BB le tuyau d'écoulement de l'air brûlé, C l'orifice de sortie de l'air : cet orifice communique avec un tuyau DD qui environne le tuyau d'écoulement de l'air brûlé.

2228. Toujours en supposant l'absence de cheminées dans la pièce à chauffer, mais en admettant qu'il s'en trouve une au-dessus, on pourrait employer la disposition indiquée par la figure 573. AA tuyau

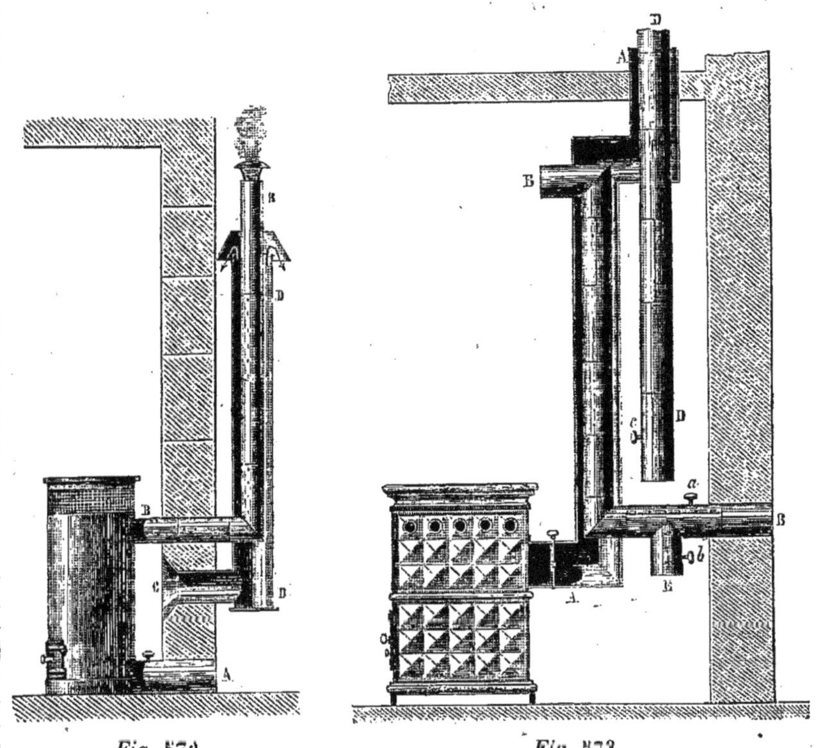

Fig. 572.   Fig. 573.

d'écoulement de l'air brûlé ; DD tuyau d'écoulement de l'air de la pièce; BB, tuyau d'appel de l'air extérieur; ce tuyau est garni d'un appendice E, au moyen duquel, en fermant les registres a et c et ouvrant le registre b, on peut chauffer la pièce sans produire de ventilation. En fermant seulement le registre a, la ventilation s'effectue par les fissures des portes et fenêtres.

2229. Si la salle a une très-grande longueur, on peut adopter la disposition indiquée figure 574. A est un calorifère métallique à air chaud et à double enveloppe, recevant directement l'air extérieur qui doit être échauffé ; B est une cheminée située sur la face opposée et qui sert en même temps pour le chauffage et pour la ventilation.

Fig. 574.

2230. La figure 575 représente la disposition du chauffage d'une pièce X, qui n'avait point de cheminée. La pièce précédente Y, qui sert d'antichambre à la première, a reçu un calorifère A, garni d'une large bouche à air chaud D, et dont le tuyau à fumée BB débouche dans la cheminée C, entièrement fermée par la partie inférieure. On a placé ensuite dans la pièce X un foyer découvert E, dont le tuyau FF traverse la salle X, et vient se rendre dans la cheminée C. Cet appareil, qui fonctionne depuis vingt-huit ans à l'École centrale, est d'un service très-commode. On accroît à la fois le chauffage et la ventilation de la pièce X, en augmentant l'activité du feu dans le foyer E. La pièce Y est occupée par les bureaux ; la pièce X est le cabinet du directeur. Cette dernière pièce, qui est très-élevée, et qui est éclairée par une très-grande fenêtre, n'avait jamais pu être chauffée ; elle l'est maintenant très-facilement, et avec un feu très-faible dans la cheminée E. La bouche D est rectangulaire ; elle a 0^m,40 sur 0^m,20 : sa surface est vingt fois plus grande que celle de la bouche que le fumiste qui a construit le calorifère voulait établir ; et c'est évidemment dans la grandeur de cette bouche que réside l'efficacité de l'appareil. Ce mode de chauffage n'a présenté qu'un seul inconvénient : les tuyaux de chauffe, dans le calorifère A, n'étant fixés qu'avec de la terre, comme dans les autres calorifères du même genre, il arrive que, quand le tirage de la cheminée E l'emporte sur celui de la cheminée B, un peu d'air brûlé, et par suite un peu de fumée, passe dans l'air chaud qui débouche dans le canal D. Cette quantité de fumée est très-petite, tout à fait insensible à l'odorat, mais, à la longue elle finit par donner une légère teinte de bis-

Fig. 575.

tre au mur qui est au-dessus de la bouche à air chaud. Le mélange d'une petite quantité de fumée à l'air chauffé dans les calorifères est inévitable, quand la vitesse du courant d'air chaud l'emporte sur celle de l'air brûlé, car on n'a aucun moyen de rendre complétement étanches les joints des métaux et de la terre cuite. Mais on pourrait en faire disparaître les traces soit en employant pour combustibles du coke ou des houilles sèches, soit en brûlant un combustible quelconque et en avançant dans la pièce l'extrémité du tube D, soit enfin en plaçant à la partie supérieure de la bouche une plaque inclinée qui éloignât la veine d'air chaud du mur.

2231. Pour des pièces, même d'une assez grande étendue, qui sont précédées de plusieurs autres, dont les portes et les fenêtres ferment médiocrément, et dont l'ouverture du foyer n'est pas trop grande, on peut obtenir un chauffage et une ventilation suffisants même dans les plus grands froids, avec un foyer découvert ordinaire, mais à la condition de brûler beaucoup de combustible. Ce mode de chauffage a pourtant un avantage fort apprécié par certaines personnes, et qui le fait préférer à tous les autres , c'est de faire respirer de l'air frais, et non de l'air échauffé et desséché.

2232. *Chauffage et ventilation des salons.* — Lorsque les salons ont une assez grande étendue, et qu'ils ne renferment qu'un petit nombre de personnes et peu d'appareils d'éclairage, ils sont bien difficilement et bien chèrement échauffés par une simple cheminée à foyer découvert. Le mode de chauffage et de ventilation le plus commode, consiste , dans ce cas, à placer, dans la pièce voisine, ou à l'étage inférieur, un calorifère versant dans le salon, du côté opposé à la cheminée, un volume d'air considérable à une température peu supérieure à 12° ; le foyer de cheminée qui sert à compléter le chauffage , détermine la ventilation et donne la faculté de profiter de la chaleur directe toujours plus agréable pour chauffer rapidement une partie du corps.

2233. Mais quand les salons renferment un grand nombre de personnes et de nombreux appareils d'éclairage, les conditions d'assainissement sont bien différentes. D'après les dispositions généralement usitées, qui consistent tout simplement à produire la ventilation par l'appel d'un foyer découvert, la température, en peu de temps, devient très-élevée, et l'air est quelquefois tellement vicié qu'on éprouve un malaise que beaucoup de personnes ne supportent que difficilement ; les appareils d'éclairage eux-mêmes ne continuent à brûler qu'avec peine, et ne répandent plus qu'une lumière amoindrie et sans éclat. Ces inconvénients proviennent de la grande quantité de chaleur produite par la respiration, par les appareils d'éclairage, de la position des orifices d'appel et de l'absorption de l'oxygène, comme nous allons le voir.

2234. Considérons une salle renfermant trois cents personnes, éclairée par cent bougies ; la quantité de charbon consommée sera à peu près de 10 grammes par personne et par bougie, et en tout de 4 kilogram ; supposons une ventilation régulière de 10 mètres cubes d'air par personne, par bougie et par heure, en tout de 4,000 mètres cubes ; on sait que 1 kilogramme de charbon peut élever 1,000 mètres cubes d'air de 8000 : (1,3 . 0,24 . 1000) = 25° 64 ; ainsi, quelle que soit la température de l'air de ventilation à l'entrée de la pièce, par le seul effet de la respiration et des appareils d'éclairage, la température de l'air serait élevée de 25°64. Si la ventilation était deux fois plus grande, la température s'élèverait seulement de 12° 82, et de 51° 28 si elle était réduite à moitié. A la vérité, je n'ai pas tenu compte de la chaleur perdue par les vitres et les murailles, mais elle est en général très-petite relativement à la quantité de chaleur produite dans les grandes réunions de nuit.

2235. Mais une autre circonstance contribue plus encore à l'insalubrité de la salle et rend cette insalubrité presque indépendante du degré de ventilation produit par un ou plusieurs foyers découverts. L'air qui pénètre dans la pièce, qu'il provienne d'un calorifère ou directement de l'extérieur, est toujours à une plus basse température que celui de la salle de réunion ; il tombe sur le sol et chemine vers les foyers d'appel en suivant le plancher et en n'entraînant avec lui qu'un petit volume d'air échauffé ; ainsi, il n'y a qu'un très-faible renouvellement de l'air à une petite hauteur, et au-dessus se trouve de l'air stagnant dont la température et l'état insalubre augmentent avec la hauteur. On retrouve ici, et d'une manière très-nette, le cas que nous avions prévu en parlant du mouvement de l'air dans les lieux ventilés, lorsque l'air de ventilation est plus froid que l'air de la pièce.

Il faut alors nécessairement changer le mode de ventilation, et faire sortir l'air par la partie supérieure ; l'air marchant de bas en haut ne sera échauffé qu'à une assez grande hauteur par les appareils d'éclairage ; l'air chaud sortant des poumons s'élèvera directement, et une ventilation modérée suffira pour maintenir une température convenable et un bon état sanitaire.

2236. On pourrait employer une ouverture pratiquée dans la cheminée du foyer découvert, à la hauteur du plafond, garnie d'un registre qu'on n'ouvrirait que quand les circonstances l'exigeraient. L'appel latéral introduirait dans la cheminée un certain volume d'air de la pièce ; l'effet serait augmenté si le registre s'abaissait intérieurement et diminuait la section de la cheminée. A la vérité, ce tirage affaiblira celui qui a lieu par l'ouverture du foyer découvert ; mais ce sera un avantage, et cette disposition sera très-efficace, si le tirage de la cheminée est suffisant, et si l'air extérieur, préalablement échauffé à 10 ou 12° arrive dans la pièce par un large orifice ; mais si l'air extérieur ne pouvait pas pénétrer facilement dans la pièce, et si la cheminée, au-dessus du plafond, n'avait pas une assez grande hauteur, il pourrait se former dans la cheminée deux courants en sens contraire, et le courant descendant amènerait de la fumée dans la pièce.

2237. On emploie quelquefois des vitres mobiles autour d'une charnière horizontale, et placées à la partie supérieure des fenêtres. En ouvrant une ou plusieurs de ces ouvertures, on fait nécessairement sortir l'air chaud ; mais, à moins que l'air extérieur, échauffé par des calorifères, n'arrive dans la pièce en grande abondance, de manière à y produire un certain excès de pression, les ouvertures dont il s'agit donneront lieu à deux courants : l'un, d'air chaud, dirigé de dedans en dehors ; l'autre, d'air froid, dirigé en sens contraire ; et ce dernier serait, comme nous l'avons déjà vu, certainement très-incommode et souvent dangereux pour les personnes placées dans le voisinage des fenêtres. Toute ventilation par appel a nécessairement ces inconvénients ; la ventilation par insufflation seule peut produire ce renouvellement d'air régulier et certain, sans produire ces veines d'air si fâcheuses. Nous reviendrons sur ce sujet, quand il sera question de la ventilation des hospices.

2238. On déterminerait facilement l'écoulement de l'air chaud par la partie supérieure de la pièce, et avec des foyers découverts ordinaires, au moyen de la disposition indiquée par la figure 576. Deux canaux verticaux, creusés dans l'épaisseur de la muraille de chaque côté du tuyau de cheminée, s'ouvrent près du plafond dans la pièce, et viennent déboucher par le bas, derrière les petites cloisons verticales qui rétrécissent latéralement le foyer ; les orifices supérieurs peuvent être ouverts plus ou moins par des registres glissants. Par cette disposition, le tirage de la cheminée se manifeste à la fois sur l'ouverture du foyer, et sur celles voisines du plafond par lesquelles l'air descend au niveau du sol pour pénétrer la-

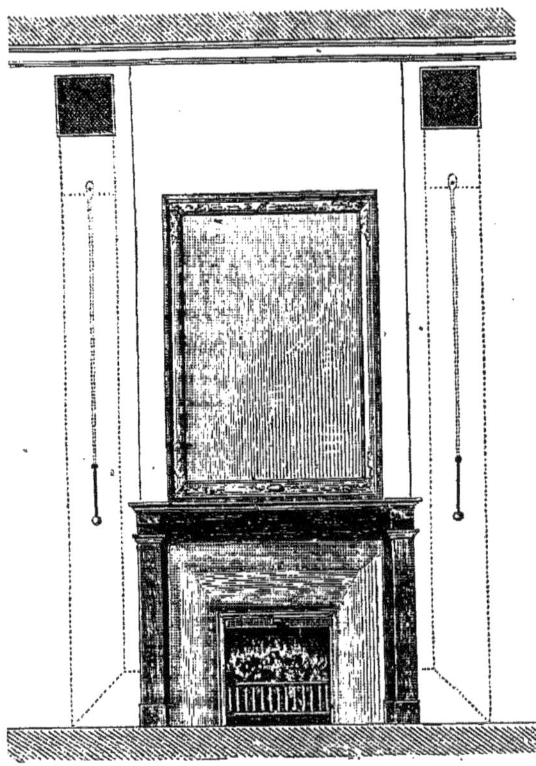

Fig. 576.

téralement dans la cheminée. L'appel direct par le foyer se réduit facilement à l'aide d'un registre, ou même en supprimant les cloisons en briques qui rétrécissent latéralement le foyer, et les remplaçant par des grilles verticales. La ventilation pourra ainsi être effectuée soit uniquement par le haut, soit uniquement par le bas, ou mieux, un peu par le bas, et en majeure partie par le haut. Le registre du bas pourrait être remplacé avec avantage par un tablier formé de petits cylindres en verre permettant de voir l'état du feu, qu'il est utile de maintenir allumé pour opérer la ventilation. L'ensemble de cette disposition consiste donc à faire servir la cheminée au chauffage pour le commencement de la soirée, et à la ventilation pour le milieu et pour la fin. Inutile d'ajouter que la section de la cheminée doit être convenablement calculée.

2239. Par exemple, pour une salle réunissant 200 personnes, en comptant, à cause des appareils d'éclairage, une ventilation de 3000 mètres cubes par heure ou de $0^{mc}83$ par seconde ; en supposant une cheminée de 10^m de hauteur, un accroissement de température de $10°$, la vitesse d'accès, abstraction faite des frottements, serait à peu près de 6^m ; si les résistances la réduisaient à moitié, elle serait seulement de 3^m ; la cheminée devrait avoir $0^{mq}28$ de section ; la consommation de combustible dans le foyer serait de 5 à 6 kilogrammes par heure. Malheureusement, dans toutes les maisons de nouvelle construction, les sections des cheminées sont beaucoup trop petites pour produire une ventilation suffisante ; mais la disposition indiquée serait toujours une grande amélioration à l'état actuel des choses.

Pour les salles destinées à des réunions beaucoup plus nombreuses encore, tous les foyers découverts devraient être disposés comme je viens de l'indiquer ; et comme il serait difficile d'amener la pièce à une température confortable, il conviendrait d'ajouter un calorifère dans une pièce voisine, donnant de l'air chaud dans la salle de réunion.

2240. Mais tous ces perfectionnements dans le chauffage et l'assainissement des habitations particulières ne pourront se réaliser complétement qu'autant que les architectes s'en occuperont sérieusement : tout devient difficile quand les maisons sont construites, à cause des grandes dépenses qu'exigent les améliorations. Dans la disposition actuelle des maisons d'habitation, rien n'a été prévu pour la ventilation ; le volume d'air énorme qui s'écoule par les cheminées des appartements est uniquement fourni par les fissures des portes et des fenêtres : de sorte que l'absence de fumée dans les pièces est plutôt un accident qu'un état normal ; et quand il y a des prises d'air extérieur, leur surface libre est beaucoup trop petite, et elles débouchent derrière ou autour du foyer, de manière à alimenter la cheminée, sans produire de renouvellement d'air dans la pièce. C'est surtout dans les grandes réunions, dans les bals, les concerts, que l'absence de toute disposition relative à la ventilation se fait désagréablement sentir. Il faut espérer que les architectes finiront par comprendre la nécessité de s'occuper eux-mêmes, dans leurs projets, de toutes les dispositions qu'exigent le chauffage et la ventilation.

Les considérations que nous venons de développer dans ce chapitre suffisent pour servir de guide. Nous avons indiqué les divers modes de ventilation applicables suivant les circonstances, et détaillé les appareils de chauffage qu'on peut employer pour chaque pièce.

2241. Les habitations particulières ne peuvent être chauffées que par des calorifères avec des courants qui amènent l'air chaud dans les différentes pièces, et d'où il s'écoule par les tuyaux de cheminée. Les calorifères à vapeur ne présenteraient aucun avantage ; ils sont trop compliqués, et exigent des soins continus du chauffeur. Les calorifères à eau chaude, comme je l'ai déjà dit, exigent un peu moins de surveillance quand la masse d'eau en circulation est considérable ; mais alors la température est tantôt trop basse, tantôt trop élevée, parce qu'il faut trop de temps pour la faire varier ; et, quand cette masse est réduite autant que possible, une surveillance continuelle du foyer devient indispensable. Les calorifères dans lesquels l'air est chauffé directement sont alors préférables à tous les autres, parce qu'ils coûtent beaucoup moins d'établissement, qu'ils peuvent faire varier très-rapidement la température de l'air chaud, et que les tuyaux de conduite pouvant être placés dans les murs, le refroidissement de l'air dans le trajet se trouve utilisé. Ces calorifères sont avantageux pour chauffer l'air de ventilation des appartements à une température peu élevée, le surplus de chaleur étant produit par des appareils spéciaux placés dans les différentes pièces, appareils qui doivent principalement consister en foyers découverts, convenablement disposés.

CHAPITRE III.

CHAUFFAGE ET VENTILATION DES GRANDES SALLES DE RÉUNION, PALAIS, AMPHITHÉATRES, THÉATRES, ETC.

Nous allons examiner les différentes dispositions employées, et les expériences qui ont été faites, en suivant à peu près l'ordre dans lequel les appareils de chauffage et de ventilation ont été établis.

Bourse de Paris.

2242. Ce chauffage, un des premiers installés en France, a été établi en 1828, d'après l'avis d'une commission composée de MM. Gay-Lussac, Thenard et Darcet. La salle de la Bourse ayant une très-grande capacité et une très-grande hauteur, un chauffage continu, à une température voisine de 15°, aurait été difficile à établir, et aurait exigé une grande consommation de combustible; d'ailleurs, la salle n'étant occupée que pendant un petit nombre d'heures de la journée, par des personnes presque continuellement en mouvement, on ne pouvait employer qu'un chauffage intermittent. La commission, dans son projet, a cherché à satisfaire seulement aux conditions suivantes : 1° échauffer une partie du sol ; 2° verser dans la salle un volume d'air chaud suffisant pour la salubrité ; 3° produire ces effets par un chauffage rapide. Le chauffage par la vapeur était le seul qui pût satisfaire à ces conditions, et c'est celui qui a été adopté.

2243. Les chaudières à vapeur à basse pression sont placées vers l'angle sud-est de l'étage de soubassement. L'appareil de chauffage est disposé dans un caniveau pratiqué au-dessous du sol de la grande salle, au milieu et dans le pourtour des galeries. Le sol du caniveau est formé d'un dallage en pierre posé sur mortier hydraulique, et légèrement incliné, de manière à faire écouler les eaux qui pourraient s'échapper par les joints. L'appareil, placé dans ce caniveau, se compose de quatre caisses, qui occupent les quatre angles, et de trois tuyaux en fonte, qui établissent la communication des caisses. La caisse la plus voisine de la chaudière en reçoit directement la vapeur ; de cette caisse, la vapeur passe dans les autres par les tuyaux de fonte dont nous venons de parler. Les tuyaux ont 2 mètres de longueur, $0^m 16$ de diamètre intérieur, et $0^m 017$ d'épaisseur ; ils reposent sur des rouleaux en fer, et chaque système de tuyaux est garni d'un compensateur placé au milieu de sa longueur. Les quatre caisses et toute l'étendue du caniveau sont recouvertes de plaques de fonte, placées à feuillures sur des pièces en fonte formant les angles supérieurs du caniveau. Des ouvertures pratiquées de distance en distance, dans le fond des caniveaux, prennent dans les caves de l'air froid, qui, après s'être échauffé autour des tuyaux, passe sous le dallage et ensuite dans la salle, et dans le vestibule d'entrée. L'appareil principal communique avec un calorifère à vapeur, placé dans le vestibule, dont la partie inférieure est garnie d'un tuyau qui s'ouvre dans les caves, et qui sert à expulser l'air lors du chauffage, et à le faire rentrer lorsque l'émission de la vapeur est suspendue. Ce tuyau est garni d'un robinet, mais il est percé, avant le robinet, d'un petit orifice. Un tuyau spécial, communiquant directement avec la chaudière, est destiné à chauffer des calorifères à vapeur placés dans différentes pièces. On avait présumé à tort, dans le principe, que les eaux de condensation pourraient retourner directement à la chaudière par les tuyaux à vapeur, en marchant en sens contraire ; mais il n'en a pas été ainsi, et on a été obligé d'établir des tuyaux pour le retour de l'eau : un pour la caisse la plus éloignée de la chaudière, et d'autres pour les calorifères.

2244. La surface totale des tuyaux placés dans le caniveau de la grande salle est de 240^{mq} ; celle des plaques de fonte qui ferment le caniveau est de $177^{mq}30$. Les ouvertures par lesquelles l'air chaud se dégage dans la grande salle offrent ensemble une surface de 2^{mq}. La surface de chauffé des calorifères est de 50^{mq}.

Les plaques qui ferment les caisses placées aux angles du caniveau de la grande salle, sont maintenues à une température voisine de 95° ; celle des plaques de fonte qui forment le caniveau est à peu près de 50°.

2245. Le chauffage de la Bourse a été très-bien entendu et très-bien exécuté, et il a produit tous les résultats qu'on en attendait ; cependant, si on avait un pareil chauffage à construire, il serait utile d'isoler les parois du caniveau dans lequel sont placés les tuyaux de fonte, afin de diminuer la transmission de la chaleur dans le sol. Il n'est pas douteux qu'on obtiendrait ainsi une petite économie.

2246. Il y a quelques années, cet appareil a éprouvé un léger accident : les compensateurs en fonte des tuyaux, n'ayant pas été graissés et soignés convenablement, les surfaces métalliques en contact se sont rouillées et ont pris une adhérence telle, qu'elles n'ont pu glisser l'une sur l'autre, et que les parois des caisses de fonte ont été brisées. On a alors remplacé chaque compensateur en fonte par deux autres plus petits en cuivre, placés l'un à la partie supérieure, l'autre à la partie inférieure des deux tuyaux qui doivent être réunis ; le premier sert au passage de la vapeur, le second à celui de l'eau. On a ainsi éloigné toute chance d'accident.

2247. Le chauffage de la Bourse fonctionne depuis plus de trente ans d'une manière très-satisfaisante, sans avoir subi d'autres modifications que celle dont nous venons de parler et le remplacement des chaudières. Les résultats obtenus ont prouvé que le chauffage à la vapeur est moins dangereux que le chauffage à l'eau chaude, n'exige pas plus de soins de la part du chauffeur, et est moins coûteux de premier établissement parce que les surfaces de chauffe sont à une température plus élevée. En outre, les frais de chauffage sont plus faibles par la raison qu'il y a moins d'eau à échauffer chaque fois et moins de déperdition pendant la nuit.

Ancienne chambre des communes de Londres.

2248. La disposition des appareils de chauffage et de ventilation est due à M. Reid. Les détails que je vais donner ont été extraits d'un mémoire publié par M. Reid, sur ces appareils, en 1837, et d'un ouvrage sur le chauffage et la ventilation, de M. Charles Tomlinson, qui a paru en 1850.

Le chauffage et la ventilation ont lieu par un courant d'air chauffé par des calorifères à eau chaude et qui s'élève des planchers par un grand nombre de petits orifices ; cet air arrive dans les combles du bâtiment, descend au niveau du sol par un canal extérieur, et pénètre ensuite dans une grande cheminée d'appel ayant un foyer intérieur. Les figures qui se trouvent dans les deux ouvrages dont je viens de parler sont de simples croquis, sans échelle, qui n'avaient pour but que de faire comprendre au lecteur les dispositions générales du système, et par conséquent ne renferment que peu de détails. Elles sont repro-

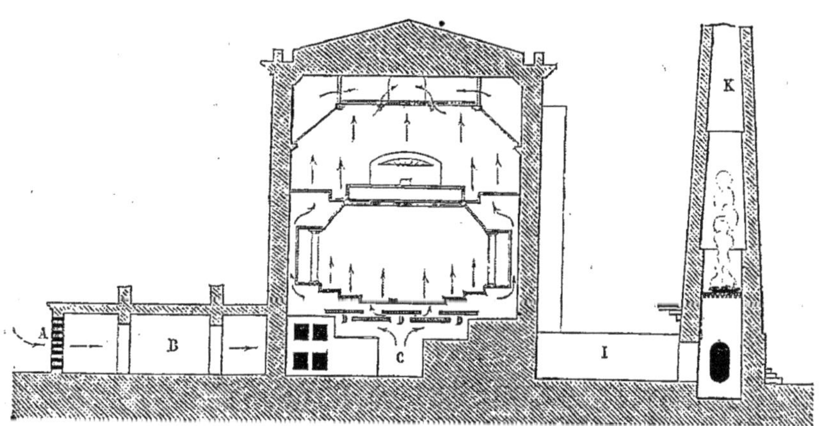

Fig. 577.

duites figures 577 et 578; la première représente une coupe verticale de l'appareil ; la seconde, une coupe horizontale au-dessous du plancher de la chambre. A est un mur à claire-voie, à travers lequel l'air pénètre librement; B, un espace fermé dont le plafond est soutenu par des piliers en pierre, et où l'air est purifié des matières qu'il tient en suspension en passant au travers d'étoffes à larges mailles, ou des murs de coke humide ; CC, large canal qui se trouve au-dessous de la chambre, et d'où l'air s'échappe par des orifices rectangulaires D, pratiqués au sommet du canal. L'air, en sortant des chambres B,

peut arriver dans le canal CC par les orifices E et F; le premier
amène de l'air froid, le second de l'air qui a été chauffé dans les calo-

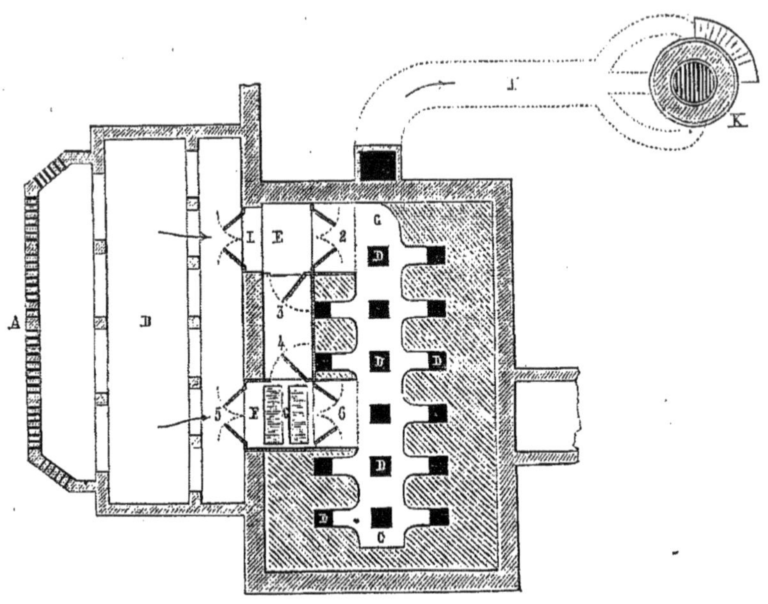

Fig. 578.

rifères à eau chaude G; des portes servant de registres, 1, 2, 3, 4, 5
et 6 permettent de faire varier à volonté la portion d'air qui passe à
travers le calorifère. L'air, en sortant des orifices D, pénètre dans la
chambre par plusieurs milliers de petits orifices, et il se divise encore
davantage en traversant un tapis de crin qui recouvre le plancher.
Une autre partie de l'air traverse le plancher des tribunes. L'air sort
de la chambre par un grand nombre de petits orifices percés dans les
lambris qui ornent le plafond, et arrive dans les combles, d'où il
descend par un conduit vertical; il est ensuite conduit par un canal I
placé sur le sol à une cheminée d'appel K. Cette cheminée a été
construite à une distance de 20 pieds anglais (6^m 09) de la face du
bâtiment la plus voisine; sa hauteur est de 110 pieds anglais (33^m 44);
son diamètre est de 12 pieds (3^m 64) au bas de la cheminée et de 5 pieds
(2^m 43) au sommet; la grille du foyer d'appel est placée dans l'intérieur,
8 pieds anglais (2^m 43) au-dessus des sommets des orifices d'accès.
Les registres placés dans le canal de descente permettent de faire varier
à volonté la ventilation.

Cet appareil a fonctionné régulièrement pendant plusieurs années, la ventilation s'effectuait d'une manière très-régulière, mais il avait un inconvénient très-grave ; l'air, en traversant le tapis de crin qui recouvrait le plancher, entraînait avec lui la poussière déposée sur le tapis. Il est fâcheux qu'on n'ait aucun renseignement sur le volume d'air appelé, sur la dépense de combustible, et l'échauffement de l'air par les calorifères.

Palais du Luxembourg.

2249. Ce palais était chauffé autrefois par des calorifères à air, construits par MM. Rohaut et Musard, d'après les plans de M. Talabot. En 1840, une commission nommée par le ministre de l'intérieur, sous la présidence de M. Thenard, composée de MM. Gay-Lussac, Pouillet, Séguier, et dont je faisais partie, fut chargée d'examiner les appareils et de donner son avis sur leur efficacité. C'est du rapport de cette commission que j'ai tiré les détails qui suivent.

La partie du palais qui devait être chauffée à cette époque se composait de la salle des séances, en forme de demi-cercle, environnée d'un couloir dont le diamètre se trouve du côté de la cour, de la bibliothèque, longue galerie tangente au couloir et qui se termine aux deux pavillons en saillie sur le jardin, enfin de l'orangerie qui se trouvait au-dessous de la bibliothèque. Le chauffage avait lieu par huit calorifères placés au-dessous de la grande salle, quatre de chaque côté d'un couloir dont l'axe coïncidait avec celui des bâtiments. Chaque calorifère renfermait 30 tuyaux de fonte horizontaux, traversés simultanément par l'air, de 1^m 50 de longueur sur 0^m 16 de diamètre, ayant ensemble une surface de 21^{mq} 60 ; la grille avait 1^m de longueur sur 0^m 30 de largeur. La galerie prenait l'air dans le jardin par une ouverture fermée par une grille de fer à l'ouverture du sol ; au delà se trouvait une ouverture également fermée par une grille d'une plus grande surface, destinée à conduire l'air aux calorifères. Pour le chauffage de la grande salle, l'air chaud des calorifères se rendait dans une pièce basse située au-dessous de la salle, de là sous les gradins ; il pénétrait dans la salle par des orifices de 0^m 01 à 0^m 02 de hauteur qui règnent dans toute la longueur des contre-marches et forment ensemble une surface de près de 4 mètres carrés. Près des orifices de sortie de l'air, les marches étaient garnies de plaques de fonte chauffées par l'air. L'air de la salle pouvait sortir par l'orifice du lustre, ou par des orifices percés à la partie supérieure des tribunes, d'où il se réunissait à l'air des couloirs, pour se rendre ensuite par les cages des escaliers de service, sous le comble qui surmonte l'orifice du lustre, et se dégager dans l'atmosphère.

Quatre ventilateurs à force centrifuge, placés au-dessous de la chambre, étaient destinés à la ventilation d'été; ces ventilateurs, mus chacun par un homme, avaient 2^m de diamètre, 1^m 50 de largeur, et communiquaient par leur centre avec la prise d'air extérieure, et par leur circonférence avec les gradins de la salle. Des caniveaux convenablement disposés conduisaient de l'air chaud à des bouches placées dans la bibliothèque, l'orangerie, le couloir et les pavillons.

2250. Des expériences nombreuses ont constaté qu'avec la ventilation par l'orifice du lustre et par les tribunes, et, par une température extérieure de plusieurs degrés au-dessous de zéro, la température de la salle a été maintenue à 15°; que la ventilation d'hiver s'est élevée à plus de 20 mètres cubes par personne et par heure, et celle d'été à 12 mètres cubes. Mais le chauffage de la bibliothèque, du couloir et de l'orangerie était insuffisant, à cause du refroidissement que l'air chaud éprouvait en parcourant les canaux qui le conduisaient aux bouches de dégagement.

Les conclusions de la commission ont été, 1° que le chauffage et la ventilation de la salle des séances étaient satisfaisants; 2° que le chauffage des autres parties du bâtiment était insuffisant.

2251. Dans le système de chauffage et de ventilation adopté par M. Talabot, le mode de renouvellement de l'air de la salle était très-bien entendu, et certainement le méilleur qu'on puisse employer, car chaque personne assise dans la salle recevait un courant d'air particulier qui s'élevait autour d'elle pour ne plus revenir, et par conséquent l'air qu'elle respirait était toujours parfaitement pur. La ventilation d'hiver s'effectuait d'elle-même par la force ascensionnelle de la colonne d'air chaud, ayant pour hauteur la distance des calorifères à l'orifice du lustre. Mais la ventilation d'été exigeait une surveillance des hommes chargés de faire mouvoir les ventilateurs, et à cause de cette circonstance la ventilation parut bien à tort moins certaine que celle qui provient des cheminées d'appel. Il aurait été facile d'établir dans la pièce des appareils de vérification du travail. Dans le choix du mode de chauffage, M. Talabot a été guidé par ce principe, qu'il fallait avant tout chauffer tous les bâtiments. Ce principe est vrai, mais à la condition de chauffer d'abord les parties supérieures du bâtiment, car alors la transmission à travers le sol est négligeable; mais si on veut effectuer le chauffage d'un bâtiment par de l'air chaud circulant dans des caniveaux pratiqués dans le sol, la perte de chaleur devient très-considérable; c'est ce qui résulte des expériences faites sur les bouches de chaleur du canal d'air chaud de l'orangerie. Ce canal creusé dans le sol avait pour section un carré de 0ᵐ 80 de côté ; il recevait au milieu de sa longueur de l'air qui, en partant du calorifère, était à une température de 140° ; il se divisait ensuite en deux branches, qui se prolongeaient au delà de l'orangerie dans les deux pavillons, et sur sa longueur, il portait des bouches pour l'écoulement de l'air chaud ; à celle du centre, l'air chaud sortait à 95°, à des distances de 6ᵐ, 12ᵐ, 18ᵐ, 24ᵐ, les températures étaient réduites à 65°, 55°, 47°, 27° ; au delà, dans les pavillons, l'air sortait froid.

2252. Par suite de ce rapport, la même commission fut chargée de donner son avis sur le mode de chauffage et de ventilation le plus convenable pour le palais. Mon avis était de mettre la question au concours, mais il ne fut pas partagé par la commission, qui adopta un projet présenté par M. Duvoir-Leblanc. Ce projet, modifié sur plusieurs points par la commission, consistait à établir, à la place de huit calorifères, deux chaudières à eau chaude en tôle ; de ces chaudières devaient partir deux tuyaux d'un grand diamètre qui s'élèveraient par le chemin le plus court dans les greniers des deux pavillons neufs qui donnent sur le jardin et aboutiraient chacun à un vase d'expansion fermé par une soupape chargée d'un poids correspondant à un excès de pression de 1 atmosphère et demie. De chacun de ces vases devaient partir vingt tuyaux de retour, en cuivre, garnis de robinets, alimentant des poêles placés dans les différentes pièces, et circulant dans des canaux destinés au chauffage de l'air. Le mode de renouvellement de l'air dans la salle des séances ne devait pas être changé, et l'orifice du lustre devait être surmonté d'une cheminée dans laquelle se trouverait un poêle à eau chaude, chauffé par un foyer spécial. Le devis des frais d'établissement s'élevait à 180,000 francs. M. Duvoir s'engageait à ne pas dépasser ce devis, et se soumettait à faire régler toutes les dépenses, suivant la méthode ordinaire, à l'exception des deux calorifères, dont le prix était fixé à 20,000 francs ; à se charger pendant douze ans du chauffage, sous la condition de maintenir dans la chambre et dans les vestiaires, pendant les séances, une température de 18°, une température de 15° dans toutes les pièces habitées et dans la bibliothèque, une température de 12° dans toutes les pièces qui ne servent que de passage, et 10° seulement dans l'orangerie ; de ventiler la salle des séances de manière à y faire passer de 7,000 à 8,000 mètres cubes d'air par heure, en hiver et en été ; moyennant 35 francs par jour de chauffage pour un chauffage continu de 7 mois, plus 5 fr. par jour de séance d'hiver, 10 fr. par jour de séance d'été, et 15 fr. en sus pour les jours

de séance d'été, si l'on veut refroidir l'air de ventilation ; enfin à remettre, après douze ans, les appareils en bon état, moyennant une
somme annuelle de 2,000 fr., pour les frais d'entretien.

2253. D'après cela, en supposant 7 mois de chauffage, 30 séances
d'hiver et 10 séances d'été, le chauffage, la ventilation et l'entretien
des appareils coûteraient annuellement 9,600 fr., tandis que le chauffage qui avait lieu par les appareils que nous avons décrits d'abord,
par de petits calorifères distribués dans le bâtiment, et par des cheminées, chauffage incomplet et insuffisant sur beaucoup de points, aurait
coûté, d'après quelques renseignements, 33,500 francs, et environ
10,000 francs d'entretien. A la vérité, dans un certain nombre de
pièces, on devait conserver des feux de cheminées qui exigeraient une
certaine dépense, mais l'établissement du nouvel appareil devait produire une économie considérable, même en tenant compte de l'intérêt
du capital dépensé.

Les chiffres pris comme point de comparaison par la commission
étaient ou le résultat d'une confusion, ou d'une mauvaise administration, car le chauffage par calorifère à air chaud et poêles revient évidemment à meilleur marché que le chauffage à l'eau chaude.

2254. Les pièces qui devaient être échauffées ont ensemble un volume de 60,000 mètres cubes ; les murs ont de $0^m 50$ à $0^m 60$ d'épaisseur, leur surface totale est de 7,870 mètres, les surfaces des fenêtres
sont de 3,770 mètres ; en prenant 15° pour la température de l'air dans
les pièces, 6° pour la température moyenne des sept mois de chauffage, la quantité moyenne de chaleur transmise par heure serait de
$7870 . 16,23 + 3770 . 23 = 190830$ calories qui, en supposant un effet
utile de 5,000 unités par kilogramme de houille correspondent à 38^k, par
heure moyenne de chauffage ; alors, pour 8 heures de chauffage réel et
une perte équivalente pendant les interruptions, la quantité moyenne de
combustible consommé par jour, serait de $2 . 8 . 38 = 608^k$, qui, à raison
de 4 fr. les 100^k de houille, prix maximum à cette époque, élèverait
la dépense de combustible à $24^f 32$; et cette somme est même trop élevée, parce que les dépenses sont faibles les jours fériés, que les pièces
ne sont maintenues aux températures indiquées que quand elles sont
occupées, que la conductibilité des murailles est diminuée par les
boiseries et les tapisseries, et celle des vitres par les rideaux. Ainsi la
somme accordée à l'entrepreneur était bien suffisante pour les frais
de chauffage, le salaire du chauffeur, et le bénéfice qu'il devait retirer
de son entreprise. La somme demandée pour la ventilation d'hiver
pendant les séances était fort élevée, car en supposant une séance de

4 heures, le volume d'air chaud serait de 16^{mc} chauffés moyennement de 9°, ce qui correspond à 16000. 1,3 . 9 . 0,24 = 44928 calories ou à peu près à 9^k de houille ou à 9 . 0,04 = 0^f36, et l'entrepreneur demandait 5 francs. Le prix de la ventilation d'été était aussi fort exagéré, car avec la somme de 10 francs qui correspondait à 250^k de houille, les 16000 mètres cubes d'air auraient pu être échauffés de plus de 500° dans la cheminée d'appel ; or, en admettant que la cheminée eût seulement 1^m carré de section, la vitesse d'écoulement serait de 4000 : 3600 = 1^m11 ; et en supposant que la cheminée eût seulement 4^m de hauteur, que l'air de la salle fût à 15°, l'accroissement de température dans la cheminée serait à peine de 20°. Quant à la proposition relative au refroidissement de l'air, il aurait fallu savoir à quel degré l'air extérieur aurait été amené et les moyens qui auraient été employés.

2255. Le projet de M. Duvoir-Leblanc, modifié par la commission, a été accepté : les appareils ont été construits ; mais n'ayant pas eu l'occasion de suivre depuis la marche des appareils installés, je citerai le rapport d'une commission nommée par le gouvernement belge, pour étudier les différents systèmes de chauffage et de ventilation établis en France. Cette commission était composée de M. Lacambre, ingénieur, et de M. Désiré Limbourg, architecte. Voici ce qu'on lit à la page 12 de leur rapport :

« Par ce système, tel que Duvoir-Leblanc l'a établi au palais du Luxembourg (Chambre des pairs), au palais du quai d'Orsay, à l'hospice de Charenton, à l'église de la Madeleine, etc., il existe des récipients d'eau d'une capacité remarquable, de sorte qu'on emploie un volume d'eau considérable (à la Chambre des pairs, il est de 70,000 litres), ce qui rend le chauffage lent et susceptible de peu de variations ; inconvénient grave pour des locaux qui ne doivent être chauffés que quelques heures de la journée. Ces masses d'eau, élevées à la température de 120 à 140 degrés centigrades, peuvent donner lieu à des dangers, bien que tous les appareils soient essayés, avant leur placement, à une forte pression. S'il arrivait un accident, il serait d'autant plus grave que la plupart des poêles communiquant entre eux, il en résulterait de grandes fuites d'eau bouillante, dont une partie se réduirait immédiatement en vapeur. A ces défectuosités évidentes, nous devons ajouter les suivantes, qui consistent principalement : 1° dans la grande pression exercée sur les générateurs, qui, dans certains moments, s'élève à plus de 4 atmosphères ; 2° dans la mauvaise répartition des tubes afférents, qui ne distribuent pas uniformément la chaleur dans chaque pièce, ce qui cause, tantôt un excès de chaleur dans une pièce,

tandis que dans une autre, il y a quelquefois absence complète de dégagement de chaleur; 3° dâns l'économie mal entendue de l'emploi de
l'air chauffé au contact de la chaudière et du fourneau pour le chauffage de l'hémicycle de la Chambre des pairs et de la salle du conseil
au palais d'Orsay, qui dégage, comme dans les appareils à air chaud,
cette odeur insalubre, provoquant actuellement, de la part de MM. les
membres de notre chambre des représentants, des plaintes justes et
méritées; 4° dans l'absence des dispositions convenables pour interrompre à volonté le chauffage de certaines pièces, sans déranger le
chauffage des autres pièces; 5° enfin, dans le mauvais effet des poêles
à eau chaude, paŕ suite de leur forme lourde et désagréable, et de la
place qu'ils occupent. Ces défauts, du reste, nous ont été signalés par
par M. le duc Decazes, grand-référendaire de la Chambre des pairs,
qui a bien voulu nous faire connaître qu'en somme, messieurs ses col-
lègues n'étaient pas satisfaits du chauffage actuel, et que la détermination a été prise de faire exécuter, pendant les vacances prochaines, les
travaux nécessaires pour parvenir à faire disparaître les défectuosités
dont il s'agit, et ramener ce chauffage au degré de perfection désirable.»
Plus loin, à la page 22, on trouve ce qui suit : « Quant à la ventilation
d'été, qu'on est occupé à rétablir (on la modifiait, lors de notre visite
au palais), elle a lieu au moyen d'un foyer placé au-dessus de la salle,
dans le comble même du bâtiment. Ce foyer est surmonté d'un appareil
plein d'eau, qui, chauffé par rayonnement, est en communication directe avec le lanterneau de la salle, distant de ce foyer de 2 mètres
environ. Le foyer et l'appareil sont environnés d'une chemise en maçonnerie, surmontée d'une cheminée; de sorte que la ventilation se fait
par le haut, de même qu'au palais de la Nation; excepté qu'à Paris, la
ventilation, au lieu d'être libre comme à la Chambre des représentants, est activée par l'appel du foyer, dont la température est modérée
par la chaudière pleine d'eau.

Ancienne chambre des députés.

2256. La salle des séances de l'ancienne Chambre des députés, maintenant du Corps législatif, et ses dépendances sont chauffées par des
calorifères à air chaud, disposés comme l'étaient ceux de l'ancienne
Chambre des pairs; deux sont destinés au chauffage des couloirs et des
escaliers, quatre au chauffage de la salle. Mais le mode de distribution
de l'air dans la salle et le mode d'appel sont très-différents. Au Corps
législatif, l'air chaud se rend dans la salle par des orifices percés dans

les contre-marches de tous les bancs; il est appelé par des ouvertures disposées sur la face et dans le plafond des tribunes, dans une vaste cheminée renfermant un foyer à coke.

2257. On allume les foyers des calorifères, plusieurs heures avant l'ouverture de la séance, et on laisse tomber les feux quand elle commence; la chaleur des conduits, et la chaleur produite par les personnes réunies, suffit pour maintenir une température convenable. Avant la séance, les couloirs et les escaliers sont chauffés par la circulation de la même masse d'air dans les calorifères. La salle, les couloirs et les escaliers sont chauffés tous les jours, sans exception. La consommation de houille a été de 613 hectolitres de houille, du 19 octobre 1840 au 10 mars 1841, et par conséquent de 43 hectolitres par jour. La consommation de coke, dans la cheminée d'appel, a été moyennement de 2 hectolitres par jour de séance.

2258. Cet appareil de chauffage a été construit par M. Talabot, mais avant celui de la Chambre des pairs. Le mode de chauffage employé présente moins d'inconvénients qu'à la Chambre des pairs, parce que le chemin parcouru par l'air chaud est plus court; mais le moyen d'appel est moins favorable. A la Chambre des députés, l'air extérieur parcourt des caves d'un très-grand développement avant d'arriver dans les calorifères; cette circonstance est favorable à l'économie du combustible en hiver, et fournit de l'air frais pour la ventilation d'été. M. Talabot avait proposé pour la Chambre des pairs une disposition qui aurait été plus efficace; elle consistait à prendre l'air d'appel dans des carrières abandonnées, dont plusieurs embranchements existent sous le jardin du Luxembourg. Mais ces longues galeries à air peuvent avoir de graves inconvénients, quand elles sont d'un accès facile.

Palais du quai d'Orsay.

2259. Ce palais, occupé par le conseil d'État et par la cour des comptes, est aussi vaste que celui du Luxembourg, et renferme des pièces dont le volume total est d'environ 60,000 mètres cubes. Il est chauffé par un appareil à eau chaude, construit par M. Léon Duvoir, qui s'est engagé à maintenir dans les pièces une température de 15°, moyennant une somme de 30 francs par jour de chauffage, salaire du chauffeur compris.

2260. D'après le rapport de la commission d'architecture chargée de la réception, l'appareil de chauffage se compose d'une chaudière en tôle cylindrique verticale, renfermant le foyer, et percée à la partie supérieure d'une ouverture pour le dégagement des gaz brûlés, qui traversaient pareillement quatre cylindres en fonte de 0^m 50 de diamètre, du centre à la circonférence, et de la circonférence au centre ; ces cylindres renferment des tuyaux de 0^m 11 de diamètre, parcourus par un courant d'air venant de l'extérieur. De la partie supérieure de la chaudière, part un tube qui s'élève au point le plus élevé, où il se termine par le vase d'expansion. Ce tube ascendant est environné d'un tuyau de zinc, d'une section dix fois plus grande, et environné de foin ; l'air extérieur s'échauffe dans ce tuyau, et passe ensuite dans les pièces à échauffer ; le tube revient à la chaudière en traversant des poêles. Ces dispositions sont peu convenables ; le mouvement ascendant de l'air brûlé dans les appareils de chauffage est peu favorable à l'utilisation des surfaces de chauffe, parce que l'air brûlé suit toujours le chemin le plus court ; le chauffage de l'air ne devrait pas avoir lieu autour du tuyau ascendant, parce que le refroidissement de l'eau diminue la vitesse de circulation ; c'est évidemment sur le tuyau de descente qu'il fallait effectuer le chauffage. De plus, il y a entre deux séances une perte notable de la chaleur des poêles et de l'appareil. La ventilation laisse de même beaucoup à désirer. La grande salle du conseil d'État a été ventilée par des orifices pratiqués dans le sol, près des fenêtres, et communiquant avec un canal qui vient s'ouvrir dans le cendrier de la chaudière à eau chaude. Mais, comme nous l'avons déjà vu (2072 et suiv.), par l'appel d'un foyer qui sert en même temps au chauffage, on ne peut produire qu'une ventilation insignifiante et variable, ou une ventilation très-chère, en ne recouvrant pas entièrement la grille de combustible.

2261. Malgré ces défauts, le chauffage de ce palais a été l'objet d'un rapport très-favorable de la commission d'architecture, rapport qui prouve combien il est nécessaire d'introduire dans l'éducation des architectes quelques notions sur la physique et sur les appareils de chauffage, et surtout combien il est fâcheux que les administrations et l'État laissent aux architectes l'appréciation des systèmes de chauffage et de ventilation. Je citerai seulement deux phrases du rapport : « *Dans l'appareil de M. Duvoir-Leblanc, il n'est pas besoin de plus de feu que celui qui serait nécessaire pour faire bouillir de l'eau.* Ainsi, d'après cela, la quantité de chaleur nécessaire pour produire de la vapeur serait indépendante de la quantité de vapeur produite. *La chaleur ne se dissipe que par les portes et les fenêtres.* » Le rédacteur n'a pas ajouté quand elles sont ouvertes ; mais cela résulte de la lecture du rapport. J'ai lu bien des rapports extraordinaires, mais aucun de comparable à celui dont il est question.

Grand amphithéâtre du conservatoire des Arts et Métiers.

2262. Le chauffage et la ventilation de cette grande salle, qui peut contenir plus de 800 personnes, ont aussi lieu par des appareils construits par M. Duvoir-Leblanc. Leurs effets ont été étudiés par M. Morin, directeur du Conservatoire, et les résultats de ses observations ont fait l'objet d'un long mémoire inséré dans les comptes rendus de l'Académie des sciences du 26 avril 1852. Voici d'abord, d'après ce rapport, la disposition des appareils.

2263. *Dispositif de l'appareil de ventilation du grand amphithéâtre du Conservatoire.* — La ventilation de ce vaste local, dans lequel se trouvent rassemblés, le soir, des auditeurs au nombre de sept à huit cents et même plus, et qui, chauffé de façon que, quand deux cours se succèdent avec des auditoires parfois très-différents en nombre, la température doive y rester sensiblement la même, présentait d'assez grandes difficultés.

« Un premier dispositif adopté, il y a quelques années, n'avait pas complétement réussi. Les conduits d'aspiration n'avaient guère que $0^{mq}65$ de surface totale de section, et la cheminée $0^{mq}49$, et il n'y avait pas d'appel à la partie supérieure. Par suite de ces proportions trop restreintes, la température s'élevait considérablement, et l'air était vicié dans la partie supérieure de l'amphithéâtre. Plusieurs fois des auditeurs avaient été incommodés. Je m'entendis avec M. l'architecte du Conservatoire, et une modification des dispositions employées fut demandée à M. Léon Duvoir. J'indiquerai en peu de mots le nouveau dispositif.

2264. « Le grand amphithéâtre du Conservatoire est chauffé, pendant les heures des cours publics, à une température qui ne doit pas être inférieure à 15 degrés, d'après les termes du marché, et qui s'élève habituellement à 20 degrés quand ilcontient 800 personnes, ainsi que cela arrive habituellement pour certains cours. Il faut que la température soit sensiblement la même dans toutes les parties de l'amphithéâtre, au bas et au sommet ; de plus, il importait d'extraire, sans gêner l'auditoire, une quantité d'air suffisante pour enlever toute émanation désagréable.

« Pour y parvenir, M. Léon Duvoir a ouvert, vers le bas des gradins de l'amphithéâtre, sous les jambes des auditeurs, des orifices d'appel qui sont en communication avec des conduits pratiqués sous les gradins. Ces orifices sont au nombre de 39, dont 34 ont $0^{m}08$ sur $0,20$ et sont répartis sur les deux tiers de la hauteur de l'amphithéâtre, et dont les 5 autres sont situés sous le premier gradin et ont $0^{m}15$ sur $0^{m}60$

d'ouverture. Tous ces conduits se réunissent dans une pièce située sous l'amphithéâtre et qui contient le calorifère à eau chaude. Dans cette pièce et à 0ᵐ 58 au-dessus du sol s'ouvrent quatre bouches d'appel prolongées par autant de conduits verticaux qui se réunissent en un seul tuyau horizontal communiquant à une grande cheminée d'appel, au bas de laquelle se trouve un foyer qu'on n'allume qu'en cas de besoin.

« Des tuyaux à circulation d'eau chaude, avec des parties renflées, appelées bouteilles, passent dans le fond du conduit horizontal pour en chauffer l'air et produire l'aspiration.

« La cheminée verticale contient deux tuyaux en fonte, l'un qui communique au fourneau d'une machine à vapeur, et l'autre, toujours chaud, qui sert de commencement de cheminée au calorifère.

« Ces deux tuyaux sont raccordés avec deux autres plus petits qui forment la cheminée du petit calorifère auxiliaire, employé pour déterminer ou accélérer au besoin l'appel d'air. En outre, il a été établi, au plafond de l'amphithéâtre, au-dessus de la partie la plus élevée des gradins, une large bouche d'appel qui communique avec un tuyau horizontal, lequel débouche dans la grande cheminée.

2265. « Les sections de passage de l'air expulsé de l'amphithéâtre sont les suivantes :

Orifice d'appel dans la	N° 1. A gauche en entrant....	0,560.0,500 =	0ᵐ 280000
chambre du foyer, à	N° 2. A droite en entrant.....	0,618.0,480 =	0ᵐ 296440
0ᵐ 50 au-dessous de	N° 3. A gauche près du foyer..	0,587.0,514 =	0ᵐ 301718
l'entrée..........	N° 4. A droite près du foyer...	0,543.0,524 =	0ᵐ 284532
Tuyau au-dessus de l'amphithéâtre, 0,700 sur 0,700.............			0ᵐ 49
Aire totale des orifices d'appel...............................			1ᵐ 652890

CHEMINÉE D'APPEL.

Section prise à hauteur du regard, 1ᵐ 100 sur 1ᵐ 030...........	1ᵐ 133000
A déduire pour la section des tuyaux de fonte.........	0ᵐ 187000
Section libre de passage...................................	0ᵐ 946000

«Ainsi, la section de la cheminée n'est que les 0,946 : 1,653 = 0,57 de celle des orifices d'appel, ce qui nécessite une accélération de la vitesse au débouché des conduits dans la cheminée. On conçoit cependant qu'il est difficile d'éviter cet inconvénient sans être conduit à donner à la cheminée des dimensions bien considérables et bien dispendieuses.»

2266. Il résulte de cette description, et de renseignements pris sur les lieux, que l'appareil de chauffage et de ventilation est disposé de la manière suivante :

Au bas de l'amphithéâtre et de chaque côté de la table du professeur se trouve un poêle à eau chaude à travers lequel s'élève un courant d'air chaud provenant de l'extérieur ; cet air chaud s'élève d'abord à la partie supérieure, se rend dans une cheminée d'appel 1° par une ouverture pratiquée à la hauteur du plafond ; 2° par des orifices percés dans les faces verticales des bancs et qui communiquent avec le dessous de l'amphithéâtre. De là, quatre tuyaux le conduisent sous la grille d'un foyer placé au bas de la cheminée d'appel ; dans le chemin, l'air est échauffé par des tuyaux à eau chaude. La cheminée d'appel renferme deux cheminées en fonte d'une petite hauteur, pour l'écoulement de la fumée des deux fourneaux de chauffage.

2267. M. Morin n'a fait aucune observation critique sur cette disposition ; cependant elle est assez mal entendue sous plusieurs rapports. La pensée du constructeur a sans doute été de pouvoir, à volonté, porter l'air à une température suffisante pour l'appel, soit à l'aide des tuyaux d'eau chaude, soit à l'aide du foyer. Nous ne pouvons que répéter qu'avec le chauffage à l'eau chaude, l'appel coûte beaucoup plus cher qu'avec le chauffage direct, sans compter les frais d'installation, qui sont beaucoup plus considérables. En second lieu, faire passer de l'air à échauffer à travers un foyer est une disposition qui peut produire de très-grandes anomalies, résultant de la variation de la surface libre ; inconvénient qu'on évite complétement en plaçant le foyer à côté de la cheminée (2029). Aussi, dans 8 séries d'expériences, les vitesses d'écoulement dans les 4 tuyaux qui débouchent au-dessous de la grille dans la cheminée d'appel ont varié dans le rapport de 2 à 1, tandis que ces vitesses ont varié seulement dans le rapport de 4 à 3 pour l'orifice débouchant dans la cheminée.

2268. Dans le mémoire dont il est ici question, M. Morin donne les résultats des expériences faites sur les 5 tuyaux d'appel qui amènent l'air dans la cheminée. On peut en conclure que la ventilation totale observée, divisée par le nombre des auditeurs estimé à 800, a été comprise entre 15 mètres cubes et 10 mètres cubes par personne et par heure ; la plus faible ventilation a eu lieu quand la température de l'air extérieur était le plus élevée. La température, à la partie supérieure de l'amphithéâtre, a toujours été de 20°, et de 19° à 18° 5 à la partie inférieure. L'air n'avait aucune odeur désagréable. En tenant fermé un des orifices d'accès de l'air dans le foyer, la vitesse dans les autres n'a pas changé. La vitesse dans les tuyaux d'appel a toujours été comprise entre 2ᵐ 15 et 1ᵐ 10. Le foyer d'appel n'a été, en général, que faiblement entretenu ; les jours d'expériences, la consommation de houille n'a pas été observée. La quantité totale de houille consommée pour le chauffage et la ventilation a varié de 180 à 225 kilog. par jour. Les conclusions de M. Morin sont que l'appareil de M. Duvoir-Leblanc satisfait à la fois aux conditions d'un bon chauffage et d'une abondante ventilation. Mais nous ferons remarquer, que d'un jour à l'autre, entre deux leçons, une portion notable de la chaleur possédée par l'eau des poêles, des tuyaux et de la chaudière, disparaît par le refroidissement, en ne produisant qu'un effet tardif inutile. Cet appareil ne peut donc satisfaire à la condition d'économie qui ne doit pas plus être négligée dans un établissement public que dans un établissement particulier. Si l'emploi du système à l'eau chaude, à l'exception toutefois du mode de Perkins, consistant en de très-petits tuyaux (1750), ne convient pas, c'est certainement pour les chauffages intermittents comme celui d'un amphithéâtre.

2269. M. Morin a cherché, en comparant les résultats obtenus dans des circonstances différentes, s'il y avait une influence du nombre des auditeurs sur la ventilation. Il a trouvé qu'elle augmentait avec leur nombre, ce qui devait être, toutes les autres circonstances étant les mêmes. Mais M. Morin pense « que l'influence du nombre des auditeurs n'est pas assez grande pour qu'il soit indispensable d'en tenir compte dans l'établissement des appareils, excepté pour les réunions nombreuses de personnes échauffées par un exercice énergique. » Il m'est impossible de partager cette opinion ; chaque individu, par l'acte même de la respiration, dégage au moins 40 unités de chaleur par heure, employées à chauffer l'air, et cette chaleur ne peut pas disparaître. Si, dans les expériences rapportées dans le Mémoire, on avait mesuré la température de l'air à la sortie des bouches du calorifère, on aurait pu apprécier l'influence du nombre des auditeurs sur la température de l'air à l'entrée des orifices d'aspiration. Il est d'ailleurs facile de prouver, par un calcul bien simple, qu'en supposant une ventilation de 10 mètres cubes d'air par personne et par heure, les 40 unités de chaleur émises par chaque individu, indépendamment de la chaleur employée à la vaporisation de l'eau provenant de la transpiration, élèveraient l'air de ventilation d'environ 12°.

Le maximum de ventilation, lorsque tous les orifices d'appel étaient ouverts, a été de 12^{mc} 711 le 18 février, et le minimum de 9^{mc} 556 le 12 mars. La salle peut contenir 900 personnes ; en supposant que ces volumes d'air soient employés d'une manière efficace à l'assainissement et que la ventilation soit uniformément répartie, le volume d'air pour chaque personne serait de 14 mètres cubes et de $10^{mc}5$, volumes qui dépassent certainement celui qui est rigoureusement nécessaire à l'assainissement. Je ferai remarquer, à cette occasion, que, dans les tableaux des expériences, pour obtenir la ventilation par personne, on a divisé la ventilation totale par le nombre des personnes présentes ; mais c'est par le nombre des places qu'il faut faire la division, parce que, si les dispositions sont bonnes, la ventilation dans chaque place sera toujours la même, qu'elle soit ou non occupée.

2270. Pour pouvoir affirmer que l'appareil remplit son but, il faut évidemment qu'on soit assuré que la ventilation constatée quand on a fait les expériences existera toujours. Quand la ventilation a lieu par un foyer, qui à lui seul chauffe l'air à son entrée dans la cheminée d'appel, par une consommation uniforme de combustible en hiver, et également uniforme pendant l'été, ce qu'il est facile d'établir, on obtient une ventilation qui ne varie que dans des limites très-restreintes. Mais ici, comme le chauffage de l'air a lieu par deux tuyaux de cheminée en fonte qui sont placés dans la cheminée d'appel et dont la température est variable, par des tuyaux à eau chaude qui, probablement, sont alimentés par le calorifère et dont la température n'est pas constamment la même, enfin par un foyer placé dans la cheminée, il me paraît impossible que la ventilation puisse être réglée autrement que par un anémomètre à pression placé dans la cheminée, garni d'une aiguille qui indiquerait à chaque instant l'état de la ventilation, et qui aurait été gradué d'après des expériences faites avec un anémomètre à mouvements de rotation. Or, dans le Mémoire de M. Morin, il n'est pas question d'un pareil instrument, et il est peu probable que le chauffeur ait un moyen quelconque pour régler la ventilation, puisque, même dans les expériences faites bien certainement avec tous les soins possibles, elle a varié de plus de $\frac{1}{4}$.

2271. De plus, il ne suffit pas qu'un certain volume d'air entre et sorte d'une pièce pendant un certain temps, pour qu'elle soit assainie, il faut encore évidemment, pour que cet air soit utile à l'assainissement, qu'il traverse l'espace occupé, et que le renouvellement de l'air soit à peu près le même dans tous les points de cet espace. Or, dans le cas dont il s'agit, cette dernière condition n'est pas nécessairement satisfaite, car l'action d'un orifice d'appel, sur une certaine étendue, diminue très-rapidement à mesure que cette étendue s'éloigne de l'orifice. Par conséquent, les dispositions des orifices d'accès de l'air dans la pièce et celles des orifices d'appel pourraient être telles que, dans certains points, la ventilation fût insuffisante, tandis que, dans d'autres, elle serait en grand excès. Alors, quoique la pièce fût traversée par un grand volume d'air, une partie plus ou moins considérable pourrait être fort insalubre.

Enfin, une dernière condition, aussi essentielle, surtout pour l'assainissement d'une pièce contenant un si grand nombre de personnes si rapprochées, c'est que chacune d'elles reçoive de l'air pur, et non de l'air échauffé et déjà vicié par la respiration.

2272. Les questions que je viens d'indiquer, savoir : la régularité et le contrôle de la ventilation totale, l'uniformité de la ventilation dans les différents points de la salle et l'état de l'air qu'on y respire, sont évidemment tout aussi importantes que le volume total de la ventilation, mais elles n'ont point été examinées. Il est très-fâcheux que M. Morin se soit contenté de mesurer les volumes d'air appelés par la cheminée ; car s'il eût examiné les choses de plus près, il en serait certainement résulté des documents précieux pour la question si importante et si compliquée du chauffage et de l'assainissement des grandes salles de réunion.

2273. Il est également bien regrettable que le mémoire ne contienne aucun renseignement utile à la science du chauffage et de la ventilation ; on n'y trouve ni la hauteur de la cheminée d'appel, ni la température de l'air qu'elle renfermait pendant les expériences, ni les quantités de combustible qui ont été consommées dans les foyers , ni les surfaces des orifices d'accès de l'air dans la pièce, ni la température de cet air ; on ne dit pas même comment il est échauffé. On ne trouve que les renseignements rigoureusement indispensables pour calculer les résultats des expériences anémométriques sur la ventilation totale.

2274. Les expériences de M. Morin ont certainement été faites avec beaucoup de soin et avec d'excellents instruments, et je les considère comme parfaitement exactes ; mais, d'après ce que je viens de dire, on ne peut en déduire que les faits mêmes qu'elles constatent, c'est-à-dire que, tels jours, à telles heures, il est entré tels nombres de mètres cubes d'air dans la cheminée d'appel, mais rien de plus.

L'incertitude que le mémoire laisse subsister sur la régularité de la ventilation totale, sur l'uniformité de sa répartition dans la salle, et sur l'état de l'air qu'on y respire dans différents points, fait facilement comprendre que l'opinion de M. Morin sur l'efficacité de l'appareil ne soit pas partagée par tout le monde. Un article de la *Revue de l'Instruction publique*, relatif à la question qui nous occupe, se termine ainsi :

« Nous ajouterons que nous avons constaté nous-même une lourdeur accablante de l'atmosphère à quelques-unes des leçons faites dans cette salle : ce jour-là on n'expérimentait pas l'appareil. »

(BINET SAINTE-PREUVE.)

2275. Si nous avons insisté sur l'absence, dans le rapport de M. Morin, de détails relatifs au chauffage et à la ventilation, c'est que nous sommes convaincu que ces détails eussent amené des conclusions tout à fait défavorables au système employé. L'emploi de l'eau chaude pour chauffer un amphithéâtre 2 ou 3 heures par jour est évidemment mauvais, car il ne permet qu'un chauffage excessivement lent et qui se continue inutilement longtemps après la leçon; c'est donc un chauffage très-cher. Nous ne saurions d'ailleurs trop insister sur les dangers d'un appareil à haute pression placé au-dessous d'un amphithéâtre. La présence d'un tube à air libre, d'ailleurs très-petit, sur le vase d'expansion établi à une grande hauteur, ne saurait empêcher d'une manière absolue la rupture d'un tuyau ou de l'appareil, par dilatation, par usure ou par toute autre cause, et l'on frémit en songeant aux conséquences d'une explosion qui pourrait avoir lieu au-dessous de gradins chargés de 800 personnes.

Salle des séances de l'Institut.

2276. Une description très-succincte de l'appareil de ventilation de cette salle a été lue par M. Cheronnet, ingénieur civil, à la séance de l'Institut du 6 mai 1852. Cette note a été publiée dans la *Revue de l'Instruction publique*. Nous la reproduisons ici textuellement :

« La salle des séances de l'Institut est chauffée et ventilée d'après les procédés de M. Duvoir-Leblanc. Le chauffage est produit par quatre poêles remplis d'eau chaude, à travers lesquels circule un courant d'air qui s'échauffe. Ces appareils, situés aux quatre coins de la salle, pourront fonctionner ensemble ou séparément, suivant la température de l'air extérieur, au moyen de robinets de communication spéciale entre chacun d'eux et le générateur.

« La ventilation se fait par deux grands conduits qui communiquent, l'un avec une série de grilles situées devant les pieds mêmes des membres de l'Institut, l'autre avec un grand nombre de trous faits dans les gradins qui règnent sur les longs côtés de la salle. Le premier de ces tuyaux descend jusqu'au rez-de-chaussée, pour remonter ensuite dans une cheminée, dans laquelle est un réservoir à eau chaude, de 12 mètres de hauteur, qui produit l'appel. Le second tuyau ne descend que jusqu'à l'entre-sol, et remonte ensuite dans la même cheminée. Un troisième conduit, destiné à la ventilation d'été, part de la partie supérieure de la salle et se rend dans la même cheminée.

« Le 5 avril, une expérience a été faite dans le but de constater la quantité d'air extraite de la salle des séances : cette expérience a été exécutée au moyen de deux anémomètres qui ont été placés simultanément dans les deux conduits, et y sont restés une heure chacun. Voici les résultats de cette expérience :

« Premier orifice (rez-de-chaussée) : section, 0^m 970 ; vitesse de l'air, 0^m 938 par seconde ; volume écoulé en une heure 3275^m 496. Second orifice : section, 0^m 3842 ; vitesse, 1^m 284 ; volume écoulé en une heure, 1795^m 916. Volume total écoulé en une heure, 5071^m 412. Ainsi, pendant cette première expérience, il a été extrait de la salle des séances 5071 mètres cubes d'air. La salle renfermait 180 personnes, ce qui donne, par heure et par personne, 28^m 20. Le temps était très-beau, et la température était de 12 à 13°.

« Le 19 avril, une seconde expérience a été faite dans les mêmes conditions ; elle a donné, pour le premier conduit, 4022^m 784 ; pour le second, 1908^m 372 ; total, 5931. Il y avait 200 personnes dans la salle ; le volume d'air extrait a donc été de 29^m 65 par heure et par personne. Ce jour-là le temps était très-couvert ; il est même tombé de la neige pendant l'expérience ; la température extérieure s'est élevée à 7° 5 environ. »

2277. Les appareils sont indiqués d'une manière trop sommaire pour qu'on puisse en prendre une idée bien exacte ; cependant la disposition générale ne paraît pas heureuse. Pour l'assainissement d'une pièce occupée par une grande réunion de personnes, il convient de faire arriver l'air de ventilation par de nombreux petits orifices uniformément distribués à la surface du sol, et de le faire sortir par la partie supérieure, comme dans l'ancienne Chambre des Pairs, parce que chaque personne ne respire que de l'air pur, tandis que quand l'air de ventilation s'écoule par des orifices placés près du sol, on ne respire que de l'air déjà vicié par la respiration. Enfin, le tirage effectué par la cheminée d'appel dans laquelle l'air est chauffé par un tuyau à eau chaude de 12 mètres de hauteur est une disposition fort peu économique. Au reste, nous avons entendu nombre de membres de l'Institut se plaindre du chauffage et de la ventilation. Les observations que nous avons faites au sujet du Conservatoire des Arts et métiers sur le chauffage à l'eau chaude, s'appliqueraient parfaitement au cas actuel, car les conditions sont à peu près aussi défavorables à ce système.

2278. M. Duvoir-Leblanc a établi à l'Institut, pour rafraîchir l'air

en été, un appareil basé sur l'évaporation de l'eau. Ce moyen de refroidissement a été étudié avec beaucoup de soin par Gay-Lussac, et
son application a été publiée depuis longtemps, car dans la seconde
édition de cet ouvrage se trouvent décrits plusieurs appareils fondés
sur le même principe (1963 et suivants). M. Duvoir fait descendre l'air
dans des tuyaux verticaux en fer, percés à la partie supérieure de petits
trous par lesquels s'écoule de l'eau qui recouvre, en tombant, la surface
intérieure des tubes. La disposition du n° 1965 serait beaucoup plus
commode; il suffirait de supprimer le ventilateur, de placer au bout
un tuyau conduisant l'air refroidi dans la pièce, et de faire communiquer la partie supérieure de celle-ci avec la cheminée d'appel. Cette
dernière condition est indispensable, car si les orifices d'écoulement se
trouvaient à la partie inférieure, l'air appelé s'écoulerait sans avoir traversé la pièce, et, par conséquent, sans l'assainir. Ce moyen ne peut
être employé que dans des limites très-restreintes ; car il est irrationnel,
pour produire l'assainissement, d'envoyer de l'air chargé de trop
d'humidité. Celui dont nous parlerons plus loin, consistant à puiser
l'air neuf à une grande hauteur dans l'atmosphère, où il est plus frais
et en même temps plus pur, nous paraît bien préférable.

Palais de Justice.

2279. M. Duvoir-Leblanc vient récemment de chauffer une partie
du Palais de justice de Paris, toujours d'après son système, par une
circulation d'eau chaude; mais je n'ai pu me procurer aucun renseignement ni sur la disposition des appareils, ni sur les effets produits.
Je sais seulement qu'on se plaint vivement des poêles à eau chaude
dont la température ne variant qu'avec une extrême lenteur à cause
de la grande masse d'eau en circulation, est presque toujours ou
trop basse ou trop élevée. Je signalerai en outre encore une fois le
danger que présentent ces appareils. Sans parler de l'explosion elle-
même, la rupture d'un seul poêle par accident ou par malveillance
suffirait pour remplir de vapeur brûlante la salle où l'accident se produirait.

Palais des Cortès à Madrid.

2280. C'est M. René Duvoir qui a établi les appareils de chauffage
et de ventilation de cet édifice analogue à notre Chambre des Députés.
D'après une gravure qui m'a été remise par ce constructeur, la salle de
réunion, la galerie qui l'environne et les salles voisines sont chauffées
par un courant d'air chaud distribué dans des canaux qui règnent au-

dessous des stalles ; les orifices de sortie sont dans les planchers des gradins ; l'air s'échappe de la salle par des ouvertures pratiquées dans le plafond des loges et arrive dans quatre larges cheminées qui surmontent les
loges, où se trouvent les tuyaux d'air brûlé et des foyers spéciaux ; ces
cheminées sont fermées en dessus et garnies d'ouvertures latérales.
Il y a lieu de craindre que d'après la disposition indiquée, la répartition de l'air chaud au-dessous du plancher ne soit pas bien uniforme,
à moins qu'on n'ait pris des précautions que la gravure n'indique pas;
de plus, les orifices percés dans les planchers doivent s'obstruer en
partie par la boue et la poussière, et l'air doit entraîner de la poussière
avec lui ; enfin, l'appareil de chauffage dans les cheminées consistant
uniquement dans un poêle surmonté d'un tuyau à fumée, doit nécessairement occasionner une notable perte de chaleur.

Théâtres.

2281. Les théâtres des Romains n'étaient pas couverts, ou, du
moins, ne l'étaient qu'accidentellement par des toiles, et ils n'é-
taient fréquentés que pendant le jour. Ces circonstances devaient les
rendre très-salubres, beaucoup plus que nos théâtres fermés quand
ils ne sont pas convenablement ventilés ; cependant, la chaleur produite par le grand nombre des spectateurs élevait quelquefois la température à un degré très-élevé, que l'on abaissait par des arrosages
fréquents, par de l'eau injectée en pluie très-fine, et quelquefois
même parfumée.

2282. Dans nos théâtres fermés, la chaleur produite par les spectateurs, par les appareils d'éclairage et l'altération de l'air résultant de la
respiration et de la transpiration exigent une puissante ventilation.
Le chauffage de la salle s'effectue par des calorifères de différents systèmes, et la ventilation s'établit par l'orifice placé au-dessus du lustre,
qui constitue un foyer d'appel me paraissant suffisant pour produire
l'assainissement si les orifices d'accès de l'air neuf et ses mouvements
dans la salle étaient convenablement disposés.

2283. M. Darcet, comme membre du Conseil de salubrité, a fait
une étude spéciale des conditions d'assainissement des salles de spec-
tacle, en ayant égard aux considérations théoriques, et il a fait exécuter les dispositions qu'il avait imaginées. La commission dont M. Darcet faisait partie a eu à s'occuper successivement de l'assainissement de
l'Odéon, de l'Opéra, du Gymnase, des Variétés, du Théâtre Français
et du théâtre de l'Opéra-Comique.

M. Darcet a publié dans les *Annales d'hygiène publique* un mémoire sur la question dont il s'agit ; c'est de ce mémoire que j'ai extrait ce qui suit, en y ajoutant seulement quelques détails ; les dispositions générales que ce savant a imaginées, il y a bien des années, sont les suivantes :

2284. Le mode de chauffage employé est le chauffage à vapeur ; la chaudière est placée, autant que possible, dans un bâtiment voisin, afin d'éviter les chances d'incendie. Un calorifère à vapeur se trouve au-dessous du parterre, et l'air chaud arrive par des fentes ménagées à la partie supérieure latérale des bancs. D'autres sont placés dans le vestibule et dans les couloirs des différents étages de loges. Ceux des couloirs se composent de plaques au niveau du sol et de poêles à vapeur ; ces poêles chauffent directement de l'air extérieur, ou de l'air qui a déjà passé par la chambre du calorifère qui se trouve au-dessous du parterre. Les loges d'acteurs et le théâtre renferment également des poêles à vapeur. Les galeries appelées *foyers* sont chauffées par des foyers découverts, et en même temps par des courants d'air chaud sortant des calorifères des couloirs.

2285. L'air extérieur, préalablement chauffé, arrive dans la salle par les orifices des bancs du parterre et par des tuyaux pratiqués entre le plafond de chaque étage de loges et le plancher de l'étage supérieur, et l'air des couloirs pénètre à volonté dans les loges A, figure 579, par des orifices garnis de registres qu'on ferme plus ou moins.

Au-dessus du lustre se trouve une cheminée C munie de registres, et qui est garnie à la partie supérieure et latéralement de jalousies. Une cheminée analogue C' a été établie au-dessus de la scène. Cette dernière sert, pour les représentations où on brûle de la poudre, à produire un appel d'air suffisant pour empêcher la fumée de se répandre dans la salle. L'appel du lustre étant moins puissant pour l'étage le plus élevé, le plafond de ces loges communique directement par un certain nombre de tuyaux T avec la cheminée du lustre.

2286. Indépendamment du chauffage et de la ventilation de la salle et des loges, une condition indispensable à l'assainissement des théâtres est une puissante ventilation des fosses d'aisances, car l'appel de la cheminée du lustre étant très-grand, pour que l'air des fosses ne pénètre pas dans la salle, il faut que le tirage de leur cheminée l'emporte sur celui du lustre ; on y parvient facilement par de petits foyers placés au bas de leur cheminée ou par des précautions spéciales.

2287. Sous le rapport du chauffage, le système que nous venons d'exposer laisse peu à désirer ; mais il est loin d'en être ainsi sous le

rapport de la ventilation. L'appel par la cheminée du lustre détermine
par les fissures des portes des loges, des courants d'air incommodes et

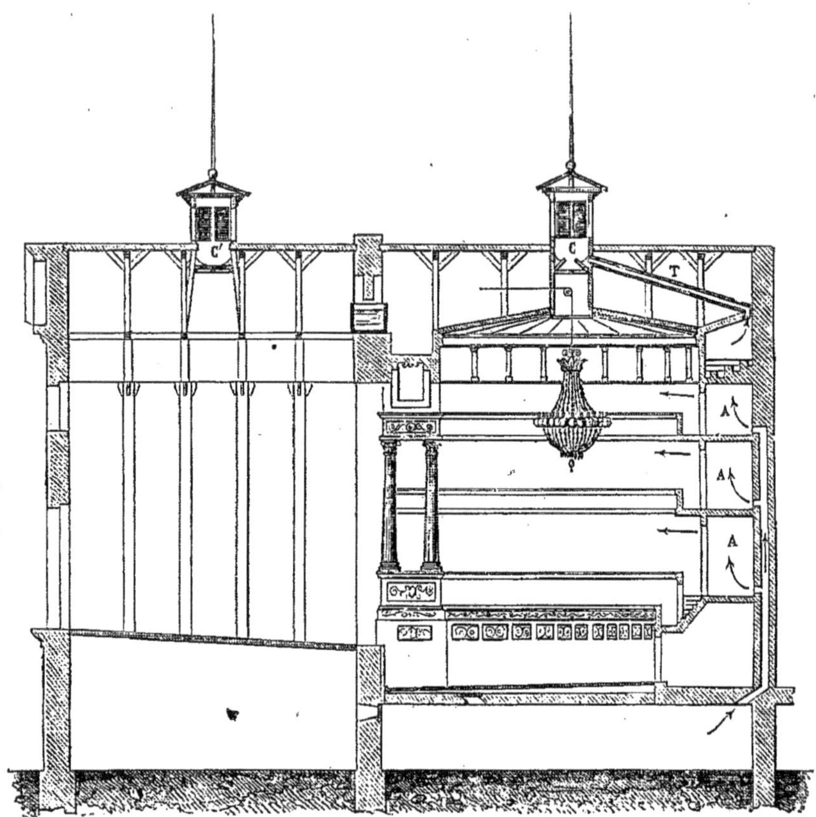

Fig. 579.

même dangereux, car la température des couloirs est basse relativement à celle de la salle. D'un autre côté, les courants d'air chaud qui
s'établissent à la sortie des orifices, dans le parterre et dans les
loges, sont en général désagréables, et les spectateurs préfèrent fermer
ou boucher tous les orifices de ventilation. Il en résulte que la ventilation de la salle est à peu près nulle et que presque tout l'air appelé
par le lustre vient directement de la scène.

2288. D'après des renseignements qui m'ont été fournis il y a déjà
longtemps, la température de l'air à l'orifice du lustre serait de 26° au
théâtre de l'Opéra-Comique, de 28 à 30° au théâtre de la Gaîté, et de
30 à 35° au théâtre du Palais-Royal. Dans ce dernier théâtre la vitesse

d'écoulement était de 0^{m}60, la surface libre à peu près de 1^{mq}, ce qui fait 21600^{mc} par heure, et comme le nombre des spectateurs s'élevait à 1200 environ, le volume d'air pour chacun n'atteignait que 18^{mc} par heure, en supposant la ventilation uniformément répartie. Mais il est bien certain, d'après ce que nous venons de dire, que cette bonne répartition n'existe pas, et ne saurait que bien difficilement exister dans un théâtre avec la ventilation par appel.

Observations générales sur le chauffage des grandes salles de réunion, des palais, des grands amphithéâtres, des théâtres, etc., etc.

2289. Les lieux de réunion ont des formes et des dispositions très-diverses, suivant leurs destinations. Mais ils peuvent, sous le rapport du chauffage et de la ventilation, se diviser ainsi :

1° Les grandes salles, comme les salles des séances des Chambres, les grands amphithéâtres; 2° les galeries, comme les salles des pas perdus, les bibliothèques; 3° les théâtres.

2290. *Amphithéâtres.* — Dans les grands amphithéâtres, nous avons vu que souvent le chauffage et la ventilation s'effectuent en faisant arriver de l'air chaud par des orifices situés dans la partie horizontale qui se trouve au bas des gradins, ou par des tuyaux qui débouchent dans cette partie de la salle à différentes hauteurs et dans différentes directions; l'air vicié descend au-dessous des gradins par un grand nombre d'orifices percés dans les contre-marches, et passe ensuite dans des tuyaux aboutissant à une cheminée d'appel. Cette disposition, employée au Conservatoire des Arts et métiers, a de graves inconvénients. Supposons la salle vide; l'air chaud, en arrivant, tend à s'élever d'abord au plafond où il s'étale et descend progressivement par couches horizontales sensiblement isothermes jusqu'aux orifices d'écoulement, mais en se refroidissant de plus en plus, la chaleur qu'il abandonne étant absorbée par les surfaces de transmission. Il résulte de là que l'air se trouve à une température croissante de bas en haut, et que si l'amphithéâtre a une pente très-rapide, il pourra y avoir une différence notable de température sur les bancs les plus bas et les plus élevés, comme cela a été vérifié sans exception dans toutes les salles échauffées garnies de gradins. Supposons maintenant la salle occupée; la chaleur produite par chaque individu et l'air vicié expiré, tendront évidemment à échauffer et à vicier les couches d'air supérieures, et, par conséquent, l'effet produit par les personnes occupant l'amphithéâtre consistera à augmenter la variation de température de haut en bas et à vicier les couches d'air, d'autant plus qu'elles seront plus élevées. Ainsi, ce mode de ventilation ne peut réellement être employé que quand l'amphithéâtre n'a qu'une légère inclinaison et qu'il ne renferme qu'un petit nombre de personnes.

2291. La meilleure disposition consiste à amener l'air au-dessous de l'amphithéâtre, à le distribuer uniformément par un très-grand nombre d'orifices, à le recueillir au sommet de la salle pour le conduire à une cheminée d'appel partant des combles, ou mieux pour le faire descendre au niveau du sol par un tuyau placé au dehors et qui le dirige dans une cheminée d'appel. Cette disposition, analogue à celle qui était employée dans l'ancienne Chambre des Communes de Londres, et ensuite dans l'ancienne Chambre des Pairs, n'aurait aucun des inconvénients que nous venons de signaler pour l'autre système ; chaque personne respirerait de l'air pur et à la même température. J'examinerai successivement les différentes parties de ce système de chauffage et de ventilation.

2292. Le chauffage de l'air peut avoir lieu au moyen des calorifères dont j'ai parlé (1605 et suiv.). Chaque système a des avantages et des inconvénients qui lui sont propres, et, d'après ce que j'ai dit, il sera facile de reconnaître celui qui convient le mieux danschaque circonstance. Si la salle ne devait être occupée qu'accidentellement, ou seulement un petit nombre d'heures chaque jour, les calorifères dans lesquels l'air est chauffé directement seraient les plus avantageux, d'autant plus qu'ils coûtent moins de frais d'établissement que les autres, dans lesquels il y a toujours deux systèmes de surfaces de chauffe. Mais comme l'air échauffé doit être porté au-dessous des gradins qui sont toujours en bois, il faudrait prendre les précautions nécessaires pour que la température de l'air ne pût jamais dépasser une certaine limite peu élevée ; pour cela, il serait possible de disposer un registre qui ouvrirait l'accès de l'air extérieur dans le canal recevant l'air sortant du calorifère quand cet air dépasserait la limite assignée.

2293. L'uniformité de la distribution de l'air au-dessous des gradins présenterait quelques difficultés. Il faudrait d'abord renoncer complétement au mode de distribution qui avait été employé dans l'ancienne salle des Communes, et qui consistait à percer le sol d'un très-grand nombre de petits orifices. Le mélange des veines partielles sorties de ces orifices pourrait n'avoir lieu qu'à une trop grande hauteur ; d'ailleurs, la boue et la poussière apportées par les pieds, pourraient obstruer les ouvertures, et l'air serait nécessairement chargé d'une poussière fine qui aurait de graves inconvénients sur la respiration ; un tapis en crin épais, à larges mailles, aurait l'avantage de mieux disséminer les veines d'air, mais les inconvénients de la boue et de la poussière seraient beaucoup augmentés. Le meilleur mode de distribution de l'air dans la salle consiste à l'introduire par des ouvertures pratiquées à la partie supérieure des contre-marches, ou à une certaine hauteur dans les faces de devant ou de derrière des bancs; la somme des surfaces de ces orifices étant très-grande relativement à la section de la cheminée d'appel, la vitesse des veines serait très-petite, et comme elles sont dirigées horizontalement, elles changeraient de direction par la rencontre des surfaces qui se trouveraient sur leur passage, et leur mélange s'effectuerait facilement sans présenter les inconvénients que j'ai signalés; c'est ce que l'expérience a démontré dans l'ancienne Chambre des Pairs. Mais il faut, en outre, que l'air soit distribué à peu près uniformément au-dessous des gradins, et il suffira pour cela que l'air échauffé y arrive par un certain nombre de tuyaux recourbés verticalement, et terminés chacun par un chapeau qui dirige les veines d'air de haut en bas.

2294. Quant aux orifices de sortie de l'air, les dispositions seront différentes, suivant que le plafond sera cintré et garni d'une coupole vitrée, ou qu'il sera horizontal. Dans le premier cas, le cylindre sur lequel repose la coupole serait percé latéralement d'un large orifice communiquant avec un grand tuyau en tôle ou en zinc placé en dehors du bâtiment, autant que possible sur une face exposée au nord, et qui amènerait l'air au niveau du sol, dans un canal horizontal communiquant avec une cheminée d'appel. Si la surface supérieure de la pièce était horizontale, il faudrait construire un faux plafond percé d'un grand nombre d'orifices qui communiqueraient par des conduits horizontaux placés entre les deux plafonds avec le grand tuyau dont nous venons de parler. Ce tuyau de descente doit être en métal, afin que l'air se refroidisse le plus possible, car si on parvenait à lui donner la température extérieure, la descente de l'air ne produirait d'autre perte que celle qui résulte du frottement et des changements de direction.

2295. La cheminée d'appel devrait être en briques; le foyer serait placé latéralement ou formé d'une grille mobile, en forme de panier, qu'on pousserait au milieu de la section de la cheminée et qu'on retirerait en avant pour la charger. Le tuyau d'accès de l'air dans la cheminée devrait être garni d'un registre tournant, destiné à régler la ventilation, et à la supprimer complétement, pour commencer le chauffage, en faisant retourner au calorifère l'air de la pièce par un orifice pratiqué près du sol.

2296. J'ai dit que l'on pourrait obtenir une distribution assez uniforme de l'air au-dessous de l'amphithéâtre, en y faisant déboucher l'air chaud par un certain nombre de tuyaux verticaux convenablement placés et recouverts chacun d'un chapeau destiné à diriger les veines verticalement de haut en bas ; mais si on voulait obtenir une distribution plus uniforme encore, on pourrait employer les dispositions indiquées par les figures 580 et 581 ; la première est relative à un amphithéâtre rec-

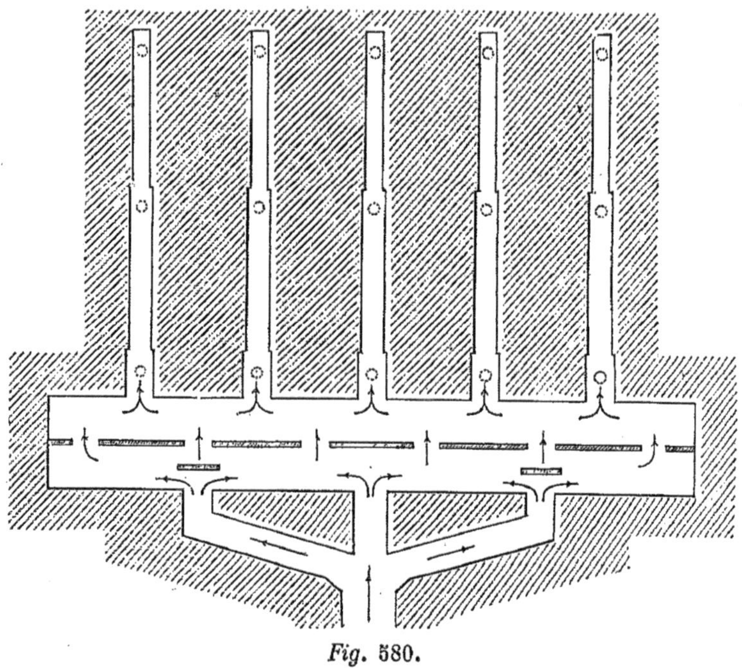

Fig. 580.

tangulaire, la dernière à un amphithéâtre demi-circulaire. Dans la première disposition, l'air chaud arrive dans un conduit rectangulaire horizontal par trois embranchements, il passe ensuite par six ouvertures dans un deuxième conduit placé à côté, et de ce dernier dans cinq embranchements de section décroissante qui se prolongent horizontalement jusqu'à l'extrémité opposée de la salle. Sur chaque embranchement sont placés des tuyaux verticaux recouverts d'un chapeau ; la somme des surfaces de ces tuyaux est égale à la section du grand conduit à son origine, et la section de chaque embranchement est égale à la somme des sections des tuyaux verticaux qui suivent. On voit à l'inspection de la figure que le but de l'appareil consiste à mêler les veines élémentaires d'air appelé, de manière à amener dans les orifices de sortie des courants, sensiblement, dans les mêmes conditions. L'appareil représenté (fig. 543) est destiné à un amphithéâtre demi-circulaire; il est fondé sur les mêmes principes; les conduits d'écoulement diri-

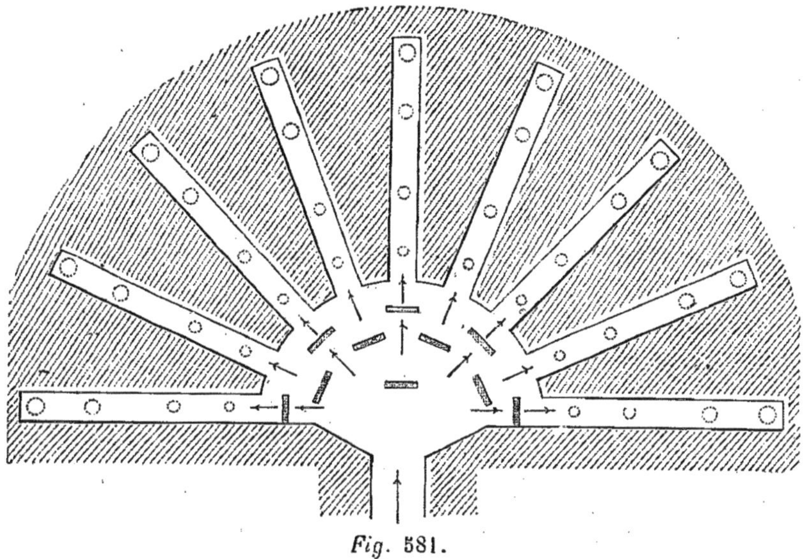

Fig. 581.

gés suivant les rayons du cercle ont la même section, mais les tuyaux additionnels verticaux ont des sections croissantes proportionnellesà leurs distances au centre. Les mêmes dispositions pourraient être employées pour recevoir l'air au-dessus de l'amphithéâtre entre les deux plafonds. Mais, je le répète, les dispositions beaucoup plus simples que j'ai indiquées ci-dessus suffisent dans tous les cas.

2297. Le canal horizontal qui conduit l'air dans le tuyau de descente pour l'amener au bas de la cheminée d'appel doit être garni à sa partie supérieure d'un large orifice, ayant la section du tuyau, et fermé par un couvercle à joint hydraulique ou de sable, afin de pouvoir faire écouler directement l'air qui a traversé la salle, quand la force ascensionnelle est suffisante, ce qui arrive quand l'air extérieur est à une température assez basse relativement à la température intérieure.

2298. On pourrait aussi placer une cheminée avec foyer d'appel dans les combles du bâtiment, mais c'est une disposition trop dangereuse; d'ailleurs, la direction du foyer exigerait un chauffeur spécial, tandis que, par la disposition indiquée, le chauffeur qui surveille le calorifère, peut diriger le foyer de la cheminée. Cet inconvénient n'existerait pas si le calorifère était à vapeur ou à eau chaude, parce qu'on pourrait établir dans la cheminée des combles des vases alimentés à volonté de vapeur ou d'eau chaude, qui échaufferaient l'air avant sa sortie ; mais la dépense de combustible se trouverait environ doublée.

2299. Dans tous les cas, la dépense de combustible serait beaucoup plus grande que quand l'air descend au niveau du sol pour s'élever dans une cheminée, parce que les cheminées qui partent des combles ont nécessairement une petite hauteur, et que, dans la disposition indiquée, l'air prenant sensiblement la température extérieure, le tirage qui se produit dans la salle s'ajoute au tirage d'une grande cheminée, comme dans le cas où la cheminée part des combles ; à la vérité, il y a une certaine perte de charge résultant du frottement dans le canal de descente et dans la cheminée, mais cette perte de charge est plus que compensée par l'accroissement de hauteur de la cheminée. En comparant une cheminée de 5^m partant des combles, d'un diamètre de $1^m 60$, avec une cheminée partant du sol, de même section et de 15^m de hauteur et en supposant dans les deux cas trois changements de direction à partir du plafond et un accroissement de température de 30°, on trouve que le tirage de la cheminée des combles est sensiblement proportionnel à $5 . 30 : (1 + 0,024 . 5 : 1,60 + 3) = 36,80$, et que celui de la grande cheminée est proportionnel à $15 . 30 : (1 + 0,024 . 15 : 1,60 + 3) = 106,51$.

2300. On pourrait aussi produire le mouvement de l'air à travers l'amphithéâtre au moyen d'un ventilateur placé, soit en avant des calorifères, soit dans les combles, soit au niveau du sol au bas du tuyau de descente. Le mieux serait de le disposer en avant des calorifères et de le faire agir par insufflation.

2301. Je prendrai pour exemple particulier un amphithéâtre pouvant contenir 1000 personnes ; si la ventilation doit être de 15^{mc} par personne et par heure, le volume d'air total qu'il faudra faire passer à travers la salle sera de 15000^{mc} par heure, et de $4^{mc} 16$ par seconde ; en supposant une cheminée de 15^m de hauteur, un refroidissement complet dans le tuyau de descente, et un accroissement de température de l'air dans la cheminée de 30°, la vitesse d'écoulement de l'air, abstraction faite de toutes les résistances, serait égale à $5^m 67$, et en admettant que les résistances réduisent cette vitesse à un tiers, elle serait encore de 1,88 ; mais la force ascensionnelle de l'air dans l'amphithéâtre l'augmentera notablement, et on peut sans crainte de se tromper notablement l'estimer à 2^m ; alors la section minimum de la cheminée serait égale à $2^{mq} 08$ et son diamètre à $1^m 60$. La même section devrait être donnée, au minimum, au courant qui passe dans les calorifères et au canal qui conduit l'air vicié dans la cheminée ; mais, dans tout le circuit externe, il serait convenable de ne donner à l'air qu'une vitesse inférieure.à 1^m. En supposant que l'air soit échauffé de 30°, la dépense par heure pour la ventilation serait de $15000 . 1^k 3 . 30 . 0,24 = 140400^c$, qui correspondent à $17^k 55$ de houille. Quant à la dépense de chauffage de l'air à son entrée dans la salle, elle variera avec la température extérieure; en admettant 6° pour la température moyenne des mois de chauffage, 15° pour la température de la salle, l'excès moyen serait de 9° et la dépense moyenne de combustible serait égale à $17,55 . 9 : 15 = 10^k 53$; dans les plus grands froids, elle pourrait être plus que doublée, mais alors la ventilation pourrait s'effectuer directement par l'orifice ménagé au sommet du tuyau de descente.

2302. En connaissant les dimensions des différentes parties de l'appareil, on pourrait facilement calculer, avec une approximation suffisante, la somme des résistances que l'air éprouverait dans son circuit, et, par suite, l'excès de température que l'air devrait recevoir dans la cheminée. Les plus grandes résistances proviennent des changements brusques de direction et des accroissements de section; les frottements sont presque négligeables; l'incertitude ne porterait que sur la température de l'air en arrivant dans la cheminée d'appel, mais elle devrait peu différer de la température extérieure, quand la cheminée d'appel part du sol et que le tuyau de descente est métallique.

2303. Occupons-nous maintenant de la manière de régler la ventilation. Pendant l'été, il faut remarquer que, avec une ventilation de 15 mètres cubes d'air, les 42 unités de chaleur produites moyennement par personne et par heure (2020) élèveront la température des 15 mètres cubes d'air, de 9° 18; ainsi, en supposant que l'amphithéâtre soit toujours occupé par le même nombre de personnes, pour obtenir une ventilation constante, il suffirait que l'on brûlât toujours dans le foyer la même quantité de combustible, ce qu'on pourrait obtenir en réglant convenablement l'orifice d'accès de l'air dans le foyer, d'après les indications d'un thermomètre différentiel qui se trouverait dans la cheminée (563) ou au moyen d'un manomètre qui indiquerait la pression latérale au bas de la cheminée. Pendant l'hiver, l'appel provenant de l'air chaud qui remplit la salle étant variable, il faut nécessairement se servir d'un appareil qui indique directement la vitesse d'écoulement, de l'appareil décrit (421), ou de l'anémomètre disposé comme je l'ai indiqué (420); ces instruments auraient l'avantage de servir pour toutes les saisons, et on reconnaîtrait facilement à leurs indications quand il suffit d'ouvrir le registre de la partie supérieure du tuyau de descente, et quand il faut allumer le foyer de la cheminée d'appel.

2304. Il est important de remarquer qu'en été, en supposant seulement une ventilation de 10 mètres cubes par personne et par heure, la chaleur dégagée par la respiration élèverait l'air d'appel, dans la pièce, de 9° 18 . 3:2 = 13° 77, à peu près de 14°, et qu'en supposant la hauteur de la salle de 10^m, la vitesse d'appel, par cet accroissement de température, abstraction faite des frottements, serait à peu près de 1^m, et la section des orifices d'accès et de sortie devrait être environ de 0^{mq} 0027 par personne ; alors, dans l'hypothèse de 1000 personnes, ces sections seraient de 2^{mq} 7 ; et en supposant que la vitesse soit réduite à 0,5, par les résistances de toute espèce, la ventilation naturelle serait peu diminuée, à cause de l'accroissement de température de l'air par la respiration. En effet, en désignant par v la vitesse dans le cas que nous avons considéré d'abord, et par v' la nouvelle vitesse, on aurait évidemment.

$$\frac{v'}{v} = 0,5 . \sqrt{\frac{t'}{t}} \quad ; \text{ ou} \quad \frac{v'}{v} = 0,5 \sqrt{\frac{v}{v'}} \quad ; \text{ ou} \quad v' = v \sqrt[4]{0,25} = 0,7v.$$

En hiver, en supposant que l'air d'accès soit à 15°, et en négligeant la chaleur transmise par les vitres et les murailles, qui est toujours très-petite relativement à la chaleur émise par la respiration, quand la salle est remplie, la température de l'air au-dessus de l'espace occupé dépasserait certainement 35°, et par conséquent la ventilation naturelle dépasserait celle de l'été.

2305. Mais tout cela suppose que la salle est remplie. Si elle ne l'était pas, les orifices d'accès et de sortie par la partie supérieure étant ouverts, la vitesse d'ascension de l'air serait diminuée en été, mais la ventilation pourrait encore être suffisante par les remous qui se produiraient autour des personnes présentes, et d'autant plus facilement qu'elles seraient plus espacées ; en hiver, les phénomènes seraient encore beaucoup plus compliqués, parce que la température de l'air chaud, en sortant du calorifère, dépendrait à la fois de la consommation de combustible et de la ventilation ; que la température de la pièce varierait avec la température et le volume de l'air chaud qui y pénétrerait, et avec le nombre des personnes qui l'occuperaient.

J'ajouterai que la ventilation naturelle exigerait nécessairement que les orifices d'accès de l'air, dans l'amphithéâtre, allassent en décroissant de surface de bas en haut ; cela tient à ce que l'appel provenant de l'accroissement de température causé par la respiration augmente de bas en haut, par suite de la diminution de hauteur de la colonne d'air surchauffée. Ces variations de sections ne seraient pas absolument nécessaires si l'appel avait lieu par une grande cheminée partant du sol, parce qu'alors les inégalités de ventilation, dans les différentes parties du sol, deviennent très-faibles avec des orifices d'accès égaux.

2306. Ainsi, il est très-avantageux, sous le rapport de la ventilation totale, et sous le rapport de l'uniformité de la ventilation générale et de sa répartition, de la produire par la cheminée d'appel, même quand la ventilation naturelle pourrait être momentanément suffisante, et de la diriger toujours comme si la salle était constamment remplie. Le chauffeur devrait consulter constamment l'anémomètre et un thermomètre placé dans la salle, et s'arranger de manière que les indications restent constantes, au moyen du registre du tuyau d'accès de l'air dans le foyer de la cheminée d'appel, et du registre du tuyau à air brûlé du calorifère.

2307. Dans les salles occupées par un grand nombre de personnes qui se tiennent debout, comme les salles d'audience des tribunaux, le mode de ventilation devrait être le même; l'air devrait parcourir les salles de bas en haut; mais ici, excepté dans la partie de la salle qui n'est pas occupée par le public, on ne peut plus éviter l'inconvénient qui résulte de l'accès de l'air par des calorifères placés au-dessous du sol; heureusement, cet inconvénient est moins grave que dans les amphithéâtres. L'air pourrait arriver par un grand nombre d'orifices fermés par des grilles en fonte à jour, et dans la partie réservée de la salle, par des ouvertures pratiquées dans le plancher et sur le devant des bancs. L'air vicié passerait par le plafond pour gagner la cheminée d'appel, comme pour la ventilation des amphithéâtres.

2308. *Grandes galeries.* — Le cas que nous considérons maintenant est celui de la Bourse et des grandes gares de chemin de fer, salles de pas-perdus, etc. Dans ces salles, la ventilation s'effectue par les portes qui s'ouvrent fréquemment, et on n'a à s'occuper que du chauffage. La meilleure disposition de chauffage qu'on puisse employer, consiste dans un chauffage par des plaques de fonte pleines, au niveau du sol, et des courants d'air chaud, sortant de quelques plaques à jour fixées dans le plancher, et d'orifices percés dans les faces de différents socles convenablement placés comme à la Bourse de Paris. Lorsque les pièces ont une grande étendue, le chauffage à vapeur est plus avantageux que les autres; quand les pièces n'ont qu'une petite étendue, c'est le chauffage par des calorifères à air chaud qui doit être préféré. Quand les pièces sont petites, on pourrait placer le calorifère dans la salle même en le disposant comme cela a été dit. Lorsque le chauffage doit être continu, les calorifères à eau chaude pourraient mieux convenir que dans les autres cas, mais à la condition de réduire autant que possible le volume d'eau en circulation, afin que le chauffage puisse varier rapidement avec la température extérieure.

2309. On a construit dans plusieurs gares de Paris des appareils de chauffage à eau chaude qui se composent de deux tuyaux de grand diamètre placés dans un caniveau creusé dans le sol et recouvert d'une plaque de fonte pleine ou à jour; l'un des tuyaux communique avec la partie supérieure de la chaudière, l'autre avec la partie inférieure, et les autres extrémités communiquent entre elles de distance en distance; les deux tuyaux se relèvent verticalement jusqu'à une certaine hauteur, et ces appendices sont environnés d'une caisse en fonte à jour, qui laisse dégager de l'air chaud. Quelquefois, ces appendices sont remplacés par des poêles en fonte dans lesquels l'eau circule. Ces différentes dispositions exigent que les tuyaux soient portés sur des roulettes en fonte afin que la dilatation puisse s'opérer.

Il serait certainement plus avantageux sous tous les rapports de faire le chauffage par la vapeur, au moyen d'un seul tuyau placé dans les caniveaux, et sur lequel seraient branchés des tubes verticaux, du sommet desquels la vapeur descendrait par des serpentins présentant une grande surface de chauffe.

2310. *Théâtres.* — Le chauffage à la vapeur me semble à beaucoup près le meilleur pour les théâtres, à tous les points de vue. Quant à la ventilation, après ce que j'ai dit sur les inconvénients de l'appel qui produit des courants d'air si désagréables, je pense qu'il conviendrait d'examiner, par une étude spéciale, s'il ne serait pas préférable d'abandonner complétement le système de l'appel et de le remplacer par celui de l'insufflation, dont nous parlerons avec détails, en nous occupant de la ventilation des hôpitaux.

CHAPITRE IV.

CHAUFFAGE ET ASSAINISSEMENT DES ÉGLISES.

2311. Les églises sont malsaines par l'humidité qui y règne habituellement, et par l'absence d'une température convenable; rarement elles le sont par défaut de ventilation (1), parce que les nefs, en général

_____

(1) Je dis rarement et non jamais, car, dans les grandes solennités qui attirent un grand concours de monde, et pendant lesquelles les lumières sont nombreuses, la ventilation naturelle peut être insuffisante; j'en citerai un exemple. Lors de la cérémonie funèbre du duc d'Orléans, à l'église Notre-Dame, plus de 6,000 personnes y étaient réunies, l'église

très-élevées renferment un volume d'air très-supérieur à celui qui est nécessaire pendant la durée des cérémonies, et qu'il y a presque toujours un renouvellement d'air assez considérable par les portes et les fissures des vitraux. L'humidité des églises est d'ailleurs une des causes les plus influentes de la détérioration des objets d'art qu'on y remarque. Ainsi, sous tous les rapports, il est important de chauffer et d'assainir les églises. En Angleterre un grand nombre de chapelles sont chauffées et ventilées. En France, à Paris du moins, plusieurs églises sont chauffées et ventilées, mais seulement depuis quelques années. Je rapporterai d'abord les documents que j'ai pu recueillir sur le chauffage de quelques églises.

Église de la Madeleine.

2313. L'église de la Madeleine est chauffée et ventilée par un appareil à eau chaude construit par M. Duvoir-Leblanc. Voici la description qu'il m'en a donnée lui-même sur les lieux. La chaudière est placée à l'extrémité d'un grand caveau qui règne dans toute la longueur du bâtiment. Un canal rampant d'une grande section, communique avec l'église par des espèces de puits cylindriques, fermés au niveau du sol par des plaques de fonte à jour. Des poêles en fonte, à double enveloppe sont logés dans ces puits; le dernier sert de vase d'expansion. Les tuyaux d'ascension et de retour d'eau sont placés dans le canal rampant. Ce dernier est divisé en plusieurs parties égales ; chacune contient un poêle et communique avec l'extérieur. Deux canaux parallèles à celui dans lequel s'effectue la circulation de l'eau, et sur lesquels sont percées des bouches d'aspiration distribuées sur deux rangées près des murailles, conduisent l'air refroidi dans le cendrier du foyer de la chaudière. Le chauffage a lieu sous une pression limitée à 2 atmosphères par une soupape de sûreté. M. Duvoir-Leblanc s'est engagé à maintenir une température de 12° 5 dans l'église et de 18° dans quelques pièces souterraines, moyennant une somme de 15 fr. par jour de chauffage

y était éclairée par un grand nombre de cierges et de bougies, les fenêtres étaient fermées par des décorations, et la ventilation n'avait lieu que par de doubles courants d'air qui traversaient la porte centrale d'entrée qui est peu élevée; aussi, la chaleur dégagée par la respiration et par la combustion fut telle, qu'en peu d'instants la température devint insupportable, les cierges qui environnaient le catafalque se courbaient de manière à faire craindre qu'ils ne missent le feu aux draperies, et dans le chœur où la température était le plus élevée, plusieurs personnes perdirent connaissance; si la cérémonie s'était prolongée, on pouvait craindre les plus graves accidents. On ne comprend pas comment cette conséquence inévitable de la réunion d'un si grand nombre de personnes et d'appareils d'éclairage n'avait pas été prévue par les architectes chargés de la décoration de l'église.

y compris le salaire du chauffeur. Sous le rapport de la température à maintenir dans l'église, les conditions du marché paraissent être remplies : je m'en suis assuré lors de la visite que j'y ai faite, et j'ai constaté ce fait important que la température était sensiblement la même dans toutes les parties basses de l'église, et que dans les tribunes élevées la température dépasse à peine de 1 degré celle du niveau du sol.

2314. Le constructeur a prétendu et quelques personnes ont paru admettre que la ventilation était de 4000^{mc} par heure de jour et de moitié par heure de nuit, soit de 72000^{mc} par 24 heures. Il est difficile d'accepter ces chiffres ; car en supposant que le foyer appelle 20^{mc} d'air par kilogramme de houille, pour appeler 72000^{mc} d'air par jour, il faudrait brûler dans le même temps 3600^k de houille qui à 5 francs les 100^k valent 180 fr., et on donne seulement 15 fr. pour le chauffage et la ventilation. Le volume d'air appelé ne peut pas être beaucoup plus grand, car il faut que le foyer ait une température suffisante pour la combustion ; mais, quel que soit ce volume, il faut que le chauffage de l'eau ait lieu ; en supposant l'eau à 100°, l'air devrait s'échapper à une température supérieure ; en la supposant seulement la même, le poids de l'air appelé étant de 72000 . 1,3 = 93600, la chaleur qu'il emporterait serait de 93600 . 100 . 0,24 = 2246400 et la quantité de houille correspondante serait de 2246400 : 8000 = 280^k qui à 5 fr. les 100^k font 14 fr. Il ne resterait que 1 fr. pour le chauffage de l'eau et le salaire du chauffeur. Il est très-probable que le chauffage a lieu par la circulation du même air autour des poêles à eau chaude, et que la ventilation est celle qui se fait naturellement par les portes et les fissures des fenêtres, excepté à peu près 3 à 4000^{mc} par jour qui sont appelés par le foyer.

Église Saint-Roch.

2315. Les appareils de chauffage de l'église Saint-Roch ont été construits par M. Grouvelle pendant l'hiver de 1845 à 1846. Par suite de causes que nous verrons plus loin, l'appareil ne produisit qu'un effet insuffisant pendant les deux hivers suivants. En 1848, MM. Léonce Thomas et Gentilhomme, ingénieurs, furent nommés experts avec M. Gaulthier de Claubry pour examiner l'état des choses, et M. Pottier, ingénieur, fut chargé de suivre les expériences qui ont duré soixante-quatre jours consécutifs.

Les détails que je vais donner ont été extraits d'un mémoire publié par M. Pottier dans les *Comptes rendus des travaux de la société des ingénieurs civils.* J'y ajouterai quelques calculs.

2316. *Disposition et dimensions du bâtiment.* L'église Saint-Roch est un bâtiment de 110 à 115 mètres de longueur sur 28 mètres de largeur, et de 15 à 18 mètres de hauteur moyenne; sa superficie est d'environ 3100 à 3200 mètres carrés. Les murailles exposées au refroidissement extérieur ont une surface de 3500 mètres et une épaisseur moyenne de 0^m 50. La surface des vitraux est de 860 mètres carrés. Les murs et piliers intérieurs présentent un volume de 1800 mètres cubes. L'église contient environ 3500 places assises, et réunit, les dimanches ordinaires, de 2000 à 4000 personnes, les fêtes ordinaires, de 4000 à 6000, et les grandes fêtes, de 6000 à 8000.

L'ensemble du vaisseau se divise en trois parties distinctes. La première et la plus grande a 28 mètres de largeur et 68 mètres de longueur ; elle comprend la nef principale, les bas côtés, le chœur et les chapelles latérales; la hauteur de la voûte est de 17 à 18 mètres. La seconde partie est formée de la chapelle de la Vierge, chapelle circulaire d'environ 30 mètres de diamètre, y compris les bas côtés, et surmontée d'un dôme d'environ 25 mètres d'élévation. Enfin, dans la partie la plus reculée de l'église, se trouve le calvaire, partie basse, froide, humide, dont les voûtes principales n'ont que 5 mètres d'élévation, et dont les vitraux étaient, à cette époque, dans le plus déplorable état. Cette partie de l'édifice a depuis été l'objet d'une réparation considérable.

2317. *Causes de refroidissement.* — Indépendamment des causes ordinaires de refroidissement par les murailles et les vitres, il y en a une anormale provenant de la fermeture incomplète ou nulle d'un très-grand nombre d'orifices. L'église renferme soixante-quatre fenêtres présentant une surface totale de 860 mètres carrés; toutes ces fenêtres sont en mauvais état, et les plaques de verre, réunies par des lamelles de plomb, laissent à chaque joint un intervalle dont la largeur varie de 1 à 4 millimètres ; en outre, chaque fenêtre porte deux panneaux mobiles à charnières, qui offrent par fenêtre un périmètre de 5 à 6 mètres, présentant une ouverture permanente qui, en certains points, a 5 à 6 centimètres de largeur. Enfin, la voûte est percée de quatre-vingt-sept trous destinés à livrer passage aux cordes qui supportent les lustres, ayant en moyenne 0^m 07 de diamètre, et placés à la hauteur de 18 mètres ; l'air qui s'en échappe a une vitesse suffisante pour éteindre une bougie. Le relevé minutieux de toutes ces ouvertures a donné pour résultat total une surface de 14^{mq} 15 à une hauteur moyenne de 11^m,20.

Il y a, en outre, six portes donnant à l'extérieur, et un certain nombre de petites portes s'ouvrant sur la sacristie, sur les tribunes, etc.

2318. *Système de chauffage.* —Le système employé par M. Grouvelle consiste en une circulation d'eau chaude à basse pression, dans des caniveaux placés au-dessous du sol, dans lesquels l'air extérieur est appelé, et d'où il sort, après s'être chauffé, par un certain nombre d'orifices placés à la surface du sol.

Dans un caveau circulaire, qui règne sous le pourtour de la chapelle de la Vierge, est placée une chaudière ayant la forme des générateurs à vapeur à deux bouilleurs, d'une puissance de 12 chevaux environ. Un tuyau de fonte, de 0^m 14 de diamètre, dont les différentes parties sont réunies par des joints à boulon, et d'un développement de 168 mètres, part du sommet de la chaudière et passe sous le bas côté droit de l'église, en s'élevant par une pente d'environ 0^m 03 par mètre ; son point culminant est sous l'orgue ; il revient par le côté gauche de l'église en suivant la même pente, et finit par aboutir à l'un des bouilleurs de la chaudière. Un petit tuyau additionnel, placé après coup, circule en sens contraire du tuyau principal, parallèlement au tuyau de retour, et finit par déboucher dans ce tuyau à son point culminant, c'est-à-dire sous l'orgue. Une circonstance imprévue a nécessité l'addition de ce tuyau ; les plans fournis par la ville indiquaient, sous les bas côtés de l'église, une série de caveaux qui n'existent pas, et le refroidissement subi par l'appareil circulant dans la terre, au lieu d'être isolé dans des carneaux, a forcé d'augmenter la surface de chauffe.

Tous ces tuyaux sont placés dans un canal dont les parties verticales sont formées de deux murailles en briques, laissant entre elles un certain espace libre, afin de diminuer la perte de chaleur ; il est fermé inférieurement par des planches et communique avec les ouvertures pratiquées dans le sol de l'église, par lesquelles l'air chaud doit s'écouler ; après chacune de ces ouvertures il est fermé par une cloison en bois transversale, et immédiatement après se trouve une ouverture, dans la surface inférieure, pour admettre l'air extérieur qui, par cette disposition, est chauffé par toute la longueur du tuyau comprise entre deux orifices voisins de dégagement d'air chaud.

Un système analogue, mais de plus petite dimension, part de l'autre extrémité de la chaudière et circule au-dessous de la chapelle de la Vierge et du calvaire ; le tuyau n'a que 0^m 12 de diamètre et 86 mètres de longueur.

Des valves, placées sur les tuyaux de départ et d'arrivée, permettent de modifier ou même de supprimer complétement la circulation dans chacune des grandes artères. Sous le pourtour de l'artère principale, quatre renflements de 3 mètres de longueur et de 0ᵐ 35 de diamètre augmentent encore la surface de chauffe. Quatre autres renflements, en forme de poêles de différents diamètres, sont placés à l'orifice des bouches principales, et de petits embranchements sans retour favorisent le tirage des bouches qui ne sont pas placées directement sur le parcours.

Pour augmenter l'effet utile du combustible, le tuyau à fumée en tôle, de 0ᵐ 35 de diamètre, sert à chauffer l'air sur un parcours de 7 mètres. Cet air alimente une bouche isolée de la chapelle de la Vierge.

Voici maintenant les principales dimensions de l'appareil. Surface de chauffe de la chaudière, y compris les bouilleurs, 15ᵐᑫ 40 ; surface de la grille, 0ᵐᑫ 40 ; surface de refroidissement de la circulation, 164ᵐᑫ 85 ; volume de l'eau qui s'échauffe, 3ᵐᶜ 008 ; volume d'eau qui se refroidit, 4ᵐᶜ 218 ; volume total de l'eau de l'appareil, 7ᵐᶜ 226 ; température de l'eau dans la chaudière, 120 degrés ; à l'extrémité du tuyau de retour, 102 degrés ; température moyenne de l'eau en circulation, 111 degrés ; différence maximum du niveau, 3 à 4 mètres. L'air chaud est versé dans l'église par vingt-deux bouches fermées par des grilles ; vingt et une ont une surface libre de 0ᵐᑫ 135, et la dernière, celle qui est placée au-dessous de l'orgue, 0ᵐᑫ 400 : la somme de ces surfaces est de 3ᵐᑫ 235.

2320. *Méthode d'expérimentation suivie par MM. les experts.* — Chaque matin la houille destinée à la consommation du jour était pesée et mise par tas de 200 kilogrammes. Le chauffeur marquait l'heure de la mise en feu, l'heure de l'extinction et l'heure où il entamait chaque nouveau tas ; le reste du dernier tas était pesé avec soin.

Cinq fois par jour on observait la température de l'intérieur et de l'extérieur. Dans ce but, dix thermomètres préalablement comparés, étaient suspendus sous les lustres à 2 mètres au-dessus du sol, la moyenne de ces dix thermomètres donnait la température intérieure. Deux thermomètres placés, l'un dans une petite cour attenante au fourneau, l'autre sous le portail, indiquaient la température extérieure. Deux autres thermomètres étaient suspendus à 2 mètres au-dessus des bouches de chaleur. Six thermomètres appliqués contre la paroi intérieure des murs latéraux et la face tournée contre ces murs, indiquaient la température de ces parois. Enfin deux thermomètres suspendus sous l'orgue à 8 ou 9 mètres d'élévation, et un troisième suspendu à la naissance de la coupole de la chapelle de la Vierge à 18 ou 20 mètres, servaient à étudier la répartition de la chaleur à différentes hauteurs.

Les résultats de même nature ont été représentés graphiquement par des courbes.

2321. *Résultat des expériences.* — Par suite d'une économie mal entendue, ou plutôt des conditions du service et de la nature des engagements du constructeur, l'église n'avait été chauffée jusqu'alors que par intervalles irréguliers, et jamais d'une manière continue. La température intérieure n'avait pu dépasser 9 à 10 degrés et descendait notablement pendant les gelées.

Le 16 novembre, jour où commença l'expertise, la température extérieure était de 3 à 4 degrés et la température intérieure de 9 degrés.

Du 17 au 27 novembre, par un chauffage non interrompu de jour et de nuit, la température intérieure fut amenée successivement à 18 degrés.

Du 27 novembre au 6 décembre, la température de l'église a été maintenue entre 15 et 16 degrés par un chauffage intermittent ; et du 6 décembre au 20 janvier à une température de 12 à 13 degrés en faisant varier la durée des chauffages et des intervalles qui les séparaient. Dans ce dernier laps de temps, la température extérieure est restée comprise entre + 5 et + 6 degrés.

2322. *Effet produit par la continuité du chauffage.* — M. Léonce Thomas, en examinant la puissance et la disposition de l'appareil, avait pensé dès l'abord, que les faibles résultats obtenus les années précédentes provenaient uniquement de ce que les murailles n'avaient point été amenées au régime, qu'on parviendrait à les y amener par un chauffage continu jour et nuit pendant un certain temps, et qu'alors une plus haute température serait obtenue d'une manière permanente avec une moindre dépense de combustible. Ces prévisions ont été parfaitement confirmées par l'expérience. Par un chauffage continu de huit jours la température intérieure, comme nous l'avons dit, s'est élevée progressivement jusqu'à 16 degrés ; elle dépassa même 18° pendant les offices les plus suivis du dimanche ; cette température est insupportable dans un lieu où l'on arrive bien vêtu ; aussi beaucoup de personnes furent obligées de sortir. En outre, comme nous le verrons plus loin, ces résultats ont été obtenus avec une notable économie de combustible ; on en conçoit facilement la raison : quand la grande masse de l'air, les murailles intérieures et extérieures, possèdent la température qui correspond à celle qui doit être maintenue dans l'édifice, il n'y a de pertes de chaleur que par les transmissions régulières, tandis que quand cette condition n'est pas remplie, il y a beaucoup de chaleur absorbée par les murailles et qui se disperse sans utilité.

2323. *Chauffage intermittent.* — Aussitôt que le régime est établi, il n'est plus utile de chauffer d'une manière continue, il suffit de faire fonctionner le foyer quelques heures tous les jours, ou d'attendre que la température intérieure se soit abaissée de 2 ou 3 degrés, et de chauffer le temps suffisant pour remonter la température au point de départ. Or, il résulte des expériences faites dans les mêmes circonstances de température extérieure, que cette dernière méthode est plus économique, car dans le premier cas, la consommation moyenne par heure de trois expériences a été 41ᵏ 02, et dans le second cas seulement de 38ᵏ 35. Cette différence provient de ce qu'il y a toujours une grande perte de chaleur au commencement de chaque chauffage pour amener le fourneau, les canaux, etc. à leur température maximum. La courbe des températures des bouches de chaleur le démontre avec la dernière évidence ; dans les chauffages continus, l'air chaud n'atteint son maximum qu'après trois jours. Ainsi le mode de chauffage le plus économique, indépendamment de quelques difficultés de service, consisterait à laisser le vaisseau se refroidir de 1 ou 2 degrés, au-dessous de la moyenne qu'il convient alors de prendre au-dessous de 15° et à le chauffer d'une manière continue de quelques degrés au-dessus, une variation de quelques degrés dans une église n'offrant pas d'inconvénient.

2324. *Maximum de puissance de l'appareil.* — Lorsque la température intérieure restant constante, la température extérieure s'abaisse, la vitesse du refroidissement augmente ; il faut alors un chauffage plus vif et plus soutenu pour maintenir la température intérieure, et on conçoit facilement que quand l'appareil par un chauffage continu sera amené à produire son maximum d'effet, la température intérieure s'abaissera de manière que sa différence avec la température extérieure reste constante.

On a eu deux fois l'occasion de constater ainsi le maximum de puissance de l'appareil, le 21 décembre et le 2 janvier, jours où la température a baissé subitement en une nuit de 8 à 10 degrés pour tomber à — 3 ou à — 6 degrés. Il fut observé alors que bien que le chauffage fût permanent, la température intérieure s'abaissa brusquement de manière que son excès sur celle de l'air extérieur se maintint à 16 degrés. Ainsi c'est cet effet qui mesure le maximum de puissance de l'appareil.

Pour une température extérieure de — 6 degrés, la température intérieure atteindrait donc seulement 10 degrés. Ainsi l'appareil serait juste suffisant pour maintenir dans l'église une température de 12 à 13 degrés, quand l'air extérieur est à — 2° ou — 3°. Mais il est important de remarquer que la température que nous recherchons et qui nous plaît l'hiver, n'est que relative, et elle est d'autant moins élevée que l'air est plus froid. Aussi il a été constaté que la température de l'église n'avait jamais paru si élevée que dans les deux circonstances que nous venons de citer, quoiqu'en réalité elle n'eût jamais été aussi faible, parce qu'en y entrant on éprouvait une variation de température de 16 degrés, tandis que la moyenne des différences, pendant l'hiver, est moitié moindre.

2325. *Réchauffement spontané de l'église.* — A partir du 14 janvier, jour où l'on a cessé définitivement le feu, la température de l'église a baissé lentement jusqu'à se trouver seulement supérieure à celle de l'extérieur de 4 à 5 degrés. La température extérieure s'étant élevée lentement, celle intérieure a suivi le même mouvement ; il était faible, mais bien caractérisé et soutenu depuis trois jours, au bout desquels, le temps venant à se refroidir, la température intérieure s'est abaissée de nouveau. On peut se rendre compte de ce phénomène en considérant que la différence des températures des surfaces des murailles est toujours plus petite que celle de l'air intérieur et de l'air extérieur, à cause de la chaleur produite à l'intérieur par les personnes qui s'y trouvent, que quand cette dernière différence n'est que de 5 degrés, la première est très-petite et qu'un faible réchauffement de l'air extérieur peut changer le sens de la variation de température dans les murailles.

2326. *Extrême lenteur du refroidissement.* — En admettant que la température moyenne de l'hiver soit à Paris de 5 degrés, et que le vaisseau soit maintenu à une température de 12 degrés, la différence est de 7 degrés ; il résulte des expériences que pour cette différence de température la vitesse du refroidissement est si lente qu'il faut interrompre le chauffage pendant cinq à six jours pour obtenir un abaissement de 1 degré.

2327. *Influence de la foule et de l'ouverture des portes.* — Pendant les cérémonies qui appellent un grand nombre de fidèles, la température monte de 2° à 3° ; mais une demi-heure après l'écoulement de la foule, il ne reste plus de trace de cet échauffement. Cet effet, qui paraît singulier au premier abord, résulte de la quantité très-considérable de chaleur que peuvent absorber les murailles.

On n'a observé aucune influence résultant de l'ouverture des portes, quoique à plusieurs reprises cette ouverture ait été maintenue pendant trois à quatre heures.

2328. *Répartition de la chaleur à différentes hauteurs.* — Deux thermomètres étaient suspendus sous l'orgue à 8 ou 9 mètres du sol ; un troisième était suspendu à la corniche du dôme de la chapelle de la Vierge à 18 ou 20 mètres, comme il a déjà été dit. Ces trois thermomètres consultés de trois à cinq fois par jour, pendant vingt jours, ont indiqué une température supérieure à la moyenne des dix thermomètres placés à 2 mètres du sol de 0° 25 à 0° 75 seulement et jamais plus.

Le fait dont il est question, et que j'avais déjà remarqué dans des circonstances analogues, provient de ce que les courants d'air chaud sortant des bouches de chaleur sont à une température peu élevée, d'une petite section, d'une petite vitesse, et qu'alors leur chaleur se trouve promptement disséminée dans la masse, à cause de la grande faculté dispersive de l'air, d'autant plus que les mouvements produits dans cette masse, par différentes causes dont nous allons parler, tendent encore à en mêler les différentes parties.

2329. *Mouvement de l'air dans l'édifice.* — Contre toutes les surfaces intérieures des murailles, et à une assez grande distance, la température de l'air est constamment inférieure de 0° 75 à 1° 50 à celle de l'air dans la partie centrale ; par conséquent il existe un courant d'air froid qui descend le long des murailles : c'est une conséquence nécessaire de leur mode d'échauffement. Une autre circonstance, certainement très-influente, produit encore des mouvements très-variés dans la masse d'air : ce sont les courants par les fissures des fenêtres. La somme totale de ces fissures disséminées sur une très-grande étendue présente, comme nous l'avons dit, l'énorme surface de 14 mètres carrés ; mais comme les orifices sont très-petits, ils produisent incomparablement moins de ventilation qu'un orifice unique de même section ; en outre, comme ces orifices sont à des hauteurs très-inégales et distribués à droite et à gauche, non-seulement ils servent à l'écoulement de l'air introduit, mais un certain nombre doivent donner accès à l'air extérieur, même quand celui-ci est calme ; il est évident que sous l'influence d'un vent qui serait perpendiculaire à une des faces, l'air extérieur entrera par les orifices de cette face et l'air intérieur sortira par la face opposée, parce que derrière cette face la pression atmosphérique sera diminuée.

2330. *Prises d'air intérieures.* — M. Grouvelle n'a disposé qu'un petit nombre de prises d'air intérieures, et elles ne produisent que peu d'effet. C'est une circonstance fâcheuse, car, au point de vue hygiénique, il n'y aurait eu aucun inconvénient à reprendre de l'air dans le vaisseau pour l'échauffer de nouveau, et il en serait résulté une notable économie.

2331. *Facile propension de l'eau à circuler.* — La moindre différence de niveau et de température suffit pour établir un mouvement prononcé même dans les tuyaux étroits. Sous la circulation principale du calvaire, qui a 0^m 12 de diamètre, est embranché à angle droit un tuyau de 0^m 08 de diamètre et de 23 mètres de longueur, replié sur lui-même et qui revient sur la conduite principale à 0^m 30 du point de départ ; l'inclinaison de ce tuyau est très-faible, et pourtant la circulation s'y effectue très-bien.

2332. Pour mettre en évidence les variations de température qui ont eu lieu à l'intérieur et à l'extérieur de l'église pendant la durée de ces expériences, qui offrent un véritable intérêt pour l'étude des grands chauffages, M. Pottier, d'après l'indication de M. Thomas, a représenté ces températures par des courbes.

Dans les figures 582, 583 et 584, les temps sont comptés sur la ligne AB. Les intervalles *ab* représentent une durée de 24 heures. Les températures correspondantes sont indiquées par des lignes perpendiculaires ; la ligne horizontale ponctuée CD correspond à 15 degrés. La courbe supérieure représente les températures moyennes intérieures, dans lesquelles les températures de l'air chaud à 2 mètres au-dessus des bouches entrent pour 1 : 11. La courbe immédiatement au-dessous représente les températures moyennes indiquées par des thermomètres placés loin des bouches de chaleur. La troisième courbe indique la température des faces intérieures des murailles. Enfin la quatrième courbe , celle qui offre le plus de sinuosités, représente les températures extérieures. La teinte qui s'étend jusqu'à la courbe la plus élevée indique la durée du chauffage. La teinte noire foncée placée au-dessous du rectangle indiquant les jours représente la consommation de combustible ; elle est proportionnelle chaque jour à la surface du rectangle teinté ; lorsqu'il n'y a pas eu continuité dans la consommation, elle a été réduite à ce qu'elle aurait été si la consommation eût été uniforme pendant 24 heures. Les nombres placés dans les rectangles teintés représententent les consommations moyennes de combustible par heure.

Dans la 1re semaine, du 17 au 24 nov., la consommation a été de   5560 kil.
Dans la 2e semaine, du 24 novembre au 1er déc., elle a été de.   5560
Dans la 3e semaine, du 1er au 8 décembre, de................   2080
Dans la 4e semaine, du 8 au 15 décembre, de.................   1200
Dans la 5e semaine, du 15 au 22 décembre, de...............   1885
Dans la 6e semaine, du 22 au 29 décembre, de...............   4735
Dans la 7e semaine, du 29 décembre au 5 janvier, de........   5680
Dans la 8e semaine, du 5 au 12 janvier, de.................   3770
Enfin, dans la 9e semaine, du 12 au 18 janvier, de.........   1700

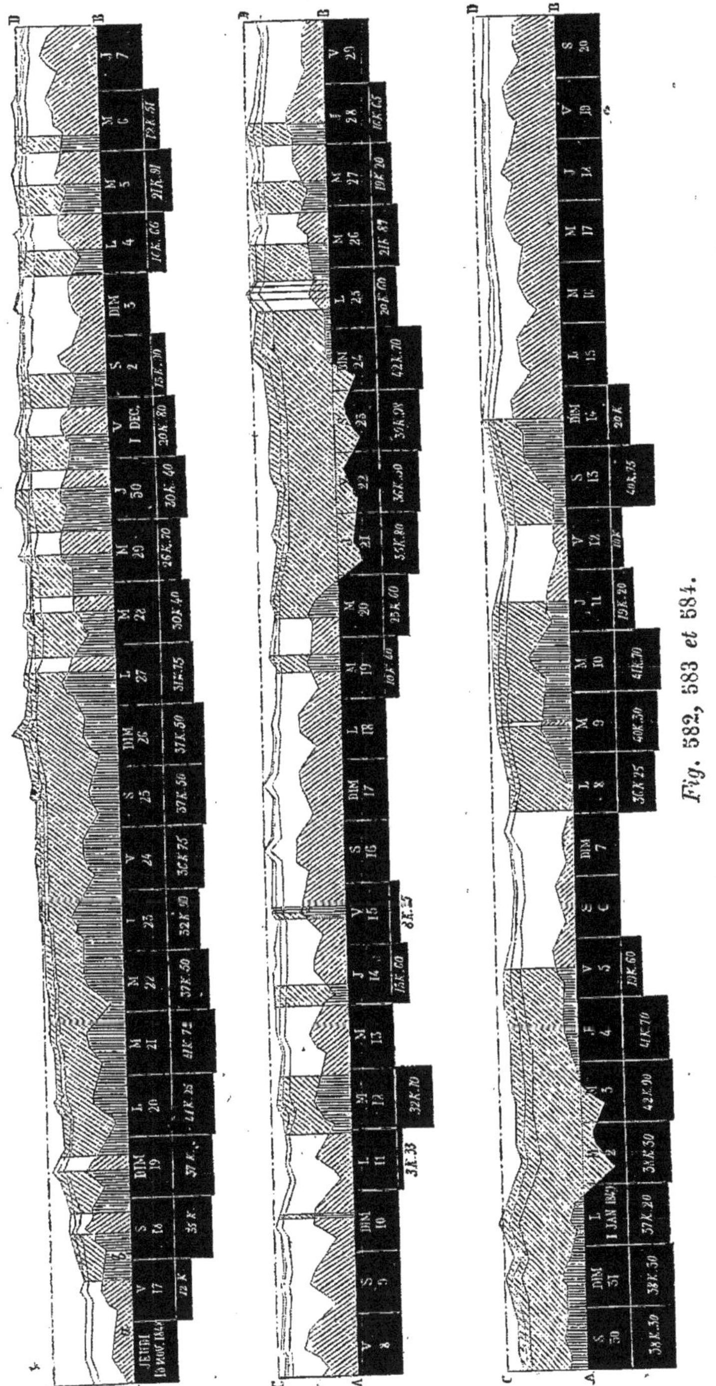

Fig. 582, 583 et 584.

Ainsi la consommation totale a été de 32170 kilogrammes en 63 jours, ou, en moyenne, de 510 kilogrammes par jour, du 17 novembre au 5 janvier.

Les températures ont été, en moyenne, de 12°2 à l'intérieur, de 4°5 à l'extérieur, et par conséquent l'excès moyen s'est trouvé environ de 8°; pour une température intérieure constante de 10°, et une température moyenne extérieure de 6°, et par conséquent un excès moyen de 4°, la consommation de combustible par jour deviendrait deux fois plus petite, c'est-à-dire de 255^k.

2333. *Calcul des effets produits par les différentes causes qui disséminent la chaleur.* — En partant de ce fait bien constaté que quand l'appareil produit son maximum d'effet la consommation de houille est de 40 kilogrammes par heure pour une différence de température de 16°, on peut comparer les quantités de chaleur produites à celles qui sont dissipées par les causes connues. Dans le cas dont il s'agit, la chaleur est dissipée : 1° par le tuyau à fumée ; 2° par la paroi du fourneau ; 3° par les canaux dans lesquels l'air est échauffé ; 4° par les murs et les vitraux ; 5° par l'écoulement de l'air chaud à travers les nombreux orifices des vitraux.

En assimilant la chaudière aux chaudières à vapeur, chaque kilogramme de houille produirait la quantité de chaleur correspondante à la vaporisation de 7 kilogammes d'eau déjà à 100°, c'est-à-dire 7.550 = 3850 calories ; la différence entre la puissance calorifique de la houille et ce chiffre représente la quantité de chaleur perdue par la cheminée et par les parois du fourneau. Ainsi, dans le cas dont il s'agit, la quantité de chaleur développée est 3850.40 = 154000.

La chaleur transmise par les vitres, d'après les nouvelles formules (livre VI), pour une hauteur de 4 mètres, et une différence de température de 16°, est de 40 unités, et, par conséquent, pour les 860 mètres de vitraux, la quantité totale de la chaleur transmise sera 40.860 = 34400.

On peut négliger la chaleur perdue dans les canaux de circulation des tuyaux à eau chaude et de l'air, parce que cette perte diminue rapidement avec la durée du chauffage, et qu'une partie de la chaleur qui pénètre la paroi des canaux rentre dans l'église par le sol.

2334. La chaleur transmise par les murailles pourrait se calculer facilement si on connaissait exactement leur surface et leur épaisseur ; mais les nombres qui se trouvent au commencement du mémoire de M. Pottier ne peuvent être qu'approximatifs. La surface totale des murailles exposées à l'air me semble devoir excéder le nombre indiqué, l'épaisseur moyenne doit dépasser $0^m 5$, et d'ailleurs on ne peut pas prendre une moyenne pour ces épaisseurs , parce que les quantités de chaleur qui traversent les murailles ne varient pas en raison inverse des épaisseurs (870). Mais on peut trouver une valeur approchée de la quantité de chaleur transmise par les murailles, après avoir déterminé le volume d'air de ventilation. D'après le mémoire, les températures intérieures et extérieures qui correspondaient au maximum d'effet étaient de 12° et de — 4°; l'air qui pénétrait dans les canaux de circulation des tuyaux à eau chaude, y arrivait à — 4° et en sortait à 38°, il y éprouvait donc un accroissement de température de 42° ; et comme la quantité de la chaleur absorbée par l'air représente la quantité de chaleur produite, en désignant par x le volume d'air appelé, on aura évidemment $x . 1,3 . 42 . 0,24 = 154000$; d'où l'on tire $x = 11882^{mc}$; cet air s'échappant par les fissures des vitres devait avoir la température du verre, qui, dans le cas que nous considérons, avait un excès de température de 8° sur l'air extérieur. La perte de chaleur par mètre cube était alors de $1,3 . 8 . 0,24 = 2,5$, et par suite la perte de chaleur par l'air sortant s'élevait à $11882 . 2,5 = 29705$. D'après cela, la perte de chaleur par les murailles était de $154000 — 34000 — 29705 = 90295$. Le volume d'air écoulé par seconde se trouvant de $3^{mc} 30$, et la somme totale des orifices libres des bouches de chaleur de $1^{mq} 93$, la vitesse d'écoulement était à peu près de 1^m.

2335. La quantité de chaleur émise par mètre carré et par heure, par les tuyaux pleins d'eau chaude placés dans les canaux parcourus par l'air qui s'échauffe, diffère complétement de ce qu'elle serait si les tuyaux étaient exposés à l'air libre. En effet, la chaleur émise par ces tuyaux, provient de la chaleur qu'ils communiquent directement à l'air, et de celle donnée à l'air par la surface du canal chauffée par leur rayonnement. Cette chaleur dépend certainement de la vitesse de l'air, et croît avec cette vitesse, suivant des lois inconnues , mais elle diffère peu de celle qui serait dégagée par le tuyau exposé à l'air libre, et dont la température serait égale à la température moyenne de l'air à son entrée et à sa sortie du canal. Dans le cas dont il s'agit, la quantité de chaleur qui s'échappe par les bouches est de 154000 unités ; la surface des tuyaux étant de 168 mètres carrés , la chaleur transmise par mètre carré est de $154000 : 168 = 933,3$, pour une température moyenne de l'air égale à $(4 + 38) : 2 = 21$, et un excès moyen de 111 — 21 = 90. Or, il résulte des formules qui ont été données dans le livre VI, que la quantité de chaleur perdue par un cylindre de fonte exposé à l'air, pour une différence de 90°, est égale à 466 pour la perte due au rayonnement , et à 340 pour celle qui provient du contact de l'air, en tout 806, nombre qui n'est pas trop en désaccord avec celui que nous venons de trouver.

Il est important de remarquer que le volume de l'église étant d'environ 32000 mètres cubes, et la ventilation étant d'à peu près 10000 mètres cubes par heure, l'air de l'église est totalement renouvelé huit fois par jour, et que l'air qu'elle contient suffirait à 3200 personnes , pendant une heure, à raison de 10 mètres cubes par personne.

Église Saint-Vincent de Paul.

2336. Les appareils de chauffage de cette église ont été construits par M. René-Duvoir ; j'en donnerai une description succincte.

Le sol de la nef centrale est garni , à son contour, d'un caniveau fermé par une grille de fonte à jour et renfermant des tuyaux dans lesquels circule de l'eau chaude ; ce caniveau a 0^m 60 de largeur. J'ai visité cette église un jour de la semaine et un dimanche de grande fête, lorsque la température extérieure était seulement de 2 degrés au-dessous de zéro ; partout la température était convenable et à peu près de 13 degrés.

La disposition adoptée présente un inconvénient qui paraît grave au premier abord : les chaises ne peuvent pas être placées sur les grilles du caniveau, du moins quand le chauffage est actif, parce que les grilles sont à une température trop élevée ; mais dans les jours de la semaine, il suffit de placer les chaises dans l'espace circonscrit par le caniveau, et pour les dimanches et les jours de fêtes, où l'affluence des fidèles est considérable, en suspendant le chauffage ces jours-là, les chaises peuvent être placées partout, et cette suspension ne diminue pas sensiblement la température, comme il est facile de le voir à cause de l'immense quantité de chaleur renfermée dans les murailles ; je m'en suis d'ailleurs assuré par l'examen des thermomètres. Par cette méthode, il n'y a point de ventilation forcée ; mais j'ai reconnu qu'un jour de grande fête où l'église était remplie et pouvait contenir environ 2,000 personnes, nulle part il n'y avait de mauvaise odeur appréciable ; ainsi il se faisait une ventilation naturelle par les joints des vitres et par les portes qui s'ouvrent si fréquemment ; d'ailleurs la grande masse d'air renfermée dans l'église concourait à son assainissement pendant la durée de l'office. Ce mode de chauffage permettrait facilement d'effectuer une ventilation, si on la supposait nécessaire; il suffirait, pour cela, d'établir sous le caniveau contenant les tuyaux à eau chaude , un canal communiquant avec l'extérieur et garni d'un grand nombre d'ouvertures s'ouvrant au-dessous des tuyaux ; il est évident que si la somme des fissures des vitraux ne présentait pas une surface suffisante, il faudrait ouvrir des orifices à la partie supérieure ou à une certaine hauteur.

Il résulte des expériences thermométriques faites dans cette église, un phénomène fort singulier : à partir d'une certaine hauteur, la température va en décroissant à mesure qu'on s'élève davantage ; ce phénomène résulte, sans aucun doute, de ce que la partie supérieure de l'église, n'étant pas séparée comme à l'ordinaire de la toiture par une voûte, l'air y éprouve un grand refroidissement et qu'il se manifeste des courants d'air froid descendants dans toute la surface de la grande nef.

L'eau chaude ne circule dans les tuyaux que dans un seul sens ; mais, pour obvier à l'influence du refroidissement qu'elle éprouve dans son trajet, le tuyau, vers la fin de la course, se divise en plusieurs qui présentent une plus grande surface ; il y aurait certainement de l'avantage à faire mouvoir l'eau en sens contraire, dans deux circuits placés dans le caniveau, car alors la somme des températures des tuyaux à chaque point du circuit serait sensiblement constante.

Le constructeur pense que ce mode de chauffage est plus économique que celui qui est employé dans les églises où le tuyau passe dans les caves, parce qu'il y a moins de chaleur transmise à travers le sol ; mais comme, dans la nouvelle disposition, il y a beaucoup de chaleur rayonnée contre les murailles, on ne pourrait résoudre la question qu'à l'aide d'expériences qui n'ont point été faites.

D'après des indications qui m'ont été données par le constructeur, pendant cinq jours du mois de mars 1853, la température moyenne de l'église a été à très-peu près égale à 14°, la température moyenne extérieure des cinq jours de 7°, et la consommation moyenne de combustible de 280 kilog. par jour.

Église Saint-Sulpice.

2337. En 1852, M. le curé de Saint-Sulpice pria M. le baron Thenard de présider une commission pour juger les différents projets de chauffage de son église qui avaient été présentés par plusieurs ingénieurs et constructeurs. La commission était composée de MM. Thenard, Regnault, Despretz, Seguier, membres de l'Institut, et moi. Trois concurrents présentaient des projets : M. Duvoir-Leblanc, M. René Duvoir et M. Grouvelle.

2338. Le projet de M. Duvoir-Leblanc consistait dans l'établissement de deux chaudières à eau chaude placées l'une près du centre de l'église, la seconde au-dessous de la chapelle de la Vierge. Le chauffage devait avoir lieu par de l'air échauffé contre des tuyaux à eau chaude et versé dans l'église par dix-sept bouches de chaleur distribuées au niveau du sol. Un poêle à eau chaude devait être placé dans la sacristie, et trois autres plus petits dans les salles qui en dépendent. Le devis s'élevait à 23,000 francs (non compris les frais d'installation, la construction de la cheminée à fumée, etc.) ; et le constructeur s'engageait à maintenir une température de 10° dans l'église, de 15° dans la sacristie et les salles qui en dépendent, moyennant une somme de 11 francs par jour, quand un seul des deux appareils fonctionnerait, et de 25 fr. quand les deux appareils seraient en activité, y compris les frais d'entretien.

2339. La maison René Duvoir avait présenté deux projets. Le premier consistait à chauffer le sol, recouvert en grande partie par des plaques de fonte, au moyen de tuyaux à eau chaude. La dépense d'établissement s'élevait à 43,368 francs, et le mémoire ne renfermait que des indications vagues sur la dépense de combustible. Le second projet consistait dans un chauffage à air chaud au moyen de calorifères à air. Le devis s'élevait à 28,532 francs et en outre à 8,777 fr. si on voulait chauffer la nef à l'eau chaude. Ces projets étaient accompagnés de dessins représentant tous les détails de construction.

2340. M. Grouvelle avait présenté trois projets. Le premier consistait en deux calorifères à air, formés de tuyaux parcourus par la fumée, l'air chaud était conduit par des tuyaux en terre cuite, environnés de matières conduisant mal la chaleur, à dix-huit bouches de chaleur situées au niveau du sol et convenablement distribuées sur la surface de l'église ; l'air appelé par les calorifères, pouvait être pris à volonté dans l'église et en dehors. Le devis s'élevait à 29,000 francs ; et pour maintenir une température constante de 15°, M. Grouvelle s'engageait à ne pas consommer plus de 600 kilog. de houille par jour. Le second projet ne différait du premier que par la forme des calorifères ; les tuyaux de fonte, au lieu d'être parcourus par la fumée, étaient parcourus par l'air, et le devis s'élevait seulement à 25,000 francs. Enfin dans le troisième projet les dispositions étaient les mêmes que dans les deux premiers, seulement l'air était échauffé sur des tuyaux à eau chaude, et les frais d'établissement s'élevaient à 36,000 francs. M. Grouvelle proposait d'ajouter à ce dernier projet une surface de fonte placée au milieu de la nef, à fleur du sol, de 28 mètres de longueur sur 0^m 85 de largeur, recouvrant un canal occupé en partie par un tuyau plein d'eau chaude replié sur lui-même ; la dépense de cette addition s'élevait à

1,600 fr. Tous ces projets étaient accompagnés de dessins très-détaillés.

2341. La commission a été d'avis que le projet de M. René Duvoir qui consistait à chauffer le sol est très-bon pour chauffer les pièces où l'on ne séjourne pas longtemps à la même place, comme la Bourse, les salles d'attente des chemins de fer ; mais pour une église, il paraît peu convenable. Pour que l'on puisse rester longtemps sur des plaques de fonte, il faut nécessairement que l'eau qui est au-dessous soit à une température peu élevée, car le refroidissement des plaques étant très-affaibli par les personnes qui les recouvrent, leur paroi extérieure acquerrait bientôt une température voisine de celle de l'eau. D'ailleurs elles ne chaufferaient l'église que quand elles ne seraient pas couvertes, c'est-à-dire quand il n'y aurait personne ; elles chaufferaient surtout les murailles par rayonnement, et la moitié seulement de la chaleur émise serait employée à chauffer l'air. Enfin, ce système n'avait point encore été essayé et on ne savait sur quelle base calculer la dépense de combustible. La commission a ensuite examiné les avantages et les inconvénients des deux systèmes de calorifères, et elle a considéré les calorifères à eau chaude comme préférables. Il n'y avait plus à hésiter qu'entre le projet de M. Duvoir-Leblanc, et le dernier de M. Grouvelle.

Voici les considérations qui ont motivé son choix.

2342. Le projet de M. Duvoir-Leblanc ne renferme aucun des détails nécessaires pour se rendre compte de l'efficacité et du prix de revient des appareils ; de plus, les conditions du prix demandé pour le chauffage donnent trop de latitude à l'entrepreneur, car le chauffeur pourra quand il le voudra, en diminuant la consommation de combustible dans un des foyers, allumer l'autre ; de pareilles conditions ne sont pas acceptables. Au contraire, le devis de M. Grouvelle est complet ; ses engagements sont nets et précis ; seulement il porte trop haut la température qui doit être maintenue dans l'église. D'après ces considérations, la commission a été d'avis d'admettre le projet de M. Grouvelle comme préférable aux autres, mais elle pense qu'un marché à forfait pour les appareils, l'entretien et le chauffage ne doit être fait qu'après l'examen des détails du devis et des frais de chauffage pour une température de 13 à 14° bien suffisante dans une église.

2343. L'avis de la commission n'a point été suivi, et le conseil de fabrique, dans lequel se trouvaient deux membres de la commission, partisans très-zélés de M. Duvoir-Leblanc, a adopté le projet de cet entrepreneur avec toutes ses conditions. Seulement, d'après un extrait des registres des délibérations du conseil de la fabrique de Saint-Sulpice, inséré dans une brochure de M. Boudin, médecin en chef de l'hôpital militaire du Roule, la condition de maintenir une température de 10° dans l'église, n'existe qu'autant que la température extérieure sera supérieure à 6°, le second appareil ne marchera que quand le chauffeur en recevra l'ordre, mais il devra marcher au moins 8 jours. Or, comme la température extérieure est au-dessous de 6° au moins 3 mois de l'année, décembre, janvier et février, soit 90 jours, et que le marché est fait pour 212 jours, il s'ensuit que le chauffage coûtera au moins $90.25 + 122.11 = 3582$, ou en moyenne 16 f. 90 par jour. Je n'ai pu me procurer aucun renseignement sur les résultats obtenus.

Observations générales sur le chauffage des églises.

2344. Il résulte des faits que j'ai rapportés, et de tous les renseignements que j'ai pu recueillir que le chauffage des églises s'effectue toujours par l'air chaud et dans aucun cas par la chaleur rayonnante. Ainsi c'est le mode de chauffage à l'air chaud qu'il faut admettre. De toutes les églises chauffées, je n'en connais qu'une seule, celle de Saint-Roch, dans laquelle il y ait une ventilation artificielle, et comme dans toutes les autres il ne paraît pas que cette absence d'une ventilation artificielle ait des inconvénients, on doit en conclure qu'elle n'est pas nécessaire, sans aucun doute, parce qu'il se produit toujours une ventilation naturelle par l'ouverture si fréquente des portes et les fissures des vitraux, et à cause du grand volume d'air renfermé dans l'enceinte, volume qui suffirait seul à l'assainissement pendant le petit nombre d'heures de la journée où l'église est remplie. Toutefois je pense qu'il est toujours utile de disposer l'appareil de manière à ce que l'air qui vient se chauffer dans le calorifère puisse à volonté être pris dans l'église ou en dehors. Cette disposition n'exige d'ailleurs qu'un faible accroissement de dépense.

2345. Quant à la nature du calorifère, il peut être à air brûlé, à eau chaude ou à vapeur; mais ces derniers exigent une surveillance particulière de la part du chauffeur : aussi ils ne sont jamais employés. Restent alors les deux premières espèces, qui ont chacune des avantages et des inconvénients qui leur sont propres. Les calorifères à air brûlé coûtent moins que ceux à eau chaude, parce qu'il n'y a qu'un seul système de surfaces de transmission ; la conduite du foyer ne demande que peu de soins si on se sert de foyers à alimentation continue ; la chaleur peut être aussi bien utilisée que dans les appareils à eau chaude ; et la perte dans les conduits est faible, si l'air est chauffé seulement de 40 à 50°, et si les tuyaux de conduite n'ont qu'une faible longueur, ce qui exige, du reste, que les calorifères soient assez nombreux. Les calorifères à eau chaude nécessitent plus de frais de premier établissement; les foyers, même sans alimentation continue, exigent moins de soins et de surveillance, et en plaçant les tuyaux d'aller et de retour dans le même conduit, l'air peut être échauffé à peu près à la même température sur une grande longueur; un seul foyer suffit pour les plus grandes églises, mais les pertes de chaleur par les surfaces des tuyaux de conduite de l'air peuvent être plus considérables que dans les calorifères à air brûlé, parce que les surfaces intérieures chauffées par le rayonnement des tuyaux sont à une température plus élevée. Ainsi les calorifères à eau chaude sont d'un usage un peu plus commode; mais ils coûtent davantage et n'utilisent pas aussi bien la chaleur que ceux à air brûlé, du moins quand ces derniers sont convenablement disposés.

2346. Voici maintenant la disposition qui me paraît la plus convenable à adopter. Je supposerai d'abord que le calorifère est à eau chaude. Un canal en briques serait placé au-dessous de l'axe de la nef centrale; il renfermerait les petits tuyaux de circulation de l'eau chaude; à sa partie supérieure se trouverait un certain nombre d'espèces de puits cylindriques fermés à la partie supérieure et au niveau du sol par des grilles de fonte à jour; chacun de ces puits renfermerait un poêle à eau chaude. Dans les axes des nefs latérales, se trouverait un même nombre de puits, fermés de la même manière, à fleur du sol, par des plaques de même section; au-dessous existeraient des canaux horizontaux, venant aboutir au canal central et renfermant les tuyaux de circulation. Par cette disposition, l'air chaud s'élèverait par la partie centrale de l'église et descendrait par les faces latérales, pour s'échauffer de nouveau en passant autour des poêles. Les tuyaux horizontaux de retour d'air devraient être pourvus de registres, de manière à pouvoir amener à volonté dans le canal central de l'air extérieur ou de l'air pris dans l'église. On pourrait remplacer les poêles par de gros tuyaux d'aller et de retour placés dans le canal central; la dépense de premier établissement serait plus faible, et le chauffage plus régulier; mais il y aurait probablement plus de perte de chaleur par les parois du canal, qui renfermerait de l'air à une plus haute température et dont la surface intérieure serait plus échauffée par le rayonnement de ces gros tuyaux que par celui des petits tuyaux qui établissent la circulation dans les poêles.

Le chauffage sans ventilation aurait lieu la nuit, le matin et le soir, quand l'église n'est pas occupée, et avec ventilation le reste du temps ; les orifices des vitraux, ceux qui existent toujours dans la voûte, sans compter les ouvertures si fréquentes des portes, seraient bien suffisants pour faire sortir l'air chaud lancé par le calorifère.

2347. Si les calorifères étaient à air brûlé, il faudrait en établir plusieurs au-dessous de l'axe de la nef centrale ; chacun enverrait l'air chaud dans des caniveaux suspendus à la voûte des caves, et le verserait par des ouvertures disposées de la même manière que quand le calorifère est à eau chaude ; les retours d'air des bas côtés se feraient comme dans le premier cas, ainsi que les appels directs d'air extérieur. Les tuyaux à fumée pourraient être placés dans les canaux destinés à conduire l'air brûlé à la cheminée.

2348. Pour déterminer les dimensions des différentes parties de l'appareil, il faut connaître, au moins approximativement, la quantité de chaleur à fournir à l'église pour compenser les pertes par les vitres et les murailles : c'est un calcul qui ne présente aucune difficulté. Je prendrai pour exemple l'église de Saint-Sulpice, dont toutes les dimensions ont été mesurées par M. Grouvelle pour l'établissement de son projet, en prenant pour les pertes de chaleur par heure celles qui résultent des formules du livre VI, et en supposant la température intérieure de 10° et la température extérieure de 6°, moyenne de la saison d'hiver.

Pertes par les surfaces des vitres..............	$1132^m \times 10 = 11320$
Pertes par les murs de la façade, de 2^m d'épaisseur.....................................	$805^m \times 2,14 = 1706$
Pertes par les murs du pourtour des chapelles, de 1^m 20 d'épaisseur.........................	$2948^m \times 2,98 = 8785$
Pertes par les murs de la nef, de 0^m 80 d'épaisseur.....................................	$3865^m \times 3,44 = 13295$
Pertes par les toits des chapelles et de la galerie de côté, de 0^m 70 d'épaisseur..............	$2805^m \times 3,62 = 10154$
	$\overline{\qquad\qquad}$
	45260^c

2349. Dans les plus grands froids, lorsque l'eau sera chauffée à la plus haute température, on ne peut pas compter sur un effet utile du combustible supérieur à celui qu'on obtient dans les générateurs qui produisent 7 kilog. de vapeur, c'est-à-dire sur plus de 4000 calories ; mais, comme on peut toujours utiliser une partie de la chaleur perdue pour chauffer de l'air qui serait versé dans l'église, et que, au commencement et à la fin de la saison du chauffage, l'eau est beaucoup moins échauffée, on peut sans aucun doute obtenir de 5 à 6000 calories. En comptant seulement sur 5000, la consommation moyenne par heure serait de $9^k 05$, et par jour moyen de 217 kilogr. A cette dépense il faut ajouter celle qui résulte de la ventilation naturelle qui se produit par l'ouverture si fréquente des portes, les fissures des fenêtres et les ouvertures de la voûte à travers lesquelles passent les cordes de suspension des lustres. Quand les portes sont doubles et assez espacées pour que l'une d'elles soit constamment fermée, la ventilation naturelle se réduit à peu près à celle qui se produit par les fissures des vitres situées à différentes hauteurs et par les orifices de la voûte ; mais elle peut varier dans des limites très-étendues, suivant le nombre et les dimensions des joints et des ouvertures, et à ce sujet on ne peut faire que des suppositions très-vagues. La ventilation par appel, qui a été observée à Saint-Roch pour une température extérieure de — 4° et une température intérieure de 12°, c'est-à-dire pour un excès de température de 16°, était, comme nous l'avons vu, d'environ 11,000 mètres cubes d'air par heure, et cet air sortait par tous les orifices libres ; la ventilation naturelle aurait été beaucoup plus faible, parce que les orifices se seraient partagés en deux parties, les uns pour l'accès, les autres pour la sortie. Du reste, cette ventilation eût été d'autant plus grande que la température extérieure eût été plus basse. En la supposant moyennement de 10,000 mètres cubes d'air par heure, supposition très-exagérée, si les précautions convenables ont été prises, la quantité correspondante de chaleur perdue serait par heure de 3120^c, et par jour de 74800 qui correspondent à peu près à 15 kilog. de houille. Ainsi, la dépense moyenne par jour s'élèverait à $217 + 15 = 232$ kilog. Mais, comme l'appareil devrait suffire au maintien de la température pendant les grands froids, qui dans notre climat se font sentir rarement pendant plusieurs jours consécutifs, la surface de la chaudière et celle des tuyaux de chauffage devraient être calculées pour une consommation correspondant à un excès de température de $10 — (— 6) = 16$, c'est-à-dire de $4 \cdot 232 = 928^k$ par jour, ou par heure de $38^k 66$; en comptant sur 40 kilog., il faudrait donner à la chaudière 17 à 18 mètres carrés. Quant aux surfaces des tuyaux ou des poêles à eau chaude, comme la consommation de combustible est la même que celle qui a été observée à Saint-Roch pour le même excès de température, en supposant l'excès de pression de 2 atmosphères, la température moyenne dans le circuit serait également de 111° ; mais la température moyenne de l'air serait de $(10 + 38) : 2 = 24$; l'excès de la température de l'eau sur celle de l'air, de $111 — 24 = 87$; chaque mètre carré transmettrait à peu près $933 \cdot 87 : 90 = 902^c$; et comme il y a environ 160,000 unités de chaleur à transmettre, on devrait compter à peu près sur 180 mètres carrés de surface de transmission. Il faudrait, comme à Saint-Roch, 3 ou 4 mètres de différence de niveau. Quant aux orifices d'accès et de sortie, pour que l'air n'eût pas une trop grande vitesse il conviendrait de donner à la somme des orifices libres d'accès et de sortie et aux tuyaux de retour à peu près 3 mètres de section, ce qui correspond à peu près à une vitesse de 1 mètre.

2350. Si les calorifères étaient à air brûlé, on pourrait compter sur une quantité de chaleur transmise par mètre carré et par heure au moins égale à 3000 calories.

Dans tous ces calculs nous avons négligé les pertes de chaleur par la voûte et par le sol, mais elles sont très-faibles.

CHAPITRE V.

CHAUFFAGE ET ASSAINISSEMENT DES PRISONS.

Suivant mon usage, je parlerai d'abord des dispositions qui ont été employées, je donnerai les résultats des expériences qui ont été faites, et j'indiquerai ensuite les dispositions qui me paraissent préférables dans les différents cas.

Prison Mazas.

2351. En 1843, une commission fut nommée par M. le préfet de la Seine pour examiner des projets de chauffage et de ventilation de cette prison cellulaire, présentés par M. Grouvelle et par M. Léon Duvoir-Leblanc. Cette commission était composée de M. Arago, président, de MM. Gay-Lussac, Pouillet, Dumas, Boussingault, Andral, membres de l'Académie des Sciences ; Péclet, Félix Leblanc ; Bouvattier, Grillon, Marcellot, membres du conseil général de la Seine ; Durand et Jay, membres de la commission d'architecture de la ville de Paris ; Lecointe et Gilbert, architectes de la nouvelle prison ; Mastrelle, chef de division ; et Darié, chef du bureau des travaux de la ville de Paris.

Une sous-commission, composée de MM. Dumas, Boussingault, Andral, Péclet et Leblanc, fut chargée d'étudier les modes de ventilation et de vidange qu'il serait le plus convenable d'employer, et de déterminer par l'expérience le volume d'air qui devait être fourni par heure à chaque détenu. Une autre sous-commission, composée de

MM. Boussingault, Péclet et Leblanc, avait pour mission d'examiner les projets de chauffage et de ventilation présentés par les deux concurrents.

2352. A l'époque de la nomination de la commission, les constructions de la prison Mazas n'étaient point terminées. D'après les plans en voie d'exécution, ils consistaient en six bâtiments rayonnant autour d'un centre commun, comprenant ensemble à peu près les deux tiers de la circonférence, et enveloppés par un mur d'enceinte ; chaque bâtiment devait être divisé en deux parties, par un grand corridor ayant la même longueur et s'élevant jusqu'au toit ; chaque aile devait renfermer trois étages de cellules, y compris celles du rez-de-chaussée ; celles du premier et du second étage étaient desservies par un balcon. Le bâtiment destiné à l'administration devait être placé dans l'angle formé par le premier et le sixième bâtiment de la prison. Cette description succincte est suffisante pour faire comprendre les principes des projets présentés par les concurrents.

2353. Le projet de M. Grouvelle a été adopté et exécuté. Ses appareils fonctionnent depuis 1850. Je pourrais me borner à parler de ce projet, mais comme le procédé de M. Léon Duvoir-Leblanc a été appliqué aux prisons cellulaires de Senlis, Tours, Saint-Quentin, Château-Thierry et Copenhague, et qu'il s'agit d'une question sanitaire s'appliquant à des malheureux qui ne peuvent pas se plaindre, je saisis l'occasion de le discuter, puisque c'est une commission offrant toutes les garanties d'impartialité qui a prononcé sur le mérite relatif des systèmes. Cet examen offre d'autant plus d'intérêt que le projet de M. Duvoir-Leblanc avait été admis par la commission d'architecture.

EXTRAIT DU RAPPORT DE LA SOUS-COMMISSION CHARGÉE DE L'EXAMEN DES PROJETS.

2354. « La commission nommée par M. le préfet de la Seine, à l'effet d'étudier les questions que soulèvent le chauffage et la ventilation de la nouvelle maison d'arrêt destinée à remplacer la prison actuelle de la Force, nous a chargés, M. Boussingault, M. Leblanc et moi, d'examiner deux projets de chauffage et de ventilation, applicables à cette nouvelle prison ; l'un de ces projets a été présenté par M. Grouvelle, ingénieur civil ; il a reçu l'approbation de MM. les architectes de la prison, et, ensuite, celle du conseil général. Le second projet, présenté postérieurement par M. Léon Duvoir, fumiste, a été admis à concourir avec le premier, et a été l'objet d'un rapport favorable de la part de la commission d'architecture. Nous nous sommes livrés à une étude attentive de ces projets, en examinant successivement tous les plans, notes et devis présentés par les auteurs ; nous avons également pris connaissance des pièces de la correspondance que nous avons trouvées au dossier, et des rapports présentés sur la même question.

« En outre, nous avons eu, avec chaque auteur de projet, des conférences où nous avons sollicité tous les renseignements de nature à nous éclairer, et à établir notre conviction sur la valeur relative des deux projets soumis à notre examen ; nous venons aujourd'hui rendre compte du résultat de notre travail.

« Nous commencerons par présenter la description de chacun des systèmes proposés ; cette première partie de notre rapport sera suivie des observations qui nous ont été suggérées par l'examen de chaque système, et qui serviront de base à nos conclusions.

Description du système de chauffage et de ventilation proposé par M. Léon Duvoir.

2355. *Chauffage* (1). — « Le système de chauffage de M. Léon Duvoir repose sur le principe de la circulation d'eau chaude, comme tous les appareils établis par ce constructeur. La pression de la chaudière pourra atteindre deux atmosphères.

« Les appareils de chauffage de M. Duvoir consistent en six chaudières de son invention, nommées par lui *appareils hydropyrotechniques* ; ces appareils sont placés dans les caves de la rotonde du bâtiment ; chaque chaudière est destinée à chauffer l'une des six ailes de bâtiment cellulaires à trois étages, qui composent la prison ; une septième chaudière est destinée au chauffage du bâtiment de l'administration.

2356. « La totalité des cellules de chaque corps de bâtiment est chauffée par l'air puisé dans le corridor qui règne le long des doubles rangées de cellules ; ce vaste corridor sert ainsi de réservoir d'air chaud, destiné à alimenter les cellules. Pour le chauffage, M. Duvoir a disposé dans un canal sous le sol du corridor et dans toute sa longueur, huit appareils équidistants, qu'il nomme *poêles à eau chaude* ; ceux-ci communiquent entre eux par des tuyaux de fonte livrant passage à l'eau de circulation qui part du sommet de la chaudière pour y revenir refroidie à sa partie inférieure ; ces appareils sont desservis

____

(1) M. Duvoir a successivement présenté trois projets : dans tous, le mode de chauffage des bâtiments est identiquement le même ; nous ne les passerons en revue qu'en exposant le système de ventilation.

par une même chaudière ; la température de l'eau sera portée à un degré qui dépendra de la température extérieure et du volume d'air de ventilation à fournir. L'air appelé par des ouvertures, communiquant avec l'extérieur, pénètre dans le canal qui règne sous le corridor, s'échauffe par son contact avec les tuyaux et les poêles à eau, et se répand dans l'enceinte par huit bouches de chaleur dont la position correspond à celle des huit poêles. L'air du corridor ainsi échauffé est ensuite versé dans les cellules par un moyen d'appel dont nous rendons compte plus bas. Comme, à raison du mode de chauffage de l'air dans les corridors, il ne saurait régner dans cette enceinte une température uniforme, M. Duvoir a muni chacune des cellules du rez-de-chaussée d'une bouche spéciale de chaleur communiquant avec le canal d'air chaud du corridor.

2357. « Quant à la rotonde, elle est en partie chauffée par la fumée des calorifères qui passe sous des plaques de fonte placées au pourtour de cette pièce ; le courant d'air circulant autour des conduits de fumée s'échauffe et se répand dans la pièce par plusieurs bouches de chaleur ; de plus, un poêle à eau chaude occupe le centre de cette rotonde. Les autres salles du rez-de-chaussée sont chauffées par des poêles à eau chaude et des bouches de chaleur, émettant de l'air chauffé au contact des tuyaux à circulation.

2358. *Ventilation d'hiver.* — « Les trois projets successivement présentés par M. Duvoir, offrent beaucoup de dispositions communes et ne diffèrent que par les moyens employés pour déterminer l'appel général de l'air de ventilation. Dans chacun de ces projets l'expulsion de l'air des cellules et salles du rez-de-chaussée, a lieu au niveau du sol par des conduits qui se rendent sous les grilles des foyers des chaudières ; l'évacuation de l'air des cellules des étages supérieurs, au contraire, a lieu par le haut ; à cet effet, il existe dans chaque cellule une cheminée verticale à section carrée de 0^m 12 de côté ; toutes ces cheminées viennent se rendre individuellement dans une série de tuyaux circulaires en tôle de 0^m 13 de diamètre et qui courent horizontalement à la partie supérieure du bâtiment pour aboutir aux cheminées chargées de déterminer l'aspiration générale.

2359. *Mode d'appel général.* — 1er *projet.* — « Le premier projet, présenté en 1841 par M. Duvoir, n'offre qu'une seule cheminée par corps de bâtiment ; cette cheminée, placée vers l'une des extrémités de l'aile du bâtiment, et qui reçoit les fumées des foyers des chaudières placées dans les caves, est seule chargée de déterminer l'appel de l'air des cellules des étages supérieurs, en vertu de la température qu'y entretiennent les produits de la combustion ; deux rampants communiquant avec cette cheminée reçoivent chacun les tuyaux correspondant à la double série des cellules de chaque côté du couloir.

2360. *2ᵉ projet.* — « Dans le deuxième projet, la ventilation des cellules du 1ᵉʳ et du 2ᵉ étage de chaque bâtiment, a lieu par deux cheminées de 4ᵐ 50 de hauteur placées sur les combles, et indépendantes de la cheminée servant à l'appel des fumées du calorifère. Chaque cheminée renferme un réservoir à eau chaude dont la surface de chauffe est de 66 mètres carrés. L'air, échauffé par le contact de cet appareil, entretient dans cette cheminée une température assez élevée pour déterminer une aspiration active de l'air des cellules. Les tuyaux communiquant avec les cheminées des cellules et qui courent horizontalement dans les combles, vont aboutir dans une gaîne annulaire qui entoure le réservoir à eau chaude ; ces tuyaux de tôle sont munis de clefs, de façon à pouvoir intercepter la ventilation et arrêter le chauffage des parties inoccupées du bâtiment. Dans ce projet, M. Duvoir comptait chauffer les poêles à eau qui se trouvent dans les cheminées d'appel au moyen de la chaudière placée dans la cave. L'eau de circulation dirigée vers la partie supérieure du bâtiment revenait à la chaudière après avoir traversé les deux poêles de ventilation et être redescendue dans les tuyaux et poêles régnant sous le couloir du rez-de-chaussée.

2361. *3ᵉ projet.* — « Le troisième et dernier projet de M. Duvoir ne diffère du précédent que par l'établissement, dans les combles, d'un foyer spécial pour chauffer chaque poêle à eau. Cette disposition abaisse de 30,000 fr. le devis du deuxième projet.

2362. *Circulation de l'air dans les cellules.* — « Voici maintenant quelques détails sur le mode d'introduction et de sortie de l'air pour le chauffage et la ventilation des cellules du premier et du second étage, dans le système conçu par M. Duvoir, système qu'il regarde comme très-avantageux. L'air chaud du couloir est introduit dans la cellule par la partie supérieure, en passant sous l'un des balcons ; une double issue est ménagée pour l'évacuation de l'air, qui se fait par le bas de la cellule. Une partie de l'air, court d'abord horizontalement sous le sol de la cellule et pénètre dans la caisse qui contient le vase de nuit, l'enveloppe et s'échappe par une cheminée verticale aboutissant par une conduite horizontale à la gaîne générale d'appel. La seconde issue ménagée à l'air de sortie est un orifice voisin du premier ; l'air, après avoir parcouru un petit canal horizontal sous le sol de la cellule, est versé dans le corridor au-dessous de l'un des balcons; la surface des deux orifices de sortie de l'air est égale à la section de l'orifice d'admission. Ainsi, il y aurait, suivant M. Duvoir, une circulation d'air continue du couloir dans les cellules et des cellules dans le couloir; cette circulation aurait lieu en vertu de la différence de température de l'air dans le couloir et dans les cellules, et en vertu de l'appel déterminé par les cheminées. Ainsi que nous l'avons déjà dit, la ventilation des rez-de-chaussée, couloirs, cellules, rotondes, etc., a lieu en totalité par les cendriers des appareils de chauffage placés dans la cave; l'air, appelé des cellules, circule également autour du vase de nuit, avant de s'échapper par un conduit partant du sol et se rendant sous les foyers des caves; la cheminée verticale de la cellule est condamnée pendant l'hiver.

2363. *Cabinet de vidange.* — « A chaque étage des cellules se trouve un cabinet de vidange placé à l'extrémité du couloir; les vases de nuit sont vidés dans un conduit répondant, par son extrémité inférieure, à une tonne placée au rez-de-chaussée, où les déjections viennent s'accumuler; ce cabinet est divisé en deux compartiments munis chacun d'une porte; à la partie supérieure une prise d'air extérieur a été ménagée. L'air aspiré descend d'abord, par l'entonnoir correspondant à chaque étage, au conduit de vidange; puis il remonte presque immédiatement dans une cheminée d'appel où un tirage énergique est déterminé par le tuyau à eau chaude qui se dirige vers les combles.

2364. *Ventilation d'été.* — La ventilation des couloirs aura lieu par un appel qui s'établira à la partie supérieure en ouvrant plusieurs orifices dont les sections réunies auront 1 mètre carré 39; ces ouvertures restent fermées pendant l'hiver; en ouvrant deux lucarnes à droite et à gauche de chaque ouverture, il y aura appel énergique, suivant M. Duvoir, l'air du grenier étant très-échauffé.

« L'appel de l'air extérieur aura lieu par des tuyaux en zinc ou en maçonnerie placés dans l'intérieur des caves, et débouchant dans le canal longitudinal du corridor.

2365. M. Duvoir propose d'entourer, au besoin, ces conduits de glace pour rafraîchir convenablement l'air d'admission. L'air de ventilation pénétrera du corridor dans les cellules par le bas; la sortie de l'air a lieu, pour toutes les cellules sans exception, par les cheminées verticales aboutissant dans les combles, et qui, au rez-de-chaussée, sont bouchées pendant l'hiver, lors de l'appel par le foyer. Les conduits qui se rendent sous le cendrier sont, au contraire, bouchés pendant l'été, ainsi que les orifices supérieurs communiquant avec le corridor. Les réservoirs d'eau chaude, placés dans les cheminées, déterminent l'appel général. Ainsi que nous l'avons déjà dit, suivant le deuxième projet de M. Duvoir, cette eau est chauffée par un tuyau ascensionnel partant du calorifère. Dans le troisième projet, les communications de ces poêles avec les calorifères des caves sont supprimées, et chaque réservoir est chauffé par un foyer spécial placé dans les combles. On charge d'un seul coup tout le combustible destiné à chauffer l'eau du poêle qui produit la ventilation.

« Tel est le système de chauffage et de ventilation proposé par M. Duvoir.

2366. *Frais d'établissement des appareils.* — « Le devis du premier projet s'élevait à la somme de 150,000 fr.; le second projet s'élève à 223,434 fr.; enfin, d'après le troisième projet, M. Duvoir s'engage à établir ses appareils pour la somme de 193,434 fr.

« Le chauffage aurait lieu pendant sept mois de l'année ; les calorifères ne seraient allumés que pendant douze heures : durant la nuit, le chauffage et la ventilation continueraient à raison de l'excès de température que l'eau conservera longtemps après la cessation du feu.

2367. *Prix du chauffage et de la ventilation.* — « M. Léon Duvoir s'engage à entretenir le chauffage et la ventilation pendant douze ans, aux conditions suivantes :

2368. *Chauffage et ventilation d'hiver.* — « Pendant le jour, la quantité d'air appelé par heure sera de 129,000 mètres cubes (ce qui correspond à une ventilation de 50 mètres cubes par cellule et par heure). Cet air sera maintenu à la température de 15° dans les cellules ; la nuit, après la cessation du feu, la ventilation sera réduite de moitié, suivant M. Duvoir.

« La dépense par vingt-quatre heures, tant pour le chauffage que pour la ventilation, sera de 78 fr. Si l'on voulait diminuer la ventilation, la réduction dans le prix de revient correspondrait à 0 fr. 03 c. par 1,000 mètres cubes d'air, chauffé à 15°.

« Le prix de la ventilation d'été, y compris l'air amené par les tuyaux des caves, sera de 0ᶠʳ. 01 par 1,000 mètres cubes d'air appelé ; en conséquence, la ventilation, à raison de 120,000 mètres cubes par heure, coûterait 23 fr.

« Le prix d'entretien des appareils pendant les douze années est de 500 fr. pour le premier projet et de 500 fr. pour le second.

2369. *Nouvelles propositions de M. Duvoir.* — « Dans le but d'éviter tout malentendu, nous avons cru devoir donner lecture à M. Duvoir de la partie de ce rapport qui comprend la description de son système de chauffage et de ventilation.

« Ce constructeur nous a alors déclaré que, outre les dispositions énoncées dans ses notes et devis, il avait encore deux autres systèmes de chauffage des cellules dont il n'a encore donné qu'une simple communication verbale. La première modification consisterait à chauffer directement les cellules du rez-de-chaussée et des étages supérieurs par les conduits pratiqués dans l'épaisseur des murs, et partant du canal qui existe au sol du corridor ; dans ce système, toute communication d'air avec le corridor serait supprimée. La seconde modification consisterait à chauffer directement les cellules par le moyen que nous venons d'indiquer, et ensuite le corridor par la circulation de l'air venant des cellules.

2370. *Observations sur le projet de M. Léon Duvoir.* — « En jetant les yeux sur l'ensemble des projets de M. Duvoir, la commission sera frappée de leur complication. En effet, les cellules du rez-de-chaussée sont chauffées directement par des courants d'air chaud partis des poêles, et, en même temps, par l'air des corridors, tandis que celles du premier et du deuxième étage sont chauffées seulement par la circulation de l'air des corridors. Les cellules du rez-de-chaussée, ainsi que les couloirs, sont ventilées par les foyers des fourneaux, et les autres cellules par des cheminées d'appel spéciales chauffées par des poêles à eau chaude. L'été, la ventilation des cellules du rez-de-chaussée est différente de celle d'hiver ; elle s'effectue par de petites cheminées, qui sont bouchées quand l'appel de l'air a lieu par le retour au foyer.

« Cette complication a rendu le travail de la commission difficile ; car il était de son devoir de s'assurer si un projet ainsi conçu permettrait d'obtenir dans les cellules une température et une ventilation bien uniformes. Nous avons donc été forcés de discuter une à une toutes les propositions, très-variées du reste, de M. Léon Duvoir.

2371. « Le chauffage préalable des corridors, et certainement à une plus haute température que les cellules, nous paraît une mauvaise disposition ; car les corridors qui ne servent que de passage aux gardiens, n'ont pas besoin d'être aussi bien chauffés que les cellules, d'autant plus que la déperdition de la chaleur par la voûte, et par les grands vitraux qui la ferment, serait considérable.

« Le chauffage direct des corridors par des poêles placés au-dessous du sol établira nécessairement une température croissante de bas en haut, et le chauffage des cellules par la circulation de l'air des corridors produira au même niveau une différence de température qu'il est impossible d'estimer d'avance. M. Duvoir assure que l'accroissement de température du corridor n'atteindra pas 4° ; mais cette différence porterait déjà à 19° la température de l'air à la hauteur des plafonds du deuxième étage. M. Duvoir prétend aussi que la différence de température entre l'air des cellules et l'air du corridor ne sera que de 2°, parce qu'il augmentera le nombre et l'étendue des orifices de communication, pour que le chauffage des cellules ait lieu pour cette petite différence de température. Mais les dimensions de ces orifices doivent être déterminées avant la construction des cellules, et nous ne savons sur quelles bases on peut fonder les calculs.

« Ce mode de circulation de l'air du corridor dans les cellules, et des cellules dans le corridor, aurait l'inconvénient de remettre l'air vicié en circulation, d'exiger une plus grande ventilation pour l'assainissement, et de permettre à un détenu d'infecter à volonté tout son quartier.

2372. « Quant au nouveau projet de chauffage direct des cellules par des courants d'air chaud émanant des poêles, et s'élevant à travers les murailles, projet dont M. Duvoir nous a donné communication verbale, mais dont nous ne trouvons aucune trace dans les documents qui nous ont été remis, il produirait sans aucun doute une grande inégalité de température dans les cellules des différents étages. Il en serait de même d'un troisième mode de chauffage, dont il n'est pas plus question que du précédent et qui consisterait à chauffer les cellules, comme nous venons de le dire, et à chauffer ensuite les couloirs par l'air des cellules.

« En mettant à part les inconvénients que nous venons de signaler, le mode de chauffage adopté par M. Duvoir nous paraît moins avantageux que celui dans lequel l'air de ventilation débouche par un seul orifice pratiqué dans le sol, parce que cette dernière disposition permet aux détenus de se chauffer les pieds dans le courant d'air chaud.

2373. « Dans le premier projet présenté par M. Duvoir, la sortie de l'air des cellules s'effectue par des tuyaux qui vont aboutir près de la partie supérieure des cheminées des fourneaux. Cette disposition produirait évidemment des effets si faibles et si variables, qu'il n'est pas nécessaire d'insister sur son insuffisance. Dans le troisième projet, la ventilation des cellules du premier et du deuxième étage s'effectue par douze cheminées qui partent des combles, dans lesquelles aboutissent les tuyaux de sortie de l'air des cellules, et qui renferment chacune un poêle à eau chaude, chauffé par un foyer intérieur. Cette disposition, dans laquelle il y a dix-huit foyers à entretenir, dont douze dans des greniers qui ne communiquent pas entre eux, exigerait trop de soins, trop de surveillance, et présenterait trop de chances d'incendie pour être admise.

2374. « Enfin, le deuxième projet, le seul qui nous paraisse mériter d'être examiné, ne.diffère du troisième que par le mode de chauffage des poêles. L'eau qu'il renferme est chauffée par les chaudières qui se trouvent dans les caves de la rotonde. Dans ce projet, comme dans le troisième, la ventilation des cellules du rez-de-chaussée et de ses couloirs a lieu par les foyers des fourneaux, et celle des autres étages par des cheminées renfermant des poêles à eau chaude. Nous examinerons successivement ces deux modes d'appel.

2375. *Appel par les poêles à eau chaude* — « L'appel de l'air par des poêles à eau chaude placés dans les cheminées a l'avantage incontestable de produire une grande régularité dans le tirage, quand l'eau est maintenue à une température à peu près constante, et de prolonger le tirage après l'extinction des foyers, mais avec une activité qui diminue avec la température de l'eau. Dans les cheminées d'appel chauffées directement par un foyer alimenté des mêmes quantités de combustible à des intervalles égaux, il y a certainement des variations de tirage qui se reproduisent périodiquement ; mais ces variations sont peu considérables, car la vitesse de l'air appelé n'éprouve que des changements assez faibles, pour des différences de température même considérables dans la cheminée. D'ailleurs ces variations sont sans importance, car jamais la quantité de ventilation n'est déterminée avec assez de précision pour qu'une variation, même considérable, mais périodique, puisse avoir de l'influence sur la santé.

2376. « Quant à la continuité du chauffage pendant la nuit, que présentent les poêles à eau chaude, on peut l'obtenir dans les cheminées d'appel ordinaires , en chargeant les foyers pour sept à huit heures.

« Ainsi , les poêles à eau chaude n'ont d'autre avantage sur les foyers d'appel ordinaires, que d'exiger moins de soins, et ils ont l'inconvénient d'exiger de très-grandes surfaces de chauffe. Pour l'appel de l'air de ventilation des cellules du premier et du deuxième étage, dans le système de M. Duvoir, il faut au moins 800 mètres carrés de surface de chauffe, sans comprendre les chaudières destinées au chauffage de l'eau et des tuyaux de conduite : c'est en effet la surface que nous trouvons dans le projet de ce constructeur. Le prix de ces poêles, avec les tuyaux de circulation et les cheminées, s'élève, dans le devis, à 36,000 fr., somme à laquelle il faudrait ajouter le prix des chaudières destinées au chauffage de l'eau. Nous trouvons que l'avantage que présente ce mode de ventilation est payé trop cher.

2377. « D'ailleurs, dans la disposition adoptée par M. Duvoir, la chaleur serait moins bien utilisée que dans une cheminée d'appel ayant un foyer spécial, et parce qu'il y a nécessairement une perte de chaleur dans le trajet de l'eau chaude des chaudières aux poêles et des poêles aux chaudières, et parce que les cheminées, partant des combles, ne peuvent avoir qu'une petite hauteur. A la vérité, l'emploi d'une cheminée d'appel unique obligerait à faire descendre l'air ; mais la perte serait bien plus que compensée par la hauteur qu'on pourrait donner à la cheminée, et par l'excès de température que l'air y prendrait.

2378. « Nous ajouterons que les avantages que pourraient présenter les poêles à eau chaude ne sont pas réalisés dans le projet de M. Duvoir ; car l'eau chaude, en sortant des chaudières, passe d'abord dans les poêles des cheminées, et ensuite dans les poêles placés au-dessous du sol des couloirs ; par conséquent, la température dans tous les poêles variera dans le même sens, et par suite la ventilation sera très-grande quand il fera très-froid, et sera faible dans le cas contraire. Cette observation a été communiquée à M. Duvoir, qui nous a répondu qu'il y avait dans les caves une chaudière supplémentaire destinée à la ventilation d'été, et qui servait l'hiver à augmenter la température des poêles des cheminées, quand cela est nécessaire ; mais nous n'avons trouvé aucune indication de cette chaudière, ni dans les plans, ni dans le devis. Il y a bien une septième chaudière, mais elle est destinée au chauffage de l'administration.

2379. *Appel par les foyers des chaudières.* — « Quant à la ventilation des cellules du rez-de-chaussée par les cendriers des fourneaux, ce mode de tirage ne présente qu'une très-faible économie, qui correspond seulement à 20 mètres cubes d'air par kilogramme de houille brûlée ; tout l'air appelé en outre exige autant de chaleur pour être chauffé que s'il était appelé par un foyer spécial. Mais cette disposition a le grand inconvénient de produire par un même foyer le chauffage et la ventilation, et par conséquent de faire marcher ces deux effets dans le même sens. Nous avons communiqué cette observation à M. Duvoir, qui est convenu que, par ce mode d'appel, la ventilation augmente ou diminue avec le chauffage.

2380. *Frais de chauffage et de ventilation.* — « Nous trouvons dans le mémoire et dans les lettres de M. Duvoir, qu'il s'engage à maintenir toutes les pièces du bâtiment de la Force à une température de 15° et à produire une ventilation de 129,000 mètres cubes d'air par heure pendant le jour, et de moitié seulement pendant la nuit, pour une somme de 78 fr. par jour, et pour un chauffage continu de sept mois.

« Nous avons dû chercher à nous rendre compte des dépenses qu'occasionneraient le chauffage et la ventilation dans le système proposé, d'autant plus que M. Duvoir fait consister principalement les avantages de son système dans l'économie des moyens de ventilation.

« Une feuille de dessin sur laquelle se trouve la description des chaudières à eau chaude et des poêles, contient des calculs très-nets et fondés sur des bases exactes qui établissent la dépense de combustible. M. Duvoir trouve que, pour compenser la perte moyenne de chaleur par les vitres et par les murailles, il faut par heure 58 kilogrammes de houille ; que la quantité de combustible nécessaire pour élever 129,000 mètres cubes d'air à la température moyenne de 15° est de 45 kilogrammes, en tout 102^{kil} 33. Le calcul s'arrête là, et il n'est pas question de la consommation par jour ; mais en supposant que le chauffage soit de 12 heures, et que la perte de chaleur pendant la nuit soit quatre fois plus petite que le jour, la dépense par jour s'élèverait à 75 fr., somme bien peu différente de celle qui est demandée, et seulement pour le chauffage, sans compter la dépense qu'exige la sortie forcée de l'air. Cependant on lit dans le mémoire de M. Duvoir les lignes suivantes :

« Je fais remarquer que le cube d'eau d'appel, dans mon système,
« chauffe l'air de la gaîne qui le renferme à 90°, terme moyen, et par
« conséquent que, l'intérieur des pièces n'étant qu'à 15°, il y aurait
« *constamment* une différence de température de 75° entre l'air des che-
« minées et l'air des cellules, température qui suffit pour établir une
« bonne ventilation pendant les 17 heures 12 minutes que dure
« encore le chauffage. »

« Cette haute température dans les cheminées d'appel nous ayant paru beaucoup trop considérable, nous en avons fait la remarque à M. Duvoir, qui nous a dit que la température moyenne de sortie de l'air serait de 46 à 47°, et que l'air arriverait à la partie inférieure des poêles à 9° seulement, à cause du refroidissement qu'il éprouve dans le trajet. D'après cela, l'air serait échauffé de 35° par les poêles, et en supposant que l'air qui s'écoule par les cheminées des fourneaux éprouvât seulement le même accroissement de température, la consommation par heure, pour le chauffage de 129,000 mètres cubes, serait de 244 kilogrammes et en admettant que la perte de chaleur, pendant la nuit, fût seulement le quart de celle qui a lieu pendant le jour, la dépense par jour s'élèverait à 180 fr. seulement pour la sortie de l'air de ventilation.

2381. « Une preuve évidente que M. Duvoir ne s'est pas rendu compte des frais de ventilation, c'est qu'il demande 3 centimes par 1,000 mètres cubes d'air à soutirer, le chauffage compris. Cette dernière proposition se trouve dans une lettre adressée, le 30 octobre dernier, au président de la commission chargée d'examiner les projets, et M. Duvoir nous a plusieurs fois répété que, si on veut une plus faible ventilation, la dépense par jour sera diminuée d'autant de fois 3 centimes qu'on supprimera de 1,000 mètres cubes.

« D'abord il est évident que les dépenses de chauffage et de ventilation réunies ne peuvent pas être proportionnelles à la ventilation seule ; car la perte de chaleur par les vitres et par les murailles est indépendante, pour la même température intérieure, du volume d'air appelé. D'ailleurs, pour 0 fr. 03 c., on ne peut chauffer 1,000 mètres cubes que de 5° 5, en comptant la houille seulement à 3 fr. l'hectolitre, et l'air extérieur étant à une température moyenne de 7° et devant être porté à 15°, il ne resterait que 8° pour le refroidissement par les vitres et par les murailles et l'échauffement de l'air dans les cheminées d'appel, ce qui est évidemment insuffisant.

2382. « Dans la même lettre du 30 octobre 1842 se trouve le passage suivant : « L'été, y compris fourniture de glace pour rafraîchir et assainir l'intérieur de la prison, le prix sera de *un* centime par 1,000 mètres cubes d'air soutiré. » La somme demandée correspondrait à un accroissement de température de 5° 2 dans les cheminées d'appel, ce qui ne produirait évidemment aucun effet.

« Mais, indépendamment de toutes les observations qui précèdent, il y a une considération qui, à notre avis, suffirait pour rendre le projet de M. Duvoir inadmissible.

« Il s'agit d'un appareil devant maintenir dans les pièces une température et une ventilation déterminées. Le constructeur s'engage, moyennant une certaine somme, à produire ces deux effets ; mais le marché ne peut être accepté qu'autant que l'appareil sera disposé de telle manière que l'on puisse vérifier si les conditions imposées sont remplies, et cela, non pas une fois pour toutes, mais souvent et à l'insu de l'entrepreneur ; or, pour le marché dont il est question, une vérification fréquente est encore plus importante que pour tout autre, parce que la santé des détenus peut être compromise par une ventilation insuffisante.

2383. « La température peut être constatée par l'inspection de thermomètres ; mais la ventilation est beaucoup plus difficile à apprécier. La ventilation ne peut être mesurée dans les tuyaux d'entrée de l'air extérieur, parce qu'il pourrait en résulter une trop grande erreur due à l'introduction de l'air par les portes et les fenêtres, surtout pour l'été. Des mesures anémométriques faites dans les cellules ne conduiraient à rien, parce que l'instrument serait placé dans des conditions où ses indications seraient inexactes ; d'ailleurs, il y a douze cents cellules. Les expériences ne peuvent donc être faites que dans les cheminées d'écoulement de l'air chaud ; mais, dans le projet de M. Duvoir, il y a dix-huit cheminées ; leur nombre exclurait déjà la possibilité d'une vérification journalière ; la difficulté devient bien plus grande encore quand on considère que, sur ces dix-huit cheminées, il y en a douze dans lesquelles les observations ne peuvent être faites qu'aux sommets, parce que les parties supérieures des poêles n'en sont qu'à une petite distance. Il est même peu probable qu'avant de s'échapper dans l'atmosphère, les veines d'air chaud soient assez bien mêlées pour que la vitesse soit uniforme dans toute la section, et qu'on ne soit pas obligé de faire un grand nombre d'expériences pour avoir la vitesse moyenne. D'ailleurs ces expériences exigeraient des échafaudages, un temps très-long et beaucoup de soins, et si elles étaient faites une fois, elles ne seraient certainement pas répétées ; ainsi, on peut dire que, par l'adoption du projet de M. Duvoir, l'administration se trouverait complétement à la discrétion de l'entrepreneur, sous le rapport de la ventilation.

2384. « En résumé, les défauts que nous trouvons dans le projet de M. Duvoir consistent principalement dans le mode de chauffage des cellules, qui remet l'air vicié en circulation ; dans le mode de ventilation, qui ne permet ni de produire un appel constant, ni de mesurer la ventilation ; et, comme ces défauts sont inhérents aux dispositions adoptées pour le chauffage et la ventilation, ils ne pourraient être évités que par un changement total dans le système proposé.

Après la lecture du rapport de la sous-commission, à la réunion générale, un membre a fait plusieurs objections auxquelles le rapporteur a répondu dans la réunion suivante ; je citerai seulement celles qui sont relatives aux critiques du système de M. Léon Duvoir.

2385. « 1° *Il n'y a aucun inconvénient à remettre en circulation l'air vicié dans les cellules.*

« Nous persistons dans l'opinion que nous avons émise dans le rapport. Il y a un grave inconvénient à ne jamais fournir de l'air pur à des hommes qui ne doivent point quitter leurs cellules ; à les condamner à ne respirer pendant toute leur détention que de l'air déjà vicié par les autres détenus, et à permettre à un prisonnier d'infecter à volonté tout son quartier.

« Le mode de chauffage adopté par M. Duvoir aurait d'ailleurs les plus fâcheuses conséquences dans le cas où une maladie contagieuse se déclarerait chez quelques détenus.

2386. « 2° *En chauffant directement les poêles à eau chaude logés dans les combles, et en déterminant par expérience la température que doit avoir l'eau chaude pour produire l'effet demandé, on obtiendrait de la régularité dans la ventilation, et une vérification facile, attendu qu'il suffirait de reconnaître si la température de l'eau est bien celle qui doit correspondre à la température extérieure.*

« La modification proposée de chauffer isolément les poêles des combles par une circulation directe ferait disparaître une faute grave du projet de M. Duvoir ; car, d'après les plans, les explications qu'on lit dans ses mémoires, et la description qui se trouve en tête du rapport (description qui a été lue à M. Duvoir et approuvée par lui), les poêles du rez-de-chaussée sont chauffés par l'eau qui sort des poêles supérieurs ; par conséquent, ces derniers seront toujours à une température plus élevée, circonstance qui ne permet pas d'obtenir une ventilation régulière ; car c'est précisément en hiver, quand la température extérieure est le plus basse, que les poêles d'appel doivent être le moins chauffés, et que ceux d'en bas doivent être à la température la plus élevée.

« La mesure de la ventilation par l'observation de la température de l'eau, exigerait de nombreuses expériences faites pour des températures extérieures très-différentes ; mais ce perfectionnement dans les dispositions du projet de M. Duvoir rendrait toujours impossible la direction des foyers de manière à obtenir un chauffage et une ventilation uniformes ; car il ne faut pas perdre de vue que, pour chaque bâtiment, c'est le même foyer qui sert au chauffage et à la double ventilation par les cheminées des combles et par les cendriers. — De ces trois effets, deux doivent être constants, savoir : ceux de la ventilation, et le troisième, le chauffage, doit varier avec la température extérieure. Or, il nous paraît impossible que le chauffeur puisse régler la partie libre de la grille et la quantité de combustible à brûler sur l'autre, de manière à produire à la fois la régularité du chauffage et celle de la ventilation.

« D'ailleurs, en supposant que cette conduite du foyer fût possible, le chauffeur devrait se déplacer à chaque instant pour aller reconnaître si, dans les greniers des six bâtiments isolés, les poêles sont à la température convenable.

« Enfin, la vérification de la ventilation n'exigerait pas moins des expériences ou des observations faites sur dix-huit cheminées, et cette complication rendrait réellement impossible le contrôle journalier des effets produits.

En outre, dans le cas même où les poêles à eau chaude seraient chauffés par une cheminée spéciale, une cheminée d'appel unique, placée à côté des chaudières, devrait être préférée sous tous les rapports, parce qu'elle peut se construire à peu de frais ; que le même appel peut y être produit avec beaucoup moins de combustible ; que la ventilation peut y être réglée plus facilement et augmentée momentanément ; que, n'exigeant jamais de réparations, la ventilation ne sera jamais interrompue ; enfin, parce qu'elle permet une surveillance facile de la part de l'administration.

2387. « 3° *Dans le système de M. Duvoir, la température sera la même dans toutes les cellules, et la ventilation sera égale, parce que, la colonne d'air chaud partant du sol, la force ascensionnelle sera la même dans toutes les petites cheminées.*

« D'abord, dans le système de M. Duvoir, comme nous l'avons dit dans le rapport, les phénomènes qui se produiraient dans les mouvements de l'air seraient si compliqués, qu'il est impossible de prévoir quel serait l'accroissement de température du corridor de bas en haut, et quelles seraient les différences de température des cellules et du corridor à la même hauteur.

« D'ailleurs, il ne faut pas oublier que la ventilation du corridor et des cellules du rez-de-chaussée, c'est-à-dire la moitié de la ventilation totale, s'effectue par les cendriers des fourneaux, appel qui, par sa nature même, variera avec la température extérieure, et il est facile de voir que les variations de l'appel changeront constamment la distribution de la chaleur dans le corridor, et, par suite, la température dans les cellules des différents étages.

« Ainsi il est impossible de prévoir d'avance dans quelles limites varieront les températures des cellules, et les volumes d'air qui les traverseront.

« Dans le système de M. Grouvelle, au contraire, on obtiendra une répartition uniforme de la chaleur, parce que chaque cellule est chauffée directement : dans toutes les cellules d'un même bâtiment la ventilation sera la même, parce que l'influence des petites cheminées est très-faible relativement à celle de la cheminée centrale ; le foyer de chauffage, ainsi que le foyer d'appel, étant distincts, ces deux effets pourront être réglés ; enfin, comme le chauffage et l'appel sont produits chacun par un seul foyer, on pourra facilement obtenir l'uniformité de température et de ventilation dans tous les corps de bâtiment.

2388. « 4° *Tout en reconnaissant que M. Duvoir s'est trompé dans l'estimation de la dépense qu'exige la ventilation, on ne doit pas atta-cher d'importance à l'erreur qu'il a commise.*

« Notre opinion est très-différente. Lorsqu'un constructeur se vante si haut et avec tant d'assurance de produire le chauffage et la ventilation à un prix incomparablement moins élevé que celui que demande-rait tout autre entrepreneur, la preuve matérielle de l'impossibilité où il se trouve de pouvoir réaliser ses promesses est, à notre avis, un fait grave, d'autant plus que M. Duvoir persiste à soutenir ce qu'il a avancé.

« Il est important de remarquer que la différence entre la dépense qu'exigerait l'effet promis et la somme demandée est très-considérable; car, par exemple, pour la ventilation d'été, l'évacuation de 129,000 mètres cubes d'air par heure coûterait au moins dix fois plus que ne de-mande M. Duvoir.

2389. « 5° *Si l'appareil de M. Duvoir, tel qu'il est décrit dans le projet, était exécuté, les effets qu'il produirait sous le rapport du chauffage et de la ventilation seraient suffisants, et il n'en serait pas de même de l'appareil de M. Grouvelle.*

« Il est évident qu'il ne s'agit pas du premier projet de M. Duvoir, car la ventilation par la chaleur perdue de la fumée ne produirait au-cun effet. Il en serait de même du troisième, dans lequel M. Duvoir propose de remplacer chaque foyer des poêles de ventilation par quatre becs d'huile ou un bec de gaz, *afin*, dit-il, *d'éviter l'embarras de faire du feu; cette quantité de becs suffira pour maintenir l'eau en ébullition et suffira aussi, par conséquent, pour ventiler les cellules et les lieux d'aisances.*

« Or, en supposant que chaque bec consomme 50 grammes d'huile par heure, pour les 48 becs des six bâtiments, la consommation serait de 2^{kil}40 qui, dans l'hypothèse d'une puissance calorifique égale à 10,000, pourrait élever l'air de ventilation de 1°; d'ailleurs le chauf-fage des poêles par des becs à huile ou des becs à gaz, en supposant qu'ils fussent en nombre suffisant, reviendrait à un prix quarante fois plus grand qu'avec la houille.

« Ainsi ce n'est que du deuxième projet qu'il peut être question; mais, comme nous l'avons déjà dit, dans ce projet, pour chaque bâti-ment, c'est le même foyer qui produit à la fois le chauffage et les deux modes de ventilation, et il est bien évident que si l'on veut obtenir un chauffage régulier, la ventilation variera nécessairement, et qu'on ne peut pas, avec des dispositions aussi compliquées que celles dont il s'a-git, répondre de rien relativement à la ventilation. D'ailleurs, dans ce projet, comme dans tous les autres, on retrouve ce défaut capital de la ventilation par l'air vicié.

« Nous ferons, à cette occasion, une remarque que nous n'avons pas consignée dans notre rapport. D'après le dessin très-détaillé et à une grande échelle d'un des fourneaux, la fumée se dégage par deux tuyaux de tôle ayant chacun 0^m 20 de diamètre, dont la somme des sections est de 0^{mq} 0628.

« Or, chaque cendrier, dans le système de M. Duvoir, devrait produire la moitié de la ventilation d'un bâtiment, c'est-à-dire appeler 10,850 mètres cubes d'air par heure ou 3 mètres cubes par seconde : la vitesse dans les tuyaux devrait donc être de 47 mètres, et de 25 mètres dans le canal central de la chaudière.

« Ce fait, joint à tous ceux que nous avons signalés, fait voir de quelle manière les projets de M. Duvoir ont été étudiés.

« Quant au projet de M. Grouvelle, s'il était exécuté tel qu'il a été proposé, et sans aucune modification, on obtiendrait à la fois une grande régularité dans le chauffage et dans la ventilation ; seulement, pour les jours les plus froids de l'année, la température intérieure n'atteindrait pas 15°.

2390. « Nous pensons que nos réponses aux observations qui ont été faites sur plusieurs points de notre rapport viennent à l'appui des conclusions qui le terminent ; mais nous croyons devoir énoncer notre opinion d'une manière plus nette et plus complète.

« Un appareil de chauffage et de ventilation destiné à une prison cellulaire doit satisfaire à deux conditions :

« 1° La ventilation de chaque cellule doit avoir lieu avec de l'air pur ;

« 2ª Les appareils doivent être disposés de manière qu'une ventilation régulière soit possible, que la ventilation puisse facilement être réglée par le chauffeur, et contrôlée par l'administration.

« Or, dans tous les projets de M. Duvoir, les cellules sont ventilées par de l'air vicié ; le chauffage et la ventilation ont lieu par les mêmes foyers, circonstance qui ne permet pas de produire une ventilation régulière ; l'air vicié s'échappe par dix-huit cheminées, ce qui rend impossible la vérification journalière de la ventilation ; enfin ces défauts ne pourraient disparaître que par un changement complet dans les modes de chauffage et de ventilation. Ainsi, sous tous les rapports, les projets de M. Duvoir nous paraissent inadmissibles. »

Expériences de la sous-commission.

2391. La même sous-commission était chargée d'étudier les questions relatives à l'assainissement des cellules.

Les expériences ont été faites dans une cellule de la Conciergerie. L'un des membres de la sous-commission, M. Leblanc, y avait été renfermé avec les appareils nécessaires pour constater la composition de l'air et son état hygrométrique. Les jointures de la porte et de la fenêtre avaient été soigneusement calfeutrées ; l'air était chauffé extérieurement dans un petit calorifère, et versé dans la cellule par un orifice percé à peu près à un mètre de hauteur ; l'air était appelé par un tuyau extérieur, dans lequel brûlaient plusieurs bougies ; la partie inférieure de ce tuyau était garnie d'un registre au moyen duquel on réglait la ventilation ; le tuyau d'appel communiquait avec la partie inférieure d'une chaise percée, dont le couvercle était garni d'un grand nombre d'ouvertures. La vitesse d'écoulement de l'air était mesurée par un anémomètre de M. Combes. Les expériences ont duré jusqu'à 10 heures consécutives. Voici les résultats de ces expériences :

2392. « *Expulsion de l'odeur*. — Les expériences répétées ont démontré qu'avec les dispositions adoptées, 6 mètres cubes d'air par heure étaient insuffisants pour maintenir l'atmosphère de la cellule exempte d'odeur désagréable. A cette dose de ventilation, l'acétate de plomb en dissolution, placé près du siége, manifestait bientôt la présence de l'acide sulfhydrique ou du sulfhydrate d'ammoniaque.

« Avec un renouvellement d'air de 10 mètres cubes par heure, la vitesse du courant a été suffisante pour s'opposer à la diffusion des odeurs dans l'enceinte, d'après le jugement des personnes douées d'organes délicats. L'air qui s'écoulait dans le tuyau d'appel était infect. Lorsque, sans interrompre la ventilation, on ouvrait le couvercle du coffre, une odeur prononcée ne tardait pas à se répandre dans la cellule, et il fallait environ vingt minutes de ventilation au même degré, après avoir fermé le couvercle, pour que l'odorat ne fût plus affecté d'une manière sensible. Nous avons reconnu qu'il était indispensable que le vase destiné à recevoir les déjections solides contînt 2 à 3 litres d'eau ; les matières excrémentitielles, en tombant dans le vase sec, répandent des exhalaisons si fortes, qu'une ventilation même plus active est insuffisante pour empêcher la transmission de l'odeur.

2393. *État chimique de l'air*. — « Avant la réclusion de l'observateur, la cellule avait été maintenue assez longtemps en communication avec l'air extérieur, pour que l'on pût considérer la pureté de l'air au commencement de l'expérience comme égale à celle de l'air normal.

« La réclusion a duré dix heures. Il faut noter comme source de production d'acide carbonique, la combustion d'une bougie pendant deux heures et demie après la fermeture de la porte.

« La ventilation, inférieure à 10 mètres cubes par heure pendant les deux premières heures du séjour, a été portée à 10 mètres cubes pendant le reste de la journée. L'appareil de chauffage a pu amener la température de la cellule de 3°5 à 11°5, et maintenir cette température pendant la plus grande partie de la journée. L'observateur n'a éprouvé ni gêne ni malaise ; la sensation d'un léger dégoût, éprouvée pendant les deux premières heures du séjour, sous l'influence d'une ventilation insuffisante, s'était complétement effacée.

« Le dosage de l'acide carbonique dans l'air recueilli, exécuté par la méthode décrite par l'un de nous, a décelé, dans cet air, la présence de 33 dix-millièmes d'acide carbonique en poids. Cette proportion est plus que quadruple de celle qui existe dans l'air normal, d'après M. Boussingault.

« D'après la capacité de la cellule, il y avait donc dans l'enceinte, au moment de la prise d'air, 57 grammes d'acide carbonique, dont une partie devait avoir pour origine la combustion de la bougie ; le reste provenait de la respiration.

2394. « Ce résultat peut déjà faire juger de l'effet de la ventilation, qui aurait pu être plus complète. Pour mieux juger des effets produits, il faut comparer ce nombre à la quantité d'acide carbonique produit pendant le séjour. Or, les résultats d'une détermination de MM. Andral et Gavarret, sur la respiration de l'observateur, indiquent 31^{gr} 46 d'acide carbonique produit par heure ; pendant dix heures, la quantité devait donc être de 314 grammes. Il faut ajouter l'acide carbonique produit par la bougie pendant deux heures et demie, 20 grammes : en tout, 334 grammes. Sur cette quantité, 277 grammes seulement auraient été expulsés pendant la ventilation, pendant les dix heures qu'a duré l'expérience.

« L'analyse de l'air d'une pièce sensiblement de même capacité que la cellule, fermée et non ventilée, et occupée pendant 10 heures par le même observateur, a fourni 1 pour 100 d'acide carbonique.

2395. *État hygrométrique.*—« Au commencement de l'expérience, l'air extérieur était à 2 degrés ; les observations du psychromètre ont donné 0,75 pour l'état hygrométrique : chaque mètre cube d'air contenait donc 4^{gr}2 de vapeur aqueuse.

« Dans la cellule, l'état hygrométrique initial était de 0,80 à la température de 3° 5 ; chaque mètre cube contenait donc 5^{gr} 2 de vapeur d'eau : au bout de quelques heures de faible ventilation, l'état hygrométrique était de 0,73 pour la température de 10 degrés. La quantité de vapeur aqueuse par mètre cube était donc de 7^{gr} 3. A la fin du jour, l'état hygrométrique était de 0,76 pour la température de 11° 5, et la quantité de vapeur d'eau par mètre cube était de 7^{gr} 9.

« Ces résultats prouvent que l'état hygrométrique a peu varié dans l'intérieur de la cellule, sous l'influence de la ventilation, à raison de 10 mètres cubes par heure.

« En examinant de près ces résultats, et en remarquant que la température moyenne à l'extérieur est restée basse, on reconnaît facilement l'influence que la transpiration a exercée sur l'état hygrométrique de l'air. En effet, cet état aurait dû baisser ; la quantité de vapeur d'eau contenue dans l'air de la cellule, à la fin du séjour, aurait dû être presque moitié moindre de celle qui a été trouvée, en supposant la cellule vide et amenée, par la ventilation, à contenir de l'air au même état, à la température près, que l'air extérieur. C'est ce qui arriverait nécessairement dans les conditions que nous venons de supposer, et de plus dans l'hypothèse où l'enceinte aurait un pouvoir hygroscopique nul.

« Dans la cellule en expérience, dont les murs étaient peints à l'huile, les actions hygroscopiques paraissent avoir eu peu d'influence pour abaisser l'état hygrométrique du milieu, et compenser les effets de la transpiration.

« Il n'en est plus de même lorsque les parois sont boisées, lambrissées ou tendues de papier. L'un de nous ayant séjourné dans un cabinet fermé, de 13^{mc} 5 de capacité, dont les parois étaient formées de châssis tendus de papier, n'a pu constater aucune variation dans l'état hygrométrique de l'air, pendant 10 heures de séjour continu. La température était de 21° 5 au commencement, et de 21° 8 à la fin du séjour ; l'état hygrométrique initial était de 0,75, et n'a pas varié de 0,01. »

2396. Les conclusions du rapport sont : 1° que la ventilation doit être considérée comme le principal moyen d'assainissement ; 2° que le chiffre doit en être porté à 10 mètres cubes au moins, par prisonnier et par heure ; 3° que la température des cellules doit être maintenue à 15 degrés.

A la suite du rapport d'une autre sous-commission, qui avait été chargée d'examiner les différents systèmes de fosses d'aisances et de vidange, la commission générale a admis, comme la disposition la plus convenable dans le cas dont il s'agit, un siége fixe pour chaque cellule, avec un tuyau de descente servant à la ventilation.

2397. Les modifications que la commission a cru devoir faire au projet de M. Grouvelle, dont nous allons donner bientôt la description, consistaient : 1° à porter à 10 mètres cubes par heure le volume d'air à fournir à chaque cellule ; 2° à élever à 15 degrés la température constante des cellules ; 3° à établir une double circulation d'eau chaude, et en sens contraire, dans le canal placé sous les balcons, afin qu'en chaque point du circuit la température moyenne des tuyaux fût sensiblement constante ; 4° à établir la ventilation des cellules par les tuyaux de descente des matières fécales.

Le projet de M. Grouvelle, modifié par la commission, fut adopté successivement par le conseil général du département de la Seine, le 26 novembre 1844, par M. le préfet, par le conseil des bâtiments civils, et enfin par M. le ministre de l'intérieur, le 15 mai 1845, mais après les plus grandes résistances et les entraves de toute espèce, de la part des protecteurs de M. Duvoir-Leblanc, surtout au conseil municipal ; et il a fallu toute la fermeté de M. Arago pour faire adopter par le conseil les décisions d'une commission si compétente, et qui s'était livrée à tant de recherches. Les travaux ont été exécutés suivant les indications de la commission.

2398. Dans le courant de 1849, M. le préfet du département de la Seine nomma une commission spéciale, à l'effet d'*examiner et de recevoir, s'il y avait lieu, les travaux et appareils de chauffage et de ventilation exécutés à la prison cellulaire Mazas, par M. Grouvelle.* Cette commission était composée ainsi qu'il suit : M. Peclet ; M. Thauvin, ingénieur ; M. Félix Leblanc ; MM. Lecointe, Gilbert, Bruzard et Jay, architectes, et M. Besuchet, inspecteur général des prisons. Voici le rapport de cette commission :

« Monsieur le Préfet,

« Par une décision en date du 23 août 1849, vous avez nommé une commission spéciale chargée de vous faire un rapport sur les appareils de chauffage et de ventilation établis par M. Grouvelle à la prison Mazas, destinée à remplacer l'ancienne prison de la Force.

« La commission s'est immédiatement réunie, et, pénétrée de l'importance d'un examen approfondi d'un système aussi vaste de chauffage et de ventilation, la commission a pensé qu'elle ne pouvait pas se borner à porter un jugement, sur l'inspection des appareils et sur quelques expériences rapides ; mais que, pour asseoir son opinion d'une manière certaine, il était nécessaire de soumettre les appareils à des expériences suivies et prolongées pendant une année au moins.

« La commission a déjà eu l'honneur de vous adresser un premier rapport provisoire dans le mois d'avril 1850. Ce rapport constatait, Monsieur le Préfet, que la commission n'avait pu commencer son travail avant le 14 février 1850, attendu qu'à cette époque seulement une partie des appareils a pu fonctionner d'une manière régulière. Dans sa lettre, la commission citait les expériences faites dans une partie des bâtiments, sous le rapport du chauffage et de la ventilation, et elle indiquait plusieurs modifications dont l'exécution a entraîné quelques retards.

« Nous venons aujourd'hui, Monsieur le Préfet, vous faire connaître l'opinion définitive de la commission, opinion qui repose sur l'expérience de plus d'une année, soit avant, soit depuis l'occupation de la prison par les prévenus.

« Rappelons d'abord les conditions imposées au constructeur, par la commission nommée en 1843 par M. le préfet de la Seine. Cette commission concluait à l'adoption du projet de M. Grouvelle, et à la suite d'expériences par une sous-commission, elle avait proposé : 1° que la ventilation ne fût pas inférieure à 10 mètres cubes par prisonnier et par heure ; 2° que la température fût maintenue constamment à 15 degrés. Ces conclusions adoptées par l'administration, sur le rapport du conseil général, ont été rendues obligatoires pour le constructeur.

2399. *Disposition des bâtiments*. — « La prison cellulaire des prévenus est composée de six corps de bâtiments qui rayonnent autour d'un centre commun. Au milieu de chacun de ces bâtiments se trouve un grand corridor qui s'élève jusqu'à la toiture ; il est fermé à son extrémité par un vitrage qui règne sur toute la hauteur. De chaque côté, au rez-de-chaussée et aux deux étages supérieurs, se trouvent une série de cellules contiguës, d'une capacité de 26 mètres cubes ; leur nombre total est de 1,200.

2400. *Principe du chauffage*. — « Le principe sur lequel repose le système de chauffage de M. Grouvelle est le chauffage de l'air par son contact avec des tuyaux à circulation d'eau chaude. Ce qui particularise ce système, c'est la transmission de la chaleur à l'aide de la vapeur partant de générateurs placés dans les caves, et se rendant dans des réservoirs d'eau placés à différents étages, et servant à la circulation.

« Dans ce système, la circulation d'eau chaude n'a lieu que sous une pression très-faible, et les divers étages d'un même bâtiment ne sont pas solidaires sous le rapport du chauffage, qui peut être interrompu pour un étage non occupé.

2401. *Ventilation.* — « La ventilation est produite par l'appel d'une vaste cheminée de 4 mètres carrés de section, et de 29 mètres de hauteur, placée au centre des bâtiments.

« L'air appelé dans l'intérieur des cellules, et destiné à la ventilation, est chauffé en hiver au contact des tuyaux à eau chaude. La totalité de l'air expulsé des cellules par la ventilation descend par les tuyaux qui servent à l'écoulement des déjections des prisonniers. Chaque cellule renferme un siége terminé par un tuyau de descente qui se dirige vers la cave. La ventilation a pour but de maintenir pure l'atmosphère des cellules, en leur fournissant une quantité d'air extérieur suffisante pour remplacer celle qui est viciée par la respiration et les émanations du prisonnier; elle doit être assez grande pour s'opposer aux émanations du tuyau de descente.

2402. *Dispositions des appareils dans les bâtiments.* — « Dans chaque bâtiment et le long du corridor, se trouvent, au premier et au deuxième étage, des balcons sur lesquels s'ouvrent les cellules. Au-dessous de ces balcons, placés à droite et à gauche se trouvent des caniveaux dans lesquels des tuyaux en fonte forment deux circuits parallèles que l'eau chaude parcourt en sens contraires, afin que sur chaque point la température soit à peu près constante. Pour le rez-de-chaussée, ces tuyaux sont placés dans un canal situé au-dessous du sol du corridor et toujours au pied des cellules. Les caniveaux sont séparés, dans la direction des murs des cellules, par des cloisons transversales. Chacun de ces intervalles communiquait primitivement avec l'atmosphère par un canal creusé dans le sol de la cellule; depuis, comme nous le dirons plus loin, cette disposition a été remplacée par des communications avec l'air du corridor. Ces mêmes espaces communiquent avec les cellules par un canal qui se termine par plusieurs grilles.

« Chaque circuit de tuyaux à eau chaude communique avec un réservoir dans lequel l'eau est chauffée par la condensation de la vapeur qui circule dans un serpentin. Six chaudières peuvent fournir la vapeur à tous les réservoirs au moyen d'une conduite générale.

« Dans chaque cellule se trouve un siége d'aisance composé d'une cuvette en fonte et d'un tuyau de descente aboutissant à un tonneau de vidange. Tous les tonneaux d'un même bâtiment sont rangés dans une galerie souterraine ayant toute la longueur du corridor sur lequel s'ouvrent les cellules.

« Les six galeries souterraines aboutissent, par leurs extrémités les plus rapprochées, à un canal commun, annulaire, en communication avec la cheminée d'appel. Les autres extrémités des galeries communiquent avec l'extérieur, mais elles sont fermées par de doubles portes parfaitement closes et peuvent livrer passage à un chariot roulant sur un chemin de fer destiné au transport des tonneaux.

« Il résulte des dispositions que nous venons d'indiquer, que l'eau des réservoirs étant chauffée par la vapeur circulant dans les serpentins, il s'établit, en vertu de l'inégalité de température, une circulation entre les réservoirs et les tuyaux qui partent de ces réservoirs et longent les cellules. La circulation s'établit d'une manière continue, car l'eau des tuyaux se refroidit constamment et revient s'échauffer dans les réservoirs. Le foyer de la cheminée d'appel, placé dans les caves, étant constamment allumé, il en résulte un appel de l'air des cellules à travers les tuyaux de descente. Cet air traverse les galeries souterraines et gagne le foyer d'appel. Les portes de ces galeries fermant bien, il ne peut y avoir appel direct de l'air extérieur. À mesure que l'air sort des cellules, il est remplacé par de l'air venant des corridors et échauffé par son contact avec les tuyaux de circulation d'eau chaude.

2403. *Dispositions employées pour régler la ventilation des cellules.* — « Pour régler la ventilation des cellules, on a garni le tuyau de descente, dont l'extrémité inférieure plonge dans un tonneau fermé, d'un embranchement latéral dont l'extrémité est fermée par un tampon garni d'un orifice dont la section peut être réduite à volonté au moyen d'une plaque tournante.

2404. *Systèmes des expériences employées pour vérifier le chauffage et la ventilation.* — « Pour mesurer la température des cellules, on s'est servi d'une centaine de thermomètres, préalablement comparés entre eux, et assez sensibles pour donner des indications exactes à un quart de degré centigrade au moins. Chacun de ces thermomètres a été placé à $1^m 50$ de hauteur, à partir du sol de la cellule, et dans une position semblable dans chaque cellule. On a opéré successivement sur tous les points des bâtiments, en faisant chaque fois un grand nombre d'observations simultanées.

« La ventilation a été mesurée au moyen d'anémomètres de M. Combes, construits par M. Newmann. Pour mesurer les courants d'air dans le canal de ceinture qui aboutit à la cheminée d'appel, on s'est servi d'un anémomètre ordinaire, sensible à une vitesse de $0^m 12$ par seconde. Mais pour la ventilation des cellules mêmes, on a eu recours à un instrument plus sensible, construit exprès pour cet objet, et gradué lorsqu'il était placé dans le tuyau même où il devait fonctionner ; ce tuyau était un cylindre de $0^m 12$ de diamètre, terminé infé-rieurement par un cône, dont la base munie d'un rebord et d'une bande de drap s'appliquait exactement sur les bords de l'ouverture du siége. Cet anémomètre était sensible à une vitesse de $0^m 08$ par seconde. Pour mesurer la ventilation d'un corps de bâtiment tout entier, l'a-némomètre ordinaire était placé successivement sur plusieurs points de la section du canal de communication des caveaux avec le foyer, afin d'obtenir la vitesse moyenne du courant.

2405. « Les expériences sur le chauffage et la ventilation ont été faites par une sous-commission composée de MM. Peclet, Leblanc et Thauvin, ingénieur civil, adjoint à la commission par décision admi-nistrative et sur la proposition des membres de la commission géné-rale, mais les expériences ont été répétées et suivies plus spécialement par M. Thauvin. Ces expériences ont duré avec la régularité néces-saire depuis le 14 février 1850 jusqu'à ce jour (30 avril 1851). Il y a eu continuité dans les observations toutes les fois qu'il a été néces-saire de constater un fait important. Toutes ces expériences sont con-signées, par ordre de dates, sur un registre que la commission tient à la disposition de l'administration. Ce registre a servi à relever un certain nombre de tableaux, qui résument les expériences les plus significa-tives pour le chauffage et la ventilation, et que nous joignons à ce rap-port comme pièces justificatives.

2406. « Ainsi que nous avons déjà eu l'honneur de vous l'écrire, Monsieur le préfet, les résultats ont été aussi réguliers qu'on pouvait le désirer pour le chauffage des différents étages. Nous avons reconnu également que la cheminée de ventilation avait une puissance bien supérieure à celle qui était exigée, attendu qu'elle s'est élevée à 30,000 mètres cubes par heure, ce qui correspond à un renouvelle-ment moyen d'air de 25 mètres cubes par cellule et par heure, au lieu de 10 mètres cubes, limite inférieure imposée par le cahier des charges. Nous avons reconnu de plus, qu'au moyen de registres placés dans les conduits des souterrains à la cheminée d'appel, on pouvait répartir la ventilation générale, de manière à la rendre sensiblement égale pour les six bâtiments. Les analyses de l'air provenant de deux cellules habi-tées, appartenant à deux étages d'un même bâtiment et ventilées à rai-son de 25 mètres cubes par heure, ont démontré que la proportion d'acide carbonique produite par la respiration ne dépassait pas 1 mil-lième. Ces résultats ont été communiqués à la commission d'hygiène.

2407. « Dans la disposition primitive, les prises d'air avaient lieu par des orifices percés sur les faces extérieures des bâtiments, et nous avons reconnu que le chauffage et la ventilation éprouvaient des variations notables par l'influence des vents et du soleil ; souvent l'air, échauffé dans les caniveaux renfermant les tuyaux de circulation de l'eau, sortait par les orifices des prises d'air : c'était alors l'air des corridors qui pénétrait par-dessous la porte et produisait la ventilation des cellules. D'après l'avis que nous avons émis dans notre lettre du 15 avril 1850, vous avez autorisé, Monsieur le préfet, le changement proposé par M. Grouvelle, qui consistait à prendre l'air dans les corridors et à alimenter chacun d'eux par une prise d'air spéciale. Depuis cette époque, les expériences ont été répétées dans tous les bâtiments, à mesure que chaque changement était effectué. Toutes ces expériences ont constaté les avantages de cette nouvelle disposition.

2408. « Ainsi, dans l'état actuel des choses, la température a été maintenue, pendant l'hiver, entre 13 et 16 degrés, dans tous les bâtiments occupés, sauf pendant quelques interruptions accidentelles et momentanées dans le chauffage. Nous ferons remarquer que la température aurait pu être maintenue à un degré plus élevé, ainsi qu'on s'en est assuré, mais ces limites avaient été fixées par la commission d'hygiène nommée par M. le préfet de police. Les résultats de nos expériences se trouvent confirmés par les chiffres consignés dans les rapports fournis par M. le directeur de la prison, qui a fait relever journellement sur tous les points, la température des cellules.

« Quant à la ventilation, depuis que les appareils de vidange définitifs ont été installés avec les moyens de règlement que nous avons décrits plus haut, elle est devenue suffisamment régulière pour les différentes cellules des six bâtiments, et à tous les étages. Nous avons constaté que cette ventilation demeurait généralement comprise entre 15 et 25 mètres cubes par cellule et par heure.

« Quoique les expériences aient été faites pendant un hiver peu rigoureux, elles n'en sont pas moins concluantes relativement à la ventilation ; car, toutes choses égales d'ailleurs, la puissance d'une cheminée d'appel tend à augmenter lorsque la température de l'air extérieur s'abaisse. En outre, les expériences ont démontré que, dans les circonstances les plus défavorables, il était possible de réaliser encore une ventilation de 30,000 mètres cubes d'air par heure, correspondant en moyenne à 25 mètres cubes d'air par cellule.

2409. « Relativement au chauffage, la considération du peu de rigueur de la température de l'hiver serait de nature à faire ajourner une conclusion positive, relativement à la puissance des appareils de chauffage, si la totalité des chaudières à vapeur avait fonctionné pendant l'hiver dernier; mais comme sur les six chaudières qui existent dans les caves, quatre seulement ont été chauffées, et seulement pendant douze heures au plus chaque jour, nous regardons comme évidente la possibilité de maintenir la température voulue dans les cellules, pendant les plus grands froids, en chauffant les quatre générateurs d'une manière continue, d'autant plus que la grande quantité de chaleur renfermée dans les murailles tend à maintenir l'uniformité de température. D'ailleurs, pour les cas extrêmes, les chaudières construites comme appareils de rechange pourraient servir momentanément d'auxiliaires à celles qui fonctionnent d'une manière continue.

« Quant à la construction des appareils, tout ce que nous avons pu voir et examiner nous a paru bien établi; mais il est difficile d'en juger d'une manière certaine après la pose, comme nous avons été appelés à le faire ; nous devons ajouter, qu'à l'origine, il s'est manifesté quelques fuites dans les tuyaux à eau chaude, mais elles ont été promptement fermées, et maintenant il n'en existe plus.

« D'après toutes les considérations que nous avons eu l'honneur de vous exposer, Monsieur le préfet, la commission est d'avis de recevoir les appareils de chauffage et de ventilation établis à la prison Mazas par M. Grouvelle. » Suivent les signatures de tous les membres de la commission.

2410. *Analyse des tableaux annexés au rapport de la commission de réception des appareils.* — Ces tableaux, quoique déjà des résumés des registres d'expériences, sont encore trop étendus pour être insérés ici, nous nous contenterons de rapporter les principaux faits qu'ils constatent.

2411. — *Tableaux A et B.* Ces tableaux ont pour objet de faire voir quelle a été l'élévation progressive et le maximum de température obtenue dans les cellules par un chauffage continu, pendant l'hiver 1850. Les expériences ont eu lieu dans le bâtiment n° 6, qui était alors seul chauffé. Elles ont duré douze jours consécutifs, du 14 au 25 février 1850. Pendant tout ce temps on a chauffé jour et nuit sans interruption, et la pression de la vapeur a été constamment maintenue entre les limites 2 à 3 atmosphères. Chaque jour on a fait une ou deux fois l'inspection des thermomètres placés au hasard dans 68 cellules du rez-de-chaussée et du premier étage. Toutes les expériences ont été faites dans des cellules inhabitées, car à cette époque la prison n'était pas encore occupée. A cette époque les prises d'air étaient extérieures. Voici les résultats moyens des 960 observations consignées dans ces tableaux ; les observations ont été faites dans 17 cellules de chaque étage et de chaque côté, à dix heures du matin et à quatre heures du soir.

REZ-DE-CHAUSSÉE. — TEMPÉRATURES MOYENNES DES CELLULES.

Côté gauche :

13,58—15,08—15,83—16,67—18,17—18,27—18,07—18,85—19,25—19,10—19,70—19,50

Côté droit :

16,50—17,02—17,93—17,68—19,25—19,06—20,56—20,55—20,73—19,42—20,85—20,72

PREMIER ÉTAGE. — TEMPÉRATURES MOYENNES DES CELLULES.

Côté gauche :

14,83—17,00—17,91—18,40—19,46—20,13—   »   —20,15—20,25—20,18—20,80—20,94

Côté droit :

16,88—10,12—19,37—19,23—20,47—20,21—22,05—21,67—21,39—21,72—22,64—23,31

Le même jour à la même heure, les températures d'une même rangée de cellules différaient très-peu les unes des autres.

Il résulte de ces expériences, que par un chauffage continu d'un petit nombre de jours, on a élevé la température des cellules du rez-de-chaussée à 19° 50 et 20° 72, et pour le premier étage à 20° 94 et 23° 31. Les différences qu'on observe entre les cellules du rez-de-chaussée et celles du premier étage proviennent de ce que, pour les premières il y a une perte de chaleur par le sol qui n'existe pas pour les secondes. Les différences entre le côté droit et le côté gauche, proviennent de l'orientation du bâtiment. La température moyenne extérieure pendant la durée des expériences a été de 7° 5.

2412. *Tableau C*. — Ce tableau contient les résultats des expériences faites dans les caves de ventilation qui correspondent à chaque bâtiment, dans le courant de l'hiver 1849-1850. Il résulte de ces expériences que pour une consommation de 13ᵏ 50 de houille, par heure, dans le foyer d'appel, on a expulsé 14,800 mètres cubes d'air par heure ; que pour une consommation de 22ᵏ 33 de houille dans le même temps, la ventilation s'est élevée à 24,700 et 30,900 mètres cubes ; que pendant l'été 1850, à l'époque des plus grandes chaleurs, pour une consommation de 20 kilogrammes de houille à l'heure, la ventilation a varié de 22,900 à 25,000.

2413. *Tableau D*. — Ce tableau renferme les résultats des expériences de ventilation générale faites dans le courant de l'hiver 1850-1851, dans les mêmes circonstances que l'hiver précédent. Il résulte de ces expériences : 1° que la ventilation s'est élevée à 29,200 mètres cubes avec une dépense de 20 kilogrammes de houille à l'heure dans le foyer d'appel; 2° que l'échauffement de la cheminée des générateurs n'a que très-peu d'influence sur la ventilation générale, car après une interruption de chauffage de vingt-quatre heures, la ventilation a été de 28,200 mètres cubes au lieu de 29,200, c'est-à-dire moindre seulement de 1:29 de ce qu'elle était la veille quand les chaudières étaient en activité; 3° qu'en réduisant la consommation du foyer d'appel de 20 kilogrammes à 15 kilogrammes par heure, la ventilation n'a pas sensiblement diminué, puisqu'on la trouve comprise entre 28,100 et 31,500 mètres cubes; 4° que l'activité du foyer d'appel n'a pas une influence immédiate sur la ventilation, et que pour des variations assez grandes dans l'activité de la combustion il ne se produit que de faibles différences dans la ventilation, car en laissant tomber le feu presque complétement, on a eu pour la ventilation à deux heures d'intervalle 25,800 et 24,700 mètres cubes par heure; 5° qu'en éteignant complétement le feu du foyer d'appel, en retirant le charbon et laissant passer l'air froid par la porte et la grille pour refroidir davantage le fourneau, on a encore obtenu 21,500 mètres cubes de ventilation par heure, une demi-heure après l'extinction du feu, et 16,500 mètres cubes une heure et demie après. La faible influence de la cheminée des générateurs provient de ce que la fumée n'y arrive qu'à une température peu élevée à cause du refroidissement qu'elle éprouve en circulant sous les plaques de fonte de la galerie centrale. L'influence également très-faible d'une variation de consommation de combustible dans le foyer d'appel, et dans l'activité du foyer, provient de ce que le tirage d'une cheminée varie très-peu par des accroissements même très-grands de température de l'air. Enfin le faible décroissement de tirage après l'extinction du foyer, provient de la chaleur renfermée dans la maçonnerie et de l'excès de la température des bâtiments sur la température extérieure.

2414. *Tableaux E et F.* — Ces tableaux renferment les résultats des expériences faites sur la température des cellules pendant l'hiver 1850-1851, dans les six bâtiments, pendant le mois de décembre 1850, tous les jours, et à différents moments de la journée, dans les mois de janvier, février et mars 1851. Ces tableaux, qui contiennent plus de 1,400 indications de température, constatent qu'au même instant les températures des différentes cellules et des corridors ont toujours été comprises entre 13 et 16 degrés. Voici du reste les températures moyennes des six bâtiments pendant le mois de décembre.

	BATIMENT					
	Nº 1.	Nº 2.	Nº 3.	Nº 4.	Nº 5.	Nº 6.
Corridor du rez-de-chaussée.	15,83	15,05	14,48	»	13,01	14,12
Cellules du rez-de-chaussée.	15,74	14,09	15,56	»	14,25	13,11
— du premier étage..	13,97	14,28	14,76	»	14,87	14,56
— du deuxième étage.	12,19	15,78	14,44	»	14,89	13,98
Corridor du deuxième étage.	13,18	15,58	14,57	»	14,72	13,59

On n'a point indiqué les températures du quatrième bâtiment, parce qu'il avait été chauffé trop tard et que le régime n'y était pas établi. Pour les six bâtiments, il n'y a que le deuxième étage du premier, dans lequel la température n'a pas été tout à fait suffisante ; mais cela tient à ce qu'à cette époque on ne pouvait chauffer que la circulation du rez-de-chaussée. La température moyenne extérieure du mois de décembre a été de 3° 89. Les températures des corridors et des cellules pendant les mois de janvier, février et mars suivants, ont été comprises entre 13,50 et 16 degrés.

2415. *Tableaux G et H.* — Ces tableaux contiennent les consommations de combustibles pour le chauffage et la ventilation pendant l'hiver 1850-1851. Il résulte de ces tableaux :

1° Que, pour les bâtiments dans lesquels les prises d'air étaient ouvertes sur le corridor, la consommation de combustible pour le chauffage a été de 400 kilogrammes par bâtiment et par jour, pour obtenir une température moyenne intérieure de 15° 15, avec une température extérieure de 3° 89, et par conséquent par un excès de 11° 25 ; 2° que, pour les bâtiments dont les prises d'air étaient extérieures, la consommation moyenne par bâtiment et par jour a été de 500 kilogrammes pour obtenir une température moyenne intérieure moins élevée de près de 1 degré ; 3° que la consommation moyenne de combustible pour le chauffage de l'administration a été de 150 kilogrammes par jour pour les mêmes circonstances atmosphériques.

Quant à la ventilation, la dépense moyenne de combustible est de 350 kilogrammes par jour d'hiver, et de 400 kilogrammes par jour pour le reste de l'année ; mais , pour obtenir une ventilation de 30,000 mètres cubes par heure, la consommation de combustible est de 20 kilogrammes par heure en hiver, et de 25 kilogrammes en été.

2416. D'après des renseignements authentiques, les consommations de combustible, dans les années 1851, 1852, 1853, 1854, ont été :

Pour le chauffage......	420,456^k	440,298^k	396,424^k	395,309^k
Pour la ventilation.....	164,980	168,540	162,538	163,986
Pour les bains.........	39,980	51,162	41,038	40,705

Les consommations moyennes pour ces trois services ont été de 413,122 kilogrammes; 164,911 kilogrammes ; 43,429 kilogrammes, et la consommation totale de 621,429 kilogrammes. Le prix de la houille ayant été pendant les deux premières années de 35 francs les 1000 kilogrammes, et de 41 francs pendant les deux dernières, la dépense moyenne pour le chauffage a été de 15,698^r,64; pour la ventilation, de 6,266^r,60, et pour les bains, de 1,565^r,25 ; et, en y joignant 5,669 francs pour main-d'œuvre, la dépense totale s'est élevée à 89,199^r,50, et par suite la dépense moyenne de chauffage et de ventilation a été par détenu, pour une année, de 24^r,33, et la dépense de ventilation seulement de 5^r,22.

La consommation moyenne de houille par jour, pour la ventilation, ayant été pendant ces trois exercices de 19 kilogrammes, tandis que la consommation moyenne pendant les expériences s'est élevée à 22^k,50, il s'ensuit que la ventilation, pendant ces trois années, a dû être inférieure à 30,000 mètres cubes. Comme les vitesses d'accès dans la cheminée d'appel sont sensiblement proportionnelles aux racines carrées des excès de température et que les excès de température sont proportionnels aux quantités de combustible consommé, on trouve que, pendant ces trois années, la ventilation par cellule et par heure a dû être de 22 mètres cubes, et que les consommations moyennes par jour d'été et par jour d'hiver n'ont pas dû dépasser 21^k,11 et 16^k,89.

2417. *Conséquences des faits observés.* — En admettant une consommation de 20 kilogrammes de houille par heure pour une ventilation totale de 30,000 mètres cubes d'air par heure, et une température moyenne extérieure de 6 degrés, l'accroissement de température de l'air dans la cheminée sera sensiblement donné par l'équation,

$$20 \cdot 8000 = 30000 \cdot 1,3 \cdot 0,24,$$

d'où l'on tire $x = 17°$; la température de cet air sera alors $17 + 14 = 31°$, et son excès de température sur l'air extérieur de $31 - 6 = 25°$. Je n'ai point égard à l'échauffement de l'air par le tuyau à fumée des générateurs, parce que l'influence de cet échauffement est très-faible, comme le constatent les expériences du tableau D, citées plus haut. La hauteur de la cheminée étant de 29 mètres, la vitesse théorique d'accès de l'air sera

$$v = \sqrt{\frac{2g\mathrm{H}a(t-\theta)}{1+at}} = \sqrt{\frac{19,62 \cdot 29 \cdot 0,00365 \cdot 23}{1+0,00365 \cdot 31}} = 6,70 \,;$$

Or, la cheminée est cylindrique, de $2^m 15$ de diamètre et $3^m 62$ de section ; et, comme elle renferme le tuyau à fumée des calorifères, qui a $0^m 80$ de diamètre et $0^m 50$ de section, il s'ensuit que la section du canal, par lequel s'écoule l'air de ventilation, est réduite à $3^m 62 - 0^m 50 = 3^m 12$. La cheminée évacuant 30,000 mètres cubes d'air par heure, ou $8^{mc} 33$ par seconde, la vitesse d'accès sera de $8,33 : 3,12 = 2^m 67$. Ainsi, la vitesse réelle n'est que de $2,67 : 6,70 = 0,40$ de la vitesse théorique, et par conséquent le travail réel n'est que $(0,40)^2 = 0,16$ du travail que produirait la cheminée, s'il n'y avait pas de résistance dans tout le parcours de l'air depuis les orifices d'accès de l'air extérieur jusqu'au sommet de la cheminée. Remarquons maintenant qu'en désignant par V la vitesse due à la charge, par v la vitesse réelle, par m la somme totale des résistances, on a

$$v = \mathrm{V}\sqrt{\frac{1}{1+m}} \,; \quad \text{d'où} \quad \left(\frac{v}{\mathrm{V}}\right)^2 = \frac{1}{1+m} \,; \quad \text{et} \quad m = 5,25.$$

Or, dans le trajet de l'air, il y a trois renflements : à l'entrée dans les galeries, dans les cellules et dans les caveaux où se trouvent les tonnes de vidange, et trois changements de direction à angle droit, deux dans le canal qui amène l'air dans les cellules et un à l'entrée de l'air dans la cheminée d'appel, qui produisent une perte de charge égale à 4,50 (379) (354) ; ainsi il ne reste que 0,75 pour les frottements.

2418. La surface totale des murailles exposées au contact de l'air est à très-peu près de 13,000 mètres carrés, non compris les surfaces des voûtes et du sol, qui transmettent fort peu de chaleur ; leur épaisseur est de $0^m 60$. La surface totale des vitres est de 2173 mètres carrés. En admettant le nombre 15 (867) pour la quantité de chaleur transmise par mètre carré de murailles et par heure, et 23 (881) pour la transmission des vitres dans les mêmes circonstances, la quantité totale de chaleur perdue moyennement par les vitres et les murailles sera 13000 . 15 + 2173 . 23 = 244979. Pour obtenir la quantité totale de chaleur fournie par les calorifères, il faut, à cette quantité de chaleur, ajouter celle qui est nécessaire pour élever 27,000 mètres cubes d'air de 6 degrés à 14, puisque l'air des cellules a 14 degrés, quantité qui est égale à $27000 . 1,3 . 8 . 0,24 = 67392$, et en retrancher la chaleur produite par les détenus, qui est égale à $40 . 1225 = 49,000$. On trouve ainsi, pour la quantité de chaleur fournie par la vapeur, $244979 + 67392 - 49000 = 263371$. En admettant que chaque kilogramme de vapeur ait fourni 600 unités de chaleur, la quantité de vapeur moyenne condensée par heure serait de 439 kilogrammes. Pendant les trois années de chauffage de 1851 à 1854, la consommation moyenne pour le chauffage a été de 413,122 kilogrammes, et par heure moyenne de $413,122 : (210 . 24) = 82^k$; pour que cette consommation produisît les 439 kilogrammes de vapeur, il faudrait admettre que chaque kilogramme de houille a produit $5^k 35$ de vapeur; or, il résulte d'une note lithographiée, adressée par M. Grouvelle à M. le préfet de la Seine, que les premières chaudières établies à Mazas avaient des dimensions trop petites, que les ordonnances ne permettaient pas de dépasser, et ne produisaient que $4^k 48$ de vapeur par kilogramme de houille, et que les nouvelles, plus puissantes, qui ont été ajoutées aux premières, produisent $6^k 49$. Ainsi la production de la vapeur a varié entre ces deux nombres, dont la moyenne diffère peu du nombre indiqué par le calcul.

2419. *Description de la prison Mazas.* — La figure 585 représente le plan des bâtiments au niveau du sol.

A, entrée.

B, cour de l'administration.

C, corps de garde.

D,D, magasins.

E, salle des morts.

F, cuisine.

G, passage du greffe.

H, greffe.

I,I, salle des fouilleuses.

J, J, salles provisoires de dépôt.

J', panneterie.

K, cabinet du directeur.

K',K',K', chemin de ronde.

L, salle centrale au milieu de laquelle se trouve le bureau du surveillant ; au-dessus du bureau du surveillant se trouve l'autel. De cette salle centrale partent six corps de bâtiments M, M, M, ... séparés en deux parties égales par un corridor qui s'élève jusqu'à la toiture, il est éclairé par la partie supérieure et par un immense vitrage qui le termine. De chaque côté du corridor, le rez-de-chaussée, le premier et le deuxième étage des bâtiments sont divisés en cellules ; celles du premier et du deuxième étage sont desservies par un balcon qui règne dans toute la longueur des bâtiments. Les balustrades en fer des balcons opposés servent de rails à un chariot contenant les rations des prisonniers, que les gardiens distribuent aux détenus. Les chariots sont chargés à la cuisine, un chemin de fer les conduit à la descente des caves P, où ils sont reçus sur un autre chemin de fer ; des treuils, disposés dans chaque aile en Q, enlèvent les chariots à la hauteur de l'étage où la distribution doit être faite. Ce service dure trois minutes. Pendant le service divin les portes des cellules sont entr'ouvertes à peu près de $0^m 06$, de manière que les détenus puissent voir le prêtre à l'autel sans se voir ni communiquer entre eux.

O,O..., parloirs ; chaque détenu et chaque visiteur a son cabinet.

P, descente du passage des vivres.

Q, passage dans l'épaisseur des voûtes pour les chariots de vivres.

N..., préaux cellulaires des prisonniers ; ils y descendent un à un par les escaliers R, et sont dirigés du centre S dans chaque petite cour ; la partie centrale est occupée par une petite cour dans laquelle se tient le surveillant; l'extrémité de chaque cour, la plus éloignée du centre, est couverte de manière à présenter un abri au prisonnier.

T, usine à gaz.

U, cheminée générale de ventilation.

V, cellules de bains.

L'infirmerie se trouve dans le premier bâtiment de droite au premier étage; chaque malade a une cellule double.

Fig. 585.

2420. La figure 586 représente la coupe verticale d'un des bâtiments cellulaires. Chaque cellule a 3^m 75 de longueur, 2 mètres de largeur et 3 mètres de hauteur; chacune renferme un bec de gaz et une cuvette d'aisances C, dont le tuyau de descente sert à l'écoulement de l'air de ventilation dans une cave qui communique avec la grande cheminée d'appel; l'air passe entre le couvercle et les bords de la cuvette.

A et B sont deux tuyaux de fonte horizontaux parcourus en sens contraire par de l'eau chaude; ils sont placés dans un canal situé au-dessous du balcon et fermés par une cloison en plâtre; ce canal est interrompu par des cloisons transversales placées dans les axes des murs de séparation des cellules; l'air du corridor s'introduit dans le canal par des orifices percés dans la cloison en plâtre et pénètre dans chaque cellule par les orifices D fermés par des plaques de fonte à jour.

E, fenêtres des cellules.

F, fenêtre grillée qui ferme l'extrémité du corridor.

G, vases d'expansion des circulations d'eau.

Le tuyau d'écoulement de l'air fixé latéralement à l'extrémité de chaque tuyau de descente est en zinc; il a 0^m 45 de longueur et 0^m 10 de diamètre; il est garni à son extrémité d'une étoile en cuivre, destinée à régler la ventilation; l'ajutage est garni d'un chapeau en zinc qui le recouvre et laisse autour du tuyau un espace annulaire libre de 0^m 025; le fond du chapeau est garni de foin; les changements de direction que l'air éprouve pour sortir arrêtent le son, ou du moins le rendent tellement confus, qu'aucune communication n'est possible par la voix entre les détenus. Cette disposition a été imaginée par M. Bruzard, architecte de la préfecture de police.

Dans les caveaux renfermant les tonnes de vidange, il se forme une telle quantité de toiles d'araignées, surtout près des tuyaux intérieurs d'aérage, que tous les six mois il faut les brûler avec des torches; un simple balayage ne serait pas suffisant.

Pour régler la ventilation des cellules, on règle d'abord la ventilation des ailes sur celle qui offre le plus de résistance en abaissant progressivement les registres des autres, l'anémomètre à la main, puis celle des cellules d'une même aile sur celle qui est la plus éloignée de la cheminée et la plus élevée.

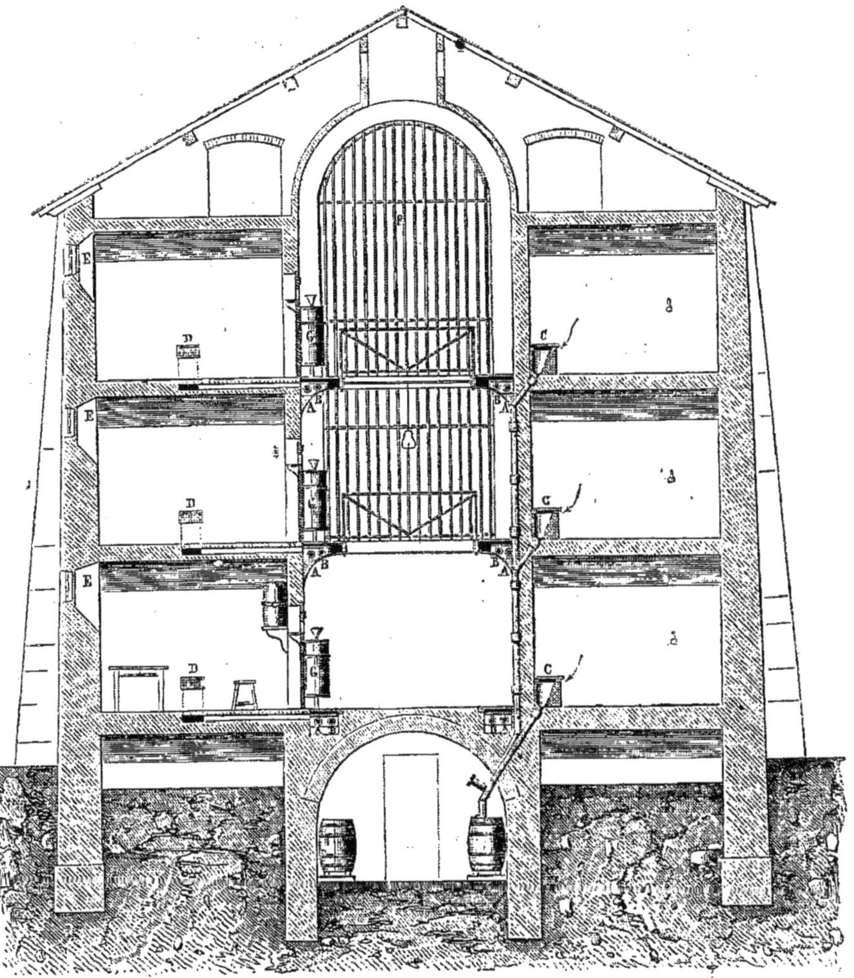

Fig. 586.

2421. La figure 587 représente une coupe d'un des bâtiments cellulaires dans la partie la plus voisine de la rotonde, en avant des cellules.

A, réservoirs d'eau chauffés par la vapeur, alimentant les tuyaux qui circulent sous les balcons.

B, balustrades de deux petits ponts qui traversent le corridor, et au-dessous desquels se trouvent des tuyaux à eau chaude qui correspondent avec la circulation du côté droit.

C,C sont des vases communiquant avec les tuyaux d'eau chaude destinés à permettre la dilatation de l'eau et à maintenir les tuyaux constamment pleins; ils sont placés à l'extrémité opposée de la galerie : dans cette coupe la voûte est moins élevée que dans la partie du bâtiment occupée par les cellules.

D, réservoir d'eau froide pour le service des détenus.

E, espace parcouru par l'air de ventilation; la grille qu'on y remarque a pour objet d'intercepter les communications.

2422. *Résumé des rapports faits par diverses commissions.* — Dans le mois de juin 1850, à la suite d'un article du journal *le Siècle,* qui renfermait des plaintes très-vives de certains détenus de la prison Mazas, le Préfet de police nomma le 25 juin une commission ayant pour objet d'examiner l'état sanitaire de cette prison. Cette commission était composée de MM. Thierry, Guérard, Paillard de Villeneuve, Besuchet de Saunois, Beguin, Boutron, Bruzard, et Perrée, gérant du *Siècle.*

La commission nommée par M. le Préfet de police se divisa en deux sous-commissions, l'une ayant pour objet l'examen des conditions physiques, l'autre celui de la partie morale; M. Guérard fut désigné comme rapporteur de la première, et M. Paillard de Villeneuve de la seconde. Nous extrairons de ces deux rapports les passages qui nous paraissent les plus importants.

2423. *Premier rapport.* — « La commission s'est livrée à plusieurs expériences ayant pour but de constater le mouvement de l'air et d'en mesurer la vitesse. Ainsi, en produisant de la fumée dans un point quelconque de la cellule, nous avons vu cette fumée se diriger vers le siége d'aisance, et s'engager bientôt dans l'espace laissé libre au-dessous du couvercle. C'est pour cette raison, que de l'aveu même des détenus, l'usage du cigare ou de la pipe n'est jamais suivi de la persistance de la fumée dans la cellule; quelques minutes suffisent pour la dissiper. L'expérience suivante en fournit la preuve la moins contestable : trois personnes, dont un membre de la commission, se sont renfermées dans une cellule et y ont fumé sans interruption pendant une heure; la

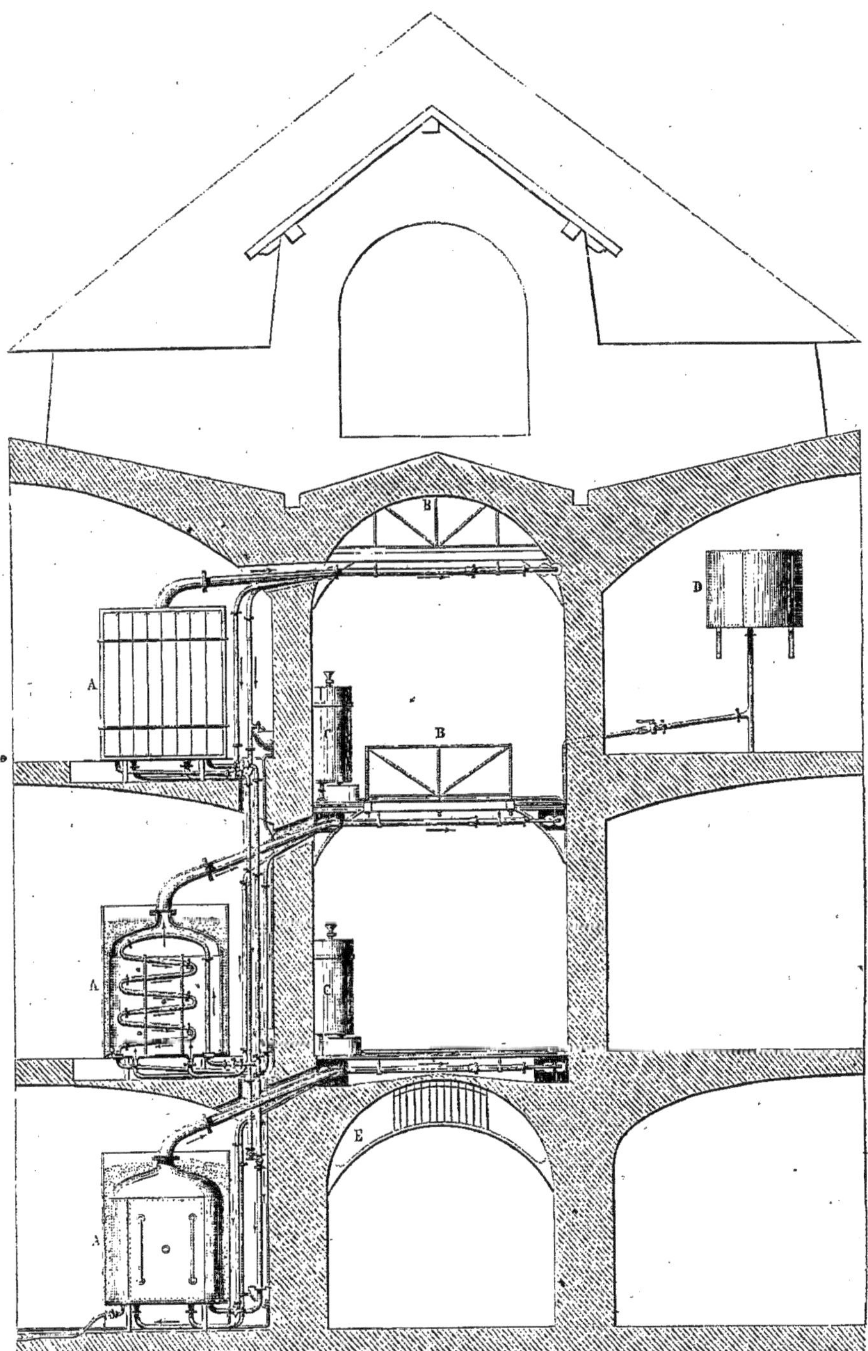

Fig. 187.

fumée disparaissait à mesure qu'elle était produite, et l'air a conservé sa transparence jusqu'à la fin.

2424. « Quant à la rapidité de la ventilation, l'anémomètre a constaté que chaque cellule reçoit de 10 à 25 et même 30 mètres cubes d'air neuf par heure. Hâtons-nous d'ajouter que d'aussi grandes différences entre les quantités d'air reçues par les diverses cellules dépendent des influences perturbatrices que nous avons reconnues et dont nous parlerons plus loin. Comme ces influences ont été neutralisées dans la sixième division, où viennent d'être exécutées les modifications demandées par la commission, pour la nouvelle disposition des prises d'air, la répartition de l'air introduit par la ventilation est devenue beaucoup moins inégale ; aussi les premières expériences exécutées dans cette division donnent-elles, pour le volume d'air introduit par heure dans les cellules, un chiffre qui oscille entre 13 et 22 mètres cubes. Quand le service de régularisation sera complétement terminé, la répartition acquerra une uniformité à peu près parfaite. Mais pour que cette circulation d'air ait lieu sans interruption, il faut : 1° que la cheminée d'appel fonctionne régulièrement ; 2° que les caves longitudinales soient bien closes ; 3° que l'air extérieur ne soit pas sollicité à se mouvoir en sens contraire par l'action du soleil ou des vents. Or, ces trois conditions se sont trouvées momentanément ou interrompues, ou incomplétement remplies, et c'est ce qui a donné lieu tantôt à une ventilation incomplète, tantôt au refoulement de l'air des siéges d'aisances. . .

. . . .

2425. « Enfin, la troisième cause de ventilation irrégulière est celle qui est relative à l'influence perturbatrice exercée par le soleil ou le vent. Cette cause s'est présentée plus d'une fois, et si elle n'a pas eu assez de puissance pour anéantir complétement l'action de la cheminée d'appel, elle a dû l'amoindrir assez, surtout pendant les derniers jours du mois de juin, où la chaleur a été excessive, pour qu'à certaines heures de la journée quelques détenus aient pu s'en trouver incommodés ; toutefois, nous devons déclarer que, dans ces mêmes circonstances, nous avons pu constater à l'anémomètre que la vitesse du courant d'air est encore de 10 mètres cubes par heure, minimum proposé par la commission qui a présidé à l'établissement du système de ventilation.

2426. « C'est ici le lieu de faire observer que, dans nos expériences, nous avons pu nous convaincre que la clôture des fenêtres était essentielle à la régularité de la ventilation ; avec les fenêtres ouvertes, et particulièrement sous l'influence du vent, nous avons eu quelquefois un appel en sens contraire, c'est-à-dire que l'air remontait par le siége d'aisances avec une rapidité très-grande et allait même se répandre dans la galerie. Dans une de nos expériences, l'anémomètre nous a indiqué 38 mètres cubes d'air venant de la fosse en une heure. Ce chiffre a été dépassé de beaucoup dans des expériences ultérieures. Quant aux guichets, l'influence de leur état de clôture ou d'ouverture sur la ventilation est à peu près nulle.

« Cette double influence perturbatrice du soleil et du vent avait été signalée par la commission chargée de la réception des appareils de M. Grouvelle, et c'est sur les indications de cette commission que cet ingénieur s'est empressé de changer la place des prises d'air et de les mettre dans l'intérieur même des galeries, où elles sont à l'abri des influences atmosphériques.

« Déjà une division tout entière est disposée d'après ce système, et, comme nous l'avons déjà dit plus haut, les expériences anémométriques exécutées dans ce bâtiment ont justifié complétement les prévisions de la commission et ont montré que désormais la ventilation pourra être obtenue d'une manière complète et régulière.

« D'après les détails dans lesquels nous venons d'entrer, il est permis de conclure que : 1° l'aération des cellules de la prison Mazas peut être effectuée d'une manière satisfaisante pour la santé des détenus ; 2° l'occlusion des fenêtres est nécessaire à la régularité de la ventilation. . . . .

2427. « Nous ne terminerons pas ce rapport sans faire observer que quelques détenus, bien que soumis à une aération convenable, ont accusé une gêne plus ou moins grande dans la respiration. L'examen de ces détenus nous a fait voir que ce malaise doit être attribué à une disposition maladive spéciale. Ainsi, nous avons reconnu chez quelques-uns des affections de la poitrine ou du cœur, qui les exposent à ressentir, même en plein air, la gêne dont ils se plaignaient et surtout sous l'influence de la température élevée de l'atmosphère qui régnait au moment de notre visite.

« Un détenu, souffrant de pesanteur de tête et d'étourdissements, nous a avoué avoir été obligé de quitter, par ce motif, sa profession de boulanger, et cela plus de six mois avant son incarcération.

« Enfin, depuis que l'administration a pris possession de la prison Mazas, cinq décès ont eu lieu : deux par suite de phthisie pulmonaire et un troisième par une attaque d'apoplexie. Pour ce dernier, il convient de faire observer que les affections de cette nature sont extrêmement communes partout à cette époque de l'année. Quant à la phthisie, les médecins ont pu remarquer qu'elle a fait plus de victimes cette année, en mai et juin, qu'à la même époque en 1848. Le rapport, pour l'Hôtel-Dieu en particulier, est de 55 à 40. L'épidémie du choléra n'a pas permis d'établir le rapport avec l'année dernière. Il n'est donc pas étonnant que cette maladie, dont étaient atteints depuis longtemps les deux détenus qui ont succombé à la prison Mazas, ait pris une marche plus rapide après leur détention dans cette maison. La même accélération a pu être observée en ville et dans les hôpitaux.

« C'est aussi à une disposition individuelle de quelques détenus qu'il convient d'attribuer la mauvaise odeur que l'on sent en entrant dans un petit nombre de cellules. Cette odeur, qui persiste malgré une ventilation active et régulière, ne manquerait pas d'être aperçue en plein air, et on ne doit pas la considérer comme résultant de l'insuffisance de l'aération.

« Cette circonstance n'est d'ailleurs qu'exceptionnelle, et, sous ce rapport, la prison Mazas offre un contraste frappant avec l'ancienne Force, où les salles habitées en commun par les détenus exhalaient le plus souvent une odeur infecte. »

2428. *Second rapport.* — « . . . .
. . . Un grand nombre de détenus pris au hasard, dans chaque galerie, à chaque étage, ont été interrogés isolément afin de laisser à leurs plaintes plus de liberté. Leur réponse a été presque uniformément la même. Ils ont déclaré que la cellule, comme lieu d'habitation, leur paraissait parfaitement convenable, que la température n'avait rien qui pût les incommoder, qu'ils ne manquaient pas d'air, et que, depuis leur encellulement, ils n'avaient ressenti aucun changement dans leur santé. Plusieurs même ont ajouté qu'ils se considéreraient comme fort heureux si, dans l'état de liberté, ils étaient toujours assurés d'avoir un logement semblable.

« Telle a été la réponse non-seulement de ceux qui n'ont jamais été détenus dans les prisons en commun, mais aussi des récidivistes qui ont déjà passé par les autres prisons ou par les maisons centrales.

« Nous devons cependant constater quelques plaintes. Plusieurs détenus, et la proportion est à peine de un sur trente, ont déclaré qu'ils manquaient d'air et que leur santé en souffrait. La cause de ces plaintes a pu facilement être appréciée à la vue des ventilateurs que les détenus avaient eux-mêmes bouchés, et les expériences faites après la mise des lieux dans leur état primitif ont constaté que la ventilation normale était restituée aux cellules.

2429. « Quant aux plaintes fort peu nombreuses qui n'étaient pas le résultat du dérangement volontaire des appareils, la commission ne peut répondre qu'une chose : c'est que les cellules habitées par les détenus dont les plaintes émanaient, ont été reconnues, par expérience, être dans des conditions de ventilation égales à celles des autres cellules, quelquefois même plus favorables.

« Enfin les états comparatifs des malades et des morts, depuis l'occupation de la prison Mazas, viennent confirmer les expériences faites.

. . . .

« En résumé, la commission est unanime pour déclarer que, d'après l'inspection des lieux, d'après les déclarations des détenus eux-mêmes, le système actuel de l'emprisonnement préventif présente des améliorations incontestables ; que, sous le point de vue hygiénique comme sous le point de vue moral, toutes les conditions de bien-être et de moralité peuvent être conciliées, et que, dans sa pensée, elles seraient accomplies par l'adoption des mesures qu'elle a cru devoir indiquer. »

Suivent les noms de tous les membres de la commission, sans exception de celui de M. Perrée, rédacteur de l'article du *Siècle* qui avait provoqué la nomination de la commission. Les mesures réclamées consistaient dans les changements de position des prises d'air, ce qui était déjà en voie d'exécution ; dans la surveillance plus exacte du foyer d'appel des vidanges ; dans une meilleure organisation du travail, des punitions, etc.

2430. On a pensé longtemps, que pour que le système de ventilation fonctionnât régulièrement, il fallait que toutes les fenêtres des cellules fussent hermétiquement closes. Mais les plaintes de quelques détenus qui disaient manquer d'air pendant les chaleurs de l'été, appelèrent l'attention de la commission sanitaire. Il fut reconnu que dans les cellules d'où étaient sorties ces plaintes il y avait 25 et 30 mètres cubes de ventilation par heure, et que cependant des indispositions sérieuses avaient été réellement constatées.

On avait attribué ces faits à l'élévation de la température dans la cellule, mais il est facile de voir que pour que cette cause fût la véritable, l'air aurait dû entrer beaucoup trop chaud. Il est probable que ces indispositions tiennent à des phénomènes qu'il est difficile d'expliquer scientifiquement, mais dont l'action sur l'organisme est telle que pour une longue détention, rien ne peut remplacer l'influence de l'air chauffé directement par le soleil. Il faut en outre remarquer que certaines personnes douées d'organisations délicates croient manquer d'air lorsqu'elles se trouvent dans une enceinte où il y a simultanément une température élevée et une aspiration d'air.

On essaya d'entr'ouvrir les fenêtres des détenus qui souffraient, et à l'instant les plaintes et les indispositions cessèrent. Il fallut alors donner à tous les détenus la faculté d'ouvrir à volonté leur fenêtre sans troubler la ventilation. MM. Gilbert et Lecointe, architectes de la prison firent préparer 1225 tampons mobiles ; on en donna un à chaque détenu avec ordre de le placer sur la lunette de son siége d'aisances quand il ouvrirait sa fenêtre. Ce système, essayé sur une aile puis appliqué à toute la prison, a donné de bons résultats. Les fenêtres sont aujourd'hui à la disposition entière des détenus.

Prison cellulaire de Provins.

2431. Cette prison est disposée de la même manière que la prison Mazas, mais elle ne renferme qu'un seul bâtiment, et seulement trente-neuf cellules. Les appareils de chauffage et de ventilation ont été construits par M. Grouvelle ; ils sont organisés en tous points comme dans la prison Mazas ; seulement la chaudière chauffe directement l'eau chaude d'hiver ; celle d'été est effectuée par un foyer d'appel spécial.

La surface des murailles est de 1059 mètres carrés, leur épaisseur moyenne est de $0^m 60$; la surface des vitres est de $107^m 50$; la cheminée du calorifère a $0^m 31$ de diamètre, et s'élève de 5 mètres dans la cheminée d'appel, qui a 18 mètres de hauteur, $1^m 06$ de diamètre à la base et $0^m 60$ à la partie supérieure.

M. Gentilhomme, architecte, ingénieur civil attaché à l'administration des hospices de Paris, a été chargé en 1849, par M. le préfet du département de Seine-et-Marne, d'examiner les appareils, d'en mesurer les effets, et de donner son avis sur leur réception ou leur rejet. C'est du rapport de M. Gentilhomme que nous avons extrait ce qui suit.

2432. *Observations des températures.* — Ces observations ont été faites dans quatre cellules de chaque étage : la plus éloignée du départ du tuyau de circulation, la plus rapprochée de ce départ, et deux du milieu de chaque côté, nord et sud. Elles ont eu lieu du 15 mars au 6 avril. Les températures ont été relevées le matin, à midi et le soir.

La moyenne pour les températures du matin a été de 14° 60 ; celle de midi, de 15° 35 ; celle du soir de 14° 91, et la moyenne de la journée de 14° 95. La température moyenne de la grande galerie donnant entrée dans les cellules a été de 15° 16, et celle du greffe de 18 degrés. Dans les cellules exposées au midi, la température moyenne était plus élevée, à peu près de 1 degré, que dans celles qui étaient exposées au nord.

Le chauffage était toujours suspendu pendant la nuit, et pourtant l'abaissement de la température pendant l'interruption du chauffage n'a jamais dépassé 0° 31, à cause de la grande quantité de chaleur renfermée dans les murs et dans l'eau chaude.

La température extérieure moyenne du jour pendant les expériences a été de 6 degrés ; mais comme les nuits ont été très-froides, la température moyenne du jour et de la nuit a été beaucoup plus basse. Les déclarations du concierge de la prison, du gardien et de tous les prévenus sur la température pendant les jours les plus froids de l'hiver, sont unanimes et très-satisfaisantes ; quelques détenus se sont plaints de la chaleur, aucun du froid.

M. Gentilhomme observe avec raison que si le froid devenait excessif, il serait facile d'y pourvoir en prolongeant le chauffage au delà de sa durée ordinaire.

2433. *Ventilation.* — Les expériences de ventilation ont eu lieu sur les tuyaux de descente des cellules et dans la cheminée d'appel. Voici les résultats obtenus :

FOYER DE LA CHAUDIÈRE EN PLEIN FEU. — FOYER D'APPEL ÉTEINT.

2434. Rez-de-chaussée, volume d'air moyen sorti de chaque
cellule par heure... »
1er étage, id... 59^m 4
2e étage, id... 81^m 0
Volume d'air écoulé par la cheminée................. 3400^m 0

Le volume d'air appelé par la cheminée, réparti entre les trente-neuf cellules, donne pour chacune une ventilation de 87 mètres cubes ; la moyenne des ventilations des cellules, directement mesurée, est seulement de 70 mètres.

FOYER DE LA CHAUDIÈRE ÉTEINT DEPUIS 12 HEURES. — FOYER D'APPEL ÉTEINT.

2435. Rez-de-chaussée, volume d'air moyen sorti de chaque
cellule par heure... 32^m 4
1er étage, id... 28^m 8
2e étage, id... 16^m 0
Volume d'air écoulé par la cheminée................. 1051^m 0

Le volume d'air appelé par cellule, déduit de celui qui s'écoule par la cheminée, est de 27 mètres ; le volume d'air moyen écoulé par cellule, déduit des observations directes faites sur plusieurs d'entre elles, est de 25^m 7.

FOYERS ÉTEINTS DEPUIS SIX JOURS.

2436. Rez-de-chaussée, côté du midi, volume d'air écoulé par
cellule et par heure............................. 24^m 4
1er étage, id.................................... 34^m 5
2e étage, id,.................................... 7^m 0
Volume d'air appelé par la cheminée par heure..... .. 1134^m 0

Dans ces expériences, il n'y avait point de feu, ni dans le foyer de la cheminée, ni dans celui du fourneau. La ventilation des cellules dirigées vers le nord était complétement nulle.

FOYER DE LA CHAUDIÈRE ÉTEINT. — FOYER D'APPEL ALLUMÉ.

2437. Rez-de-chaussée, côté du nord, volume d'air écoulé par
cellule et par heure............... 64^m 8
—   côté du midi, id.................. 43^m 4
1er étage, côté du nord, id.......................... 97^m 2
—   côté du midi, id.......................... 72^m 7
2e étage, côté du nord, id.......................... 95^m 7
—   côté du midi, id.......................... 80^m 0
Volume d'air écoulé par la cheminée par heure........ 2940^m 0

Le volume d'air écoulé par la cheminée, divisé par le nombre 39 des cellules, donne pour la ventilation de chacune d'elles 75^m 4, et la ventilation moyenne des cellules, déduite des expériences faites sur un grand nombre d'entre elles est 75^m 6.

Le chauffage a lieu avec de la tourbe; la consommation moyenne par jour est de 367 kilogr., équivalant à peu près à 175 kilogr. de houille. La consommation moyenne du foyer d'appel n'a point été observée.

Le rapport conclut à l'admission des appareils, attendu : 1° que la température exigée par le marché a été atteinte et pourrait être dépassée ; 2° que la ventilation, bien uniformément répartie, dépasse de beaucoup celle qui était exigée ; 3° enfin, que par une interruption même assez prolongée des foyers, la température et la ventilation n'éprouvent que des diminutions peu considérables.

Ces conclusions ne s'accordent nullement avec les résultats des expériences indiquées plus haut. La ventilation est loin d'être régulière, et quand le foyer est éteint depuis 12 heures, la ventilation des cellules du deuxième étage est réduite au cinquième de ce qu'elle était précédemment. Il est en outre important de remarquer que les nombres donnés au rapport ne sont que des moyennes, et que par conséquent les irrégularités sont encore bien plus notables.

2438. *Observations.* — En admettant que la quantité de chaleur transmise par les vitres exposées à l'air, par mètre carré et par heure, soit de 22 unités de chaleur et que la chaleur transmise par les murailles dans les mêmes circonstances soit de 15, la quantité de chaleur perdue par les vitres et les murailles sera de $107,5 \cdot 22 + 1059 \cdot 15 = 18250$ unités de chaleur ; et comme le volume d'air appelé par heure était de 3400, et la température extérieure de 6°, la quantité de chaleur employée pour chauffer cet air de 6° à 15° ou de 9° était de $3400 \cdot 1,3 \cdot 9 : 4 = 9945$; et par conséquent la dépense totale de chaleur était de $18250 + 9945 = 28195$, qui, à raison de 3750 calories par kilogramme de houille, représentent 7,51 kilogr. de houille, ce qui correspond à peu près à une consommation de 180 kilogr. par jour.

Quant à la ventilation, l'avant-dernière série d'expériences ayant été faite lorsque les foyers étaient éteints depuis six jours, la ventilation n'a certainement été produite que par l'excès de température de l'air intérieur sur l'air extérieur. Le diamètre de la cheminée au sommet étant de $0^m 60$, sa section est de $0^{mq} 282$, et comme le volume d'air appelé était de 1134 mètres par heure ou de $1134 : 3600 = 0^{mc} 315$ par seconde, il entrait dans la cheminée avec une vitesse de $0^m 315 : 0,282 = 1^m 117$. Or, pour un excès de température de 9 degrés et une hauteur de 18 mètres, la vitesse théorique d'accès est de $3^m 35$; et par suite le rapport de la vitesse réelle à la vitesse théorique est de 0,30.

2439. Dans les dernières expériences sur la ventilation, lorsque le foyer était allumé, on n'a point mesuré la quantité de combustible brûlé par heure dans le foyer, mais on peut la déduire du résultat précédent, parce que le rapport de la vitesse réelle à la vitesse théorique doit rester le même. Le volume d'air appelé a été de 2940 mètres par heure ou $0^{mc} 816$ par seconde. Alors la vitesse d'entrée de l'air dans la cheminée était de $0^m 816 : 0,282 = 2,893$; la vitesse théorique devait être de $2,893 : 0,30 = 9,64$. D'après cela, on trouve facilement au moyen de la formule

$$v = \sqrt{\frac{2gHa(x - 6)}{1 + a(x + 15)}},$$

en mettant à la place des lettres leurs valeurs actuelles, que l'excès de température de l'air dans la cheminée devait être de 57°, et que pour produire cette énorme ventilation de 74 mètres cubes par individu et par heure, on a dû dépenser par heure $2940 . 1,3 . (57—15) . 0,24 = 38525$ unités de chaleur qui correspondent à peu près à 5^k de houille. Si l'on réduisait la ventilation au quart, c'est-à-dire à $18^m 50$, ce qui pourrait paraître encore suffisant, la vitesse deviendrait 4 fois plus petite, et comme les excès de température $x—6$ sont proportionnels aux carrés des vitesses, on aurait $x—6 = (57—6) : 16$; d'où $x = 9°, 18$; ainsi la consommation de combustible serait réduite à $9,18 : 57 = 0,16$, et par conséquent à $6 . 0, 16 = 0^k 80$.

2440. Ce qui manque à ces appareils de chauffage et de ventilation, ce sont des instruments qui indiquent, à chaque instant, l'état de la ventilation, afin qu'on puisse toujours la maintenir entre certaines limites; car, s'il est important pour la salubrité qu'elle ne descende pas au-dessous d'un certain point, il est nécessaire, sous le point de vue économique, de ne pas tomber dans des ventilations exagérées qui occasionnent inutilement une grande consommation de combustible. Mais comme la ventilation par appel est fortement influencée par les variations atmosphériques, il faudrait avoir pour chaque cellule des appareils régulateurs tenant compte de toutes ces circonstances, ce qui paraît bien difficile.

Prison cellulaire de Tours.

2441. Les détails que je vais donner sont consignés dans un rapport de M. Sagey, ingénieur, membre de la commission de surveillance de la prison de Tours, ou proviennent de renseignements qu'il a bien voulu me transmettre.

Dans le commencement du mois de juillet 1849, le choléra existait dans la ville de Tours, mais avec peu d'intensité et seulement dans les quartiers éloignés de la prison ; lorsque, le 13 de ce mois, cette terrible épidémie se manifesta dans l'intérieur de cet établissement et en quelques heures y prit un développement effrayant. Le 14, Monseigneur l'archevêque avait mis à la disposition du directeur une maison de campagne pour y recevoir les détenus que le choléra avait épargnés ; on ne put y transporter que deux hommes. Sur une population de 89 détenus, 58 sont morts. L'administration comptait 22 personnes, hommes, femmes et enfants, 11 ont été atteints et 9 ont succombé.

Le rapport de M. Sagey a pour objet de décrire ce qui s'est passé, mais surtout la recherche des causes du développement si subit et si extraordinaire que le choléra a pris dans la prison , lorsqu'au dehors son action était si faible. En discutant les faits dont il a été témoin, et surtout cette circonstance que toutes les personnes libres, comme les détenus, les hommes, les femmes et les enfants, ont été indistinctement attaquées, il est conduit à penser que le choléra s'est développé spontanément dans la prison par son insalubrité. « Il m'est impossible, dit-il, de croire à autre chose qu'à un centre d'infection, tous les faits me montrent avec évidence la maladie et la mort attachées aux murs mêmes de la prison. »

2442. D'après M. Sagey, deux causes exercent une influence fâcheuse sur la santé des détenus: la mauvaise qualité de l'eau et l'insuffisance de la nourriture ; et une cause générale agit sur toutes les personnes qui habitent la maison, c'est l'air vicié qu'on y respire. M. Sagey s'est occupé avec beaucoup de persévérance de cette cause générale d'insalubrité ; en le prenant pour guide, je donnerai une description sommaire de la disposition des appareils de chauffage et de ventilation, je rapporterai les effets qu'ils ont produits, j'indiquerai les causes de leur insuffisance et enfin les nouvelles dispositions imaginées par M. Sagey.

2443. La prison de Tours est composée de trois bâtiments égaux, disposés comme ceux de la prison Mazas, et réunis à angles droits. Ces bâtiments renferment 120 cellules, mais 108 seulement peuvent être occupées par les détenus. Les appareils de chauffage et de ventilation ont été construits par M. Duvoir-Leblanc. Au point de croisement des trois corridors se trouve la chapelle ; au-dessous, un calorifère à eau chaude. L'eau chaude circule dans des tuyaux horizontaux placés dans des canaux creusés au-dessous du sol et dans les axes des galeries. L'air extérieur pénètre dans ces canaux, s'échauffe contre les tuyaux à eau chaude et se rend dans chaque cellule par un conduit pratiqué dans l'épaisseur du mur.

La ventilation des galeries devait avoir lieu, pendant l'hiver, par le foyer du calorifère ; pour cela, sur le sol de chacune des trois galeries, et au milieu de leur longueur se trouvent deux ouvertures couvertes de grilles, terminant des canaux qui aboutissent au cendrier du calorifère. La ventilation d'été des galeries devait être produite par des ouvertures ménagées à chaque étage dans chacun des vitraux qui ferment les extrémités des galeries ; ces ouvertures pouvaient être plus ou moins fermées par des châssis vitrés, mobiles dans des coulisses. La ventilation des cellules devait avoir lieu, comme à Mazas, par les tuyaux de descente; les cuvettes d'une forme conique, en fonte émaillée, communiquent à la partie inférieure avec un tuyau qui sort obliquement à travers le mur extérieur et descend verticalement, contre sa surface extérieure, dans la fosse creusée sous le chemin de ronde. Il y a une fosse pour six cellules. Les murailles et les voûtes des fosses sont formées de moellons posés à sec, sans mortier. Les fosses, à l'origine, étaient en communication avec deux cheminées du calorifère qui renfermaient à leur partie inférieure un poêle à eau chaude. La ventilation d'hiver devait avoir lieu par la chaleur de la fumée, et celle d'été par les poêles à eau chaude. « Les appareils ont été reçus par une commission qui n'a fait aucune réserve pour la ventilation qui ne fonctionnait pas encore. »

2444. Mais lorsque les tuyaux de descente ont été posés, on a reconnu qu'ils fournissaient une communication facile entre les détenus : des paroles prononcées à voix basse près de l'ouverture d'un siége étaient entendues distinctement à l'ouverture des autres siéges aboutissant à la même fosse. Pour éviter cet inconvénient, on fit plonger les extrémités inférieures des tuyaux dans des vases pleins d'eau, et plus tard on se contenta de les faire plonger dans du sable qui couvrait le sol des fosses ; mais alors, la communication des tuyaux avec l'air de la fosse a été interceptée, ainsi que le son ; on le croyait du moins alors, et il fallut chercher un autre procédé d'aérage. Les cuvettes ont été garnies d'une enveloppe pourvue d'un tuyau latéral en tôle, qui, après s'être élevé à une certaine hauteur, communique avec un canal creusé dans la muraille aboutissant dans les combles ; là, il se termine par un tuyau en tôle qui entre perpendiculairement dans des gaînes en bois qui débouchent dans les deux cheminées rélargies du calorifère. A partir de ce point, les cheminées n'ont plus que 5 mètres de hauteur.

2445. Le chauffage a mal réussi, du moins pour les cellules du rez-de-chaussée, pour lesquelles l'air n'a pas une force ascensionnelle suffisante.

La ventilation des galeries a été nulle l'hiver comme l'été. « L'appel de l'air des galeries par le foyer du calorifère devait être au moins de 20 mètres cubes par kilogramme de houille brûlée ; mais l'air qui s'introduit par les fentes de la fermeture suffit à la marche du foyer. Un jour, sans avertir le chauffeur, j'ai fermé hermétiquement les six grilles des galeries, avec des couvertures de laine ; le tirage n'a pas changé, et en soulevant un coin quelconque des couvertures, j'ai reconnu un courant sensible du dehors en dedans ; ce courant provient d'une diminution de pression qui se produit en hiver dans la prison, par suite de la ventilation, quand les portes et les fenêtres sont fermées. » La ventilation d'été a été presque constamment nulle, par la difficulté d'ouvrir les châssis supérieurs.

La ventilation d'hiver des cellules a dû être faible, parce que les cheminées dans lesquelles aboutissent les gaînes d'évacuation n'ont que 5 mètres de hauteur au-dessus des embouchures des gaînes; et d'ailleurs elle devait être irrégulière, car elle dépendait du chauffage.

Pour la ventilation d'été des cellules, on devait employer, dans le projet primitif, comme nous l'avons dit, les deux poêles à eau chaude placés au bas des cheminées, à 10 mètres en contre-bas des orifices de débouché des gaînes dans la cheminée, mais ce mode de ventilation n'a pas même été essayé, car pour faire passer la chaleur des poêles dans l'air fourni par les gaînes, il aurait fallu la transporter par de l'air extérieur qui se serait chauffé contre les poêles, ce qui aurait occasionné une très-grande perte de combustible. « Le constructeur a jugé lui-même ce système, en estimant la dépense en combustible pour la ventilation d'été à 14 kilogrammes de houille par heure, tandis que 2 kilogrammes suffiraient avec des appareils convenables, comme l'expérience l'a démontré. Le résultat de cette exagération dans le prix de la ventilation fut qu'on y renonça entièrement. » Mais alors la cheminée verticale dans laquelle aboutissent les gaînes en bois, se trouvant, en été, remplie d'air plus froid, et par conséquent plus lourd que l'air extérieur, le mouvement a dû s'opérer en descendant et ramener dans les cellules l'odeur que l'on cherche à éloigner. C'est sans doute à cause de ce résultat infaillible que l'on a fait, après coup, et d'une manière grossière, un trou au sommet de chacun des coudes des tuyaux qui communiquent avec les gaînes, de manière à faire déboucher librement dans le grenier toutes les conduites verticales. Comme l'air renfermé dans les combles, pendant l'été, est fortement échauffé par le soleil frappant sur les ardoises, il s'établit par les interstices de la couverture, un petit courant ascendant qui oblige l'air des conduites à s'élever. Il y a là deux forces qui se combattent et se contre-balancent presque, ne produisant guère qu'un état d'équilibre instable, souvent rompu dans un sens défavorable, et qui alors amène dans les cellules des émanations nauséabondes. Mais ce que l'on ne peut se figurer, c'est l'odeur atroce des combles, par suite des gaz infects accumulés depuis longtemps, se renouvelant par un mouvement insensible et cuits par la chaleur des ardoises. « Il est évident que par suite de l'ouverture des conduites, la ventilation d'hiver était complétement supprimée.

2446. Mais ce n'est pas tout, les tuyaux de descente, comme je l'ai dit, plongeaient par leur partie inférieure, et d'une petite quantité, dans le sable dont on avait rempli en partie les fosses, le son était intercepté, mais la communication des tuyaux avec l'air des fosses ne l'était point ; et comme les murs et les voûtes des fosses étaient en pierre sèche, et que le sol environnant était perméable à l'air, il s'ensuit que les tuyaux de descente qui n'étaient pas fermés à leur partie supérieure étaient réellement en communication avec l'air extérieur par l'intermédiaire des fosses. Alors les vents, l'échauffement des tuyaux de descente par l'ardeur du soleil, faisaient monter l'air des fosses dans les cellules. C'est ce que M. Sagey a démontré depuis, par de nombreuses expériences faites quand une ventilation régulière était établie dans les cellules, et que l'air s'écoulait par les cuvettes. Il a d'abord constaté l'existence du courant ascensionnel, et il est toujours parvenu à le faire disparaître quand le tuyau de descente était hermétiquement fermé par le bas, ce qui démontre qu'il ne provenait pas de fissures dans les joints et les soudures.

2447. Ainsi, point de ventilation dans aucune saison, ni pour les cellules, ni pour les galeries ; l'air des cellules vicié par les vapeurs qui s'élevaient des tuyaux de descente, non fermés à leur partie supérieure ; les cellules en communication directe par les tuyaux d'ascension et de descente avec deux foyers permanents d'infection, les fosses et les combles, dont l'air, par l'action des vents et du soleil, se mouvait tantôt dans un sens, tantôt dans l'autre, mais toujours en passant par les cellules, et enfin les cellules en communication directe avec les galeries. Voilà ce qui existait dans la prison de Tours en 1849 ; il serait difficile d'imaginer une réunion de circonstances plus déplorables. On comprend d'après cela la cause des ravages affreux que le choléra y a produits.

Voici ce qui a été exécuté sous les ordres de M. Sagey, avec l'approbation du Conseil général.

2448. La ventilation d'hiver des galeries a été obtenue en les faisant communiquer avec la partie inférieure d'une cheminée sans usage, au moyen d'un tuyau de zinc de 0^m 30 de diamètre, garni d'une clef de règlement, comme celle des poêles ; le courant est si rapide qu'il faut le modérer sous peine de perdre trop de chaleur ; ce courant provient de la différence entre la température de l'air intérieur et celle de l'air extérieur. La ventilation d'été a été produite par les anciennes dispositions, qui consistaient, comme nous l'avons dit, dans des ouvertures ménagées, à la hauteur de chaque étage, dans les vitraux qui ferment les galeries, mais les châssis vitrés qui les ferment sont mis en mouvement par de petits treuils à manivelle, qui, par des poulies supérieures, permettent d'ouvrir à la fois les orifices des trois étages. « Aujourd'hui, l'air des galeries est aussi pur que celui des jardins qui environnent la prison. »

2449. Pour la ventilation des cellules, on a réparé les gaînes en bois des combles qui étaient en très-mauvais état ; elles ont été recouvertes avec un mélange de plâtre et de bourre ; on a bouché les trous qui avaient été pratiqués dans les tuyaux qui amènent l'air des cellules, et on a remplacé les plus mauvais, les plus oxydés, par d'autres en terre cuite. Les gaz venant des cellules par les siéges et les gaînes arrivent à la partie supérieure d'une cheminée fermée par le haut et communiquant, à la hauteur du sol, avec une des cheminées du calorifère. Le poêle à eau chaude qu'elle renfermait a été remplacé par un foyer en briques avec grille pour brûler de la houille ; et comme le tirage du calorifère aurait pu souffrir de cette disposition, une petite cheminée de $0^m 25$ de côté et de 4 mètres de hauteur a été construite dans la grande cheminée pour le service spécial du calorifère. La cheminée a 15 mètres de hauteur et $0^m 18$ de section. Pour une consommation de $2^k 73$ de mauvaise houille par heure, la ventilation a été à peu près de 15 mètres cubes d'air par cellule et par heure.

2450. Pour constater à chaque instant l'état de la ventilation, M. Sagey a imaginé un instrument fort simple. Il consiste en une tige mobile autour d'un axe horizontal, fixé dans une plaque fermant un orifice qui avait été ménagé dans le canal de descente des gaz ; cette tige porte, du côté de la cheminée, une plaque horizontale en cuivre de $0^m 18$ de côté ; de l'autre côté, la tige est divisée et peut recevoir un petit poids curseur. Sans ce poids, le mouvement descendant de l'air dans la cheminée ferait abaisser la plaque et monter la partie extérieure du levier, mais on rétablit l'équilibre dans la position horizontale en plaçant le poids curseur à une distance convenable de l'axe de rotation ; il est évident que le poids du curseur multiplié par sa distance à l'axe de rotation mesure la pression produite par l'air en mouvement.

2451. Par la disposition dont nous venons de parler, on a obtenu une ventilation suffisante et bien régulière, mais la mauvaise odeur subsistait dans certaines cellules. En plaçant un petit anémomètre, fixé dans un tube, à l'orifice de la cuvette, son mouvement rapide indiquait une bonne ventilation et une aspiration énergique dans la plupart des cellules, mais dans celles qui étaient infectes, le mouvement avait lieu en sens contraire, accusant un fort courant ascendant venant du siége et pénétrant dans la cellule ; on conçoit quel devait en être l'effet. Ces cellules infectes n'étaient pas toujours les mêmes, et elles ne se trouvaient pas à la fois des deux côtés d'une même galerie ; c'est à la suite de ces premières observations, que M. Sagey a été conduit à constater l'influence du soleil et du vent pour faire monter l'air des fosses dans les cellules, dont j'ai déjà parlé. L'hiver, ce sont principalement les cellules du rez-de chaussée qui éprouvent ce fâcheux effet ; mais en été, quand le soleil échauffe les tuyaux de descente, ce sont les étages élevés qui y sont au contraire plus exposés.

2452. J'ai dit qu'en bouchant hermétiquement la partie inférieure des tuyaux de descente, on rétablissait dans les cellules un courant régulier de ventilation ; mais il s'en fallait beaucoup que ce courant eût une intensité constante dans toutes. Cette inégalité provenait de plusieurs causes ; d'abord de la mauvaise disposition des tuyaux qui amènent l'air des cellules dans les gaînes ; ces tuyaux, étant placés perpendiculairement à la longueur des gaînes, produisaient des veines qui rétrécissaient plus ou moins la section ; ensuite à des inégalités, des rétrécissements dans les conduites pratiquées dans les murs ; enfin, à l'obstruction des tuyaux de conduite par des corps étrangers.

2453. A ce dernier sujet, M. Sagey, en démontant plusieurs tuyaux de conduite, a remarqué que sur 1 mètre environ de hauteur, leur partie inférieure était obstruée par des toiles d'araignées ; plus haut, il n'y avait rien. Pour les enlever facilement, on a placé dans chaque tuyau, à 1^m 50 au-dessus du siége, une petite porte qui permet d'y introduire une chaîne ou d'y verser de l'eau. Il a fallu deux fois recourir à ce moyen, à la suite des indications de la balance anémométrique qui dénonçait cette obstruction.

2454. Pour remédier aux inconvénients que je viens de signaler, aux circonstances imprévues et accidentelles, sans tout reconstruire, M. Sagey a surmonté chaque gaîne d'une autre en briques et plâtre, qui communique avec elle près de la cheminée de descente ; et il introduit dans cette gaîne les tuyaux des cellules qui n'ont qu'une trop faible ventilation ; les tuyaux sont disposés de manière que les veines d'air appelé aient une direction parallèle à l'axe de la gaîne, et n'agissent pas comme des obturateurs pour celles qui précèdent.

Malgré le dévouement de M. Sagey, il ne put arriver à un bon résultat par la ventilation par appel et fut obligé de recourir à la ventilation mécanique. La machine employée est un ventilateur à force centrifuge, mis en mouvement par les détenus.

2455. Le ventilateur est en tôle ; il a quatre ailes ; 1^m 30 de diamètre ; 1^m 40 de largeur ; il n'appelle l'air que par une de ses faces ; les orifices d'entrée et de sortie sont de 0^{mq} 16. L'air expulsé se rend dans une cheminée dont la section est aussi de 0^{mq} 16. Il fait quatre tours pour un de la manivelle, au moyen d'un engrenage ; la manivelle doit faire un tour en deux secondes. On obtient une régularité parfaite dans le mouvement, au moyen d'un pendule placé en face du détenu qui tourne la manivelle. Pour la vitesse de rotation que nous venons d'indiquer, celle de l'air est à peu près de 4^m 50, ce qui correspond à 2800 mètres par heure, et à 26 mètres par cellule et par heure. La résistance est si faible que les détenus tournent ordinairement la manivelle avec une seule main. Chaque détenu, pour un travail continu de deux heures, reçoit 0^r 10. Il y a donc pour eux profit, exercice très-salutaire sans grande fatigue, et conscience de faire une chose utile pour tous ; aussi ce travail, loin d'être redouté, est recherché.

Le ventilateur est placé dans une position qui avait été disposée pour cet objet, lors de l'établissement de la cheminée de descente. En face de la cellule du deuxième étage, on avait pratiqué une ouverture fermée par une trappe mobile autour d'un axe horizontal ; lorsqu'elle était placée horizontalement, elle fermait la cheminée et établissait une communication avec le centre du ventilateur. Au-dessus se trouvait la balance anémométrique.

2456. Mais les modifications faites dans les communications des tuyaux d'ascension avec les gaînes et cette grande ventilation, n'ont pas suffi pour assainir constamment les cellules, parce que l'air des fosses peut y pénétrer, et que, dans certaines circonstances atmosphériques, la plus grande partie de l'air aspiré vient des fosses, ce qui est attesté par l'insupportable odeur de l'air qui se rend dans le ventilateur. Il fallait donc encore modifier les siéges, de manière à supprimer leur communication permanente avec les fosses.

La nouvelle cuvette est formée de deux vases concentriques en fonte ; le vase intérieur, d'une forme conique, ouvert en dessus et en dessous, est émaillé intérieurement ; le vase extérieur communique, dans la direction de l'axe du vase intérieur, avec le tuyau de descente ; ce tuyau, à son origine, est fermé par un tampon garni d'une tige, et terminé par un anneau ; le vase enveloppant est garni d'un tuyau qui s'élève dans les gaînes des combles ; la cuvette est fermée par un couvercle à charnière qui laisse en avant une ouverture pour le passage de l'air ; enfin, les tuyaux de descente plongent dans un baquet en bois cerclé en fer, afin d'intercepter toute communication des cellules avec l'air des fosses quand le tampon est enlevé ; enfin, à côté du siége ; se trouve une petite boîte de zinc, garnie d'un couvercle à charnière, destinée à recevoir la balayette, et qui est traversée par le courant d'air qui se rend dans les combles. Ainsi, d'après cette disposition, l'air de la cellule se rend dans la cuvette par l'orifice libre qui se trouve au-dessous du couvercle, passe entre la cuvette et l'enveloppe extérieure, sort par le tuyau latéral, traverse la petite caisse dont nous avons parlé, et se rend dans les gaînes. La ventilation est assez efficace pour entraîner tous les gaz qui pourraient se développer à l'origine du tuyau de descente, car M. Sagey y a produit, pendant plusieurs heures, un dégagement d'hydrogène sulfuré, sans qu'aucune trace d'odeur se soit manifestée. Depuis la fin de 1850, où ce système a été appliqué dans une cellule, autrefois des plus infectes, on n'y a plus ressenti de mauvaise odeur, et cependant l'énergie de la ventilation utile est maintenant diminuée par le grand volume d'air fourni par les fosses.

En présence de ces résultats satisfaisants, le conseil général d'Indre-et-Loire a voté les fonds nécessaires pour que, dans toutes les cellules, les cuvettes fussent disposées comme celles dont nous venons de parler.

Le choléra ayant reparu à Tours en 1854 ne s'étendit pas sur la prison. Depuis ces derniers faits je n'ai plus eu de renseignements.

Renseignements sur quelques autres prisons.

2457. M. Grouvelle a chauffé plusieurs prisons au moyen de calorifères à air chaud. Voici la disposition adoptée à la prison d'Angers qui renferme 252 cellules.

Les bâtiments sont formés de trois ailes disposés comme à la prison Mazas. Les calorifères au nombre de trois sont placés dans des caves qui se trouvent au-dessous des trois corridors et au milieu de leur longueur ; chacun d'eux renferme 36 mètres carrés de surface de chauffe. L'air chaud est conduit par des tuyaux en poterie, placés dans les reins des voûtes jusqu'au pied des cellules, d'où il s'élève par un conduit vertical spécial à chaque cellule, qui y verse l'air chauffé à la température convenable, à $0^m 50$ du plafond, afin que les détenus ne puissent pas communiquer par les conduits d'air. Les prises d'air extérieur des calorifères sont garnies de registres destinés à régler la ventilation. Chaque conduit vertical extérieur de l'air chaud dans les cellules est également garni d'un registre. L'air sort de chaque cellule en traversant un coffre fixe, renfermant une cuvette mobile, qu'on enlève à de certaines heures de la journée ; de ce coffre, l'air se rend dans un canal pratiqué dans les intervalles des plafonds et des planchers des cellules dans des canaux verticaux qui le conduisent au pied de la cheminée d'appel. Indépendamment des trois calorifères dont je viens de parler, il y en a un quatrième à surface de chauffe moindre, destiné au chauffage de la rotonde centrale, des parloirs et des bureaux. Les appareils ont coûté 21,000 francs. M. Grouvelle a chauffé et ventilé, d'après les mêmes principes, les prisons cellulaires de Bourgoin, de Beaupréau et de Marseille ; cette dernière renferme 144 cellules et les appareils ont coûté 14,500 francs. Ainsi, avec des calorifères à air chaud, les frais de l'établissement reviennent environ à 100 fr. par cellule.

Les appareils à eau chaude ou à vapeur coûteraient certainement davantage comme frais de premier établissement, mais ils seraient préférables comme résultats et simplicité de service. Les calorifères à air chaud ne doivent être employés que quand on veut réduire, autant que possible, le prix d'installation.

2458. D'après une note remise au jury de l'Exposition universelle de 1855, M. René Duvoir aurait établi des appareils de chauffage et de ventilation dans les prisons cellulaires de Montdidier, d'Abbeville, de Châlon-sur-Saône, de Remiremont, d'Étampes, de Beaune et de Senlis.

Dans ces trois dernières, le chauffage se fait par l'eau chaude au moyen d'une disposition particulière dont nous avons déjà parlé (2113).

De la partie supérieure d'une chaudière verticale placée dans les caves partent autant de tuyaux qu'il y a de rangées de cellules, ces tuyaux longent les cellules dans un canal horizontal établi en contre-bas du sol des galeries et vont jusqu'aux extrémités où ils se replient sur eux-mêmes pour revenir à la partie inférieure de la chaudière et former ainsi une circulation complète. Sur ces tuyaux horizontaux qui servent au chauffage des cellules du rez-de-chaussée sont branchés des tuyaux verticaux logés dans des gaînes disposées dans l'épaisseur des murs, un même tuyau alimente les cellules superposées de tous les étages.

Des diaphragmes placés dans les gaînes à la hauteur de chaque plancher limitent la partie du tuyau affectée à chaque étage.

2459. La partie du tuyau comprise dans la hauteur du rez-de-chaussée sert au chauffage des cellules du premier étage, et la partie comprise dans la hauteur du premier étage sert au chauffage du second.

Chaque tuyau vertical porte un robinet à air à la partie supérieure qui permet de le remplir d'eau complétement. Un vase d'expansion en communication directe avec la chaudière placée à la partie supérieure de l'édifice assure ce résultat.

Des ouvertures ménagées dans les parois de la gaîne du côté de la galerie donnent accès à l'air qui s'échauffe autour du tuyau, s'élève dans la gaîne et se rend dans chaque cellule par une ouverture placée à la partie inférieure ; la température que l'air a acquise dans son parcours, lui donne une vitesse qui facilite le renouvellement de l'air dans la cellule.

L'air qui entre dans la cellule par une ouverture placée à la partie inférieure en sort par une autre ouverture située sur la face opposée placée aussi à la partie inférieure et en communication avec un canal aboutissant à une cheminée générale dans laquelle un foyer spécial détermine l'appel.

2460. Le chauffage de l'air dans des canaux verticaux occupés par des tuyaux ascendant et de retour d'eau chaude, est avantageux quand la pièce chauffée communique à la hauteur du plancher avec une cheminée d'appel échauffée, parce que la vitesse de l'air est à peu près la même à chaque étage, mais à la condition que l'on ait pris les précautions nécessaires pour que les veines d'air en arrivant dans la cheminée d'appel ne se prolongent pas transversalement de manière à en diminuer la section, et que des registres convenablement placés permettent de régler la ventilation des différents étages. Quelquefois le chauffage de l'air dans la cheminée d'appel se fait par des tuyaux à eau chaude qui se prolongent jusqu'à son sommet ; c'est une disposition qui peut être employée dans des établissements, où la dépense de combustible pour la ventilation est peu considérable, et où l'on veut éviter un foyer spécial ; mais pour des prisons, cette disposition a plusieurs graves inconvénients : elle exige d'abord une dépense assez considérable de frais d'établissement ; de plus, une dépense de combustible beaucoup plus grande que si l'air était chauffé directement par de l'air échappé d'un foyer spécial, parce qu'il y a une perte de chaleur dans le chauffage de l'eau, et enfin parce que l'échauffement de l'air ayant lieu progressivement à mesure qu'il s'élève, il n'y a qu'une partie de la chaleur employée qui est utilisée pour le tirage. En outre dans cette disposition la ventilation étant liée au chauffage varie nécessairement avec lui, elle est faible au commencement et à la fin du chauffage, et acquiert son maximum d'effet pendant les jours les plus froids. Cette disposition ne peut pas être employée dans les prisons cellulaires où la ventilation doit être constante.

Observations sur le chauffage et la ventilation des prisons.

2461. Les opinions sont partagées sur l'opportunité du chauffage et de la ventilation, dans les maisons centrales où les prisonniers vivent et travaillent en commun. Quelques personnes pensent qu'il serait dangereux de placer les détenus dans des conditions sanitaires meilleures que celles dans lesquelles se trouvent souvent les ouvriers honnêtes qui travaillent dans les ateliers de l'industrie, et en général, d'améliorer le régime des prisons, parce que ces améliorations diminueraient la gravité de la peine, aux yeux des hommes dépravés qui ne sont retenus que par la crainte du châtiment. D'autres sont d'avis, que la privation de la liberté, le travail forcé, une mauvaise nourriture, souvent même insuffisante, et la sévérité de la discipline, constituent une peine assez grave par elle-même pour permettre, sans inconvénients, les améliorations relatives à la salubrité. Je partage cette dernière opinion, d'autant plus que, les gardiens et toutes les personnes attachées à l'administration souffrent plus ou moins de l'insalubrité de la prison.

Ainsi, je pense, que, dans les maisons centrales, les dortoirs, les ateliers, les infirmeries, les lieux d'aisances, doivent être assainis par une ventilation puissante, mais qu'elle pourrait être obtenue par le travail d'un certain nombre de détenus employés à faire mouvoir des ventilateurs. Toutefois la ventilation entraîne nécessairement un chauffage plus coûteux et les installations sont moins simples qu'elles ne paraissent l'être au premier abord (1).

Quant aux prisons cellulaires, le chauffage et une ventilation convenables sont maintenant hors de toute discussion et reconnus d'une nécessité absolue, non-seulement pour les prisons qui ne renferment que des prévenus, mais encore pour celles qui sont réservées aux condamnés.

2462. *Examen des différents modes de chauffage.* — On a proposé de chauffer chaque cellule par de petits poêles à eau chaude ou à vapeur qui seraient traversés par l'air de ventilation; mais cette disposition exigerait une plus grande dépense d'établissement que si le chauffage avait lieu par l'air de ventilation chauffé en dehors des cellules; ces poêles pourraient être avantageusement remplacés par un tuyau à

---

(1) Il y a quelques années, je visitai la maison centrale de Nîmes, accompagné de M. Boileau de Castelneau, chirurgien de cette prison. Dans toutes les parties de la maison, dortoirs, ateliers, infirmerie, l'air y était vicié, et on y éprouvait une sensation extrêmement pénible. Mais mon attention se fixa principalement sur deux ateliers; dans l'un on peignait de la laine, et il y avait dans la pièce une douzaine de petits foyers à charbon de bois découverts; dans l'autre, les détenus étaient employés à peigner des déchets de soie; l'air y était tellement chargé de poussière de soie, qu'on apercevait à peine les objets à quelques mètres. Ces deux ateliers était extrêmement insalubres; aussi, d'après les nombreuses observations de l'habile chirurgien qui me conduisait, la mortalité y était très-grande, et excédait de beaucoup celle des autres ateliers.

eau chaude ou à vapeur passant dans un caniveau placé au-dessous ou latéralement à la cellule et communiquant avec elle.

2463. On a proposé de chauffer les cellules en chauffant d'abord le corridor par des calorifères, et en y prenant l'air de ventilation ; cette disposition est certainement la plus simple qu'on puisse employer, mais elle exige nécessairement que la température des corridors excède de beaucoup la température des cellules, car, dans chacune d'elles, la quantité moyenne de chaleur perdue par les vitres et les murailles est beaucoup plus forte que la chaleur produite par le prisonnier ; il y aurait alors une grande perte de chaleur par les voûtes des corridors et par les immenses vitrages qui les terminent. Ainsi il faut chauffer directement les cellules par l'air de ventilation porté à la température convenable.

2464. On peut hésiter entre les calorifères à vapeur seule, ceux à eau chaude, et ceux à air chaud. De ce qu'il n'existe encore, à ma connaissance, aucune prison en France où l'on ait établi des calorifères à vapeur seule, il ne faudrait pas en conclure que leur emploi offrirait des inconvénients. Ils donneraient, au contraire, plus de régularité utile que ceux à eau chaude, puisqu'ils permettraient mieux de faire varier la température des surfaces chauffantes suivant celle de l'air à échauffer ; ils seraient en outre moins coûteux d'installation que ceux de ce dernier système, surtout lorsque l'eau reçoit la chaleur, comme à Mazas, par l'intermédiaire de la vapeur. Toutefois, les calorifères à eau sont d'un usage commode, et procurent une répartition suffisante de la chaleur ; mais ils coûtent beaucoup plus de premier établissement que ceux à air chaud, et ce dernier mode de chauffage est celui qui me paraît le mieux convenir pour les petites prisons. Si la ventilation avait lieu par une machine à vapeur, ce qui suppose un grand établissement, l'usage de la vapeur comme chauffage se trouve naturellement indiqué.

2465. *Examen des différents systèmes de ventilation.* — Il existe, comme nous l'avons vu, plusieurs méthodes d'effectuer la ventilation, et ce n'est qu'après avoir examiné les avantages et les inconvénients de chacune d'elles qu'on pourra reconnaître celle qui est la plus avantageuse. Le système de chauffage que j'ai décrit, suppose que la ventilation se fait par appel. Cet appel peut avoir lieu ou par une action mécanique ou par une cheminée d'appel. Il résulte des expériences faites à Mazas et des quantités de combustible consommées de 1851 à 1854 que la consommation moyenne de combustible pour la ventilation a été de 19^k par heure, ce qui correspond au moins à 5 chevaux-vapeur ; mais la cheminée ayant 30^m de hauteur, l'excès de température étant à peu près de 20°, le tirage mécanique n'emploierait qu'une partie du travail de la cheminée représenté (57) en général par aH : 2,118 $(1 + at)$, qui dans le cas particulier dont il s'agit $= 0,043$. Ainsi une machine substituée à la cheminée exigerait un travail effectif de $5 . 0,043 = 0,215$ cheval-vapeur; mais comme il y a toujours une perte de travail par les transmissions de mouvement et dans la machine ventilante elle-même, il faudrait compter au moins sur un cheval, et supposer qu'il n'y ait pas d'accroissement de vitesse, ni à l'entrée ni à la sortie de la machine; car les étranglements occasionnent plus ou moins de perte de travail. Pour la prison Mazas, il aurait suffi d'employer un ventilateur à force centrifuge un peu grand, ou deux de dimensions moyennes montés sur le même axe. L'appareil serait placé dans une chambre fermée où viendrait aboutir le canal d'appel. Chaque ventilateur aurait un tuyau d'écoulement qui communiquerait avec la cheminée. L'action mécanique ne dépenserait réellement qu'une quantité à peu près nulle de combustible, la chaleur de la vapeur détendue pouvant être employée en hiver au chauffage, et en été à la buanderie ou à d'autres usages. Cette dernière considération permettrait de donner aux orifices d'accès et aux canaux de circulation de plus petites dimensions, ainsi qu'à la cheminée d'écoulement; car si le travail était porté à 3 ou 4 chevaux, la chaleur de la vapeur détendue pourrait encore être employée utilement. Ainsi, par cette disposition, presque toute la dépense de combustible de la ventilation d'hiver et d'été se trouverait économisée, et nous avons vu que pour la prison Mazas cette dépense s'est élevée en moyenne à 6,266 francs par an, de 1851 à 1854. Mais il faudrait retrancher de cette économie une certaine somme, pour les frais d'entretien des machines.

Si l'on remarque, en outre, que la ventilation par insufflation n'est pas influencée, comme celle par appel, par les circonstances atmosphériques, on doit en conclure que, pour les grandes prisons, elle doit être préférée à la ventilation par appel. Pour les petites prisons, renfermant un nombre restreint de détenus, on ne doit pas non plus hésiter à l'employer; seulement, comme le travail mécanique est alors très-faible, il convient de faire tourner le ventilateur par les détenus eux-mêmes, en ayant soin d'installer un moyen facile de contrôler le nombre de tours. Le travail de nuit présenterait quelques difficultés sous le rapport disciplinaire; mais il ne serait pas impossible de se servir des détenus pour produire pendant le jour un travail qui serait dépensé lentement pendant la nuit, en réduisant le volume d'air au strict nécessaire la nuit.

2466. En supposant que des circonstances particulières forcent à employer la ventilation par appel, il faut absolument éviter de faire sortir l'air des cellules par les tuyaux de descente des cuvettes ; car cette disposition a de graves inconvénients sous le rapport de la salubrité publique. En effet, la conséquence forcée est l'évacuation dans l'atmosphère de la totalité de l'air de ventilation saturé des émanations des fosses ; à la prison Mazas, le volume d'air versé dans une heure par la cheminée est à peu près de 27,000 mètres cubes, et par jour de 658,000. On conçoit que, lorsque les vents rabattent à la surface du sol cette masse d'air infect, il en résulte pour le quartier une insalubrité réelle. On peut craindre, en outre, que les tuyaux de descente ne soient obstrués, en tout ou en partie, par les matières ; ce qui arrête ou diminue nécessairement la ventilation. Il vaut donc mieux employer des cuvettes à tampon et à deux enveloppes (2456), bien que cette disposition exige de la part des détenus des soins qu'on n'obtiendrait peut-être pas facilement ; et il est indispensable d'établir un canal spécial pour diriger l'air de ventilation vers la cheminée. L'air pourrait s'écouler de chaque étage par un conduit placé près du plafond des cellules, du côté du corridor, en dedans ou en dehors, ou par l'intervalle des planchers et des voûtes des cellules inférieures, quand cette disposition a été prise pour isoler davantage les prisonniers. Le règlement de la ventilation de chaque cellule doit pouvoir s'effectuer au moyen d'un registre placé à l'entrée du conduit qui amène l'air chaud dans la cellule, et dont la tige traverserait le canal renfermant les tuyaux de chauffage.

2467. Pour les grandes prisons, la disposition du foyer d'appel de Mazas me paraît très-convenable. Pour les petites prisons, on pourrait avec avantage employer un poêle à alimentation continue, d'autant mieux qu'il serait facile de varier la consommation de combustible, et par suite le tirage, au moyen du registre d'accès de l'air dans le cendrier. Dans tous les cas, l'air nécessaire à la combustion doit être pris dans le tuyau d'appel.

2468. Il est évidemment toujours utile de placer la cheminée des fourneaux de chauffage dans la cheminée de ventilation.

Quant au calcul des quantités de chaleur à dépenser pour le chauffage et des résistances à vaincre par la cheminée d'appel, je renverrai aux livres II et VI.

2469. Tout ce que nous venons de dire suppose que les dispositions de chauffage et de ventilation ont été arrêtées avant la construction du bâtiment et qu'on s'y est conformé. Mais si la prison avait été construite sans aucune disposition particulière pour le chauffage et la ventilation, il faudrait chercher quelles sont les dispositions praticables les moins défavorables. La ventilation par insufflation exigeant des conduits moins grands serait, dans ce cas, plus fréquemment applicable.

2470. Dans tous les systèmes, il est très-avantageux d'avoir, pour servir de guide au chauffeur, des appareils qui indiquent à chaque instant l'état de la ventilation, et il est en outre utile d'avoir un instrument enregistrant la quantité de ventilation.

Je n'ai pas parlé du mode de ventilation avec poêle à eau chaude et cheminée partant des combles, parce que je m'en suis occupé longuement à l'occasion de la prison Mazas, et que j'y reviendrai à propos des hôpitaux. Je dirai seulement ici que par cette disposition les frais d'établissement deviennent plus considérables que quand le chauffage a lieu par des calorifères directs à air chaud. Quant à la ventilation, les dépenses sont au moins deux fois plus grandes en hiver et cinq fois plus grandes en été qu'avec une cheminée partant du sol.

CHAPITRE VI.

CHAUFFAGE ET ASSAINISSEMENT DES HOSPICES ET HOPITAUX.

2471. De tous les établissements publics, les hôpitaux sont ceux dans lesquels il est le plus important d'établir un bon système de chauffage et de ventilation ; ce n'est cependant que depuis un petit nombre d'années qu'on s'est occupé de cette question. Ordinairement les architectes se contentent de donner aux salles une grande hauteur, à l'édifice une forme monumentale, mais ne se préoccupent pas le moins du monde des conditions sanitaires. La bonne tenue des hospices, la propreté qui y règne signifient peu pour l'assainissement, et il suffit d'être entré le matin dans une salle non ventilée avant l'ouverture des fenêtres, pour comprendre, à l'odeur infecte qui vous suffoque, combien l'air qu'on y respire est malsain.

2472. Quand on réfléchit à l'influence que doit avoir sur les malades cet air stagnant, vicié par la respiration, les transpirations cutanées et pulmonaires, les émanations et les déjections de toute espèce, il est impossible de douter que les maladies spéciales aux hôpitaux, les caractères qu'y prennent certaines affections et la lenteur de la guérison d'un grand nombre de maladies ne proviennent de l'absence d'un système régulier de ventilation. On a de la peine à comprendre qu'un état de choses aussi funeste à la santé ait duré si longtemps sans éveiller la sollicitude des médecins et des administrateurs. En Angleterre, depuis le commencement de ce siècle, on a fait divers essais pour y porter remède ; ce n'est que bien plus tard qu'on s'est occupé en France de cette question ; mais elle y a fait des progrès sensibles, et elle nous paraît aujourd'hui plus avancée dans notre pays que partout ailleurs.

2473. Jusqu'en 1840, il n'existait à notre connaissance, en France, aucun hôpital régulièrement chauffé et ventilé. Le plus souvent, le chauffage était produit par de simples poêles, alimentés avec du bois, disposés pour tenir les tisanes chaudes, et quelquefois munis d'étuves pour chauffer le linge. Jamais il n'était question de ventilation.

Dans les hôpitaux les mieux disposés, quelques-uns de ces poêles formaient calorifères avec prise d'air à l'extérieur, analogues à celui que nous avons décrit (1595) ; mais les prises d'air étaient insuffisantes, et de plus aucun moyen n'était réservé pour l'évacuation de l'air vicié, si ce n'est quelques vasistas dans les fenêtres ; on en était réduit, pour chasser le mauvais air, à la méthode aussi primitive qu'elle est imparfaite, et quelquefois dangereuse en hiver, laquelle consiste à ouvrir les fenêtres à de certains intervalles. Les poêles calorifères, même avec des prises d'air suffisantes et des orifices de sortie ne peuvent convenir que pour de petits établissements ; encore faut-il observer qu'ils ne donnent aucune ventilation l'été, et que celle-ci est tout entière à trouver en dehors de ces appareils.

2474. Pour les grands établissements, où il est bien plus important, à cause de l'accumulation des malades dans un même lieu, d'avoir une ventilation régulière et certaine, il est préférable d'installer un système général de chauffage et de ventilation pour toutes les saisons.

Nous n'insisterons pas sur les petits hôpitaux ; ils peuvent être chauffés et ventilés comme les salles de réunion ; la ventilation doit seulement être beaucoup plus forte. Les appareils dont nous parlerons plus loin pour les maisons d'école, à part les dispositions particulières au chauffage des tisanes et du linge, conviennent également aux petits hôpitaux, tout en laissant à désirer pour l'été.

Hospice de Charenton.

2475. La nécessité d'un système de chauffage général fut comprise, pour la première fois, par l'Administration des Hospices, lors de la reconstruction de la maison des aliénés de Charenton. A cause de la nature spéciale des maladies qu'on y traite, une des conditions à remplir était de ne rien laisser pour le chauffage à la disposition des malades; il convenait donc d'éviter de placer dans les salles et les dortoirs des poêles à alimentation directe. A l'époque de cette reconstruction, l'eau chaude, comme moyen de transmission de chaleur, avait donné des résultats assez vantés en Angleterre ; en France, on avait peu l'habitude de l'emploi de la vapeur, et par suite on la craignait : le chauffage à l'eau chaude fut donc adopté et les travaux de Charenton furent confiés à M. Léon Duvoir-Leblanc.

2476. Les bâtiments de Charenton se composent de séries de cellules de 40 mètres cubes de capacité, placées au-rez-de-chaussée , débouchant d'un côté sur des galeries ouvertes, et de l'autre sur un couloir fermé. Un caniveau pratiqué dans le sol des couloirs fermés contient des tuyaux d'eau chaude et reçoit de l'air extérieur qui s'écoule ensuite dans les cellules par des canaux pratiqués dans l'épaisseur des murs et qui s'ouvrent à 2 mètres de hauteur; l'air sort des cellules par des orifices percés dans le plancher, et se rend dans un vaste canal situé au-dessous de lui, lequel le conduit dans le cendrier du fourneau. Les chauffoirs communs sont garnis de poêles à eau chaude.

2477. Nous avons déjà parlé (2072) du procédé de ventilation par le cendrier du fourneau du calorifère, et nous avons fait comprendre combien il était impuissant, irrégulier et coûteux. On ne s'étonnera pas qu'il ait été rejeté depuis et même abandonné dans cet hospice de Charenton. Quant au chauffage par l'eau chaude, nous n'avons rien à changer aux idées précédemment émises à son sujet.

2478. Les inconvénients de ce mode de chauffage et de la ventilation par les cendriers échappèrent à la commission chargée de recevoir les travaux de l'entrepreneur ; mais on sait qu'en France, il arrive quelquefois que les commissions ne pouvant consacrer assez de temps à l'accomplissement de leur mandat, se décident d'après l'examen, ou l'opinion d'un seul de leurs membres.

2479. N'ayant pu apprécier par nous-même les résultats de ce premier essai de l'eau chaude à Charenton, pour le chauffage et la ventilation, nous citerons seulement quelques extraits de deux rapports rédigés, l'un par la commission chargée de la réception des appareils, l'autre par une délégation venue de Belgique à l'occasion du projet de chauffage et de ventilation dressé pour la Chambres des Députés de ce pays.

« La Commission (1) a parcouru les diverses parties des bâtiments
« que l'appareil doit chauffer et ventiler ; elle s'est assurée que la
« température était plus élevée que celle indiquée au marché, savoir :
« 12° dans les chauffoirs, 10° dans les dortoirs, 8° dans les corridors.
« Elle s'est assurée aussi que la ventilation s'opérait d'une manière con-
« venable par les conduits d'aspiration au moyen desquels l'air vicié
« faisait retour au foyer. »

« En ce qui concerne la marche de l'appareil, la Commission reconnaît que dans toutes les pièces et corridors la température est plus
élevée que ne l'exigeait la soumission , à l'exception d'une d'entre elles
appelée le Chauffoir des tranquilles, dans lequel il y a trois poèles de
grande dimension qui paraissaient suffisamment produire leur effet, et
cependant la Commission n'a trouvé qu'une température de 10° 1/2 au
lieu de 12°; mais elle a reconnu que cette pièce était en communication,
par deux vastes imposter non vitrées, d'une part avec un corridor chauffé
à 8°, et de l'autre avec un corridor non chauffé, et que cette communication devait nécessairement amener un abaissement de température
considérable.

« M. l'architecte a annoncé que ces imposter seraient vitrées; cette
condition remplie assurera l'effet complet de l'appareil.

« La Commission a également reconnu que la ventilation s'opérait
convenablement par toutes les bouches.

« En conséquence , elle est d'avis , à l'unanimité, que l'appareil
remplit les conditions imposées au cahier des charges et à la soumission, et que, convenablement dirigé, il doit satisfaire au service des bâtiments inférieurs de la Maison royale de Charenton. »

Fait à Charenton le 25 novembre 1845.

Signé POUILLET ; baron SÉGUIER ;
GAY-LUSSAC ; REGNAULT ; GRILLON.

2480. En 1845, MM. Lacambre, ingénieur, et Désiré Limbourg,
architecte, chargés, par les questeurs de la Chambre des Représentants
de Belgique, d'examiner les différents systèmes de chauffage et de ven-

(1) Les membres de la commission étaient : MM. Pouillet, baron Séguier, Regnault,
membres de l'Institut ; de Noue, maître des requêtes, chef de la division des bâtiments
civils ; Grillon, inspecteur général; Gilbert, architecte ; et Leterme, directeur de la Maison
royale de Charenton.

tilation adoptés dans les édifices publics, en France, visitent Charenton et consignent ainsi, page 21 de leur rapport, le résultat de leur examen :

« A Charenton, où ce système de ventilation est établi en grand « (l'appel par les cendriers des foyers), nous avons désiré constater sa « puissance et ses bons effets, et nous avons pu nous convaincre, par « quelques expériences que nous avons faites avec la flamme d'une bou- « gie, que cette ventilation était complétement irrégulière : sur cinq « cellules dans lesquelles nous avons expérimenté, deux seulement « faisaient appel, et les trois cellules produisaient un effet contraire, « c'est-à-dire que l'air des autres, au lieu d'être aspiré par les orifices « pratiqués dans les planchers, arrivait avec assez de vitesse et formait « ainsi des courants inverses de celui qui aurait dû avoir lieu. »

2481. Les résultats trouvés par les délégués belges étaient faciles à prévoir. Comme nous l'avons déjà dit, l'idée de l'appel par les cendriers doit être rejetée partout, et particulièrement pour les hôpitaux, où l'abondance et la régularité dans la ventilation sont les premières conditions à remplir. Quant au chauffage à l'eau chaude, d'après des renseignements récents, il laisserait lui-même à Charenton beaucoup à désirer, et on n'obtiendrait même plus les résultats déjà évidemment insuffisants que constatait la Commission de 1845 dans son rapport si complétement favorable.

Hôpital Beaujon.

Appareils de M. Duvoir-Leblanc.

2482. Un pavillon de l'hôpital Beaujon a été aussi chauffé et ventilé par M. Duvoir-Leblanc. Les appareils sont disposés de la même manière que dans le projet présenté par le même entrepreneur pour la prison Mazas, projet qui a été rejeté comme je l'ai déjà dit. Cette disposition consiste à chauffer l'air de ventilation par des poêles placés dans les salles, à faire évacuer l'air vicié par des cheminées qui s'ouvrent au niveau du sol et viennent déboucher dans une cheminée centrale partant des combles et renfermant un calorifère à eau chaude, à grandes surfaces de chauffe qui sert de vase d'expansion ; de ce calorifère partent les différents tuyaux de descente de l'eau chaude qui alimente les poêles. L'établissement de ces appareils constituait une amélioration évidente sur les mauvais poêles qu'ils remplaçaient. Le pavillon de l'hôpital Beaujon, ainsi chauffé et ventilé, fut moins malsain pour les malades que les autres pavillons chauffés par de simples poêles. Toutefois la ventilation ne fut pas assez énergique pour empêcher l'odeur de certains malades affectés de maladies spéciales de se répandre dans tout le pavillon et d'affecter péniblement tout au moins l'odorat.

Hôpital Necker.

Appareils de M. Duvoir-Leblanc.

2483. A l'hôpital Necker, dont un pavillon a aussi été chauffé par M. Duvoir-Leblanc, les appareils sont disposés à peu près de la même manière qu'à Beaujon. L'hôpital renferme deux pavillons composés chacun d'un rez-de-chaussée et de deux étages. Le nombre total des lits est de 168. D'après son marché, l'entrepreneur s'était engagé à maintenir, pendant les sept mois de chauffage, une température de 15° dans les salles, à produire jour et nuit une ventilation supérieure à 60 mètres cubes d'air par malade et par heure, moyennant une somme de 15 francs par jour tout compris. La ventilation d'été devait avoir lieu au moyen de 100 kilogrammes de houille fournie par l'Administration. La réception des appareils n'a été faite qu'après une série d'expériences dirigées par M. Leblanc. Comme elles n'ont duré que du mois de janvier au mois de mai, elles n'ont pu porter sur la ventilation d'été qui est, dans les mois de chaleur, la pierre de touche des systèmes de ventilation.

2484. Dans le rapport de la Commission on trouve ce passage : « M. Duvoir-Leblanc, qui a beaucoup perfectionné ses appareils de-« puis la construction de ceux qui fonctionnent à l'hospice Beaujon, « est parvenu à supprimer complétement le foyer existant dans les « caves, en sorte que, l'été comme l'hiver, le chauffage de l'eau des-« tinée à la circulation s'opère par la chaleur perdue des foyers destinés « aux préparations médicamenteuses, cataplasme, etc..... Ce n'est que « pendant les grands froids qu'il devient nécessaire d'allumer du feu « sur le foyer auxiliaire voisin du foyer habituel. » La Commission a certainement voulu dire que c'était le même foyer qui chauffait simultanément les médicaments et l'eau de circulation, mais non pas que cette dernière était chauffée par la chaleur perdue du fourneau aux médicaments, parce que la quantité de chaleur absorbée pour le chauffage et la ventilation est beaucoup plus grande que celle qui est employée à chauffer les médicaments, et que quand on chauffe des liquides, même à plus de 150°, la quantité de chaleur perdue est toujours inférieure à 1 : 4 de celle employée, du moins dans les appareils bien construits. Cette phrase du rapport, qui doit réellement être interprétée comme je viens de le dire, a été tellement répandue et invoquée en

faveur des appareils du genre de ceux de Necker, que dans les administrations et le corps médical, nombre de personnes ont cru que
M. Léon Duvoir chauffait un hôpital avec la chaleur perdue du fourneau à médicaments (1). D'après les nombres recueillis à l'hôpital de
Lariboisière, les dépenses de combustible, pour les deux services séparés, seraient à peu près dans le rapport de 4 à 1, dans les mois
d'hiver : ainsi on devrait dire, au contraire, que ce sont les fourneaux
d'office, ou à médicaments, qui pourraient être chauffés par la chaleur perdue des foyers de chauffage et de ventilation et non l'inverse.

L'exemple le plus considérable et le plus important de ventilation que
nous puissions citer est celui de l'hôpital de Lariboisière, primitivement appelé l'hôpital du Nord. Par cette raison même, nous entrerons
dans d'assez grands détails relativement à cet édifice.

Hôpital Lariboisière.

2485. Avant 1848, un projet de M. Léon Duvoir-Leblanc, du genre
de celui dont nous venons de parler au sujet de l'hôpital Necker, avait
été accepté sans concours, pour l'hôpital du Nord, aujourd'hui Lariboisière, sur l'avis d'une commission composée du général Morin et
de MM. Gaultier de Claubry et Robinet. En 1850, le Conseil d'Administration de l'Assistance publique demanda que la construction des
appareils fût mise au concours. En 1851, M. le directeur général de
cette administration réalisa ce vœu en ouvrant un concours pour la
ventilation et le chauffage de ce vaste hôpital.

Une commission (2) fut chargée de rédiger le cahier des charges et
de fonctionner ensuite comme jury pour juger les projets des divers
concurrents et décider du choix de l'Administration.

2486. Quatre projets avaient été présentés : un par M. René Duvoir,
un autre par M. Léon Duvoir, un troisième par M. Grouvelle, et le
quatrième par MM. Thomas et Laurens. Le projet de MM. Thomas et

(1) M. le docteur Boudin, qui a écrit sur le chauffage des hôpitaux, surtout sur les
chauffages de M. Léon Duvoir, étant venu me voir pour me faire une réclamation de la part
de celui-ci, au sujet de la description que j'avais publiée de ses appareils, me disait
sérieusement qu'à Lariboisière, le chauffage et la ventilation de ceux des pavillons dont
M. Duvoir avait été chargé, avaient lieu par la chaleur perdue des fourneaux à cataplasmes.

(2) Cette commission était composée de MM. Regnault, président, et Pelouze, membres
de l'Académie des Sciences; de M. Hachette, membre du Conseil d'Administration ; de
M. Blondel, inspecteur des Hospices ; de M. Robinet, membre de l'Académie de Médecine ;
de M. Gauthier, architecte de l'hôpital ; le secrétaire était M. Thauvin, ingénieur civil.

Laurens fut mis en première ligne et accepté pour son ensemble et pour le système de ventilation ; mais le jury n'accueillit point le chauffage à la vapeur seule, qui en faisait partie, et il préféra qu'il eût lieu conjointement à la vapeur et à l'eau chaude, d'après le procédé de M. Grouvelle , consistant à chauffer l'eau par l'intermédiaire de la vapeur. Le projet de chauffage de M. René Duvoir, au moyen de calorifères à air chaud, fut regardé comme inférieur pour un hôpital.

2487. Celui de M. Léon Duvoir se composait, comme d'habitude, d'un chauffage à l'eau chaude par circulation, le vase d'expansion étant placé dans les combles au centre d'une cheminée d'appel où il devait chauffer l'air à sa sortie et produire par suite la ventilation.

2488. Le projet de M. Grouvelle opérait le chauffage par des poêles à eau, que chauffait de la vapeur à haute pression, et la ventilation par une cheminée d'appel disposée comme à la prison Mazas.

2489. Le projet de MM. Thomas et Laurens consistait dans la ventilation insufflée produite à l'aide d'un ventilateur que conduisait une machine à vapeur ; le chauffage était effectué par de la vapeur à basse pression, sortant de la machine, ou venant des chaudières ; mais l'adjonction subséquente des poêles à eau chaude du procédé de M. Grouvelle, appropriés au nouveau système par ses auteurs, devait faire que le chauffage à la vapeur ne fût pas direct. Nous verrons qu'à l'exécution des modifications réduisirent beaucoup le rôle prévu et demandé de l'eau chaude.

2490. Le système de la ventilation insufflée, avec chauffage à la vapeur par l'intermédiaire de poêles à eau chaude placés dans les salles et les promenoirs, reçut donc l'approbation du jury ; sa construction était résolue. Aucune raison ne semblait devoir s'opposer à ce qu'un jugement rendu à la suite d'un concours public par le jury de ce concours, produisît son effet ; mais il n'en fut pas ainsi. Le mode de chauffage à l'eau de M. Léon Duvoir était tellement soutenu par quelques personnes, qu'il s'éleva auprès de l'Administration supérieure pour le faire prévaloir une nouvelle lutte d'influences. Il en résulta un renvoi du projet adopté par le jury au jugement du Conseil des bâtiments civils, qui conclut à ce que l'Administration ne devait adopter aucune innovation ; et ensuite, un second renvoi au général Morin qui était appelé par le Ministre, à donner son avis sur le système de MM. Thomas et Laurens et sur les appareils de M. Duvoir. Ce savant émit l'avis qu'il fallait retirer du projet de MM. Thomas et Laurens trois pavillons de malades pour les donner à M. Duvoir, et laisser appliquer, par suite, le système de ces ingénieurs aux trois autres pavillons et aux divers services de l'hôpital. Cet avis était basé sur l'utilité qu'il y aurait à créer une expérimentation comparative des deux procédés dans le même établissement. Le système de MM. Thomas et Laurens, système surtout avantageux pour les grands établissements, se trouvait ainsi devoir perdre, par une application plus restreinte, une partie de ses avantages. L'avis de M. Morin fut cependant admis par le Ministre et suivi d'exécution. Cette décision a grevé le système nouveau de la ventilation insufflée d'un accroissement de frais de première installation, et aussi d'une augmentation notable dans les frais annuels de la gestion et de l'entretien occasionnés par l'introduction, dans un même établissement, de deux systèmes si différents.

Tous les appareils de Lariboisière fonctionnent depuis la fin de l'hiver de 1854.

2491. La figure 591 (voir page 272) donne le plan de la moitié de l'hôpital Lariboisière. Les malades sont distribués dans six pavillons isolés et distants les uns des autres de plus de 20 mètres; trois sont à droite de la grande cour centrale de 115 mètres de longueur sur 45 mètres de largeur, et les trois autres à gauche de cette même cour, en regard des premiers. Chaque pavillon contient trois salles de malades, le rez-de-chaussée, le premier et le deuxième étage; chacune renferme 32 lits : à l'extrémité de chaque salle il y a une chambre réservée, à deux lits. C'est donc un total de 102 lits par pavillon; soit 612 pour tout l'hôpital. Des chauffoirs P, P, P, promenoirs ou réfectoires, sont au nombre de quatre de chaque côté des pavillons de l'hôpital; ils relient les pavillons entre eux. Dans les épidémies, on convertit les chauffoirs en salles de malades; et souvent on ajoute quelques lits aux extrémités des salles. En $k\ l\ f$, un bâtiment à plusieurs étages contient une vaste buanderie et la lingerie : le bâtiment N, qui lui fait pendant, renferme la grande communauté des sœurs et leur infirmerie. Les bâtiments Q, Q, placés des deux côtés de la chapelle v sont destinés aux bains ordinaires des hommes et des femmes, aux bains de vapeur en j et q, aux amphithéâtres et salles de dissection. A droite et à gauche de l'entrée de l'hôpital sont les bâtiments de l'administration, qui contiennent aussi tous les services de la pharmacie et des cuisines. Les pavillons n⁰ˢ 2, 4 et 6 sont affectés aux hommes et ceux en regard, portant les n⁰ˢ 1, 3 et 5, aux femmes : ces derniers furent destinés aux appareils de M. L. Duvoir; les pavillons de droite et tous les services de l'hôpital, tels que la buanderie, les bains d'eau et de vapeur, la communauté des sœurs, furent attribués au système nouveau qui employait la vapeur. Un mur d'enceinte enferme complétement tous les bâtiments de l'établissement, *qui n'ont ainsi de communication avec l'extérieur que par le portique de l'entrée et une porte de service.*

Appareils de M. Duvoir-Leblanc.

2492. Je m'étendrai un peu sur l'appareil établi à Lariboisière, parce qu'étant le dernier monté par ce constructeur, il est pourvu de tous ses perfectionnements, et que d'ailleurs, étant conforme dans toutes ses dispositions aux appareils existant dans d'autres établissements publics, il me permettra de compléter l'étude de ce procédé. Mais ce qui est beaucoup plus important, c'est que cette étude permettra de juger la ventilation par appel en elle-même, puisque M. Duvoir l'a appliquée : on recueillera ainsi des éléments décisifs sur la valeur intrinsèque et sur la valeur relative du système par appel et de celui de la ventilation par insufflation, ou pulsion.

2493. Les figures 588, 589 représentent la coupe longitudinale d'un des pavillons de Lariboisière chauffé par M. Duvoir, avec les dispositions qu'il y a employées. La figure 590 est la coupe de la cheminée d'appel. Ces figures, qui sont la reproduction du dessin publié par M. Duvoir lui-même, représentent le premier projet que ce constructeur avait soumis à la Commission ; mais après son exécution il fut reconnu nécessaire d'y apporter de notables changements : ainsi la chaudière à eau chaude, vue au rez-de-chaussée, fut descendue dans la cave et la chambre de la cheminée d'appel a été considérablement agrandie pour y loger un plus grand nombre de poêles à eau chaude reconnus indispensables pour la ventilation d'été. Je transcris la légende qui accompagnait le dessin que l'auteur remit au jury de l'exposition universelle, dont je faisais partie.

A, cloche servant de foyer pour le fourneau à cataplasmes et servant aussi à chauffer l'eau nécessaire au chauffage et à la ventilation.

a, foyer chauffant les bouilleurs *f, f* et la marmite *b*.

c, four.

d, cendrier du foyer A.

f, f, bouilleurs chauffant l'eau destinée au service des salles et contenue dans le réservoir G.

B, B, B, serpentins servant de tubes ascensionnels et utilisant en même temps le calorique de la fumée provenant des deux foyers A et *a*.

C, prolongement du tuyau à fumée.

D, isolement formé autour du tuyau de fumée, où viennent aboutir les tuyaux de ventilation du promenoir et des chambres des sœurs.

F, étuves pour le service des salles chauffées par l'eau de la chaudière.

G, réservoir pour la distribution de l'eau chaude.

HH, tube ascensionnel partant des bouilleurs f, f, chauffant l'eau du réservoir G.

I I, tube de distribution partant du réservoir G et retournant au bouilleur.

J, J, robinets de distribution d'eau.

K, K, réservoirs supérieurs (*fig.* 590) servant au chauffage et à la ventilation.

L, L, tubes ascensionnels partant de la chaudière et alimentant les deux réservoirs supérieurs K.

M, M, tubes partant des réservoirs K, alimentant les poêles, et retournant à la chaudière.

N, cheminée (*fig.* 590) par laquelle s'écoule l'air amené par lès conduits de ventilation dans la chambre d'appel chauffée par les deux réservoirs K.

P, P, poêles à eau chaude chauffant les salles.

V, V, conduits de ventilation ouverts à la partie inférieure en hiver, et à la partie supérieure en été, au moyen de portes en tôle. Les conduits vont tous se réunir à la cheminée d'appel de la manière indiquée (*fig.* 590).

O, bassin hémisphérique en fonte, rempli d'eau, recevant les tuyaux de chute des siéges d'aisance; ce bassin formant siphon est destiné à empêcher que l'odeur de la fosse ne remonte dans les cabinets.

R, R, cuvettes en fonte émaillée.

S, S, contre-cuvettes en fonte communiquant avec les conduits de ventilation T, T, et avec les tuyaux de chute U, U.

T, T, tuyaux de ventilation partant des contre-cuvettes S.

V, V, tuyaux de ventilation en briques recevant ceux partant des contre-cuvettes.

X X, cavité entourant le bassin O, afin que les matières puissent s'écouler dans la fosse.

2494. Le dessin et la description sont incomplets sous beaucoup de rapports; on n'y trouve pas le tuyau de retour direct des réservoirs supérieurs, qui est nécessaire à la ventilation d'été. Mais il m'a été possible de combler les parties importantes de ces lacunes. Dans cette légende, le fourneau à cataplasmes figure en première ligne et attire exception-

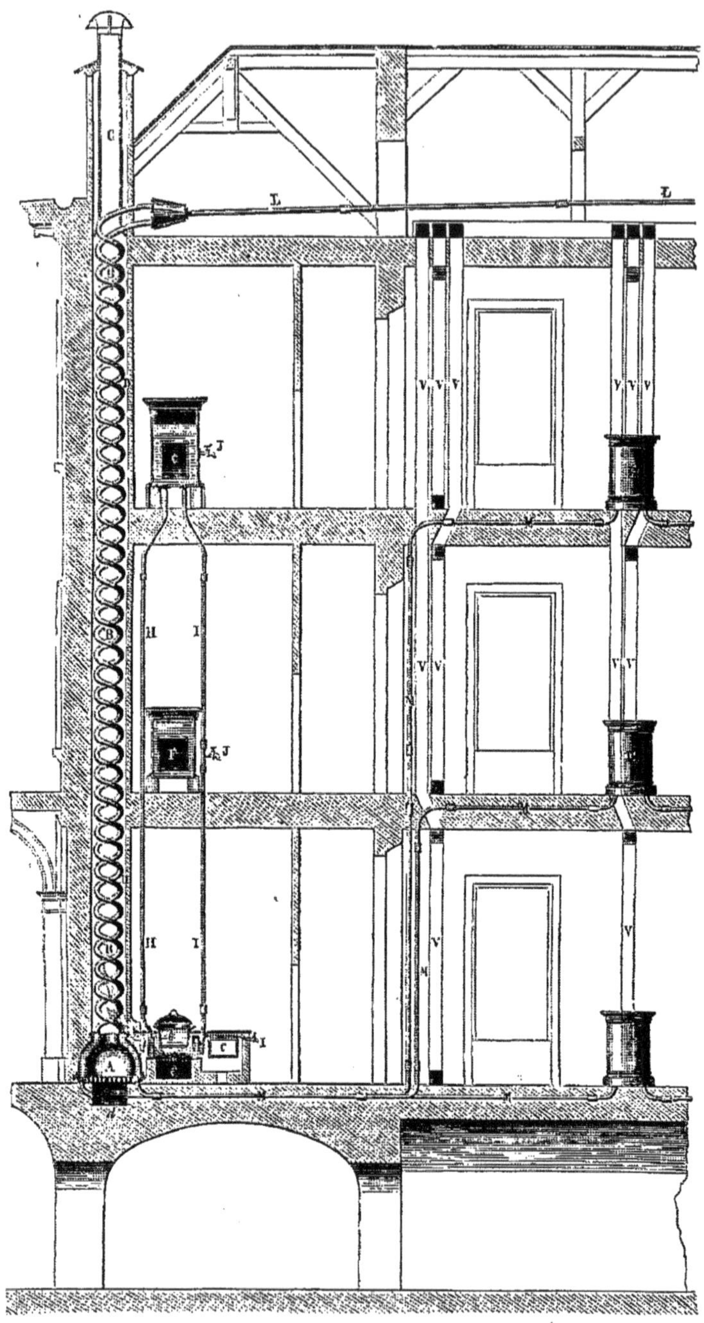

Fig. 588.

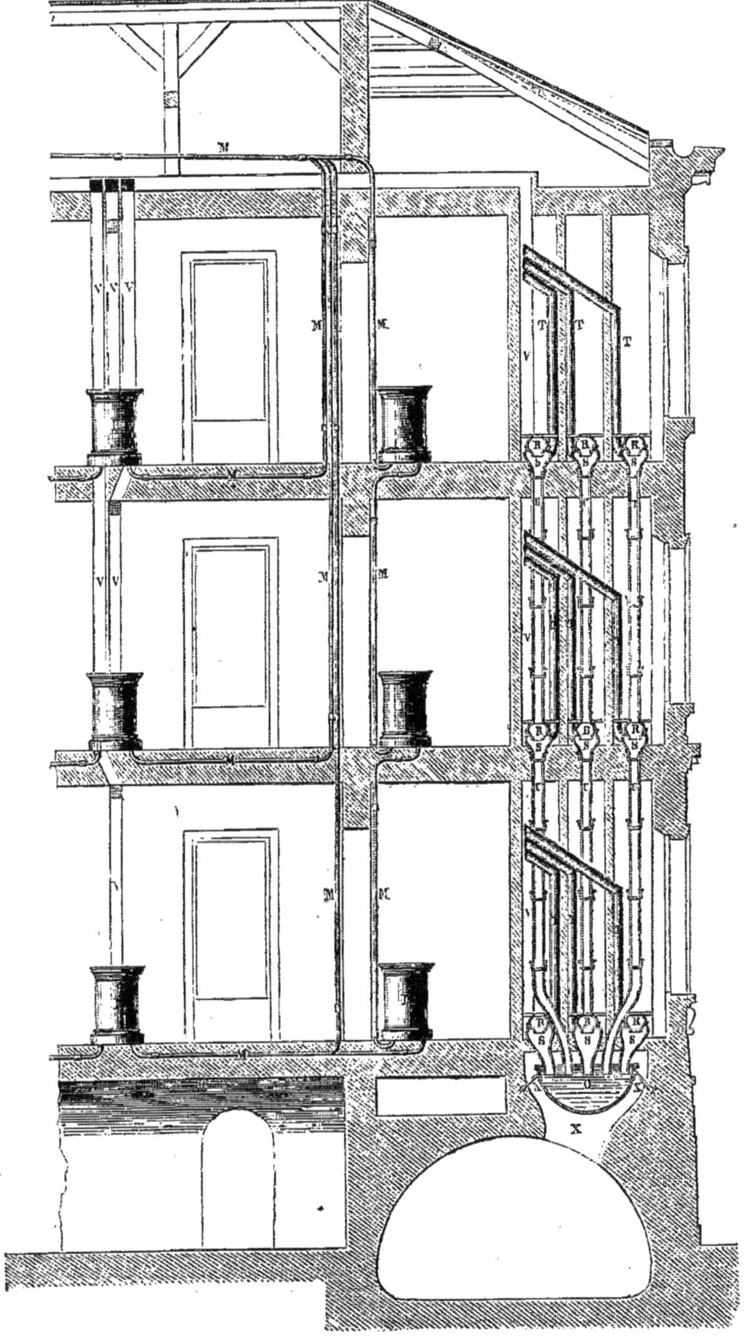

Fig. 589.

nellement l'attention, quoiqu'il ne soit qu'un accessoire ; cela expliquerait l'erreur commise au sujet de l'importance de ce fourneau et dont nous avons déjà parlé.

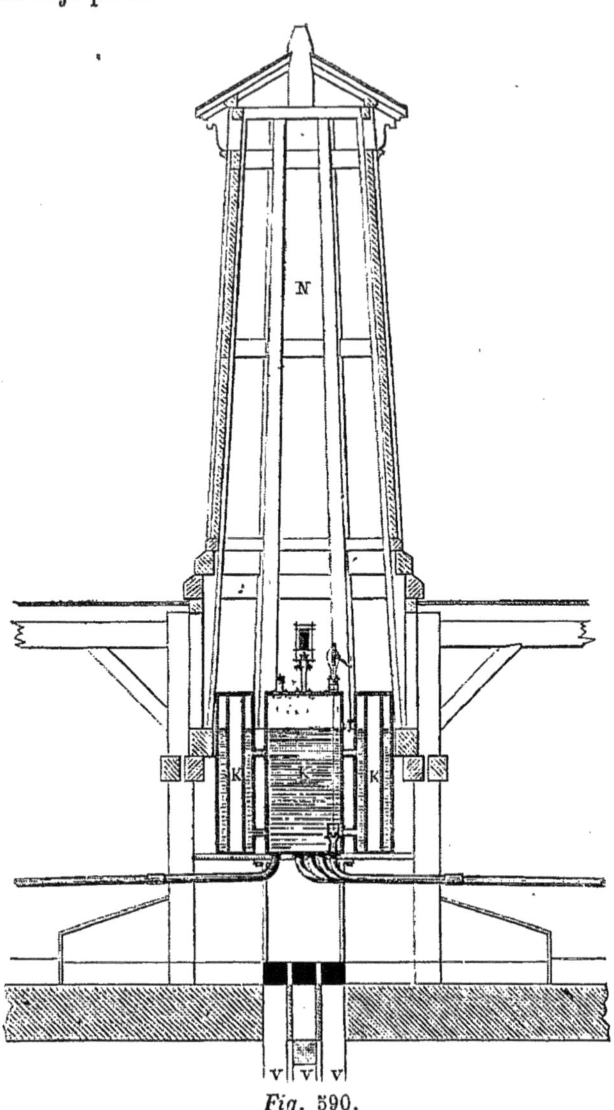

Fig. 590.

2495. Les poêles ont 1^m 50 de hauteur sur 0^m 79 (1) ; par suite, la surface extérieure de chaque poêle est de 4^{mq} 13 ; la surface totale de

(1) Je prends ici de préférence les dimensions citées par M. Grassi dans sa thèse sur le chauffage et la ventilation de l'hôpital Lariboisière, parce qu'elles n'ont pas été contestées.

chauffe d'une salle est de 16^{mq} 52. Le poêle de la chambre à deux lits a 0^m 52 de diamètre, 1^m 37 de hauteur; par suite, la surface libre du poêle est de 2^{mq} 82. Dans la salle du rez-de-chaussée, les 18 orifices de sortie de l'air ont 0^m 30 sur 0^m 30 ou 0^{mq} 09 de surface, et la somme des surfaces des orifices de sortie est de 0,09 . 18 = 1^{mq} 62; l'orifice de sortie de la petite pièce a 0^m 30 sur 0^m 22, et 0^{mq} 66 de surface. Dans la salle du premier étage, les 18 orifices de sortie ont 0^m 295 sur 0^m 235 ; soit 0^{mq} 069 de surface; et la somme totale des orifices de sortie est de 0,069 . 18. = 1^{mq} 24; l'orifice de la chambre à deux lits a 0^m 25 sur 0^m 27, et 0^{mq} 069 de surface. Dans la salle du second étage, les 18 orifices de sortie ont 0^m 30 sur 0^m 225 ; 0^{mq} 0675 de surface ; la somme des orifices de dégagement est alors de 0,0675 . 18 = 1^{mq} 215 ; l'orifice de la petite pièce est de 0,25 sur 0^m 265, et de 0^{mq} 066 de surface. D'après cela, la somme totale des orifices d'accès de l'air avec trois étages est de 0^{mq} 2824 $+0^{mq}$ 061 = 0^{mq} 349 ; la somme totale des orifices de sortie du rez-de-chaussée est de 1,62 + 0,066 = 1^{mq} 686 ; celle du premier étage est 1,24 + 0,066 = 1^{mq} 276. D'après le dessin de M. Duvoir, les cylindres concentriques formant le vase d'expansion placé dans la cheminée d'appel, ont à peu près 1^m 60 de hauteur, et pour diamètre 0^m 75, 1^m, 1^m 25, 1^m 50, 1^m 75, la surface totale des vases est à peu près de 40^{mq} tout compris, dont 14 rayonnent librement. D'après le même dessin, les tuyaux de fer auraient environ 0^m 05. La section de la cheminée à la hauteur de l'orifice d'extérieur, par lequel on a introduit les anémomètres, est de 2^{mq} 2.

Nous avons extrait du rapport de la Commission (2) chargée de la réception de ces appareils les données qui suivent :

Les expériences portèrent uniquement sur la température dans les salles et sur la quantité de ventilation mesurée dans la cheminée d'appel : un marché à forfait avec l'entrepreneur réglant la dépense annuelle du chauffage, la Commission n'avait pas à relever les consommations de charbon ni les frais d'entretien.

Les instruments employés furent des thermomètres à mercure et des anémomètres de M. Combes, simples ou à rouages multiples pour prolonger la durée des observations.

2496. Pendant l'hiver de 1854-1855, l'Administration eut plusieurs fois à se plaindre de l'abaissement de température des salles, surtout pendant la nuit; mais la Commission déclara que ce fait était plutôt imputable au chauffeur qu'à l'appareil lui-même, qui avait une puis-

---

(1) Cette Commission se composait de MM. Combes, Péligot et Leblanc.

sance suffisante pour maintenir dans les salles une température supérieure à 15°. De plus l'uniformité de la température laissait à désirer, car il arrivait fréquemment qu'elle atteignait 20° à l'étage supérieur, tandis qu'elle n'était que de 15° au rez-de-chaussée. La Commission pensait qu'une surveillance attentive permettrait de réduire ces inégalités.

Depuis, les inégalités de température aux divers étages ont continué à se présenter, et avec de grands écarts ; la température des salles a souvent donné lieu à des plaintes et est descendue à moins de 15°.

2497. A l'égard de la ventilation, la Commission a constaté que le volume d'air, appelé par la cheminée, était toujours supérieur à celui qui pénètre dans les salles par les orifices d'accès de l'air neuf, différence qui provient de l'air appelé par les joints des portes et des fenêtres. Elle regrette que le cahier des charges n'ait pas prévu cette différence et ne spécifie pas si le volume d'air que l'entrepreneur s'est engagé à fournir doit être compté à l'entrée par les poêles, ou à la sortie par la cheminée d'appel.

En envisageant les conditions de la ventilation d'une manière générale, il y aurait de l'inconvénient à compter cet excédant comme favorable ; car cet appel d'air irrégulier et inconnu pourrait souvent avoir lieu aux dépens des salles voisines, ou de locaux dont l'air est vicié et infect. Toutefois, il faut remarquer, ajoute la Commission, que, dans le cas particulier dont il s'agit, cette objection perd de son importance, puisque chaque salle est isolée.

2498. La Commission appelle sur ce sujet l'attention de l'Administration et émet le vœu qu'à l'avenir le chiffre de la ventilation par les poêles, facile à mesurer, soit spécifié dans les marchés ; qu'on mette à l'étude la construction d'un appareil placé dans la cheminée d'appel qui indiquerait approximativement au moyen d'une aiguille si la ventilation est supérieure, ou inférieure, à celle qui est exigée, instrument qui servirait à l'Administration de contrôle permanent de la ventilation, comme les thermomètres à l'égard de la température.

Ce vœu nous montre combien les administrations peuvent se faire illusion sur l'efficacité de certaines ventilations par appel. Un instrument fonctionnant comme un thermomètre, pour la mesure de la ventilation, n'existe pas encore, mais fût-il trouvé que la question ne serait pas résolue d'une manière absolue : car il ne donnerait que la mesure de la ventilation dans la cheminée d'appel ; et celle-ci n'est nullement en rapport constant soit dans des localités différentes, soit à des époques différentes dans le même lieu, avec la ventilation effective et utile. Il donnerait la ventilation *apparente* et non la ventilation *réelle*.

2499. La ventilation des pavillons de M. Léon Duvoir, estimée par malade et par heure, en la déduisant du volume total d'air écoulé par la cheminée d'appel que l'on divise par le nombre des lits, a toujours été pendant l'essai supérieure aux 60 mètres cubes exigés par le marché ; le résultat de cette division a oscillé entre 64 et 92 mètres cubes.

La ventilation déduite, au contraire, du volume d'air entrant dans les salles par les orifices des poêles, qui sont les entrées régulières et utiles de l'air neuf, a été en général, et en moyenne, compris entre 45 et 50 mètres cubes par malade.

L'évacuation par les ventouses, ou gaînes de sortie d'une même salle, a présenté de très-grandes inégalités, même à des instants très-rapprochés : l'écart maximum a été de 40 à 110.

2500. Ainsi les chiffres *moyens* de 45 à 50 mètres cubes, indiqués tout à l'heure, ne représentent pas encore réellement ce que chaque malade reçoit de ventilation : il y en a qui reçoivent beaucoup moins que le minimum voulu et d'autres beaucoup plus.

2501. Toutefois, la Commission, s'en tenant au système des moyennes, a été d'avis que l'appareil de M. Léon Duvoir était capable de produire, sous le rapport du chauffage et de la ventilation, les effets prescrits par le marché, mais en appliquant le chiffre de la ventilation au volume d'air expulsé par la cheminée d'appel et non au volume d'air neuf venant réellement à travers l'appareil lui-même.

Il n'y a pas eu d'expérience sur la ventilation d'été, pendant les mois de chaleur.

2502. Des expériences plus détaillées et plus nombreuses que celles de la Commission se trouvent dans une étude comparative des deux systèmes établis à Lariboisière ; ce travail fut fait par M. Grassi, pharmacien de cet établissement, pour passer sa thèse au doctorat en médecine.

Ces expériences, exécutées sans parti pris ni préventions, comme il est facile de s'en convaincre à la lecture, furent exécutés avec beaucoup de soin et d'impartialité.

Elles ont eu pour objet de mesurer les volumes d'air entrés dans les salles par les orifices des poêles, et les volumes d'air écoulés par la cheminée d'appel, en se servant des anémomètres Combes. Pour abréger, j'appellerai :

v, le volume d'air entré par heure et par malade ;

V, le volume d'air sorti des salles par heure et par malade ;

θ, la température extérieure ;

t, celle de la pièce ;

t', celle de l'air dans la cheminée d'appel.

2503. *Ventilation sans chauffage.* — Le tableau ci-dessous donne le résultat de ces expériences.

VENTILATION SANS CHAUFFAGE.

	v	V	$V - v$	$\dfrac{V - v}{v}$	θ	t	t'
Ire SÉRIE. — Nuits du 4 au 5 octobre 1855.							
	mc	mc	mc	mc	°	°	°
Salle Sainte-Eugénie.. (Rez-de-chaussée.)	20,7	95,1	75,4	3,70	14,2	18,8	34,5
Salle Sainte-Élisabeth. (1er étage.)	16,3	84,3	68,0	4,17	14,2	19	34,5
Salle Sainte-Anne.... (2e étage.)	4,1	59,3	55,2	13,46	14,2	19	33,9
2e SERIE. — Nuits du 13, du 20 et du 25 octobre 1855.							
Salle Sainte-Eugénie..	27,0	87,7	60,7	2,25	14	17,5	»
Salle Sainte-Élisabeth.	33,7	92,7	59,0	1,75	6	14,4	21,3
Salle Sainte-Anne....	18,80	52,6	33,8	2,80	10	15,4	19,5
3e SERIE. — Nuits du 29 au 30 octobre 1855.							
Salle Sainte-Eugénie.	17,1	64,2	47,1	2,75	9,5	14	15,5
Salle Sainte-Élisabeth	23,0	76,1	52,2	2,18	8,3	14	15,5
Salle Sainte-Anne....	33,3	54,0	20,7	0,62	8,3	14	15,5

En prenant les moyennes résultant de ce tableau, on trouve : pour les volumes d'air entrant par les poêles, par malade et par heure :

Au rez-de-chaussée.	Au 1er étage.	Au 2e étage.	Moyenne.	Rapport.
21ᵐ6	25ᵐ6	18ᵐ7	21ᵐ6 1	

pour les volumes d'air sortis par malade et par heure :

82ᵐ3	84ᵐ4	55ᵐ3	74ᵐ0 3,4	

pour les volumes d'air entrés par les fissures des portes et des fenêtres :

$$60^m 7 \qquad 59^m 8 \qquad 36^n 6 \qquad 52^m 4 \ldots\ldots\ldots 2,4$$

En comparant les volumes d'air sortis des salles à celui qui s'est écoulé par la cheminée d'appel, M. Grassi trouve qu'il est entré directement du grenier dans la cheminée d'appel $8^m 8$ d'air par malade et par heure, c'est-à-dire $8,8 : 74 = 0,12$. Mais il est important de remarquer que les nombres dont on a pris la moyenne ont varié dans des limites très-étendues, ainsi par exemple la valeur de $(V - v) : v$ a varié de $0,6$ à 13.

2504. Je ferai remarquer que ces expériences, qui paraissent devoir s'appliquer à la ventilation d'été, puisqu'elles sont faites sans chauffage, ne peuvent cependant représenter, avec une ventilation par appel, ce qui se passe pendant les chaleurs, par conséquent dans des conditions très-différentes.

Les circonstances observées étaient plus favorables aux appareils Duvoir que ne le serait le temps chaud, dans une assez forte proportion ; car la plus haute température extérieure, dans ces neuf observations effectuées, n'a été quatre fois que de $14°$, tandis que les cinq autres fois, elle était notablement au-dessous de ce chiffre et descendait même à $+ 6°$.

Je remarquerai aussi que la température des salles non chauffées était de $4°$, $5°$ et $6°$ supérieure à la température extérieure. L'air neuf est pris dans les cours ; sa température devait être à peu près la température extérieure observée. On voit déjà que ce mode de ventilation par appel ne peut pas procurer, dans l'été, une atmosphère fraîche qui serait, pour des malades surtout, d'une si grande utilité.

2505. *Ventilation et chauffage.* — Nous donnons dans le tableau suivant les résultats des expériences :

VENTILATION ET CHAUFFAGE.

	v	V	$V - v$	$\dfrac{V - v}{v}$	θ	t	t'
1re SÉRIE. — Nuits du 5 au 6 décembre 1855.							
Salle Sainte-Eugénie.. (Rez-de-chaussée.)	31,0 mc	93,0 mc	62,0 mc	2,0 mc	4,5°	16°	16°
Salle Sainte-Élisabeth. (1er étage.)	49,0	91,0	45,0	0,9	4,5	15,9	16
Salle Sainte-Anne.... (2e étage.)	39,0	98,0	59,0	1,5	4,5	17	16
2e SÉRIE. — Nuits du 28 au 29 décembre 1855.							
Salle Sainte-Eugénie..	21,0	59,7	38,7	1,84	9	17	21
Salle Sainte-Élisabeth.	38,4	80,4	42,0	1,09	9	18,8	21
Salle Sainte-Anne....	32,0	69,5	37,5	1,17	9	13	21

En prenant comme précédemment les moyennes de ces deux séries d'expériences, on trouve :

pour les volumes d'air entrant par les poêles par malade et par heure :

Au rez-de-chaussée.	Au 1er étage.	Au 2e étage.	Moyenne.	Rapport.
26m 0	43m 7	35m 5	34m 0	1

pour les volumes d'air sortis par malade et par heure :

76m 3	87m 2	83m 7	82m 4	2,42

pour les volumes d'air entrés par les fissures des portes et fenêtres par malade et par heure :

50m 3	43m 5	48m 2	47m 3	1,39

Volumes d'air passant des combles dans la cheminée par malade et par heure :

18m 50	18m 50	18m 50	. . . . .	. . . . .

2506. M. Grassi a ensuite examiné si la ventilation de chaque salle avait lieu régulièrement par les différents orifices de sortie de l'air, et pour cela il a observé les volumes d'air écoulés par les neuf orifices de sortie situés d'un même côté de chaque salle. Pour la salle située au rez-de-chaussée, les volumes d'air écoulés étaient en moyenne de 195^m, et ils ont varié de 104^m à 248 ; pour la salle du premier étage, le volume moyen écoulé était de 152^m, et les variations ont été comprises entre 77^m et 248^m ; pour le second étage, le volume moyen écoulé était de 170^m et les variations de 73 à 226^m.

« Les volumes d'air, dit M. Grassi, débités par les divers canaux « d'évacuation sont, comme on le voit, très-différents les uns des autres ; « ces différences correspondent à des variations analogues dans les « divers points des salles. C'est un inconvénient ; au reste on peut y re- « médier : la partie supérieure des canaux présente en effet un registre « que l'on peut ouvrir plus ou moins, de manière à compenser, par « une plus petite section du canal, la vitesse trop grande de l'air. « Je dois dire qu'on n'avait probablement pas encore cherché à régu- « lariser ainsi la ventilation, car j'ai trouvé les registres complétement « ouverts. »

Ces conséquences de M. Grassi ne sont pas admissibles ; car si, par une position convenable de chaque registre, la ventilation était rendue régulière, l'effet de chaque orifice serait ramené au chiffre minimum 73, tandis que la valeur moyenne des appels des orifices des trois étages étant de 172^m, la ventilation moyenne serait réduite dans le rapport de 73 à 172 ; elle deviendrait donc 0,42 de sa valeur moyenne actuelle, et comme elle est de 82^m,4 elle se trouverait réduite à 34^m,6. Ainsi la Commission de réception, qui a pris les moyennes et est ainsi parvenue à un chiffre de ventilation supérieur à 60^m par lit, n'aurait obtenu que 34^{mc} environ, si le règlement par les registres avait été effectué.

2507. M. Grassi a cherché ensuite l'influence de l'ouverture des portes et des fenêtres sur la ventilation. Il a observé l'appel par le même orifice de la salle du rez-de-chaussée, quand la porte et les fenêtres étaient fermées et ensuite quand on ouvrait la porte d'entrée, ou les deux fenêtres adjacentes à l'orifice, les deux croisées en face, et les croisées du fond ; il a trouvé pour les volumes d'air appelés dans ces différentes circonstances, 119^m ; 134^m ; 170^m ; 169 ; 156. Ainsi l'ouverture des portes et des fenêtres modifie complétement la ventilation ; on en conçoit facilement la raison : l'air n'éprouve alors aucune résistance pour pénétrer dans la pièce.

2508. L'expérimentateur a constaté en outre que l'ouverture des croisées avait une grande influence sur le volume d'air neuf appelé par les orifices des poêles ; dans une série d'expériences faites sur les quatre poêles de la salle du rez-de-chaussée quand les portes et les fenêtres étaient fermées et quand deux croisées étaient ouvertes, le volume d'air appelé dans ce dernier cas était inférieur au premier de plus d'un sixième.

2509. Enfin M. Grassi a observé l'influence de l'ouverture des fenêtres d'une salle, sur la ventilation des autres salles, dont les portes et les fenêtres étaient fermées, et il a reconnu que cette influence était tout à fait insignifiante.

2510. Ces diverses expériences confirment celles qui avaient contribué à conduire MM. Thomas et Laurens à la ventilation par pulsion et les motifs dont ils ont toujours appuyé celle-ci : c'est que l'air qui entre accidentellement par les portes et les fenêtres, ou par les fissures des parois d'un édifice, quoi qu'on en ait dit, ne ventile pas utilement ; entrant à proximité des ventouses de sortie, il leur arrive directement sans se mélanger à l'air de la salle. C'est ce qu'observe aussi M. Grassi, et il ajoute que cet air passe ainsi près de la tête des malades, qu'il entoure de courants d'air froid ; que cet air pris indistinctement dans les cours et les corridors peut ne pas être pur. Enfin il cite un fait qu'il a observé avec plusieurs personnes de l'hôpital et qui démontre un des inconvénients de la ventilation par appel signalé aussi dans les travaux déjà cités, à l'appui de la ventilation par pulsion. « La porte de la salle des « bains de femmes avait été laissée ouverte par mégarde ; l'air qui en « sortait accompagné d'un nuage de vapeur aqueuse était attiré par le « pavillon voisin (à M. Duvoir) et venait s'y rendre avec toute son hu- « midité. » Il s'y serait rendu avec tous ses miasmes, si une salle de dissection ou un lieu malsain eût été ainsi soumis à l'appel d'un pavillon peu éloigné.

2511. L'expérimentateur regrette, comme la Commission de réception, que le cahier des charges ne spécifie pas si les 60 mètres cubes d'air exigés par lit et par heure seront mesurés dans la cheminée d'appel, ou s'ils se rapportent à l'air neuf qui entre par les poêles. Dans le deuxième cas les conditions imposées ne seraient pas à beaucoup près remplies. Il regrette également que le marché n'exige pas de ventilation de jour en été, parce que dans cette saison, l'équilibre des températures extérieure et intérieure est beaucoup plus fréquent qu'en hiver. Cet équilibre s'oppose à la ventilation naturelle, alors même que les croisées sont ouvertes. Ce fait est à ne pas perdre de vue quand on compare à Lariboisière le prix coûtant de la ventilation par appel et de la ventilation par pulsion : car l'entreprise de l'appel est déchargée de la ventilation la plus difficile et la plus coûteuse, qu'elle n'a pas à donner et qu'on n'a pas à lui payer.

2512. Les observations puisées à deux sources très-différentes, que je viens de rapporter, sont d'accord sur deux points très-importants : sur la grande différence qui existe entre le volume d'air introduit dans les salles à travers l'appareil et celui qui s'écoule par la cheminée d'appel ; sur la grande irrégularité de l'appel opérée par les cheminées partielles, ou gaînes d'évacuation de l'air vicié, laquelle correspond à des inégalités proportionnelles dans la ventilation des différentes parties de la salle auxquelles ces orifices correspondent.

2513. D'après le rapport, la ventilation *moyenne* par malade et par heure déduite du volume d'air écoulé par la grande cheminée d'appel, serait de 78^{mc} : d'après la thèse, elle serait de 82^{mc} : ces nombres sont aussi rapprochés qu'on pouvait l'espérer, attendu les grandes variations qu'éprouve l'appel d'une cheminée d'un jour à l'autre. Le volume appelé par les poêles, toujours en moyenne, par lit et par heure, est d'après le rapport de 45^{mc} et d'après la thèse de 34^{mc} seulement.

D'après la Commission, le rapport moyen de la dépense par la cheminée d'appel à celle qui a lieu par les poêles serait égal à $78 : 45 = 1,73$; d'après la thèse, ce rapport serait $82,4 : 34,6 = 2,38$. Mais dans l'un ou l'autre cas, M. Duvoir-Leblanc n'a rempli ou dépassé les conditions du marché qu'en adoptant la supposition que le débit par la cheminée d'appel représente la ventilation réelle.

2514. D'après le rapport, l'écoulement par chaque gaîne de sortie des salles a varié de 40^m à 110^m et d'après la thèse dans la proportion de 73 à 248 : ces différences dans les observations d'un même appareil, prouvent combien la ventilation par appel est variable ; elles montrent que celle de M. L. Duvoir à Lariboisière est très-irrégulière. Le cahier des charges ne dit pas d'une manière positive que la ventilation doit être régulière dans toutes les parties de la salle : admettrait-on cependant que les salles sont ventilées, si la totalité de l'air en traversait une certaine partie et que l'excès d'air que recevraient certains malades compensât l'absence de ventilation pour les autres ? D'ailleurs, la régularité de la ventilation était tellement voulue que toutes les gaînes des salles sont garnies de registres ; mais ils sont restés ouverts comme M. Grassi l'a constaté. La régularisation ne pourrait en effet s'établir qu'en abaissant tous les registres de manière à réduire toutes les vitesses au minimum ; alors, en effet, d'après les expériences de la Commission, en supposant que la vitesse moyenne observée ait été la moyenne des vitesses extrêmes, la régularité de la ventilation aurait réduit la ventilation moyenne à $78 . 40 : 75 = 41^m 6$ et, d'après la thèse, comme nous l'avons vu précédemment, à 34^m 6. Ainsi, d'après le rapport lui-même, si la ventilation avait été rendue régulière, elle serait inférieure de beaucoup à celle qui était exigée, quoique estimée en moyenne.

2515. Quant à l'appareil en lui-même, on est réellement étonné d'y rencontrer si peu de connaissance des principes les plus vulgaires du chauffage et de la ventilation. Tout le monde sait que l'effet d'une cheminée augmente avec sa hauteur et que pour produire le même appel il faut chauffer l'air d'autant plus que sa hauteur est plus petite. Dans le cas dont il s'agit, il ne faut qu'un peu de réflexion pour reconnaître qu'en faisant descendre l'air au niveau du sol pour le faire entrer dans une haute cheminée d'appel, la hauteur de la cheminée et l'accroissement de température que l'air y recevrait feraient bien plus que compenser la perte de tirage résultant du mouvement de descente de l'air. Nous avons vu précédemment que pour les dimensions de cheminées qui sont précisément celles du pavillon de Lariboisière, pour produire le même appel par la cheminée des combles et par une cheminée recevant l'air à la surface du sol, les dépenses moyennes de combustible pour la ventilation d'hiver sont dans le rapport des nombres 1 et 2,5 et pour la ventilation d'été dans celui de 1 à 5 : les résistances pouvant être les mêmes dans les deux méthodes.

2516. Pour produire cet accroissement énorme dans la dépense de combustible on emploie 40 mètres carrés de surface de chauffe. Ainsi M. Duvoir-Leblanc a doublé les dépenses d'établissement pour doubler la dépense moyenne de ventilation d'hiver et quintupler celle d'été. M. Duvoir-Leblanc prétend que dans ses appareils la ventilation régulière, au chiffre convenu dans ses marchés, est assurée, parce qu'elle dépend du chauffage; il le dit dans toutes ses publications et d'une manière positive; d'ailleurs ce n'est que dans cette supposition que les expériences faites pour la réception de ses appareils signifieraient quelque chose, ses appareils ne renfermant pas d'instrument ni de moyen pour indiquer l'état de la ventilation. Il est absolument impossible de produire une ventilation régulière avec des poêles dont la température est réglée pour le chauffage; c'est là un principe général, indépendant de la disposition et du système des appareils, comme je vais le faire voir. C'est donc une erreur qu'il faut détruire dans l'intérêt de la question des chauffages.

2517. Considérons d'abord une cheminée d'appel recevant directement par le bas l'air extérieur ; l'effet produit par la même cheminée dépendant uniquement de l'excès de la température moyenne de l'air chauffé dans la cheminée sur la température extérieure, il en résulte nécessairement que pour produire une ventilation constante dans toutes les saisons, il faudra fournir à l'air de la cheminée une quantité de chaleur également constante ; c'est d'ailleurs un fait parfaitement constaté par l'expérience.

2518. Supposons maintenant que l'air extérieur avant de pénétrer dans la cheminée traverse, dans différentes directions, des pièces chauffées par des poêles, de manière à maintenir la température intérieure à 15°, et admettons que l'air ne soit pas surchauffé en arrivant dans la cheminée. L'air extérieur en entrant s'échauffera au-dessus de la température constante qui doit être maintenue de manière à fournir la chaleur qui passe à travers les murs et les murailles et il s'échappera par la cheminée à la température intérieure ; il se produira alors une ventilation variable avec la température extérieure ; elle sera nulle si l'air extérieur est à 15° et si on ne chauffe pas ; mais à mesure que la température extérieure s'abaissera et qu'on chauffera davantage, la ventilation ira évidemment en croissant de manière à atteindre son maximum dans les jours les plus froids, et par la même raison elle ira en décroissant à mesure que la température extérieure se rapprochera de 15°.

2519. Admettons maintenant que les poêles soient chauffés par un courant d'eau chaude et que le vase d'expansion soit placé de manière à échauffer l'air à son entrée dans la cheminée. Pour chaque température extérieure, cette circonstance augmentera la ventilation, mais elle ne changera pas le sens de ses variations, puisque la température du vase d'expansion variera comme celui des poêles ; ainsi encore dans ce cas la ventilation sera à son maximum dans les jours les plus froids et sera presque nulle au commencement et à la fin du chauffage.

2520. L'appareil de M. Duvoir-Leblanc est disposé exactement comme nous venons de le supposer. L'air extérieur entre dans les pièces à travers les poêles ; il s'élève d'abord vers le plafond, descend ensuite par couches sensiblement isothermes, jusqu'aux orifices d'écoulement placés à la partie inférieure des salles, d'où il s'élève dans les combles pour gagner la cheminée qui renferme le vase d'expansion ; ainsi la ventilation résulte de la force ascensionnelle de l'air à travers les poêles, dans les cheminées partielles des salles et dans la grande cheminée des combles dont il faut retrancher la charge nécessaire pour faire descendre l'air chaud du plafond au plancher de chaque salle. En admettant que les charges correspondantes aux deux premiers mouvements de l'air se compensent, tout se passe comme si la ventilation résultait d'une grande cheminée formée de deux parties, la première ayant la hauteur d'une, de deux ou de trois salles; la seconde la hauteur de la cheminée des combles; la première partie étant à la température constante de 15° et la seconde à une température variant comme celle de l'eau dans le vase d'expansion, la cheminée communiquant librement par le bas avec l'air extérieur; or les poêles et le vase d'expansion, dont les températures sont solidaires, sont d'autant plus échauffés que la température extérieure est plus basse, et par conséquent la température moyenne de l'air dans cette cheminée, et par suite la ventilation, augmentera, ou diminuera, dans le même sens que les quantités de combustible consommé pour maintenir la température intérieure. Il est en outre évident que si une ventilation constante était indépendante de la température extérieure, comme le prétend M. Duvoir-Leblanc, elle resterait la même au commencement et à la fin du chauffage, quelque petite que fût la différence de la température intérieure et de la température extérieure; et par suite elle aurait encore lieu quand on ne chaufferait pas du tout. D'ailleurs, si le principe dont il est question était vrai, il le serait pour un appartement chauffé par un foyer découvert dans lequel l'air extérieur pourrait entrer librement; et dans ce cas sa fausseté saute aux yeux.

2521. Le principe d'une ventilation régulière par le seul effet du chauffage est aussi absurde que la ventilation gratis par les cendriers des fourneaux de chauffage, qui a produit de si tristes résultats à la prison de Tours (2441 et suiv.) et à l'hôpital de Charenton (2481). Je suis vraiment honteux d'insister sur de pareilles choses : mais les administrations publiques ne pouvant apprécier les procédés que par les avis et les recommandations qui les appuient, c'est un devoir que de leur signaler les erreurs sur lesquelles ils reposent.

2522. Cependant toutes les expériences faites par la Commission de réception des appareils à Lariboisière et par M. Grassi ont donné pour des températures extérieures très-basses, puis plus élevées, des volumes d'air aspirés par la cheminée, qui dépassent de beaucoup eux convenus. Il faut donc qu'il y ait, dans l'appareil, un moyen dont M. Duvoir-Leblanc fait mystère et qui permette de suppléer momentanément à l'insuffisance de la ventilation qui a lieu naturellement par le seul effet du chauffage. Il ne me paraît pas douteux que ce moyen consiste tout simplement dans l'ouverture du robinet du tuyau de communication directe du vase d'expansion avec la chaudière, tuyau indispensable pour la ventilation d'été qui doit avoir lieu sans chauffage : ce tuyau existe donc, quoiqu'il ne soit pas indiqué dans les dessins des appareils; or, ce tuyau de retour d'eau étant suffisant à lui seul pour produire la ventilation convenue sans chauffage, agissant en même temps que le tuyau de retour d'eau par les poêles, permet évidemment d'amener l'eau du vase d'expansion à une température assez élevée pour produire dans toutes les circonstances la ventilation totale observée sans accroissement de température. Reste maintenant à savoir si cette augmentation de ventilation n'a lieu que quand on fait des expériences, ou si le chauffeur a un moyen caché pour régler la ventilation ; car on ne peut pas admettre qu'un entrepreneur donne gratuitement une ventilation de 80 à 90 mètres cubes, quand il n'en doit que 60, et que ce surcroît de ventilation lui coûte un grand accroissement de dépense en combustible.

2523. En résumé, de ce que je viens d'exposer, il résulte trois choses parfaitement évidentes pour les appareils disposés comme ceux de M. Léon Duvoir : 1° qu'une ventilation uniforme et qui se règle d'elle-même par le seul effet des appareils de chauffage est impossible ; 2° que la ventilation dépend du chauffeur, qui ne sait pas lui-même ce qu'il fait quand il veut dépasser la ventilation variable, qui s'opère naturellement par suite du chauffage ; 3° enfin que des expériences dirigées avec le plus grand soin par les personnes les plus habiles, les plus intègres, quelque prolongées qu'elles soient, ne prouvent absolument rien pour ce qui se passe quand on ne fait plus d'expériences (1).

Appareils de MM. Thomas et Laurens.

2524. J'ai déjà expliqué que le projet adopté par le jury du concours pour l'hôpital Lariboisière, consistait dans la ventilation par pulsion ou insufflation, et dans un chauffage opéré par des poêles à eau chaude, dont l'eau était chauffée à l'aide de la vapeur. A l'exécution, MM. Thomas et Laurens firent adopter par l'Administration diverses modifications à ce projet, notamment celle qui ramenait le chauffage presque en totalité à un chauffage à la vapeur facile à régler. C'est le système qui a été réellement exécuté à Lariboisière, sur les plans de MM. Thomas et Laurens, que je décrirai, tel qu'il fut produit en 1854-1855, tel aussi qu'il a été définitivement pratiqué.

2525. La ventilation est effectuée avec de l'air recueilli au-dessus des toits, à une assez grande hauteur dans l'atmosphère pour qu'il soit

(1) Je dois faire observer que si la médaille d'or a été donnée à M. Léon Duvoir-Leblanc à l'exposition universelle de 1855 elle ne l'a été que pour ses *appareils de chauffage* et nullement pour ses ventilations : on en trouvera la preuve dans le rapport du Jury lui-même.

pur de toutes les émanations qui se produisent dans un hôpital.

Le clocher de la chapelle, par sa hauteur et sa forme, s'est trouvé parfaitement disposé pour cela. On s'est contenté, pour toute appropriation, de donner aux lames des abat-son deux inclinaisons, de manière à utiliser la vitesse du vent qui, après les avoir traversées, arrive dans la gaîne *a b*, *fig.* 592, formée par l'un des quatre piliers creux de ce clocher. La dépense de construction pour avoir de l'air pur, a donc été insignifiante.

La baie *c* donne accès à l'air neuf dans la chambre du ventilateur. Cette chambre occupe la tête de la galerie souterraine située sous le portique UWZZ qui règne au rez-de-chaussée tout autour de la grande cour XY. C'est donc dans cette galerie, où débouchent d'ailleurs les caves de chaque pavillon de malades, que sont placées les machines et aussi les tuyaux qui portent l'air de ventilation ainsi que la vapeur et les retours d'eau. Tout le service a lieu dans cette galerie souterraine.

2526. Un ventilateur B à force centrifuge, dont l'enveloppe a la forme d'une spirale et qui par sa disposition et sa construction évite tout bruit incommode, aspire l'air neuf par la gaîne *ab* et le refoule dans les diverses salles. Il est mis en mouvement au moyen d'une courroie, par une machine à vapeur à détente, sans condensation, d'une force variable, dont la vapeur détendue est employée au chauffage des salles, ou aux bains et à la buanderie. Tout ce mécanisme est posé dans la chambre GG, parfaitement close, qui est prise, comme nous l'avons dit, sur la galerie souterraine UWZZ.

2527. Remarquons qu'il y a deux ventilateurs B, B pourvus chacun de leur machine à vapeur, mais qu'un seul de ces mécanismes suffit largement en tout temps à la ventilation de ce côté de l'hôpital et que le second n'est nullement nécessaire au service. Il avait été projeté dans l'origine, alors que l'hôpital tout entier devait être monté d'après le système nouveau ; lors de l'exécution réduite, il resta comme rechange du premier. Mais une rechange n'est point une nécessité avec des machines bien exécutées.

Deux générateurs de vapeur sont en *g*, *h* et leur cheminée en A : leurs foyers débouchent aussi dans la galerie souterraine qui parcourt tout l'hôpital. Toute l'année, ils fournissent la vapeur nécessaire aux bains d'eau et de vapeur et alimentent une buanderie considérable, vue en partie en *kfl*, laquelle dessert non-seulement Lariboisière, mais encore l'hôpital Beaujon ; de plus, en hiver, ils produisent le supplément de vapeur qu'exigent les différents chauffages des salles et de la Communauté des sœurs. La mise en mouvement du moteur ventilant n'a pas obligé d'en augmenter la puissance, puisque c'est la même vapeur qui, après avoir agi sur le piston, en ne perdant qu'une quantité insensible de son calorique, se trouve ensuite utilisée pour les bains et les chauffages.

2528. Une conduite de vapeur part de la machine et circule dans la galerie souterraine $m\ m\ m\ m$, en donnant un branchement dans chaque pavillon : un tuyau de retour d'eau $o\ o\ o$ suit le même trajet et aboutit dans le réservoir fermé n, placé dans la cave R, derrière les machines. Ce réservoir sert à l'alimentation des chaudières : la pompe alimentaire y reprend les vapeurs condensées, auxquelles on ajoute de l'eau quand il en est besoin. En t, s on voit les tuyaux de vapeur et le retour d'eau qui desservent la communauté ; o', o', o', sont les calorifères à vapeur de ce bâtiment. Ces mêmes tuyaux ont des branchements qui vont aux bains de vapeur j et q. La prise de vapeur pour la buanderie est faite directement sur les générateurs : les conduits y relatifs n'ont pu être figurés. A côté des générateurs est un vaste réservoir d'eau que l'on chauffe à la vapeur pour les bains ordinaires. Un autre réservoir tout semblable existe de l'autre côté en regard du premier.

Enfin, en S est placée une pompe que le moteur à vapeur met aussi en mouvement, et qui fournit l'eau à l'hôpital. Elle aspire l'eau par une conduite d'environ 300 mètres de long dans le canal de ceinture qui passe derrière Saint-Vincent-de-Paul.

2529. Suivons maintenant le fonctionnement de l'appareil : mais nous le prendrons d'abord pendant l'été, parce que c'est le cas le plus simple. L'air pur, pris au sommet du clocher, arrive au ventilateur par l'action aspirante de celui-ci, à laquelle la vitesse naturelle du vent vient en aide. Cet air est ensuite refoulé dans une conduite en tôle mince D E F, qui est suspendue à la voûte de la galerie souterraine et passe devant chacune des caves existant sous les pavillons.

De cette artère D E F part, au passage de chaque pavillon, un branchement tel que G′ G′, qui fournit l'air nécessaire à la ventilation de ce pavillon. Chaque branchement se subdivise lui-même en plusieurs répartiteurs pour porter l'air aux trois étages de salles de malades. La coupe horizontale faite dans la cave du pavillon n° 2 montre ce partage de l'air. Le répartiteur G′ G′ est un tuyau de tôle suspendu à la voûte de la cave : il donne directement en i, i, i, i à chacun des poêles du rez-de-chaussée l'air de ventilation de cet étage.

En x, x, aux deux extrémités de cette cave, il y a un sous-répartiteur qui fournit l'air à deux gaînes logées dans l'épaisseur du mur de refend; c'est l'air de ventilation du premier étage qui suit ce chemin. Ces gaînes aboutissent à un caniveau ménagé dans l'épaisseur du plancher de cet étage et situé en son milieu dans toute sa longueur. Deux autres sous-embranchements y, y aboutissent à deux autres gaînes logées de même dans l'épaisseur des murs et communiquant avec le caniveau central exécuté dans l'épaisseur du plancher du deuxième étage, qui reçoit aussi son air de ventilation d'une manière tout à fait semblable à ce que nous avons vu pour le premier.

2530. Chaque étage contient une grande salle de trente-deux lits, à l'extrémité de laquelle se trouve une pièce réservée où il y a deux lits, comme le montrent les coupes horizontales des pavillons n° 6 et n° 4. Au milieu de chaque salle, et sous son parquet, se trouve donc le caniveau contenant l'air de ventilation. Sur ce caniveau, on a posé dans chaque salle, quatre poêles z, z, z, z, vus dans la coupe horizontale du pavillon n° 4 et dans les coupes longitudinale et transversale (*fig.* 592 et 593).

Ces poêles, traversés dans leur hauteur par douze tuyaux, servent d'orifices d'entrée pour l'air de ventilation. Dans chaque chambre à deux lits est également un poêle qui donne accès à l'air neuf.

Enfin, des branchements partant de l'artère générale donnent la ventilation aux quatre promenoirs, ou parloirs, P, P, P, P, dans chacun desquels sont placés deux poêls r, r, par lesquels entre l'air neuf.

2531. L'air de ventilation débouche dans les salles avec une très-faible vitesse; on a observé qu'il s'y distribuait régulièrement et avec une uniformité incomparablement plus grande que dans la ventilation par appel, dont on avait la comparaison de l'autre côté de l'hôpital.

2532. L'air s'en va de chaque salle par dix-huit gaînes et une dix-neuvième dans la chambre réservée; toutes sont pratiquées dans l'épaisseur des murs et chacune débouche par deux orifices au parement du mur de la salle de malades. L'un de ces orifices n, n, n (*fig.* 593) est en bas, près du parquet; c'est la ventouse d'hiver : l'autre, p, p, p, qui se trouve à 2 mètres environ au-dessus, est la ventouse d'été (*fig.* 592 et 593). L'une et l'autre sont pourvues d'un registre que l'on tient ouvert ou fermé, suivant la saison. Les gaînes de tous les étages aboutissent au grenier; celles du mur de gauche, dans le caniveau s, et celles du mur de droite, dans le caniveau t. Ces deux caniveaux établis au grenier, dans les bas côtés de la toiture, laissent cet étage libre, car ils aboutissent chacun par un coffre posé sous le versant du toit à la cheminée d'évacuation V (*fig.* 592 et 593), qui est placée au centre du pavillon. Les caves sont également libres, ne contenant ni foyers, ni appareils à surveiller : double avantage déjà de ce système sur celui de l'eau chaude et de l'air chaud dont l'emploi obstrue une grande partie du grenier et des caves. La cheminée V consiste en un court tube de tôle galvanisée, dont l'extrémité est disposée pour que les vents ne contrarient pas la sortie de l'air vicié.

2533. En tête de chaque pavillon est un avant-corps qui renferme la cage d'escalier, et, à chaque étage, diverses pièces pour le service, telles que la chambre des sœurs, un office et une salle de bains. La coupe des pavillons n° 4 et n° 6 montre ces salles au premier et au deuxième étage. Dans les offices se trouve un appareil chauffé à la vapeur pour les tisanes, le linge, etc., et le chauffage des bains des salles.

2534. En été, la vapeur qui s'est détendue dans la machine circule dans la conduite $m\ m\ m\ m$, de laquelle partent des branchements qui chauffent les fourneaux d'office et les bains de chaque étage. Le surplus de cette vapeur non employée ainsi, ou aux bains de vapeur j et q, est envoyé aux grands réservoirs des bains ordinaires situés, l'un à la hauteur du premier, à côté des chaudières et l'autre en regard, de l'autre côté de l'hôpital. Toute la vapeur qu'emploie la marche de la machine, tant pour ventiler que pour élever l'eau et alimenter les générateurs est absorbée de cette manière pendant l'été; de telle sorte que la force nécessaire pour la ventilation s'obtient pour ainsi dire gratuitement, aussi bien dans cette saison qu'en hiver.

2535. J'ai montré comment l'air de ventilation était aussi pur que possible, dans ce système, par suite de sa prise au haut du clocher. Avec le système de l'appel, on prend l'air dans les cours, dans les caves au contact des murs ou du sol, et quelquefois à proximité de lieux infectés de miasmes.

2536. Il me reste à mentionner un autre avantage de l'idée de prendre l'air à une grande hauteur dans l'atmosphère et que MM. Thomas et Laurens avaient aussi en vue ; c'était d'obtenir pendant les chaleurs, de l'air de ventilation à une température sensiblement inférieure à celle des salles à assainir, à celle des cours, ou des locaux qui les environnent. Le rafraîchissement de l'air de ventilation pendant l'été fut bien souvent demandé ; pour les hôpitaux, il peut avoir des résultats précieux. Aussi nombre d'appareils ont-ils été proposés pour cet objet : ceux qui pouvaient produire l'effet annoncé étaient fondés sur l'emploi de la glace, procédé d'une exécution incommode, et souvent même impraticable, à raison de la dépense qu'il occasionnerait.

On a observé, à Lariboisière, qu'en été la différence de température entre l'air pris au clocher et celle de l'air ambiant à l'ombre était d'au moins 4°; qu'à de certains moments, elle a dépassé notablement ce dernier chiffre ; enfin , que la température des salles ventilées par insufflation était inférieure en été d'à très-peu près ce même nombre de degrés à celle des autres salles qui étaient ventilées par appel. Ces résultats sont très-importants, et ils trouveront certainement leur application dans nombre d'autres circonstances.

2537. Le calcul de la quantité de glace qu'il faudrait pour abaisser de 5° la température de l'air de ventilation donnera une idée de l'importance de ce résultat.

Prenons 300 malades à ventiler et le chiffre de 100 mètres cubes par malade et par heure ; la température de l'air à rafraîchir est de 30° : on veut la ramener à 25°. La quantité de chaleur qu'il faudra absorber par la fusion de la glace, sera représenté par

$$30000 \times 1,3 \times 0,2377 \, (30 - 25) = 46500 \text{ calories.}$$

1 kil. de glace absorbe 79 calories pour se fondre, l'eau restant à 0° : cette eau étant elle-même portée à 25°, la quantité de chaleur absorbée par kilog. de glace serait alors de $79 + 25 = 104$ calories. Mais on ne pourrait compter pratiquement arriver à échauffer autant la glace fondue avant de la perdre. Prenant donc comme maximum 100 calories par kilog. de glace fondue, nous trouverions encore qu'il en faudrait $\frac{46500}{100} = 465^k$ pour abaisser de 5° degrés l'air de ventilation de 300 malades. En admettant seulement pendant 12 heures de chaque jour de chaleur, ce rafraîchissement de l'air, on arrive à une consommation de 5600 kil. de glace.

Au prix de 0,05 le kil., qui est assez bas, que la glace soit naturelle ou fabriquée par des procédés plus ou moins ingénieux, la dépense pour ce mode de rafraîchissement s'élèverait à 280 fr. par jour. Ce chiffre ne comprend pas les frais de manipulation, ni ceux d'entretien et d'établissement des appareils indispensables.

2538. Ce résultat si coûteux s'obtient dans le système de MM. Thomas et Laurens par une dépense journalière insignifiante de force prise à la machine motrice et par une modique dépense de premier établissement, consistant, à Lariboisière, dans l'appropriation de quelques baies au clocher, dépense incomparablement inférieure à ce que coûterait le moindre appareil propre à rafraîchir l'air d'appel par l'eau, ou par la glace.

Quand on ne rencontrerait pas les facilités que le clocher de Lariboisière présentait pour recueillir de l'air pur, il serait toujours facile et peu coûteux d'élever une cheminée spéciale de construction légère que l'on monterait plus ou moins haut, à 25 mètres, à 35 mètres, suivant les localités, ou les quartiers, afin d'être toujours sûr d'obtenir le résultat voulu.

2539. Les volumes d'air que MM. Thomas et Laurens ont reconnus utiles, pour obtenir une ventilation parfaitement salubre dans un hôpital sont bien supérieurs à tout ce qui avait été proposé antérieurement. Ils vont à 80 mètres cubes, 100 mètres cubes et plus par malade et par heure : les salles de chirurgie sont celles qui exigent le plus grand volume d'air ; parfois même il convient d'y atteindre 120 mètres cubes. Ces quantités d'air observées entrent réellement dans les salles en se répartissant dans toutes leurs parties ; elles y produisent donc la ventilation utile qu'il est possible de réaliser.

2540. Le programme du concours dressé par l'Administration pour Lariboisière, demandait 20 mètres cubes d'air par malade et par heure, avec faculté de doubler momentanément cette quantité. Doubler avec les mêmes appareils un volume d'air un peu important n'est guère praticable qu'à l'aide de la ventilation insufflée, quand toutefois on a eu soin d'installer une machine d'une puissance qu'on peut faire varier.

2541. Si l'accroissement de la ventilation devenait nécessaire, par l'action mécanique il serait toujours possible, au moyen d'un accroissement de travail, facile à réaliser gratuitement dans un hospice par l'utilisation de la vapeur d'échappement de la machine. La prévision de doubler la ventilation n'a plus guère d'utilité avec les grands volumes d'air reconnus nécessaires aujourd'hui : il n'en était pas de même quand on ventilait avec des volumes trop réduits. Mais il est bon de voir à quel prix, dans les deux systèmes de ventilation, on peut obtenir l'accroissement d'une ventilation donnée, en supposant le cas où la machine exigerait d'être chauffée spécialement : dans ce cas assez rare, la dépense de combustible croîtrait sensiblement avec le travail, lequel augmente pour la ventilation mécanique comme le cube des volumes d'air insufflés dans les circonstances les plus défavorables : ainsi la dépense de combustible pour des ventilations par pulsion 2 fois, 3 fois plus grandes, serait 8 fois, 27 fois plus grande ; tandis que pour la ventilation par une cheminée d'appel, en supposant la température extérieure de 0°, la température intérieure de 15°, et celle de la cheminée d'appel de 30°, la hauteur de la cheminée de 10^m, celle des pièces de 5^m, j'ai démontré (2042) que les dépenses de combustible croîtraient dans le rapport des nombres 1 ; 14,84 ; 109,71 ; que les températures de l'air dans la cheminée seraient de 30°;133°,96; 563°,67. Les circonstances que j'ai supposées sont celles de l'hôpital Lariboisière, pour la hauteur de la cheminée de M. Duvoir et pour l'élévation de la salle du second étage. Les nombres que je viens de rapporter augmenteraient à mesure que la température extérieure diminuerait et que la hauteur de la cheminée intérieure augmenterait ; ainsi ils seraient plus grands pour le premier étage et pour le rez-de-chaussée. On voit que dans les circonstances indiquées on ne pourrait pas même doubler la ventilation ; car pour porter l'air à 133°, l'eau chaude devrait être à une température beaucoup plus élevée que 133°, d'autant plus que la surface de chauffe ne changerait pas ; et par conséquent la pression dans les poêles devrait dépasser leur limite de résistance.

2542. Nous donnerons, comme nous l'avons fait pour les appareils de l'appel, le résumé des expériences de M. Grassi ; mais nous ne reproduirons pas le détail des chiffres de répartition de l'air de cet expérimentateur, parce qu'ils ont été pris alors que ce règlement n'était pas encore effectué, comme il le remarque d'ailleurs lui-même ; en même temps, il signale combien il est facile d'obtenir la répartition que l'on désirerait, puisque chaque tuyau d'air, chaque branchement, est pourvu de son robinet. Nous donnerons seulement dans un tableau les résultats d'ensemble, qui n'étaient pas sujets à subir de modifications sensibles.

Sous le rapport du chauffage, le relevé des observations thermométriques faites chaque jour pendant l'hiver 1854–55 constate des températures bien supérieures à 15°, puisqu'on y voit généralement les chiffres de 18° et 19°. Ces excédants de température demandés par le service médical, ayant lieu la nuit comme le jour, causent une augmentation notable de consommation comparée à celle qu'on réaliserait en ne chauffant qu'au chiffre réglementaire de 15°, ou en laissant tomber la température au-dessous de 14°, comme il arrivait d'abord si souvent dans le chauffage à l'eau chaude. M. Grassi n'a pas tenu compte de cette circonstance dans ses estimations de dépense et ses comparaisons subséquentes de prix de revient.

2543. M. Grassi, prenant les travaux en l'état inachevé où il les trouvait, s'est livré à une expérimentation sur l'origine du volume d'air aspiré par le ventilateur. C'est ainsi qu'il a attribué telle fraction au clocher et le surplus aux ouvertures accidentelles qu'on n'avait pas encore fermées : il est inutile de reproduire ces chiffres qui évidemment sont sans portée, puisqu'ils devaient disparaître, et ont en effet disparu, du moment où la chambre des machines a été close comme le demandaient les ingénieurs. M. Grassi a obtenu un débit du clocher moindre que dans ce premier cas, en ouvrant en outre les deux portes de la chambre des machines : ce résultat était inévitable. On ne saurait tirer d'expériences faites alors que des ouvertures qui devaient ne pas exister, subsistent et qu'on ouvre des portes qui sont destinées à être fermées, ou munies de doubles portes, d'autre conséquence que la nécessité de se conformer au projet qui fermait les accès à l'air exclu de la ventilation. Depuis cette époque, les ouvertures, en présence desquelles M. Grassi avait expérimenté, ont été fermées et l'action du clocher entièrement rétablie. S'il arrivait que la totalité de l'air de ventilation ne provînt pas de cette source, ce serait uniquement le résultat d'une négligence qu'il serait facile de supprimer dès qu'on le voudrait bien.

2544. M. Grassi s'est ensuite occupé de la distribution de l'air entre les promenoirs et les pavillons. Il résulte de ses expériences que les trois promenoirs reçoivent 2069 mètres cubes d'air par heure. Quant aux pavillons, le tableau suivant indique le partage de l'air de ventilation entre eux tous.

	PAVILLON No 6. (Le plus proche de la machine.)			PAVILLON No 4. (Au milieu.)			PAVILLON No 2. (Le plus éloigné de la machine.)		
	REZ-DE-CHAUSSÉE. Salle Saint-Augustin.	1er ÉTAGE. Salle Saint-Landry.	2e ÉTAGE. Salle St-Vinc. de Paule.	REZ-DE-CHAUSSÉE. Salle Saint-Louis.	1er ÉTAGE. Salle Saint-Jérôme.	2e ÉTAGE. Salle Saint-Charles.	REZ-DE-CHAUSSÉE. Salle Saint-Napoléon.	1er ÉTAGE. Salle Saint-Honoré.	2e ÉTAGE. Salle Saint-Henry.
Volume total de l'air entrant dans chaque salle.	mc 5422	mc 3978	mc 4076	mc 3548	mc 5150	mc 4215	mc 2514	mc 3262	mc 3215
Soit par lit et par heure.	150	117	119	104	151	124	74	96	94
Total pour le pavillon.	13476mc			12947mc			8986mc		

2545. On a vu (2542) que la cause des inégalités de répartition consignées dans ce tableau était due à l'absence du règlement. Ce règlement a été effectué depuis. Le résumé ci-après résulte des expériences anémométriques de MM. Thomas et Laurens sur l'écoulement de l'air neuf par les divers orifices d'introduction. Cet air afflue dans les grandes salles par les quatre poêles placés dans leur axe, et il sort de chacun de ceux-ci par les douze tuyaux qui les traversent ; les douze tuyaux de chaque poêle donnaient leur air dans un manchon de tôle dont on les avait surmontés. On observait la vitesse en trois ou quatre points différents de ce manchon, et la moyenne de ces trois ou quatre observations fournissait la vitesse pour le calcul du débit. Le tableau suivant donne la répartition de la ventilation telle qu'elle était à la fin de 1856. Comme on le verra, le volume total de l'air diffère à peine de celui qui avait été observé par M. Grassi.

	PAVILLON N° 6. (Le plus proche de la machine.)			PAVILLON N° 4. (Au milieu.)			PAVILLON N° 2. (Le plus éloigné de la machine.)		
	REZ-DE-CHAUSSÉE. Salle Saint-Augustin.	1er ÉTAGE. Salle Saint-Landry.	2e ÉTAGE. Salle St-Vinc. de Paule.	REZ-DE-CHAUSSÉE. Salle Saint-Louis.	1er ÉTAGE. Salle Saint-Jérôme.	2e ÉTAGE. Salle Saint-Charles.	REZ-DE-CHAUSSÉE. Salle Saint-Napoléon.	1er ÉTAGE. Salle Saint-Honoré.	2e ÉTAGE. Salle Saint-Henry.
Volume total de l'air entrant par les poêles des salles dans une heure..	mc 3176	mc 2460	mc 2332	mc 2902	mc 2778	mc 2385	mc 3218	mc 2575	mc 2869
Volume d'air entrant par le poêle de la chambre à deux lits, les ventouses du passage et des lieux les poêles du promenoir, et enfin les ouvertures accessoires des caniveaux, évalué par différence	1021	1512	1512	1038	1550	1550	935	1204	1264
TOTAL par salle ...	4197	3972	3844	3940	4328	3935	4153	3839	4133
Soit par lit et par heure.	123	117	113	116	126	116	122	113	122
Volume mesuré dans le branchement de chacun des pavillons..........	12013			12203			12325		

OBSERVATION. — La répartition entre les diverses salles a été faite volontairement avec une certaine inégalité, pour donner plus d'air aux salles de chirurgie et à celles où étaient certains malades : on peut changer à volonté la répartition ci-dessus.

2546. Les différences entre les volumes écoulés d'une salle à une autre sont volontaires et commandées par le genre de maladies. Dès qu'on le voudrait, on changerait complétement cette répartition. On a vu que l'air de ventilation parcourait, dans l'axe des salles et sous leur plancher, un canal sur lequel les poêles sont assis : au niveau du parquet, ce canal est recouvert par des plaques de fonte que fixent aux longrines du plancher quelques vis qui sont loin de rendre la fermeture hermétique ; on a de cette sorte aidé à la diffusion de l'air qui n'arrive pas dans les salles uniquement et en totalité par les poêles :

ce sont ces issues et toutes autres semblables qui existeraient dans les salles qu'on a appelées dans le tableau ouvertures accessoires et qui contribuent aux chiffres de la deuxième ligne.

2547. Il est important de remarquer que la régularisation de la ventilation insufflée dans chaque salle n'a pas l'inconvénient que nous avons signalé, quand la ventilation a lieu par l'appel d'une cheminée ; cette régularisation doit toujours se faire en diminuant la surface des orifices qui produisent le plus grand débit ; d'où résulte nécessairement un accroissement de travail pour maintenir la ventilation générale au même point ; mais quand la ventilation a lieu par un travail mécanique entendu comme celui de Lariboisière, cet accroissement de travail ne coûte presque rien, tandis que quand la ventilation a lieu par l'échauffement de l'air dans une cheminée, l'accroissement nécessaire de travail correspond à un accroissement considérable de dépense de combustible ; car l'appel d'une cheminée augmente très-lentement avec l'accroissement de la température, comme nous l'avons vu (443).

2548. La force que développe la machine à vapeur pour ventiler est ordinairement de 8 chevaux : la pression de l'air au ventilateur est de 20^{mm} à 25^{mm} d'eau, suivant la vitesse de la machine. On remarquera que les parcours de l'air et les obstacles qu'il rencontre sont considérables et que néanmoins toutes ces résistances sont vaincues par une faible pression initiale, qui s'abaisserait encore si l'on diminuait les obstacles. Mais il était impossible de les diminuer à Lariboisière. Les ingénieurs ne sont venus que quand le bâtiment était complétement achevé : ils ont dû se servir, pour la répartition de l'air aux divers étages, de gaînes ménagées dans l'épaisseur des murs pour des cheminées, ou pour tout autre usage ; on ne voulait aucune colonne, aucun tuyau apparent pour porter l'air d'étage en étage. De même le caniveau central, placé sous le parquet des salles, eut une section réduite, parce que la forme des fermes en fer du plancher ne permettait pas de l'agrandir.

Les résistances à la circulation se sont ainsi accrues ; on devra tenir compte de cette circonstance quand on voudra comparer Lariboisière à d'autres ventilations, ou se baser sur les dépenses de cet établissement pour d'autres.

2549. Ce qui précède montre que l'insufflation permet de surmonter les diverses difficultés résultant de constructions déjà existantes ; il suffit d'y appliquer une plus grande force motrice que si l'ingénieur avait été appelé en même temps que l'architecte. Heureusement que dans un hôpital cet excédant de force n'est pas onéreux en dépense journalière, quand on utilise la vapeur de la machine comme à Lariboisière. Mais il y a excédant dans la dépense de premier établissement des machines et de leurs dépendances. Il est évident qu'il serait facile d'éviter qu'il n'y eût d'excédant d'aucun genre en prenant à l'avance les mesures convenables.

2550. Une particularité de la ventilation par pulsion qui doit attirer l'attention, c'est que l'ouverture d'un certain nombre de fenêtres n'influe pas défavorablement sur le débit dans la salle et ne modifie que peu la répartition de l'air. Ce résultat était attendu ; mais on en trouve la constatation dans les expériences de M. Grassi. Ainsi dans une des salles on a pris quatre croisées qui se correspondent, deux sur chaque face : portes et fenêtres fermées, le volume d'air vicié écoulé par la gaîne située entre deux de ces fenêtres était de 222 mètres cubes par heure. Après l'ouverture des deux croisées entre lesquelles se trouve la gaîne, la dépense de celle-ci était de 162 mètres cubes. Les deux croisées en face étant en outre ouvertes, cette dépense descendit à 158 mètres cubes ; enfin, en fermant les deux croisées voisines, et ne laissant ouvertes que les deux en face, la dépense remonta à 165 mètres cubes. Évidemment l'air qui ne sortait plus par la gaîne s'écoulait par les fenêtres : mais on voit que dans la circonstance la plus défavorable, la gaîne emportait un fort volume d'air, loin de laisser descendre dans la salle de l'air vicié. Ainsi la ventilation par insufflation n'oblige pas à la clôture hermétique des fenêtres, et même en permet l'ouverture ; il n'en est pas de même avec la ventilation par appel, qui est alors complétement troublée, si ce n'est même dans certains cas supprimée.

2551. A Lariboisière, la ventilation insufflée marche de jour et de nuit avec la même intensité ; de plus, elle fonctionne aussi énergiquement en toute saison. La ventilation par appel n'est pas astreinte à cette permanence de l'autre côté de l'hôpital ; ce qui diminue notablement la consommation en charbon qu'on lui attribue par malade ou par lit.

2552. En été, le fonctionnement de la buanderie est en pleine activité aussi bien qu'en hiver ; à lui seul il exigerait la présence des chauffeurs, des générateurs et le service alimentaire. Le service de l'appareil ventilant, proprement dit, n'est par comparaison avec le sien qu'un accessoire. Nous rappellerons que le moteur de cet appareil donne aussi le mouvement à la machine qui élève l'eau pour l'hôpital ; s'il n'existait pas, que la ventilation fût effectuée par appel, ce moteur n'en eût pas moins été installé ; seulement il eût été plus faible.

2553. La ventilation insufflée offre aux administrations un moyen de contrôle assuré ; en effet, il suffit d'appliquer un compteur à la machine, après avoir vérifié par des expériences anémométriques les volumes d'air qu'elle fournit par tour de volant. Le nombre de révolutions constaté leur garantit le volume d'air produit. Jusqu'ici, il n'y a pas d'autre moyen de contrôle d'une ventilation à l'abri de l'erreur.

2554. On voit en H (*fig.* 592, 593) la fosse d'aisances d'un pavillon qui est ventilée par le canal *u u*..., aboutissant à une gaîne que parcourt la cheminée de l'office à feu nu du rez-de-chaussée. Les lieux d'aisances ne présentent aucune disposition à recommander : loin de là, ils ont été construits avec peu de soin par l'architecte et dans le système le plus ancien. Aussi il est difficile de les avoir en état.

2555. Il me reste à expliquer le service d'hiver qui joint le chauffage à la ventilation.

Le fonctionnement de la ventilation est absolument le même qu'en été, à cette différence près que l'air est échauffé avant de pénétrer dans les salles. La vapeur sert à ce chauffage de l'air et aussi à celui des salles par rayonnement.

2556. Dans le projet du concours, le chauffage des salles se faisait par des poêles à eau chaude de M. Grouvelle, chauffés à la vapeur ; ils devaient fournir toute la surface rayonnante. A l'exécution , MM. Thomas et Laurens, qui craignaient les inconvénients de l'eau chaude et la difficulté qu'elle présente à faire varier promptement le chauffage comme cela est nécessaire dans notre climat, si l'on veut obtenir dans les salles une température constante, firent agir directement la vapeur.

Le caniveau qui parcourt l'axe de chaque salle, sous son parquet, et contient l'air de ventilation, renferme aussi un tuyau de vapeur et son tuyau de retour d'eau ; ce caniveau fut recouvert sur toute sa longueur par des plaques de fonte, que ces tuyaux échauffent. A leur passage sous les poêles, les tuyaux de vapeur et de retour d'eau envoient un branchement à chaque poêle ; mais chaque poêle étant muni de deux robinets, il est facile de supprimer tout passage de la vapeur dans les poêles.

Les poêles ne servent donc au chauffage que dans le cas où la température serait exceptionnellement assez rigoureuse pour que le chauffage à la vapeur du caniveau central ne suffise plus. Pendant les jours les plus froids, il a suffi jusqu'ici de donner de la vapeur au premier poêle, à celui qui est à proximité de la porte d'entrée du côté du vestibule. L'air de ventilation se chauffe au contact des tuyaux placés dans le caniveau central ; il entre dans la salle en traversant les poêles. L'eau de ceux-ci est donc chauffée par l'air de ventilation , ce qui en régularise la température. Cet air sort des poêles à la température de 30 à 35°.

2557. La disposition des poêles de M M. Thomas et Laurens diffère de celle usitée dans les chauffages à l'eau chaude ; ces poêles sont bien moins encombrants pour la circulation et la vue, à cause de la forme méplate et peu élevée qui leur a été donnée. Ils sont en tôle et en fonte et traversés dans leur hauteur par douze tuyaux droits de $0^m,12$ de diamètre que parcourt l'air de ventilation ; il n'y a aucun serpentin de vapeur ; celle-ci afflue simplement dans le soubassement en fonte.

2558. Chacun des quatre promenoirs P, P, P, P (*fig.* 591) contient deux poêles méplats semblables à ceux des salles et placés comme eux sur le canal de ventilation qui contient aussi les tuyaux de vapeur et de retour d'eau. L'air de ventilation des promenoirs sort par ces poêles en toute saison. Enfin la cage d'escalier et le vestibule de chaque pavillon sont chauffés par un poêle cylindrique à eau et à vapeur posé au rez-de-chaussée, en O, O, O. Aucun accès d'air neuf ne s'opère par ces poêles.

2559. La vapeur qui sort de la machine ne suffit pas, en hiver, au chauffage des salles, puisque les autres chauffages que l'été exige aussi, subsistent toujours. Alors on y joint de la vapeur prise directement sur les générateurs. Cette addition s'opère dans l'artère générale de vapeur, au moyen d'une buse qui fait un jet dans la direction du courant établi. Un robinet règle la pression initiale de cette vapeur additionnelle, de façon à ne pas augmenter la contre-pression derrière le piston.

Ainsi, c'est toujours de la vapeur à basse pression, et forcément à basse pression, qui pénètre dans les salles et dans les appareils qu'elles contiennent. Si les poêles à eau chaude fonctionnaient à Lariboisière, ils se trouveraient dans des conditions particulières, favorables à la sécurité, puisqu'ils seraient forcément à basse pression.

2560. La facilité que présente la vapeur, aussi bien à basse qu'à haute pression, d'augmenter ou de diminuer la température des salles, a permis de reconnaître celle qui convenait le mieux à un hôpital. Dans tous les programmes, on trouve indiquée la température de 15° en hiver, comme celle à fournir. Mais en général cette température est trop faible, surtout pour des salles de malades. A Lariboisière, on ne saurait évaluer à moins de 18° la température moyenne de l'hiver dans les salles de la ventilation insufflée, où le service médical a la faculté de chauffer autant qu'il le souhaite ; il y a même des moments où l'on veut davantage. Dans les salles chauffées à l'eau chaude par circulation, la température arrivait à peine à 15° dans le principe, et encore ne pouvait se maintenir en même temps à ce chiffre dans toutes les salles d'un même pavillon : la moyenne de l'hiver était au-dessous de 15°. A cette température, on se plaint déjà du froid. Il est certain que dès qu'on établit une ventilation dans une salle, il faut y élever la température plus haut que si l'on ne ventilait pas du tout.

L'augmentation à 18° et 19° de la température des salles, fixée à 15° par le programme, a une influence très-marquée sur la consommation de charbon. Ainsi, pour élever de 3° la température des salles, il faut augmenter la consommation de charbon dans le rapport de 3 à 4 environ, soit un tiers, la température moyenne de l'hiver étant supposée de $+$ 6° à l'extérieur.

C'est là un fait très-important, qu'il ne faut pas oublier quand on parle des consommations, et surtout quand on compare celles d'un hôpital, ou d'un système, à celles d'un autre lieu ou d'un autre procédé. Il a échappé à M. Grassi dans ses appréciations des consommations. Du reste, on ne peut admettre le mode d'appréciation de cet expérimentateur pour déterminer la consommation relative du système Thomas et Laurens à Lariboisière, parce qu'il est sujet à de trop grandes erreurs. J'ai indiqué pour estimer la dépense du chauffage des données incontestables, en dehors desquelles on ne peut rien établir d'exact. Pour le chauffage, de quelque manière qu'il soit exécuté, la dépense, pour obtenir une température voulue, sera toujours à très-peu près la même dans tous les systèmes, parce que la quantité de chaleur à fournir est exactement égale à celle qui passe à travers les vitres et les murailles : et si elle devait être moindre, ce serait probablement avec la vapeur qui l'effectue à l'aide d'un seul foyer plus facile à bien conduire que plusieurs foyers répartis dans les différentes parties d'un établissement.

En supposant que l'effet utile du combustible soit identique dans les deux cas, et en admettant les chiffres de 14° et de 18° observés par M. Grassi pour températures de salles chauffées à l'eau et à la vapeur, on déduit d'une manière certaine que pour les salles chauffées à la vapeur la dépense en charbon doit nécessairement être plus élevée dans le rapport de 18 — 6 à 14 — 6; c'est-à-dire de 12 à 8.

2561. En présence de l'excès de dépense qui résulte du chauffage des salles à 18° au moins, dans le système de la ventilation insufflée, on est conduit à se demander pourquoi on ne chauffait souvent qu'à 14° et 15° avec l'autre système ; ces raisons sont que la température doit augmenter à mesure que la ventilation devient plus active, plus effective, que l'évaporation cutanée est plus forte ; de plus avec le premier système non livré à un entrepreneur, les médecins et les sœurs font chauffer au degré le plus convenable pour les malades, tandis qu'avec le deuxième, l'entrepreneur du chauffage et de la ventilation se tient toujours à la limite inférieure, malgré les plaintes souvent réitérées de tous, malades et médecins. Si le chauffage à l'eau était à la disposition du médecin, comme celui de la vapeur, il occasionnerait une plus grande dépense, et tout au moins la même dépense, quoique accompagné d'une ventilation moins efficace.

2562. Si l'on voulait apprécier la dépense en charbon pour le chauffage à la vapeur et la ventilation insufflée de Lariboisière, il faudrait remarquer que les générateurs fournissent de la vapeur en même temps pour ces usages et pour d'autres. On ne peut prendre sans examen les chiffres de la comptabilité, parce qu'ils englobent tous les services fort divers de l'hôpital, et pour avoir la consommation de chacun d'eux, des expériences spéciales seraient indispensables.

On a bien reconnu au dynamomètre que la force utile pour produire la ventilation était de 7 à 8 chevaux; cette force serait-elle de 10 et même de 12 chevaux, qu'elle n'occasionnerait encore aucune dépense sensible de combustible, puisque pour 12 chevaux, par exemple, il ne faudrait brûler que 30 à 35 kilog. de houille par heure et que cette quantité ne suffirait pas encore pour le service des offices et celui des bains de l'hôpital, s'il était effectué par de la vapeur prise directement aux générateurs. On a donc réglé les robinets de vapeur de manière à pourvoir tant à ce service qu'aux divers chauffages, en faisant passer par la machine toute la vapeur dont on a besoin. La consommation apparente de cette dernière pourrait donc être supérieure aux consommations ordinaires et à de certains moments plus forte que dans d'autres, sans que pour cela on fût admis à poser comme un fait, que la ventilation dépense telle quantité de charbon observée et supérieure à la quantité qu'exige une machine de 8 chevaux dans les conditions usuelles. Il ne faut pas perdre de vue que la vapeur même strictement nécessaire au fonctionnement économique de la machine, ou le charbon qui la produit, ne sont pas dépensés par la ventilation insufflée, puisque la vapeur de la machine est entièrement utilisée, aussi bien l'été que l'hiver, à des chauffages de première nécessité dans un hôpital. Il n'y a de consommé par la ventilation que la perte de chaleur qui a lieu dans le passage de la vapeur dans une machine. Cette perte ne s'élèverait pas, d'après les expériences de M. Regnault, à 2 p. 0/0; pratiquement tous les manufacturiers qui possèdent des machines sans condensation, dont ils utilisent la vapeur, trouvent que l'utilisation de la vapeur les couvre sensiblement de la dépense en combustible.

2563. La buanderie de Lariboisière, à elle seule, exige toujours une quantité de vapeur beaucoup plus grande que celle qui serait nécessaire pour la mise en mouvement de la plus mauvaise machine à vapeur ventilante. Sa consommation s'élève, en effet, de 30,000 k. à 35,000 k. de houille par mois ; et si les autres services n'absorbaient pas la totalité de la vapeur d'échappement de la machine qui conduit le ventilateur et les pompes , cette buanderie l'absorberait bien et au delà.

2564. On serait également conduit à se livrer à des appréciations puisées dans la pratique industrielle, pour trouver la dépense en personnel et en entretien, à cause de la pluralité des services réunis à la ventilation. Il est évident d'abord que le personnel serait le même si l'hôpital tout entier était monté d'après le système ; le fait du partage a donc doublé ces charges : puis ce personnel, presque au complet, serait déjà nécessaire pour une buanderie à vapeur aussi considérable que celle de Lariboisière. Les soins à donner à la machine sont loin d'être proportionnels à sa puissance ; du moment où l'installation d'une machine était nécessaire pour le service de l'eau et de la buanderie, les frais généraux ne sont pas augmentés par son application au ventilateur. L'entretien des appareils de chauffage à la vapeur est peu coûteux et n'exige pas une grande attention. Les appareils à circulation d'eau chaude demandent plus de soin, car leur rupture, si elle avait lieu, occasionnerait de très-graves accidents. Comme ils sont d'ailleurs sujets à des obstructions et à une usure assez grande que l'on n'a pu ni prévenir, ni bien expliquer, ils obligent à de la surveillance et à des réparations importantes assez fréquemment.

2565. Si en dressant le projet d'un hôpital, on pensait à son chauffage et à sa ventilation par pulsion, on diminuerait beaucoup les frais d'installation de ces travaux si nécessaires à la salubrité qu'ils devraient être regardés par l'architecte comme la chose capitale de son projet. Il arriverait même à réduire la capacité que l'on donne à chaque malade dans une salle et par suite la dépense en bâtiments. Autrefois qu'on ne savait pas ventiler, la grandeur de cette capacité était, pour l'architecte de la salubrité, mais avec un mode de ventilation sûr, cette capacité peut être considérablement réduite et ramenée à ce qui est nécessaire au service : c'est une considération qu'il est utile de faire valoir auprès de l'Administration, car elle lui permettrait d'économiser sur les constructions ce qu'elle aurait à dépenser en appareils, et plus même, si l'on se reportait à de certains exemples.

Les hôpitaux ainsi établis seraient salubres, tandis que, sans ventilation, les hôpitaux monumentaux ne le sont pas plus que les plus dépourvus d'aspect architectural.

2566. La nouveauté de la ventilation par pulsion m'a conduit à insister sur ce procédé, qu'il importe de faire connaître tel qu'il est. Ce sera compléter cet exposé que de mentionner les principales objections qui lui ont été faites et qui retardèrent ou amoindrirent sa première application.

2567. On avait prétendu que la vapeur ayant un long trajet à parcourir pour arriver à des salles si éloignées des machines, il se ferait des condensations considérables, qui gêneraient la circulation au point d'empêcher, ou au moins de diminuer le chauffage. D'abord, des précautions ont été prises contre les condensations inutiles ; mais l'expérience a prouvé que cette objection était sans valeur. On le conçoit dès qu'on pense à la vitesse d'écoulement de la vapeur, même à de très-faibles pressions.

2568. On a dit encore que le ventilateur ne poussait pas l'air jusqu'aux salles éloignées, et que, dans tous les cas, une portion notable de l'air se perdait en route. La pratique des usines métallurgiques où l'air insufflé parcourt des trajets beaucoup plus considérables, sans aucune perte de ce genre, prouve la non-valeur de cette objection. En installant plusieurs ventilateurs, il deviendrait facile de diminuer le parcours de l'air ; mais la surveillance et l'entretien seraient moins simples et moins économiques qu'avec une seule machine ventilante.

2569. Certains médecins avaient prétendu que l'air arrivant en grande quantité dans les salles pouvait, malgré les orifices de sortie, s'y accumuler et acquérir bientôt une pression assez considérable ; de telle sorte que les malades seraient dans une atmosphère comprimée, ce qui ne serait pas sans inconvénient dans nombre de maladies. L'expérience a montré que les choses ne se passaient pas ainsi et qu'on avait eu tort de ne pas tenir compte de la section des orifices de sortie.

En ayant égard à la somme des orifices de sortie, l'excès de pression est si faible qu'il échappe à l'observation ; il n'atteint certainement pas un millimètre d'eau, tandis que les variations du baromètre excèdent souvent un centimètre de mercure, ou 135^{mm} d'eau. Il n'y a donc pas lieu de se préoccuper d'une pression si minime relativement aux variations les plus ordinaires du baromètre, laquelle est même susceptible de devenir négative pendant une partie de l'année, pendant la saison où la température extérieure est au-dessous de l'intérieure. En effet, les ventouses d'évacuation munies de registres communiquent par des canaux avec une cheminée centrale qui dépasse le faîte du toit ; de telle sorte qu'il se produit dans les canaux et cheminées un appel naturel, toutes les fois que la température intérieure est supérieure à celle du dehors : il suffit de tenir les registres assez ouverts pour que cet appel non-seulement compense toute pression, mais même procure, si on le jugeait utile, une petite dépression dans les salles ; de telle sorte qu'on peut à volonté développer dans les salles une pression positive, nulle, ou négative.

Voici quelques expériences de M. Grassi à cet égard :

Il a constaté que la température extérieure étant de 3° 5 et l'intérieure de 19°, avec une certaine ouverture des ventouses d'évacuation, la dépression, dans la salle en expérimentation, pouvait atteindre $0^{mm},61$ d'éther ; des diminutions successives de cette ouverture ont réduit cette dépression intérieure à $0^{mm}405$, puis à $0^{um}26$; et cependant l'air continuait à affluer dans la salle à raison du volume considérable de 5422 mètres cubes par heure.

2570. Tous ces phénomènes s'expliquent très-facilement ; leurs effets peuvent même être calculés par les formules que j'ai données (2031 et suiv.) relativement aux cheminées d'appel. Ils montrent tout le parti que des médecins intelligents pourraient tirer du système de ventilation de MM. Thomas et Laurens, dans le cas où des variations dans la pression, ou la dépression de l'atmosphère d'une salle d'hôpital, seraient reconnues utiles à la guérison de certaines affections.

2571. On avait aussi prétendu que quand on ouvrirait les fenêtres, l'air prenant pour sortir la voie la plus facile, s'échapperait en masse par cette ouverture nouvelle, ne passerait plus par les canaux d'évacuation et qu'une partie de l'air vicié qui a déjà commencé à monter dans les gaînes, en redescendrait pour pénétrer de nouveau dans les salles, au grand détriment des malades. Quand on ouvre une fenêtre, on augmente la somme des orifices de sortie ; la vitesse d'écoulement par la gaîne diminue par conséquent, mais elle ne devient jamais nulle et ne change jamais de signe, comme l'indique le simple raisonnement et comme le prouve l'expérience. L'ouverture des fenêtres ne saurait modifier cet état de choses que dans le cas exceptionnel où, pendant l'hiver, on aurait réglé les registres des ventouses d'évacuation de manière à obtenir une dépression sensible ; elle annulerait alors évidemment l'effet de ce règlement, c'est-à-dire la dépression.

2572. La Commission des architectes de la ville, que le préfet de la Seine consulta, parmi les objections qu'elle fit au projet, donnait la suivante, dont elle faisait grand cas :

Le bruit des machines, celui des ventilateurs et celui des cloches se transmettrait dans les salles par les tuyaux qui conduisent l'air et y affecteraient péniblement les malades. L'expérience a également fait justice de ces exagérations ; dans la salle Saint–Augustin, qui est la plus plus proche des machines, on ne les entend ni de jour, ni de nuit. A plus forte raison plus loin, dans les autres salles, où les tuyaux de ventilation pourraient seuls transporter le bruit ; ce qui du reste n'était pas admissible.

2573. La faveur si peu fondée, dont jouissait vis-à-vis des administrations publiques, auprès desquelles l'opinion de certains savants l'appuyait obstinément, le procédé du chauffage par circulation de l'eau chaude avec ventilation par appel, a permis à ce dernier système une lutte prolongée qui a donné lieu à des mémoires , à des brochures remplies d'assertions aventurées ou fausses, qui ne méritent pas d'être réfutées.

Hôpital Beaujon.

Appareils de M. Van Hecke.

2574. Un médecin étranger , le docteur Van-Hecke, proposait depuis longtemps d'effectuer la ventilation à l'aide de la vis pneumatique placée dans une cheminée d'évacuation, de manière à aspirer l'air vicié. Le moteur de la vis était un contre-poids. C'est avec cet appareil que l'inventeur avait essayé de ventiler l'une des salles du cercle du commerce à Bruxelles.

Vers 1855, il obtint de l'administration des hospices d'appliquer son procédé à l'un des pavillons de Beaujon, en substituant la force de la vapeur à l'effet du contre-poids pour mettre la vis en mouvement.

Le pavillon dans lequel les appareils ont été établis renferme 58 lits répartis en trois salles superposées. Les conditions imposées à M. Van Hecke consistaient à maintenir une température de 16° dans les salles et à produire une ventilation régulière de 60 mètres cubes par malade et par heure.

2575. Le chauffage a lieu au moyen d'un calorifère à air chaud ordinaire placé dans la cave du pavillon. L'air y arrive par un canal qui s'ouvre dans un jardin à 2 mètres au dessus du sol ; le canal de descente est en maçonnerie et se prolonge par un tuyau en zinc de $0^m,75$ de diamètre : l'air chaud, en sortant du calorifère, devait passer sur une cuve pleine d'eau destinée à lui donner le degré d'humidité convenable. L'appareil est disposé de manière qu'on puisse à volonté faire passer la totalité de l'air ou une partie seulement à travers le calorifère. L'air chaud s'élève ensuite dans un tuyau vertical qui traverse le plancher du rez-de-chaussée et des deux étages, au milieu des salles ; au réz-de-chaussée, il a 0^m 75 de diamètre ; 0 60 au premier étage, et 0^m 50 au second étage ; au réz-de-chaussée et au premier étage, l'air chaud pénètre dans la salle par l'intervalle des deux tuyaux de conduite ; au deuxième étage, par la surface totale du tuyau qui traverse le plancher. Des registres placés dans les tuyaux permettent de régler le volume d'air qui pénètre dans chaque salle ; des tambours en fonte placés sur le sol, autour du tuyau d'accès, reçoivent d'abord l'air chaud qu'ils laissent écouler dans la pièce par des ouvertures latérales grillées ; ces tambours renferment des grilles destinées à chauffer le linge ou les médicaments.

2576. L'air s'échappe de chaque salle par quatre orifices, au niveau du sol et placés dans les angles ; les tuyaux d'évacuation des trois salles s'élèvent jusqu'au comble, où ils débouchent dans quatre canaux horizontaux, qui aboutissent à un tambour surmonté d'une cheminée en zinc de $0^m,75$ de diamètre. Les canaux verticaux sont pourvus, à leur partie supérieure, de registres destinés à régler la ventilation des salles et l'uniformité de la ventilation dans chacune d'elles.

2577. Une partie de la chaleur perdue par la cheminée du calorifère et du fourneau de la petite machine à vapeur, dont il va être question, est employée au chauffage et à la ventilation. Cette cheminée est en fonte et placée dans un conduit concentrique pratiqué dans le mur qui sépare les salles de la cage de l'escalier ; à chaque étage, ce conduit présente trois orifices : l'un s'ouvre dans la grande salle, le second sur l'escalier, et le troisième dans la chambre à deux lits. En hiver, ces orifices amènent de l'air chaud ; en été, ils appellent l'air des salles et de l'escalier.

2578. A la cave se trouve une machine à vapeur de deux chevaux destinée à mettre en mouvement la vis aspirante, qui fut installée dans la cheminée des combles. Cette vis, ou ventilateur, se compose d'un arbre en fer placé dans l'axe du tuyau et portant deux tiges perpendiculaires à sa direction, sur lesquelles sont fixées deux palettes inclinées de 50 à 60°. Une partie de la vapeur du générateur est employée à chauffer au rez-de-chaussée des bassines pleines d'eau ou des cataplasmes, et une autre partie de la vapeur qui a servi à faire mouvoir la machine est envoyée aux étages supérieurs, où elle chauffe l'eau nécessaire aux besoins des malades ; mais la plus grande partie de cette vapeur est perdue.

2579. M. Van Hecke a placé dans la cheminée d'évacuation et dans le canal d'accès de l'air extérieur un grand anémomètre permanent qui indique à chaque instant l'état de la ventilation. Cet appareil est disposé de la même manière que le ventilateur ; il est formé de deux ailes planes métalliques fixées à des barres perpendiculaires à l'axe de rotation et inclinées de 55° sur cet axe, et chacune d'elles a une longueur presque égale au rayon du tuyau ; cet instrument fait mouvoir un compteur qui indique le nombre des révolutions effectuées dans un temps donné, et permet d'évaluer le volume d'air débité quand on connaît celui qui correspond à une révolution. Le compteur présente quatre cadrans, A, B, C, D, ayant chacun 100 divisions ; chaque division du cadran A correspond à un tour de l'anémomètre ; une révolution complète de ce cadran fait mouvoir le cadran B d'une division, et ainsi des autres. L'instrument peut donc marquer 100 millions de tours et marcher plus d'une année. Quand on veut faire une observation, on commence par inscrire les indications dans l'ordre D,C,B,A sur un tableau porté par le compteur lui-même ; on laisse ensuite marcher l'appareil pendant quelques heures, quelques jours ou plusieurs mois, et, après ce temps, on fait une nouvelle lecture des cadrans ; la première observation retranchée de la seconde indique le nombre des révolutions.

2580. M. Van Hecke a aussi employé un appareil qui indique sur un cadran divisé l'état de la ventilation ; il se compose d'un disque de cuivre fixé à une tige mobile autour d'un axe horizontal, le plan du disque passant toujours par l'axe de rotation ; c'est le même principe que les appareils indiqués (421).

2581. Enfin M. Van Hecke devait, dans le but de produire un certain rafraîchissement de l'air en été, placer dans le tuyau d'accès de l'air extérieur une toile sans fin mise en mouvement par la machine et plongeant à sa partie inférieure dans de l'eau de puits ou dans de l'eau refroidie par de la glace. Cette disposition, qui soulève des objections de diverse nature, n'a pas été exécutée.

Voici maintenant le résumé des expériences de M. Grassi sur la ventilation de ce pavillon.

2582. *Graduation de l'anémomètre de M. Van-Hecke.* — Pour graduer cet anèmométre, M. Grassi, qui s'est beaucoup occupé des appareils Van Hecke, a fait porter par deux hommes, marchant uniformément dans une salle fermée, la portion de tuyau dans laquelle tourne le moulinet, et parallèlement à son axe, en comptant le chemin parcouru et le nombre des révolutions indiquées par le compteur. En faisant varier la durée du parcours de la même distance de 22 secondes à 45 secondes, le nombre des révolutions n'a varié que de

70 à 74; la moyenne est donc de 72; M. Grassi a conclu de là que le nombre des révolutions était proportionnel à la vitesse; et admettant que le volume d'air qui traversait le cylindre était égal à la vitesse de translation de l'appareil, il a conclu de ces expériences que chaque révolution correspondait à un volume d'air égal à 0^m46. Un tel instrument, avec un tel mode de graduation, ne peut donner des indications absolues; mais ici, où il s'agira surtout de comparaisons, l'objection n'infirme pas les résultats.

Dans le but de comparer la ventilation par appel produite mécaniquement, comme on vient de le voir, à celle insufflée produite aussi mécaniquement dans le même local, il fut décidé qu'on établirait également à Beaujon une deuxième vis pareille à la première, mais disposée de manière à refouler l'air neuf dans les salles au lieu de l'en aspirer. Cette deuxième vis, ou ventilateur, recevait le mouvement de la machine à vapeur, et plus simplement que celle des combles, à cause de sa proximité; elle fut installée dans le tuyau de prise d'air, dans la cave. De cette sorte, en mettant successivement en jeu l'une ou l'autre des vis-ventilateurs, la première aspirant l'air des salles, la deuxième insufflant l'air dans les salles, il devait être facile de comparer les deux modes de ventilation. Enfin l'installation fut dirigée de manière à pouvoir ventiler les mêmes salles par le seul effet des différences de température à l'intérieur et au dehors. Nous allons d'abord parler de cette dernière ventilation appelée improprement naturelle.

2583. *Ventilation naturelle.* — La ventilation dont il s'agit est celle qui se produit pendant le repos complet de l'agent mécanique; elle résulte uniquement de la différence entre les températures intérieure et extérieure. La disposition de l'appareil était très-favorable à cette ventilation, parce que les orifices d'accès et de sortie étaient libres et d'une très-grande section.

La ventilation a été mesurée au moyen de l'anémomètre de M. Van Hecke établi dans la cheminée; le nombre de révolutions était observé régulièrement à 6 heures du soir et à 6 heures du matin. Du 6 septembre au 28 octobre les salles n'ont pas été chauffées, et pourtant leur température était peu différente de 16°. Pour des températures extérieures de 13° et de 7°, la ventilation naturelle par malade et par heure s'est élevée à 11 et 23 mètres cubes. Le 28 octobre on a commencé à chauffer les salles, le feu du calorifère était maintenu jusqu'à 10 heures du soir; du 28 octobre au 28 novembre la ventilation par malade et par heure s'est élevée à 25 mètres cubes. Ces chiffres, quoiqu'étant déjà des moyennes, montrent combien la ventilation, dite naturelle, varie avec la température extérieure, laquelle change constamment ; elle est de plus soumise à toutes les influences des vents.

Avec une ventilation de 15 mètres cubes par lit et par heure, il y a une odeur très-sensible dans les salles ; avec une ventilation de 25 mètres l'odeur disparaîtrait, mais à la condition que cette ventilation à 25 mètres fût précédée par une ventilation très-puissante qui aurait rempli ces salles d'air salubre. Nous ne saurions donc admettre *à priori* qu'une pareille ventilation puisse suffire pendant la nuit, alors même que la ventilation de jour aurait été très-grande.

2584. *Ventilation par pulsion ou insufflation.* — M. Grassi a d'abord recherché le volume d'air lancé par la vis-ventilateur, suivant la vitesse de la machine ; il établit que le volume est sensiblement proportionnel au nombre de coups de piston de la machine par minute, et que pour 65 coups, qui est à peu près la vitesse normale, le volume d'air lancé par malade et par heure était de 62 mètres cubes. Pour comparer les indications de l'anémomètre de M. Van Hecke à celles de l'anémomètre de M. Combes, M. Grassi a placé en avant du premier, qui se trouvait dans le tuyau d'accès de l'air froid et au tiers du rayon au-dessus du centre, un anémomètre de M. Combes, et il a observé les révolutions effectuées dans le même temps avec la présence de l'anémomètre de M. Van Hecke, et quand il était supprimé ; dans ces deux circonstances, les nombres de révolutions ont été de 1485 et de 1972 pour la même position de l'anémomètre et la même vitesse de la machine. En plaçant le même instrument au tiers du rayon au-dessus du centre, au centre, au tiers du rayon au-dessous du centre et aux deux tiers du rayon au-dessus du centre, les indications de l'anémomètre ont été 1952, 1958, 2522, 2022. M. Grassi a attribué ces anomalies à deux coudes à angle droit qui se trouvaient en avant de l'instrument et à une petite distance.

2585. M. Grassi a fait plusieurs séries d'expériences pour déterminer le volume d'air injecté par la machine, le volume introduit dans les salles, et celui qui sortait par la cheminée ; les deux premiers volumes étaient mesurés au moyen de l'anémomètre de M. Van Hecke, et le troisième, au moyen de celui de M. Combes, placés dans des ajutages convenablement disposés. Je rapporterai seulement les résultats de la première série. Le volume d'air lancé par la machine, par lit et par heure était de 62 mètres cubes ; le volume d'air introduit dans les salles était de 72 mètres cubes, et le volume d'air écoulé par la cheminée, toujours par heure et par lit, de 30 mètres cubes. Le volume d'air qui entre dans les salles est plus grand que celui qui est envoyé par la machine, parce que le premier volume est composé du dernier et de celui qui s'est échauffé autour du tuyau à fumée des appareils de chauffage. Le dernier est moindre que les deux autres, parce que les orifices de sortie sont beaucoup trop petits et qu'une partie de l'air introduit dans les salles s'échappe par les fissures des portes et des fenêtres. M. Grassi pense que c'est un inconvénient de peu d'importance, parce que l'air entré dans les salles finit toujours par en sortir, soit par les canaux, soit par les fissures des portes et des fenêtres.

2586. Ces expériences ont été répétées pour reconnaître l'influence de l'ouverture des portes et fenêtres sur l'arrivée de l'air de ventilation et son départ partiel par les canaux communiquant avec la cheminée. Comme on devait s'y attendre, l'arrivée de l'air a été favorisée par l'ouverture des portes ou des fenêtres et la sortie par les canaux a été diminuée.

2587. L'expérimentateur a mesuré, au moyen d'un manomètre à éther à tube vertical et d'un cathétomètre, pour des ventilations de 55 mètres cubes par lit et par heure, la différence des pressions ; elle était insensible ; mais pour une ventilation du rez-de-chaussée de 135 mètres, obtenue en admettant dans cette pièce la totalité de l'air lancé par la machine, la différence des pressions en hauteur d'éther a été comprise entre 0^{mm} 74 et 0^{mm} 94.

2588. *Ventilation par appel.* — Dans ce mode de ventilation, on se servait du premier ventilateur, celui placé dans la cheminée d'appel ; les vitesses de l'air ont été mesurées avec l'anémomètre de M. Van Hecke et avec celui de M. Combes, les résultats ont été les mêmes. Les vitesses d'écoulement croissaient avec le nombre des coups de piston de la machine, mais plus lentement que quand le ventilateur était placé dans le tuyau d'accès de l'air froid. M. Grassi attribue cette différence aux oscillations et au glissement de la corde qui transmettait le mouvement de la cave où se trouve la machine, au grenier où était placé le ventilateur. La machine, marchant avec une vitesse de 60 coups de piston par minute, répondait à une ventilation de 60 mètres cubes faites par malade et par heure. Toutes les expériences qui avaient été dans le cas de la ventilation par pression ont été répétées dans le cas dont il s'agit.

RÉSULTATS OBTENUS :

	1re série.	2e série.
Air sortant par la cheminée	62^m 6	80^m 6
Air entrant dans les salles par les orifices	52^m 2	54^m 6
Air entrant par les joints des portes et des croisées	3^m 3	20^m 3
Air entrant du grenier dans la cheminée	7^m 1	5^m 7

2589. M. Grassi remarque, au sujet de ces résultats, qu'à l'hôpital Beaujon il y a proportionnellement moins d'air appelé par les joints des portes et des fenêtres qu'à l'hôpital Lariboisière, dans les pavillons Duvoir, mais sans dire comment étaient réglés dans ce dernier hôpital les registres des bouches d'évacuation ; ce qui empêche de rien conclure de cette remarque sans portée.

Pour constater le peu d'efficacité, au point de vue de la ventilation, des courants d'air qui pénètrent dans la salle par les fissures des portes et fenêtres, M. Grassi a fait une expérience qui présente un grand intérêt. Un trou a été percé dans le châssis d'une croisée ; une bande de papier imprégnée d'une dissolution d'acétate de plomb a été placée dans la direction du trou à l'orifice du canal d'évacuation le plus voisin, une autre partant de l'orifice de la croisée et perpendiculaire à sa direction ; enfin on a produit devant le trou du châssis et en dessous de la croisée un dégagement d'hydrogène sulfuré. Après quelques minutes, l'expérience a été arrêtée et on a reconnu que la coloration avait atteint la bande dirigée vers la bouche d'appel à une distance beaucoup plus grande que dans celle qui était dirigée perpendiculairement au plan de la croisée.

La différence des pressions intérieure et extérieure a été mesurée de la même manière que dans le cas de la ventilation par pression ; pour une ventilation de 117 mètres par lit et par heure, obtenue en faisant porter tout l'appel sur une seule salle, la différence des pressions en colonne d'éther a été en moyenne de $0^{mm},65$.

2590. *Comparaison des deux derniers systèmes de ventilation.* — M. Grassi a fait plusieurs expériences pour reconnaître le temps nécessaire, dans l'un et dans l'autre système, l'insufflation et l'appel, pour faire disparaître d'une salle une odeur produite artificiellement. Dans une première expérience, les orifices d'entrée et de sortie de l'air ont été fermés, et on a répandu sur une pelle rougie au feu du vinaigre aromatique ; les vapeurs ont bientôt rempli la salle, et dans tous les points l'odeur était très-forte ; on a ensuite produit une ventilation par pression, et l'odeur de l'air observée à sa sortie de la cheminée par un petit orifice avait disparu au bout de 50 minutes. La même expérience ayant été répétée avec la même ventilation par appel, le temps nécessaire pour faire disparaître l'odeur a été de 70 minutes. Dans une autre expérience faite avec des vitesses différentes de la machine, les temps nécessaires à la disparition de l'odeur ont été de 45 minutes pour la ventilation par pression, et de 65 minutes pour la ventilation par appel. Des expériences faites en remplissant une salle de fumée, par la combustion d'un même poids de foin humide, après en avoir fait sortir les malades, ont donné des résultats analogues ; pour la même ventilation, par appel, il a fallu plus de temps pour évacuer la fumée que quand la ventilation avait lieu par pulsion.

2591. *Dépenses.* — L'installation des appareils de M. Van Hecke a coûté à forfait à l'administration des hospices 23000 francs, pour un pavillon de Beaujon ; mais M. Grassi, en citant ce chiffre, ne dit pas si l'entrepreneur, M. Van Hecke, a gagné ou perdu et si ces travaux ont été exécutés de manière à présenter des chances de durée. Ce renseignement ne peut servir à fixer des prix de revient et à faire des comparaisons véritables.

2592. L'hôpital Beaujon renferme quatre pavillons de mêmes dimensions, désignés sous les n°s 1, 2, 3 et 4. Les consommations moyennes de combustible, par jour, ont été déduites des consommations totales, du 28 octobre au 10 décembre, temps pendant lequel ont eu lieu les expériences de M. Grassi.

Le pavillon n° 1 n'est pas ventilé ; il est chauffé par de grands poêles où l'on brûle de la houille et par de plus petits où l'on brûle du bois ; la dépense du bois en argent a été convertie en houille, d'après le prix de 4 fr. 50 les 100^k. Alors, la consommation de houille moyenne, par jour, a été estimée à 119^k. Mais la consommation de houille serait réellement plus petite si tous les poêles étaient alimentés par de la houille, attendu que la chaleur produite par le bois ne coûte aux prix actuels de la houille et du bois à Paris, que les 0,42 du prix de la chaleur produite par le bois ; alors la consommation de houille se trouverait réduite à 108^k, celle de la houille consommée dans les poêles étant de 101^k.

Le pavillon n° 2 est chauffé et ventilé par les appareils Duvoir-Leblanc, et la consommation moyenne de houille, par jour, a été de 129^k.

Le pavillon n° 3 est chauffé par un grand calorifère à air chaud placé dans la cave. La consommation moyenne de combustible est de 146^k.

Enfin le pavillon n° 4 est chauffé et ventilé par les appareils Van Hecke, et la consommation moyenne de combustible a été de 147^k.

Dans l'état actuel du pavillon n° 4, M. Grassi évalue ainsi les frais de chauffage et de ventilation.

200 jours de chauffage à 150^k de charbon par jour.....	30000^k
165 jours d'été à 70^k de charbon par jour..............	11550
	41550^k

Au prix actuel de la houille, 4^{fr} 50 les 100^k, la dépense en charbon s'élèverait à 1869^{fr} 75, et par malade et par an à 32 francs. A l'Hôtel-Dieu, la dépense pour le chauffage est de 26 fr. Si l'on utilisait dans l'appareil de M. Van Hecke la vapeur sortant de la machine à chauffer les bains , comme on le fait à Lariboisière, la dépense se réduirait à celle du chauffage seulement, qui serait, par jour moyen, à peu près de 150^k, diminués de la quantité de combustible employé pour le chauffage de l'eau et des médicaments, qui est à peu près de 36^k; ainsi elle serait par an de 144.200 = 22800^k; et par malade et par an de 17 francs.

Mais il faudrait ajouter à ce chiffre insuffisant l'entretien des appareils et surtout le salaire du conducteur de la machine. Cette machine ne servant pas, comme celle de Lariboisière, au service de l'eau et de la buanderie, ces frais doivent porter entièrement sur la ventilation.

2593. Les expériences sur les appareils de M. Van Hecke, à Beaujon, n'ont encore été faites que l'automne et l'hiver, alors que, par l'effet du chauffage seul, il se produit déjà une ventilation naturelle de quelque importance, ainsi que le montrent les chiffres cités (2583). Les résultats de la ventilation d'été seraient intéressants à connaître, non-seulement sous le rapport du volume d'air et du prix de revient, mais surtout au point de vue de la salubrité réelle. Ce que l'on peut dire aussi, c'est que l'air neuf étant puisé dans une cour, à une faible hauteur au-dessus du sol, près d'un mur, possède nécessairement alors qu'il serait utile de pouvoir rafraîchir les salles, une température plus élevée que celle de l'air puisé au-dessus des toits. En outre, cet air contient une plus grande portion de ces miasmes qui résultent l'été de la décomposition des matières dont le sol est imprégné, surtout au milieu des bâtiments d'un hôpital. Pour remédier au premier inconvénient, M. Van Hecke a proposé l'emploi peu pratique et peu sain de toiles mouillées ; quant au second, il est irrémédiable.

2594. A la suite des expériences et du rapport de M. Grassi , les appareils de Beaujon ont été reçus, comme remplissant les conditions imposées à M. Van Hecke. D'après ce que j'ai pu savoir, c'est le ventilateur de la cave qui fonctionne de préférence à celui des combles, la ventilation par insufflation donnant de meilleurs résultats que celle par aspiration. Du moment où les essais ont conduit à adopter le premier système, la ventilation du pavillon Beaujon ne diffère pas, en principe, de celle mécanique installée à Lariboisière. Pratiquement, elle en diffère cependant sous divers rapports d'une grande importance; ainsi elle lui est inférieure au point de vue de la pureté de l'air en toute saison et de sa fraîcheur en été ; de l'économie du combustible, puisqu'elle n'utilise pas, ou n'utilise que très-peu, la vapeur de la machine ; de l'effet utile du ventilateur et de l'exécution ; enfin au sujet du genre de chauffage.

Ce dernier est effectué à Lariboisière, par la vapeur fournie par le même foyer qui dessert la machine, tandis qu'à Beaujon ce sont des calorifères à air chaud tout ordinaires qui risquent de donner fréquemment de l'odeur et de la sécheresse à l'air, qui exigent un service spécial, et sont une cause trop réelle d'incendie.

2595. La disposition d'ensemble du chauffage et de la ventilation du pavillon de l'hôpital Beaujon, à part les observations qui précèdent, ne diffère pas non plus de ce qui a été fait à l'hôpital Lariboisière par MM. Thomas et Laurens.

S'il s'agissait d'un grand établissement dans lequel l'air lancé par la machine dût parcourir des canaux d'une grande longueur, et dans lesquels la résistance fût augmentée par de nombreux changements de direction et de section, l'espèce de vis, ou ventilateur à ailes inclinées, employée par M. Van Hecke produirait trop peu d'effet utile, et il faudrait recourir à une autre machine. Quant au mode de chauffage de l'air, il paraît que M. Van Hecke a employé un calorifère à air chaud, en perdant la vapeur qu'il laissait échapper sans utilité, pour ne pas faire tout absolument comme à Lariboisière ; car la chaudière à vapeur existant déjà, la dépense d'installation aurait été bien peu différente. Mais si l'établissement avait une grande étendue, s'il renfermait plusieurs pavillons, il est évident que ce serait une combinaison bien défectueuse que de chauffer l'air de chaque pavillon par un calorifère spécial, et qu'on serait conduit à l'effectuer par la vapeur et la chaleur perdue de la machine ; ce qui ramènerait simplement à la disposition de Lariboisière.

2596. M. Van Hecke a imaginé un anémomètre permanent qui peut être de quelque utilité pour enregistrer d'une manière continue les volumes d'air entrant dans les salles, ou en sortant. A la vérité cet anémomètre, par la grande longueur de ses ailes, doit produire une certaine diminution dans la section de la cheminée et par suite dans le volume d'air qui s'écoulerait sans la présence de cet instrument ; mais cette diminution doit être faible ; et si les constantes de la formule destinée à calculer l'air d'après le nombre des tours, avaient été déterminées avec beaucoup de soin par des expériences dans lesquelles les vitesses auraient été observées en un grand nombre de points au moyen de l'anémomètre de M. Combes, les indications de cet instrument pourraient donner une appréciation assez exacte du volume d'air écoulé pendant un temps quelconque. Mais il est utile de faire remarquer que la surveillance de ce genre d'anémomètre permanent ne saurait être confiée qu'à des personnes sûres ; car il est facile d'en altérer les indications de bien des manières ; rien qu'en choisissant telle ou telle huile pour en opérer le graissage, on arrivera à des jau-geages différents. Quant à l'anémomètre à cadran de M. Van Hecke, la pression exercée sur la surface plane mobile autour d'un axe hori-zontal, diminuant très-rapidement à mesure que l'inclinaison de la plaque augmente, les vitesses de l'air varient trop rapidement avec l'inclinaison, pour qu'on puisse compter avec assurance sur les indi-cations de l'aiguille, quand elles sont un peu considérables. Les dispo-sitions indiquées (421, 422), et surtout la dernière, seraient bien pré-férables.

2597. Les expériences faites par M. Grassi présentent de l'intérêt ; elles confirment et complètent sous certains rapports celles relatives à Lariboisière. Cependant pour cette installation de Beaujon, je ne puis pas admettre sans modifications les dernières conclusions du rapport de M. Grassi.

2598. Ce dernier pense, d'après ses expériences, que pour une venti-lation par appel, l'appareil de M. Van Hecke devrait être préféré aux autres ; mais comme l'appel produit toujours les mêmes effets, qu'il ait lieu par un accroissement de température dans la cheminée, ou par une machine aspirante qui y serait placée, la différence des effets obser-vés à Beaujon et dans ceux des pavillons de Lariboisière chauffés et ventilés par les appareils à eau chaude de M. Duvoir-Leblanc, relativement au volume d'air appelé par les joints des portes et des fenêtres, ne peut provenir que d'un plus grand nombre d'orifices, ou d'une moindre dépression de l'air dans la salle résultant d'une plus grande section des orifices d'accès de l'air ; si l'étendue des fenêtres est à peu près dans les mêmes proportions relativement au nombre des malades de chaque salle dans les deux hôpitaux, ce serait à la dernière cause qu'il faudrait attribuer la différence des résultats observés ; et par suite cette différence disparaîtrait dans une ventilation par l'appel d'une cheminée, si la surface de l'orifice d'accès restait la même.

2599. En comptant seulement la dépense en combustible dans le pavillon chauffé et ventilé par M. Van Hecke, M. Grassi estime la dépense de la ventilation à 2 centimes et demi par malade et par jour. Mais il faudrait ajouter à la dépense de combustible, l'intérêt du capital d'installation, en supposant des constructions durables, les frais d'entretien des machines et des appareils et aussi tout le salaire du chauffeur. Il ne tient pas non plus compte des grandes irrégularités de chauffage si difficiles à éviter, surtout pendant la nuit, avec des calorifères à air chaud.

La consommation de combustible ayant été trouvée la même dans le pavillon n° 3, qui est chauffé par un calorifère placé dans la cave et dans le pavillon chauffé et ventilé par M. Van Hecke, M. Grassi en conclut que le chauffage seul du pavillon n° 3 coûte autant que le chauffage et la ventilation du pavillon dans lequel les appareils de M. Van Hecke ont été établis; mais cette conclusion ne saurait être admise, d'abord parce que le chauffage par un courant d'air chaud n'a lieu que par suite d'une certaine ventilation, attendu que le courant d'air chaud ne peut se maintenir qu'autant que l'air refroidi à la température de la salle s'échappe dans l'atmosphère, à moins cependant que cet air ne retourne au calorifère, ce qui n'existe pas dans le n° 3 ; en outre, il faut ajouter à la dépense de combustible du pavillon chauffé et ventilé, comme je viens de le dire, l'intérêt du capital dépensé, l'entretien des machines et le salaire du chauffeur.

M. Grassi, à qui j'ai communiqué ces observations en a reconnu l'exactitude.

<h3 style="text-align:center">Observations sur le chauffage et la ventilation des hôpitaux.</h3>

2600. Les dispositions qui sont les meilleures en principe, ne peuvent pas toujours être employées, et celles qui sont préférables dans chaque cas particulier dépendent principalement de l'importance des établissements et des sommes qui peuvent être consacrées à la construction des appareils. On peut dire cependant qu'en général il vaut mieux installer les appareils les plus perfectionnés, malgré une plus grande dépense première, l'intérêt de cette dépense se trouvant bien plus que compensé par la diminution dans les frais de combustible et dans ceux d'entretien, ou par de meilleurs résultats.

Dans les villes d'une faible population, les hôpitaux ne renfermant qu'un petit nombre de lits qui ne sont pas toujours occupés, les moyens de chauffage et de ventilation ne peuvent pas être les mêmes que dans les hôpitaux des grandes villes qui sont constamment occupés, et pour lesquels les administrations peuvent faire les dépenses d'installation de puissants appareils de ventilation.

2601. Pour les petits établissements, le système de chauffage et de ventilation le plus simple et le plus économique, à la fois, sous le rapport des dépenses d'établissement et de service, serait le suivant :

Le chauffage de chaque salle s'effectuerait par un ou deux poêles, en fonte ou en tôle, à double enveloppe, disposés comme nous l'avons dit (1595), destinés à chauffer la salle par rayonnement, et en même temps l'air de ventilation ; les tuyaux à fumée s'élèveraient d'abord verticalement pour produire le tirage, et se prolongeraient ensuite horizontalement de manière à refroidir presque complétement l'air brûlé. Le tuyau à air brûlé serait garni d'un registre destiné à régler la combustion, afin de maintenir la salle à une température convenable. On pourrait éviter l'alimentation trop fréquente du foyer en employant des poêles à alimentation continue (1597 et suiv.); mais alors on ne pourrait se servir que de houille sèche, de coke ou d'anthracite. Le service des poêles serait confié aux personnes chargées du service de la salle. L'étendue des surfaces de chauffe se calculerait facilement d'après ce que nous avons dit (1613), en prenant la température extérieure la plus basse et en supposant une ventilation de 60 mètres cubes par lit et par heure. Il est assez facile de disposer la partie supérieure des poêles de manière qu'ils puissent chauffer de l'eau, du linge et des médicaments; mais comme le chauffage des poêles varie avec la température extérieure, et qu'il ne dure qu'une partie de l'année, il vaut mieux avoir pour cet objet un foyer spécial qui sert en même temps pour la ventilation, qui doit être permanente de jour et de nuit, été et hiver.

2602. L'accès de l'air extérieur aurait lieu par un canal pratiqué au-dessous du sol pour les salles du rez-de-chaussée, et qui s'ouvrirait au-dessus du sol dans un lieu sain et bien découvert, garni d'un appareil destiné à faire concourir les vents à l'accès de l'air. Pour les étages supérieurs, l'accès de l'air extérieur devrait s'effectuer par des canaux pratiqués entre le plancher et le plafond de l'étage inférieur, débouchant sur les deux faces opposées du bâtiment, et pour faire concourir les vents à l'accès de l'air, il faudra disposer au-dessous du poêle, l'appareil indiqué par la figure 594. Cet appareil se compose d'une plaque en tôle AB mobile autour d'un axe horizontal fixe, dans lequel se trouve son centre de gravité, et qui peut prendre, au moyen de deux arrêts, les positions AB et

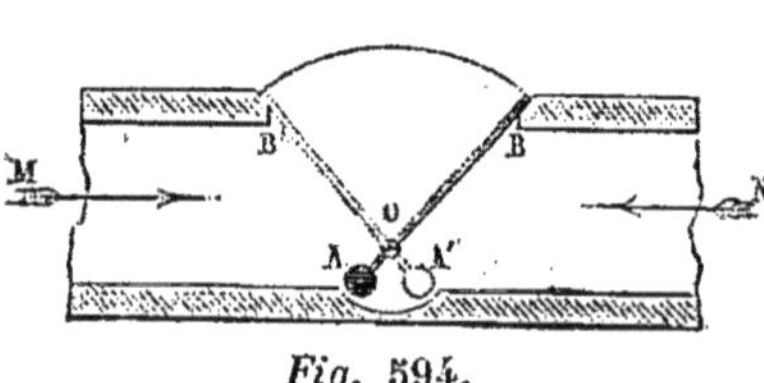

Fig. 594.

A'B', suivant que le vent arrive par les extrémités M ou N ; l'axe de rotation de la plaque mobile est au-dessous de son milieu afin que l'action du vent soit plus grande sur la partie supérieure de la plaque que sur sa partie inférieure. La section des canaux d'accès, de l'air et de l'espace annulaire autour du poêle devra être calculée en supposant au plus une vitesse de 2^m par seconde. Ainsi, pour une salle de 30 lits, le volume d'air appelé par seconde serait de $30 . 60 : 3600 = 0^{m3},50$, et la section du canal, en supposant deux portes, serait de $0,50 : 2 . 2 = 0^{mc},125$.

2603. L'appel aurait lieu par une cheminée renfermant le tuyau à fumée du fourneau d'office et dans laquelle se rendrait l'air brûlé des poêles ; il suffirait d'élever de 20° la température de l'air. En supposant la cheminée de 10^m de hauteur, la vitesse, abstraction faite des résistances, serait de $3^m 80$, à laquelle il faudrait ajouter, pendant les jours de chauffage, la force ascensionnelle de l'air entre le poêle et la double enveloppe. Les sections de passage de l'air étant suffisantes, la vitesse de l'air dans la cheminée sera toujours supérieure à 3^m. Comme 1^k de houille peut élever 1200 mètres cubes de 20°, la ventilation par malade et par heure coûterait $1^k . 60 : 1200 = 0^k 05$, et par jour $0^k 05 . 24 = 1^k 20$. En comptant la houille à 5 fr. les 100^k, la dépense pour la ventilation par malade et par jour s'élèverait à $0^f 06$, et par an à $21^f 90$, mais sans tenir compte des frais d'entretien et de service. Ces derniers frais seraient assez faibles, parce qu'on peut, avec une surveillance active, se passer d'un chauffeur spécial ; mais les frais d'entretien des appareils de chauffage et de ventilation se trouvant confondus dans la disposition indiquée ne laisseraient pas que d'être importants à cause des réparations assez fréquentes qu'exige le calorifère à air chaud et surtout de l'usure très-rapide des tuyaux en tôle dans lesquels circule la fumée.

2604. Pour la salle de 30 lits, prise comme exemple, la consommation de combustible dans la cheminée d'appel ne s'élèverait qu'à $1^k 50$ par heure, d'après les chiffres précédents ; c'est une consommation faible qui se réduirait encore l'hiver par l'effet de la chaleur restant dans la fumée des poêles calorifères, et aussi parce que dans cette saison l'appel se trouve déjà favorisé par l'excès de la température intérieure sur l'extérieure.

Le foyer d'appel doit être à combustion lente, ce qu'on obtient au moyen de grandes grilles à feux languissants, ou en se servant de houille sèche, de coke ou d'anthracite, et en employant l'appareil de M. Joly ; ou mieux, tout simplement un cylindre d'argile terminé à la partie supérieure par une grille, au-dessous de laquelle se trouverait un cendrier fermé, garni d'un orifice pour l'accès de l'air et dont on pourrait régler à volonté l'ouverture. Les petites variations d'intensité du foyer seraient sans influence sur la ventilation à cause de la chaleur renfermée dans la maçonnerie de la cheminée.

2605. Je ne propose pas de mettre à profit la fumée, ou chaleur perdue, du fourneau d'office pour produire en partie l'appel par la cheminée de ventilation, parce que souvent on se dispense d'installer ce genre de fourneau en disposant un bain de sable au-dessus des poêles calorifères, pour tenir les tisanes chaudes et que d'un autre côté, quand on en installe un, la chaleur perdue suffirait tout au plus pour l'appel nécessaire à l'assainissement des lieux d'aisances. En effet, un fourneau d'office desservant une salle de 30 lits brûlerait au plus 18 à 20 kilogrammes de houille par jour ; la chaleur de la cheminée d'un aussi petit foyer ne saurait être insuffisante.

2606. Dans ce mode de ventilation, l'air de la pièce devrait constamment pénétrer dans la cheminée par sa partie inférieure ; en hiver, il devrait aussi sortir de la salle par la partie inférieure, et en été, quand l'air extérieur est à une température plus basse que celle des salles, il devrait en sortir par la partie supérieure, car s'il en sortait par la partie inférieure, comme il tend à tomber sur le sol, il s'écoulerait sans avoir renouvelé l'air de la salle à une hauteur suffisante, et par suite, la ventilation serait moins efficace pour l'assainissement. Pour faire sortir l'air au niveau du sol et le plus uniformément possible, il faudrait pratiquer autour de la salle, dans l'épaisseur de la muraille, ou en saillie, un canal garni de nombreux orifices et aboutissant au bas de la cheminée ; et pour le faire sortir par la partie supérieure de la pièce, le contour du plafond devra renfermer un canal également pourvu de nombreux orifices, et aboutissait à deux caisses verticales placées de chaque côté de la cheminée et qui déboucheraient en bas dans son intérieur. Les orifices des deux canaux de ceinture du bas et du haut seraient pourvus de registres dont on aurait déterminé la position de manière que chacun d'eux laissât passer le même volume d'air dans le même temps, et les écartements de ces registres étant ainsi fixés, les registres correspondants du plancher et du plafond seraient reliés entre eux par des tringles, de manière que les registres d'en haut soient fermés quand ceux d'en bas sont ouverts, et réciproquement.

2607. Le volume d'air sortant des salles pourrait facilement être constaté à chaque instant au moyen d'un anémomètre fixe à cadran disposé comme je l'ai indiqué précédemment (421). On pourrait aussi se servir d'un thermomètre à air (563), en déterminant par expérience quel doit être l'excès moyen de la température de l'air dans la cheminée, pendant les mois de chauffage et en été.

L'ouverture du foyer devrait être placée dans la petite office qui se trouve à côté de la salle des malades.

Il serait très-important de garnir le sommet de la cheminée d'un appareil destiné à éviter l'action des vents.

2608. Pour un petit hôpital, le mode précédent de chauffage et de ventilation serait préférable, sous le rapport de la dépense d'installation, à tous les autres modes. Et sous le rapport du bon fonctionnement et de la dépense annuelle, il vaudrait encore mieux que l'emploi des appareils à eau chaude, mais non que celui du système mécanique avec utilisation de la vapeur pour le chauffage. On a souvent dit, même dans des rapports officiels, que les appareils à eau chaude offraient l'avantage spécial de dispenser de tous soins même pendant la nuit, et par conséquent de supprimer les frais d'un chauffeur de nuit ; ceci est une erreur grave, qui a été funeste à bien des malades. Il est facile de le prouver : supposons que le soir on cesse le feu dans le foyer d'un appareil de chauffage et de ventilation à l'eau chaude, la pression de l'eau étant même à sa limite supérieure et les salles à 16° ou 17° ; nécessairement l'appareil se refroidira, et ce refroidissement sera d'autant plus rapide que la température extérieure s'abaisse à mesure que la nuit avance ; le matin, de 3 à 6 heures, cette température sera à son minimum, et elle réagira d'autant plus sur celle des salles que ces dernières recevront moins de chaleur des poêles, dont l'eau se trouvera alors notablement refroidie. Ainsi l'abaissement de la température extérieure s'ajoutera à celui de l'eau pour refroidir les salles. Ce refroidissement des salles a été tel dans un hôpital muni d'appareils à eau chaude du système de M. Duvoir-Leblanc, qu'il a donné lieu aux plaintes des malades, et que le directeur, après s'être assuré de leur bien fondé au moyen d'un thermomètre *a minimâ*, a été obligé de prendre des mesures pour y faire droit. Déjà, comme je l'ai indiqué, les appareils à eau chaude ne sont pas assez sensibles pendant le jour, malgré la présence du chauffeur, pour empêcher les variations de la température extérieure de réagir d'une façon incommode sur l'intérieure.

2609. Ainsi, tous les modes de chauffage et de ventilation exigent dans les hôpitaux, des soins continus, pour obtenir la régularité d'effet. Seulement, ces soins peuvent être donnés, dans les petits hôpitaux, aux calorifères à eau chaude et à ceux à air chaud, ainsi qu'aux cheminées d'appel, par les gardes-malades, tandis que la ventilation mécanique exige un chauffeur de nuit, dont les frais ne seraient pas toujours alors compensés par l'économie de charbon résultant de l'utilisation de la vapeur de la machine.

2610. Il résulte des considérations précédentes, qu'à cause de la nécessité d'avoir un chauffeur de nuit et de l'accroissement de la dépense d'installation, on ne doit donner la préférence à l'emploi d'une machine ventilante avec chauffage à la vapeur, que lorsqu'il s'agit d'un hôpital de cent lits et plus. Toutefois, une machine ventilante devrait être préférée à une cheminée d'appel, même pour les plus petits hôpitaux, lorsqu'il serait possible de lui donner le mouvement à l'aide d'une turbine mettant à profit la chute de l'eau employée dans l'établissement. Dans nombre de villes, l'eau se trouve à une assez grande hauteur pour qu'en se rendant aux réservoirs de l'hôpital, elle puisse produire la force voulue pour une ventilation insufflée, au moins la nuit; l'appareil serait alors si simple, qu'il fonctionnerait sans une surveillance spéciale pendant la nuit.

2611. Quand il s'agit d'un hôpital renfermant un grand nombre de malades, la ventilation mécanique par insufflation devient beaucoup plus avantageuse, dans tous les cas et sous tous les rapports, même sous celui de la dépense, en y comprenant toute espèce de frais.

2612. Sous le rapport de la salubrité, l'air peut être pris à une grande hauteur dans l'atmosphère, comme à Lariboisière, où il est certainement plus pur qu'à la surface du sol et même qu'à une certaine distance de celui-ci. L'air étant insufflé et projeté de bas en haut, les vapeurs odorantes sont plus rapidement entraînées que par le même volume d'air appelé, comme le démontrent d'ailleurs les expériences faites à Beaujon par M. Grassi. Enfin on peut plus facilement accroître la ventilation, en cas d'urgence, que par une cheminée d'appel, dont l'effet n'augmente que très-lentement avec la consommation de combustible, et a d'ailleurs un maximum qui ne peut pas être dépassé.

2613. Sous le rapport de la dépense annuelle, les frais de chauffeur et de surveillance des machines restent les mêmes, que la force soit de deux ou de dix chevaux. La chaleur de la vapeur d'échappement étant employée utilement, la dépense réelle pour le chauffage et la ventilation se réduirait à la dépense du chauffage seul, aux gages des chauffeurs, aux frais d'entretien des machines et à l'intérêt du capital employé à la construction des appareils. Mais dans de grands établissements le chauffage par un foyer unique, au moyen de la vapeur, revient certainement à un prix moins élevé, à effet égal, que le chauffage partiel par les poêles, ou les calorifères, en y comprenant les dépenses de toute espèce. Comme l'accroissement de dépense résultant des appareils relatifs à la ventilation et à l'emploi utile de la chaleur serait peu considérable, à mon avis, il n'y a pas à hésiter à produire en même temps le chauffage et la ventilation par la vapeur, en utilisant la chaleur de la vapeur détendue au chauffage de l'air de ventilation et aux différents services dans lesquels elle pourrait toujours être utilisée en totalité. Pour chaque établissement une étude sérieuse de la question examinée dans la supposition d'un chauffage et d'une ventilation de chaque salle, ou de chaque pavillon, par des poêles et des cheminées d'appel, et d'un chauffage et d'une ventilation mécaniques au moyen d'un seul foyer, conduirait facilement à une appréciation exacte des dépenses dans les deux cas. Le plus souvent la dépense d'installation de la ventilation insufflée avec chauffage par la vapeur se trouvera bien réduite par l'existence d'une chaudière à vapeur et quelquefois même d'une machine servant aux bains et à la buanderie.

2614. Les dispositions les plus convenables seraient encore celles qui ont été employées à l'hôpital Lariboisière, où les mêmes générateurs, la même machine, desservis par les mêmes chauffeurs, sont employés à la fois, pour le chauffage, la ventilation, les bains, la buanderie et l'élévation de l'eau. Il y aurait cependant à examiner s'il ne serait pas plus avantageux de conduire l'air lancé par les machines dans des canaux souterrains en maçonnerie dont les surfaces seraient recouvertes de différents enduits propres à éviter les pertes et l'humidité, comme le ciment hydraulique, le plâtre aluné, le bitume; mais ce moyen n'est guère praticable que lors de la construction des bâtiments. Il est toujours avantageux de faire écouler l'air dans les salles par des jets verticaux dirigés de bas en haut. Il est important que les veines d'accès de l'air extérieur soient dirigées de bas en haut, et qu'elles partent d'une certaine hauteur; elles tendent alors à gagner la partie supérieure des salles ; ce qui arrive nécessairement quand la température de ces veines est plus élevée que celle de la salle; si le contraire avait lieu, comme en été, la vitesse d'écoulement serait diminuée, et l'air lancé, appelé d'ailleurs par les cheminées partielles d'écoulement, pourrait ne pas atteindre une hauteur suffisante pour l'assainissement. Je pense qu'il serait toujours utile d'avoir des orifices dans les gaînes d'évacuation qu'on n'ouvrirait que dans les circonstances convenables, quand l'air extérieur arriverait à une température bien inférieure à celle des salles : dans ce cas il serait utile de faire tomber les veines d'air froid sur le sol en les recouvrant d'un chapeau. Les orifices supérieurs des salles sont cependant moins nécessaires, quand la ventilation a lieu par pression que quand elle est produite par une cheminée d'appel à cause de l'appel très-énergique qui a lieu aux orifices d'accès de l'air dans la cheminée qui agit pour diminuer la vitesse d'ascension des veines.

On pourrait parfois éviter le chauffeur de nuit en élevant pendant le jour un certain volume d'eau qui s'écoulerait pendant la nuit. M. le docteur Arnott a établi à l'hôpital d'York un appareil ventilant qui fonctionne par la chute de l'eau. Cet appareil représenté (*fig.* 595)

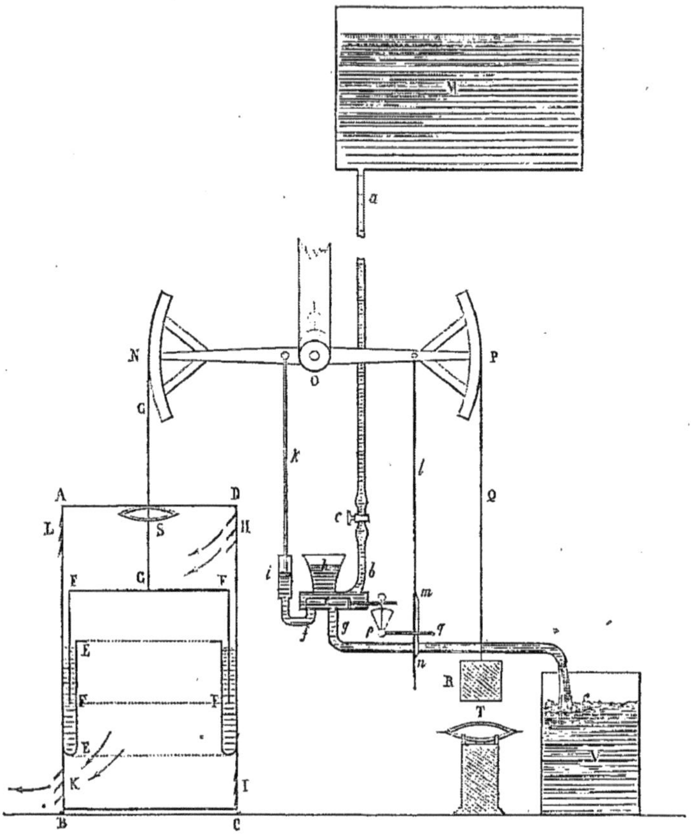

Fig. 595.

se compose d'une cloche en tôle FFFF ou gazomètre de 6 pieds anglais de diamètre sur 5 pieds de hauteur. Elle est suspendue par une chaîne GG à l'extrémité du balancier GNP ; à l'autre extrémité est attaché par une chaîne Q un contre-poids. La cloche se meut dans un cylindre ABCD en tôle, au milieu duquel est fixée une rainure profonde EE pleine d'eau. Dans son mouvement l'extrémité ouverte de la cloche est toujours plongée dans cette eau. Quand la cloche descend, les soupapes H s'ouvrent pour lancer en entier l'air dans le cylindre, et

les soupapes K en même temps pour faire communiquer l'extérieur de
la cloche avec les tuyaux de conduite d'air. Quand la cloche remonte,
les soupapes H et K se ferment, et les soupapes L et l s'ouvrent. Une petite machine à colonne d'eau l de 2 pouces de diamètre donne au
moyen de la tige K le mouvement au balancier qui oscille autour de
l'axe O. Le mouvement alternatif se produit en établissant successivement la communication du corps de pompe i, tantôt avec le réservoir M par le tuyau ab, tantôt avec le vase V par le tuyau de dé-
charge g. Cette communication alternative s'effectue au moyen du
tiroir C mis en mouvement par le triangle l, dont les taquets m et
n font osciller les leviers φ et p. h est un réservoir d'air comprimé, c
un robinet d'air, et S et T des ressorts pour empêcher des chocs. Cet
appareil est, comme on le voit, assez compliqué, et il serait certainement plus simple de faire agir l'eau sur une petite turbine ; l'ensemble est d'ailleurs très-volumineux et encombrant. Mais de tels
moyens ne seraient, en tout cas, réalisables que pour des établissements ne renfermant qu'un petit nombre de malades.

2615. Quant à la machine ventilante elle-même, il est peu
important qu'elle utilise une portion plus ou moins grande du travail de la vapeur, du moment où la chaleur de la vapeur détendue
peut être employée utilement. Mais il serait dans tous les cas important d'employer les appareils les plus simples, et de les disposer de
manière à ce qu'ils ne fissent pas de bruit.

2616. Sous le rapport de l'assainissement, il y aurait sans aucun
doute un grand avantage à faire arriver l'air extérieur par un grand
nombre d'orifices percés dans le plancher et surtout autour des lits, et
à faire sortir l'air par des orifices pratiqués dans le plafond ou seulement par des orifices percés dans un canal qui ferait le tour du plafond ; parce que chaque malade respirerait constamment de l'air pur,
tandis que dans la disposition ordinaire il ne respire que de l'air déjà
plus ou moins vicié par son séjour dans la salle. Mais cette disposition
présenterait des difficultés d'exécution, et on pourrait craindre que si
des matières insalubres pénétraient dans les orifices du plancher, ce
qu'il serait bien difficile d'éviter, ces matières ne devinssent des foyers
permanents d'insalubrité de l'air. En outre, il faudrait que la chaleur
transmise par les vitres et les murailles fût fournie par des surfaces
rayonnantes ; autrement il se formerait des courants d'air descendants
contre les surfaces intérieures des vitres et des murailles qui ramène-
raient sur le plancher de l'air plus ou moins vicié qui se mêlerait avec
l'air de ventilation.

2617. Quoique les appareils de chauffage et de ventilation disposés selon la méthode ordinaire, dans lesquels l'air marche d'abord de bas en haut, et ensuite de haut en bas, laissent quelque chose à désirer sous le rapport de la pureté de l'air respiré par les malades, mais d'autant moins que le volume employé est plus grand, il serait cependant bien à souhaiter que tous les hôpitaux fussent pourvus de semblables appareils; il en résulterait, sans aucun doute, une très-grande amélioration dans l'état sanitaire, et certainement la disparition des maladies spéciales aux hôpitaux, qui proviennent de l'absence d'une ventilation efficace, régulière et suffisante.

2618. Quoique la ventilation mécanique insufflée soit bien préférable, sous tous les rapports, à la ventilation par une cheminée d'appel, même partant du sol, du moins pour les grands hôpitaux, on comprend facilement que certaines personnes redoutent l'emploi des machines, dont elles s'exagèrent les embarras, et regardent comme préférable la ventilation par une cheminée d'appel, à cause de sa simplicité, de l'absence de toute espèce de dérangement, et malgré l'accroissement de dépense de combustible, accroissement un peu atténué par l'intérêt du capital dépensé en machines et par les frais d'entretien. Sous le rapport de la consommation, la dépense réelle serait pourtant très-considérable; car la consommation de combustible pour la ventilation par une cheminée, s'élevant à peu près à 21^{kil} 90 par lit, pour un hôpital de 600 lits, elle atteint 13140 fr., somme certainement beaucoup plus considérable que l'intérêt du capital dépensé en machines, que les frais d'entretien et de charbon et le salaire du mécanicien. Il est à remarquer que les dépenses de premier établissement pour les conduits d'air, allant de la machine aux salles ou des salles à la cheminée, seraient plutôt inférieures dans le premier cas que supérieures à celles du second.

L'objection principale contre l'emploi de la ventilation mécanique disparaît dans les établissements où il existe déjà une chaudière à vapeur, ou une machine pour d'autres services.

Dans le cas d'une ventilation par pulsion, ou par appel, le chauffage peut s'effectuer à la vapeur ou à l'eau chaude; mais avec ce dernier mode, les réservoirs d'eau ne devraient avoir qu'une très-faible capacité, afin que le chauffage puisse suivre un peu les variations de la température extérieure.

2619. Dans le cas d'une ventilation par appel, une cheminée partant des combles et renfermant des poêles, ou calorifères, à eau chaude, serait la plus mauvaise disposition qu'on puisse employer, 1° parce que l'appel du même volume d'air exigerait une plus grande dépense de chaleur que quand on fait descendre l'air et qu'on le fait écouler par une cheminée d'appel partant du sol, comme je l'ai démontré (2064) ; 2° parce que les surfaces de chauffe de l'air, devant avoir une étendue considérable, occasionneraient de grands frais d'établissement ; 3° parce qu'il serait assez difficile d'avoir une mesure permanente de la ventilation, et par conséquent de la régler, même quand le chauffage du poêle de la cheminée s'effectuerait par un foyer spécial.

2620. Mais, dans tous les systèmes et les dispositions possibles de chauffage et de ventilation, je ne puis trop le répéter, il est nécessaire d'installer dans les salles, ou à proximité, un appareil permanent indiquant à chaque instant l'état de la ventilation, et un autre enregistrant la ventilation ; ces appareils sont surtout indispensables quand la ventilation est donnée à forfait. Un entrepreneur de chauffage et de ventilation à forfait qui voudrait, sous un prétexte quelconque, se soustraire à l'établissement de ces appareils de contrôle, pourrait évidemment être soupçonné de ne pas vouloir exécuter loyalement son traité.

Avec la ventilation mécanique, l'appareil enregistreur peut simplement consister dans un compteur ordinaire adapté, soit à la machine motrice, soit au ventilateur. Mais l'enregistrement ne laisse pas que de devenir compliqué et sujet à erreur pour les divers modes de ventilation par appel.

2621. Le contrôle de la température des salles n'est pas moins indispensable que celui du volume d'air : on le réalise très-facilement pendant le jour avec des thermomètres ordinaires ; mais pour la nuit, l'emploi de thermomètres *à minimâ* devient nécessaire. L'application de ces derniers thermomètres a montré combien est erronée l'opinion des personnes qui ont écrit, et même consigné dans des rapports officiels, qu'avec le chauffage à l'eau chaude, on pouvait entièrement suspendre le feu la nuit, sans que la température des salles descendît sensiblement au-dessous du chiffre réglementaire de 15°. La température descend bien au-dessous de ce chiffre déjà trop faible.

2622. Malheureusement, il existe quelques grands hôpitaux dont les administrations ne peuvent pas faire la dépense qu'exigerait la construction des appareils de ventilation, et qui ne peuvent réellement opérer que des améliorations successives très-peu coûteuses. Pour ces établissements, il n'y a qu'un parti à prendre, c'est de ventiler successivement les salles par une cheminée d'appel, comme je l'ai indiqué précédemment en parlant des petits hôpitaux. Les dépenses en frais d'établissement seraient assez faibles ; car partout il y a des poêles ; et il suffirait de les entourer d'une enveloppe en terre cuite ou en métal, de faire communiquer l'intervalle des poêles et des enveloppes avec l'air extérieur et d'établir une cheminée d'une section suffisante renfermant la cheminée en tôle ou en fonte du fourneau d'office recevant l'air brûlé des tuyaux de poêle, enfin, de mettre en communication le bas de la cheminée d'appel avec des canaux placés à la partie inférieure et supérieure de la pièce, percés d'orifices convenablement placés. Je pense que pour obtenir une grande uniformité de chauffage et de ventilation, il serait nécessaire que le nombre des lits ne dépassât pas 20 par salle. L'amélioration qui résulterait de ces dispositions exigerait peu de dépenses, et serait déjà un grand progrès sur ce qui existe dans nombre d'hôpitaux, quand même on réduirait ces modifications à l'accès de l'air extérieur par l'intervalle des poêles et de leurs enveloppes et à une cheminée d'appel seulement ouverte par le bas.

CHAPITRE VII.

CHAUFFAGE ET ASSAINISSEMENT DES ÉCOLES PRIMAIRES ET DES SALLES D'ASILE DES MAISONS D'ÉDUCATION, ETC.

Écoles primaires et salles d'asile.

2623. Les écoles primaires et les salles d'asile sont quelquefois insalubres par l'humidité du sol, ou par les mauvaises dispositions des latrines; mais elles le sont surtout par le défaut de ventilation, d'autant plus que les salles contiennent habituellement tous les élèves qu'elles peuvent renfermer, et qu'elles n'ont jamais une grande hauteur. A la vérité, on peut renouveler l'air des salles le matin et entre les classes; on peut même, dans les moments de température convenable, ouvrir les fenêtres pendant les classes; mais le renouvellement périodique de l'air, en supposant qu'il ait lieu complétement, n'est pas suffisant; et il est peu de jours de l'année, pendant lesquels on puisse maintenir constamment les fenêtres ouvertes, à cause de mille circonstances, telles que le bruit extérieur, la pluie, le vent et le froid. Aussi, dans toutes les saisons, le plus souvent après moins d'une heure de séjour des enfants, les salles d'école et les salles d'asile ont contracté une odeur insupportable. La santé des enfants et celle des maîtres doivent nécessairement souffrir d'un séjour prolongé, et qui se renouvelle si souvent, dans un air rendu fétide par la respiration et la malpropreté des enfants.

L'assainissement des écoles primaires et des salles d'asile, par un renouvellement convenable de l'air, est donc une chose importante, bien digne d'appeler toute la sollicitude des personnes qui, à différents titres, participent ou à la direction ou à la surveillance de ces établissements.

2624. Pendant l'inspection générale dont je fus chargé en 1840, j'eus l'occasion de visiter quelques écoles primaires annexées aux écoles normales; leur insalubrité résultant de la stagnation de l'air me frappa tellement, qu'à mon retour je crus devoir adresser au Ministre de l'Instruction publique, les plus vives réclamations sur un état de choses qui compromettait à un si haut degré la santé des enfants. A la suite de mon rapport, et par ordre du Ministre, j'ai rédigé une instruction sur le chauffage et l'assainissement des écoles primaires et des salles d'asile. Cette instruction a été imprimée aux frais de l'État, et distribuée aux personnes qui, par leur position, pouvaient concourir à l'amélioration du système actuel. Je résumerai en peu de mots les principes et les détails renfermés dans cette instruction et les améliorations que l'expérience a indiquées depuis.

Indépendamment des conditions relatives au chauffage et à la ventilation auxquelles l'appareil doit satisfaire, il faut, en outre, que l'appareil soit d'une extrême simplicité, facile à réparer, à l'abri de tout accident; qu'il utilise la chaleur le mieux possible; qu'il soit placé dans la pièce elle-même, parce que le maître doit le diriger. On ne peut satisfaire à ces conditions qu'en employant un calorifère dans lequel l'air est chauffé sans autre intermédiaire que des plaques métalliques.

2625. Les figures 596, 597 et 598 représentent l'ensemble des dispositions les plus simples et les plus convenables pour les établissements dont il s'agit. La première représente une coupe longitudinale d'un bâtiment renfermant une école à deux étages; la figure 597, une coupe verticale par les poêles; la figure 598, une coupe verticale à une échelle un peu plus grande, dans laquelle on voit une projection de la cheminée d'appel. A, estrade du maître; B, B, bancs des élèves; C, C, calorifères chauffant de l'air appelé de l'extérieur; D, D, tuyaux à fumée qui parcourent la salle dans toute sa longueur, et se rendent dans la cheminée d'appel; E, cheminée d'appel; F, F, caisses en bois ou en plâtre, placées de chaque côté de la cheminée, communiquant avec elle, chacune par un orifice latéral situé près du plancher et au-dessous de la grille du foyer; G, G', orifices d'appel de l'air de la pièce, les premiers sont placés près du sol, les deux autres près du plafond;

ceux qui sont d'un même côté peuvent être plus ou moins fermés par des registres reliés par une tringle, de manière que, quand un de ces orifices est fermé, l'autre est ouvert. H, H, tuyaux communiquant avec l'extérieur et avec l'intervalle compris entre chaque poêle et son enve-

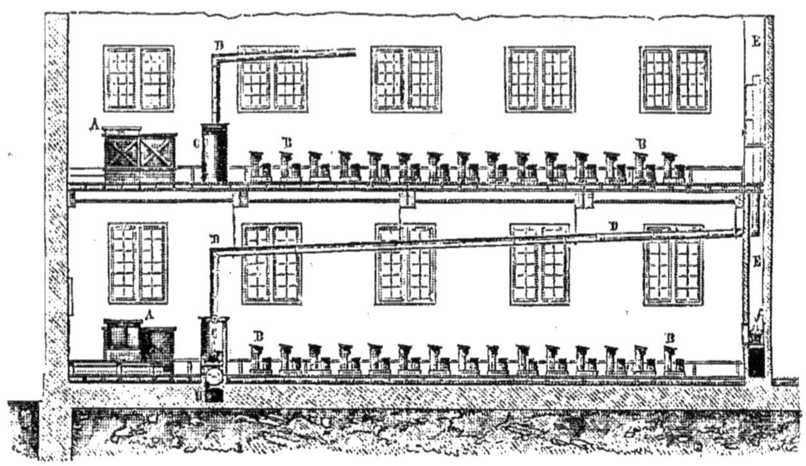

Fig. 596.

loppe. L'air échauffé se rend d'abord à la partie supérieure de la salle, et descend par couches isothermes jusqu'au niveau du sol où se trou-

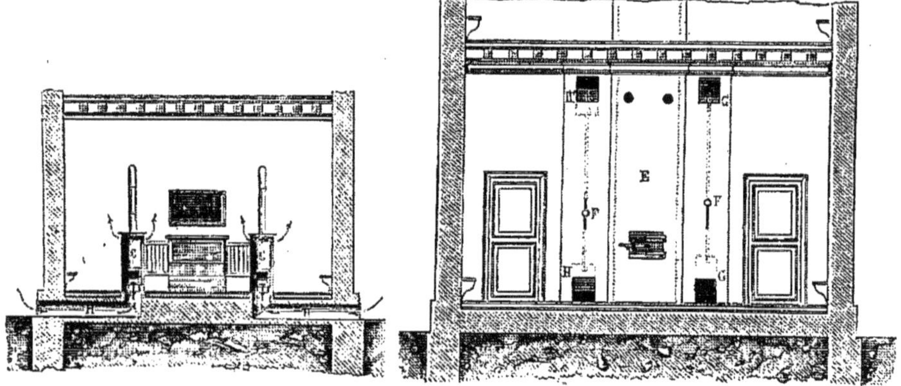

Fig. 597.

Fig. 598.

vent, en hiver, les orifices d'appel, et par conséquent, la température de la salle est sensiblement la même à la même hauteur. Les calori- fères doivent être placés près de l'estrade, parce qu'ils doivent être surveillés par le maître. Les tuyaux à fumée doivent traverser la salle, non-seulement pour y répartir plus uniformément la chaleur, mais surtout pour obtenir une plus grande économie de combustible en refroidissant presque complétement l'air brûlé. Les orifices situés près du plafond ne peuvent servir qu'en été. Pendant les jours de chauffage, la ventilation résulte de la force ascensionnelle de l'air extérieur autour des poêles et de celle de l'air dans la cheminée dont la température est égale à celle de la salle, augmentée à une certaine hauteur par la chaleur de l'air brûlé des poêles. En général, le foyer placé au bas de la cheminée ne doit servir que dans certains jours d'été.

2626. On pourrait introduire dans cette disposition générale quelques modifications assez importantes. Pour chauffer économiquement la salle, avant l'arrivée des élèves, moment où on n'a pas encore besoin de ventilation, il faudrait effectuer ce chauffage par la circulation du même air autour des poêles, et pour cela il faudrait : 1° établir une communication des enveloppes avec la salle près du sol, qu'on fermerait quand la ventilation devrait être rétablie ; 2° rendre indépendants les registres d'accès de l'air dans les deux coffres placés de chaque côté de la cheminée, afin de pouvoir supprimer la sortie de l'air. Enfin, il serait utile de favoriser la sortie de l'air en été, quand la ventilation n'a pas besoin d'être activée par le foyer d'appel. En pratiquant dans la cheminée, et à la hauteur du plafond, une ouverture fermée par un registre, qu'on maintiendrait complétement ouvert dans le cas dont il est question ; l'air n'éprouvant que peu de résistance, s'écoulerait avec une plus grande vitesse que quand il descend par les caisses latérales F, dans lesquelles il subit trois changements de direction à angle droit.

2627. Pour les salles d'asile, il est nécessaire de chauffer et de ventiler la salle et le préau. Dans la salle, le calorifère doit être placé à l'extrémité opposée aux gradins occupés par les enfants, et il convient de faire sortir l'air par des orifices très-nombreux percés dans les contre-marches et d'une section totale quatre ou cinq fois plus grande que celle de la cheminée d'appel, afin que la vitesse de l'air y soit insensible, ou seulement par quatre ou cinq orifices percés près du sol sur les faces latérales des gradins.

2628. Lorsqu'il n'y a qu'un seul calorifère, il est préférable de le placer au milieu de la salle. Quand il y en a deux, il convient de les disposer de manière que la distance qui les sépare soit double de leur distance aux murs latéraux. Pour les salles dont la longueur dépasse 30 mètres, et qui sont destinées à renfermer plus de 300 enfants, si on plaçait les calorifères à une extrémité, la fumée arriverait trop refroidie dans la cheminée d'appel, et le renouvellement de l'air pourrait être insuffisant ; dans ce cas, il serait plus convenable de placer les calorifères près du milieu de la salle, et de donner à chacun d'eux deux tuyaux de fumée aboutissant, l'un à droite, l'autre à gauche, à une cheminée d'appel placée à chaque extrémité; des registres permettraient de répartir également la fumée dans chacun des tuyaux. On pourrait aussi effectuer séparément le chauffage et la ventilation par des appareils distincts. Les calorifères, placés à une extrémité, auraient des tuyaux à fumée qui, après avoir parcouru une partie de la salle, reviendraient sur eux-mêmes pour gagner une cheminée commune, et, à l'autre extrémité, on placerait un petit poêle sans enveloppe, dont le tuyau se rendrait directement dans la cheminée d'appel.

2629. Les calorifères sont disposés comme l'indiquent les figu-

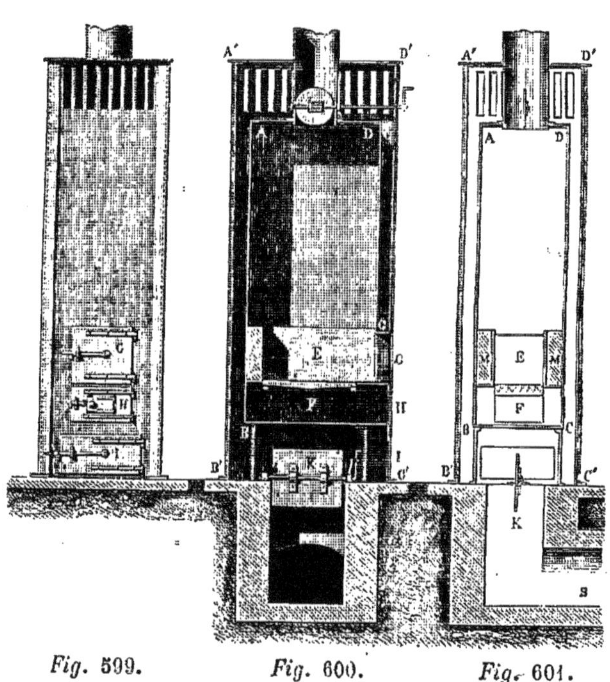

Fig. 599.   Fig. 600.   Fig. 601.

res 599, 600, 601. La première est une élévation ; les deux autres sont deux coupes verticales : ABCD, prisme rectangulaire en tôle ou en fonte qui entoure le foyer; A'B'C'D', prisme intérieur en tôle fixé sur le sol; E, foyer; F, cendrier; G, porte du foyer; H, porte du cendrier; I, porte au-dessous du cendrier et qui ne reste ouverte que lorsqu'on chauffe la pièce sans la ventiler; R, registre tournant qui permet d'intercepter la communication de la salle avec l'extérieur; on peut le maintenir dans différentes positions au moyen d'une manivelle dont l'extrémité est munie d'une cheville qui s'engage dans des trous percés sur un demi-cercle en fer fixé sur le sol ; M, briques qui environnent le foyer ; S, canal qui amène l'air extérieur dans le calorifère. On donne aussi souvent à ce calorifère la forme cylindrique.

Il est facile d'utiliser les poêles déjà existants en les entourant d'une chemise en tôle, garnie de deux portes, l'une en face de celle du foyer du poêle, l'autre du côté opposé, pour chauffer l'air de la pièce, sans ventilation, avant l'heure des classes ; mais une communication avec l'extérieur, et un registre destiné à intercepter, à volonté, cette communication, devient alors indispensable.

Pour des salles destinées à renfermer 150 élèves, on doit donner aux tuyaux à fumée au moins $0^m 15$ de diamètre ; pour des salles plus grandes, il serait convenable de les porter à $0^m 18$ ou $0^m 20$. Ces diamètres suffisent pour le tirage ; de plus grands auraient l'inconvénient de refroidir trop la fumée et de diminuer l'effet des cheminées d'appel. Il en serait de même si on donnait aux tuyaux un trop long développement, ou si on leur faisait faire trop de coudes. Il est indispensable pour un bon fonctionnement que la fumée ne sorte pas trop refroidie. Les diamètres des tuyaux croissent peu avec le nombre des élèves : 1° parce qu'au delà de 50 élèves, nous supposons qu'on emploie deux calorifères ; 2° parce qu'en réalité, la dépense de combustible augmente peu. Ce fait résulte de ce que la surface des vitres et des murailles, par lesquelles se perd une grande partie de la chaleur, n'augmente pas proportionnellement au nombre des élèves, et de ce que la chaleur produite par l'acte de la respiration fournit une portion notable de la quantité de chaleur nécessaire.

Les dimensions du cylindre intérieur des poêles sont à peu près $1^m 20$ de hauteur sur $0^m 40$ de largeur. L'enveloppe extérieure peut être en tôle, en fonte ou en terre cuite ; cette dernière matière aurait l'avantage de diminuer la température de la surface extérieure ; dans ce cas, le cylindre ou le prisme extérieur doit avoir des dimensions telles que la section de l'intervalle entre cette surface et celle du foyer soit au moins égale à une fois et demie celle du canal d'appel correspondant, à cause de l'accroissement de volume de l'air par son échauffement.

2630. Il est très-important que les orifices extérieurs des tuyaux d'appel de l'air soient placés dans un lieu découvert, loin des latrines, à une assez grande hauteur au-dessus du sol quand on le peut, enfin à l'abri de toutes les influences qui peuvent vicier l'air. Il faut surtout éviter de faire les prises d'air dans les pièces où les enfants déposent leurs paniers, parce que l'air n'y est jamais bien pur. Les tuyaux peuvent être placés au-dessous du sol, dans l'intervalle des planchers ou dans l'embrasure des fenêtres ; ils peuvent être en maçonnerie ou en bois, d'une forme quelconque. Leur section doit être à peu près de 6, 12, 18, 24, 30 et 36 décimètres carrés pour une salle renfermant 50, 100, 150, 200, 250, 300 enfants ; ces sections suffisent lorsque la longueur des canaux n'excède pas 8 à 10 mètres ; pour des longueurs plus considérables, il faudrait les augmenter ; mais il n'y a aucun inconvénient à donner aux tuyaux d'appel des sections beaucoup plus considérables.

2631. La cheminée d'appel peut être construite en maçonnerie ou en tôle. Sa section doit peu différer de celle des tuyaux d'appel. Si on lui donnait une section plus grande, la vitesse d'écoulement serait trop petite, et il deviendrait difficile de s'opposer à l'action des vents sur l'orifice supérieur. Ainsi il est prudent de ne pas augmenter beaucoup la section indiquée. Cependant, si l'on voulait utiliser, pour la ventilation, une cheminée déjà construite, dont la section serait beaucoup trop grande, on pourrait le faire, pourvu qu'on rétrécît convenablement l'orifice supérieur. La cheminée doit s'élever au-dessus des toits, et se terminer par un chapeau en tôle, destiné à éviter le refoulement du mélange d'air et de fumée par l'action des vents. Si le bâtiment était dominé par des édifices très-élevés, les remous, produits par les vents violents, pourraient faire refouler l'air de la cheminée dans la pièce ; alors il vaudrait mieux prolonger le tuyau à fumée dans toute la longueur de la cheminée et de quelques mètres au-dessus de son sommet, et protéger la cheminée ainsi que le tuyau par un chapeau, convenablement disposé.

2632. Dans les circonstances ordinaires des écoles, et pour Paris et le nord de la France, la consommation de la houille, dans les jours les plus froids de l'hiver, n'excédera pas 2, 3, 4, 5, 6 et 7 kilogrammes par heure, pour des salles renfermant 50, 100, 150, 200, 250 et 300 élèves.

2633. Le chauffage doit être conduit de la manière suivante : Une heure avant l'entrée des élèves, on allume les foyers des calorifères, après avoir fermé les orifices par lesquels arrive l'air extérieur et ceux d'accès dans la cheminée d'appel, en laissant ouvert l'orifice par lequel l'air de la pièce peut pénétrer dans l'intérieur des enveloppes : le chauffage a lieu par la circulation de l'air de la pièce ; et quelques instants après l'arrivée des élèves, on établit la ventilation.

2634. La ventilation d'été se produit, quand la température et d'autres circonstancee le permettent, par l'ouverture des portes et des fenêtres; mais il est facile de la produire artificiellement sans rien changer aux dispositions des appareils; il suffirait pour cela d'allumer un petit foyer placé au bas de la cheminée ; l'air extérieur entrera comme pendant l'hiver par les intervalles des poêles et de leurs enveloppes; si les veines d'accès sont horizontales, l'air à l'entrée étant en général plus froid que l'air extérieur, tombera sur le sol, et alors, pour que l'air de la pièce soit renouvelé, il faudra le faire arriver dans la cheminée par les orifices supérieurs ; mais si les veines sont verticales, il y aura deux actions opposées qui tendront, l'une à faire monter l'air, l'autre à le faire descendre, et l'expérience seule pourra faire connaître s'il faut faire sortir l'air de la pièce par le haut ou par le bas.

Pour une école de 250 à 300 élèves, les frais d'établissement pourraient s'élever au plus à 5 ou 600 francs, et à une somme bien inférieure si on employait des poêles déjà existants; il n'y aurait de dépense à faire que celle de l'enveloppe, du canal d'appel de l'air extérieur,et de la cheminée.

2635. Les dispositions que nous venons de décrire ont été établies d'abord à Paris dans trois grandes écoles, situées l'une rue Neuve-Coquenard, les autres à la Halle aux Draps. Dans toutes on a été satisfait des effets obtenus, sous le rapport du chauffage, de son uniformité, et de l'économie du combustible, malgré la dépense de chaleur qu'exige la ventilation, parce que dans ces appareils la chaleur est mieux utilisée que dans les anciens. A l'école de la rue Neuve-Coquenard, la seule dans laquelle j'aie fait des expériences, il n'y avait pas un degré de différence entre les températures des extrémités de la salle, et la ventilation, qui n'est ordinairement que de 6 mètres cubes par élève, établissait déjà une différence marquée avec les écoles non ventilées.

Il est difficile, dans les écoles qui ne sont pas bien surveillées, d'obtenir des maîtres d'école que le foyer d'appel soit allumé. Pour les salles qui renferment un grand nombre d'enfants, il serait peut-être préférable d'installer un petit ventilateur qui serait mis en mouvement par les élèves pendant les récréations. Ce serait un jeu pour les enfants.

2636. Dans l'école de la rue Neuve-Coquenard, le nombre des élèves est ordinairement de 200, mais la salle pourrait en contenir 250. Les deux calorifères ont les dimensions indiquées précédemment, ils sont placés en avant de l'estrade. Les tuyaux à fumée ont 0^m16 de diamètre, et une longueur totale de 39^m ; ils se réunissent en un seul de 0^m20 de diamètre, placé au centre de la cheminée d'appel et qui s'élève à 2^m au-dessus de son sommet. La cheminée d'appel a $0^m 27$ sur $0^m 93$; les orifices d'appel sont tous au niveau du sol, ils sont au nombre de sept, distribués dans la largeur de la salle, et leur section est égale à celle de la cheminée ; il en est de même des orifices d'accès de l'air extérieur et des passages autour des poêles. Le chauffage avait lieu avec de la houille de Fresnes ; le renouvellement de l'air était de 1000 à 1200 mètres cubes par heure. Dans les jours les plus froids, la consommation de combustible n'a jamais dépassé 6^k, et elle était en moyenne de 4^k. La surface totale des murailles est à peu près de 220^m, leur épaisseur de 0,50, la surface des vitres de 25^{mq}.

2637. Pour les écoles et les salles d'asile, on ne peut pas calculer la dépense moyenne de combustible, par les formules (861 et suiv.) ; car ces formules supposent que le régime des murailles est constamment établi, et que la température intérieure est constante, et par conséquent que le chauffage est permanent, tandis que, dans les écoles et les salles d'asile, le chauffage est intermittent et ne dure guère que 6 à 7 heures par jour ; dans les intervalles, les murailles se refroidissent par l'extérieur et aussi par la ventilation intérieure qui se produit toujours, même après la fermeture du registre d'accès de l'air et par l'air qui pénètre par les fissures des portes et des fenêtres. Néanmoins la consommation totale de combustible pendant une journée est peu considérable, car en supposant 7 heures de chauffage par jour, 26 jours de chauffage par mois, 7 mois de chauffage, et en moyenne 4^k de houille par heure, la consommation pendant l'hiver serait de $4.7.26.7 = 5096^k$, qui, à raison de 5 fr. les 100^k font 254 fr. ; la dépense réelle serait beaucoup plus petite, parce que le chauffage ne dure pas 7 mois dans ces conditions.

2638. Dans le système de chauffage et de ventilation que je viens de décrire, il y a un inconvénient qui pourrait être très-grave dans d'autres circonstances ; la ventilation est liée au chauffage, et varie par conséquent dans le même sens. Ainsi, si la ventilation était suffisante, dans les journées les plus froides de l'hiver, elle serait insuffisante au commencement et à la fin de cette saison ; j'ai pourtant préféré cette disposition à d'autres dans lesquelles on aurait pu séparer le chauffage de la ventilation, à cause de son extrême simplicité, d'autant plus que le foyer placé au bas de la cheminée permet de compléter la ventilation produite par le chauffage, quand elle est insuffisante, ce que la sensibilité de nos organes permet d'apprécier mieux que les meilleurs instruments et les analyses les plus parfaites. La combustion de 1^k de houille par heure, dans ce foyer serait suffisante pour la ventilation complète d'une salle d'école renfermant 200 élèves, pourvu que la cheminée ait au moins 10^m de hauteur et 0^{m}25 de section.

2639. Une maison d'école renferme toujours, indépendamment de la salle d'étude, une salle désignée sous le nom de préau, où les élèves prennent leurs repas et leurs récréations ; cette salle, n'étant occupée chaque jour que pendant un temps très-court, peut être chauffée par un poêle en fonte qu'on n'allume que peu d'instants avant l'arrivée des élèves.

2640. Mais une des conditions les plus importantes pour l'assainissement d'une école, est une bonne disposition des lieux d'aisances, leur propreté et la ventilation permanente des fosses au moyen d'une cheminée d'appel. La disposition des cabinets qui paraît la plus convenable consiste à recouvrir le sol et les murs jusqu'à 30 ou 40 centimètres d'une plaque de plomb inclinée vers l'orifice central en avant duquel se trouvent deux patins en fonte à surfaces rayées, destinés à recevoir les pieds. En face des cabinets doivent se trouver des ouvertures garnies de jalousies. La cheminée d'appel doit s'ouvrir à la partie supérieure de la fosse, et s'élever à une hauteur qui excède celle des toits ; à sa partie inférieure elle doit renfermer un petit foyer encaissé latéralement, et dont le cendrier communique à l'extérieur par un tuyau garni d'un registre qui permet de régler à volonté l'activité de la combustion. La combustion de 0,5 de houille pouvant échauffer 641 mètres cubes d'air de 20°, en supposant que la hauteur de la cheminée soit de 12^m, la vitesse théorique serait à peu près de 4^m, et en donnant à la cheminée une section de 0^{m}25, on évacuerait par heure un volume d'air bien suffisant pour l'assainissement, car il n'est pas nécessaire de faire passer par la cheminée un grand volume d'air, mais seulement de produire un mouvement de l'air de dehors en dedans de la fosse. La tourbe et la tannée qui brûlent lentement et qui coûtent moins que les autres combustibles, devraient être employées de préférence. Le sommet de la cheminée devrait être pourvu d'un appareil destiné à soustraire le tirage à l'influence des vents. Des fosses qui se fermeraient hermétiquement elles-mêmes au moyen d'un petit courant d'eau, dispenseraient de ce système de ventilation ; il n'y aurait plus que l'infection locale qu'on éviterait par des soins de propreté.

Des appareils de chauffage et de ventilation, disposés comme nous venons de le dire, ont été établis à ma connaissance dans 25 à 30 écoles primaires. Je n'ai eu aucun renseignement sur les dispositions qui consistaient à se servir des poêles existants en les environnant d'une enveloppe en tôle ou en briques, tout le reste était arrangé comme je l'ai indiqué ; ces dispositions pourraient facilement être exécutées partout, par les ouvriers de la localité ; ce qui permettrait d'obtenir quelque économie sur les dépenses du premier établissement.

Malgré la simplicité des appareils que je viens de décrire, la publicité donnée à la brochure dont j'ai parlé, il n'y a encore qu'un très-petit nombre d'écoles convenablement assainies ; il serait pourtant d'une grande importance que toutes le fussent, du moins celles qui renferment un grand nombre d'enfants. A mon avis, on y parviendrait rapidement en employant les moyens suivants :

1° Publication d'une nouvelle instruction sur l'assainissement des écoles primaires et des salles d'asile, plus détaillée que la première, et qui renfermerait les dispositions les plus convenables des latrines et leur assainissement ;

2° Ordre, que dans toutes les écoles normales primaires, les salles d'études et l'école primaire annexée, soient immédiatement ventilées par les moyens indiqués dans l'instruction ;

3° Introduction dans l'enseignement des écoles normales primaires, de toutes les notions relatives à l'hygiène et à la ventilation des écoles ;

4° Enfin, ordre aux recteurs, aux inspecteurs d'académie et aux inspecteurs primaires, d'employer toute leur influence pour faire adopter par les communes les moyens sanitaires recommandés.

Maisons d'éducation.

2641. Dans toutes les grandes maisons d'éducation, les lycées, les colléges, les pièces qui sont occupées longtemps par les élèves en repos, doivent être chauffées pendant l'hiver, et celles où le séjour est prolongé, comme les salles d'étude, les amphithéâtres et les dortoirs, doivent en même temps être ventilées, parce que le volume d'air de ces pièces est insuffisant pour la salubrité ; aussi, quand on entre le matin dans les dortoirs, on y trouve un air tellement vicié, qu'il est impossible de supposer que la santé des enfants n'en soit pas altérée. Un système général de chauffage et de ventilation, soit par l'eau chaude, soit par la vapeur, serait préférable à des chauffages partiels ; mais il y aurait beaucoup de perte de chaleur si le chauffage avait lieu par l'eau chaude et s'il était permanent, parce que les pièces ne doivent pas être occupées d'une manière continue. Un système général de chauffage ne pourrait être économique que par la vapeur, parce qu'il pourrait être établi presque instantanément dans chaque pièce. Mais un système général de chauffage exigerait des dépenses considérables d'installation, et il y a peu d'établissements en état de les supporter. Ainsi, il est important d'examiner les moyens les plus simples et les plus économiques de chauffer partiellement les différentes pièces qui composent les maisons d'éducation.

2642. Pour les salles d'études, la méthode de chauffage et de ventilation la plus simple consiste à employer un poêle en métal ou en terre cuite, sans circulation intérieure, d'une forme quelconque, et recouvert d'une enveloppe ouverte par le haut, l'intervalle du poêle et de l'enveloppe communiquant avec l'air extérieur, comme pour le chauffage des salles d'école (2629). Le poêle serait placé dans la partie de la pièce la plus éloignée de la cheminée; et le tuyau du poêle traverserait la salle pour se rendre dans la cheminée; enfin, la partie inférieure de la cheminée serait percée d'un ou de plusieurs orifices garnis de registres pour régler la ventilation. Un petit foyer additionnel établi au bas de la cheminée servirait à augmenter la ventilation, quand celle qui est produite par le chauffage est insuffisante.

Pour les classes, qui sont toujours pourvues de gradins, il faudrait employer la disposition que nous avons indiquée (2290), en parlant du chauffage et de l'assainissement des grands amphithéâtres.

2643. Partout, les dortoirs sont insalubres, et par de trop petites dimensions et par un trop grand nombre de lits. Le séjour des enfants dans les dortoirs est au moins de 7 heures; par conséquent, quand il n'y a pas de ventilation, en comptant sur 6 mètres cubes d'air par individu et par heure, il devrait y avoir au moins 42 mètres cubes de capacité par lit; si on suppose que le dortoir a 3 mètres de hauteur, un lit doit correspondre à 14 mètres carrés de surface, et il est rare que dans cet espace il n'y en ait pas 3 ou 4; souvent même, les dortoirs sont beaucoup plus bas que nous ne l'avons supposé, et les lits sont presque en contact. Mais, quelles que soient les dimensions des dortoirs et la distance des lits, on peut toujours les rendre parfaitement salubres par une ventilation convenable. Le chauffage et la ventilation pourraient se faire de la même manière que dans les écoles et dans les salles d'études (2629); le veilleur surveillerait facilement le petit nombre des foyers des dortoirs; on pourrait même employer du gaz dans les villes où il est bon marché. Ce serait encore plus simple que des foyers à alimentation continue. Pour la ventilation d'été, l'air pénétrerait par les mêmes orifices, et le petit foyer additionnel produirait la ventilation; des orifices convenablement placés, près du plancher et près du plafond produiraient souvent, par suite de l'échauffement de l'air intérieur par la respiration, un renouvellement d'air suffisant.

2644. Je viens de dire que l'on pourrait employer le gaz d'éclairage, dans les villes où il coûte peu, comme foyer d'appel. On comprend qu'en remplaçant un petit foyer à la houille, par un ou plusieurs becs de gaz, il serait très-facile d'utiliser la lumière de ces becs pour l'éclairage en même temps que leur chaleur pour échauffer l'air aspiré, car il suffit pour cela de composer de vitrages, une portion des parois de la cheminée d'évacuation, à la hauteur où cette cheminée renferme le foyer à becs de gaz : dès lors, dans les quelques cas qui peuvent se présenter surtout pour les maisons d'éducation, où l'on a besoin de lumière à proximité d'une cheminée d'appel, la ventilation devient très-simple et aussi très-peu coûteuse.

Il y a bien longtemps qu'à l'École Centrale j'ai fait installer des lampes pour ôter la mauvaise odeur de deux cabinets d'aisances ; et dans la deuxième édition de cet ouvrage j'avais indiqué l'usage d'une lampe à double courant d'air, placée dans une cheminée d'appel, mais en limitant cet usage aux petites ventilations : il est évident que la combustion de l'huile comme celle du gaz, ne produit de l'effet pour l'ascension de l'air qu'à raison de la chaleur développée ; et que du moment où cette chaleur doit être tant soit peu considérable, il faut se garder d'employer un combustible aussi cher que l'huile ou le gaz, à moins toutefois, qu'exceptionnellement la position de la cheminée d'appel ne permette d'utiliser la lumière produite par les lampes ou les becs de gaz.

2645. Les fourneaux de cuisine sont rarement bien disposés. Maintenant, on emploie généralement des fourneaux en fonte, qui servent en même temps à la cuisson des aliments et au chauffage de l'eau nécessaire à différents services. Ces fourneaux, comme je l'ai dit (1844), sont réellement économiques, mais ils échauffent beaucoup trop les cuisines, surtout si les parois ne sont pas recouvertes intérieurement de briques, et rarement la ventilation est convenable, de sorte que les cuisines sont très-insalubres, surtout pendant l'été. Il serait avantageux de recouvrir les fourneaux d'une hotte conduisant l'air au dehors ou mieux dans une cheminée d'appel à chaleur perdue des foyers.

Les cabinets d'aisances laissent aussi beaucoup à désirer ; mais sur ce point je n'ai rien à ajouter à ce que j'ai dit en parlant des écoles primaires.

CHAPITRE VIII.

ASSAINISSEMENT DES CASERNES.

2646. En 1848, M. Desjobert a publié sur l'état sanitaire de l'armée, une brochure dans laquelle il établit d'après des données statistiques, que dans la population civile, la mortalité des hommes de 20 à 27 ans est de 11 sur 100, tandis que d'après le général Paixhans, dans l'armée, en temps de paix, elle s'élève à 19 sur 100, les soldats ayant un âge également compris entre 20 et 27 ans, et cependant elle devrait être moindre, parce que l'on n'admet dans l'armée que les hommes propres au service et qui ont une constitution supérieure à la moyenne. M. Desjobert attribue cette plus grande mortalité à trois causes principales, une alimentation insuffisante, des gardes de nuit trop fréquentes, et le défaut d'aération des casernes. Je ne parlerai que de ce dernier objet.

En 1849, une commission présidée par le général Schramm, fut nommée par le ministre de la guerre pour examiner l'état sanitaire des casernes ; j'extrairai du rapport de M. Leblanc quelques faits importants à signaler. Trois expériences ont été faites dans trois chambres appartenant à des casernes différentes de Paris ; les volumes d'air des chambres par homme, étaient de $13^m 6$, $11^m 54$, et $8^m 54$; après un séjour de 10 heures, les quantités d'acide carbonique trouvées dans l'air, ont été de 0,0032 ; 0,0034 ; 0,01430. Dans les deux premières, les volumes d'air introduits accidentellement par les jointures et par les ouvertures des portes pendant les entrées et les sorties nocturnes des soldats ont été à peu près doubles du volume d'air de la chambre, et dans la dernière à peu près moitié. Alors, dans les deux premières chambres, chaque individu a eu à peu près 4 mètres d'air par heure, et dans la dernière à peu près $1^m 60$. A la fin des deux premières expériences, l'état hygrométrique était égal à 0,73 de celui correspondant à la saturation complète ; dans la dernière, il était égal à 0,83. Le matin, l'odeur était plus prononcée dans la troisième chambre que dans les autres, néanmoins on y a séjourné sans trop de dégoût ni de répugnance.

2647. Des ventouses communiquant avec des cheminées, ont été établies dans une des casernes de Paris, et ont donné d'assez bons résultats ; dans une des chambres à ventouses, le volume d'air introduit par suite de l'appel, a été de $2^m 4$ d'air par homme et par heure, et dans une autre, ce volume s'est élevé à 7 mètres.

Des ventouses communiquant à des cheminées de 8^m de hauteur ont été placées dans les écuries de la caserne du quai d'Orsay; une de ces cheminées a appelé 334 mètres cubes d'air par heure, pour un excès de température de 4° 5 ; l'effet total des 17 cheminées a pu fournir le jour de l'expérience environ 5000 mètres cubes d'air, et comme l'écurie renfermait 87 chevaux, la ventilation était de 57 mètres cubes par cheval et par heure. Ces nouvelles dispositions ont diminué la mortalité des chevaux dans une très-grande proportion.

Le rapport se termine ainsi :

2648. « En résumé, les expériences auxquelles la sous-commission s'est livrée, ont démontré que, dans l'état actuel du casernement de Paris, l'altération de l'air dans les chambres n'atteint pas, à la fin de la nuit, et dans les circonstances les plus favorables, un degré qui puisse être considéré comme alarmant pour la salubrité. Le maximum de la production de l'acide carbonique trouvé a atteint à peine 0,01 en volume, et l'état hygrométrique s'est toujours trouvé inférieur au terme de la saturation pour la température observée. Ces mêmes analyses ont démontré que, dans les chambres des casernes, le renouvellement accidentel de l'air par les jointures et par l'ouverture des portes pendant les entrées et les sorties nocturnes des soldats, dépasse l'effet qui s'observe dans la plupart des chambres habitées et closes, et dans les dortoirs des hôpitaux. Les expériences anémométriques ont constaté l'efficacité des moyens auxiliaires de ventilation adoptés par MM. les officiers du génie chargés du casernement de Paris. L'établissement des ventouses en relation avec des cheminées régnant sur toute la hauteur des bâtiments, permet de réaliser des effets ventilatoires assez énergiques en vertu de faibles excès de température entre l'air de la cheminée et l'air extérieur. »

2649. Ces conclusions ne me paraissent pas admissibles. Voici un fait que j'ai observé dans l'école primaire, qui a été vérifié par M. Leblanc : La salle étant close, sans ventilation, après 5 heures de séjour des enfants, l'air ne renfermait que 0,0087 d'acide carbonique, l'atmosphère était lourde, le maître se plaignait de la chaleur et attendait avec impatience le moment d'ouvrir les fenêtres, la température n'étant pourtant que de 18°. Ainsi, de l'air qui ne renferme que 0,0087, agit sur nos organes, et ce chiffre a été atteint dans la dernière expérience ; et, s'il n'y avait pas eu de ventilation accidentelle, il aurait atteint 0,01 dans les deux premières salles, et 0,0143 dans la dernière;

or, ces ventilations accidentelles peuvent varier dans des limites qu'on ne connaît pas, si les portes et les fenêtres fermaient bien, et si aucun homme ne sortait pendant la nuit elle deviendrait nulle ; alors, après un certain nombre d'heures, l'air serait altéré de manière à nuire à la santé, surtout par la continuité de son action. D'ailleurs, indépendamment de l'abaissement de la proportion d'oxygène dans l'air, il y a l'influence des matières organiques en suspension, probablement en fermentation, qui est peut-être plus grande que la présence de l'acide carbonique. D'après tout cela, il me paraît impossible de ne pas admettre que les casernes sont insalubres, et qu'elles ne peuvent devenir saines que par une ventilation convenable.

2650. La disposition qui serait certainement la meilleure consisterait à établir, au moins pendant la nuit, un chauffage et une ventilation régulière, comme dans certains hôpitaux et dans certaines prisons cellulaires ; mais les dépenses de premier établissement, l'entretien des appareils seraient trop considérables pour qu'il soit permis d'espérer que de pareilles améliorations puissent jamais se réaliser. La seule chose à faire consisterait à établir pour l'hiver un poêle dans chaque salle, une cheminée garnie d'un orifice à la partie supérieure et à la partie inférieure, et enfin un canal communiquant avec l'extérieur et débouchant au-dessous du poêle. Pendant les jours d'hiver l'air extérieur arriverait au-dessous du poêle et s'écoulerait dans la cheminée par l'orifice inférieur. Pendant la nuit l'orifice d'accès de l'air extérieur au niveau du plancher resterait ouvert, et on ouvrirait l'orifice supérieur de la cheminée ; il se produirait alors une ventilation naturelle sans chauffage, du moins par la chaleur accumulée pendant le jour dans les murailles et par celle qui provient de la respiration et qui à elle seule peut produire une ventilation assez considérable, car d'après ce que nous avons vu (2020) la chaleur provenant de la respiration peut élever 9 mètres cubes d'air de 15°, et il en faudrait beaucoup moins pour la salubrité, attendu que l'air se mouvant de bas en haut pour gagner l'orifice de sortie, chaque individu ne respire que de l'air pur. Il serait avantageux que l'air appelé s'étendît immédiatement sous le plancher, et par conséquent que les orifices d'appel fussent verticaux ou recouverts d'un chapeau s'ils étaient percés dans le plancher.

2651. Par cette disposition il y a un refroidissement continu de l'air intérieur ; mais cet inconvénient est incomparablement moins grand que le maintien ou l'accroissement de température par l'absence de ventilation, d'autant plus que les hommes couchés, enveloppés de leurs couvertures qui transmettent mal la chaleur, s'apercevraient peu de cet abaissement de température.

2652. Il serait possible de produire une ventilation régulière au moyen d'un petit ventilateur placé dans la cheminée et qui serait mis en mouvement par la chute d'un poids, ou mieux par la chute de l'eau alimentant la caserne ; l'appareil serait disposé comme les anciens tourne-broches, seulement le volant, au lieu de porter des lentilles, serait garni de plaques inclinées. En admettant une ventilation de 6 mètres cubes par individu et par heure, une vitesse de 1^m dans la cheminée, une salle renfermant 30 lits, le travail dans 10 heures serait égal à $180 . 1,3 . 10 : 19,62 = 119^{km}$; la hauteur de la chute étant de 3^m, le poids serait égal à 37^k, mais il devrait être beaucoup plus considérable à cause de la perte de travail par le frottement ; la section de la cheminée serait de $180 : 3600 = 0^m 05$. Quelques essais fait en Belgique n'ont pas réussi, mais il est probable que l'insuccès est provenu de la mauvaise disposition des appareils.

2653. On pourrait aussi produire le mouvement ascensionnel par la chaleur. En supposant un accroissement de température de 20°, la dépense de chaleur pendant 10 heures serait de $6 . 30 . 10 . 1,3 . 20 . 0,24 = 11232$ calories qui correspondent à $1^k 40$ de houille. C'est une consommation de combustible très-faible ; la difficulté consisterait à en effectuer régulièrement la combustion en 10 heures, et je ne connais point d'appareil qui puisse remplir cette condition. Peut-être serait-ce le cas d'employer un ou deux becs de gaz, surtout si leur lumière pouvait être utilisée en tout ou en partie pour l'éclairage.

Dans toutes les casernes les latrines sont une cause très-puissante d'insalubrité, mais il serait facile de la détruire par une disposition convenable des cabinets et une cheminée d'appel. Je n'ai rien à ajouter à ce que j'ai déjà dit à ce sujet.

CHAPITRE IX.

CHAUFFAGE ET ASSAINISSEMENT DES ATELIERS.

2654. Les grands ateliers dans lesquels les hommes ne sont pas constamment en mouvement et dont les travaux n'exigent pas de grands efforts, tels que les filatures, les fabriques de toiles peintes et de tissus, ont besoin d'être chauffés en hiver, parce qu'une certaine température supérieure à 10° est indispensable au travail. Partout les ateliers sont chauffés, mais avec une trop grande parcimonie, car la température y est seulement assez élevée pour que les ouvriers puissent travailler, mais rarement au point convenable à leur bien-être. En outre, les ateliers ordinaires ne sont jamais ventilés ; à la vérité, il y a des ateliers dans lesquels les ouvriers sont tellement espacés, que le volume d'air qu'ils renferment, joint à une faible ventilation naturelle par les portes et les fenêtres, suffit pour la durée du travail ; mais dans le plus grand nombre, une ventilation permanente, ou du moins un renouvellement périodique de l'air, serait indispensable.

2655. Le mode de chauffage le plus en usage dans les grands ateliers est le chauffage à vapeur, et c'est celui qui convient le mieux pour chauffer avec un seul foyer des ateliers renfermés dans des bâtiments différents même assez éloignés, et seulement pendant les heures de travail. J'ai donné dans cet ouvrage tous les détails de construction des appareils, ainsi que la manière de déterminer l'étendue des surfaces de chauffe, mais seulement quand le régime est établi, et comme, dans tous les ateliers, le chauffage est interrompu pendant la nuit, il faut des surfaces de chauffe plus considérables, pour rétablir promptement le régime perdu : on doit compter en général sur une surface de chauffe dans le rapport de 3 à 2.

Le chauffage à la vapeur est d'autant plus avantageux que, dans nombre de cas, on peut l'effectuer avec la vapeur sortant des machines sans condensation et qu'alors il est presque gratuit.

2656. Lorsque les ateliers sont voisins de la cheminée d'une machine à vapeur, on peut utiliser une partie de la chaleur perdue pour chauffer l'atelier, parce qu'un refroidissement même considérable de la fumée nuit peu au tirage ; d'ailleurs, la perte de tirage peut être compensée par une plus grande ouverture du registre, les cheminées ayant presque toujours un excès de section. En supposant que la fumée soit abandonnée à 300°, et qu'elle soit refroidie à 150°, on pourrait utiliser ainsi un huitième de la chaleur produite dans le foyer.

2657. La disposition la plus simple est celle qui a été décrite n° 1657. On peut aussi employer celle qui est indiquée au n° 1658.

2658. Pour utiliser la chaleur de la fumée des cheminées, on a proposé de faire circuler la fumée dans des tuyaux en fonte ; l'air extérieur s'échauffe autour d'eux, et s'élève ensuite dans un canal vertical au centre duquel se trouve la cheminée. Cette disposition a le grand inconvénient de diminuer le tirage par les circuits de la fumée ; d'ailleurs, les orifices d'accès et de sortie de l'air étant beaucoup trop petits, l'air serait trop fortement échauffé.

2659. On a employé aussi la disposition suivante. La cheminée est en tôle ; elle est placée en dedans des ateliers et environnée d'une double enveloppe et de cloisons annulaires à la hauteur de chaque plafond ; l'enveloppe est percée d'un grand nombre d'orifices à la hauteur des planchers et des plafonds ; l'air de la pièce entre par les orifices inférieurs dans la double enveloppe, s'échauffe, et rentre dans la pièce par les orifices supérieurs. Cette disposition est peu avantageuse, parce que les surfaces de chauffe n'ont pas assez d'étendue pour refroidir notablement la fumée ; d'ailleurs, elle présente des chances d'incendie, qui n'existent pas quand la fumée est employée à chauffer de l'air dans des calorifères placés en dehors des bâtiments.

Il serait certainement préférable de mieux utiliser la chaleur de la fumée à la formation de la vapeur, par un chauffage méthodique, et d'avoir des calorifères spéciaux pour le chauffage des bâtiments.

2660. Un grand nombre d'ateliers sont insalubres, non-seulement par la respiration des ouvriers, mais par la nature des opérations qui s'y exécutent. M. Darcet s'est occupé le premier de l'assainissement de ces ateliers, par l'emploi d'une ventilation forcée, produite par une cheminée d'appel, ou par un ventilateur aspirant, en disposant les orifices d'aspiration de manière à ce que l'air entraîne avec lui les gaz nuisibles. Nous ne décrirons pas les dispositions indiquées par M. Darcet, pour l'assainissement des soufroirs, des ateliers des doreurs, des laboratoires d'essais, des affineries d'or et d'argent, des salles de bains sulfureux, etc. ; nous renvoyons, pour ces objets, à la collection des mémoires de ce chimiste ; nous nous contenterons d'indiquer quelques principes généraux.

2661. Lorsque des gaz ou des vapeurs nuisibles à la respiration ne se produisent que sur des points peu nombreux, et qu'on ne peut pas opérer dans des vases clos, il faut placer au-dessus une hotte de cheminée, dans laquelle l'air appelé, ou par la chaleur, ou par une action mécanique, entraîne avec lui les gaz et les vapeurs délétères. Quand la chose est possible, on augmente beaucoup l'effet produit, en diminuant l'étendue des orifices d'accès de l'air par des volets ou des rideaux ; mais il faut que l'atelier soit pourvu d'orifices d'une étendue suffisante pour l'introduction de l'air extérieur. C'est sur ce principe que M. Darcet a disposé les fourneaux de laboratoire et les fourneaux de doreurs au mercure. Quand les opérations ne peuvent pas se faire sous une hotte de cheminée, on peut produire l'appel par un canal descendant qui va rejoindre la cheminée en passant sous le parquet ; c'est la disposition indiquée par M. Darcet pour les salles de dissection ;

les tables sont en métal, percées d'un grand nombre de trous, garnies d'un double fond et montées sur un tuyau en communication avec la cheminée.

2662. Lorsque les gaz appelés par le courant d'air sont en trop grande quantité pour que le mélange ne puisse pas être abandonné à l'extérieur, il faut placer dans le canal qui précède la cheminée d'appel des matières propres à absorber ces gaz. C'est ce qui arrive, par exemple, dans les affineries d'or et d'argent ; les alliages sont traités par l'acide sulfurique, et il se dégage beaucoup d'acide sulfureux qu'on peut absorber par la chaux. Dans les fabriques de soude, la décomposition du sel marin par l'acide sulfurique dans les fourneaux à réverbère, produit de grandes masses d'acide chlorhydrique qu'on peut absorber ou par l'eau ou par du carbonate de chaux. Avant qu'on ait imaginé de chauffer le four de décomposition du sel marin par la chaleur perdue du four dans lequel le sulfate de soude est décomposé par la craie et le charbon, j'avais employé une disposition qui consistait dans de longs canaux en briques, renfermant à la partie inférieure une couche d'eau qui se renouvelait constamment, et communiquant avec une vaste cheminée qui recevait la fumée du four à soude. Cette disposition a très-bien réussi ; elle pourrait encore être employée dans le système actuel de fabrication, il suffirait d'établir un foyer spécial dans la cheminée ; mais, afin de ne pas être obligé de porter l'air à une trop haute température, il serait préférable d'avoir une cheminée très-haute et très-large. Il serait facile aussi de se servir d'un ventilateur. M. Rougier a imaginé une disposition beaucoup plus simple. Les gaz qui sortent des fours à soude, après avoir passé dans le four de décomposition du sel marin, circulent dans un canal formé de pierre calcaire tendre, qui s'élève progressivement sur le penchant d'une colline, et se termine par une tour remplie de blocs de calcaire. Par cette disposition, le tirage des fourneaux est encore suffisant, presque tout l'acide chlorhydrique est absorbé par le calcaire, et forme du chlorure de calcium qui se réunit dans des bassins placés à de certaines distances, et qu'on enlève de temps en temps. Tous ces appareils, pour être efficaces, doivent avoir des dimensions suffisantes qui peuvent être déterminées avec une approximation convenable, au moyen des différents éléments renfermés dans cet ouvrage.

2663. Mais quand les gaz nuisibles se produisent dans toute l'étendue des ateliers, il n'y a qu'un système général de ventilation qui puisse produire l'assainissement.

2664. Dans toutes les usines où l'on travaille l'acier avec des meules en grès mobiles tournant rapidement sur leur axe, comme dans les fabriques d'armes blanches, de coutellerie, de scies, les ouvriers sont peu incommodés quand les meules restent constamment mouillées ; mais quand le travail se fait à sec, et, dans tous les cas, quand il faut tourner les meules déformées par un long travail et l'inégale dureté des parties, il se produit une grande quantité de poussière très-fine qui agit de la manière la plus grave sur la santé des ouvriers. On a remédié à cet inconvénient en enveloppant une partie de la circonférence de la meule d'un canal concentrique en bois d'une longueur peu différente de celle de la meule, fermé latéralement, ouvert en dessus, et communiquant avec l'orifice d'appel d'un ventilateur à force centrifuge. Le mouvement de la meule ayant lieu en dessus dans la direction de la partie libre de la circonférence à la partie enveloppée, l'air appelé par le ventilateur entraîne toutes les poussières siliceuses qui se détachent, et le travail n'a plus aucune action nuisible sur la santé des ouvriers.

2665. Il y a aussi des ateliers qui sont insalubres par le mode de chauffage. Les fabricants de cierges chauffent encore leurs bassines avec des fourneaux à charbon placés au milieu de l'atelier, qui souvent n'a pas de cheminée. En 1806 les hongroyeurs de Paris, et certainement tous ceux du reste de la France, échauffaient l'étuve dans laquelle on passe les cuirs au suif, au moyen d'un foyer à charbon de bois sans issue pour l'air brûlé ; et la quantité de charbon consommé était considérable, car la température de l'étuve s'élevait à 50 ou 60°. Les ouvriers étaient cependant obligés de séjourner dans cette étuve remplie d'acide carbonique, mais il arrivait souvent de graves accidents. Ce ne fut qu'avec beaucoup de peine et par des expériences qui démontrèrent combien le chauffage par les poêles était plus économiques et plus salubre, qu'on parvint à leur faire adopter ce nouveau mode de chauffage. (*Bulletin de la Société d'Encouragement*, tome V, p. 67.) D'autres ateliers sont encore dans le même cas et pourraient de même très-facilement être rendus salubres.

Pour faire voir combien cet usage peut être dangereux, rappelons-nous qu'un kilogramme de charbon en brûlant convertit en acide carbonique la totalité de l'air renfermé dans 9 mètres cubes d'air ; mais l'air devient impropre à la respiration quand il renferme un cinquième de son volume d'acide carbonique ; d'où il suit que 1^k de charbon rend irrespirable 45 mètres cubes d'air. Mais la combustion du charbon est presque toujours accompagnée de la production d'une certaine quantité d'oxyde de carbone, et nous avons vu (2018) combien ce gaz était délétère.

2666. Les ateliers des ferblantiers, fabricants de lampes, etc., sont dans le même cas ; il y a toujours des foyers permanents à charbon de bois destinés à chauffer les fers à souder. J'ai vu chez MM. Levavasseur frères, fabricants de lampes, une disposition très-remarquable pour éviter l'inconvénient résultant de la combustion du charbon, et qui est en même temps très-économique. Dans un coin de l'atelier se trouve un gazomètre rempli de gaz d'éclairage; le gaz est amené devant les ouvriers par des tuyaux fixes garnis de tubulures à robinets auxquelles sont fixés de petits tuyaux en caoutchouc, chacun s'enroule à une certaine distance autour du manche du fer à souder, et se termine par un ajutage percé d'un très-petit trou qui projette une flamme sur la tête du fer; celui-ci reste alors à une température constante toute la journée, et peut être déplacé à une distance qui dépend de la longueur du tube en caoutchouc.

Ventilation du dépotoir de la Villette.

2667. Pendant des siècles, il a existé sur le versant occidental de la butte Chaumont, un emplacement connu sous le nom de voirie de Montfaucon, sur lequel étaient transportées toutes les matières infectes dont le séjour, dans l'intérieur de la ville de Paris, pouvait nuire à la salubrité. Dans ces derniers temps, par suite de la substitution des citernes étanches aux fosses perméables qui recevaient autrefois les matières fécales, la voirie de Montfaucon avait pris un immense développement, et plusieurs hectares de terrain étaient transformés en vastes bassins, remplis du liquide fourni par la vidange des fosses d'aisances.

Ces bassins et les terrains avoisinants affectés à la dessiccation des matières pâteuses qui étaient extraites des bassins pour être transformées en poudrette, répandaient dans l'atmosphère des gaz infects, qui, portés par les vents à des distances considérables, rendaient très-insalubres certains quartiers de Paris et les communes voisines.

Cet état, devenu intolérable par suite de l'extension de la voirie, avait soulevé de vives réclamations, et depuis bien des années on demandait, avec de vives instances, la suppression d'un établissement si incommode et si insalubre. En 1823 Louis XVIII, voulant favoriser cette mesure de salubrité, avait cédé à la ville de Paris, sur les bords du canal de l'Ourcq, un vaste terrain destiné à remplacer la voirie de Montfaucon; on y fit des travaux d'appropriation, et dans la pensée que le transport pourrait se faire par le canal, on créa, à la petite Villette, un port destiné à l'embarquement des récipients. Cette pensée était naturelle en 1826 ; mais comme, par suite de la sévérité apportée par la police à la construction des fosses étanches, le volume des matières s'accroissait si rapidement qu'en vingt années il avait plus que quadruplé (en 1848 il était de 210,000 mètres cubes), on avait successivement reculé devant le transport par bateaux et par les chemins de fer. On ne savait quel parti prendre, quand M. Mary, ingénieur en chef des ponts et chaussées, professeur à l'Ecole Centrale, et chargé alors du service municipal, proposa de créer à la Villette un établissement clos, dans lequel entreraient les voitures de vidange, où les matières, renfermées dans des tonnes de 2 mètres cubes de capacité, seraient versées dans de vastes fosses, et d'où elles seraient envoyées à Bondy, au moyen de pompes qui les refouleraient dans un tuyau de conduite souterrain.

2668. Cet établissement créé de 1845 à 1848, et connu sous le nom de Dépotoir, a été mis en activité au printemps de cette dernière année et n'a pas cessé de fonctionner depuis cette époque. Deux conduites de $0^m 27$ de diamètre, en tôle revêtue de bitume intérieurement et extérieurement, établissent une communication souterraine entre le dépotoir et les bassins de la voirie de Bondy. Deux systèmes de pompes, destinées à se suppléer, mues par une machine à vapeur de 25 chevaux, dont on n'utilise que 12 chevaux, permettent de refouler en quelques heures, jusqu'à Bondy, à 10 kilomètres de distance, les matières liquides versées dans les fosses du dépotoir. Le volume de liquide lancé par les pompes est de 100 mètres cubes par heure. Arrivées à Bondy, ces matières sont employées à la fabrication des engrais et des sels ammoniacaux.

Les bâtiments du dépotoir se composent de neuf hangars couverts, adossés, dans chacun desquels peuvent entrer trois voitures ; au-dessous de chacun se trouvent trois fosses égales, garnies d'un large orifice à la partie supérieure ; les trois fosses d'une même rangée communiquent entre elles par de larges orifices percés à la partie inférieure, mais placés alternativement à droite et à gauche. Les voitures de vidange que l'on rencontre le soir dans Paris, arrivent à la Villette de minuit à huit heures du matin, s'arrêtent sous les hangars, et les tonneaux sont vidés par un sac de débardage qui laisse couler les matières dans les fosses sans qu'il en jaillisse rien au dehors. Ces matières se répandent dans les fosses, qui, comme nous l'avons dit, communiquent toutes entre elles, et dans leur trajet laissent déposer les matières solides qu'elles contiennent. Les tuyaux d'aspiration des pompes communiquent avec les trois fosses qui correspondent au dernier hangar.

2669. Lorsque les fosses ont été épuisées par l'action de la machine, elles doivent être nettoyées des résidus qui s'y sont amassés, et qui présentent une épaisseur de 0^m 10 environ. On facilite le départ en lâchant en haut du radier un courant d'eau vive qui agite et délaye les matières et permet d'en tirer encore une partie à la pompe. La dernière couche, composée principalement de gravois, doit être extraite au rabot, mise en baril, et remontée au treuil. C'est le travail des zingueurs, travail sale, pénible et dangereux. Malgré l'influence salutaire de l'eau vive, qui, rafraîchissant des produits fermentés, arrêtait le développement des gaz, l'opération restait un écueil pour les ouvriers, qui ne s'y aventuraient qu'avec précaution et en laissant les trappes ouvertes. Plusieurs fois cependant, un dégagement subit de gaz, ou un air infect et chaud amassé dans la fosse, surprit l'ouvrier et l'asphyxia. Ces accidents graves, heureusement, n'étaient pas fréquents, mais l'odeur était souvent détestable, surtout par l'abaissement de la pression atmosphérique. L'eau ne suffisant pas à l'assainissement des fosses, il fallait y introduire un courant d'air énergique.

La nécessité de la ventilation avait été prévue par M. Mary, et un ventilateur, mû par la machine à vapeur, avait été disposé pour enlever l'air des dernières fosses ; le renouvellement de l'air y était très-vif, mais ce mouvement n'existait pas dans toutes les autres. Cet appareil ayant été construit peu de temps avant que M. Mary eût quitté le service de la ville de Paris, cet habile ingénieur n'avait pas eu le temps de perfectionner l'effet de la machine en l'étendant à toutes les fosses.

2670. M. Mille, ingénieur des ponts et chaussées, chargé du service du dépotoir, a achevé l'œuvre de M. Mary. Voici sur cet achèvement les détails donnés dans un rapport par M. Mille.

« On se décida à ouvrir dans les reins des voûtes trois conduits de 0^m 39, sur lesquels se branchent des conduits secondaires de 0^m 31, lesquels se terminent par des bouches de 0^m 062, abordant chaque cellule. L'air descend par les trappes ouvertes, balaye complétement la cellule et s'échappe par les deux bouches qu'il va rencontrer à la paroi de chaque voûte. Les grands conduits aboutissent à la chambre du ventilateur, d'où les gaz sont refoulés dans une cheminée spéciale, adossée à la cheminée de la machine. Des vannes régulatrices à l'orifice de chaque ligne, des tiroirs au-devant de chaque bouche, permettent de répartir le travail du ventilateur, et de l'appliquer aux lignes et aux capacités dont le service veut un assainissement immédiat.

2671. « Ces dispositions ont complétement réussi ; et quoique les citernes reçoivent tout ce qu'il y a de plus infect à Paris, tout ce qui sort des hôpitaux, des casernes et des maisons pauvres, le service se fait avec une sécurité parfaite. Au moment où les ouvriers descendent, l'aération est vive et fraîche, comme sur un boulevard. Il n'y a plus de traces d'hydrogène sulfuré ou d'ammoniaque. Les objets d'or ou d'argent qu'on porte avec soi ne subissent pas la moindre altération, les yeux n'éprouvent pas le moindre picotement, enfin la température des citernes ne diffère pas de celle de l'air extérieur.

« La ventilation est si complète que nous n'avons pas hésité à éclairer les citernes par le gaz. Au centre de chaque profil est un bec d'Argant. Un fumivore emporte, vers la bouche d'aérage, les produits de la combustion. La flamme est vive et blanche. Le gaz a remplacé les chandelles, qui ajoutaient une infection de plus aux miasmes qui s'échappaient autrefois. Chaque cellule va posséder une bouche d'eau, un bec de gaz et deux bouches d'air. Ce système si simple a rendu le dépotoir l'une des usines de la Villette peut-être la moins insalubre. Toutes les plaintes élevées d'abord par les habitations voisines ont disparu. La santé des ouvriers est excellente ; leur moral est relevé par la puissance même des moyens de propreté et de salubrité mis à leur disposition.

« Quelques expériences peuvent expliquer l'énergie de la ventilation.

« En plaçant un anémomètre dans le courant, avant et après le ventilateur, on a trouvé :

« En avant, dans une section de $0^m 30$, une vitesse de $8^m 12$;

« A la sortie, dans une section de $0^m 17$, une vitesse de $12^m 39$.

« A ces deux nombres correspondent des débits, par seconde $2^m 44$ et $2^m 45$, chiffres qui prouvent des opérations concordantes. D'après le dernier nombre, le volume d'air extrait par heure du ventilateur est de 8100 mètres.

2672. « Pour faire la répartition et régler les orifices des tiroirs, on a d'abord tout ouvert, et mesuré ce qu'il passait d'air par chaque bouche de $0^m 062$. Les vitesses, dans les citernes n° 1, n° 5, n° 9, étaient $1^m 07$, $1^m 60$, $5^m 21$. On voit que l'action du ventilateur croissait rapidement à mesure que la distance des orifices d'appel devenait plus petite. Mais avec la faible vitesse de $1^m 07$, la citerne la plus éloignée débitait encore par ses deux bouches, d'une surface totale de $0^m 125$, un volume de $0^m 133$ par seconde, ou 480 mètres par heure ; et comme le volume de la citerne est d'environ 80 mètres, le renouvellement de ce volume aurait eu lieu 6 fois dans une heure ; mais la citerne d'aval dépensait par seconde $1^m 065$, ou par heure près de 2530 mètres, environ 30 fois son volume.

« Pour corriger l'excès d'appel dans la citerne la plus voisine du ventilateur, on y réduisit les bouches à $0^m 05$ de surface, et on gradua les ouvertures des tiroirs successifs, en augmentant très-peu les derniers numéros et beaucoup les premiers; la citerne n° 1, la plus éloignée, garda seule son orifice total de $0^m 12$. Avec cette disposition, on obtint sur ce dernier point une vitesse double aux bouches d'appel, le volume s'éleva par heure à près de 960 mètres. On était ainsi bien près d'avoir égalisé le tirage dans toutes les citernes. Nous n'avons pas poussé plus loin nos épreuves, parce qu'il nous suffisait d'avoir la certitude que l'on pouvait différencier à volonté le tirage sur tous les points; c'était le but du travail, et il nous semblait atteint.

2673. « Ces résultats d'assainissement, dans les conditions les plus défavorables, prouvent, si je ne me trompe, que la question de désinfection est une étude de mécanique bien plus qu'un problème de chimie. Les agents naturels, l'air et l'eau, sont certainement l'aide la plus efficace quand on ne cherche que la salubrité de la ville et de l'habitation. Ce n'est pas à dire que la chimie n'ait rien à faire en pareille matière; elle intervient aussitôt qu'il s'agit de livrer des engrais à l'agriculture, ou des produits ammoniacaux à l'industrie. Mais tant qu'on reste au point de vue de la police administrative, on n'a besoin que des deux plus simples agents de la nature; en mettant l'eau partout, en renouvelant l'air constamment, on doit dominer l'infection, parce que l'on parviendra toujours, soit à l'empêcher de se produire, soit à la noyer dans un courant qui l'emportera. »

La construction du dépotoir de la Villette a été un service réel rendu à la ville de Paris par M. Mary, service qui n'a peut-être pas été assez apprécié. C'est incontestablement un travail remarquable, car il y avait de grandes difficultés à vaincre, et le but à atteindre a été obtenu du premier coup.

Magnaneries.

2674. On désigne ainsi les ateliers dans lesquels on élève les vers à soie; je ne m'occuperai point des détails de cette opération, je renvoie pour cela aux ouvrages spéciaux sur cette matière et aux mémoires publiés par les sociétés d'agriculture; je ne parlerai que de la ventilation, l'une des conditions les plus importantes à remplir.

Une magnanerie est une vaste salle, dans laquelle sont placés des claies superposées, convenablement espacées, sur lesquelles les vers à soie se développent pendant une durée qui varie de 40 à 47 jours. M. Darcet et M. Robinet se sont occupés avec soin et talent de la disposition du chauffage et de la ventilation des magnaneries. Dans la disposition proposée par M. Darcet, les claies occupent toute la hauteur de la pièce, qui est divisée en trois étages par des planchers disposés seulement autour des claies, et ayant pour objet de faciliter le travail des ouvriers ; un calorifère placé au-dessous de la pièce, amène au niveau du plancher de la magnanerie, de l'air chaud qui pénètre par un grand nombre d'orifices placés au-dessous des claies ; l'air chaud s'élève ensuite jusqu'au plafond qu'il traverse par un grand nombre d'orifices aboutissant dans un grand canal qui débouche dans la cheminée du calorifère ; suivant la température extérieure et l'âge des vers, l'air est plus ou moins échauffé ; la ventilation peut être activée par l'appel d'un ventilateur placé dans les combles. Ce mode de ventilation a plusieurs graves inconvénients ; l'air chaud s'élève nécessairement par les chemins qui présentent le moins de résistance, et les claies supérieures ne reçoivent que de l'air déjà vicié par son passage à travers les claies inférieures, et si la magnanerie n'est pas divisée en plusieurs étages par des planchers qui obligent l'air à traverser les claies, l'air s'élèvera autour, et la ventilation, quoique très-puissante n'agira nullement entre les claies.

2675. Récemment, M. Aribert a employé un autre mode de ventilation qui paraît avoir donné de très-bons résultats ; cette nouvelle disposition, qu'il désigne sous le nom de ventilation renversée, consiste à faire arriver l'air chaud par un grand nombre d'orifices placés dans le plancher, l'air froid par des orifices placés dans le plafond, et à faire sortir l'air par des cheminées d'appel dont les orifices d'accès sont au niveau du plancher ; les orifices d'accès de l'air chaud et de l'air froid peuvent être réglés à volonté.

2676. Pour comprendre les effets produits par cette disposition, il faut examiner deux cas, 1° celui où la magnanerie est disposée d'après la méthode de M. Darcet, où elle a plusieurs étages de planchers qui occupent les intervalles entre les piles de claies, de manière que l'air dans son mouvement de haut en bas ou de bas en haut soit obligé de les traverser ; 2° celui où les espaces qui séparent les piles de claies sont libres de haut en bas. Dans le premier cas, quand la ventilation a lieu seulement par de l'air échauffé, il se produit deux courants dans lesquels l'air doit être plus vicié que quand il s'écoule par le haut, à moins cependant que la ventilation ne soit beaucoup plus grande ; quand la ventilation a lieu par de l'air froid marchant de haut en bas, l'air est nécessairement vicié dans sa marche comme quand l'air chaud s'écoule de bas en haut ; quand la ventilation a lieu à la fois par de l'air chaud et par de l'air froid, il y a des courants qui tendent à marcher en sens contraire, et on ne peut pas prévoir ce qui se passerait. Mais quand les espaces qui séparent les piles de claies sont libres ; si la ventilation a lieu seulement par l'air chaud, il s'élèvera entre les piles, et en descendant, il se répandra uniformément dans toute la section de la magnanerie, et la ventilation sera très-efficace ; elle le sera moins quand elle sera uniquement produite par de l'air froid marchant de haut en bas, parce que cet air s'écoulera presque uniquement dans les intervalles des piles ; enfin, si la ventilation avait lieu à la fois par de l'air chaud et de l'air froid ; elle serait probablement encore très-efficace parce que les deux courants descendants se propageraient partout.

2677. A mon avis, aucun de ces modes de ventilation, ne renouvelle sûrement l'air qui se trouve entre les claies, et on n'y parviendra qu'en faisant mouvoir l'air horizontalement, attendu que l'air éprouve trop de résistance à traverser les claies, qui en général sont couvertes de feuilles de mûrier. La disposition qui serait la plus convenable consisterait à diviser la magnanerie par des planchers occupant les espaces qui séparent les piles de claies, et à construire contre les murs latéraux, en face, deux cloisons distantes des murs de 0^m25 à 0^m30 formées de planches horizontales non jointives ; ces deux cloisons formeraient deux caisses communiquant l'une avec la chambre à air chaud, l'autre avec la cheminée d'appel partant du sol ; les ouvertures latérales étant disposées de manière à pouvoir être réglées afin de rendre la ventilation uniforme dans toute la hauteur, il n'y aurait d'autre inconvénient que l'altération de l'air en parcourant chaque rangée horizontale de claies ; mais elle serait faible, car les claies parcourues par le même air seraient seulement au nombre de trois ou quatre. Le calorifère devrait avoir peu de surface de chauffe, parce que la température de l'air de la magnanerie doit être compris entre 16 et 25°, que la température de l'air extérieur est toujours supérieure à 6° et que le volume d'air à introduire par heure est de 800 à 1000 mètres cubes pour 100 mètres carrés de claies. La cheminée d'appel devrait avoir un foyer spécial, attendu que la chaleur perdue du calorifère est très-variable et que l'appel doit être constant. Les calorifères à tuyaux horizontaux dont la construction est très-simple, qui sont peu susceptibles de réparation devraient être préférés aux autres ; les dimensions de la cheminée d'appel, et la consommation de combustible se déduiraient facilement de ce que nous avons dit précédemment en supposant que la vitesse effective soit réduite à 1/3 par les frottements. On a employé il y a quelques années des ventilateurs à force centrifuge pour produire la ventilation ; mais comme ces appareils étaient mus par des hommes, le prix du travail était à peu près le même que pour une cheminée ; mais leur effet devait toutefois être plus efficace et plus régulier.

CHAPITRE X.

VENTILATION DES MINES.

2678. La ventilation des mines est nécessaire pour fournir de l'air aux nombreux ouvriers qui travaillent dans les galeries, et en outre dans les mines de houille pour enlever, à mesure de son dégagement, le gaz hydrogène carboné qui se dégage des filons. Les moyens de ventilation sont de deux espèces : des cheminées dans lesquelles l'air est échauffé par un foyer, et des machines aspirantes de différente nature ; dans tous les cas, les travaux souterrains sont disposés de manière que l'air extérieur descend par un puits spécial jusqu'aux galeries les plus profondes, qu'il parcourt pour se rendre dans un autre puits qui communique avec l'atmosphère, dans lequel, ou à l'extrémité duquel, se trouvent placés les moyens d'aspiration. Presque toujours le courant d'air se divise en plusieurs parties qui parcourent simultanément les travaux des différents étages, et dans chacun d'eux les galeries ont des directions et des sections si variables, qu'il serait très-difficile de déterminer par le calcul a résistance que l'air doit éprouver pour les parcourir, d'autant plus que les galeries inférieures étant à une température constante, presque toujours supérieure à celle de l'atmosphère, le courant descendant, en s'échauffant, acquiert une force ascensionnelle variable qui s'ajoute aux résistances provenant du frottement et des changements de section et de direction. On ne peut cependant obtenir une estimation approchée du travail nécessaire à la ventilation, soit par le calcul, soit par la comparaison avec d'autres mines ventilées qui se trouvent dans des conditions analogues. Dans les mines qui ne produisent point de gaz impropre ou nuisible à la respiration, le volume d'air qui doit traverser les travaux doit être au moins de 10 mètres cubes par mineur et par héure ; pour les autres, et surtou pour les mines de houille, la ventilation doit être beaucoup plus considérable en raison du dégagement variable d'hydrogène carboné.

2679. Dans chaque cas particulier, on peut facilement déterminer l'effet utile du mode de ventilation. Supposons par exemple qu'on ait observé la diminution de pression intérieure à l'extrémité du puits de sortie de l'air, et qu'on connaisse le volume d'air appelé par seconde, le travail nécessaire à la ventilation sera ph, p étant le poids de l'air écoulé en une seconde, et h la hauteur d'air correspondant à la pression observée. Supposons ce travail estimé en chevaux-vapeur à raison de 4 kil. de charbon par heure ; l'appel ayant toujours lieu par une certaine consommation de combustible, ou dans une cheminée, ou par un générateur, en retranchant la consommation calculée, on aura la partie de combustible ou de travail résultant des transmissions de mouvement et de la machine elle-même.

Dans un ouvrage de la nature de celui-ci, je ne puis entrer dans les détails du mode de circulation de l'air, de la distribution de l'aérage, du volume d'air nécessaire ; je renvoie pour tous ces objets aux ouvrages spéciaux, au *Traité de l'aérage des mines,* de M. Combes, et au *Traité de l'exploitation des mines*, par M. Ponson. J'ai parlé dans le livre IV des différentes machines employées pour la ventilation en général, et des effets produits par des jets de vapeur ; je rapporterai seulement les résultats des expériences faites en 1844, avec beaucoup de soin, par M. Glépin, ingénieur des mines de houille du Grand-Hornu (Belgique), sur la ventilation directe par des foyers.

Cheminées d'appel élevées au-dessus du sol avec foyer latéral au bas de la cheminée.

2680. Dans le puits n° 11 de la mine du Grand-Hornu, le foyer d'aérage communique avec les puits d'appel par un canal de 10 mètres de longueur ; la cheminée a $41^m 74$ de hauteur et $1^m 20$ de section. Dans une première expérience, le volume d'air écoulé par seconde par la partie supérieure de la cheminée était de $1^m 88$ à 74° ; la température de l'air d'accès était de 13° 5 ; celle de l'air extérieur était de 3° ; le foyer brûlait par heure $29^k 7$ de houille *flenu* de qualité inférieure ; et dans le canal qui précédait la cheminée, l'excès de pression de l'atmosphère était de $0^m,012$ d'eau.

En admettant que la puissance calorifique de la houille employée soit de 6000, l'air a dû être élevé au bas de la cheminée à peu près à 100°, alors la température moyenne de l'air dans la cheminée était de $(100 + 74) : 2 = 87°$. En calculant la vitesse d'accès de l'air à 3° dans la cheminée d'appel au moyen de la formule

$$v = \sqrt{\frac{2gHa(t - \theta)}{1 + at}}$$

dans laquelle on a $H = 41^m 74$; $a = 0,00365$; $t = 87°$, $0 = 3°$; on trouve $v = 13,80$, et pour la charge en air à $13°$, $H a (t — 0) : (1 + a t) = 9^m 71$; et, en eau, $0^m 0126$, ce qui s'accorde très-bien avec l'expérience. Le travail effectif est alors $p h = 1,88. 1^k,023 = 1,88. 1^k 023 9,71 = 18^{km} 62$, ou, en chevaux-vapeur $18,62 : 75 = 0,24$. Mais la quantité de houille brûlée par heure étant de $29^k 71$, elle correspond à $7,42$ en chevaux-vapeur en comptant 4 kil. de houille par cheval ; ainsi l'effet utile est seulement $0,24 : 7,42 = 0,032$ du travail qui pourrait être produit avec la houille consommée. Une autre expérience, faite dans des circonstances différentes, a donné des résultats peu différents. Dans l'ouvrage de M. Glépin, on trouve les résultats obtenus dans d'autres expériences, mais on ne peut pas les comparer avec le calcul, parce que dans les unes il n'a pas donné la température au sommet de la cheminée, et que dans les autres le tirage était produit par la cheminée du générateur de la machine d'extraction.

Cheminées intérieures avec foyer à une grande profondeur.

2681. Dans la fosse n° 3 du Grand-Buisson à Hornu, le puits d'écoulement de l'air de ventilation est employé comme cheminée d'appel, et le foyer y verse de l'air chaud à une profondeur de 184^m. Le jour des expériences, la température extérieure était de $2°$; celle de l'air intérieur avant d'arriver dans le puits d'appel était de $15° 5$; celle de l'air sortant à l'extrémité du puits était de $30°$; son volume par seconde était de $6^m 48$, et son poids de $7^k 60$. La consommation de houille par heure était de $29^k 16$, qui correspondent à $7,29$ chevaux-vapeur à raison de 4^k par cheval. La section de l'orifice d'accès de l'air froid étant de 5 mètres, la vitesse d'accès était de $1^m 17$, qui correspond à une charge en air à $2°$, de $0^m 069$; alors le travail utile ph était de $7,64 0,069 = 0^{km} 527$; soit $0,527 : 75 = 0,007$ en cheval-vapeur. Pour obtenir le travail nécessaire pour effectuer la ventilation en ayant égard à toutes les résistances, il faudrait connaître la diminution de pression au bas de la cheminée avant l'introduction de l'air chauffé par le foyer ; cette dépression n'a pas été observée, mais on peut la déduire des dimensions de la cheminée et de la température moyenne de l'air dans les puits d'accès et de sortie. En admettant 7000 pour la puissance calorifique de la houille, on trouve facilement que l'air au bas de la cheminée devait être à $45° 18$; alors la température moyenne de l'air était sensiblement $(45,18 + 30) : 2$ ou $37°,6$; dans la cheminée descendante, on peut admettre qu'à la profondeur de 184 mètres, l'air avait pris la température 15°5 qu'il avait dans les galeries, et qu'il s'est échauffé uniformément ; alors la température moyenne dans ce puits était de $(15,5 + 2) : 2 = 8,75$, et comme les sinuosités des galeries sont sans influence sur le tirage, puisqu'elles renferment de l'air à une température constante, la charge en air à θ, température de l'air d'accès, sera

$$\frac{Ha(t - t')(1 + a\theta)}{(1 + at)(1 + at')}$$

expression qui, dans le cas dont il s'agit, a pour valeur 16,75 ; le travail nécessaire est égal à 7,64 16,75 $= 128^{km}$, ou, en cheval-vapeur, à 1,70. D'après cela le travail utile est égal à 0,007, le travail nécessaire à 1,70, et le travail qui pourrait être produit avec le combustible brûlé est égal à 7,29.

Dans la fosse n° 2 du Grand-Buisson, le foyer d'aérage est établi latéralement à une profondeur de 117 mètres, et les gaz provenant de la combustion viennent déboucher dans la cheminée d'appel par un canal incliné à une distance de 103 mètres de la surface. Le jour de l'expérience, le volume d'air sortant par la fosse d'extraction était de 5^{mc} 320 par seconde, à la température 33° ; l'air avant son mélange avec l'air échauffé était à 13° 25 ; la quantité de houille brûlée s'élevait à 23^{k} 33 par heure qui pouvaient chauffer l'air à la température de 43°. Ces observations sont insuffisantes pour qu'on puisse en déduire le travail utile et le travail nécessaire.

Dans la fosse n° 10 du Grand-Hornu, le foyer d'aérage est établi dans l'une des parois du puits à une profondeur de 178 mètres, à l'extrémité d'une petite galerie. Le jour de l'expérience, le volume d'air extrait était de 2^{m} 337 à 27° ; l'air extérieur était à 15° ; l'air avant son arrivée au foyer était à 16° 25 ; la quantité de houille brûlée par heure était de 29 kil. ; en admettant que la puissance calorifique de la houille brûlée soit seulement de 6000°, on trouve que l'air aurait dû être porté à 85°. Cette perte énorme de chaleur est attribuée par M. Glépin à l'humidité des parois des puits par les fuites d'eau. On ne peut encore rien déduire de ces observations.

2682. Pour déterminer le travail utile dû à la combustion, on a construit un foyer au bas de la fosse n° 5 du Grand-Hornu, et on a déterminé la charge correspondante à l'écoulement en remplaçant le foyer par un ventilateur de M. Combes produisant le même effet, en mesurant la dépression que produisait l'appel. Le jour de l'expérience, le foyer était placé latéralement au puits d'extraction à la profondeur de 207 mètres. Dans une première expérience, le volume d'air extrait par seconde était de $3^m 99$ à $25° 75$; l'air avant son arrivée au foyer était à $19°$; la consommation de combustible était de $16^k 15$ par heure ; en admettant 7000 pour la puissance calorifique de la houille, l'air aurait été échauffé de $26°$ au lieu de $6° 75$; la dépression produite par le ventilateur produisant le même appel était de $0^m 013$ en eau à $18°$. Cette pression estimée en air à $15°$, et sous la pression de $0^m 757$, est de $10^m 57$; alors le travail dépensé est de $3,99 \times 1,187 \times 10,57 = 50^{km}$, et en cheval vapeur $50 : 75 = 0,66$. Or, le travail qui pourrait être produit par le combustible consommé étant de 4 chevaux, le rapport du premier nombre au dernier est de 0,165.

CHAPITRE XI.

CHAUFFAGE DES SERRES.

2683. Les serres destinées à la culture des plantes qui ne peuvent pas supporter la température de l'hiver dans nos climats, ou qui doivent être maintenues constamment à une température supérieure à celle de l'atmosphère, sont toujours closes par de grands vitrages, tantôt à surfaces planes, tantôt à surfaces courbes, qui laissent pénétrer la chaleur solaire, et dans l'intérieur desquels on maintient une certaine température, presque toujours par des tuyaux à eau chaude. L'appareil connu vulgairement sous le nom de *thermosyphon*, se compose d'une chaudière généralement en cuivre rouge à fond concave au-dessous duquel se trouve placé le foyer dont la porte est à l'extérieur de la serre. La fumée, après avoir circulé au-dessous, revient assez souvent en avant par un tube intérieur d'où elle aboutit à la cheminée. Les tuyaux d'eau chaude sont généralement en cuivre rouge, parce que ce métal se prête mieux à la confection des divers coudes qu'on est obligé de faire.

La température de l'eau doit être maintenue entre 80 et 90°. Il faut éviter l'ébullition qui produit inutilement de la vapeur, et qui, en diminuant la quantité d'eau renfermée dans la chaudière, expose celle-ci à être brûlée, d'autant mieux que ces appareils sont généralement confiés à des jardiniers souvent fort ignorants sur les soins et les précautions à prendre. Pour obvier à ces inconvénients, on peut employer un appareil fort simple qui empêche d'un côté une ébullition trop vive, et de l'autre le fonctionnement de la chaudière quand elle ne renferme pas assez d'eau. Cet appareil se compose d'un flotteur, plongé dans l'eau d'un tuyau vertical, communiquant avec la chaudière. Ce flotteur est attaché à une chaîne qui, après avoir passé sur une poulie, se termine par un contre-poids. Lorsque l'ébullition se produit trop vivement, l'eau, en montant dans le tuyau vertical, fait monter le flotteur et descendre le contre-poids qui appuie alors sur la clef d'un registre placé dans la cheminée et le ferme plus ou moins, de sorte que la combustion diminue. Quand il n'y a pas assez d'eau dans la chaudière, la chaîne du flotteur agit directement sur le registre de la cheminée et le ferme de manière à empêcher la combustion. Ce petit appareil est destiné à rendre des services.

2684. En 1837, M. Rohault fils a construit les magnifiques serres du Jardin des Plantes ; j'en donnerai une description succincte extraite du bel ouvrage qu'il a publié sur les constructions du Muséum d'histoire naturelle.

« Les serres dominent une longue terrasse coupée dans son milieu par une pente douce, et se composent de deux grands pavillons de 20 mètres de longueur, 12 mètres de largeur et 15 mètres de hauteur, et de galeries à deux étages présentant ensemble un développement de 170 mètres. Chacun des pavillons est vitré sur trois côtés et sur le comble. Le milieu du pavillon de l'ouest est creusé à 2 mètres de profondeur pour recevoir les caisses des plantes dont le pied est au niveau du sol des allées intérieures. Ce pavillon renferme les palmiers et les plantes tropicales qui exigent le plus de chaleur : la température ne doit jamais descendre au-dessous de 15°. Une bâche au-dessus du sol a été disposée près du mur du fond pour recevoir les plantes grimpantes qui s'élèvent le long d'un grillage en fer. A la moitié de la hauteur de ce mur, un balcon règne dans toute la longueur. Les galeries à deux étages sont adossées à un mur qui les préserve des vents du nord. Des orifices d'accès de l'air extérieur sont ménagés près du sol de la galerie inférieure. Les galeries du rez-de-chaussée sont divisées en cinq parties, celle du premier étage en trois parties par des cloisons de verre qui permettent de classer les plantes d'après le degré de chaleur et d'humidité qui leur convient. Quelques divisions contiennent des bâches au-dessus du sol, d'autres des bâches enterrées, d'autres des gradins en fer qui rapprochent les planches des vitrages. Des bassins sont disposés dans chacune de ces divisions, et de petits tuyaux percés de trous capillaires y versent une pluie artificielle.

2685. « Il fallait chauffer également dans toutes les parties les deux grands pavillons et les deux rangées de serres à châssis courbes, contenant ensemble un volume d'air de 9000 mètres cubes, et dont les parois en verre n'offraient qu'un très-faible obstacle à la répartition de la chaleur. La température d'un des pavillons et celle des serres courbes devait être en tous temps, et quelle que fût celle du dehors, à plus de 15°. L'autre pavillon, destiné à une serre tempérée, n'exigeait que 5°.

2686. « Plusieurs moyens se présentaient pour obtenir ces résultats : la circulation de la fumée, comme dans toutes les anciennes serres ; la circulation de l'eau chaude, comme dans la plupart des serres anglaises ; la vapeur, comme dans la grande serre de Loddiges près de Londres, et enfin l'air chaud émis par des calorifères, moyen puissant qui est employé à la Chambre des députés. Nous avions eu d'abord l'idée d'employer l'eau chaude mise en circulation ; mais on craignit que les grandes distances qu'elle aurait à parcourir ne ralentissent le service. Les serres du Muséum ne pouvant, quant aux dimensions, être comparées qu'à celles de Loddiges, qui cependant sont moins grandes, on jugea plus prudent d'adopter le système qui y réussit depuis dix-huit ans. La vapeur a donc été employée pour le chauffage permanent, et l'air chaud pour un chauffage supplémentaire, qui ne doit agir que dans les grands froids, parce qu'à cette époque il est important de renouveler l'air sans ouvrir aucun des châssis extérieurs.

« Trois calorifères et deux chaudières à vapeur servent à la production de la chaleur. Les calorifères sont disposés dans une cave qui est située derrière le pavillon de l'ouest. L'air arrive froid près du sol, s'échauffe en parcourant des tuyaux de fonte enveloppés par la flamme du foyer, s'élève dans la partie supérieure de la cave et arrive abondamment dans les serres près des vitrages à une température d'environ 50°. Le courant d'air chaud est déterminé par un appel qui est produit par les foyers et les cheminées des fourneaux. L'air, avant d'entrer dans les serres, passe au-desssus d'un bassin d'eau chaude, dont il se sature, et n'a pas ainsi les inconvénients du chauffage par les poêles qui dessèchent les plantes en échauffant l'air sans le renouveler.

2687. « Les deux chaudières sont placées au rez-de-chaussée, au-dessus des calorifères. La vapeur est conduite par des tuyaux en cuivre dans des chauffeurs en fonte disposés de manière à porter la température de chacune des serres au degré qui leur convient. Les pentes des tuyaux ont été calculées pour ramener à la chaudière l'eau de condensation, sans nuire à la circulation de la vapeur, et les effets de la dilatation ont été corrigés par des appareils simples, qui facilitent le mouvement des tuyaux supportés dans leur longueur par des galets mobiles.

« Dans le grand pavillon de l'ouest, quatre tuyaux de 0ᵐ10 de diamètre, disposés sous un chemin en fonte près du vitrage au midi, et seize autres semblables le long des parois de la bâche du milieu, servent de condensateurs, et développent tout le calorique nécessaire à un vaisseau d'un volume de 3000 mètres cubes qui est placé dans les circonstances les plus défavorables pour la conservation de la chaleur. Les galeries des serres à châssis courbes du rez-de-chaussée sont chauffées par quatre tuyaux de fonte, et celles du premier étage par deux tuyaux seulement ; les besoins du service ayant exigé que la température de celle-ci fût moins élevée, et l'équilibre de température pouvant d'ailleurs être facilement établi en ouvrant les communications pratiquées entre les deux étages.

2688. « Ce chauffage a eu un plein succès, et l'on est parvenu à maintenir le thermomètre à 33° au-dessus de la température extérieure, ce qui est plus que suffisant pour garantir les plantes des froids les plus rigoureux. Nous avons cherché à imiter autant que possible les modifications que la nature apporte aux climats, en ajoutant à ces moyens de chauffage un appareil destiné à produire une pluie artificielle, et un système de rideaux mobiles qui servent à garantir les plantes des coups de soleil, que l'interposition des verres rend souvent nuisible. Les appareils pour le chauffage ont été exécutés par M. Talabot. »

CONDITIONS QUI ME PARAISSENT NÉCESSAIRES AU PROGRÈS DU CHAUFFAGE ET
DE L'ASSAINISSEMENT DES GRANDS ÉTABLISSEMENTS PUBLICS.

De grands progrès ont été faits récemment dans les appareils destinés
au chauffage et à la ventilation des établissements publics, mais on est
loin d'affirmer qu'il ne reste plus rien à faire. J'ai pensé qu'il ne serait
pas sans utilité de dire mon opinion sur les mesures qui me paraissent
les plus propres à accélérer ces progrès. Je ne parlerai que des grands
établissements.

1° La première condition consiste dans un concours public, avec
des juges compétents et désintéressés, comme cela a eu lieu pour tous
les concours qui ont été établis en France. Par suite, suppression des
concessions faites par faveur à des entrepreneurs privilégiés.

2° Publication des délibérations du jury, comme cela a eu lieu pour
la prison Mazas.

3° Respect par l'autorité des décisions du jury, parce qu'on ne peut
pas admettre qu'une seule personne, ou une réunion de personnes,
souvent étrangères à la question, soit établie comme juge d'une décision
prise à la suite d'études sérieuses, faites par un jury dont chaque
membre devient responsable de son opinion par la publicité.

4° Publication dans les recueils industriels des dessins des appareils
et des expériences faites par la commission de réception. Les véritables
ingénieurs ne pourraient que gagner à ces publications, car il n'y a
point de secrets dans les appareils de chauffage et de ventilation ; les
expériences faites profiteraient à tout le monde ; et les inventions de
chacun, protégées par des brevets, ne courraient aucun risque.

Quant aux conditions imposées dans les programmes, elles seraient
relatives à la température, à la pureté de l'air, au volume total de la
ventilation directe, à la répartition uniforme de la ventilation, dans la
direction convenable pour qu'elle soit efficace, à des indicateurs permanents de la ventilation visibles pour tout le monde, et à des appareils
enregistrant continuellement la ventilation en été aussi bien qu'en
hiver.

Ces conditions feraient faire, sans aucun doute, des progrès rapides à l'industrie dont il s'agit, qui est si importante pour l'humanité. Elles auraient surtout le grand avantage d'éloigner les fumistes qui par leur ignorance ont si souvent compromis l'état sanitaire des établissements qui leur ont été confiés. Les phénomènes qui se produisent dans le chauffage et la ventilation des grands établissements publics sont très-compliqués, ne peuvent être compris que par des hommes instruits et expérimentés, et ne sont pas du ressort des poêliers fumistes ; il est temps que la construction de ces appareils sorte complétement de leurs mains ; les preuves de leur insuffisance ont coûté assez cher.

NOTE PREMIÈRE.

EXPÉRIENCES SUR L'ÉCOULEMENT DES GAZ.

1. Toutes ces expériences ont été faites au moyen du gazomètre décrit au n° 239 du texte. Je les rapporterai suivant l'ordre qui a été suivi dans le livre II; mais avant je dois dire que, dans toutes ces recherches, j'ai été très-bien secondé par M. Daniel, répétiteur du cours de physique générale, à l'École centrale.

§ I. — ÉCOULEMENT PAR DES ORIFICES EN MINCE PAROI.

2. Pour observer la vitesse d'écoulement à travers des orifices en mince paroi, j'ai employé six plaques de cuivre percées d'orifices à bords tranchants, dont les diamètres ont varié de 2 à 12 millimètres, et trois plaques percées, la première d'un orifice carré, les deux autres d'un orifice rectangulaire plus ou moins allongé. En désignant par V la vitesse due à la charge, par v celle qui résulte du volume Q de gaz écoulé pendant le temps θ, par S la section de l'orifice, et enfin par φ le coefficient de contraction, on a évidemment :

$$v = \frac{Q}{S \times \theta} \quad ; \text{ et } \quad \varphi = \frac{v}{V}.$$

3. *Orifices circulaires.* — Je rapporterai d'abord les deux séries d'expériences faites avec les plaques percées d'orifices circulaires. Ces plaques avaient à peu près 2 millimètres d'épaisseur, mais elles étaient amincies autour des orifices, de manière que les bords n'avaient pas d'épaisseur sensible; les faces des plaques réduites d'épaisseur vers le centre ont toujours été tournées en dehors.

Diamètres.	0^m00212	$0^m004133$	0^m00589	$0^m007915$	0^m01029	0^m01128
Surfaces...	$0^{mq}0000353$	$0^{mq}000013417$	$0^{mq}00002734$	$0^{mq}00005042$	$0^{mq}000083$	$0^{mq}0001128$

EXCÈS DE PRESSION $0^m\,042$ EN EAU.

Valeurs de V...	25^m56	25^m76	25^m65	25^m65	25^m65	25^m81
Valeurs de θ...	$2516''$	$650''$	$317''$	$178''$	$106''5$	$80''$
Valeurs de v...	16^m72	17^m03	17^m13	17^m19	16^m87	16^m45
Valeurs de φ...	0,654	0,661	0,667	0,660	0,657	0,637

Valeur moyenne de $\varphi = 0{,}656$

EXCÈS DE PRESSION $0^m\,0565$ EN EAU.

Valeurs de V...	29^m08	29^m78	29^m01	29^m01	29^m01	29^m01
Valeurs de θ...	$2188''$	$547''$	$277''$	$154''$	$92''$	$68''$
Valeurs de v...	19^m24	20^m24	19^m60	19^m87	19^m45	19^m36
Valeurs de φ...	0,661	0,679	0,655	0,654	0,65	0,647

Valeur moyenne de $\varphi = 0{,}657$.

4. *Orifices rectangulaires.* — Les orifices rectangulaires employés avaient les dimensions suivantes : le premier était un carré de $0^m009878$ de côté ; le second était un rectangle de 0^m0202 sur 0^m0052 ; et le dernier un rectangle de 0^m0401 sur 0^m0026. Dans les expériences faites sur ces trois orifices, l'excès de pression en eau a été de 0^m042, et la vitesse due à la charge, de 25^m52.

Surfaces des orifices..	$0^{mq}00009679$	$0^{mq}00010504$	$0^{mq}00010426$
Valeurs de v.........	16^m67	15^m97	16^m56
Valeurs de φ.........	0,653	0,625	0,6488

Valeur moyenne de $\varphi = 0{,}642$.

5. Il résulte de ces expériences que le coefficient de correction, pour des orifices en mince paroi et pour de faibles pressions, est très-voisin de 0,65, et qu'il est sensiblement le même pour des orifices circulaires et rectangulaires, quel que soit le rayon du cercle et le rapport des côtés. La valeur du coefficient de correction résultant de ces nouvelles expériences est exactement celui qui a été trouvé par Daubuisson (*Traité d'hydraulique*).

6. D'après tous les soins que j'avais employés, j'espérais obtenir des résultats plus concordants, du moins pour les mêmes orifices. J'ai vainement cherché la cause de ces écarts dans les différentes circonstances des expériences. Je regarde comme probable qu'ils proviennent de vibrations insensibles à nos organes ; car lorsque l'écoulement des gaz est accompagné de sons perceptibles, la vitesse d'écoulement est augmentée dans une très-grande proportion.

7. Le coefficient moyen 0,65 qui résulte de l'ensemble de toutes les expériences, est certainement exact à un ou deux centièmes près ; ce degré d'approximation est rarement dépassé dans les expériences.

8. Pour l'écoulement des liquides, on admet que, sous la même surface, la forme de l'orifice est sans influence, pourvu qu'il ne présente pas d'angle rentrant ; mais pour chaque surface d'orifice, le coefficient de contraction varie avec la charge et la surface de la section. D'après les expériences de M. Poncelet et Lesbros, pour des orifices rectangulaires de 0^m 20 de base et dont les hauteurs étaient :

0^m 20	0^m 10	0^m 05	0^m 03	0^m 02	0^m 01

Et pour des charges qui ont augmenté progressivement de :

0^m 12 à 3^m	0^m 06 à 3^m	0^m 04 à 3^m	0^m 03 à 3^m	0^m 02 à 3^m	0^m 01 à 3^m

les coefficients de contraction ont varié de :

0,57 à 0,60	0,59 à 0,60	0,61 à 0,60	0,64 à 0,61	0,66 à 0,61	0,71 à 0,61 .

9. *Influence d'une surface intérieure parallèle au plan de l'orifice.* — Dans les expériences que j'ai rapportées, l'air arrivait au plan de l'orifice avec une vitesse insensible, et la face opposée était très-éloignée. Pour observer l'influence d'une face parallèle au plan de l'orifice, j'ai employé une boîte rectangulaire ; une plaque percée d'un orifice à mince paroi de 0^m 00589 de diamètre a été placée sur un large orifice d'une des faces latérales, et on a mis ensuite dans l'intérieur de la boîte une plaque pleine, parallèle au plan de l'orifice, à des distances successives de 0^m 09, 0^m 06, 0^m 03, 0^m 01. Les temps de l'écoulement d'un même volume d'air (0^{mc} 1485) n'ont varié que de 345″ à 344″ ; ainsi l'influence du rapprochement plus ou moins considérable d'une plaque parallèle au plan de l'orifice est nulle, du moins, d'après les expériences, tant que cette distance excède 0^m 01 pour un orifice de 0^m 006.

10. *Influence des surfaces extérieures perpendiculaires au plan de l'orifice.* — Pour observer cette influence, j'ai employé une plaque percée d'un orifice carré d'environ 0^m 01 de côté, et j'ai observé la durée de l'écoulement du même volume d'air dans les mêmes circonstances : 1° lorsque l'orifice était libre ; 2° quand une plaque de fer-blanc carrée de 0^m 10 de côté était fixée sur un des côtés perpendiculairement au plan de l'ouverture ; 3° quand les bords de l'ouverture étaient garnis de deux plaques parallèles ; 4° quand trois côtés étaient garnis de la même manière : les plaques étaient maintenues par de la cire. Les temps observés ont été :

93″	91″	88″	83″

Les coefficients de correction sont alors :

0,65	0,664	0,687	0,728 .

Ainsi la vitesse augmente ou la contraction diminue avec le nombre des plaques. Les variations seraient certainement plus grandes sans les frottements qui vont en croissant dans ces quatre expériences.

Ces expériences ont été répétées sur un orifice rectangulaire de $0^m 0052$ sur $0^m 0202$, c'est-à-dire dont un des côtés était à peu près le quart de l'autre ; mais on n'a observé que l'influence d'une plaque et celle de deux plaques parallèles. Les durées des écoulements ont été de :

$$90'' \qquad 86'' \qquad 84''$$

Et par conséquent les coefficients de correction sont :

$$0,65 \qquad 0,680 \qquad 0,700$$

11. J'ai ensuite employé un orifice rectangulaire de $0^m 0026$ sur $0^m 0401$, dont un des côtés était par conséquent 20 fois plus grand que l'autre. Les temps des écoulements, pour l'orifice libre et l'orifice garni d'une ou de deux plaques parallèles, ont été de :

$$85'' \qquad 85'' \qquad 84''$$

Et par conséquent les coefficients de correction ont été de :

$$0,65 \qquad 0,673 \qquad 0,680$$

Dans ce dernier cas surtout, le frottement devait être considérable, et les variations du coefficient de correction auraient été certainement beaucoup plus grandes sans cette influence.

12. Enfin j'ai employé un très-petit orifice rectangulaire ayant $0^m 0026$ de haut sur $0^m 00315$ de large, les durées des écoulements ont été de :

$$1081'' \qquad 1046'' \qquad 1004''$$

La vitesse due à la charge était de $25^m 70$; et dans l'orifice libre et garni successivement de une et de deux plaques, elle a été de :

$$16^m 70 \qquad 17^m 24 \qquad 17^m 979$$

Par suite les valeurs de φ étaient :

$$0,65 \qquad 0,671 \qquad 0,70$$

J'avais pensé que si les plaques étaient évasées extérieurement, elles auraient une plus grande influence ; mais cette prévision ne s'est pas réalisée, les vitesses sont restées les mêmes.

13. *Influence de la nature de la surface sur laquelle l'orifice est pratiqué.* — L'air arrivant vers l'orifice dans toutes les directions, on pou-

vait supposer que le frottement contre la surface de la plaque pouvait avoir de l'influence sur le coefficient de contraction, et qu'il pouvait varier avec la nature de cette surface. Pour vérifier cette conjecture, j'ai fait écouler le même volume d'air exactement dans les mêmes circonstances à travers un orifice d'environ 6 millimètres de diamètre, la face intérieure étant recouverte de différentes matières. Voici les résultats de ces expériences :

Surface de cuivre bien dégraissée.................. $\theta = 627''$
Surface couverte de papier sec.................... $\theta = 626''$
Surface couverte de papier mouillé............. ... $\theta = 626''$
Surface couverte de papier saupoudré de sable fin.... $\theta = 625''$
Surface métallique graissée .... $\theta = 626''$
Surface bien dégraissée............ .... $\theta = 627''$

Ainsi l'influence de la nature de la surface est sûrement très-faible, et très-probablement nulle ; il résulte de là, ou que l'influence du frottement est très-peu sensible, ou que, cette influence étant appréciable, toutes les matières employées agissent de la même manière.

14. *Orifice à mince paroi placé à l'extrémité d'un tuyau dont le diamètre est comparable à celui de l'orifice.* — Dans les expériences que nous avons rapportées précédemment, l'orifice était établi à l'extrémité d'un tuyau cylindrique ; mais comme le diamètre de ce tuyau était très-grand relativement à celui de l'orifice, la vitesse de l'air dans le cylindre était très-petite et par conséquent sans influence. Mais s'il n'en était pas ainsi (*fig.* 1), le coefficient de contraction irait nécessairement en augmentant à mesure que le diamètre du tuyau se rapprocherait de celui de l'orifice, attendu que lorsque ces diamètres deviennent égaux, le coefficient en question devient évidemment égal à l'unité.

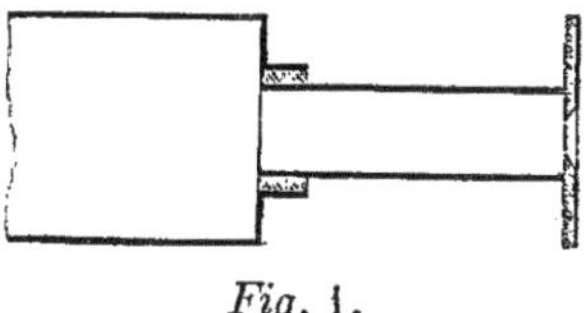

Fig. 1.

Pour déterminer la valeur du coefficient de correction en fonction du rapport du diamètre du tube à celui de l'orifice, j'ai fait un grand nombre d'expériences ; mais pour en déduire la valeur, il faut supprimer du résultat de l'expérience l'influence du frottement dans le tube. On y parvient facilement par les considérations suivantes :

15. Nous avons vu (251, 301) que quand un gaz s'écoule par un orifice en mince paroi ou par un ajutage, la perte de charge P — p est égale à $p\left(\dfrac{1}{\varphi^2} - 1\right)$, φ représentant le coefficient de correction de la vitesse.

Or, quand un gaz s'écoule par un orifice en mince paroi placé à l'extrémité d'un tube, la perte totale de charge se compose de celles qui ont lieu avant l'orifice et de celle qui résulte de la contraction ; toutes ces pertes de charge sont proportionnelles au carré de la vitesse; nous aurons donc, en désignant ces pertes de charge par R :

$$P - p = Rp + p \left(\frac{1}{\varphi^2} - 1 \right).$$

Il résulte de là que, si on fait écouler un gaz par un tuyau libre, d'une section s, sous une charge P, en observant la dépense Q par seconde, la vitesse d'écoulement v' sera égale à $\frac{Q}{s}$; la charge p' correspondante sera $\frac{v'^2}{2g}$, et on aura :

$$P - p' = Rp' \quad ; \text{ d'où } \quad P = p'(R + 1);$$

et

$$R = \frac{P}{p'} - 1 = \frac{V^2}{v'^2} - 1,$$

V étant la vitesse due à la charge P. Supposons maintenant qu'on observe la vitesse d'écoulement v'', quand l'extrémité du tube est fermée par une plaque percée d'un orifice en mince paroi, bien entendu dans les mêmes circonstances, afin que R reste constant; la charge p'' correspondante à la vitesse aura pour valeur $v''^2 : 2g$, et comme la vitesse du gaz dans le tuyau sera égale à la vitesse de sortie multipliée par le rapport inverse des sections, en désignant par D et d les diamètres du tuyau et de l'orifice, on aura :

$$P - p'' = R \frac{d^4}{D^4} p'' + \left(\frac{1}{\varphi^2} - 1 \right) p'';$$

ou

$$\frac{P}{p''} - R \frac{d^4}{D^4} = \frac{1}{\varphi^2};$$

ou

$$\varphi^2 \left\{ \frac{V^2}{v''^2} - R \frac{d^4}{D^4} \right\} = 1.$$

16. On arriverait à la même formule en n'ayant pas égard à la perte de charge par l'orifice, mais en considérant sa section comme égale à $s\varphi$; alors la vitesse observée v'' devrait être divisée par φ, parce qu'on l'observe en divisant le volume dépensé par la section réelle ; on aurait en ce cas :

$$P - \frac{p''}{\varphi^2} = R \frac{d^4 \varphi^2}{D^4} \frac{p''}{\varphi^2} \quad ; \text{ d'où } \quad \varphi^2 \left\{ \frac{P}{p''} - R \frac{d^4}{D^4} \right\} = 1.$$

17. J'ai fait un très-grand nombre d'expériences pour déterminer la valeur de φ. J'ai d'abord pris des tubes de 0^m 01, 0^m 02, 0^m 03, 0^m 04, 0^m 05, à l'extrémité desquels j'ai fixé des plaques ayant des

orifices compris entre 3 et 12 millimètres ; je ne pouvais pas employer des orifices plus grands, parce que la vitesse d'écoulement aurait été trop forte ; alors, pour employer de plus grands orifices, je me suis servi d'un tube de $0^m 01$ de diamètre suivi d'un tube d'un plus grand diamètre, de $0^m 50$ de longueur, à l'extrémité duquel se trouvait une plaque percée d'un orifice qui a pu être porté jusqu'à $0^m 012$.

18. Je rapporterai une des séries d'expériences faites avec un seul tube, celui de $0^m 01$.

Valeurs de V ..	25,49	25,59	25,59	25,59	25.59
Valeurs de θ...	103″	167″	317″	635″	2598″
Valeurs de d...	0,01	0,00212	0,0042	0,005938	0,00786
Valeurs de s...	0,00007853	0,00000353	0,00001385	0,00002767	0,00001852
Valeurs de v...	18,36	16,188	16,88	16,93	18,32

La valeur de R est de 0,942, et celles de φ :

»	0,632	0,604	0,678	0,793

19. D'après ces expériences, la valeur de φ serait un peu plus faible pour le petit orifice que dans les expériences faites sur des orifices placés dans de grands tuyaux : elle croîtrait ensuite suivant une loi assez compliquée, à mesure que le diamètre de l'orifice se rapprocherait de celui du tube. Toutes les autres expériences faites sur un seul tuyau donnant les mêmes résultats, j'ai cherché, en construisant une courbe d'après les résultats moyens de ces expériences, quelles sont les valeurs approchées de φ pour les différents rapports des diamètres de l'orifice et du tuyau. J'ai trouvé de cette manière que pour les rapports

0,1	0,2	0,3	0,4	0,5	0,6	0,7	0,8	0,9

les valeurs de φ sont :

0,65	0,62	0,64	0,66	0,67	0,68	0,74	0,80	0,87.

Ainsi de 0,1 à 0,2 il y a une diminution ; ce fait m'a paru fort singulier ; mais toutes les expériences le confirment. Il est probable que dans les écoulements dont il est question, deux causes tendent à modifier la valeur de φ. La diminution du diamètre qui tend à l'augmenter et un remou qui se produit autour de l'orifice et qui tend à le diminuer.

20. Pour vérifier ces résultats sur des tuyaux d'un plus grand diamètre, j'ai employé un tube d'un centimètre de diamètre, communiquant avec un autre de $0^m 02$, $0^m 03$, $0^m 04$, $0^m 05$ de diamètre, terminé par des orifices à minces parois. Je ne pouvais pas faire arriver directe-

ment l'air dans ces derniers tuyaux, parce que, pour les grands ori-

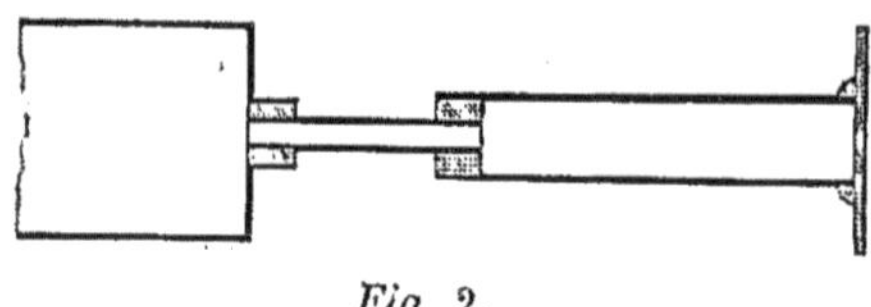

Fig. 2.

fices, la vitesse d'écoulement aurait été trop grande, et une erreur d'une seconde pour la durée de l'écoulement aurait eu une trop grande influence sur la valeur de φ.

21. Dans les expériences faites avec deux tuyaux (*fig.* 2), les calculs sont un peu plus compliqués que pour un seul, parce qu'il faut tenir compte de toutes les résistances qui se composent du frottement dans les deux tuyaux, de la contraction à l'entrée du premier et d'une détente à la sortie du second, et enfin de la perte de charge provenant de la variation de sections. On a en général

$$P - p'' = \frac{KL}{D} p + \frac{KL'}{D'} p' + p - p' + Rp;$$

$$p = p'' \frac{d^4}{D^4} \varphi^2 \quad ; \quad p' = p'' \frac{d^4}{D'^4} \varphi^2;$$

d'où

$$\varphi^2 \left\{ \frac{V^2}{v''^2} - \frac{d^4}{D^4}\left(\frac{KL}{D} - 1\right) - \frac{d^4}{D'^4}\left(\frac{KL'}{D'} - 1\right) - R\frac{d^4}{D'^4} \right\} = 1.$$

Les deux premiers termes du second membre de la première équation représentent les pertes de charge par le frottement dans les deux tuyaux, K, le nombre 0,024; L, L' les longueurs des deux tuyaux, qui dans toutes les expériences ont été de $0^m 20$ et $0^m 50$; D et D' les diamètres du premier et du second tuyau; p, p', p'', les charges correspondantes aux vitesses dans le premier tuyau, le second et dans l'orifice, et R la résistance provenant des contractions et des dilatations à l'entrée et à la sortie du premier tuyau.

En faisant une première expérience quand le second tuyau est entièrement libre, $\varphi = 1$, $d = D'$, et on a

$$\frac{V^2}{v^2} - \frac{D'^4}{D^4}\left(\frac{KL}{D} - 1\right) - \left(\frac{KL'}{D'} - 1\right) - R = 1.$$

Équation d'où l'on déduit la valeur de R, qui reste évidemment la même quand les deux tuyaux ne changent pas.

22. Je rapporterai toutes les données du calcul relatif à une des séries d'expériences. Le premier tuyau avait $0^m 01$ de diamètre et $0^m 20$ de longueur, le second $0^m 02$ de diamètre sur $0^m 50$ de longueur; les valeurs

de KL : D et de KL' : D' étaient alors 0,4636 et 0,575, et la formule générale devenait

$$\varphi^2 \left\{ \frac{V^2}{v''^2} - \frac{d^4}{D^4}\, 1,46 + \frac{d^4}{D'^4}\, 0,425 - \frac{d^4}{D^4}\, R \right\} = 1.$$

Pour le tube tout ouvert, on avait $V = 25^m,84$; $v = 4^m 636$, et $\varphi = 1$, par suite $R = 0,493$, et la dernière formule devenait

$$\varphi^2 \left\{ \frac{V^2}{v''^2} - \frac{d^4}{D^4}\, 1,955 + \frac{d^4}{D'^4}\, 0,425 \right\} = 1.$$

Les plaques employées étaient celles qui avaient servi dans les expériences relatives à des tuyaux d'un grand diamètre, et dont nous avons donné les diamètres et les surfaces des orifices. $V = 25^m 81$.

Valeurs de θ..	2607″	672″	337″	201″	139″	120″
Vitesses......	$16^m 136$	$15^m 955$	$15^m 914$	$15^m 226$	$12^m 871$	$10^m 97$
Valeurs de $\dfrac{V^2}{v''^2}$	2,56	2,623	2,636	2,880	4,031	5,548
Valeurs de $\dfrac{d^4}{D^4}$	0,002019	0,03112	0,12432	0,37168	1,02256	2,4656
Valeurs de $\dfrac{d^4}{D'^4}$	0,0001256	0,001315	0,0077	0,02323	0,06391	0,1291

En substituant ces nombres dans la formule on trouve pour les six orifices les valeurs de φ suivantes :

$$0,625 \qquad 0,628 \qquad 0,649 \qquad 0,684 \qquad 0,70 \qquad 0,796$$

Les rapports des diamètres des orifices à celui du deuxième tube étaient à peu près

$$0,1 \qquad 0,2 \qquad 0,3 \qquad 0,4 \qquad 0,5 \qquad 0,6$$

23. Pour un deuxième tube de $0^m 03$, le même premier tube, les mêmes plaques et une plaque nouvelle renfermant un orifice de $0^m 02$, on avait $V = 25^m 65$; $v = 2^m 06$; $R = 0,463$.

Pour les valeurs de θ.	2600″	674″	342″	209″	148″	130″	105″
Pour les vitesses.....	$16^m 80$	$15^m 907$	$15^m 68$	$14^m 64$	$12^m 088$	$10^m 01$	$4^m 502$
Pour les valeurs de φ.	0,625	0,625	0,636	0,65	0,641	0,666	0,68
Pour les rapports approchés des diamètres..	0,066	0,132	0,200	0,266	0,333	0,400	0,666

24. Pour un deuxième tube de $0^m 04$, le même premier tube, les mêmes plaques, on avait $V = 25^m 71$; $v = 1^m 231$; $R = 0,242$.

Pour les valeurs de θ.	$2600''$	$674''$	$344''$	$203''$	$115''$	$125''$	$101''$
Pour les vitesses.....	16^m18	15^m907	15^m59	15^m077	12^m23	10^m53	4^m67
Pour les valeurs de φ.	0,636	0,625	0,621	0,666	0,641	0,641	0,57
Pour les rapports approchés des diamètres..	0,05	0,1	0,15	0,20	0,25	0,3	0,5

25. Enfin, pour un second tube de 0^m 05, le même premier tube et les mêmes plaques, on avait $V = 25^m$ 69 ; $v = 0^m$ 765 ; $R = 0,361$.

Pour θ.............	$2589''$	$670''$	$348''$	$210''$	$148''$	$128''$	$103''$
Pour les vitesses......	16^m27	16^m03	15^m41	14^m57	12^m08	10^m28	4^m58
Pour les valeurs de ω.	0,636	0,636	0,625	0,649	0.613	0,636	0,65
Rapports approchés des diamètres.........	0,04	0,08	0,12	0,16	0,20	0,24	0,4

26. Ces expériences ont presque toutes donné des valeurs de φ un peu trop petites, très-probablement parce que les résistances sont plus grandes que celles que nous avons supposées, et qu'elles ne sont pas exactement les mêmes pour tous les tuyaux et pour tous les orifices. Je regarde pourtant ces expériences comme importantes, parce qu'elles font voir le degré d'exactitude sur lequel on peut compter, en employant la formule compliquée dont nous nous sommes servi pour calculer la valeur de φ. Malgré les petites anomalies que renferment les dernières expériences, je pense qu'il convient d'admettre pour φ les nombres obtenus par les premières, parce qu'elles conduisent à ces valeurs par des calculs beaucoup plus simples, et par conséquent qu'elles présentent beaucoup plus de chances d'exactitude.

27. *Orifice en mince paroi à l'extrémité d'un tronc de cône convergent.*

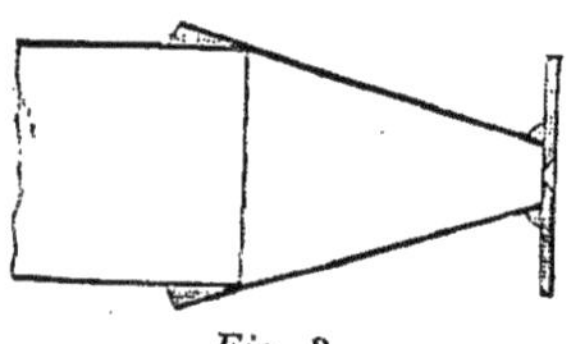

Fig. 3.

— J'ai fait aussi quelques expériences en plaçant des orifices à mince paroi, à l'extrémité d'un tronc de cône convergent à l'extérieur (*fig.* 3), fixé sur le grand tuyau d'écoulement ; le diamètre du cône à sa base était de 0^m 135 ; à l'autre extrémité il était de 0^m 0144, et la hauteur du tronc de cône était de 0^m 15. Les volumes d'air écoulés étaient toujours de 0^m 1485 ; l'excès de pression de 0^{mc} 044 en eau :

Diamètres des orifices...	0^m00212	0^m0042	$0^m005938$	0^m00786
Surfaces..............	$0^{mq}00000353$	$0^{mq}00001385$	$0^{mq}00002767$	$0^{mq}00004852$
Températures	15°	$12^o 5$	14°	14^o8
Hauteurs du baromètre..	$0^m 7442$	$0^m 7531$	$0^m 7531$	$0^m 7531$
Vitesses dues à la charge.	$25^m 78$	$25^m 618$	$25^m 618$	$25^m 618$
Valeurs de θ...........	$2563''$	$670''$	$332''$	$180''$
Vitesses effectives.......	$16^m 414$	$15^m 973$	$16^m 165$	$17^m 00$
Valeurs de φ..........	0,636	0,623	0,635	0,668

Dans ces expériences le frottement dans le tuyau conique était complétement négligeable, comme je m'en suis assuré en calculant sa valeur par la formule,

$$P - p = p\,\frac{KH}{4d(m-1)} \times \frac{(m^4-1)}{m^4} \times \frac{1}{\cos\varphi}.$$

K représente toujours le nombre 0,024 ; H est la hauteur du cône, d le petit diamètre, m le rapport du grand diamètre au petit, et φ l'angle au sommet du cône. Dans le cas dont il s'agit cette expression se réduit à $\frac{0,007}{\cos\varphi}$; et comme φ est à peu près égal à 45°, angle dont le cosinus est 0,7071, la résistance provenant du frottement est à peu près égale à 0,001 ; elle était par conséquent négligeable, comme nous l'avons supposé. Dans ces expériences, les rapports des diamètres des orifices à celui de l'orifice du cône étaient à peu près de 0,14 ; 0,28 ; 0,42 ; 0,55. Ces résultats s'accordent sensiblement avec ceux que nous avons obtenus pour un cylindre.

§ II. — ÉCOULEMENT PAR DES AJUTAGES.

Nous avons donné dans le texte les expériences relatives à l'écoulement par des ajutages cylindriques, nous allons rapporter celles qui ont été faites sur des ajutages coniques convergents et divergents.

28. *Ajutages coniques convergents placés sur une surface plane d'une grande étendue relativement à la section de l'ajutage.* — Je me suis servi dans ces expériences de trois ajutages coniques. En désignant par D, d, h, le grand diamètre, le petit et la hauteur, on avait :

Pour le premier ajutage..	D = 0,017	d = 0,00958	h = 0,01
Pour le second...........	D = 0,0195	d = 0,00918	h = 0,0195
Pour le troisième........	D = 0,019	d = 0,00918	h = 0,0102

Pour chacun d'eux l'angle de convergence est évidemment égal au double de l'angle dont la tangente est (D—d) : 2h ; ces angles étaient de

5° 30′	29° 24′	43° 32′

Les sections des orifices d'écoulement étaient

0^{mq} 0000720	0^{mq} 0000663	0^{mq} 0000663

La vitesse due à la charge était de 25^m 49 ;
Les durées des écoulements du même volume d'air ont été de

91″	88″	98″

Les vitesses de

$$24^m 60 \qquad 25^m 44 \qquad 21^m 02 ;$$

Et par suite les coefficients de contraction de

$$0,965 \qquad 1 \qquad 0,824$$

Il résulte de ces expériences que le coefficient de contraction augmente rapidement quand l'angle au sommet du cône passe de 0° à 30°, qu'il décroît rapidement quand l'angle passe de 30 à 45°.

20. *Ajutages coniques divergents.* — Pour observer l'influence des ajutages coniques divergents, je me suis servi d'un grand nombre de cônes de fer-blanc ajustés sur la même douille cylindrique (*fig.* 4); mais comme les vitesses observées étaient modifiées par les pertes de charge qui avaient lieu dans la douille, il fallait les ramener à

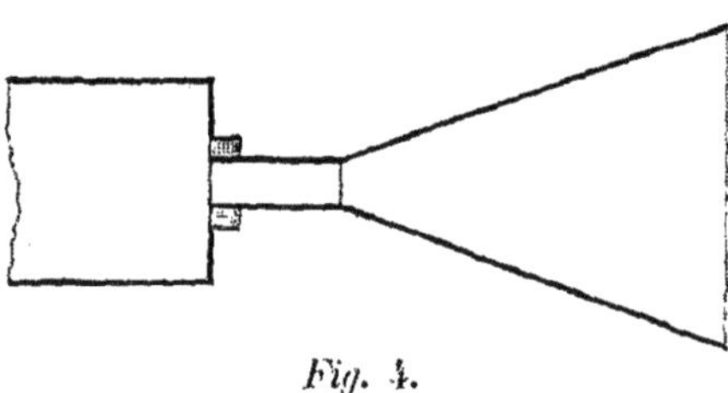

Fig. 4.

ce qu'elles auraient été sans cette circonstance. C'est une chose facile en procédant comme nous l'avons déjà fait. Désignons par R cette résistance, par p' la charge correspondante à la vitesse v' d'écoulement quand le tuyau est libre, quantité qui est donnée par l'expérience ; on aura

$$p' = \frac{v'^2}{2g},$$

et

$$P - p' = Rp' \quad ; \text{d'où} \quad R = \frac{P}{p'} - 1.$$

En désignant par v la vitesse d'écoulement dans le petit tuyau, quand l'ajutage conique y est appliqué, par p la charge correspondante à cette vitesse, et par B le coefficient d'accroissement de charge provenant de l'ajutage, on aura

$$P - p = Rp - Bp \quad ; \text{d'où} \quad B = 1 + R - \frac{P}{p}.$$

B étant connu, la vitesse d'écoulement dans le tuyau, abstraction faite de la résistance dans le tuyau, sera

$$v = \sqrt{\frac{2gP}{1 - B}}.$$

On néglige le frottement dans le cône, frottement qui est en général très-petit. Je rapporterai successivement les différentes séries d'expériences.

30. Je me suis d'abord servi de cinq cônes de fer-blanc ayant chacun 0^m 20 de hauteur ; le petit tuyau avait 0^m 043 de longueur, 0^m 00796 de diamètre, et par conséquent 0^{mq} 0000497 de section. L'excès de pression était de 0^m 0415 en eau, et le volume d'air écoulé de 0^{mc} 1485.

Angles au sommet des cônes..	10° 20′	23° 02′	34° 12′	44° 30′	53° 12′
Températures	20°	18° 8	18° 8	21°	22° 5
Hauteurs du baromètre......	0^m 758	0^m 758	0^m 7595	0^m 7626	0^m 7662
Vitesses dues aux charges....	25^m 93	25^m 89	25^m 87	25^m 97	26^m 11

Durées des écoulements, l'ajutage cylindrique étant d'abord libre :

144″ 116″ 124″ 131″ 138″ 140″

Vitesses correspondantes dans le petit tuyau :

20^m 62 21^m 74 23^m 95 22^m 16 21^m 52 21^m 21

La valeur de R pour le premier cône est égale à 0,581, elle est la même pour tous les autres parce que p est proportionnel à P.

Valeurs de B........	0,507	0,422	0,212	0,127	0,087
Valeurs de $v : V$.....	1,407	1,315	1,126	1,070	1,05

31. Pour observer l'influence des cônes d'un plus petit angle au sommet, j'ai monté successivement sur une même douille et avec beaucoup de soin des cônes de papier fort, dont l'angle au sommet était compris entre 2° et 10°. Ces expériences, comme les précédentes, exigent beaucoup de précautions pour que les axes de l'ajutage cylindrique et du cône coïncident ; car pour peu qu'il y ait une déviation, la vitesse d'écoulement devient beaucoup plus petite ; par exemple, pour un cône ayant un angle au sommet de 6° 36′, le rapport de la vitesse à celle qui avait lieu dans la douille a varié de 1,34 à 1,35. Je ne rapporterai qu'une seule des séries d'expériences.

32. Le diamètre de l'ajutage était de 0^m 011 ; sa surface, de 0^{mq} 000095 ; l'excès de pression, de 0^m 040 ; le volume d'air écoulé, de 0^m 1485 ; la température a été constamment de 11° 6 ; et la hauteur du baromètre de 0^m 75085 ; la vitesse due à la charge était par conséquent de 25^m 16.

Angles des cônes......	7° 43′	6° 36′	5° 42′	2° 00

la douille étant d'abord libre, on a :

Durée des écoulements..	77″	52″	50″	53″	56″	
Vitesses correspondantes.	20^{m}30	30^{m}00	30^{m}21	29^{m}49	27^{m}91	K = 0,536
Valeurs de B...........		0,8327	0,8424	0,8081	0,5473	
Valeurs de $v : V$........		2,445	2,512	2,28	1,486	

En réunissant ces expériences avec les précédentes, on a

Angles des cônes.	2º	5º42′	6º36′	7º43′	10º20′	23º02′	34º12′	44º30′	53º12′
Valeurs de $v : V$..	1,48	2,28	2,512	2,445	1,41	1,315	1,126	1,070	1,05

33. Pour tous ces cônes, la hauteur était suffisante pour produire le maximum d'effet ; car en les allongeant avec une feuille de papier, la durée de l'écoulement n'a pas changé pour les quatre derniers, et pour les autres elle a un peu augmenté ; en raccourcissant de 1/4 les trois premiers, les temps de l'écoulement n'ont pas changé.

34. A partir du cinquième cône, la veine d'écoulement n'occupe pas toute la section ; l'air extérieur entre par les faces intérieures du cône, et il se produit une aspiration au bord et un refoulement au centre. En présentant sur les bords du cône de petits flocons d'édredon ils étaient aspirés et restaient dans le cône en tourbillonnant sur eux-mêmes.

35. Pour mieux reconnaître ce qui se passe dans les cônes, j'ai observé l'écoulement en fermant l'ouverture par des plaques de fer-blanc percées d'orifices de différents diamètres dont les centres coïncidaient avec l'axe du cône (*fig.* 5).

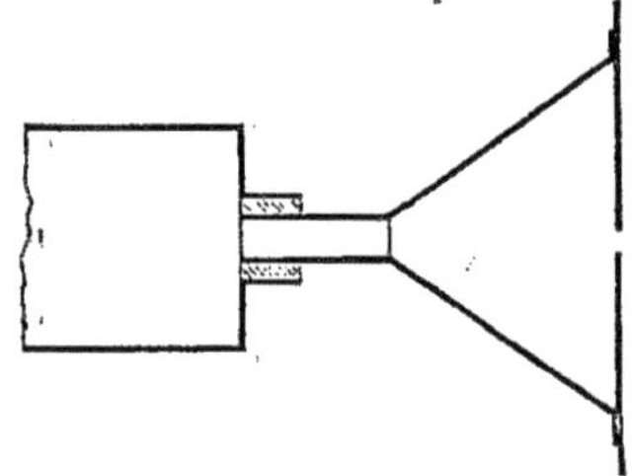

Fig. 5.

Pour le cône de 10º 20′ d'ouverture, la durée de l'écoulement était de 116″, l'ouverture étant libre ; et de 128″ et 122″, avec des orifices de 0^{m}02 et 0^{m}04.

Pour le cône de 23º 02′ d'ouverture, la durée de l'écoulement par le cône libre était de 124″, pour des orifices de

0^{m}02	0^{m}04	0^{m}06

elle a été de

132″	130″	128″

Pour le cône de 34º 12′ d'ouverture, la durée de l'écoulement par le cône libre était de 134″, avec des orifices de

0^{m}02	0^{m}04	0^{m}06	0^{m}08	0^{m}10

elle a été de

140″	140″	137″	140″	140″

Pour le cône de 44° 20', la durée de l'écoulement par le cône libre était de 146", pour des orifices de

| 0ᵐ 02 | 0ᵐ 04 | 0ᵐ 06 | 0ᵐ 08 | 0ᵐ 10 | 0ᵐ 12 |

elle a été de

| 141" | 141" | 144" | 144" | 145" | 145" |

Enfin, pour le dernier de 53° 12' d'ouverture, le temps de l'écoulement par le cône libre était de 140" et par des orifices de

| 0ᵐ 12 | 0ᵐ 04 | 0ᵐ 06 | 0ᵐ 08 | 0ᵐ 10 |

les temps des écoulements ont été de

| 143" | 141" | 141" | 141" | 141" |

Les diamètres des grandes bases des cônes étaient de

| 0ᵐ 05 | 0ᵐ 09 | 0ᵐ 13 | 0ᵐ 17 | 0ᵐ 206 |

et leur hauteur de 0ᵐ 195.

36. Il résulte évidemment de ces expériences que la veine d'air qui s'écoulait par le premier cône le remplissait complétement ; du moins son diamètre à la sortie excédait 0ᵐ 04, c'est-à-dire les 4/5 de celui du cône ; que pour le second, son diamètre dépassait 0,06, celui du cône étant 0,09 ; que pour les trois derniers l'influence des diaphrag-

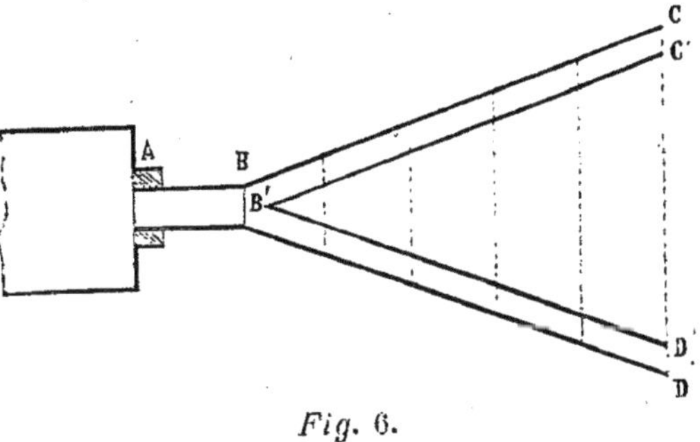

Fig. 6.

mes a été la même depuis 0,02 ; ainsi la veine d'air était complétement détachée. Les petites variations constatées par l'expérience proviennent probablement de ce que l'air extérieur entrant toujours par un espace annulaire, compris entre la veine et le cône, agissait d'autant plus sur la veine que cet orifice était plus petit.

37. D'après l'explication que je viens de donner de la détente produite par des ajutages évasés, j'avais pensé que si l'écoulement avait lieu entre deux cônes concentriques, la variation de section de la veine serait moins rapide et par conséquent qu'on obtiendrait un plus grand accroissement de dépense que par un cône. Pour vérifier cette conjecture je me suis servi de l'appareil indiqué figure 6. Il se compose d'un petit

cylindre AB placé au moyen d'un bouchon dans la douille du grand cylindre d'écoulement de l'air du gazomètre ; ce cylindre se terminait par
un cône BCD, composé de cinq parties, garnies chacune d'une douille conique, de manière qu'on pouvait à volonté faire varier la hauteur du cône ;
un autre cône B'C'D', de même hauteur et de même angle au sommet
que le premier, était placé dans le premier et dans le même axe aussi
exactement que possible ; pour cela le second cône était garni vers le
sommet et sur une certaine longueur de trois petites lames coniques
extérieures égales qui, en s'appuyant sur le cône extérieur, fixaient la position des cônes. Voici les dimensions de l'appareil : cylindre AB : longueur 0ᵐ 05, diamètre 0ᵐ 008 ; base C'D' du cône intérieur 0ᵐ 196, hauteur 0ᵐ 275 ; angle des cônes 39° 12' ; intervalle des deux cônes 0ᵐ 005 ;
longueur de l'arête de chacune des cinq parties dont se compose le cône
extérieur 0ᵐ 005. Les expériences ont d'abord été faites en plaçant les
cônes horizontalement comme l'indique la figure ; mais les expériences
présentaient un peu d'incertitude à cause de la difficulté de maintenir
l'axe du cône intérieur exactement dans celui du premier, et on a dû
placer l'appareil verticalement.

Pendant les dernières expériences la température a été de 13°, la hauteur du baromètre de 0ᵐ 7642 ; l'excès de pression de 0ᵐ 040 en eau ;
les temps de l'écoulement d'un même volume de gaz (0ᵐᶜ 1485) ont été

$$143''\qquad 122''\qquad 113''\qquad 113''\qquad 114''\qquad 114''\qquad 116''$$

lorsque le petit cylindre était libre, lorsqu'il était ajusté à la première
partie du cône extérieur, quand on introduisait le cône intérieur, et que
le cône extérieur était formé de 2, 3, 4, 5 parties. Ainsi l'allongement du
cône extérieur a été sans influence, et la présence des deux cônes concentriques a augmenté seulement d'un quart la dépense du petit tuyau
cylindrique ; mais le tuyau intérieur a produit un accroissement notable
de vitesse, car par sa présence la vitesse a augmenté dans le rapport de
122 à 113, c'est-à-dire de 0,08.

38. *Influence des ajutages qui pénètrent dans les réservoirs.*—Dans ce qui

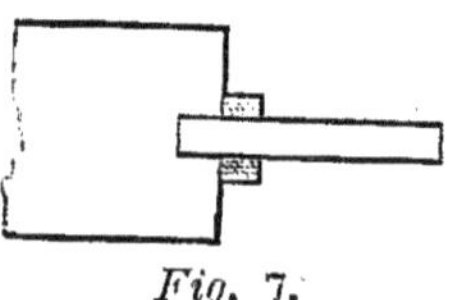

précède nous avons supposé que l'ajutage était
toujours à fleur de l'orifice et qu'il ne se prolongeait qu'en dehors ; examinons maintenant ce
qui arrive quand l'ajutage pénètre d'une quantité plus ou moins grande dans l'intérieur du réservoir et dans le tuyau qui précède.

Fig. 7.

J'ai placé dans la tubulure de l'appareil (*fig.* 7) une tube de cuivre
de 0ᵐ 00772 de diamètre ayant 0ᵐ 0425 de longueur ; le volume d'air
écoulé était toujours de 0ᵐᶜ 1485, la pression extérieure de 0,7457, la
température de 13°, et l'excès de pression de 0ᵐ 041 en eau, le tube

pénétrant dans le réservoir de

| 0 | 0^m001 | 0^m002 | 0^m003 | 0^m004 | 0^m005 | 0^m007 |

les temps de l'écoulement ont été de

| $147''$ | $151''$ | $152''$ | $153''5$ | $154''$ | $154''$ | $154''$ |

Ainsi la durée de l'écoulement est allée en augmentant jusqu'à ce que le tube eût pénétré de 5 millimètres, au delà de cette distance la durée de l'écoulement est restée constante. Ainsi le coefficient de contraction à l'entrée de l'air dans le tube est plus petit quand le tuyau est à fleur que quand il pénètre dans le réservoir, et il est facile d'en calculer la valeur : nous avons vu que l'influence de la longueur d'un ajutage cylindrique est très-faible et généralement nulle lorsque la longueur ne dépasse pas 3 ou 4 fois le diamètre; dans le cas dont il s'agit, la longueur du tuyau étant seulement 5,5 du diamètre, l'influence du frottement peut être négligée ; or, en désignant par V la vitesse due à la charge, par v et v' celles qui correspondent aux durées d'écoulement $147''$ et $154''$, on trouve $V = 25^m 70$; $v = 21^m 59$, $v' = 20^m 60'$ et par suite

$$\varphi = \frac{21,59}{25,70} = 0,84 \; ; \quad \varphi' = \frac{20,6}{25,70} = 0,78.$$

39. J'ai placé ensuite le même orifice conique en dehors et en dedans du réservoir (*fig.* 8), les durées des écoulements ont été de $98''$ et $132''$. L'angle au sommet du cône était de $43° 32'$; le diamètre de la petite base de $0^m 00958$; sa surface était de $0^m 000072078$; et comme le volume d'air écoulé était toujours de $0^m 1485$, les vitesses étaient $21^m 02$ et $15^m 59$;

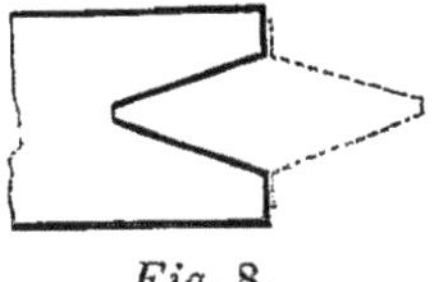

Fig. 8.

l'excès de pression était de 0^m041 ; la température de $12°$, la hauteur du baromètre $0^m 753$; et par conséquent on avait $V = 25^m 49$; alors les valeurs de φ étaient

$$\varphi = \frac{21\,02}{25,49} = 0,824 \; ; \quad \varphi = \frac{15,59}{25,49} = 0,611.$$

40. Pour un autre ajutage conique placé successivement en dedans et en dehors, les durées des écoulements ont été de $88''$ et de $141''$. L'angle au sommet du cône était de $29° 24'$; la plus petite base avait $0^m 00918$ de diamètre $0^m 0000663$ de surface ; le volume d'air écoulé étant toujours de $0^m 1485$. Les vitesses étaient $25^{mc} 44$, et $15,87$; l'excès de pression, la température et la hauteur du baromètre étant les mêmes que dans les dernières expériences, on avait $V = 25,49$, et par suite

$$\varphi = \frac{25,44}{25,49} = 1 \; ; \quad \varphi' = \frac{15,87}{25,49} = 0,62$$

Dans la seconde expérience l'écoulement était accompagné de vibrations produisant un son faible et confus.

41. En faisant ces expériences avec un ajutage beaucoup plus allongé, ayant un angle au sommet de 5° 30′ lorsque le cône était placé en dehors et en dedans, les temps des écoulements ont été 91″ et 85″ ; ainsi la vitesse d'écoulement a été plus grande dans le second cas que dans le premier, mais l'écoulement était accompagné de fortes vibrations qui produisaient un son assez fort mais confus. Il semblerait d'après cela que les vibrations sonores augmentent la vitesse d'écoulement des gaz.

Ces six expériences répétées plus tard en plaçant les plaques garnies d'ajutages sur la boîte rectangulaire ont donné les mêmes résultats.

42. Enfin j'ai répété ces expériences avec les sept premiers cônes qui avaient été employés d'abord pour reconnaître la variation du coefficient de contraction en fonction de l'angle du cône, mais ils ont été employés les orifices nus, et on les a placés successivement en dehors et en dedans ; je n'ai pas pu employer le dernier, il était trop long pour être placé en dedans du tuyau. Les angles des cônes étaient de

$$141^\circ 3' \qquad 125^\circ 48' \qquad 125^\circ 4' \qquad 100^\circ 43' \qquad 80^\circ 8' \qquad 62^\circ \qquad 40^\circ 24'$$

Les cônes étaient placés en dehors du tuyau, les temps de l'écoulement d'un même volume d'air, dans les mêmes circonstances ont été de

$$285'' \qquad 251'' \qquad 162'' \qquad 196'' \qquad 147'' \qquad 211'' \qquad 141''$$

43. Les cônes étant retournés, pour le même volume d'air, sous le même excès de pression, et pour une température et une pression barométrique peu différentes de celles qui correspondaient aux premières expériences, les temps des écoulements ont été de

$$317'' \qquad 286'' \qquad 181'' \qquad 246'' \qquad 194'' \qquad 302'' \qquad 206''$$

Ainsi les vitesses, dans cette dernière circonstance, ont été plus grandes que dans la première et d'une quantité qui augmente à mesure que l'angle du cône diminue, car les rapports des temps sont :

$$1,112 \qquad 1,138 \qquad 1.117 \qquad 1,255 \qquad 1,313 \qquad 1,431 \qquad 1,461$$

44. Il est important de remarquer que les cônes placés en dedans du tuyau se trouvent dans une circonstance plus favorable à la dépense que quand ils sont extérieurs, parce que dans le premier cas ils forment des embouchures divergentes qui produisent toujours un accroissement de charge ; tandis que quand ils sont placés en dehors, ils forment des embouchures convergentes qui sont toujours accompagnées d'une perte de charge.

45. La diminution de vitesse dans les ajutages rentrants, pourrait pro-

venir de ce que l'air afflue vers l'orifice non-seulement dans toutes les directions au-dessus de son plan, mais au-dessous, et qu'alors il y aurait des vitesses pareilles à l'axe de l'ajutage qui se détruiraient ; mais cette explication pour être admise devrait être appuyée sur des expériences spéciales.

§ III. — INFLUENCE DES CHANGEMENTS DE DIRECTION.

46. J'ai essayé de déterminer cette influence en employant des tuyaux formant entre eux des angles dont le supplément décroissait successivement d'un quart d'angle droit, c'est-à-dire de 22° 30′, 45° 00, 67° 30′, 90° 00, 112° 30′, 135° 00, 157° 30′. Pour l'angle droit le nombre des coudes a été successivement de 1, 2, 3, 4, 8, 12, 16, 20, 24 ; pour les autres, les nombres n'ont été que de 1, 2, 3, 4. Les tuyaux étaient réunis par des douilles mastiquées à la cire molle. Ils étaient en fer-blanc et en cuivre et construits avec beaucoup de soin. Les expériences ont consisté à observer le temps de l'écoulement d'un même volume d'air 0^{mc} 1485 d'où l'on déduisait la vitesse d'écoulement dans le tube, et à comparer cette vitesse à celle qui résulte de la formule, en ayant égard à la résistance provenant du frottement, et à celle des coudes, supposée, comme pour l'eau, proportionnelle au carré du sinus de l'angle de l'axe d'un tuyau avec le prolongement de celui qui précède.

47. D'après cela, la vitesse d'écoulement déduite de la dépense était donnée par la formule

$$v = \frac{0,1485 \times 4}{\pi D^2 \times \theta} \quad \dots\dots\dots\dots\dots\dots\dots\dots\dots \quad (1)$$

dans laquelle D représente le diamètre du tuyau, et θ, le nombre de secondes correspondant à l'écoulement du volume d'air 0^{mc} 1485 ; et la vitesse déduite du calcul est représentée par la formule

$$P - p = \frac{KL}{D} p + Ap + n \sin^2 ip ; \quad \text{d'où} \quad v = V \sqrt{\frac{1}{1 + A + \frac{KL}{D} + n \sin^2 i}} ; \quad (2)$$

K étant le nombre 0,024 ; L et D la longueur et le diamètre du tuyau, i l'angle des coudes, n leur nombre, et A le coefficient de perte de charge par la contraction à l'origine du tuyau.

48. Il semble à l'inspection des formules (1) et (2), que ce mode d'expérience présente beaucoup d'incertitude, parce que la valeur de D ne peut jamais être évaluée exactement, et qu'une petite erreur sur D en produit une très-grande sur la valeur de v déduite de l'équation (1), et une presque insensible d'après l'équation (2), attendu que KL : D est en général toujours très-petit relativement à $1 + n \sin^2 i$. Mais il faut remarquer que i restant constant, n prenant différentes valeurs, si une petite

erreur a été commise sur D, elle affectera proportionnellement toutes les valeurs de v déduites de l'équation (1); elle ne changera pas sensiblement celles qui seront fournies par l'équation (2), si les tuyaux n'ont qu'une petite longueur, et par conséquent, si cette dernière équation est exacte, les rapports des valeurs de v obtenues par les deux équations devront être les mêmes : c'est en effet ce qui existe dans toutes les expériences que j'ai faites.

49. *Changement de direction à angle droit.* — J'ai d'abord essayé de vérifier la formule relative à l'angle droit, formule qui pour ce cas devient

$$v = \mathrm{V}\sqrt{\frac{1}{1 + \dfrac{\mathrm{K L}}{\mathrm{D}} + n + \mathrm{A}}}.$$

Je me suis servi de tubes de fer-blanc (*fig.* 9) quatre fois recourbés à

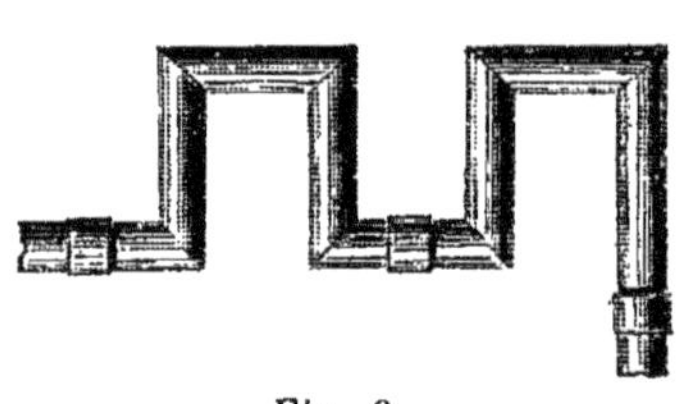

Fig. 9.

angle droit, et de $0^m\,0096$ de diamètre ; les axes avaient $0^m\,10$ de longueur ; les tubes étaient au nombre de six ; le premier était fixé à une embouchure conique qui rendait nulle la valeur de A ; on plaçait successivement les autres à la suite du premier au moyen de petites douilles dont les joints étaient fermés avec de la cire molle ; le volume de gaz écoulé était toujours de $0^{mc}\,1485$, et l'excès moyen de pression de $0^m\,041$ en eau.

Nombre des coudes........	4	8	12	16	24
Températures............	8°	$9^o\,4$	10°	$11^o\,5$	$11^o\,5$
Hauteurs du baromètre.....	0,764	0,764	0,764	0,766	0,766
Vitesses dues à la charge...	$25^m\,17$	$25^m\,21$	$25^m\,25$	$25^m\,29$	$25^m\,29$
Valeurs de θ.............	207″	260″	307″	357″	434″

Le diamètre moyen des tuyaux était de $0^m\,0096$, la section de $0^m\,00007238$, et par suite les vitesses d'écoulement étaient de

$$9^m\,913 \qquad 7^m\,915 \qquad 6^m\,683 \qquad 5^m\,746 \qquad 4^m\,720$$

et les vitesses déduites de la formule (2)

$$10,99 \qquad 8,18 \qquad 6,81 \qquad 5,72 \qquad 4,920$$

Les rapports de ces dernières vitesses aux premières sont

$$1,109 \qquad 1,034 \qquad 1,020 \qquad 0,996 \qquad 1,04$$

Les vitesses des quatre dernières expériences déduites des formules (1) et (2) sont certainement aussi rapprochées qu'on pouvait l'espérer. En prenant $D = 0^m 0094$ elles deviennent presque identiques ; car par la formule (1) elles sont

| 8,21 | 6,94 | 5,98 | 4,92 |

et par la formule (2)

| 8,20 | 6,93 | 6,03 | 4,93 |

Quant à la première, le rapport des deux vitesses est de 1,109 pour $D = 0,0096$ et il devient seulement 1,07 pour $D = 0,0094$; cette anomalie ne peut pas provenir d'une erreur sur la valeur de θ, parce que les expériences ont toujours été répétées et ont toujours donné les mêmes résultats ; elles pourraient provenir de ce que l'orifice d'écoulement n'étant pas très-régulier la surface était plus petite de quelques centièmes que celle qui a été admise.

50. D'autres expériences faites sur des tuyaux à angles droits dont je parlerai bientôt confirment encore l'exactitude de la loi représentée par la formule (2).

J'ai ensuite employé des tuyaux réunis sous différents angles.

51. *Angles de* 22° 30′. — Sin $i = 0,382$; $\sin^2 i = 0,146$; $t = 12°\,2$; $b = 0,764$; excès de pression $0^m\,041$; $V = 25^m\,35$; volume d'air écoulé $0,1485$; $D = 0,01$; $S = 0^m,00007853$; valeur de $A = 0,41$; longueur de chaque couple $= 0,10$.

Nombre des coudes............	1	2	3	4
Valeurs de θ.................	99″	110″	118″	127″
Vitesse v d'après la dépense...	19^m 09	17^m 18	16^m 01	14^m 88
Vitesse v' d'après la formule (2).	18^m 92	17^m 17	15^m 85	14^m 76
Valeurs de $(v - v') : v$..	− 0,0089	0,00	+ 0,01	+ 0,008

52. *Angles de* 45°. — $\sin^2 i = 0,5$; $t = 13°\,3$; $b = 0,7708$; excès de pression $0,041$; $V = 25,29$; volume d'air écoulé $0^m,1485$; $D = 0,0103$; $S = 0^m,0000833$; $A = 0,41$; longueur de chaque couple $0^m,10$... (1).

Nombre des coudes............	1	2	3	4
Valeur de θ.....	105″	121″	133″	147″
Vitesse v d'après la dépense...	16^m 97	11^m 73	13^m 40	12^m 12
Vitesse v' d'après la formule...	17,28	14,91	13,31	12,13
Valeurs de $(v - v') : v$.........	− 0,018	− 0,012	+ 0,0067	− 0,0008

(1) Ces expériences ont présenté un phénomène remarquable; le tube n'avait pas d'abord été assez enfoncé dans le bouchon destiné à le recevoir; l'air en sortant produisait un son assez fort, et les temps des écoulements ont été de 97″, 111″, 128″, 141″; en enfonçant davantage le tube de manière à affleurer la surface intérieure du bouchon, les tubes ont cessé de résonner, les temps des écoulements ont augmenté pour devenir ceux que nous avons admis dans le calcul; ainsi, dans ces circonstances, la résonnance du tuyau a augmenté la vitesse d'écoulement.

53. *Angles de* 67°,30'. — Sin² $i = 0,85$; $t = 12°$ 5 ; $b = 0,768$; excès de pression $0^m,041$; $V = 25^m,30$; volume d'air écoulé $0^m,1485$; $D = 0^m,0105$; $s = 0^m,00008658$; $A = 0,41$; longueur de chaque couple $0^m,10$.

Nombre des coudes............	1	2	3	4
Valeurs de θ..................	109″	128″	144″	162″
Vitesse v d'après la dépense...	15ᵐ74	13ᵐ40	12ᵐ19	10ᵐ58
Vitesse v' d'après la formule (2).	16ᵐ03	13ᵐ39	11ᵐ73	10ᵐ66
Valeurs de $(v - v') : v$........	— 0,018	0	+ 0,037	— 0,007

54. *Angles de* 90°. — Sin² $i = 1$; $t = 13°$ 4' ; $b = 0,7667$; excès de pression $0,041$; $V = 25^m$ 34 , volume d'air écoulé $0,1485$; $D = 0,01$; $S = 0,00007854$; $A = 0,41$; longueur de chaque couple $0^m,10$.

Nombres des coudes..........	1	2	3	4
Valeurs de θ................	119″	150″	174″	196″
Vitesses v d'après la dépense..	15ᵐ88	12ᵐ60	10ᵐ86	9ᵐ64
Vitesses v' d'après la formule.	15ᵐ56	12ᵐ84	11ᵐ18	10ᵐ04
Valeurs de $(v - v') : v$.......	+ 0,020	— 0,019	— 0,029	— 0,04

Ainsi quand l'angle du second tuyau avec le prolongement du premier est compris entre 32° 30 et 90° la perte de charge est bien $p \sin^2 i$, comme nous l'avons supposé d'après ce qui est admis pour les tuyaux conduisant de l'eau, car les petites différences trouvées entre le calcul et l'expérience doivent être attribuées aux erreurs inévitables des expériences.

55. Reste maintenant à examiner ce qui arrive quand le second tuyau revient sur le premier, c'est-à-dire quand l'angle est compris entre 90° et 180°.

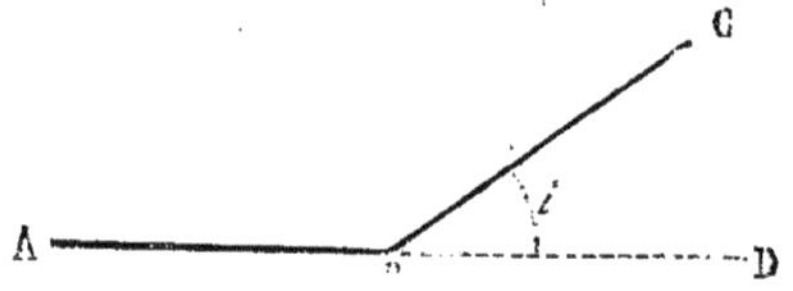

Quand l'angle i (*fig.* 10) formé par le second tuyau avec le prolongement du premier est plus petit que 90°, la composante de la vitesse moyenne V des filets dans la direction du second tuyau sera $v \cos i$,

Fig. 10.

qui correspond à une charge $\dfrac{v^2 \cos^2 i}{2g}$ et par conséquent la perte de charge est

$$p - p \cos^2 i \qquad \text{ou} \qquad p \sin^2 i$$

La perte ainsi calculée s'accordant avec l'expérience, il était probable que la perte calculée par des raisonnements analogues pour le cas d'un angle plus grand que 90° conduirait à une formule qui serait justifiée par l'expérience. Or, si nous considérons (*fig.* 11) deux tuyaux tels que l'angle du second avec le prolongement du premier soit plus grand que 90° la vitesse v suivant le premier tuyau donnera suivant le second tuyau une composante négative $- v \cos i$ et la perte de charge sera

$$p + p \cos^2 i = p (2 - \sin^2 i)$$

On aura alors

$$P - p = \frac{KL}{D} + Ap + np (2 - \sin^2 i) \text{ d'où } v = V \sqrt{\frac{1}{1 + A + \frac{KL}{D} + n (2 - \sin^2 i)}}$$

J'ai fait un très-grand nombre d'expériences sur des tuyaux de fer-blanc et de cuivre étirés pour vérifier l'exactitude de cette formule, mais j'ai toujours trouvé entre les résultats du calcul et ceux de l'expérience des variations trop grandes pour qu'on puisse les attribuer aux erreurs d'observation. J'ai cherché alors par des expériences directes la valeur de la perte de charge. Voici la méthode que j'ai employée.

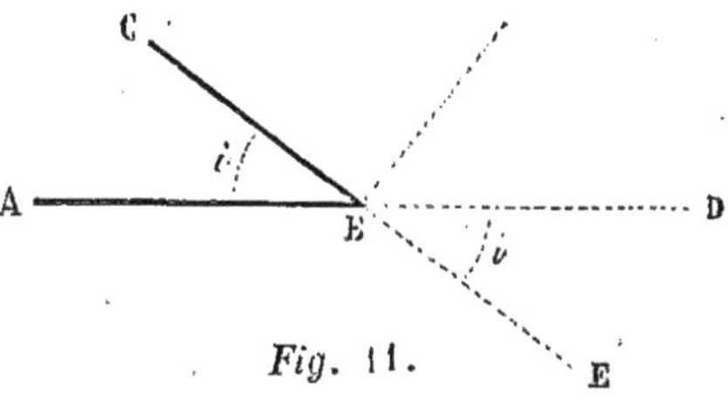

Fig. 11.

56. Désignons par V la vitesse due à la charge, par v la vitesse observée, par m le rapport $V^2 : v^2$, par x la perte de charge cherchée, nous aurons

$$V^2 = mv^2 ; \quad v = V \sqrt{\frac{1}{m}} ; \quad m = 1 + A + \frac{KL}{D} + nx ; \quad \text{et } nx = m - 1 - A - \frac{KL}{D} ;$$

tout étant connu dans cette dernière expression, on en déduira facilement la valeur de x.

57. *Angles de* 112° 30'. — On a $t = 13°7$; $b = 0,766$; excès de pression $0^m 041$; V $= 25^m 39$; volume d'air écoulé $0^{mc} 1485$; D $= 0^m 01$; S $= 0^m 00007853$.

Nombre des coudes	1	2	3	4
Valeurs de θ	150″	187″	220″	245″
Vitesse v résultant de la dépense	$12^m 60$	$10^m 11$	$8^m 59$	$7^m 71$
Valeurs du dénominateur de l'expression de la vitesse	4,05	6,307	8,737	10,84
Valeurs de toutes les résistances excepté celles qui proviennent des changements de direction	2,13	2,37	2,61	2,85
Différences	1,92	3,94	6,127	8,09
La résistance d'un coude est représentée par	1,92	1,97	2,04	2,02

dont la moyenne est égale à 1,987, à peu près 2.

58. *Angles de 135°* (*fig.* 12). Les résultats des expériences ont été sensiblement les mêmes que pour l'angle de 112° 30′ et l'expression de la résistance est à très-peu près 2.

59. *Angles de* 157° 30′. —— $t = 13° 7$; $b = 0,7608$; excès de pression $0^m 041$; $V = 25,47$; volume d'air écoulé $0^{mc} 1485$; $D = 0,01$; $S = 0,00007853$.

Fig. 12.

Nombres des coudes,	1	2	3	4
Valeurs de θ	159″	193″	226″	255″
Vitesse v d'après la dépense	$11^m 88$	$9^m 78$	$8^m 36$	$7^m 41$
Valeurs du dénominateur de v	4,597	6,782	9,284	11,817
Valeurs des résistances excepté celles qui proviennent des changements de direction	2,13	2,37	2,61	2,85
Différences	2,467	4,412	6,674	8,967
La résistance d'un seul coude est représentée par	2,46	2,20	2,22	2,24

dont la moyenne est égale à 2,28.

60. Ainsi pour des angles de 112° 30′ et de 135° des tuyaux extrêmes, la résistance est égale à 2, et pour un angle de 157° 30′ elle est représentée par 2,28, tandis que d'après la formule ces résistances seraient 1,30; 1,50; 1,85. Les mêmes expériences répétées sur des tuyaux de fer-blanc ont donné pour la résistance des coudes des résultats assez peu concordants, mais dont les moyennes sont 1,40; 1,53; 1,80, peu différents de ceux de la formule. Il est probable que la formule (3) est exacte, et que les différences trouvées par l'expérience proviennent d'un étranglement des tuyaux par l'introduction d'une petite quantité de soudures dans des joints si obliques, et peut-être aussi d'une petite variation de section dans les tuyaux. Il serait possible aussi que dans les tuyaux que nous considérons, le mouvement de l'air ne fût pas aussi simple que nous l'avons supposé, qu'il se produisît des tourbillons, et, par suite, des pertes de charge qui ne varieraient pas régulièrement avec l'angle des tuyaux. Je n'ai pas cherché à approfondir cette question, attendu que le cas dont il est question ne se rencontre jamais dans la pratique.

61. J'ai observé l'écoulement du même volume d'air à l'extrémité d'un tuyau de cuivre de $0^m 20$ de longueur, de $0^m 01$ de diamètre, auquel j'ai ajouté successivement les sept groupes de tuyaux dont je viens de parler, et j'ai calculé les vitesses en supposant que pour les trois derniers la résistance était égale à 2; 2; et 2,28. Les vitesses observées ont été

$$18^m 71 \quad 14^m 34 \quad 9^m 87 \quad 8^m 02 \quad 6^m 38 \quad 4^m 80 \quad 4^m 05 \quad 3^m 54$$

et les vitesses calculées,

$$18^m 67 \qquad 13^m 83 \qquad 10^m 15 \qquad 7^m 86 \qquad 6^m 50 \qquad 5^m 18 \qquad 4^m 13 \qquad 3^m 89$$

nombres bien peu différents, excepté pourtant les trois derniers.

62. En résumé, pour les angles compris entre 0° et 90°, la perte de charge est exactement représentée par $p \sin^2 i$, et la formule (2) représente la vitesse d'écoulement. Quand l'angle des tuyaux est compris entre 0° et 180°, il y a de l'incertitude sur la valeur de la résistance. Pour des angles compris entre 90° et 160° il faudrait la supposer égale à $2p$; pour les angles plus grands on peut admettre qu'elle est égale à 2, $3p$; mais le cas des tuyaux qui reviennent sur eux-mêmes se rencontre bien rarement.

63. *Tuyaux courbes.* — Pour déterminer la perte de charge par des coudes arrondis, j'ai employé des tuyaux de cuivre étirés, minces, qui ont été courbés à froid après avoir été remplis de soudure, afin d'être assuré que la section ne changeait pas; la courbure a toujours été d'une demi-circonférence, et les diamètres des axes des demi-anneaux étaient de 0,042; 0,06, et 0,08. J'ai employé des circuits renfermant successivement 1, 2, 3, 4 tuyaux courbes de chaque courbure (*fig.* 13). N'ayant aucune idée de la résistance que les coudes arrondis produisent, j'ai déterminé directement cette résistance par la méthode indiquée ci-dessus.

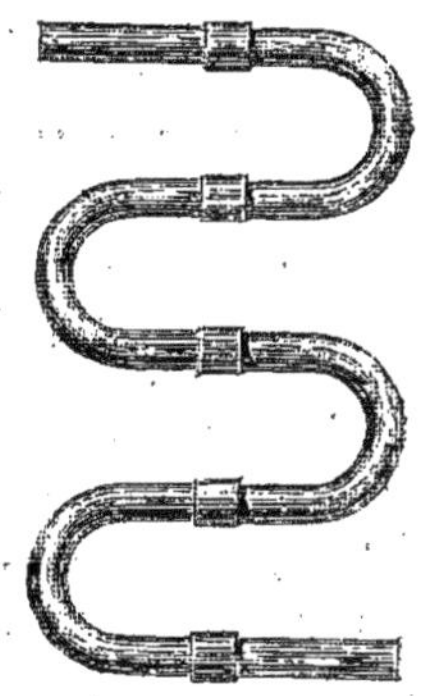

Fig. 13.

$$v = V \sqrt{\frac{1}{M}} \; ; \; M = 1 + A + \frac{KL}{D} + nx \; ; \; \text{d'où } x = M - \left(1 + A + \frac{KL}{D}\right) : n$$

v et V étant connus, A étant égal à 0,41, on calcule M, $\dfrac{KL}{D}$ et par suite x.

64. Il est important de remarquer que quand on fait plusieurs expériences sur des tuyaux de même courbure et de même diamètre, les valeurs de x doivent être nécessairement les mêmes; pour qu'il en soit ainsi, il faut que D ait été déterminé avec une très-grande précision; si on trouvait des valeurs différentes pour x, les différences proviendraient d'erreurs faites sur l'estimation des diamètres, et une très-petite erreur sur le diamètre en produit une très-grande dans la valeur de M; car M varie en raison inverse de la quatrième puissance de D, tandis que KL : D ne varie qu'en raison inverse de la première puissance. Comme il est absolument impossible que les tuyaux aient un diamètre rigoureusement le même dans toute leur étendue, si on trouvait des différences dans les valeurs de x, il faudrait corriger la valeur de D jusqu'à ce que les valeurs de x fussent sensiblement égales, je dis sensiblement parce

que, malgré tous les soins apportés dans la construction des tubes courbes, leurs diamètres peuvent être un peu différents. Voici les éléments et les résultats des expériences.

65. *Tuyaux de* 0^m 01 *de diamètre.* — Deux tuyaux parallèles, réunis par un tuyau demi-circulaire, le tout d'une seule pièce, placé à l'extrémité d'un tuyau de 0^m 20; longueur de l'axe 0^m 32; rayon de l'axe du demi-cercle 0^m 08; volume de gaz écoulé 0^{mc} 1485; température 13°; hauteur du baromètre 0^m 7708; vitesse due à la charge 25^m 27; section des tuyaux 0^m 00007853.

Nombre des tubes..........	1	2	3	4
Valeurs de θ..............	143″	174″	200″	225″
Vitesses d'écoulement.......	13^m 22	10^m 86	9^m 45	8^m 40
Valeurs de M..............	3^m 05	5^m 41	7^m 15	9^m 05
Valeurs de $1 + A + \dfrac{KL}{D}$....	2^m 66	3^m 43	4^m 20	4^m 98
Résistance due aux coudes...	0,99	1,98	2,95	4,07
Résistance d'un seul........	0,99	0,99	0,98	1,01

66. *Tuyaux de* 0^m 01027 *de diamètre.* — Deux tuyaux parallèles réunis par un tuyau demi-circulaire, le tout d'une seule pièce, placé à l'extrémité d'un tuyau de 0^m 20 de longueur et 0^m 01 de diamètre; longueur de l'axe 0^m 27; rayon de l'axe du demi-cercle 0^m 06; volume de gaz écoulé 0^{mc} 1485; température 13°; hauteur du baromètre 0^m 766; vitesse due à la charge 25^m 27; section du tuyau 0^m 00008277.

Nombre des tubes..........	1	2	3	4
Valeurs de θ..............	133″	161″	182″	205″
Vitesses d'écoulement.......	13^m 49	11^m 11	9^m 84	8^m 72
Valeurs de M..............	3,53	5,15	6,64	8,45
Valeurs de $1 + A + \dfrac{KL}{D}$....	2,53	3,17	3,81	4,45
Résistances des coudes......	1,00	1,98	2,83	4,00
Résistance d'un seul........	1,00	0,99	0,94	1,00

67. *Tuyaux de* 0^m 01046 *de diamètre.* — Deux tuyaux parallèles réunis par un tuyau demi-circulaire, le tout d'une seule pièce, placé à l'extrémité d'un tuyau de 0^m 20 de longueur et de 0^m 01 de diamètre; longueur de l'axe 0^m 22; rayon de l'axe du demi-cercle 0^m 043; volume du gaz écoulé 0^{mc} 1485; température 15°; hauteur du baromètre 0^m 7707; vitesse que à la charge 25^m 27; section du tuyau 0,0000861.

Nombre des tubes	1	2	3	4
Valeurs de θ	126″	151″	170″	190″
Vitesses d'écoulement.......	13^m 68	11^m 41	10^m 14	9^m 07
Valeurs de M............. .	3^m 41	4^m 90	6^m 21	7^m 76
Valeurs de $1 + A + \dfrac{KL}{D}$	2^m 41	2^m 93	3^m 45	3^m 07
Résistances des coudes......	1,00	1,97	2,76	3,79
Résistance d'un seul........	1,00	0 98	0,92	0,95

68. Dans la première série d'expériences les tuyaux étaient très-réguliers ; le diamètre moyen, mesuré par les règles (245), était de 0^m 00993 ; j'ai pris 0,01. — Dans la seconde, les tubes étaient moins réguliers ; en prenant également D = 0,01, on obtient pour les résistances 0,65 ; 0,71 ; 0,71 ; 0,77 ; mais en prenant D = 0,01027, j'ai obtenu les nombres rapportés précédemment. Pour la troisième, en prenant D = 0,01, les valeurs de x ont été 0,42 ; 0,56 ; 0,58 ; 0,62 ; mais en admettant D = 0,01046, on obtient des valeurs de x très-peu différentes les unes des autres et de celles des autres expériences.

69. *Tuyaux de* 0^m 009879 *de diamètre*. — Deux tuyaux parallèles réunis par un tuyau courbe, ayant la forme d'un demi-cercle un peu aplati, au moyen d'une soudure placée à l'extrémité d'un tuyau de 0^m 01 de diamètre et de 0^m 20 de longueur. Longueur de l'axe de chaque tube 0^m 0255 ; volume du gaz écoulé 0^mc 1485 ; température 19° ; hauteur du baromètre 0,7535 ; vitesse due à la charge 25^m 81 ; section des tuyaux 0^m 00007659.

Nombre des tubes	1	2	3	4
Valeurs de θ	141″	175″	203″	227″
Vitesses d'écoulement	13^m 75	11^m 08	9^m 55	8^m 48
Valeur de M	3,523	5,426	7,304	9,263
Valeurs de $1 + A + \dfrac{KL}{D}$	2,509	3,121	3,733	4,345
Résistance d'un coude	1,014	1,152	1,189	1,09

70. Il résulte de toutes ces expériences que la résistance d'un tuyau courbe formant un demi-cercle est sensiblement égale à l'unité ; c'est précisément la moitié de celle que présenteraient deux coudes à angle droit. J'ai vérifié ce résultat en observant l'écoulement à travers un tuyau de cuivre de 1 mètre de longueur, de 0^m 0045 de diamètre, qui avait été contourné sous la forme d'un serpentin ; les résultats de l'expérience ont sensiblement confirmé la loi énoncée. J'ai aussi fait quelques essais en faisant écouler de l'air par un tuyau de peu de longueur terminé par un tuyau courbe dont l'axe formait un quart de circonférence ; la résistance a été sensiblement la moitié de celle que présente une courbe égale à une demi-circonférence. En réunissant à l'aide d'une douille très-courte deux tuyaux terminés chacun par un quart de cercle, la dépense a été un peu plus petite quand les deux courbures étaient dans des plans perpendiculaires que lorsqu'elles étaient dans le même plan. Lorsqu'on fait écouler de l'air par un tuyau courbe ayant la forme d'un quart de cercle, les veines à la circonférence, dans un plan perpendiculaire à la courbure, ont la même tension ; mais celles qui se trouvent dans le plan de la courbure ont des tensions très-différentes : celle qui se trouve en dehors de la courbure a une tension beaucoup plus grande que celle qui se trouve en dedans ; dans une expérience faite sur un

tuyau ayant à peu près $0^m 01$ de diamètre, les deux premières tensions étaient représentées au manomètre incliné par les nombres 340 et 342, et les deux autres par les nombres 387 et 416.

§ IV. — INFLUENCE DES CHANGEMENTS DE SECTION.

Je rapporterai d'abord les expériences sur l'influence des accroissements de sections.

Influence d'un accroissement brusque dans la section d'un tuyau de conduite.

71. Lorsqu'un gaz s'écoule par un tuyau cylindrique, qui, à un certain point, augmente brusquement de section, le gaz immobile, qui au premier instant enveloppait la veine d'air qui pénètre dans le second tuyau, est entraînée ; la section de la veine s'étend; elle remplit bientôt le tuyau, et il en résulte une détente qui augmente la vitesse d'écoulement dans le premier tuyau.

Je n'ai trouvé aucune trace d'expériences faites à ce sujet, ni sur l'eau ni sur l'air ; cette question étant d'une grande importance dans les applications, j'ai fait un grand nombre d'expériences pour essayer de reconnaître la loi des phénomènes.

72. Pour éviter de tenir compte de la résistance du premier tuyau, les expériences ont été faites d'abord en faisant écouler l'air par un orifice en mince paroi placé à l'extrémité d'un tuyau de $0^m 12$ de diamètre qui débouchait dans des tuyaux de différentes longueurs et de différents diamètres (*fig.* 14). Mais les résultats de ces expériences sont modifiés par le frottement de l'air dans le tuyau, et il fallait en tenir compte. Pour obtenir les vitesses telles qu'elles auraient été sans le frottement, considérons un courant sortant par un orifice en mince paroi sous un excès de pression P, s'épanouissant dans un

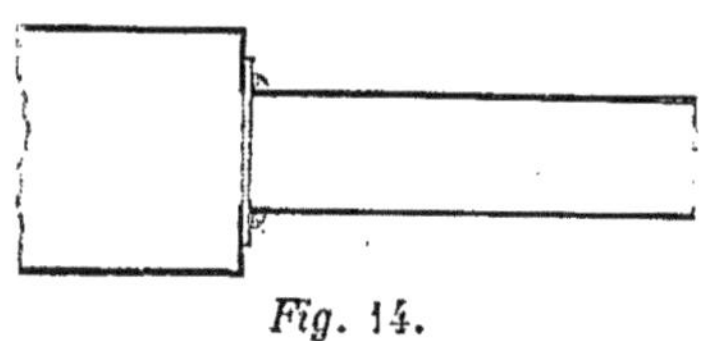

Fig. 14.

tuyau d'un diamètre D; soit φ le coefficient de contraction, dans l'orifice dont le diamètre est d, p la pression correspondante à la vitesse dans l'orifice, et enfin B la fraction de p provenant de l'expansion de la veine, nous aurons, d'après ce que nous avons dit précédemment :

$$P - p = \frac{KL}{D} \times \frac{d^4 \varphi^2}{D^4} p - Bp;$$

d'où

$$\frac{P}{p} - 1 = \frac{KL}{D} \times \frac{d^4 \varphi^2}{D^4} - B; \text{ et } B = 1 - \frac{P^2}{p^2} + \frac{KL}{D} \frac{d^4 \varphi^2}{D^4}. \tag{1}$$

On aurait été conduit à la même équation, si l'on avait désigné par p' la charge correspondante à la vitesse d'écoulement à l'extrémité du tuyau, car on aurait eu

$$P - p' = \frac{KL}{D}\, p' - B\, \frac{D^4}{\varphi^2 d^4}\, p' + p - p' = \frac{KL}{D}\, p' - B\, \frac{D^4}{\varphi^2 d^4}\, p' + p'\left(\frac{D^4}{\varphi^2 d^4} - 1\right);$$

ou

$$\frac{P}{p'} = \frac{KL}{D} - B\, \frac{D^4}{\varphi^2 d^4} + \frac{D^4}{\varphi^2 d^4}\cdot$$

et comme $p' = p\, \dfrac{\varphi^2 d^4}{D^4}$, en remplaçant p' par sa valeur on retombe sur l'équation (1).

Remarquons maintenant que l'on a $P : p = \varphi^2 V^2 : v^2$, car la valeur de v déduite de l'expérience serait ramené à $v : \varphi$ si l'on avait égard à la contraction ; ainsi on pourra mettre l'équation (1) sous la forme

$$B = 1 - \varphi^2\left(\frac{V^2}{v^2} - \frac{KL}{D}\, \frac{d^4}{D^4}\right) \dotfill (2)$$

Les valeurs de V, v et φ étant connues par l'observation, on en déduira la valeur de B et par suite la vitesse v' d'écoulement, abstraction faite des frottements, car on a

$$P - p = - Bp \,;\ \text{d'où}\ p = \frac{P}{1 - B}\,;\ v' = \sqrt{\frac{2gP}{1 - B}} = V\sqrt{\frac{1}{1 - B}}\,;$$

et

$$\frac{v'}{V} = \frac{1}{\varphi}\sqrt{\frac{1}{\dfrac{V^2}{v^2} - \dfrac{KL}{D} \times \dfrac{d^4}{D^4}}} \dotfill (3)$$

Voici maintenant les éléments des principales expériences qui ont été faites.

73. 1re *série*. — Orifice de $0^m\,00212$ de diamètre, de $0^m\,00000353$ de surface, d'abord libre et débouchant successivement dans des tuyaux de $0^m\,01$, $0^m\,02$, $0^m\,03$, $0^m\,04$, $0^m\,05$ de diamètre, ayant le premier $0^m\,20$ de longueur, et les autres $0^m\,50$; $t = 19° 5$; $b = 0,7552$; excès de pression en eau, $0^m\,0415$; $V = 25^m\,91$; volume d'air écoulé $0^{mc}\,1485$.

	libre	0,01	0,02	0,03	0,04	0,05
Durées des écoulements ...	2465″	2410″	2438″	2448″	2451″	2452″
Vitesses d'écoulement	17,06	17,44	17,24	17,18	17,16	17,15

la valeur de $\varphi = 17,06 : 25,91 = 0,658$.

Dans cette série les valeurs de $KLd^4 : D^5$ sont négligeables, car pour le plus petit tuyau, pour lequel elle est le plus grande, elle ne s'élève qu'à $0,00048$. Alors l'équation (2) se réduit à $1 - B = \varphi^2 V^2 : v^2$, et $1 : \sqrt{1 - B} = v : \varphi V$; la vitesse v' dans l'orifice réduit par la contraction $av : \varphi$, et le rapport de cette vitesse à celle provenant de la charge est $v : \varphi V$.

Valeurs de $v : \varphi V$.........	1	1,0228	1,0111	1,0076	1,0064	1,0058
Rapport des sections réelles.	1	33,84	131,98	304,65	530,81	840,29

74. *2ᵉ série.* — Orifice de $0^m\,00420$ de diamètre, de $0^m\,00001385$ de section, d'abord libre et débouchant successivement dans les mêmes tuyaux. $t = 19° 3$; $b = 0,757$; excès de pression en eau $0,0415$; $V = 25^m 81$; volume écoulé $0^{mc}\,1485$.

Durées des écoulements...	650″	591″	631″	643″	646″	648
Vitesses...............	$16^m 500$	$18^m 142$	$16^m 992$	$16^m 695$	$16^m 598$	$16^m 546$

valeur de la contraction $16,500 : 25,81 = 0,639$. Dans ces expériences, les valeurs de $KLd^4 : D^5$ sont : —

	0,014933	0,001161	0,000153	0,000036	0,000012
On a pour $V^2 : v^2$.........	2,024	2,308	2,391	2,429	2,433

et par suite pour les valeurs de $v' : V$

	1,1041	1,0302	1,0122	1,00452	1,0032
Rapports des sections.....	8,88	35,42	79,95	141,69	211,21

75. *3ᵉ série.* — Orifice de $0^m\,005938$, de $0^m\,00002767$ de surface, d'abord libre et débouchant successivement dans les mêmes tuyaux. $t = 19° 5$; $b = 0,757$; excès de pression en eau $0^m\,0415$; $V = 25^m 81$; volume écoulé $0^{mc}\,1485$.

Temps des écoulements...	319″	269‴	302″	311″	314″	316″
Vitesses...............	$16^m 825$	$19^m 951$	$17^m 771$	$17^m 257$	$17^m 091$	$16^m 985$

valeurs de la contraction $16,825 : 25,81 = 0,651$.

Valeurs de $KLd^4 : D^5$.....	0,05980	0,00462	0,00060	0,030144	0,000047
Valeurs de $V^2 : v^2$........	1,674	2,110	2,239	2,281	2,309
Valeurs de $v' : V$.........	1,2094	1,0586	1,0267	1,018	1,0113
Rapports des sections.....	4,36	17,39	39,27	69,58	109,07

76. *4ᵉ série.* — Orifice de $0^m\,0078608$ de diamètre, de $0^m\,00004852$ de surface, d'abord libre et débouchant successivement dans les mêmes tuyaux. $t = 19°$; $b = 0,762$; excès de pression $0,0415$ en eau ; $V = 25^m 87$; volume d'air écoulé $0^{mc}\,1485$.

Temps des écoulements...	176″	149″	161″	170″	173″	176″
Vitesses...............	17,390	20,542	19,038	18,010	17,691	17,390

Valeurs de la contraction, $17,390 : 25,87 = 0,672$.

Valeurs de $KLd^4 : D^5$......	0,1831	0,01422	0,00188	0,000441	0,000144
Valeurs de $V^2 : v^2$........	1,586	1,846	2,056	2,138	2,213
Valeurs de $v' : V$.........	1,256	1,0998	1,0385	1,0171	1,000
Rapports des sections.....	2,4088	9,6058	21,68	38,42	60,227

77. *5e série.* — Orifice de 0^m 01029 de diamètre, de 0^m 000083 de surface, d'abord libre et débouchant successivement dans les mêmes tuyaux, excepté le premier dont le diamètre est le même. $t = 19,5$; $b = 0,7535$; excès de pression 0,0415 en eau; $V = 26,00$; volume d'air écoulé 0^{mc} 1485.

Temps des écoulements...	106″	»	91″	98″	101″	103″
Vitesses.................	16,879	»	19,66	18,256	17,714	17,374

Valeur de la contraction, 16,879 : 26 = 0,649.

Valeurs de $KLd^4 : D^5$.....	»	»	0,0375	0,00192	0,00117	0,000384
Valeurs de $V^2 : v^2$........	»	»	1,749	2,030	2,154	2,340
Valeurs de $v' : V$....... ..	»	»	1,177	1,0881	1,0511	1,0298
Rapports des sections.....	»	»	5,814	13,1418	23,08	36,456

D'après ces expériences, pour les rapports de sections

2,41	4,36	5,814	8,88	9,6	13,14	17,39

les vitesses rapportées à celles de l'orifice sont

1,256	1,209	1,177	1,104	1,100	1,088	1,058

Ainsi les vitesses vont en décroissant à mesure que le rapport des sections augmente. Il est important de remarquer que, dans toutes les séries d'expériences, l'influence du frottement n'est sensible que sur le petit tuyau; par exemple, dans la quatrième, les vitesses relatives déduites des temps de l'écoulement sont 1,181; 1,093; 1,035; 1,017; 1, au lieu de 1,256; 1,0998; 1,0315; 1,0171; 1. Remarquons maintenant que si l'on diminuait progressivement le diamètre du tuyau, à partir d'un certain point, l'accroissement de vitesse devrait diminuer, parce que, quand le tuyau a le diamètre de l'orifice réduit, l'accroissement de vitesse devient nul; ainsi il y a un rapport de diamètre pour lequel la dépense est un maximum. Pour obtenir une valeur approchée de ce maximum ainsi que du rapport approché des sections correspondantes, j'ai fait deux séries d'expériences avec des tuyaux dont les diamètres croissaient suivant une loi moins rapide que dans les expériences précédentes.

78. *6e série.* — Orifice de 0^m 01029 de diamètre, de 0^m 000083 de surface, d'abord libre et débouchant successivement dans des tuyaux de 0^m 20 de longueur et de 0^m 012, 0^m 014, 0^m 016, 0^m 018 de longueur. $t = 12° 5$; $b = 0,752$; excès de pression en eau 0,041; $V = 25,49$. Volume d'air écoulé 0^{mc} 1485.

Temps des écoulements...	110″	87″	86″	88″	91″
Vitesses.................	16,265	20,565	20,840	20,331	19,061

Valeurs de la contraction 16,265 : 25,49 = 0,6380 ; la section de l'orifice est de 0,000052954.

Valeurs de $KLd^4 : D^5$.....	0,1920	0,08892	0,04563	0,02559
Valeurs de $V^2 : v^2$........	1,537	1,496	1,572	1,677
Valeurs de $v' : V$..........	1,349	1,321	1,269	1,2198
Rapports des sections....	2,257	3,072	4,012	5,078

79. 7ᵉ *série*. — Orifice de 0ᵐ 00786 de diamètre, de 0,00004852 de surface, d'abord seul et débouchant successivement dans des tubes de 0ᵐ 009 ; 0,010 ; 0,012 ; 0,014 ; 0,016 ; 0,018 ; 0,020 ; 0,025 ; 0,030 ; 0,035 ; 0,040 ; 0,045. Les huit premiers avaient 0ᵐ 20 de longueur et les derniers 0,30. $t = 13°$; $b = 0,761$; excès de pression en eau 0,041 ; V = 25,38 ; volume d'air écoulé 0ᵐᶜ 1485.

Temps des écoulements.		185″	155″	148″	148″	152″	159″
Vitesses correspondantes.		16,54	19,74	20,08	20,08	20,14	19,25
Temps des écoulements.	164″	167″	173″	176″	178″	179″	180″
Vitesses correspondantes.	18,66	18,32	17,69	17,39	17,19	17,10	17,00

Valeur de la contraction, 16,54 : 25,38 = 0,651.

Valeurs de $KLd^4 : D^5$.	0,3095	0,1802	0,07394	0,03420	0,01743	0,009881
Valeurs de $V^2 : v^2$...	1,653	1,506	1,506	1,588	1,738	1,850
Valeurs de $v' : \varphi V$...	1,325	1,331	1,283	1,232	1,171	1,132
Rapports des sections.	2,01	2,488	3,579	4,869	6,358	8,049
Valeurs de $KLd^4 : D^5$. 0,005712	0,001865	0,001131	0,0005224	0,0002684	0,0001486.	
Valeurs de $V^2 : v^2$... 1,919	2,058	2,130	2,180	2,203	2,212.	
Valeurs de $v' : \varphi V$... 1,111	1,071	1,052	1,040	1,035	1,033.	
Rapports des sections. 9,938	15,530	22,38	31,89	39,85	50,33.	

Dans toutes les séries d'expériences dont nous venons de rapporter les résultats, nous avons pris pour la section réelle de l'orifice, sa surface multipliée par la contraction ; mais comme on pourrait craindre que si l'orifice en mince paroi était remplacé par un tube, il n'y eût des différences, j'ai fait une nouvelle série d'expériences en employant (*fig.* 15) un petit tube à l'extrémité duquel j'ai placé successivement des tuyaux de différents diamètres. Avant de donner les éléments des observations il faut examiner comment on pourra obtenir la vitesse, abstraction faite des résistances. En désignant par R la résistance de l'air dans le petit tuyau et en conservant les notations précédentes, on aura évidemment

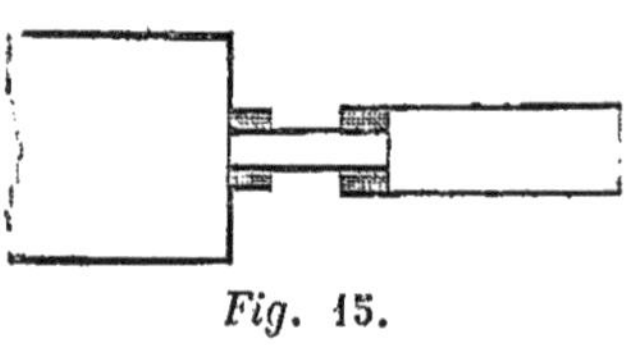

Fig. 15.

$$P - p = Rp + \frac{KL}{D} \times \frac{d^4}{D^4} p - Bp \ \; ; \ B = 1 - \frac{P}{p} + R + \frac{KL}{D} \frac{d^4}{D^4} \cdots\cdots (1)$$

pour le tuyau ouvert, on a

$$P - p' = Rp' ; \quad \text{d'où} \quad R = \frac{P}{p'} - 1 = \frac{V^2}{v'^2} - 1,$$

d'où l'on déduira la valeur de R ; alors, dans chaque cas particulier, l'équation (1) donnera la valeur de B, et la vitesse, abstraction faite des frottements, sera comme dans le cas d'un orifice en mince paroi.

$$v = V \sqrt{\frac{1}{1 - B}} = V \sqrt{\frac{1}{1 + \dfrac{V^2}{v^2} - \dfrac{V^2}{v'^2} - \dfrac{KL}{D}\dfrac{d^4}{D^4}}} ;$$

80. L'appareil était disposé comme l'indique la figure 15 ; le petit tuyau avait $0^m 077$, on y a appliqué successivement des tuyaux cylindriques de $0^m 01$; 0,012 ; 0,014 ; 0,016 ; 0,018 ; 0,020 ; 0,025 ; 0,030, de diamètre ; tous avaient $0^m 20$ de longueur ; on avait $t = 12°$; $b = 0,772$; l'excès de pression était $0^m 041$, par suite $V = 25^m,06$; le volume d'air écoulé était toûjours $0^{mc} 1485$.

Durée des écoulements, le tuyau étant libre.	152″	146″	131″	127″	133″
Vitesses correspondantes.	$20^m 93$	$21^m 84$	$24^m 33$	$25^m 092$	$23^m 96$
Durée des écoulements, le tuyau étant libre.	136″	137″	14.″	146″.	
Vitesses correspondantes.	$23^m 43$	$23^m 28$	$22^m 24$	$21^m 84$.	

La première donne $R = 0,425$.

Valeurs de $KLd^4 : D^5$	0,168	0,067	0,030	0,016	0,0088	0,0053	0,00173	0,00069
Valeurs de $P : p = V^2 : v^2$	1,316	1,060	1,00	1,094	1,144	1,159	1,209	1,316
Valeurs de $v : V$	1,176	1,333	1,370	1,237	1,187	1.172	1,090	1,060
Rapports des sections	1,68	2,42	3,30	4,31	5,46	7,34	10,52	15,18

Ainsi le maximum a lieu pour un rapport de section compris entre 2,42 et 3,30, et sa valeur est voisine de 1,37.

81. En partant des résultats de ces expériences, on pourrait, en traçant des courbes, obtenir les valeurs approximatives des accroissements de vitesse qui correspondent aux différents rapports de section ou de diamètre. Mais avant il faut essayer, si, par des considérations théoriques, on peut arriver à une formule qui représente les accroissements de vitesse et qui s'accorde avec l'expérience. Ce calcul a été fait pour les conduites d'eau par M. Bellanger au moyen de l'équation des quantités de mouvement. Lorsqu'un corps est sollicité par des forces dirigées dans le sens du mouvement, en désignant par m sa masse, par v' et v'' ses vitesses à deux époques différentes du mouvement et par F la force estimée en kilogrammes qui agit sur lui, on a $mv' - mv'' = \int F dt$, l''in-

tégrale étant prise entre les limites qui correspondent aux vitesses v' et v''. Pour appliquer ce principe au cas dont il s'agit, supposons qu'un fluide qui ne change pas sensiblement de densité dans son mouvement, s'écoule par un petit tuyau qui s'élargit brusquement; admettons que le fluide se détende immédiatement à l'entrée du second tuyau ; à une certaine distance, le mouvement deviendra régulier. Supposons que les vitesses soient les mêmes dans tous les points d'une même section du tuyau d'aval et à une certaine distance dans le tuyau d'amont. En désignant par m la masse du gaz qui s'écoule pendant un temps très-petit θ, en aval et en amont, à la distance où le mouvement devient régulier, l'accroissement de la quantité de mouvement sera $mv'' - mv'$, et la force correspondante sera $p_1 s''$, en désignant par s'' la section et par p_1 la détente produite par l'accroissement de section estimée en poids et en admettant que cette détente ait disparu au point du tuyau que nous considérons; on aura alors

$$mv'' - mv' = -p_1 s'' \theta ; \quad \text{ou} \quad m(v'' - v') = -p_1 s'' \theta \ldots\ldots\ldots (a)$$

Le second membre de l'équation est affecté du signe moins, parce que le premier est évidemment négatif. Si nous désignons par s' la section du premier tuyau, et par π le poids d'un mètre cube du fluide qui s'écoule, nous aurons $m = s'v'\pi\theta : g$; et comme $v''s'' = v's'$, l'équation précédente devient

$$\frac{v'^2}{g} (s'^2 - s's'') = - \frac{p_1 s''^2}{\pi} ;$$

la charge p_1 étant estimée en poids, si nous désignons par p' la même charge estimée en hauteur du fluide, nous aurons $p' = \frac{p_1}{\pi}$, et par suite l'équation se réduit à

$$\frac{v'^2}{g} (s'^2 - s's'') = - p's''^2.$$

mais comme $v'^2 : 2g$ représente la charge en hauteur de gaz qui correspond à la vitesse effective dans le premier tuyau, et que cette charge est égale à $P - p'$, la dernière équation devient

$$(P - p') 2 (s'^2 - s's'') = - p's''^2 ; \quad \text{d'où} \quad p' = P \frac{2 (s'^2 - s's'')}{s''^2 - 2(s'^2 - s's'')} ,$$

si on pose $\frac{s''}{s'} = m$, la valeur de p' devient enfin

$$p' = P \frac{2(m - 1)}{2(m - 1) - m^2} \cdots\cdots\cdots\cdots\cdots\cdots (b)$$

La valeur de p' a un maximum qui correspond à $m = 2$, à $p' = -P$, et à une vitesse égale à $1,41V$. Ce dernier résultat ne s'accorde pas exactement avec l'expérience, car dans toutes celles que j'ai rapportées, le maximum correspond à un rapport de section compris entre 2 et 3, et la vitesse maximum n'a jamais dépassé 1,37 . V.

Comme p' est négatif, sa valeur s'ajoute à celle de P pour produire la vitesse dans le premier tuyau, et on a alors $P + p'$ pour la charge correspondante à cette vitesse, qui devient

$$v = V \sqrt{\frac{m^2}{m^2 + 2 - 2m}} \cdot$$

En calculant d'après cette formule, les valeurs de v relatives à la première série d'expériences, on trouve

$$1,034 \qquad 1,073 \qquad 1,0018 \qquad 1,0011$$

tandis que nous avons obtenu

$$1,0228 \qquad 1,0111 \qquad 1,0064 \qquad 1,0058$$

Pour la seconde série, les vitesses calculées et observées sont

| Calcul | 1,1222 | 1,029 | 1,0129 | 1,0079 | 0,0046 |
| Observations | 1,1041 | 1,030 | 1,0122 | 1,0045 | 1,0032 |

Pour la troisième série, les vitesses calculées et observées sont

$$1,245 \qquad 1,061 \qquad 1,0262 \qquad 1,0148 \qquad 1,00925$$
$$1,2094 \qquad 1,0586 \qquad 1,0267 \qquad 1,0180 \qquad 1,0113$$

Pour la quatrième série, les vitesses calculées et observées ont été

$$1,391 \qquad 1,117 \qquad 1,0475 \qquad 1,0258 \qquad 1,016$$
$$1,256 \qquad 1,0993 \qquad 1,0385 \qquad 1,0171 \qquad 1,00$$

Pour la cinquième

$$1,185 \qquad 1,082 \qquad 1,044 \qquad 1,0280$$
$$1,177 \qquad 1,088 \qquad 1,0511 \qquad 1,0298$$

Pour la sixième

$$1,405 \qquad 1,335 \qquad 1,265 \qquad 1,209$$
$$1,349 \qquad 1,321 \qquad 1,269 \qquad 1,2198$$

Pour la septième

| 1,415 | 1,389 | 1,293 | 1,219 | 1,166 | 1,130 | 1,110 | 1,066 | 1,045 | 1,032 | 1,025 | 1,020 |
| 1,325 | 1,334 | 1,283 | 1,232 | 1,171 | 1,130 | 1,111 | 1,071 | 1,052 | 1,040 | 1,035 | 1,033 |

Pour la huitième

| 1,389 | 1,393 | 1,315 | 1,253 | 1,1194 | 1,143 | 1,099 | 1,068 |
| 1,176 | 1,333 | 1,370 | 1,237 | 1,187 | 1,172 | 1,090 | 1,060 |

82. Il résulte de tout cela que, surtout pour les variations de sections qui sont voisines du maximum, il n'y a pas entre le calcul et l'observation un accord satisfaisant. Ces différences ne peuvent pas provenir du mode de calcul employé pour corriger les résultats observés de l'influence du frottement, car, dans les deux premières séries, cette influence est nulle et dans toutes les autres elle n'est sensible que pour les premières, et dans toutes, excepté dans la cinquième série, les différences sont très-notables. Il est important de remarquer que dans la première série les expériences ayant duré plus de 2450", et chacune répétée ayant donné les mêmes résultats, ces résultats sont d'une grande exactitude ; pour attribuer à une erreur sur l'estimation du temps, la différence des nombres 1,0011 et 1,0058, provenant de la formule et de l'observation, il faudrait élever à 2463" le temps observé qui était de 2452"; une pareille erreur n'est pas admissible; car les deux expériences consécutives qui ont été faites ont indiqué la première 40'53"; la seconde 40'52"; d'ailleurs, dans cette série, les différences entre le calcul et l'observation sont de signes contraires pour les premières et les dernières expériences. Il serait possible que pour les expériences qui s'approchent du maximum, la résistance dans le tuyau fût plus grande que celle qui résulte du frottement, mais il est impossible de le reconnaître. Il ne me paraît pas douteux que les différences dont il s'agit proviennent de l'inexactitude des hypothèses admises pour établir la formule, savoir : la détente totale immédiate à l'extrémité du petit tuyau, et l'égalité de vitesse dans tous les points de la veine qui s'échappe par le grand tuyau ; cette dernière supposition ne se vérifie jamais.

Quoique la formule (6) ne s'accorde pas d'une manière satisfaisante avec l'expérience, on pourrait cependant l'admettre comme donnant des résultats suffisamment approchés dans le plus grand nombre des cas, surtout quand les tuyaux de conduite ont une grande longueur ; mais comme il est plus commode, au lieu de formules générales qui exigent des calculs, d'avoir des tableaux donnant les éléments dont a besoin, j'ai préféré, dans la formation du tableau relatif à la question qui nous occupe, partir des résultats de l'observation en traçant des courbes et prenant les nombres qui présentent la plus grande probabilité d'exactitude, surtout d'après la durée des expériences. C'est ainsi que j'ai formé le tableau suivant, qui contient les accroissements de vitesses et les valeurs de B, c'est-à-dire les accroissements de charge provenant de la détente. Je rappellerai à ce sujet qu'en appelant ψ le coefficient d'accroissement de vitesse la valeur de B est égale $1 - \frac{1}{\psi^2}$.

RAPPORTS des DIAMÈTRES.	VALEURS DE		RAPPORTS des DIAMÈTRES.	VALEURS DE	
	ψ	$B = 1 - \dfrac{1}{\psi_2}$.		ψ	$B = 1 - \dfrac{1}{\psi_2}$.
0,1	1,01	0,02	0,6	1,37	0,47
0,2	1,04	0,08	0,7	1,33	0,43
0,3	1,10	0,17	0,8	1,13	0,22
0,4	1,17	0,27	0,9	1,10	0,17
0,5	1,27	0,38	1,0	1,00	0,00

83. Dans les traités d'hydraulique, l'accroissement de charge résultant d'un accroissement brusque de section est représenté par une expression très-simple, qui se déduit de l'équation relative aux quantités de mouvement. En substituant dans cette équation à m sa valeur $s''v''\pi\theta : g$, elle donne

$$- p' = \frac{v''(v'' - v')}{g} \quad\dotsfill\quad (1)$$

et comme pour avoir la charge gagnée, rapportée à celle qui produit l'écoulement à l'extrémité du grand tuyau, il faut ajouter à la valeur de $- p'$, la différence des charges qui produisent l'écoulement dans le premier et le deuxième tuyau, cette charge totale devient

$$\frac{2v''(v'' - v')}{2g} + \frac{v'^2}{2g} - \frac{v''^2}{2g} = \frac{(v' - v'')^2}{2g} \quad\dotsfill\quad (2)$$

Ainsi l'accroissement de charge se trouve représenté d'une manière très-simple au moyen des vitesses d'amont et d'aval. Mais l'équation d'où ses expressions ont été déduites, ne s'accorde pas avec l'expérience, du moins pour les gaz, et il est très-probable qu'il en est de même pour les liquides ; et en supposant même que ces expressions soient exactes, elles ne pourraient servir à rien, car ces vitesses étant modifiées par la détente, ne pourraient être connues que par l'observation, ou en calculant leurs valeurs au moyen de la valeur générale de p'.

83. *Influence de la longueur du tuyau d'écoulement rélargi.* — Lorsqu'une veine de gaz pénètre dans un tube d'un plus grand diamètre, il en résulte, comme nous l'avons vu, un accroissement de dépense, résultant de l'épanouissement de la veine dans le tuyau. Cet effet, pour être complet, exige que le tuyau ait une certaine longueur, et il est important de la connaître au moins approximativement. J'ai fait à ce sujet plusieurs séries d'expériences dont je vais rapporter les résultats.

84. J'ai d'abord fixé dans la douille d'écoulement un tube de 0^m 10 de longueur et de 0^m 001973 de diamètre, garni à son extrémité libre d'un

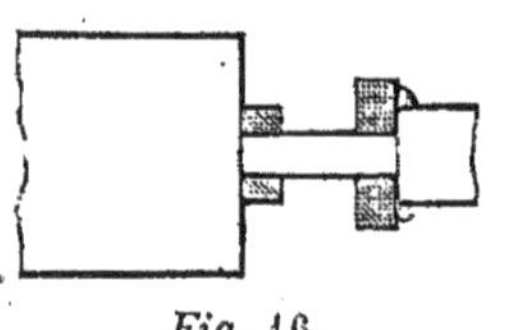

Fig. 16.

bouchon sur la surface duquel on fixait avec de la cire, des tubes de cuivre de 0^m 01 de diamètre et de différentes longueurs (*fig.* 16). Pour chacun on observait la durée de l'écoulement d'un même volume d'air (0^{mc} 1485), sous une pression constante 0^m 0415 en eau ; pendant la durée de ces expériences, la température et la pression barométrique n'ont pas éprouvé de changèments notables. Voici les résultats de ces expériences :

Longueurs des tubes.	0	0,006	0,008	0,010	0,012	00,14	0,016	0,018
Valeurs de θ........,	729″	729″	727″	728″	725″	723″	708″	704″

Longueurs des tubes.	0,020	0,024	0,028	0,054	0,10	0,20.
Valeurs de θ........	702″	696″	688″	677″	708″	710″.

Pour une autre douille de 0^m 00339 de diamètre, et pour des tubes de 0^m 01 on a obtenu les résultats suivants :

Longueurs des tubes.	0	0,012	0,016	0,020	0,028	0,050	0,10	0,20	0,25
Valeurs de θ........	363″	351″	343″	338″	329″	325″	326″	330″	331″

Pour une autre douille de 0^m 00392 de diamètre, et pour les mêmes tubes de 0^m 01 de diamètre on a obtenu les résultats suivants :

Longueur des tubes..	0	0,012	0,016	0,020	0,028	0,050	0,10	0,20
Valeurs de θ........	201″	184″	181″	178″	175″	173″	175″	180″

85. J'ai fait encore deux autres séries d'expériences, en faisant écouler l'air par un tuyau de 0^m 01 de diamètre

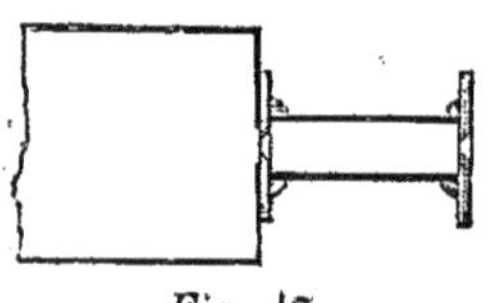

Fig. 17.

fermé par une plaque percée en mince paroi d'un orifice de 0^m 002, et plaçant un second orifice de même diamètre à une distance croissante du premier au moyen de tubes de 0^m 01 de diamètre (*fig.* 17).

Distances des diaphragmes.	0	0,002	0,006	0,01	0,014	0,018	0,026
Valeurs de θ	1860″	1860″	2170″	2352″	2573″	2609″	2700″

Distances des diaphragmes.	0,050	0,053	0,055	0,10;
Valeurs de θ.............	2754″	2745″	2744″	2703″;

et le second 0^m 004.

Distances des diaphragmes.	0	0,016	0,024	0,050	0,065	0,071
Valeurs de θ.............	290″	755″	759″	788″	780″	780″

Les trois premières séries, faites sur un tuyau libre, font voir que la longueur qui produit le maximum d'effet est comprise entre 0,28 et 0,10.

Pour la troisième série, le maximum d'effet a lieu pour une longueur comprise entre 0^m050 et 0^m055; enfin, pour la quatrième, ce maximum a lieu pour une longueur comprise entre 0,050 et 0,071. Les diamètres réels des premiers orifices dans les deux dernières séries étaient à peu près de $0,002 . 0,8 = 0,0016$; et de $0,006 . 0,82 = 0,0049$.

86. Enfin, j'ai employé cinq tubes de fer-blanc de $0^m 50$ de longueur, de $0^m 01$, $0^m 02$, $0^m 03$, $0^m 04$, $0^m 05$ de diamètre dans lesquels débouchaient successivement de petits tubes de $0^m 008$, $0^m 010$, $0^m 012$ de diamètre (*fig.* 18). Les grands tubes étaient garnis chacun de quatre tubulures, au moyen desquelles on pouvait observer les pressions latérales. J'ai reconnu dans toutes ces expériences que la pression était négative à l'ori-

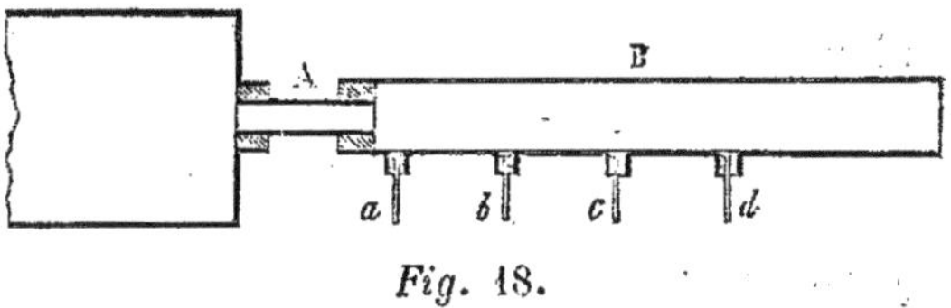

Fig. 18.

gine du tube et qu'elle décroissait rapidement pour croître ensuite positivement. J'ai admis que la longueur efficace du tube était celle où la pression de venait nulle.

En traçant des courbes représentant les pressions observées, j'ai pu déterminer avec une certaine approximation la distance à laquelle elle était nulle, et, en comparant avec la différence des diamètres des tubes, j'ai reconnu que la distance à laquelle les tubes ont produit le maximum d'effet est sensiblement représentée par la formule empirique

$$L = 6,5 (D - d).$$

Pour les cinq séries d'expériences que nous avons rapportées, les valeurs de L sont $0^m 052$; 0,643; 0,0396; 0,0546; 0,0331. Cette formule présente une approximation bien suffisante dans tous les cas qui peuvent se présenter, d'autant plus que dans le voisinage du maximum, d'assez grandes variations de longueur, dans un sens ou dans l'autre, sont presque sans influence.

87. *Écoulement par une série de tuyaux d'un diamètre croissant.* — Lorsqu'un gaz s'écoule par une série de tuyaux d'un diamètre croissant, il éprouve dans son mouvement une résistance provenant du frottement et une détente provenant des accroissements successifs de section. En supposant quatre tubes ayant des longueurs L, L_1, L_2, L_3 des diamètres D, D_1, D_2, D_3, on aura d'après ce qui précède

$$P - p = \frac{KL}{D} p + \frac{KL_1}{D_1} p_1 + \frac{KL_2}{D_2} p_2 + \frac{KL_3}{D_3} p_3 - B_1 p_1 - B_2 p_2 - B_3 p_3 \dots (1)$$

p, p_1, p_2, p_3 étant les charges correspondantes aux vitesses dans les différents tuyaux, et B, B_1, B_2 les coefficients d'accroissements correspondants aux accroissements de section. Or, quand un gaz n'est soumis
qu'à une charge assez faible pour ne pas changer sensiblement de densité, les vitesses dans les tuyaux sont en raison inverse des sections, et
les charges en raison directe des carrés des vitesses ; par conséquent
on aura

$$p_1 = p\,\frac{D^4}{D_1^4} \qquad p_2 = p\,\frac{D^4}{D_2^4} \qquad p_3 = p\,\frac{D^4}{D_3^4}$$

et par suite l'équation (1) devient

$$P - p = p\,\frac{KL}{D} + \frac{KL_1}{D_1}\,\frac{D^4}{D_1^4} + \frac{KL_2}{D_2}\,\frac{D^4}{D_2^4} + \frac{KL_3}{D_3}\,\frac{D^4}{D_3^4} - B_1\,\frac{D^4}{D_1^4} - B_2\,\frac{D^4}{D_2^4} - B_3\,\frac{D^4}{D_3^4}.$$

Si on supposait un nombre quelconque de tuyaux, on aurait

$$P - p = p\left\{ \Sigma\,\frac{KL}{D_n} \cdot \frac{D}{D_n^4} + \Sigma B\,\frac{D^4}{D_n^4} \right\}$$

J'ai vérifié la formule générale en employant cinq tuyaux ayant $0^m 05$,
$0^m 04$, $0^m 03$, $0^m 02$, $0^m 01$, de diamètre, et dont les longueurs étaient
de $0^m 50$, pour les quatre premiers, et $0^m 20$ pour le dernier ; l'air entrait
par le petit tuyau (*fig.* 19). La température était de $17° 5$; la hauteur

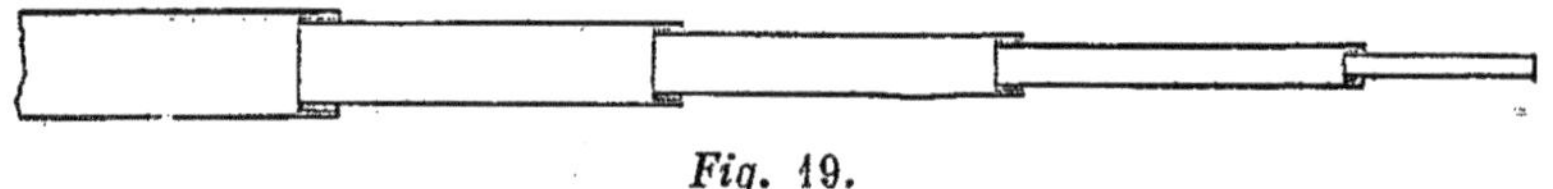

Fig. 19.

du baromètre de $0^m 7575$; l'excès de pression de $0^m 0415$ en eau ; la
durée de l'écoulement de $0^{mc} 1485$ a été de $94''$; par conséquent on
avait $V = 25^m 94$ et $v = 20^m 11$. Dans cette expérience la somme des
pertes de charge due au frottement était de $0,524\,p$. La valeur de A à
l'embouchure, et les valeurs de B dans les quatre tuyaux étaient

$+ 0,417 \qquad - 0,38 \qquad - 0,438 \qquad - 0,308 \qquad - 0,130.$

Alors la somme des pertes de charge provenant des changements brusques de section rapportés à la charge du petit tuyau était égale à

$0,417 \quad - 0,38 \quad - 0,438\,(\tfrac{4}{3})^4 \quad - 0,308\,(\tfrac{4}{3})^4 \quad - 0,13\,(\tfrac{4}{3})^4 ;$

ou

$0,417 \quad - 0,38 \quad - 0,0273 \quad - 0,0038 \quad - 0,00005 = \quad - 0,007 ;$

et par suite on a

$$P - p = p(0,524 - 0,007) = p \times 0,517 ; \quad p = P\,\frac{1}{1,517} ; \quad v = 25,94\,\sqrt{\frac{1}{1,517}} = 21,04.$$

88. *Accroissement de charge par un ajutage conique évasé réunissant deux tuyaux cylindriques.* — Je n'ai fait à ce sujet qu'une seule série d'expériences avec un ajutage conique dont l'angle au sommet était de 10° 20′; il était fixé à l'extrémité d'un ajutage cylindrique de 0^{mè} 008 de diamètre (*fig.* 20); le volume d'air écoulé était toujours 0^{m}1485; la température était de 20°, la hauteur du baromètre de 0^{m}766 ; la pression intérieure de 0,041 en eau, et par suite la vitesse due à la charge de 26^m 11. On a observé les durées de l'écoulement avec l'ajutage cylindrique libre, avec le cône fixé sur l'ajutage, et avec le cône

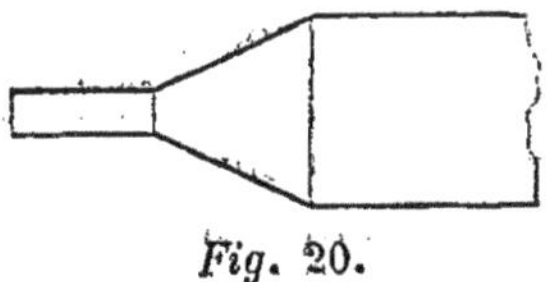
Fig. 20.

dans lequel on avait placé des cylindres de 0^m 20 de longueur et dont les diamètres étaient de 0^m 025, 0^m 020, 0^m 018, 0^m 016, 0^m 014, 0^m 012. Les durées des écoulements ont été de

151″   121″   122″   123″   125″   128″   129″   130″

et les vitesses correspondantes, dans l'ajutage cylindrique de 0,008, étaient de

19^{m}66   24^{m}54   24^{m}34   24^{m}11   23^{m}76   23^{m}20   23^{m}02   22^{m}84.

La résistance dans l'ajutage calculée comme nous l'avons vu était de 0,76, et les accroissements de charge dans le cône libre et dans le cône terminé par les cylindres ont été de

0,64   0,62   0,60   0,56   0,50   0,48   0,46.

Comparons maintenant ces résultats à ceux qu'on aurait obtenus si les accroissements de sections avaient eu lieu brusquement. Les rapports des sections étant

9,73   6.25   5,06   4,0   3,06   2,25

les accroissements de charge auraient été à peu près de

0,20   0,28   0,32   0,38   0,47   0,44.

Ainsi les accroissements de charge sont plus petits que ceux qui ont lieu pour un raccordement continu, mais les différences sont d'autant plus petites que le tuyau a un plus petit diamètre; or, si on remarque que le cylindre s'enfonce d'autant plus dans le cône qu'il a un plus petit diamètre, et que le cône doit avoir une certaine longueur pour produire son effet, il devient très-probable qu'un ajutage conique quelconque terminé par un cylindre, produira la même détente que quand il est libre, pourvu qu'il ait une longueur suffisante.

Influence d'un décroissement de section.

89. Lorsqu'un tuyau débouche dans un autre d'un diamètre beaucoup plus petit, nous avons vu que le coefficient de contraction était égal à 0,83 ; à mesure que le diamètre du premier tuyau diminue, la valeur de ce coefficient doit augmenter, car lorsque les deux diamètres sont égaux, le coefficient devient égal à l'unité. J'ai fait un certain nombre d'expériences pour déterminer la valeur de ce coefficient pour différents rapports des diamètres de tuyaux : pour cela je faisais écouler l'air par un tuyau (*fig.* 21) de 0ᵐ 20 de longueur et de 0ᵐ 01 de diamètre, à l'extrémité duquel je plaçais des tubes courts d'un plus petit diamètre. En désignant par V la vitesse due à la charge, par v et v' la vitesse d'écoulement par le premier tuyau, et par un

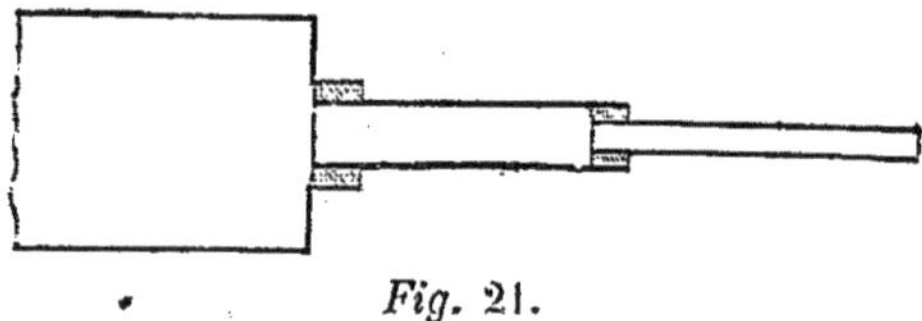

Fig. 21.

second placé à la suite du premier, par L et d la longueur et le diamètre du second tuyau, par R la perte de charge par le premier tuyau, et par x celle qui provient de la contraction à l'entrée dans le second, on a évidemment

$$v^2 = V^2 \frac{1}{1+R} \quad ; \quad v'^2 = V^2 \frac{1}{1+R+\dfrac{Kl}{d}+x}.$$

Mais je n'ai rien obtenu de complétement satisfaisant, probablement parce que j'ai été obligé d'employer des tubes courts et d'un petit diamètre ; pour les tubes courts, il y a une grande incertitude sur l'estimation de la résistance que l'air éprouve à les parcourir, et quand les diamètres sont très-petits, une très-faible erreur sur l'estimation de leur diamètre en a une très-grande sur les résultats du calcul. Cependant en partant de quelques expériences qui présentaient plus de chances d'exactitude, en admettant que pour $\frac{d}{D} = 0,1$, le coefficient en question est égal à 0,84, que pour $\frac{d}{D} = 1$, il est aussi égal à 1, et enfin qu'il doit varier dans le même sens que la valeur de φ pour les orifices en mince paroi, je suis arrivé à former le tableau suivant des contractions à l'origine des tuyaux :

Rapport de $\frac{d}{D}$...	0,1	0,2	0,3	0,4	0,5	0,6	0,7	0,8	0,9	1
Valeurs de φ....	0,83	0,82	0,83	0,85	0,88	0,91	0,94	0,95	0,98	1

Ces valeurs de φ ne sont réellement que des valeurs approchées, mais je les regarde comme suffisamment exactes pour toutes les applications.

Influence d'un ajutage conique. — Pour observer l'influence d'un ajutage conique s'ouvrant sur la section du tuyau d'écoulement, j'ai employé une série de cônes ayant différents angles au sommet et ajustés à l'extrémité du grand tuyau (*fig.* 22). Dans les premières expériences, les orifices avaient des diamètres diffé-

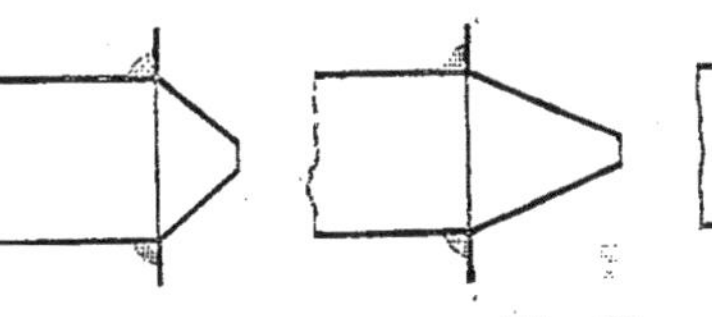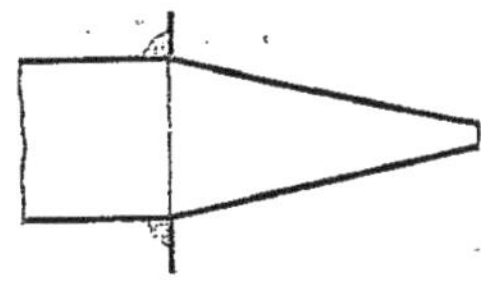

Fig. 22.

rents ; je les avais mesurés avec beaucoup de soin, mais j'ai trouvé pour les valeurs de φ des anomalies que je n'ai pu attribuer qu'aux irrégularités des orifices et aux petites erreurs dans la mesure des diamètres qui ont une très-grande influence sur le calcul des vitesses ; pour faire disparaître cette cause d'incertitude, les orifices des cônes ont été augmentés de manière à être sensiblement égaux et un peu plus grands que l'orifice d'une plaque à mince paroi ; cette plaque a été fixée successivement avec de la cire molle à l'extrémité de chaque cône ; de cette manière l'orifice d'écoulement était le même pour chacun d'eux, et les variations de vitesse ne pouvaient être attribuées qu'aux angles des cônes.

90. Pendant ces expériences la température était de 17°, la hauteur du baromètre de $0^m 762$, l'excès de pression $0^m 041$ en eau, et on avait par suite $V = 25,49$. Le volume d'air écoulé était toujours de $0^{mc} 1485$; le diamètre de l'orifice de la plaque était de $0^m 00786$, sa surface de $0^m 00004852$.

Angles des cônes.	24°	40° 24′	62°	80° 8′	100° 43′	125° 48′	141° 3′
Valeurs de θ.....	131″	140″	145″	146″	155″	163″	165″
Vitesses.........	$23^m 36$	$21^m 80$	$21^m 094$	$20^m 89$	$19^m 74$	$18^m 77$	$18^m 54$
Valeurs de φ.....	0,916	0,857	0,827	0,821	0,774	0,736	0,727

En traçant une courbe d'après les résultats de ces expériences on obtient pour la valeur de φ et les pertes de charge correspondantes les valeurs approchées renfermées dans le tableau suivant :

ANGLES.	VALEURS DE		ANGLES.	VALEURS DE	
	φ	$A = \dfrac{1}{\varphi^2} - 1.$		φ	$A = \dfrac{1}{\varphi^2} - 1.$
0°	1,00	0,00	100°	0,80	0,56
10	0,97	0,06	120	0,75	0,78
20	0,93	0,16	140	0,73	0,88
30	0,89	0,26	150	0,71	0,98
40	0,86	0,35	160	0,69	1,10
60	0,88	0,45	170	0,67	1,23
80	0,82	0,49	180	0,65	1,366

91. *Écoulement d'un gaz par une série de tuyaux cylindriques d'un diamètre décroissant.* — Lorsqu'un gaz s'écoule par une série de tuyaux d'un diamètre décroissant, il éprouve dans son mouvement deux espèces de résistances : l'une provient du frottement, l'autre des contractions qui se produisent à l'entrée du gaz dans chaque tuyau. En supposant quatre tubes ayant des longueurs L, L', L″, l, des diamètres D, D', D″, d, on aura d'après ce qui précède et en négligeant la perte de charge à l'embouchure

$$\text{P} - p_1 = \frac{\text{KL}}{\text{D}} p + \frac{\text{KL}'}{\text{D}'} p' + \frac{\text{KL}''}{\text{D}''} p'' + \text{A}p + \text{A}'p' + \text{A}''p'' + \text{A}'''p_1 \ \ldots \ (1)$$

p, p', p'', p_1 étant les charges correspondantes aux vitesses dans les différents tuyaux ; A, A', A″, A‴, les pertes de charge qui correspondent aux contractions. Or, quand un gaz n'est soumis qu'à une charge assez faible pour ne pas changer sensiblement sa densité, les vitesses dans les tuyaux sont en raison inverse des sections, et les charges en raison directe des carrés des vitesses ; par conséquent on aura

$$\text{P} = p_1 \frac{d^4}{\text{D}^4} \ \ ; \ \ p' = p_1 \frac{d^4}{\text{D}'^4} \ \ ; \ \ p'' = p_1 \frac{d^4}{\text{D}''^4} \ ;$$

et par suite l'équation (1) deviendra

$$\text{P} - p_1 = p_1 \left(\frac{\text{KL}}{\text{D}} \cdot \frac{d^4}{\text{D}^4} + \frac{\text{KL}'}{\text{D}'} \cdot \frac{d^4}{\text{D}'^4} + \frac{\text{KL}''}{\text{D}''} \cdot \frac{d^4}{\text{D}''^4} + \text{A} \cdot \frac{d^4}{\text{D}^4} + \text{A}' \frac{d^4}{\text{D}'^4} + \text{A}'' \cdot \frac{d^4}{\text{D}''^4} + \text{A}''' \right).$$

Si l'on supposait un nombre quelconque de tuyaux, en désignant suivant l'usage par Σ la somme des termes semblables, on aura

$$\text{P} - p_1 = p_1 \left\{ \Sigma \ \frac{\text{KL}}{\text{D}} \cdot \frac{d^4}{\text{D}^4} + \Sigma \ \text{A} \cdot \frac{d^4}{\text{D}^4} \right\} \ \ldots\ldots\ldots\ldots\ldots\ldots \ (2)$$

92. J'ai vérifié cette formule en employant une série de cinq tuyaux, ayant 0^m 05, 0^m 04, 0^m 03, 0^m 02, 0^m 01 de diamètre et dont les longueurs étaient de 0^m 50 pour les quatre premiers et de 0^m 20 pour le dernier. La température était de 17° 5; la hauteur du baromètre de 0^m 7575; l'excès de pression de 0^m 0415 en eau; la durée de l'écoulement de 0^{m} 1485 d'air a été dans trois expériences consécutives de 96″, 97″ et 97″; la section du petit tuyau étant de 0^m 00007853, en prenant 96″ 66 pour la valeur moyenne du temps, la vitesse d'écoulement est de 19^m 82. La vitesse due à la charge est de 25^m 94.

Les valeurs de KL : D sont.	0,24	0,30	0,40	0,60	0,48
Celles de A sont............	0,417	0,108	0,119	0,169	0,291
Celles de d^4 : D^4 sont.......	0,0016	0,0039	0,0121	0,0625	1

D'après les dimensions des tuyaux la somme totale des résistances provenant du frottement est égale à

$$0,00038 + 0,00117 + 0,00484 + 0,0375 + 0,48 = 0,5239 \ldots\ldots (1)$$

la somme des pertes de charge provenant des contractions est égale à

$$0,417 \left(\frac{1}{5}\right)^4 + 0,108 \left(\frac{1}{4}\right)^4 + 0,119 \left(\frac{1}{3}\right)^4 + 0,169 \left(\frac{1}{2}\right)^4 + 0,291 ;$$

ou à

$$0,00066 + 0,00042 + 0,00147 + 0,01056 = 0,291 = 0,3041 \ldots\ldots (2)$$

et par suite on a

$$P - p = p\,(0,5239 + 0,3041) = p \cdot 0,7280 ; p = P \cdot \frac{1}{1,728} ; v = 25,94 \sqrt{\frac{1}{1,728}} = 19,73.$$

Ainsi les valeurs de v déduites de l'observation et du calcul diffèrent très-peu. J'ai donné en détail (1) et (2), les pertes de charge provenant du frottement et des contractions, afin de faire voir la faible influence de ces deux éléments de résistance à mesure que les tuyaux augmentent de diamètre. Il est utile de remarquer que si le dernier tuyau était seul et appliqué directement sur le réservoir, la valeur de p serait P : (1,417 $+ 0,48) = 1,897$; ainsi la vitesse d'écoulement serait plus petite; la différence provient de ce que dans la série des tuyaux la perte de charge due à la contraction est réduite à 0,304 et que la perte de charge par les quatre tuyaux ajoutés est insignifiante.

93. *Tuyaux coniques placés entre deux tuyaux cylindriques.* — Lorsque deux tuyaux cylindriques sont réunis par un tronc de cône, la contraction varie très-peu avec l'angle du cône, car pour un angle de 180°, elle est de 0,84 et elle est 1 quand l'angle est nul. Je rapporterai seulement les résultats des expériences faites sur quatre tuyaux coniques. Les angles des cônes étaient de 23° 2′, 34° 12′, 44° 30′, 53° 12′ le diamètre de la petite douille cylindrique était de 0^m 0077, sa surface de 0^m 00004655.

J'ai observé la vitesse d'écoulement par la douille seule et ensuite par les ajutages coniques; l'excès de pression était de 0^{mc} 041 en eau; pour les deux premières, on avait V = 25^m 27; pour les deux dernières, V = 25^m 70. Les temps des écoulements de 0^{mc} 1485 d'air, successivement par la douille seule et par les quatre cônes, ont été de

$$150'' \qquad 138'' \qquad 140'' \qquad 140'' \qquad 141'';$$

les vitesses d'écoulement étaient par conséquent de

$$21^m 26 \qquad 23^m 11 \qquad 22^m 78 \qquad 22^m 78 \qquad 22^m 62,$$

et par suite on avait pour $v : V$

$$0,841 \qquad 0,914 \qquad 0,886 \qquad 0,886 \qquad 0,88.$$

En réunissant ces expériences avec d'autres faites sous des angles plus petits et plus grands, et en traçant une courbe, j'ai obtenu les résultats approximatifs renfermés dans le tableau suivant.

Angles..........	1°	10°	20°	30°	40°	60°	80°	100°	140°	180°
Valeurs de φ....	1	0,94	0,92	0,90	0,88	0,87	0,86	0,85	0,84	0,83

§ V. — ÉCOULEMENT PAR DES TUYAUX CYLINDRIQUES.

94. Je rapporterai seulement les expériences faites sur cinq tuyaux de cuivre étirés, d'un diamètre égal à 0^m 0097, d'une section égale à 0^m 000077 et dont les longueurs étaient de 0^m 20, 0^m 40, 0^m 60, 0^m 80, 1^m 0. La température était de 12° 5, la hauteur du baromètre de 0^m 760; l'excès de pression de 0^m 041, et par suite la vitesse due à la charge était de 25^m 42; le volume d'air écoulé a toujours été égal à 0^{mc} 1485.

Longueurs des tuyaux...	0^m 20	0^m 40	0^m 60	0^m 80	1^m 00
Valeurs de θ............	102''	116''	128''	141''	155''
Vitesses d'écoulement...	18^m 90	16^m 62	15^m 06	13^m 64	12^m 44
Valeurs de KL : D.......	0,40	0,89	1,385	1,88	2,375

La perte de charge à l'embouchure étant égale à 0,417, les valeurs de M dans l'expression $v = V : \sqrt{M}$, sont alors :

$$1,817 \qquad 2,307 \qquad 2,802 \qquad 3,297 \qquad 3,792$$

et les vitesses calculées sont

$$18^m 86 \qquad 16^m 73 \qquad 15^m 18 \qquad 14^m 00 \qquad 13^m 05$$

La dernière expérience est celle pour laquelle la vitesse calculée s'é-

loigne le plus de celle qui résulte de l'observation ; mais la différence
de la première à la seconde s'élève seulement à 4 centièmes de la première.

95. Ces expériences ont été reprises sur des tuyaux de cuivre étirés
de 0^m 0039 de diamètre intérieur et de 0^m 00001193 de section ; un tuyau
de 1 mètre de longueur a été coupé en quatre parties égales, et chacune à
ses deux extrémités avait exactement le même diamètre. La température
était de 20°, la hauteur du baromètre de 0^m 759 ; l'excès de pression
était de 0^m 041 en eau ; par suite on avait $V = 25^m$ 70 ; le volume d'air
écoulé était toujours de 0^{mc} 1485.

Longueurs des tuyaux...	0^m 25	0^m 50	0^m 75	1^m 00
Valeurs de θ.....	825″	1039″	1169″	1261″
Vitesses.....°.........	15^m 09	11^m 96	10^m 64	9^m 08
Valeurs de KL : D.......	1,538	3,0768	4,615	6,153
Valeurs de M..........	2,955	4,493	6,032	7,570
Vitesses calculées	14^m 95	12^m 12	10^m 46	9^m 34

96. J'ai fait aussi quelques expériences sur des tubes de verre de
1 mètre de longueur et de différents diamètres, mais inférieurs à 1 millimètre ; deux seuls étaient assez réguliers, du moins aux extrémités ;
pour chacun d'eux la vitesse d'écoulement était la même par l'un et
l'autre bout ; mais tous deux ont donné pour k le nombre 0,032. Je ne
sais si cette valeur de k, plus grande que celle des tubes métalliques,
provient de ce que la valeur de k augmente quand les diamètres des
tubes deviennent très-petits, ou d'une légère variation dans le diamètre
intérieur des tubes, ou seulement d'une petite erreur sur l'estimation
des diamètres.

Enfin j'ai fait quelques expériences, qui me paraissent importantes,
sur un même tuyau recouvert intérieurement de différentes matières.

97. Un tube de cuivre de 1 mètre de longueur, un peu conique, d'environ 0^m 01 de diamètre à son extrémité libre, sous une pression de
0^m 041 en eau, a débité 0^{mc} 1485 d'air à 12°, sous une pression extérieure
de 0^m 775 en 187″. Le même tube lavé avec une dissolution de potasse et
mouillé, a laissé écouler le même volume d'air dans les mêmes circonstances en 188″. Le même tube graissé, égoutté et essuyé avec une
éponge pour enlever l'huile en excès, a laissé écouler le même volume
d'air dans les mêmes circonstances en 189″. Un tube de bois carré ayant
à peu près 0^m 01 de côté, successivement nu et couvert d'une lame
mince d'étain, a laissé écouler le même volume d'air, dans les mêmes
circonstances, en 121″ et 120″. Il n'est pas douteux, d'après cela, que les
surfaces de cuivre, d'eau, d'huile, de bois, d'étain, n'agissent de la
même manière pour produire la variation de vitesse qu'on attribue au
frottement, car les faibles variations des durées de l'écoulement peuvent être attribuées à l'épaisseur de la couche d'eau, d'huile ou d'étain.

98. *Pressions latérales et longitudinales.* — J'ai fait un très-grand nombre d'expériences en plaçant un fil de verre rectiligne dans l'axe d'un tuyau parcouru par de l'air sous une charge constante; voici les résultats généraux de ces expériences.

Les pressions manométriques vont toujours en croissant à mesure que l'extrémité libre du tube de verre s'enfonce davantage dans le tuyau; la pression dans l'axe du tube est toujours plus grande que la charge qui correspond à la vitesse d'écoulement déduite du volume d'air écoulé par seconde. Les mêmes phénomènes se manifestent quand le tube de verre n'est pas placé dans l'axe du tuyau; mais les indications manométriques sont plus faibles, et d'autant plus que le tube de verre est plus éloigné de l'axe du tuyau. Sur le bord du tuyau et à son extrémité libre, la pression manométrique est plus petite que la charge correspondante à la vitesse d'écoulement.

Ce décroissement de pression manométrique se continue dans la veine d'air au delà du tuyau, et pour faire voir avec quelle rapidité il se produit, je citerai les résultats des expériences faites avec un tube de 0^m 20 de longueur, de 0^m 01 de diamètre, pour lequel la charge correspondante à la vitesse d'écoulement, déduite de la dépense par seconde, était de 0^m 020 en eau, la pression du gazomètre était de 0^m 041, à des distances de l'extrémité libre en dedans du tuyau de

0^m 000	0^m 0025	0^m 010	0^m 018	0^m 027	0^m 036	0^m 045	0^m 10

les pressions manométriques dans l'axe ont été de

0,030	0,0300	0,0301	0,0307	0,0313	0,0317	0,0318	0,0342

Le tube de verre étant toujours dans l'axe du tuyau, mais en dehors à des distances

0,0	0,005	0,010	0,015	0,022

les indications du manomètre ont été de

0,0301	0,030	0,0288	0,028	0,0275

En plaçant le petit tube de verre à l'extrémité du tuyau, au centre, au milieu du rayon et contre la surface intérieure du tuyau, les indications du manomètre ont été de 0^m 030, 0^m 0254, 0^m 0185.

99. Ce mode d'expérience ne pourrait pas être employé pour observer les pressions manométriques à de grandes distances de l'extrémité libre du tuyau et dans l'intérieur, à cause de la difficulté d'obtenir des fils de verre très-fins, droits et d'une grande longueur, mais surtout à cause de l'impossibilité de s'assurer que l'extrémité ouverte se trouve exactement dans l'axe du tuyau, condition indispensable pour que les résultats des expériences soient comparables, car les pressions dans chaque tranche varient rapidement de la circonférence au centre. Pour les tuyaux très-longs, j'ai employé des fils de verre recourbés qu'on introduisait dans des tubulures placées sur le tuyau, et dont on pouvait facilement diriger l'ouverture dans l'axe du tuyau.

Ces tubulures ont aussi servi à mesurer la pression contre la surface du tuyau en employant un tube droit dont l'extrémité se trouvait exactement dans la direction de cette surface.

100. Une première expérience a été faite sur un tube de $0^m 80$ de longueur, de $0^m 01$ de diamètre ; l'écoulement avait lieu sous une charge d'eau de $0^m 041$, et la charge correspondante à la vitesse était de $0^m 0122$. Le tuyau était composé de quatre parties égales de $0^m 20$ de longueur garnies chacune d'une petite douille dont l'axe était à une distance de $0^m 015$ de l'extrémité ; ces tuyaux étaient réunis par des douilles rendues étanches par de la cire molle ; on a placé successivement dans les tubulures à travers un bouchon, un fil de verre recourbé perpendiculairement, s'ouvrant dans l'axe du tube, et un fil de verre droit s'ouvrant sur la surface du tube. Les indications manométriques ont toujours été prises à l'instant où la cloche du gazomètre était descendue au même point afin d'éviter l'erreur résultant de la variation de pression provenant de l'immersion de la cloche dans l'eau, erreur négligeable quand on évalue la vitesse d'écoulement par le calcul ou par la dépense, mais qui ne l'est pas dans les expériences dont il est question. A des points séparés les uns des autres de $0^m 20$ les pressions dans l'axe du tube ont été de

$$0^m 03512 \qquad 0^m 02856 \qquad 0^m 02084 \qquad 0^m 0160 \ \ldots\ldots\ldots \ (a)$$

et les tensions perpendiculaires à l'axe et à la surface intérieure du tuyau ont été de

$$0^m 020126 \qquad 0^m 01286 \qquad 0^m 005635 \qquad 0^m 00054 \ \ldots\ldots\ldots \ (b)$$

Il est évident que si on connaissait les tensions perpendiculaires à l'axe et dans l'axe lui-même, en les retranchant des nombres (a), la différence représenterait la charge correspondante à la vitesse dans l'axe, charge qui doit être constante, car la vitesse de chaque filet élémentaire doit être la même ; j'ai vainement essayé de déterminer cette pression en enfonçant un petit tube à la profondeur de l'axe ; la présence du tube occasionne des perturbations, qui ne permettent pas de compter sur les résultats obtenus ; mais si on retranche les nombres (b) des nombres (a), on trouve

$$0,0150 \qquad 0,0157 \qquad 0,0152 \qquad 0,0154$$

nombres bien peu différents et dont la moyenne 0,0153 ne diffère pas de la tension de la veine centrale à l'extrémité libre du tuyau et à l'embouchure; ainsi la tension libre, en excès sur la charge d'écoulement, est la même au centre et à la circonférence du tuyau, et sans aucun doute dans les points intermédiaires. Les autres expériences que je vais rapporter donnent les mêmes résultats.

101. Pour un tuyau de 0^m 60, formé des trois premières parties du précédent, parcouru par de l'air sous une pression en eau de 0^m 041 et pour lequel la vitesse d'écoulement correspondait à une charge de 0^m 0147; à des points espacés de 0^m 20, les pressions manométriques dans l'axe du tuyau étaient

$$0^m\,03636 \qquad 0^m\,02532 \qquad 0^m\,02045$$

les pressions perpendiculaires à l'axe et sur la surface du tuyau étaient de

$$0^m\,01636 \qquad 0^m\,00625 \qquad 0^m\,00051$$

et les différences de ces pressions sont

$$0^m\,020 \qquad 0^m\,01907 \qquad 0^m\,01994$$

La tension à l'extrémité libre du tuyau et dans la direction de l'axe était à très-peu près 0^m 020.

102. Enfin pour un tuyau de 0^m 40, composé des deux premières parties du premier tuyau, parcouru par de l'air sous une charge de 0^m 041, et dont la vitesse d'écoulement correspondait à une charge de 0^m 0168, à des points espacés de 0^m 20, les pressions dans l'axe ont été de

$$0^m\,0358 \qquad 0^m\,0251$$

les pressions transversales

$$0^m\,0110 \qquad 0^m\,0003$$

et les différences

$$0{,}0248 \qquad 0{,}02407$$

Le fil de verre placé dans l'axe du tuyau et à l'extrémité libre indiquait 0^m 024.

Les mêmes expériences faites sur les mêmes tuyaux, mais avec une embouchure conique qui détruisait toute contraction à l'origine, et par suite la perte de charge correspondante, ont donné des résultats analogues.

103. Il résulte de toutes ces expériences : 1° que les indications manométriques pour les deux positions particulières de l'extrémité du tube de verre qui ont été employées, représentent bien les pressions qui ont été admises ; 2° que la pression manométrique dans l'axe du tuyau va en décroissant, de l'embouchure où elle est égale à la pression du réservoir jusqu'à l'extrémité libre ; 3° que la pression latérale va en dimi-

nuant de l'embouchure jusqu'à l'extrémité libre où elle est nulle ; 4° que la différence de ces deux pressions est constante d'une extrémité à l'autre du tuyau ; 5° que la vitesse dans l'axe est plus grande que la vitesse moyenne, car pour des tuyaux de

$$0^m 20 \qquad 0^m 40 \qquad 0^m 60 \qquad 0^m 80$$

de longueur, des charges correspondantes aux vitesses moyennes étaient de

$$0^m 0210 \qquad 0^m 0167 \qquad 0^m 0138 \qquad 0^m 107$$

et les charges correspondantes aux vitesses dans l'axe étaient

$$0,0301 \qquad 0,0243 \qquad 0,020 \qquad 0,0154$$

D'après les expériences que nous venons de rapporter, la charge dans l'axe du tuyau étant plus grande que celle qui correspond à la vitesse moyenne, il en résulte nécessairement qu'elle doit être plus petite dans les autres veines élémentaires.

104. Les pressions dans la direction du mouvement varient assez lentement à partir de l'orifice d'écoulement en dehors du tube. Pour un tuyau de 0^m 20 de longueur et de 0^m 01 de diamètre à des distances en dedans de 0^m 00, 0^m 02, 0^m 04, les charges ont été de 0^m 0301, 0^m 0312, 0^m 0313. A des distances en dehors du tube égales à

$$0^m \qquad 0^m 01 \qquad 0^m 02 \qquad 0^m 03 \qquad 0^m 04 \qquad 0^m 05 \qquad 0^m 08$$

les charges manométriques dans l'axe de la veine ont été de

$$0^m 0301 \quad 0^m 0288 \quad 0^m 0277 \quad 0^m 0242 \quad 0^m 0231 \quad 0^m 0216 \quad 0^m 0102$$

Des tuyaux de différentes longueurs ont donné des résultats semblables.

Ces expériences exigent que l'axe du tube qui reçoit la veine d'air soit placé exactement dans la veine, car une déviation, même assez faible, a une influence notable. Un tube de verre recourbé à angle droit dont une des parties était très-courte, coupée et usée perpendiculairement à l'axe, a été placé dans la veine très-peu au delà de l'orifice, de manière que l'extrémité fût dans l'axe de la veine, et on a fait tourner cette partie autour de l'autre, de manière qu'elle fît successivement avec l'axe de la veine des angles de

$$0° \qquad 45° \qquad 90° \qquad 125° \qquad 180° \qquad 225° \qquad 270° \qquad 315° \qquad 360°$$

les pressions indiquées par le manomètre en millimètres du tube incliné ont été de

$$+\,530 \quad +\,479 \quad -\,180 \quad -\,137 \quad -\,113 \quad -\,137 \quad -\,180 \quad +\,479 \quad +\,530$$

Ainsi la pression varie assez rapidement de 0° à 45° ; elle devient négative entre 45° et 90, le maximum de pression négative a lieu pour un angle voisin de 90°, et la pression négative est à peu près le tiers de celle qui correspond à la vitesse, du moins dans les circonstances des expériences.

La charge d'écoulement des veines élémentaires pouvant être observée directement à l'extrémité du tube, j'ai fait beaucoup d'expériences pour mesurer cette charge au centre du tuyau et à sa surface intérieure ; voici les résultats des expériences faites sur les quatre tuyaux de 0^m 04 de diamètre dont j'ai fait usage ; la pression du gazomètre était de 0^m 04.

Longueurs des tuyaux...	0^m 20	0^m 40	0^m 60	0^m 80
Charges de l'écoulement.	0^m 021	0^m 0167	0^m 0138	0^m 0107
Charges dans l'axe	0,031	0,0248	0,020	0,0154
Charges à la surface	0,01698	0,0125	0,00911	0,007488

et les rapports des tensions au centre et à la surface du tuyau sont

1,825   1,984   2,195   2,056

les rapports des vitesses sont

1,369   1,408   1,481   1,434.

En mettant à part les résultats obtenus sur le premier tuyau, pour lequel l'embouchure devait avoir une influence notable, le rapport moyen des charges au centre et à la circonférence sera 2,073 et le rapport moyen des vitesses serait 1,44.

105. Si on compare les charges au centre avec les charges correspondantes aux vitesses moyennes, on trouve pour ces rapports

1,47   1,48   1,45   1,44

nombres peu différents et dont la moyenne est de 1,46.

106. Si l'on supposait que les variations de charge du centre à la circonférence, eussent lieu uniformément, la somme de toutes les charges serait représentée par le volume d'un cylindre et d'un cône, ayant pour base commune la section du tuyau, la hauteur du cylindre serait la charge à la circonférence, et celle du cône l'excès de la charge au centre sur celle de la circonférence ; alors, en désignant par p, p', p'', les charges, au centre, à la circonférence, et celle qui correspond à l'écoulement moyen, on aurait $p'' = p' \times (p - p') : 3$. Pour les quatre tuyaux en question, les valeurs de p'' sont :

0^m 0216 0^m 0166 0^m 01274 0^m 01012.

Ces nombres étant très-rapprochés des charges qui correspondent aux vitesses moyennes, on s'éloignera peu de la vérité en admettant le décroissement régulier de charge que nous avons supposé. Il résulte de là que la charge moyenne doit peu différer de celle qui correspond aux filets qui se trouvent à une distance de la surface du tuyau égale à un tiers du rayon, et c'est, en effet, ce qui est confirmé par l'expérience; pour les quatre tuyaux dont nous nous occupons, les charges dans les filets distants de la surface de 0,33 du rayon ont été trouvées de

$$0^m 0213 \qquad 0^m 0161 \qquad 0^m 0125 \qquad 0^m 0111.$$

107. Mais cette régularité, au moins approchée, n'existe que pour de longs tuyaux, et à de grandes distances des points où il y a des changements brusques de section ; dans ce cas, il y a d'assez grandes perturbations dans le régime des veines élémentaires, et les variations de charge n'ont plus lieu uniformément.

Je me suis servi d'un appareil composé d'un petit tuyau de $0^m 008$ de diamètre, à l'extrémité duquel j'ai fixé successivement des tuyaux de fer-blanc de $0^m 20$ de longueur, et dont les diamètres étaient de $0^m 01$, $0^m 012$, $0^m 014$, $0^m 016$, $0^m 018$, $0^m 025$. J'ai d'abord observé pour chacun le temps de l'écoulement d'un volume d'air égal à $0^m 1485$; j'en ai déduit la vitesse d'écoulement, et par suite la charge correspondante à la vitesse d'écoulement, car on a :

$$v^2 = V^2 \, \frac{1}{m} \; ; \quad \text{d'où} \quad m = \frac{V^2}{v^2} \, ;$$

et comme $V^2 : v^2 = P : p$, P et p étant estimés d'une manière quelconque, la valeur de p en eau est égale à $P : m$. Voici toutes les données de ces expériences. La température était de 15°, la hauteur du baromètre de $0^m 7557$; l'excès de charge de $0^m 041$ en eau ; par suite on avait $V = 25,59$.

Valeurs de θ............	139″	130″	126″	133″	128″
	129″	138″			
Sections..............	0,00007853	0,000113	0,0001539	0,0002010	0,0002544
	0,000314	0,00049			
Vitesses..............	$13^m 62$	$10^m 11$	$7^m 65$	$5^m 56$	$4^m 56$
	$3^m 66$	$2^m 196$			
Valeurs de m...........	3,502	6,55	11,19	21,18	31,49
	48,88	135,8			
Valeurs de p...........	0,0117	0,00625	0,00366	0,00193	0,00130
	0,000838	0,000302			
Charges au centre.......	$0^m 0158$	$0^m 00968$	$0^m 00548$	$0^m 002858$	$0^m 00177$
	0,001158	0,000460			
Charges à la circonférence.	0,0096	0,00548	0,00316	0,00146	0,00085
	0,000617	0,0003088			
Charges à $\frac{1}{3}$ du rayon...	0,0131	0,0081	0,0048	0,0025	0,00162
	0,00108	0,000386.			

Il résulte de ces nombres que les charges à un tiers du rayon sont toujours plus grandes que les charges correspondantes aux vitesses moyennes.

Les rapports des charges au centre et à la circonférence, sont :

$$1{,}64 \qquad 1{,}76 \qquad 1{,}73 \qquad 1{,}95 \qquad 2{,}08 \qquad 1{,}87 \qquad 1{,}48$$

Les rapports des charges au centre aux charges correspondantes aux vitesses moyennes sont

$$1{,}35 \qquad 1{,}55 \qquad 1{,}49 \qquad 1{,}47 \qquad 1{,}36 \qquad 1{,}38 \qquad 1{,}36.$$

Les deux dernières séries de nombres sont très-irrégulières. Cependant on pourrait penser que les irrégularités proviennent des erreurs inévitables dans de pareilles expériences, et surtout de la position du tube destiné à recevoir la pression de l'air et à la transmettre au manomètre ; alors on pourrait admettre pour le rapport de la charge au centre et à la circonférence, le nombre 1,8 qui est la moyenne des nombres trouvés ; et 1,42 pour le rapport moyen de la charge au centre à celle qui correspond au volume écoulé. Mais comme ces expériences n'ont été faites que sur des tuyaux d'une petite longueur dans lesquels la résistance éprouvée par l'air était très-considérable, il ne faudrait pas admettre ce résultat comme général, et pouvant s'appliquer à tous les cas. Des expériences anémométriques faites avec beaucoup de soin par M. Grassi (Thèse sur le chauffage et la ventilation de l'hôpital Lariboisière), ont donné pour la vitesse d'écoulement dans un tuyau d'appel en maçonnerie de $1^m 55$ de section, au centre $3^m 757$, au tiers du rayon $3^m 715$, aux deux tiers du rayon $3^m 69$; à la circonférence elle devait peu différer de $3^m 66$; le rapport des charges au centre et à la circonférence était donc seulement de 1,05 nombre beaucoup plus petit que ceux que j'ai trouvés. La différence pourrait provenir de ce que le tuyau n'avait pas une assez grande longueur, relativement à sa section, jusqu'au point où les expériences ont été faites, ou de ce qu'il se prolongeait au delà, ou enfin, de ce que dans les tuyaux d'un grand diamètre les charges du centre à la circonférence ne décroissent pas aussi rapidement que dans les tuyaux d'un petit diamètre.

Quant aux charges à un tiers du rayon, elles ont toujours été plus grandes que celles qui correspondaient aux dépenses, et les vitesses déduites de ces charges rapportées aux vitesses réelles étaient 1,058, 1,16, 1,16, 1,13, 1,13 ; mais comme dans les expériences que nous avons rapportées précédemment, il y avait très-peu de différence, je pense que les différences trouvées dans les dernières expériences proviennent de ce que l'extrémité du tube de verre était un peu trop rapprochée du centre, et que dans tous les cas on obtiendra une valeur suffisamment approchée de la charge correspondante à la dépense, en prenant celle qui correspond au tiers du rayon à partir de la surface, pourvu que le tuyau soit cylindrique et d'une assez grande longueur.

§ VI. — INFLUENCE DES ÉTRANGLEMENTS
ET DES RENFLEMENTS.

Aucune expérience n'a encore été faite à ce sujet sur des tuyaux conduisant des gaz. Venturi et Eytelwein en ont fait sur des conduites d'eau; les phénomènes doivent être sensiblement les mêmes, j'en parlerai après avoir donné le résultat de mes propres expériences.

108. *Influence des diaphragmes à mince paroi.* — Considérons un tuyau cylindrique parcouru par un gaz et interrompu par un certain nombre de diaphragmes assez espacés pour que la veine de gaz ne rencontre cha-cun d'eux qu'a-près avoir rempli le tuyau (*fig.* 23). La perte totale de charge se compo-

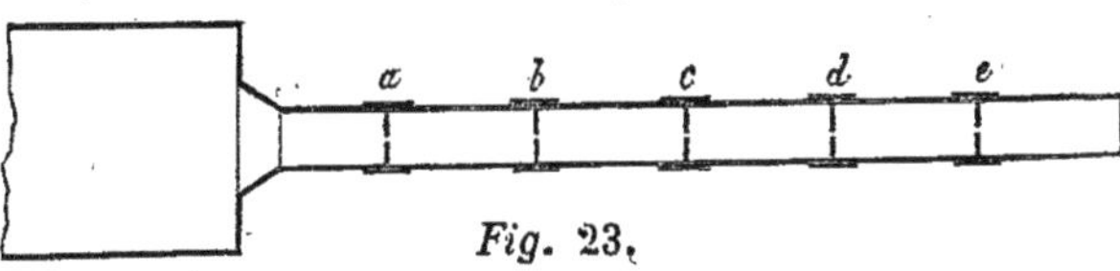

Fig. 23.

sera de celle qui a lieu à l'embouchure du tuyau, de celle qui résulte du frottement; de celle qui provient de la diminution de section, et enfin de la perte négative résultant de l'accroissement de section après chaque diaphragme : ainsi on aura en général :

$$P - p = Ap + \frac{KL}{D} p + \Sigma\left(\frac{D^4}{d^4\varphi^2} - 1\right) p - \Sigma Bp,$$

ou

$$P = p\left[1 + A + \frac{KL}{D} + \Sigma\left(\frac{D^4}{d^4\varphi^2} - 1\right) - \Sigma B\right];$$

d'où

$$v = V\sqrt{\frac{1}{1 + A + \frac{KL}{D} + \Sigma\left(\frac{D^4}{d^4\varphi^2} - 1\right) - \Sigma B}} \quad \dots\dots\dots \quad (1)$$

109. Dans une première série d'expériences, le tuyau avait 1^m de longueur, $0^m 0088$ de diamètre, il communiquait avec le réservoir par une embouchure conique qui faisait disparaître toute contraction à l'origine, et par conséquent, la valeur de A était nulle. J'ai employé successivement un et deux diaphragmes qui avaient $0^m 0021$ et $0^m 0018$ de diamètre ; pour ces rapports de D et d, la valeur de φ était à peu près égale à 0,66, d'où $\varphi^2 = 0,435$; on avait $KL : D = 2,72$; pour le premier diaphragme $D^4 : d^4\varphi^2 = 708$; pour le second $D^4 : d^4\varphi^2 = 1324$. Quant aux valeurs de B, pour le premier diaphragme le rapport du diamètre du tuyau au diamètre de la section contractée est à peu près 36, la valeur de B est

égale à 0,042 de la charge d'amont, c'est-à-dire, de celle qui correspond à la vitesse dans l'orifice du diaphragme, et estimée en fonction de la charge p d'écoulement dans le tuyau, la valeur de B sera 0,042 . 708 = 24,73; pour le second tuyau le rapport des sections réelles est égal à peu près à 45; la valeur de la détente est 0,035, et la valeur de B de la formule est 0,035 . 1324 = 46, 34. Alors la formule pour les deux cas devient :

$$v = V \sqrt{\dfrac{1}{2,72 + 708 - 24,73}} = V \sqrt{\dfrac{1}{685,99}} = 0,038\,V$$

$$v' = V \sqrt{\dfrac{1}{2,72 + 708 - 24,73 + 1324 - 46,34 - 1}} = V \sqrt{\dfrac{1}{1962,66}} = 0,02257\,V$$

Les expériences ont été faites sous une charge de 0^m 041 en eau; la température était de 15°, la hauteur du baromètre de 0^m 7751, et par suite on avait V = 25^m 27, v = 25,27 . 0,038 = 0,96, v' = 25,27 . 0,02257 = 0,57. Les temps de l'écoulement d'un même volume d'air (0^m 1485), ont été de 2440″ et 4375″, et comme la section du tuyau était égale à 0,006082, les vitesses résultant de l'expérience étaient 1^m et 0,556, nombres bien rapprochés de ceux fournis par le calcul.

110. Expériences faites avec le même tuyau, renfermant successivement 1, 2, 3, 4 diaphragmes percés d'orifices à minces parois de 0^m 0038 de diamètre, placés à une distance de 0^m 20;

Rapport du diamètre de l'orifice à celui du tuyau = 0,43;

φ = 0,66 ; φ^2 = 0,435; $D^4 : d^4\varphi^2$ = 66,27;

Rapport de la section du tuyau à la surface réelle de l'orifice = 12,32;

Détente après l'orifice 0,155; valeur de B = 0,155 . 66,27 = 10,27; les vitesses déduites de la formule, pour 1, 2, 3 et 4 diaphragmes, sont

$$v = V \sqrt{\dfrac{1}{2,72 + 66,27 - 10,27}} = V \sqrt{\dfrac{1}{58,72}} = V \cdot 0,1305$$

$$v = V \sqrt{\dfrac{1}{2,72 + 132,54 - 20,54 - 1}} = V \sqrt{\dfrac{1}{108,28}} = V \cdot 0,09610$$

$$v = V \sqrt{\dfrac{1}{2,72 + 198,81 - 30,81 - 2}} = V \sqrt{\dfrac{1}{168,72}} = V \cdot 0,07319$$

$$v = V \sqrt{\dfrac{1}{2,72 + 265,08 - 41,08 - 3}} = V \sqrt{\dfrac{1}{223,72}} = V \cdot 0,06686.$$

Les expériences ont été faites sous une charge de 0^m 041 en eau, la température était de 13°, la hauteur du baromètre était de 0^m 77665; donc on avait V = 24^m 96, et par suite les vitesses calculées étaient

$$3^m 25 \qquad 2^m 40 \qquad 1^m 92 \qquad 1^m 67$$

Les temps des écoulements d'un volume d'air égal à $0^m 1485$ ayant été de

$$724'' \qquad 1004'' \qquad 1242'' \qquad 1459''$$

et la section du tuyau étant de $0^m 00006082$, les vitesses déduites de l'observation sont

$$3^m 36 \qquad 2^m 43 \qquad 1^m 96 \qquad 1^m 66$$

111. Expériences faites avec le même tuyau, renfermant successivement 1, 2, 3 et 4 diaphragmes percés d'orifices à minces parois de $0^m,0056$ de diamètre, placés à une distance de $0^m 20$.

Rapport du diamètre de l'orifice à celui du tube $0^m 636$;

$\varphi = 0,7$; $\varphi^2 = 0,49$; $D^4 : d^4 \varphi^2 = 12,40$;

Rapport de la section du tuyau à celle de l'orifice réel, 5 ;

Valeur de B, $0,318 \cdot 12,4 = 3,95$.

D'après cela les vitesses déduites de la formule deviennent

$$v = V \sqrt{\frac{1}{2,72 + 12,40 - 3,95}} = V \sqrt{\frac{1}{11,17}} = V \cdot 0,2992$$

$$v = V \sqrt{\frac{1}{2,72 + 24,80 - 7,90 - 1}} = V \sqrt{\frac{1}{18,62}} = V \cdot 0,2318$$

$$v = V \sqrt{\frac{1}{2,72 + 37,20 - 11,85 - 2}} = V \sqrt{\frac{1}{26,07}} = V \cdot 0,1958$$

$$v = V \sqrt{\frac{1}{2,72 + 49,60 - 15,80 - 3}} = V \sqrt{\frac{1}{33,52}} = V \cdot 0,1728.$$

Les expériences ont été faites comme les précédentes sous une charge de $0^m 041$ d'eau, la température était de $14°$, la hauteur du baromètre de $0^m 773$; on avait $V = 25^m 37$, et par suite les valeurs calculées étaient

$$7^m 59 \qquad 5^m 87 \qquad 4^m 96 \qquad 4^m 38$$

Les temps des écoulements d'un même volume d'air ($0^m 1485$) ayant été de

$$330'' \qquad 422'' \qquad 485'' \qquad 540''$$

et la section du tuyau étant de $0^m 00006082$, les vitesses déduites de l'observation sont

$$7^m 40 \qquad 5^m 78 \qquad 5^m 03 \qquad 4^m 52$$

112. Expériences faites avec le même tuyau, renfermant successivement 1, 2, 3, 4 diaphragmes de $0^m 0078$ de diamètre, placés à des distances de $0^m 20$.

Rapport du diamètre de l'orifice à celui du tuyau 0^{m}88;

$\varphi = 0,856$; $\varphi^2 = 0,733$; $D^4 : d^4\varphi^2 = 2,20$;

Rapport de la section du tuyau à celle de l'orifice, 1,735; valeur de B, 0,28 . 2,20 $= 0,6226$.

D'après ces nombres, les vitesses deviennent :

$$v = V\sqrt{\dfrac{1}{2,72 + 2,20 - 0,616}} = V\sqrt{\dfrac{1}{4,304}} = V \cdot 0,4820$$

$$v = V\sqrt{\dfrac{1}{2,72 + 4,40 - 1,232 - 1}} = V\sqrt{\dfrac{1}{4,888}} = V \cdot 0,4523$$

$$v = V\sqrt{\dfrac{1}{2,72 + 6,60 - 1,848 - 2}} = V\sqrt{\dfrac{1}{5,472}} = V \cdot 0,4275$$

$$v = V\sqrt{\dfrac{1}{2,72 + 8,80 - 2,464 - 3}} = V\sqrt{\dfrac{1}{6,056}} = V \cdot 0,4064.$$

Ces dernières expériences ont été faites sous la même charge 0^{m}041 que les précédentes, la température était de 13° 5; la hauteur du baromètre de 0^{m}774; dans ces circonstances on a V $= 25^m$24, et par suite les valeurs de v sont

$$12^m16 \qquad 11^m41 \qquad 10^m79 \qquad 10^m26$$

Les temps des écoulements d'un même volume d'air (0^{m}1485) ayant été de

$$205'' \qquad 218'' \qquad 222'' \qquad 232''$$

et la section du tuyau étant de 0^{m}00006082, les vitesses déduites de l'observation sont

$$11^m87 \qquad 11^m16 \qquad 10^m96 \qquad 10^m49.$$

Les résultats du calcul de l'observation étant aussi rapprochés qu'on pouvait l'espérer dans des expériences aussi délicates, on ne peut pas mettre en doute l'exactitude de la formule dont nous nous sommes servi.

113. Mais cette formule suppose nécessairement que les diaphragmes sont à une distance suffisante pour que la veine de gaz qui sort d'un orifice se soit épanouie dans toute la section du tuyau avant de rencontrer le diaphragme suivant; s'il n'en était pas ainsi, l'influence du second diaphragme serait d'autant plus faible qu'il serait plus rapproché du premier. Ainsi, comme nous l'avons fait voir par expérience, si le second diaphragme est d'abord très-voisin du premier, son influence sera nulle, elle croîtra jusqu'à une certaine distance, au delà de laquelle elle restera constante. Ceci suppose pourtant que la longueur du tuyau reste constante, car si le second diaphragme était placé à l'extrémité

d'un tuyau dont on ferait varier la longueur, l'influence du frottement s'ajouterait à celle de la distance des orifices, et, par conséquent, la vitesse d'écoulement diminuerait constamment. J'ai donné précédemment une valeur approximative de la distance à laquelle les veines de gaz remplissent les tuyaux ; cette longueur est 6,5 $(D - d)$; elle excède certainement la vérité, mais il vaut mieux dans ce cas dépasser un peu la limite.

Eytelwein a fait au sujet de la question qui nous occupe, mais avec de l'eau, des expériences qui sont consignées dans le *Traité d'hydraulique* de Dubuisson. Eytelwein a pris des tubes de $0^m 0262$ de diamètre, et dont les longueurs étaient de

$$0^m 007 \quad 0^m 013 \quad 0^m 026 \quad 0^m 052 \quad 0^m 079 \quad 0^m 131 \quad 0^m 314 \quad 0^m 628 ;$$

à chacune de leurs extrémités se trouvait une mince feuille de cuivre, percée d'un orifice de $0^m 0131$ de diamètre; ils ont été adaptés horizontalement à un réservoir, et l'on a constaté la dépense de chacun d'eux; en désignant par 1 la dépense due à la charge, les dépenses par les tubes ont été de

$$0,626 \quad 0,622 \quad 0,614 \quad 0,568 \quad 0,509 \quad 0,487 \quad 0,481 \quad 0,478.$$

Ainsi la dépense a diminué constamment avec la longueur. On ne peut rien déduire de ces expériences, car il est évident que les résultats sont modifiés par le frottement. D'après la formule empirique relative au minimum de distance qui doit séparer les diaphragmes, dans le cas dont il s'agit, elle serait, $0^m 0131 . 6,5 = 0,085$; ainsi elle serait comprise entre la première et la seconde longueur.

Eytelwein a encore placé dans un tube de $0^m 0262$ de diamètre quatre petites platines, percées chacune d'un orifice de $0^m 0065$ de diamètre; lorsqu'elles étaient à une distance de $0^m 0065$, la dépense était de 0,622; les platines étant espacées de $0^m 314$, la dépense a été réduite à 0,331. Dans cette expérience, comme dans les précédentes, les résultats obtenus ont été modifiés par le frottement, et on ne peut rien en conclure.

114. *Rétrécissement d'une conduite par un tuyau d'un plus petit diamètre (fig. 24).* — Dans le cas dont il s'agit, le gaz, à l'entrée d'un petit tuyau, éprouve une contraction, et par suite il y a une perte de charge A ; en parcourant le tuyau, il y a une perte de charge par le frottement, et enfin, à la sortie, il y a une détente B, qui augmente

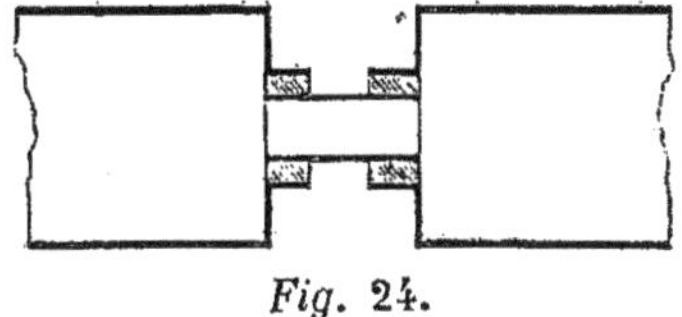

Fig. 24.

la charge; les valeurs de A ayant été calculées en fonction de la pression d'aval, et celles de B en fonction de la pression d'amont, en désignant par p la charge dans le tuyau de conduite, par p' celle qui correspond à la vitesse dans le petit tuyau, la perte de charge sera

$$p'(A - B) + p' - p + \frac{Kl}{D} p' ; \quad \text{ou} \quad \frac{D^4}{d^4} (A - B)p + \left(\frac{D^4}{d^4} - 1\right) p + \frac{Kl}{D} \cdot \frac{d^4}{D^4} p. \text{ (a)}$$

Le dernier terme qui représente la perte de charge due au frottement dans le petit tuyau, sera peu considérable relativement aux deux premiers, à moins que ce tuyau n'ait une très-grande longueur. On voit facilement que la perte de charge croît indéfiniment avec le rapport $D : d$; et il est évident qu'il doit en être ainsi, car la vitesse d'écoulement doit devenir nulle pour $d = 0$. En négligeant le dernier terme qui est sensiblement nul, quand sa longueur excède peu trois ou quatre fois son diamètre, et en prenant successivement pour $D : d$ les nombres

2	4	6	8	10

les valeurs de A seront

0,207	0,434	0,437	0,425	0,417

celles de B seront

0,3812	0,1427	0,0663	0,0293	0,0241

par suite, on aura pour A — B.

— 0,174	+ 0,291	+ 0,371	+ 0,396	+ 0,393

et les valeurs des deux premiers termes de l'expression (a) seront

$(-2,78 + 15)p$	$(74,24 + 255)p$	$(479,5 + 1295)p$	$(1597,4 + 4095)p$	$(3926 + 9999)p$

ou

$12,22 \cdot p$	$329,24 \cdot p$	$1774,5 \cdot p$	$5692,4 \cdot p$	$13925 \cdot p.$

Si le tuyau qui précède l'étranglement n'avait qu'une petite longueur, de manière qu'on pût négliger la résistance due au frottement, et s'il avait dans le réservoir une embouchure conique, de manière que le gaz n'éprouvât pas de contraction à son entrée; de plus si la seconde partie du tuyau avait seulement la longueur nécessaire pour que le gaz le remplît complétement avant de s'échapper, les vitesses d'écoulement seraient données par la formule $v^2 = V^2 : (1 + R)$, R étant la résistance provenant de l'étranglement, et on aurait pour v

$0,275 \cdot V$	$0,055 \cdot V$	$0,0237 \cdot V$	$0,0132 \cdot V$	$0,00847 \cdot V.$

115. Il est important de remarquer que dans aucun cas, le premier

terme de l'expression de la perte de charge, $p'\,(-\,B + A\,)$ ne peut être négligé, quelque petite que soit la différence A—B, parce que cette quantité devant être estimée en fonction de p, le facteur $D^4 : d^4$, qui multiplie cette différence, peut la rendre très-considérable. Il est évident que si le tuyau de conduite était très-long, ou si le gaz éprouvait, par d'autres causes que le frottement, de grandes résistances, l'effet d'un étranglement serait d'autant moins sensible que les autres résistances seraient plus considérables.

116. Si le tuyau avait plusieurs étranglements égaux, dans les conditions dont nous venons de parler, et où la résistance provenant du frottement peut être négligée, en désignant par Rp la résistance provenant d'un étranglement, on aurait

$$v = V \sqrt{\frac{1}{1 + n\mathrm{R}}}$$

Ainsi la vitesse varierait sensiblement en raison inverse de la racine carrée du nombre des étranglements.

Les expériences que j'ai faites sur les étranglements par des diaphragmes percés d'orifices à minces parois, s'accordant d'une manière très-satisfaisante avec la formule, je me suis dispensé de les répéter sur des tuyaux étranglés par d'autres d'un plus petit diamètre.

Si le rétrécissement avait lieu d'une manière continue (*fig. 25*), l'expression générale de la perte de charge serait évidemment la même que quand les variations de sections sont brusques ; seulement, les valeurs de A et de B seraient différentes.

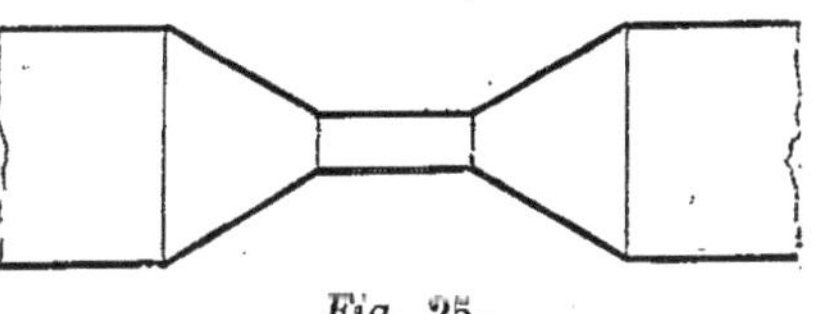

Fig. 25.

117. *Influence des rélargissements brusques ou continus de la section dans un tuyau de conduite.*— Lorsqu'un tuyau de conduite augmente de section brusquement, ou d'une manière continue sur une longueur plus ou moins grande, la veine de gaz éprouve d'abord une détente qui augmente la dépense; mais la veine, en remplissant le tuyau, occasionne une perte de charge $p-p'$, p étant la charge qui produit l'écoulement dans le tuyau, et p' celle qui correspond à la vitesse dans le tuyau rélargi; enfin, à la sortie, il y a une perte de charge, due à la contraction de la veine.

Dans le cas où le changement de section a lieu brusquement, et où le tuyau rélargi a une longueur suffisante, en désignant par d le diamètre du tuyau, par D celui du tuyau rélargi, et en conservant les notations précédentes, la perte de charge sera :

$$p\,(-\,B + A) + p - p' + \frac{Kl}{D}\,p'\,; \text{ ou } p\,(-\,B + A) + p\left(1 - \frac{d^4}{D^4}\right) + \frac{Kl}{D}\cdot\frac{d^4}{D^4}\,p;\ (1)$$

Si l'on suppose que d étant constant, D prenne des valeurs croissantes, la valeur de B augmentera jusqu'à $D^2 : d^2 = 3$; au delà elle diminuera très-rapidement; la valeur de A, au contraire, ira en croissant de 0 à 0,417, qu'elle atteindra pour $D : d = 10$; pour de plus grandes valeurs de $D : d$, elle restera constante; ainsi la perte de charge a une limite $p \cdot 1{,}417$ qu'elle ne peut dépasser, et qui est sensiblement atteinte pour $D : d = 10$. Si on suppose successivement $D : d$ égal à

$$2 \qquad 4 \qquad 6 \qquad 8 \qquad 10$$

les valeurs de A et de B seront les mêmes que pour le rétrécissement du tuyau, et les valeurs des pertes de charge seront

$$p \left(- 0{,}174 + 1 - \frac{1}{16} \right); \ p \left(0{,}291 + 1 - \frac{1}{256} \right); \ p \left(0{,}371 + 1 - \frac{1}{1296} \right);$$

$$p \left(0{,}396 + 1 - \frac{1}{4096} \right); \ p \left(0{,}393 + 1 - \frac{1}{10000} \right);$$

ou

$$0{,}888 \qquad 1{,}295 \qquad 1{,}371 \qquad 1{,}396 \qquad 1{,}393.$$

Ainsi, pour $D : d = 4$, on atteint une perte qui varie ensuite très-lentement avec le rapport $D : d$; la limite extrême a lieu, quand $D : d$ est assez grand pour que la valeur de B soit sensiblement nulle; elle est évidemment égale à 1,417.

118. Il est important de remarquer qu'en ayant égard au frottement dans la partie rélargie du tuyau, le rélargissement, s'il était suffisamment prolongé, pourrait produire une perte de charge plus petite que s'il n'y avait pas de rélargissement, et il suffirait évidemment pour cela que l'on eût

$$\frac{Kl}{D} \cdot \frac{d^4}{D^4} + \left(1 - \frac{d^4}{D^4} \right) + (A - B) < \frac{Kl}{d}.$$

ce qui est toujours possible. Ainsi, pour $D : d = 2$, la perte de charge, due au rélargissement brusque, est, comme nous l'avons vu, 0,888; mais si le tuyau rélargi a un diamètre égal à $0^m 10$, et une longueur de

$$1^m \qquad 5^m \qquad 10^m \qquad 100^m \qquad 1000^m$$

les valeurs de $\frac{Kl}{D}$, dans le tuyau rélargi, seront

$$0{,}03 \qquad 0{,}15 \qquad 0{,}3 \qquad 3{,}0 \qquad 30$$

et les valeurs de $\frac{Kl}{D}$ dans le tuyau sans rélargissement, seraient

$$0{,}48 \qquad 2{,}40 \qquad 4{,}8 \qquad 48 \qquad 480$$

119. Pour vérifier l'exactitude de ces formules, j'ai observé la vitesse d'écoulement de l'air, à travers un tuyau rélargi (*fig.* 26); les douilles extrêmes avaient toutes deux un diamètre de 0^m 006786, et pour section, 0^m 000036; la longueur de la première était de 0^m 05, celle de l'autre de 0^m 03; les tuyaux intermédiaires

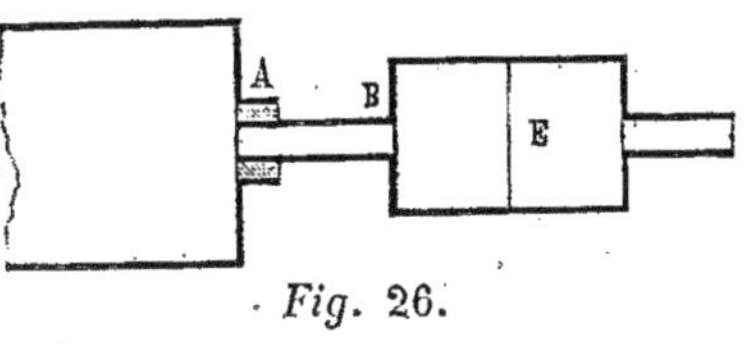

Fig. 26.

avaient 0^m 20 de longueur, et des dimensions variables. Le volume de gaz écoulé était toujours de 0^{mc} 1485, et pendant la durée des expériences, on avait V = 25,38.

Diamètres des tuyaux E..	0^m 12	0^m 14	0^m 16	0^m 18	0^m 20	0^m 25
Valeurs de θ............	247″	260″	261″	263″	270″	270″
Vitesses d'écoulement ...	16^m 72	15^m 86	15^m 80	15^m 68	15^m 27	15^m 27

Avec la douille AB seule, la durée de l'écoulement a été de 203″, et la vitesse de 20^m 32.

Valeurs de $\dfrac{KL}{D} \cdot \dfrac{d^4}{D^4}$	0,0402	0,018	0,0077	0,00537	0,00316	0,00103
Valeurs de $1 - \dfrac{d^4}{D^4}$	0,8980	0,9447	0,9743	0,9798	0,9868	0,9946

Perte de charge dans l'ajutage AB, déduite de l'écoulement par cet ajutage seul :

	0,56	0,56	0,56	0,56	0,56	0,56
Valeurs de A..........	0,241	0,300	0,327	0,360	0,385	0,417
Valeurs de B..	0,456	0,365	0,290	0,240	0,2248	0,146

En faisant la somme de toutes ces pertes de charge, les valeurs de B étant négatives, et en y ajoutant 1, on aura pour les valeurs de la résistance

	2,2832	2,4577	2,5790	2,6652	2,7102	2,8266
et pour les vitesses......	16^m 72	16^m 19	15^m 84	15^m 54	15^m 44	15^m 10

120. J'ai ensuite employé cinq tuyaux placés à la suite (*fig.* 27), dont les longueurs étaient de

0^m 50	0^m 50	0^m 50	0^m 20	0^m 50

et les diamètres

0^m 05	0^m 04	0^m 03	0^m 01	0^m 02;

la température était de 17° 5; la hauteur du baromètre de 0^m 7575; l'excès de pression de 0^m 0415 en eau; la vitesse due à la charge était par conséquent de

Fig. 27.

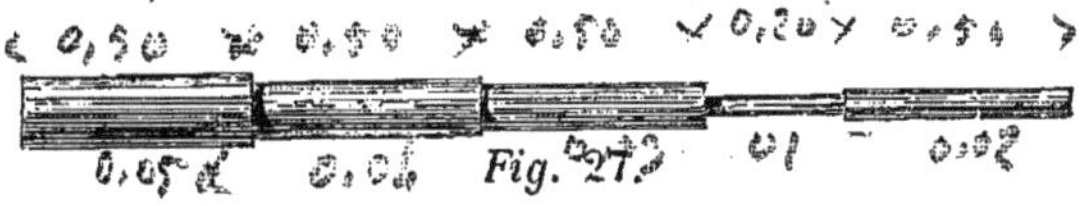

25^m 94. La durée de l'écoulement de 0^{mc} 1485 d'air a été de 90; en calculant, pour plus de simplicité, la vitesse dans le petit tuyau, dont la section est de $0^m,0000753$, on trouve $v = 21^m 10$.

Valeurs de KL..........	0,24	0,30	0,40	0,48	0,60
Valeurs de $d^4 : D^4$......	0,0016	0,0039	0,0121	1	0,0625

La résistance totale du frottement est alors égale à $p \cdot 0,524$.

Valeurs de A et de B.....	0,417	0,108	0,119	0,276	— 0,38

et comme les contractions sont rapportées aux pressions d'aval, et les détentes aux pressions d'amont, la somme des pertes de charge provenant des changements brusques de section est égale à

$$0,417 \cdot \left(\frac{1}{5}\right)^4 + 0,108 \left(\frac{1}{4}\right)^4 + 0,119 \left(\frac{1}{3}\right)^4 + 0,276 - 0,38 = 0,102 ;$$

et par suite on a

$$P - p = p (0,524 - 0,102) = p \cdot 0,422 ; \quad p = P \cdot \frac{1}{1,422} ; \quad v = 25,94 \cdot \sqrt{\frac{1}{1,422}} = 21^m 90.$$

121. Dans une autre expérience, je me suis servi des mêmes tuyaux mais disposés d'une manière différente (*fig.* 28); les diamètres des

Fig. 28.

tuyaux qui se succédaient étaient $0^m 03$; $0,04$; $0,01$; $0,02$; $0,03$; les circonstances de température et de pressions intérieure et extérieure étaient les mêmes que dans l'expérience précédente, et la durée de l'écoulement du même volume d'air a été la même, par conséquent on avait encore ici $V = 25^m 94$; $v = 21^m 10$; en outre, la perte de charge provenant du frottement étant aussi la même, on avait pour les valeurs de A et de B

$$0,417 \qquad 0,108 \qquad 0,434 \qquad — 0,38 \qquad — 0,438$$

Alors la somme des pertes de charge dues aux changements brusques de sections était égale à

$$0,417 \cdot \left(\frac{1}{5}\right)^4 + 0,108 \left(\frac{1}{4}\right)^4 + 0,434 - 0,38 - 0,438 \cdot \left(\frac{1}{4}\right)^4 = 0,08 ;$$

ainsi on a

$$P - p = p (0,524 + 0,08) = p \cdot 0,604 ; \quad \text{d'où } p = P \cdot \frac{1}{1,604} ; \quad v = 25,94 \sqrt{\frac{1}{1,604}} = 20^m 48.$$

122. Enfin, dans une dernière expérience, j'ai employé les mêmes tuyaux, mais disposés encore d'une manière différente (*fig.* 29). Les

diamètres successifs des tuyaux étaient 0,05; 0,01 ; 0,02 ; 0,03 ; 0,04 ;
les températures et les pressions étaient les mêmes que dans les expériences précédentes ;
mais la durée de l'écou-
lement a été un peu
plus grande ; elle a été

Fig. 29.

de 91″, ce qui donne pour la vitesse dans le petit tuyau $v = 20,78$. La
somme des pertes de charge dues au frottement était, encore ici, la
même que précédemment ; les valeurs de A et de B étaient

$$0,417 \qquad 0,451 \qquad - 0,38 \qquad - 0,438 \qquad - 0,308$$

et la somme totale des pertes de charge résultant des changements
brusques de section était égale à·

$$0,417 \cdot \left(\frac{1}{5}\right)^4 + 0,451 - 0,38 - 0,438 \left(\frac{1}{2}\right)^4 - 0,308 \left(\frac{1}{3}\right)^4 = 0,04 ;$$

et on a par suite

$$P - p = p(0,524 + 0,04) = p \cdot 0,564; \quad p = P \cdot \frac{1}{1,564}; \text{ et } v = 25,94 \sqrt{\frac{1}{1,564}} = 20^{\mathrm{m}}74.$$

123. *Variations continues de section.* — Si la variation de section avait
lieu d'une manière continue au commencement et à la fin du rélargissement, la perte de charge serait représentée par les mêmes termes que
quand le rélargissement et la contraction ont lieu brusquement ; mais
les valeurs de A et de B seraient différentes. J'ai fait à ce sujet
quelques expériences que je vais rapporter.

J'ai placé dans le tuyau d'écoulement du gazomètre ·(*fig.* 30) un
petit tube AB de 0ᵐ 05 de longueur
et ·de 0ᵐ 00660 de diamètre, à la
suite un cylindre de verre dont les
deux extrémités étaient effilées, et
à l'extrémité du tube de verre un petit ajutage cylindrique CD de même.

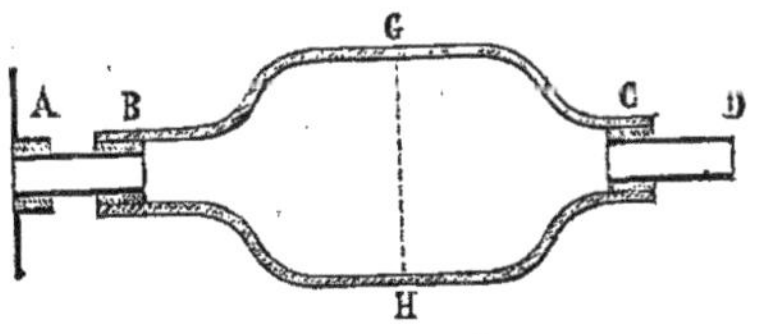

Fig. 30.

diamètre que le premier et de 0ᵐ 01 de longueur ; le diamètre GH du
tube de verre était de 0ᵐ 36, la partie cylindrique était de 0ᵐ 065, · et les
deux parties courbes avaient à peu près la même hauteur ; de telle sorte
que la longueur totale était de 0ᵐ 255. J'ai observé la vitesse d'écoulement d'un même volume d'air (0ᵐ 1485) : 1° par la douille AB seule,
2° par un tube de même diamètre ayant une longueur égale à 0ᵐ 255 ;
3° avec la disposition indiquée par la figure. Les temps des écoulements
ont été de 203″, 254″, 246″ ; et comme la section des ajutages et du tube

était de 0^m 0000343, les vitesses d'écoulement étaient de 21^m 32; 17^m 04 et 17^m 55. Dans ces trois expériences, on avait $V = 25^m$ 38 et pour les valeurs de M de l'expression $v = V : \sqrt{M}$; 1,43; 2,218; 2,091; en retranchant du dernier la perte de charge à l'embouchure 1,417, il reste 0,674 pour la perte de charge provenant du frottement, celle qui résulte de l'accroissement de section et la valeur de A — B.

124. Il est important de remarquer que si un tuyau renfermait des élargissements brusques ou continus, la perte de charge due à chaque rélargissement étant représentée par

$$p \left(1 - \frac{d^4}{D^4}\right)$$

serait sensiblement égale à p, aussitôt que D serait égal à trois ou quatre fois d; et par conséquent la perte totale de charge dépasserait np en désignant par n le nombre des élargissements.

J'ai fait à ce sujet quelques expériences qui confirment ces indications du calcul. Je me suis servi de l'appareil (*fig.* 31); les tubes étroits avaient 0^m 0095; les tubes larges 0^m 03; les premiers avaient 0^m 03 de longueur, les autres 0^m 05; l'air entrait par une embouchure conique.

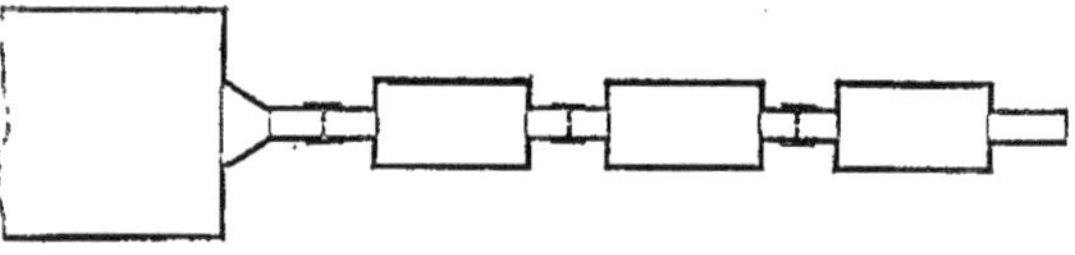

Fig. 31.

Nombre des élargissements :

	1	2	3	4	6

Vitesses dues à la charge :

	25^m 70	25^m 70	25^m 49	25^m 49	25^m 49

Durées des écoulements de 0^m 1485 d'air sur une charge de 0^m 041 d'eau :

	122″	148″	157″	194″	221″

Vitesses d'écoulement pour une section de 0^m 00007087 :

	17^m 17	14^m 15	11^m 96	10^m 79	8^m 60

Valeurs de M de l'équation, $v = V \sqrt{\dfrac{1}{1 + M}}$

	1,244	2,299	3,613	4,673	7,727

Résistance d'un seul élargissement, y compris le frottement, les contractions et les détentes :

$$1,244 \qquad 1,149 \qquad 1,201 \qquad 1,17 \qquad 1,28$$

. Dont la moyenne est 1,20. Les différences proviennent très-probablement d'une très-petite différence dans les diamètres des tubes étroits.

NOTE DEUXIÈME

RECHERCHES SUR L'ÉMISSION DE LA CHALEUR

ET SUR LA TRANSMISSION A TRAVERS LES CORPS MAUVAIS CONDUCTEURS.

Dans ces recherches, dont j'ai donné les résultats dans le texte, j'ai eu pour but d'obtenir des formules simples et d'un usage commode dans la pratique. Quoique dans les applications il ne soit pas nécessaire d'avoir des formules d'une grande exactitude, à cause du grand nombre de circonstances, régulières ou accidentelles, dont il est impossible de tenir compte, je n'ai rien négligé pour obtenir des résultats aussi exacts que possible; les dispositions des appareils ont été changées plus d'une fois pour éviter des causes d'erreur qui n'avaient pas été prévues, et les expériences ont toujours été répétées.

Les questions que j'ai cherché à résoudre sont certainement au nombre des plus difficiles et des plus compliquées de la physique; elles m'ont occupé plusieurs années. Dans ce long travail, j'ai été encore très-bien secondé par M. Daniel, répétiteur et préparateur du cours de physique générale à l'École centrale.

J'ai cru devoir décrire avec détail les appareils que j'ai employés, les méthodes qui ont été suivies dans les expériences et les principaux résultats obtenus, afin de justifier les formules énoncées dans le livre VI, et de faire voir le degré d'approximation sur lequel on peut compter dans leur usage.

§ 1er. — RECHERCHES SUR L'ÉMISSION DE LA CHALEUR.

123. Je me suis proposé de déterminer la quantité de chaleur qui sort à chaque instant d'un vase métallique rempli d'eau chaude, placé dans

une enceinte à température constante, dont les parois sont couvertes d'une matière terne, et qui renferme de l'air sous la pression de l'atmosphère, le vase étant nu ou couvert de différentes substances.

Je ne me suis point occupé du refroidissement dans différents gaz, sous différentes pressions, dans des enceintes dorées ou argentées, parce que ces questions sont purement théoriques, et ne se rencontrent jamais dans les applications.

Plusieurs physiciens se sont occupés des lois du refroidissement; mais le travail le plus complet et le plus remarquable est celui de MM. Petit et Dulong, publié en 1837. Ces expériences, qui ont toutes été faites sur des thermomètres à gros réservoirs, n'ont eu pour objet que la détermination des lois du refroidissement, et non la quantité de chaleur émise par unité de surface dans l'unité de temps; ainsi, les formules obtenues ne peuvent servir à rien dans les applications. D'ailleurs, comme je l'ai déjà dit dans certaines circonstances, MM. Laprovostaye et Dessains ont trouvé des résultats qui ne s'accordent pas avec les formules de Petit et Dulong ; et je doutais de leur exactitude par plusieurs autres raisons. J'ai donc cru devoir reprendre complétement la question, mais en la réduisant aux circonstances que j'ai indiquées, parce que ce sont les seules qui se rencontrent dans les applications.

126. *Méthode suivie dans les expériences.* — Je me suis servi : 1° De six sphères en laiton mince, embouties au tour sur des moules en bois, et qui avaient été travaillées avec beaucoup de soin; leurs diamètres étaient compris entre 0^m05 et 0^m30; 2° d'un grand nombre de cylindres de laiton, de tôle, de fer-blanc et de fer étiré, dont les diamètres ont varié de 0^m03 à 0^m30, et les hauteurs de 0^m05 à 0^m60; 3° de plusieurs vases rectangulaires de laiton et de fer-blanc de différentes bases et de différentes hauteurs. Ces vases ont été employés successivement nus et couverts de différentes matières.

Le poids de l'eau renfermée dans ces vases étant considérable, le refroidissement était très-lent, et on pouvait facilement apprécier le temps que le thermomètre employait à descendre de 1°; cette durée a été rarement inférieure à 150 secondes.

Les surfaces de refroidissement ayant une grande étendue, la transmission de la chaleur par la tige du thermomètre était négligeable ; car, en observant la vitesse du refroidissement, dans les mêmes circonstances, quand la tige était nue et couverte de papier doré, on a trouvé les mêmes résultats, quoique dans ce dernier cas la transmission fût à peu près deux fois plus petite que dans le premier.

Le temps se mesurait avec un compteur de Bréguet, à pointage, qui pouvait, à la rigueur, donner des tiers de seconde; mais on n'a jamais eu égard aux fractions de seconde.

Lorsqu'un vase plein d'eau se refroidit, les mouvements qui se produisent dans ce liquide sont très-compliqués ; le liquide refroidi contre les parois du vase tombe au fond, et il se forme de doubles courants qui établissent dans la masse de grandes différences de température. Ainsi, il était indispensable que le liquide fût sans cesse agité pour y établir une température uniforme. La nécessité d'une agitation continuelle est aussi un résultat direct de l'expérience ; en laissant refroidir un vase plein d'eau chaude pendant un certain temps et en agitant ensuite brusquement l'eau, on voit souvent le thermomètre remonter de plusieurs degrés, surtout si le réservoir du thermomètre est court et plonge jusqu'au fond du vase. L'absence d'agitation n'est même pas compensée dans un vase cylindrique vertical quand le réservoir du thermomètre occupe toute la hauteur du vase. Un vase de tôle cylindrique de 0^m20 de hauteur, de 0^m10 de diamètre, ayant été rempli d'eau chaude, on a observé successivement, aux mêmes températures, les vitesses du refroidissement, quand le liquide était agité et quand il était au repos. La température de l'eau chaude était indiquée par un thermomètre dont le réservoir avait près de 0^m20. Voici les résultats obtenus :

	55°	46°	38°
Excès de températures......................	55°	46°	38°
Vitesses lorsque le liquide était agité........	0,0058	0,0047	0,0037
Vitesses lorsque le liquide était en repos.....	0,0054	0,0014	0,0034

et cependant les agitateurs métalliques tendaient à répartir la chaleur dans la masse, même quand ils étaient immobiles.

Pour produire cette agitation permanente, j'ai employé la disposition suivante : Le vase, quelle que soit sa forme, est garni, au centre de la partie supérieure, d'une tubulure de 0^m01 de diamètre, à travers laquelle passe une tige de fer de 0^m004 de diamètre, terminée à la partie inférieure par une pointe, qui s'engage dans une petite crapaudine fixée à l'intérieur du vase et au centre de sa partie inférieure ; cette tige dépasse un peu la partie supérieure de la tubulure, et à cette extrémité elle est filetée de manière à recevoir un petit cylindre de laiton taraudé, qui porte à l'autre extrémité un petit cylindre de verre plein, de 0^m20 à 0^m30 de longueur, terminé par un petit bouton ; un bouchon placé dans la douille maintient la tige dans l'axe du vase, et on la fait tourner par le bouton qui termine la tige de verre. La partie inférieure de la tige porte six tiges d'un diamètre un peu plus petit, également espacées et courbées de manière à suivre le contour du vase ; elles sont maintenues par de petits cercles horizontaux et portent chacune un grand nombre de petites plaques en fer-blanc, inclinées dans le même sens, de 45° sur la direction des méridiens. Il résulte de cette disposition que, quand on fait tourner la tige centrale, le liquide qui se trouve frappé par les ailettes, prend un mouvement de rotation et en même temps un mouvement de bas en haut ou de haut en bas, qui produit un mouvement contraire dans la partie centrale. Des expériences nombreuses ont été faites pour reconnaître quelle était la vitesse de rotation nécessaire, et j'ai reconnu que deux ou trois tours par seconde suffisaient dans tous les cas ; ces expériences consistaient à observer la vitesse du refroidissement d'un même vase, dans les mêmes circonstances, en employant des vitesses de rotation plus ou moins rapides, dirigées dans le même sens ou en sens contraires ; des vitesses plus grandes que celles que j'ai indiquées, dans le même sens ou alternativement en sens contraires, n'ont rien changé. On pouvait craindre que dans cette agitation si vive de l'eau il n'y eût un dégagement notable de chaleur, mais il n'en est rien ; un vase sphérique plein d'eau ayant passé toute la nuit dans une enceinte à température constante, s'était mis exactement en équilibre avec elle, et sa température ne fut pas changée par une agitation très-rapide de l'eau. Cependant le thermomètre qui y était plongé pouvait indiquer une variation de 1 25 de degré.

Dans la disposition que je viens de décrire, les tiges méridiennes qui portent les palettes ne rejoignent pas la tige centrale à la partie supérieure, de sorte qu'à côté de la douille qui reçoit cette tige, on peut en placer une autre, à travers laquelle passe la tige du thermomètre ; mais pour éviter que les tiges méridiennes ou les palettes, dans leur mouvement, ne viennent rencontrer le réservoir du thermomètre, trois petites tiges verticales sont soudées au-dessous de la douille, et soutiennent un petit godet dans lequel la partie inférieure du thermomètre vient reposer.

127. Le refroidissement d'un corps dans l'air provient, comme on sait, de la différence du rayonnement de sa surface et de celle de l'enceinte dans laquelle il est placé, et du courant d'air qui s'élève autour de sa surface. En plaçant dans une chambre le corps dont on veut observer le refroidissement, on pourrait connaître à peu près la température de l'air environnant ; mais on ne connaîtrait pas celle des murailles, et les mouvements accidentels de l'air pourraient produire de grandes perturbations dans le refroidissement. On comprend alors la nécessité de placer le corps dans une enceinte pour laquelle l'air et les parois aient une température connue, et telle que l'air ne prenne que les mouvements résultant de son échauffement autour du corps. Dans mes premiers essais, je me suis servi d'une enceinte formée de deux vases de fer cubiques, concentriques, dont les faces étaient distantes de $0^m 04$; le volume de l'enveloppe extérieure était à peu près d'un mètre cube ; l'intervalle des deux enveloppes était rempli d'eau ; pour pouvoir placer dans cette enceinte les vases qui devaient se refroidir, elle était partagée par un plan vertical en deux parties égales qu'on pouvait séparer ; dans l'enveloppe d'eau de chaque moitié se trouvaient des agitateurs et des thermomètres. Au centre de la face supérieure et à celui de la face infé-

rieure, se trouvait un orifice circulaire d'environ $0^m 10$ de diamètre ; le premier était destiné à donner passage à la tige du thermomètre et à celle de l'agitateur ; à travers le second passait un cylindre de bois qui portait les supports des vases. Tout l'appareil était posé sur un trépied de $0^m 30$ de hauteur. Les expériences faites avec cet appareil présentaient souvent de fortes anomalies ; il y avait toujours accroissement de vitesse quand on rendait libre l'orifice supérieur, et ces accroissements étaient d'autant plus grands que le vase avait de plus grandes dimensions. J'ai reconnu alors que, pour obtenir des résultats comparables à ceux qu'on obtiendrait dans une enceinte très-grande relativement aux vases qui s'y refroidissent, il fallait s'arranger de manière que l'air échauffé pût se dégager et qu'il fût constamment remplacé par de l'air à la température de l'enceinte. Voici la disposition qui remplit ces deux conditions :

L'enceinte est formée de deux cylindres concentriques en tôle plombée ; l'intervalle qui les sépare et qui est plein d'eau est de $0^m 03$; le cylindre extérieur a $0^m 60$ de hauteur et $0^m 68$ de diamètre ; cette enceinte cylindrique est formée, comme l'enceinte cubique, de deux parties égales qu'on peut séparer et qu'on maintient réunies par des crochets ; le fond inférieur est continu et repose sur le sol ; le fond supérieur est percé d'une ouverture circulaire de $0^m 30$ de diamètre ; on place sur cet orifice deux vases plats en fer-blanc remplis d'eau qu'on éloigne plus ou moins, de manière à rendre la surface de l'orifice égale à peu près à la section du vase qui se refroidit. Chacune des deux moitiés de l'enceinte est percée près du fond et dans sa partie verticale d'une ouverture de $0^m 05$ de hauteur dont la surface est égale à celle d'un cercle de $0^m 30$ de diamètre ; sa surface verticale extérieure est garnie d'un canal, formé par des planches de sapin, de même section, s'ouvrant extérieurement à la partie supérieure de l'enceinte et communiquant par le bas avec sa partie intérieure ; il résulte de cette disposition que l'air échauffé s'écoule constamment par l'orifice supérieur de l'enceinte et qu'il est remplacé par un courant d'air extérieur qui descend le long des faces latérales des deux moitiés de l'enveloppe, dont il prend la température, et pénètre dans l'intérieur de l'enceinte par les ouvertures dont nous avons parlé. Mais pour être sûr que l'air extérieur, avant d'arriver dans l'enceinte, prenne exactement la température de l'eau qui l'environne, les deux canaux verticaux et les orifices inférieurs sont garnis d'un grand nombre de plaques de tôle épaisse, verticales, très-rapprochées et soudées à la surface du cylindre extérieur dont elles prennent nécessairement la température ; ces appendices ont une surface de plus de 2 mètres carrés.

J'ai fait avec cet appareil des expériences qui démontrent d'une manière bien nette l'influence de l'écoulement de l'air chaud. En observant les vitesses du refroidissement d'un cylindre de laiton, dans les mêmes circonstances, lorsque l'ouverture de dégagement de l'air chaud avait $0^m 15$ de diamètre, lorsqu'elle était égale au quart de la section du vase et lorsqu'elle était réduite à quelques centimètres, elles ont été de 0,0000443, 0,0000434, 0,0000417. Pour des vases plus grands, les variations sont plus considérables.

La surface intérieure de l'enceinte était couverte de papier blanc dont le pouvoir rayonnant ne diffère pas sensiblement de celui des surfaces des appartements, comme nous le verrons plus loin.

Pour maintenir les vases qui se refroidissent au centre de l'enceinte, je les avais d'abord suspendus par trois cordons de soie, mais cette disposition avait un grand inconvénient : le mouvement de l'agitateur ébranlait les vases, et il en résultait des perturbations notables dans les vitesses du refroidissement. La disposition suivante permet de maintenir le vase complétement immobile, malgré le mouvement de l'agitateur ; le vase porte à sa partie inférieure trois petites tiges de laiton, dont les parties inférieures viennent se loger dans des cavités pratiquées dans de petits cylindres de bois, qui sont fixés à l'extrémité de trois tiges de verre verticales, supportées par un triangle horizontal en laiton garni de vis calantes. Pour certains cylindres, le mode de suspension était différent, mais j'en parlerai plus loin.

Enfin, pour terminer, il me reste à parler des thermomètres dont je me suis servi. J'ai principalement employé cinq thermomètres étalons construits par M. Danger, ayant à peu près 1 mètre de longueur. Les tubes avaient été divisés par une méthode particulière, et j'en ai vérifié l'exactitude avec beaucoup de soin. Les points correspondants à l'eau bouillante ont été observés au moyen d'un appareil convenablement disposé pour ces grands instruments. Les zéros ont été souvent vérifiés ; de 1844 à 1847, ils ont été notablement déplacés à peu près de 1:5 de degré, depuis ils n'ont pas changé sensiblement.

128. *Description des appareils employés.* — Ces appareils sont représentés dans les figures 32 et 33 ; la première est une coupe verticale de l'enceinte à température constante, la seconde une projection horizontale. ABCDEF et A'B'C'D'E'F' sont deux cylindres en tôle plombée, concentriques, dont l'intervalle est rempli d'eau ; cette enveloppe est composée de deux parties égales, séparées par un plan vertical, qu'on maintient réunies par des crochets. Le cylindre intérieur a 1 mètre de hauteur et $0^m 80$ de diamètre. L'intervalle des cylindres est de $0^m 03$; l'eau qu'il renferme est agitée de temps en temps par des plaques horizontales annulaires, comprises dans un angle d'environ 30°, et que l'on met en mouvement par des tiges verticales qui sortent par les douilles G, G, G, G ; les températures de l'eau renfermée dans chaque moitié de l'enveloppe sont indiquées par des thermomètres, placés dans les douilles I et I'.

KLM et K'L'M' sont deux canaux verticaux adossés à chacune des deux moitiés de la chambre ; ils sont ouverts en dessus et communiquent par

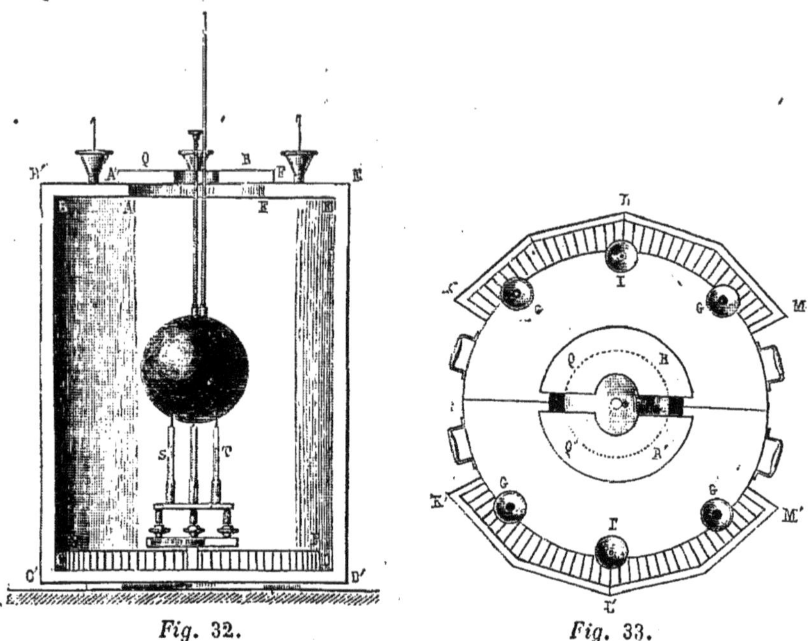

Fig. 32.

Fig. 33.

le bas, chacun avec une des ouvertures N, P, pratiquées à la partie inférieure de chacune des moitiés de l'enceinte ; ces canaux sont formés extérieurement par des planches de sapin et renferment dans toute leur hauteur des plaques épaisses de tôle soudées perpendiculairement à la surface extérieure de l'enveloppe ; chacune a environ 0^m10 de hauteur, une largeur égale à celle du canal, et les plaques d'une même rangée horizontale sont placées au milieu des intervalles des plaques de la rangée qui précède et de celle qui suit ; des plaques semblables existent

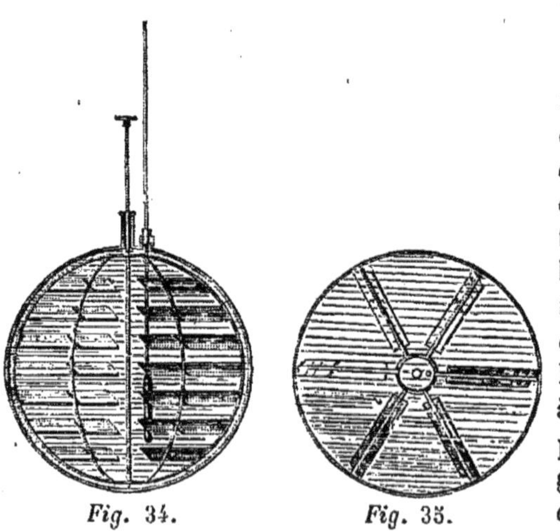

Fig. 34.

Fig. 35.

dans les ouvertures N, P. Q'R et QR' sont deux demi-cylindres en fer-blanc, fermés et pleins d'eau à la température ordinaire : ils servent à fermer plus ou moins l'orifice AF de la chambre. ST est un trépied à vis portant trois tubes de verre terminés par de petits bouchons de bois dans lesquels pénètrent les extrémités des tiges de cuivre, soudées à la partie inférieure du vase dont on veut observer le refroidissement.

Les figures 34 et 35 représentent une coupe verticale et une coupe horizontale d'un vase sphérique garni de son agitateur. Les plaques destinées à agiter l'eau sont soudées à six demi-cercles en fer, fixés par la partie inférieure à l'axe et dont les extrémités supérieures se terminent à un petit cercle horizontal dans l'intérieur duquel passe le petit cylindre à jour destiné à recevoir le thermomètre. Les vases cylindriques d'un grand diamètre sont disposés de la même manière (*fig.* 36 et 37). Lorsque les cylindres n'ont qu'un petit diamètre, l'agitateur est placé à côté du cylindre à jour qui renferme le réservoir du thermomètre (*fig.* 38 et 39).

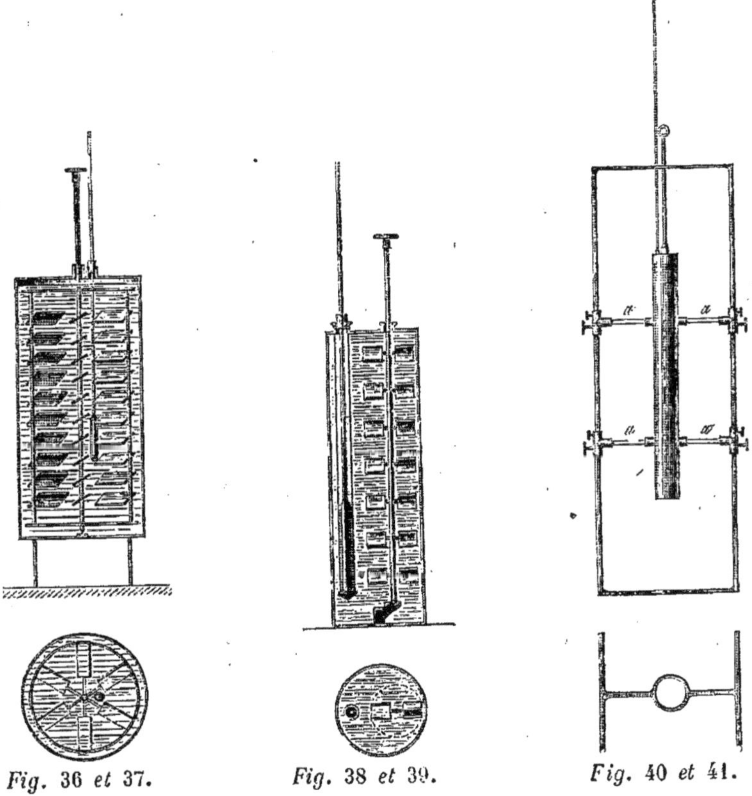

Fig. 36 et 37.   Fig. 38 et 39.   Fig. 40 et 41.

On voit dans les figures 40, 41, 42, 43, et 44, différentes dispositions qui ont été employées pour fixer, dans un cadre placé dans l'enceinte, des cylindres verticaux et horizontaux. Ces dispositions avaient pour objet de rendre les vases parfaitement immobiles, malgré les mouvements imprimés à l'agitateur. Les cadres sont en fer ou en laiton; les

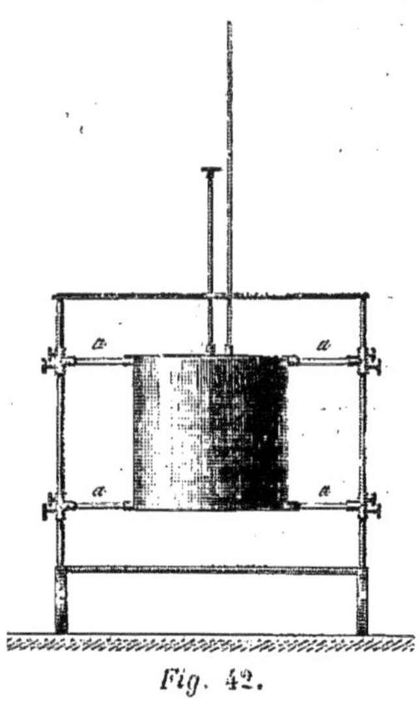

Fig. 42.

tiges a, a, a, sont très-minces et en bois de sapin : elles pénètrent dans de très-petits appendices métalliques soudés aux vases. Pour les cylindres placés horizontalement, la tige de l'agitateur tournait dans un bouchon qui fermait la tubulure; il y avait un peu de jeu entre la tige et le bouchon; mais l'eau ne sortait pas du vase, à cause de la dilatation qu'éprouvait la petite quantité d'air restée dans le vase par la contraction de l'eau due au refroidissement.

La figure 45 est une coupe verticale d'un vase cylindrique terminé par des demi-sphères et renfermant deux agitateurs. Lorsque les vases devaient être longs et étroits, j'employais des cylindres de fer étirés, remplis de mercure; l'agitation du liquide n'était alors plus nécessaire, et un thermomètre à long réservoir introduit dans les vases en donnait exactement la température.

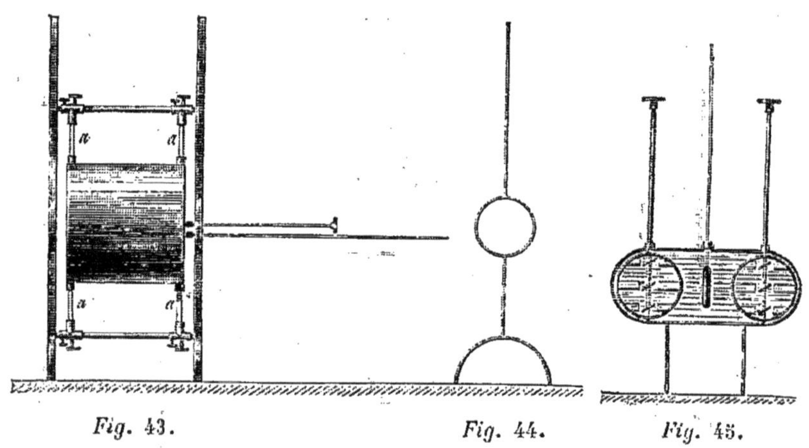

Fig. 43.   Fig. 44.   Fig. 45.

La figure 46 représente le petit appareil employé pour lire sur les échelles des thermomètres. Il se compose d'une petite plaque ab, recouverte de papier blanc; c et d sont deux douilles à travers lesquelles passe la tige du thermomètre : chacune renferme un petit anneau de liége que l'on comprime plus ou moins à l'aide d'une vis de pression; au milieu de la plaque ab, se trouvent deux petites tiges parallèles entre elles et perpendiculaires à la direction de la plaque, sur lesquelles sont fixés, par des têtes de vis, deux fils métalliques très-fins ou deux cheveux ; ces fils déterminent un plan perpendiculaire à la tige du thermomètre et dans lequel l'œil doit être placé pour observer.

On voit dans la figure 47 l'appareil employé pour remplir les vases à certaines époques de leur refroidissement. La condition à laquelle il fallait satisfaire est celle-ci : remplir d'eau un vase opaque dont le niveau est descendu, sans sortir le vase de l'enceinte à température constante et sans faire déverser le liquide. L'appareil se compose d'un tube de verre AB, ouvert par les deux bouts et garni d'une boule C ; à côté se trouve un autre tube de verre, recourbé, également ouvert par les deux bouts, DEF ; les extrémités B et D sont à la même hauteur ; les deux tubes sont fixés, par leurs extrémités inférieures, dans un bouchon qui entre facilement dans une tubulure

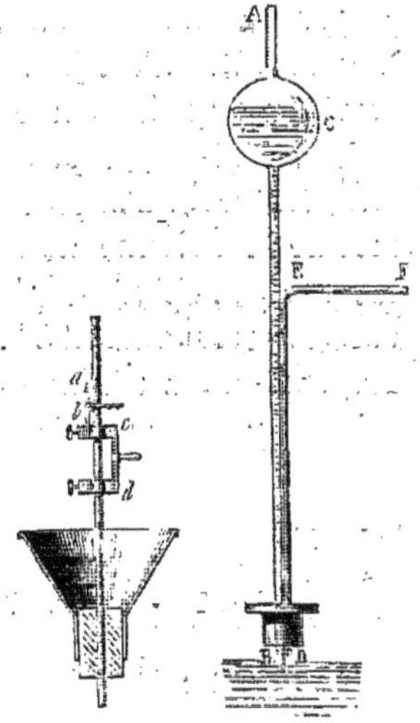

Fig. 46.   Fig. 47.

du vase ; le bouchon porte, à sa partie supérieure, une petite plaque de laiton d'un diamètre plus grand que celui de la tubulure, ce qui permet d'enfoncer toujours le bouchon de la même quantité ; lorsque le bouchon est en place, le point B est à la hauteur que le liquide doit atteindre. Pour remplir le vase, on enlève le bouchon mobile qui ferme la tubulure, et on le remplace par le bouchon qui porte les tubes, la boule C étant pleine d'eau et l'extrémité A étant fermée avec le doigt ; lorsque l'appareil est en place, on ouvre l'extrémité A et on aspire par l'extrémité F ; il est évident que le niveau du liquide dans le vase aura atteint les extrémités inférieures des tubes quand on aspirera de l'eau par le tube DEF ; à cet instant, on ferme l'extrémité A, on enlève l'appareil, et on remet le bouchon ordinaire dans la tubulure.

129. Voici maintenant de quelle manière on opérait. Le vase étant rempli d'eau chaude et placé sur son support, on fermait l'enceinte, on réglait l'ouverture du dégagement de l'air, de manière que sa surface fût à peu près égale à la section horizontale du vase ; l'agitateur du vase était tourné d'une manière continue, et ceux de l'enceinte étaient mis de temps en temps en mouvement. Le temps que le thermomètre employait pour s'abaisser d'un petit nombre de divisions était observé avec soin et à différentes époques, et on en déduisait la vitesse du refroidissement ; mais ces observations et ces calculs ne sont pas aussi simples qu'ils le paraissent.

Il faut d'abord lire les indications du thermomètre ; mais pour que cette lecture soit exacte, il faut que l'œil soit dans le plan horizontal qui passe par le sommet de la colonne de mercure. J'ai essayé d'employer un cathétomètre, mais j'ai dû y renoncer parce que la tige du thermomètre n'est jamais complétement immobile; je me suis toujours servi du petit instrument décrit précédemment et représenté figure 47.

130. Mais un thermomètre plongé dans un liquide n'en donne la température, qu'autant qu'il est immergé dans le liquide jusqu'au sommet de la colonne de mercure. Si le thermomètre indique une température T, et s'il n'est plongé dans le liquide que jusqu'au point de l'échelle correspondant à la température t, en désignant par t' la température moyenne de la colonne de mercure qui est au-dessus du liquide, il est évident que pour avoir la température T', qu'indiquerait le thermomètre s'il était entièrement plongé dans le liquide, il faut à la température T ajouter la dilatation de la colonne T — t depuis t' jusqu'à T ; ainsi on a

$$T' = T + (T - t) (T - t') : 6480 = T + (T - t) (T - t') \times 0,000154.$$

la fraction 1 : 6480 étant égale à la dilatation apparente du mercure dans le verre pour 1°. Reste à connaître t' ; mais t' est parfaitement égal à la température de l'air environnant, comme le démontrent les expériences que je vais rapporter ; ainsi, cette température sera celle indiquée par un petit thermomètre placé à côté de la tige du grand thermomètre.

Voici les expériences qui constatent le fait dont je viens de parler. Dans un grand vase cylindrique de 1 mètre de hauteur, de $0^m 25$ de diamètre, enveloppé d'une matière peu conductrice de la chaleur, garni d'un agitateur central qu'on faisait mouvoir à l'aide d'une manivelle, et plein d'eau chaude, j'ai placé un thermomètre étalon ne plongeant dans l'eau que de quelques divisions au-dessus du réservoir; à côté se trouvait un autre thermomètre qui plongeait dans l'eau jusqu'au niveau du mercure dans le tube; les températures des deux thermomètres, à des instants très-rapprochés, ont été, pour le premier, 54° 89 et 53° 67, et pour le second, 55° 08 et 53° 87; les différences sont 0° 19 et 0° 20, et les corrections calculées, comme je viens de l'indiquer, sont 0,20. Pour des températures plus basses et plus élevées, j'ai obtenu la même coïncidence. Dans des expériences dont je parlerai plus loin, lorsqu'il sera question de la transmission de la chaleur à travers les corps mauvais conducteurs, je me servais d'un grand thermomètre disposé horizontalement, et dont le réservoir était placé dans un petit vase en laiton, garni d'un agitateur, et plein d'eau dont on ne pouvait élever la température au moyen d'une lampe à alcool ; en portant l'eau à l'ébullition, après un temps très-court, l'indication du thermomètre était constante, et elle n'a pas changé en enroulant autour du tube une bande de toile qui avait été plongée dans l'eau à la température ambiante : ainsi la tige était exactement à cette température. Le thermomètre était très-sensible, car 1° correspondait à peu près à 5 divisions éloignées les unes des autres d'environ 1 millimètre, et on pouvait estimer une variation de 1 : 50 de degré. Ainsi on ne peut pas douter que la partie de la tige d'un thermomètre plongée dans l'air n'en prenne très-vite la température. Ce résultat paraît singulier à cause de la grande conductibilité du mercure et de la faible conductibilité du verre; mais le pouvoir conducteur du verre n'est pas aussi petit qu'on le pense, et il est plus que compensé par l'accroissement de surface, comme on peut le voir dans la note ci-jointe (1). J'ai appris depuis que M. Regnault avait reconnu depuis longtemps, qu'on peut regarder la température moyenne de la colonne de mercure située hors du liquide comme parfaitement égale à celle qu'indique un thermomètre, dont le réservoir est placé au milieu de la hauteur de cette colonne.

Lorsqu'on observe le refroidissement d'un thermomètre, il faut avoir égard à la rentrée du mercure dans le réservoir, parce que le mercure froid, en pénétrant dans le réservoir, en abaisse la température. Dans mes expériences, non-seulement il n'y avait pas à faire cette correction, à cause du grand volume d'eau que renfermaient les vases, mais on a

---

(1) Considérons un fil métallique, renfermé dans un tube horizontal d'une matière conduisant mal la chaleur, et supposons que le fil soit maintenu à une température constante t, que r et r' soient les rayons du tube, C la conductibilité de la matière, et t'' la température de l'air. Quand le régime sera établi, la même quantité de chaleur devra, à chaque instant, traverser chaque zone du cylindre et sortir par sa surface. La quantité de chaleur qui sortira par la surface extérieure, pour l'unité de longueur, sera sensiblement représentée par $2\pi Q r' (t' - t'')$; et celle qui traversera une zone dont l'épaisseur est dr sera $- C \times 2\pi r dt : dr$, car cette quantité de chaleur est proportionnelle à la surface de la zone, à la conductibilité de la matière, à la variation de température, et en raison inverse de l'épaisseur; le signe $-$ résulte, comme je l'ai déjà dit, de ce que les variations du rayon et de la température sont de signes contraires. Ainsi on aura

$$\frac{2\pi C r dt}{dr} = - 2\pi Q r'(t' - t''); \text{ d'où } C dt = - Q r' (t' - t'') \frac{dr}{r};$$

et en intégrant

$$C(t - t') = Q r' (t' - t'') (\log r' - \log r) m; \text{ d'où } t' = \frac{C t + Q r' (\log r - \log r') t'' m}{C + Q r' (\log r' - \log r) m}.$$

Si nous posons $r = 0,0005$, $r' = 0,005$, $t = 100$, $t'' = 15$, $Q = 9$, $C = 0,8$, on trouve $t' = 91° 25$. Remarquons maintenant que si la surface du fil métallique était nue, et si son rayonnement était le même que celui du verre, la quantité de chaleur émise par unité de longueur serait proportionnelle au rayon du cylindre et à l'excès de sa température sur celle de l'air, c'est-à-dire à $0,0005 (100 - 15) = 0,0425$; tandis que la quantité de chaleur émise par le cylindre enveloppant est proportionnelle à $0,005 \times (91,25 - 15) = 0,3812$. Ainsi le cylindre de verre a rendu le refroidissement neuf fois plus grand que si l'enveloppe du verre était infiniment mince. Le nombre 9, que nous avons employé pour la valeur de Q, n'est pas rigoureusement exact, parce que le refroidissement provenant de l'air varie avec les dimensions des cylindres, mais il est suffisamment approché pour faire voir le rôle que jouent les tiges de verre des thermomètres. Le nombre 0,8 admis pour la conductibilité du verre diffère peu de celle que nous trouverons plus loin.

pu, dans presque tous les cas, négliger la chaleur totale perdue par la masse du thermomètre.

131. On désigne sous le nom de vitesse du refroidissement, le rapport entre une variation très-petite de température dT et le temps $d\theta$ pendant lequel elle s'est effectuée, c'est-à-dire $dT : d\theta$; et on appelle loi du refroidissement l'expression de ce rapport en fonction de la température du corps et de celle de l'enceinte.

Supposons qu'on ait observé deux températures d'un corps, à des instants très-rapprochés, et le temps θ que le liquide a mis pour passer de la première à la seconde. Pour en déduire la vitesse du refroidissement à cette époque, on peut supposer que dans le petit intervalle de temps θ, le refroidissement a suivi la loi de Newton, c'est-à-dire qu'à chaque instant il a été proportionnel à l'excès de la température de l'eau sur celle de l'enceinte; d'après cela on a

$$dT = -aT d\theta; \quad \text{d'où} \quad \frac{dT}{T} = -a d\theta; \quad \text{et} \quad m \log T = C - a\theta,$$

m étant le module des tables 2,3025. En désignant par A la température initiale, comme pour $\theta = 0$, on doit avoir, $T = A$, on trouve, $C = \log A$, et par suite, $m \log T = m \log A - a\theta$; d'où :

$$a = \frac{m (\log A - \log T)}{\theta}. \qquad (1)$$

Dans cette formule, a représente évidemment la vitesse du refroidissement pour un excès de température égal à l'unité. Mais, comme les deux observations dont il est question se font dans un intervalle de temps peu considérable, on peut obtenir une valeur approchée de a sous une forme beaucoup plus simple; en effet on peut regarder la vitesse du refroidissement comme constante; alors on a pour l'expression de cette vitesse $v = (A - T) : \theta$, et, comme l'excès moyen de température est $(A + T) : 2$, on trouve

$$a' = \frac{A - T}{\theta} \times \frac{2}{A + T} \cdot \qquad (2)$$

Cette dernière formule étant d'un usage plus commode que la première, il était nécessaire d'examiner dans quel cas on pouvait s'en servir. Or, si on divise la première par la seconde, on trouve

$$\frac{a}{a'} = \frac{m (\log A - \log T) (A + T)}{2 (A - T)} \cdot$$

En supposant $A - T = 1$, et en faisant successivement $T = 10, 15, 20...$, 60, le rapport de $\frac{a}{a'}$, varie de 1,000219 à 0,999068; ainsi, pour une variation de température de 1 degré et des excès de températures de 10 à 60 degrés, les valeurs de a et de a' sont sensiblement égales. En admettant A—T$=3$ degrés, dans les mêmes limites, le rapport $\frac{a}{a'}$ varie de 1,0052 à 0,99977 ; ainsi, dans ces nouvelles limites, qui n'ont jamais été dépassées dans les expériences, on peut encore employer la formule [2]. D'après cela, en désignant par t et t' les températures observées qui ne devront pas différer de plus de 3 degrés, par t'' celle de l'enceinte, et par v la vitesse du refroidissement, ou l'abaissement du thermomètre pendant une seconde, on a

$$v = \frac{t - t'}{\theta}, \quad \text{et}, \quad a = \frac{t - t'}{\theta} : \left(\frac{t + t'}{2} - t'' \right).$$

Pour éviter les erreurs de lecture, j'observais les époques correspondantes à l'abaissement du thermomètre de 5 divisions, intervalle qui équivalait à peu près à 1 degré, et cela quatre fois de suite ; puis je déterminais la valeur de v pour la première et la troisième observation et pour la deuxième et la quatrième, et je prenais la moyenne des valeurs de a correspondantes. Je dois dire que, malgré tous mes soins, les valeurs de θ, dans ces quatre observations successives, n'allaient pas toujours en croissant d'une manière régulière ; mais ces anomalies disparaissent en grande partie, dans la méthode que j'ai indiquée.

132. Les valeurs de v et de a, obtenues comme je viens de l'indiquer, doivent éprouver une correction assez importante. Lorsque le vase a été rempli d'eau à une température voisine de 100 degrés, et qu'il se refroidit, l'eau se contractant plus que le métal, une partie du sommet du vase, croissante avec le refroidissement, cesse d'être en contact avec le liquide, et, par conséquent, émet une quantité de chaleur plus petite que si elle était mouillée ; et, par suite, la loi du refroidissement doit éprouver un accroissement. A la vérité, au commencement du refroidissement et jusqu'à un certain terme, il y a une circonstance physique qui s'oppose à la production de l'effet que nous venons de signaler ; je veux parler de la dépression centrale, et, par suite, de l'élévation latérale qu'éprouve le liquide, par l'effet de sa rotation provenant du mouvement de l'agitateur, mais toujours après un certain refroidissement, surtout si la rotation n'est pas très-rapide, l'effet signalé se manifeste. Pour éviter cette cause d'erreur, je remplissais le vase d'eau avant chaque série d'expériences ; en pesant l'eau introduite, il était facile d'en déduire la vitesse qu'on aurait observée si le vase avait contenu le poids de l'eau qu'il renfermait à 15 degrés. J'ai ensuite reconnu qu'on pouvait éviter ces pesées, car le poids de l'eau à t degré, renfermée dans un vase, est égal à celui qu'il contient à 15 degrés, diminué du poids de l'accroissement de volume de l'eau dû à la dilatation de 15 degrés à t degrés : la dilatation du vase pouvant être négligée par rapport à celle de l'eau.

133. Pour chaque vase, et pour des excès de températures compris entre 25 degrés et 65 degrés, j'ai déterminé 4 ou 5 valeurs de a. Si ces valeurs eussent été égales entre elles, le refroidissement eût suivi la loi de Newton, et la vitesse du refroidissement eût été représentée par la formule, $v = at$; mais les valeurs de a allaient en décroissant avec l'excès de température, et j'ai reconnu que la vitesse du refroidissement, dans les limites que je viens d'énoncer, était très-bien représentée par la formule $v = mt(1 + nt)$, et, par conséquent, que $a = \frac{v}{t} = m(1 + nt)$. Nous verrons aussi que n est un nombre constant pour tous les corps polis, et qu'il l'est également, mais avec une valeur différente, pour les corps ternes; pour les premiers $n = 0,073$, et pour les derniers $n = 0,0065$.

134. En observant le refroidissement du même vase, lorsque la température de l'enceinte avait différentes valeurs, j'ai reconnu que la vitesse du refroidissement restait la même, pour les mêmes excès de température, quand la surface du vase était brillante, mais qu'elle augmentait avec la température de l'enceinte, quand le corps avait une surface terne. Ces effets proviennent de ce que le refroidissement par le contact de l'air ne dépend que de l'excès de température du corps sur celle de l'enceinte, tandis que le refroidissement par le rayonnement varie avec la température absolue de l'enceinte, et que le rayonnement des métaux polis est très-petit, relativement à celui des corps ternes. Pour rendre les expériences comparables entre elles, je les ai ramenées à ce qu'elles auraient été, si la température de l'enceinte eût été constamment de 12 degrés, et pour cela les vitesses du refroidissement des corps ternes ont été multipliées par $1 - 0,003\ (t'' - 12)$, formule qui s'accorde très-bien avec les expériences faites à des températures de l'enceinte, comprises entre 8 degrés et 16 degrés. Cette correction est aussi parfaitement d'accord avec la formule de Dulong; la vitesse du refroidissement dû au rayonnement est représentée par $ma^\theta (a^t - 1)$, θ étant la température de l'enceinte, t l'excès de température, et a le nombre 1,007; or, si on calcule la valeur de a^θ, pour $\theta = 8, 10, 12, 14, 16$, et si on divise chacune des valeurs par celle qui correspond à $\theta = 12$, on trouve 0,970; 0,985; 1; 1,015; 1,031; dont les différences sont à peu près de 0,015 et de 0,0075 pour 1 degré, et, comme la vitesse du refroidissement dû à l'air diffère peu de celle due au rayonnement pour les corps ternes, la correction pour 1 degré serait de 0,0037.

135. Toutes les expériences ont été faites sous la pression de l'atmosphère; j'ai souvent mesuré cette pression, et je n'ai jamais trouvé que les faibles variations qu'elle éprouve aient une influence notable sur les résultats obtenus; du moins cette influence était renfermée dans les limites d'erreur des observations. Ceci s'accorde encore très-bien avec la formule de Dulong. D'après cet habile physicien, la vitesse

du refroidissement provenant du contact de l'air est donnée par la formule

$$v = np^{0,45}\, t^{1,23}$$

dans laquelle n est un nombre constant, p la pression barométrique en mètres, et t l'excès de température. Or, si on calcule la valeur de $p^{0,45}$, en prenant pour p successivement 0,74 ; 0,75 ; 0,76 ; 0,77 ; 0,78 ; et si on divise successivement toutes ces valeurs par celle qui correspond à 0,76, on trouve, 1,0113 ; 1,0056 ; 1 ; 0,9932 ; 0,9875. Les nombres extrêmes ne diffèrent de l'unité que de 0,011 et 0,012, et ces différences sont de l'ordre des erreurs que comportent les expériences dont il s'agit.

136. Les constantes de la formule, $v = mt(1 + nt)$, étant déterminées par l'expérience, il fallait en déduire la quantité M de chaleur qu'émettrait le corps par mètre carré et par heure, si sa température restait constante, car c'est évidemment de cette quantité qu'on a besoin dans les applications. Or, v représentant l'abaissement de température dans une seconde, la valeur de M est évidemment donnée par l'expression

$$M = \frac{v \times P \times 3600}{S}$$

dans laquelle P représente, en kilogrammes, le poids de l'eau renfermée dans le vase, augmenté de celui du vase vide multiplié par sa capacité calorifique, 3600 le nombre de secondes renfermées dans une heure, et S la surface du vase en mètres carrés. La surface du vase doit être augmentée de celle des pieds et des douilles ; heureusement cette correction est très-petite ; car elle présente beaucoup d'incertitudes, parce que ces appendices émettent moins de chaleur par rayonnement, qu'une surface égale du vase, et que leur refroidissement, par le contact de l'air, diffère également de celui d'une même étendue du vase.

137. La valeur de M ainsi obtenue, il fallait séparer l'effet provenant du rayonnement de celui qui résulte du contact de l'air ; car le premier est évidemment indépendant de la forme des vases, et il est facile de prévoir qu'il n'en est point ainsi du second. On ne pouvait pas penser à observer le refroidissement dans le vide, la grandeur des vases, l'agitation continuelle qu'on doit imprimer à l'eau ne le permettaient pas. Je suis parvenu à séparer les deux effets en question à l'aide d'un principe découvert par Dulong, et que j'ai vérifié par un grand nombre d'expériences. Ce principe est celui-ci : *Le refroidissement d'un même vase par le contact de l'air est indépendant de la nature de sa surface.* Il résulte de ce principe que, si on observe le refroidissement d'un vase de cuivre, quand il est nu et quand sa surface est recouverte de noir de fumée, la différence des vitesses sera égale à la différence des rayonnements du noir de fumée et du métal dans les circonstances des expériences ; alors, en déterminant par des expériences directes le rapport des rayonne-

ments du noir de fumée et du cuivre poli, on pourra en déduire les valeurs absolues des rayonnements de ces deux surfaces, et, par suite, la valeur absolue du refroidissement dû au contact de l'air. Ayant la valeur absolue du rayonnement d'une matière, en cherchant le rapport des rayonnements des autres matières à celle-là, j'en ai déduit la valeur absolue de leur rayonnement; alors, en observant le refroidissement de différents vases couverts de papier ou de noir de fumée, et retranchant des formules obtenues celle qui représentait le refroidissement dû au rayonnement, j'en ai déduit, pour ces différents vases, le refroidissement provenant du contact de l'air.

138. Le nombre des séries d'expériences a été très-considérable, non-seulement parce que j'ai opéré sur un grand nombre de vases différents, couverts de différentes matières, mais parce que toutes les précautions que j'ai indiquées n'ont pas été prises d'abord, et que les expériences ont souvent été répétées plusieurs fois. Je ne rapporterai que les expériences qui ont été faites en dernier lieu. Mais je dois rappeler, que dans chaque série partielle d'expériences, la vitesse v, ou l'abaissement de température dans une seconde, s'obtenait en divisant la variation de température par le temps écoulé; et, qu'en admettant que la vitesse soit donnée par la formule, $v = mt(1 + 0,0073t)$, pour les vases polis, et par la formule $v = mt(1 + 0,0065t)$, pour les vases ternes, t représentant l'excès de température, la valeur de m, calculée d'après ces formules, devait être constante.

139. *Vases sphériques.* — 1° Petite sphère, nue. $r = 0,07465$; $P = 1^k,732$. L'enceinte avait une ouverture égale à la section du vase. La surface avait été nettoyée avec de la terre pourrie, à l'eau, immédiatement avant le commencement des expériences.

Excès de température.   67° 59   45° 84   32° 83   26° 19
Valeurs de m........ 0,0000436 0,0000436 0,0000433 0,0000433; moy. 0,0000436;

$$M = \frac{0,0000436 \times 3600 \times 1,732}{0,0736} \times t(1 + 0,0073t)$$

$$M = 3,784t(1 + 0,0073t) = 3,784t + 0,0276t^2.$$

2° La même sphère, couverte de papier blanc :

Excès de température.   62° 17   48° 22   37° 16   26° 68
Valeurs de m........ 0,0000838 0,0000842 0,0000841 0,0000839; moy. 0,0000840

$$M' = \frac{0,000084 \times 3600 \times 1,732}{0,0718} \times t(1 + 0,0065t)$$

$$M' = 7,294t(1 + 0,0065t) = 7,294t + 0,047411t^2.$$

3° La même sphère, couverte de noir de fumée déposé par la flamme d'une chandelle sur le papier :

Excès de température.   49° 50   48° 43   47° 35   34° 50   33° 42
Valeurs de m........ 0,00008899 0,00008916 0,00008942 0,00008859 0,00008706
Valeurs de m........ 0,00008743;   moyenne 0,0000883;
Excès de température.   32° 33;

$$M'' = \frac{0,0000883 \times 1600 \times 1,732}{0,0718} \times t\,(1 + 0,0065t)$$

$$M'' = 7,548t\,(1 + 0,0065t) = 7,548t + 0,04306t^2.$$

4° Sphère nue, plus grande que la première. $r = 0,1058$; $P = 4^k 864$. Elle avait été polie comme la première. L'enceinte avait une ouverture égale à la section du vase.

Excès de température..   69° 55   52° 00   27° 20;
Valeurs de m......... 0,0000266   0,0000261   0,0000261;   moy. 0,0000262;

$$M = \frac{0,0000262 \times 3600 \times 4,864}{0,14217} \times t\,(1 + 0,0073t)$$

$$M'' = 3,234t\,(1 + 0,0073t) = 3,234t + 0,0236t^2.$$

5° Même sphère, couverte de papier blanc :

Excès de températures..   62° 67   46° 44   32° 35;
Valeurs de m......... 0,0000548   0,0000549   0,0000545;   moy. 0,0000547;

$$M' = \frac{0,0000547 \times 3600 \times 4,864}{0,14137} \times t\,(1 + 0,0065t)$$

$$M' = 6,7745t\,(1 + 0,0065t) = 6,7745t + 0,04944t^2.$$

6° Sphère nue polie, d'un plus grand diamètre que la seconde. $r = 0^m 1538$; $P = 14^k,241$.

Excès de température..   57° 36   47° 10   31° 76;
Valeurs de m......... 0,00001687 0,00001732 0,00001683;   moy. 0,00001703;

$$M = \frac{0,00001703 \times 3600 \times 14,241}{0,29864} \times t\,(1 + 0,0073t)$$

$$M = 2,884t\,(1 + 0073t = 2,884t + 0,0210t^2.$$

7° La même sphère, couverte de papier blanc :

Excès de températ.   48° 31   36° 70   31° 73   21° 73;
Valeurs de m..... 0,00003717 0,00003709 0,00003706 0,00003750; moy. 0,0000372,

$$M' = \frac{0,0000372 \times 3600 \times 14,241}{0,29784} \times t\,(1 + 0,065t)$$

$$M' = 6,4032t\,(1 + 0,0065t) = 6,4032t + 0,0416t^2.$$

140. Ces expériences conduisent à un premier résultat important, qui avait été annoncé par MM. Petit et Dulong, mais qui n'avait point été vérifié sur une grande échelle. Si nous désignons par R, R', les quan-

tités de chaleur émises par le rayonnement du cuivre poli et du papier, et par A celle qui provient du contact de l'air, on aura pour chacune des trois sphères $M = A + R$; $M' = A + R'$; et si, pour une même sphère, la valeur de A est réellement indépendante de l'état de sa surface, on aura pour chaque sphère, $M' — M = R' — R$, et par conséquent la valeur de $M' — M$ doit être constante ; or, on trouve

$$\text{Pour la première} \ldots\ldots\ldots \quad M' — M = 3{,}510t + 0{,}0198t^2$$
$$\text{Pour la seconde} \ldots\ldots\ldots \quad M' — M = 3{,}540t + 0{,}0258t^2$$
$$\text{Pour la troisième} \ldots\ldots\ldots \quad M' — M = 3{,}512t + 0{,}0206t^2.$$

Ces valeurs diffèrent bien peu les unes des autres, et les irrégularités des petites différences ne laissent aucun doute sur l'exactitude de la loi.

Si maintenant on retranche des résultats des expériences faites sur la petite sphère, quand elle était couverte de noir de fumée, ceux qui sont relatifs à la même sphère nue, la différence $M'' — M = 3{,}764t + 0{,}0214t^2$ représentera la différence $R'' — R$ entre le rayonnement du noir de fumée et celui du cuivre poli ; or, nous démontrons plus loin que le rayonnement du noir de fumée est égal à 15, 5, celui du laiton poli, et il résulte de là, qu'on a pour la petite sphère :

$$M'' — M = 3{,}764t + 0{,}214t^2 = 14{,}5R,$$

Et par suite,

$$R = 0{,}259t + 0{,}001475t^2 = 0{,}259t \, (1 + 0{,}0057t) ;$$
$$R'' = 4{,}01t + 0{,}0227t^2 = 4{,}01t \, (1 + 0{,}0057t).$$

Et comme,

$$M' — M = 3{,}510t + 0{,}0198t^2 = R' — R ,$$

on en déduit

$$R' = 3{,}769t + 0{,}02127t^2 = 3{,}769 \, (1 + 0{,}00564).$$

A représentant le refroidissement dû au contact de l'air, nous aurons, $A = M — R$, et par suite,

$$A = 3{,}525t + 0{,}02613t^2 = 3{,}525t \, (1 + 0{,}0074t).$$

Si on cherche de même les valeurs de A', du refroidissement de l'air sur la seconde sphère, en retranchant successivement de M et M' les valeurs de R et R', on trouve

$$A' = 2{,}975t + 0{,}02212t^2, \text{ et } A' = 3{,}005t + 0{,}02818t^2,$$

valeurs qui diffèrent bien peu, et dont la moyenne est

$$A' = 2{,}99t + 0{,}0251t^2 = 2{,}99t \, (1 + 0{,}0081t).$$

En répétant les mêmes calculs sur la troisième sphère, on trouve

$$A'' = 2,625t + 0,01953t^2; \text{ et } A'' = 2,634t + 0,0204t^2,$$

dont la moyenne est

$$A'' = 2,63t + 0,02t^2 = 2,63t\,(1 + 0,0076t).$$

On voit, d'après ces résultats, que l'émission de la chaleur provenant du contact de l'air par mètre carré et par heure, pour le même excès de température, va en décroissant à mesure que la sphère a un plus grand diamètre.

141. *Cube.* — Je n'ai employé qu'un seul cube; il était en laiton de 0^m15 de côté. Les expériences exigent un soin particulier pour placer les faces verticalement; car, quand cette condition n'est pas satisfaite, on ne peut pas remplir exactement le vase, et, en outre, les mouvements de l'air n'ont plus lieu de la même manière que quand les faces sont verticales; et ces deux circonstances peuvent produire de grandes anomalies.

Voici les résultats des expériences :

Cube nu, métal brillant ; côté du cube $= 0^m15$; $P = 3^k278$.

Excès de température.. $67°48$ $66°39$ $42°59$ $41°45$;
Valeurs de m........ $0,0000418$ $0,0000413$ $0,0000417$ $0,0000412$; moy. $0,0000413$;

$$M = \frac{0,0000413 \times 3600 \times 3,277}{0,1360} \times t\,(1 + 0,0073t)$$

$$M = 3,573t\,(1 + 0,0073t) = 3,580t + 0,0261t^2.$$

Cube couvert de papier blanc :

Excès de températures... $64°60$ $34°46$ $25°20$;
Valeurs de m.......... $0,0000809$ $0,0000812$ $0,0000806$;   moyenne $0,0000809$;

$$M = \frac{0,0000809 \times 3600 \times 3,277}{0,1352} \times t\,(1 + 0,0065t)$$

$$M = 7,053t\,(1 + 0,0065t) = 7,053t + 0,0458t^2.$$

En retranchant de la valeur de M, celle de R trouvée précédemment, et de la valeur de M′ celle de R′, on trouve pour la transmission de chaleur par l'air :

$$A = 3,321t + 0,0246t^2 = 3,321t\,(1 + 0,0074t)$$
$$A = 3,284t + 0,0246t^2 = 3,284t\,(1 + 0,0074t)$$

valeurs qui diffèrent à peine de un centième. Ces expériences sont une nouvelle confirmation de ce fait : que le refroidissement dû au contact de l'air est indépendant de la nature de la surface du corps. On voit aussi que la valeur de A diffère notablement de celle qui est relative à la sphère inscrite, dont le coefficient de t est, comme nous l'avons vu, de 3,525.

142. — *Cylindre de laiton de* $0^m,20$ *de hauteur et de* $0^m,10$ *de diamètre*. — Les expériences faites sur ce cylindre ont présenté beaucoup de régularité, pour un même état de la surface; mais en retranchant de chaque formule, obtenue pour différentes natures de la surface, celle qui représente la vitesse due au rayonnement, j'ai trouvé des résultats qui diffèrent quelquefois de près de 0,1. En prenant toutes les précautions nécessaires pour que l'axe du cylindre fût bien vertical, j'ai obtenu les résultats suivants :

Cylindre nu...................... $M = 3,401t (1 + 0,0073t) = 3,401t + 0,0248t^2$,
Cylindre couvert de papier........ $M' = 7,010t (1 + 0,0065t) = 7,010t + 0,0462t^2$,
Cylindre couvert de noir de fumée.. $M'' = 7,203t (1 + 0,0065t) = 7,203t + 0,0468t^2$.

En retranchant de M la valeur de R, de M' celle de R' et de M'' celle de R'', on trouve, pour la transmission de la chaleur par l'air:

$$A = 3,142\, t\, (1 + 0,0073\, t),$$
$$A = 3,241\, t\, (1 + 0,0077\, t),$$
$$A = 3,193\, t\, (1 + 0,0075\, t).$$

La valeur moyenne de A est de $3,192t\,(1 + 0,0075t)$, qui ne diffère des valeurs extrêmes que de un centième et demi.

Il résulte de toutes les expériences que nous venons de rapporter, 1° que la quantité de chaleur émise par le rayonnement, par unité de surface et dans l'unité de temps, l'excès de température étant constant, est indépendante de la forme et de la grandeur des corps, et que pour une enceinte qui diffère peu de 12° et des excès de température compris entre 25° et 65°, cette quantité est représentée par la formule

$$R = Kt\,(1 + 0,0056t);$$

2° que la quantité de chaleur émise par le contact de l'air, dans les mêmes circonstances, est indépendante de la nature de la surface du corps, de la température absolue de l'enceinte, et que dans les mêmes limites d'excès de température, elle est représentée par la formule

$$A = K't\,(1 + 0,0075t);$$

3° que la valeur de K' dépend de la forme et de la grandeur du corps.

Les deux premières lois avaient été données par Dulong ; mais, comme elles résultaient d'expériences faites sur le refroidissement de simples thermomètres, on pouvait douter qu'elles fussent applicables à des vases de différentes formes et renfermant de grandes masses d'eau.

143. — Quand j'ai fait ces expériences, je pensais que les formules de Dulong n'étaient point exactes ; cependant, comme j'avais reconnu

l'exactitude d'un grand nombre de faits découverts par cet habile physicien, j'ai voulu voir jusqu'à quel point les résultats de mes expériences
s'accordaient avec les formules en question.

Pour une température de l'enceinte de 12°, et dans les limites d'excès
de température que je viens d'indiquer, nous avons vu que le refroidissement dû au rayonnement était représenté par la formule $R = Kt$
$(1 + 0,0056t)$; or, si on prend successivement pour t, les nombres 25,
35, 45, 55, 65, on obtient pour R les valeurs suivantes :

$$K \times 28,50; \ K \times 41,86; \ K \times 56,34; \ K \times 71,94; \ K \times 88,66.$$

D'après Dulong, la vitesse du refroidissement dû au rayonnement est
donnée par la formule $R = ma^\theta (a^t - 1)$; dans laquelle, $a = 1,0077$,
θ représente la température de l'enceinte, et t l'excès de température du
corps sur celle de l'enceinte. Si dans cette formule on prend $\theta = 12$, et
si on donne successivement à t les valeurs précédentes, on trouve
pour R :

$$m \times 0,230; \ m \times 0,337; \ m \times 0,451; \ m \times 0,574; \ m \times 0,708.$$

En égalant les valeurs de R, qui correspondent aux mêmes valeurs de
t, on trouve pour m les valeurs suivantes :

$$123,91 \times K; \ 124,21 \times K; \ 124,92 \times K; \ 125,33 \times K; \ 125,22 \times K,$$

dont la moyenne est 124,72 . K, qui ne diffère de la plus grande et de la
plus petite que de 4 et de 6 millièmes de leurs valeurs, différence plus
petite que les erreurs probables des expériences.

Relativement au refroidissement provenant du contact de l'air, nous
avons trouvé la formule, $A = K't (1 + 0,0075 \ t)$. Pour des excès de températures de 25, 35, 45, 55, 65 degrés, on obtient pour A les valeurs
suivantes :

$$K' \times 29,69; \ K' \times 44,19; \ K' \times 69,19; \ K' \times 77,68; \ K' \times 96,69.$$

La formule de Dulong, pour le refroidissement par l'air sous une pression constante, est, $A = nt^{1,233}$; en substituant dans cette formule, les
mêmes valeurs de t que précédemment, on trouve pour A

$$n \times 52,92; \ n \times 80,14; \ n \times 109,12; \ n \times 139,91; \ n \times 175,14.$$

En égalant les valeurs de A, qui correspondent aux mêmes valeurs
de t, on trouve pour n :

$$0,551 \times K'; \ 0,551 \times K'; \ 0,551 \times K'; \ 0,555 \times K'; \ 0,552 \times K',$$

dont la moyenne est 0,552, qui ne diffère de la plus grande et de la plus
petite que de 0,004 et de 0,002 de leurs valeurs.

Ainsi, toutes mes expériences s'accordent parfaitement avec les formules de Dulong. D'après cela, je regarde comme très-probable que ces formules seraient encore exactes pour d'autres excès de température et d'autres valeurs de celle de l'enceinte, cette dernière étant toujours couverte d'un enduit terne.

Ces formules pour l'air et sous la pression atmosphérique seraient alors

$$R = 124{,}72 \times Ka^\theta (a^t - 1), \text{ et } A = 0{,}552 \times K't^{1,233}.$$

Reste maintenant à déterminer les constantes relatives au rayonnement et au contact de l'air.

Détermination des coefficients de rayonnement.

144. Nous désignerons désormais sous le nom de coefficient de rayonnement la valeur de K dans l'expression $R = Kt\,(1 + 0{,}0056t)$.

D'après les expériences que nous avons rapportées précédemment, on a, pour le cuivre jaune poli, $K = 0{,}26$; pour le papier blanc, $K = 3{,}77$; pour le noir de fumée, $K = 4{,}01$.

Pour déterminer le coefficient de rayonnement du fer-blanc, de la tôle et de la fonte, j'ai employé des cylindres de ces métaux, remplis d'eau, ayant à peu près $0^m 20$ de hauteur et $0^m 10$ de diamètre, dont j'ai observé le refroidissement. En retranchant du résultat de l'observation le refroidissement dû au contact de l'air, qui était connu par les expériences rapportées précédemment, le reste représentait le refroidissement dû au rayonnement. J'ai trouvé ainsi pour le fer-blanc, $K = 0{,}42$, pour la tôle $K = 2{,}30$; mais ce dernier nombre doit varier avec l'épaisseur de la couche d'oxyde qui la recouvre toujours. Des expériences réitérées faites sur un cylindre de fonte, dont la surface était oxydée, ont donné pour la valeur de K, $3{,}36$.

Pour le papier, les étoffes et les matières en poudre, j'ai employé un cylindre de fer-blanc, plein d'eau, recouvert successivement de ces différentes matières. Le refroidissement n'a été observé que pendant 4 degrés consécutifs, de manière à obtenir la vitesse du refroidissement à peu près pour un excès de température de 48°, et j'ai calculé exactement la vitesse à 48°, en supposant, que dans de petits intervalles, le refroidissement suivait la loi de Newton. Dans toutes ces expériences, la température de l'enceinte n'a varié que de 11° à 11°48. Pour les matières en poudre, le cylindre était recouvert d'une couche mince de colle sur laquelle on appliquait la matière en poudre jusqu'à ce qu'elle en fût bien recouverte.

Avant de tirer aucune conséquence de ces expériences, il fallait vérifier si les épaisseurs des matières placées sur le cylindre étaient sans influence. Pour cela, j'ai observé la vitesse du refroidissement du même vase recouvert successivement de 1, 2, 3, 4 feuilles de papier, et j'ai obtenu exactement les mêmes vitesses de refroidissement pour les mêmes excès de température et la même température de l'enceinte.

145. Ainsi, j'aurais pu déduire de ce mode d'expérience les pouvoirs rayonnants des matières employées, mais cette méthode a deux inconvénients graves : les erreurs d'observation produisent des erreurs beaucoup plus grandes sur le rayonnement, et les expériences sur les cylindres verticaux, dont les bouts sont libres, sont difficiles à exécuter ; car, pour peu que le cylindre ne soit pas parfaitement vertical, la marche de l'air est changée, et par suite le coefficient de refroidissement l'est aussi. Pour toutes ces raisons, j'ai préféré observer directement le rapport des rayonnements de tous les corps. Cependant il résulte des expériences faites sur les cylindres un fait important : c'est que la couleur du papier, des étoffes de coton, de laine et de soie est sans influence sensible sur leur rayonnement.

146. Voici le mode d'expérience qui m'a paru le plus avantageux. Deux vases métalliques, terminés d'un côté par une surface plane, verticale, nue ou couverte de différentes matières, sont placés de manière que leurs surfaces planes soient parallèles, et à des distances égales des extrémités d'une pile thermo-électrique, en communication avec un rhéomètre très-sensible ; l'appareil est disposé de manière que les surfaces des vases soient en regard de surfaces ternes à la température ambiante. L'une des surfaces est maintenue à une température constante, et on fait varier la température de l'autre jusqu'à ce que les effets produits sur les deux faces de la pile soient les mêmes, c'est-à-dire jusqu'à ce que l'aiguille du rhéomètre reste au 0. Alors, en désignant par R et R' les pouvoirs rayonnants des deux surfaces, par t et t' les excès de leurs températures sur celle θ de la pile, par m un coefficient constant, et par a le nombre 1,0077, on a, d'après Dulong, pour les quantités de chaleur rayonnées, $mRa^\theta (a^t - 1)$, et $mR'a^\theta (a^{t'} - 1)$ (1) ; et, comme ces quantités sont égales, quand le rhéomètre est au 0, on a

$$\frac{R}{R'} = \frac{a^{t'} - 1}{a^t - 1}.$$

Le corps doué du plus faible pouvoir rayonnant était chauffé par la vapeur d'eau ; l'autre, par de l'eau dont on faisait varier la température. Comme l'appareil dont je me suis servi a été employé à la détermina-

(1) La formule de Dulong est $ma^\theta (a^t - 1)$; mais le coefficient m renferme implicitement, comme facteurs, l'étendue de la surface du corps et le pouvoir rayonnant de cette surface. Il ne faudrait pas prendre à la lettre l'expression *pouvoir rayonnant*, parce que le refroidissement qui ne provient pas du contact de l'air résulte du rayonnement du corps et de celui de l'enceinte, de leurs pouvoirs réflecteurs et de leurs pouvoirs absorbants. Il est probable que la formule de Dulong n'est pas aussi générale qu'il le supposait, mais je pense que pour des enceintes à surfaces ternes, ce qui a toujours lieu dans la pratique, elle représente suffisamment bien les faits (voir mon *Traité de Physique*, t. Ier, p. 432).

tion des coefficients de transmission à travers les corps mauvais conducteurs, pour éviter des répétitions inutiles, je ne le décrirai que quand il sera question de cette transmission. Je dirai seulement que la température de la vapeur n'a point été déterminée par la hauteur du baromètre, mais par un thermomètre entièrement plongé dans la vapeur, attendu que sa température dépend de l'activité du foyer, de la grandeur de l'orifice d'écoulement dans l'air et de la quantité de vapeur condensée.

147. Je rapporterai d'abord les résultats des observations.

Laiton poli, 101° 23; noir de fumée, 16° 99; pile, 8° 60.
    Rapport du rayonnement du noir de fumée à celui du laiton, 15,5.
    Rayonnement du laiton.. 0,26
    Rayonnement du noir de fumée... 4,01
Noir de fumée, 93° 59; papier blanc, 100° 93; pile, 14° 4.
    (1) Rayonnement du papier, $0,901 \times 4,01 =$ 3,73
Laiton, 71° 52; fer-blanc, 100° 26; pile, 13°.
    Rayonnement du fer-blanc $= 1,68 \times 0,26 =$ 0,44
Zinc, 100° 19; laiton, 99° 79; pile, 15° 5.
    Rayonnement du zinc, $1,01 \times 0,26 =$ 0,262
Tôle plombée, 100° 37; papier, 32° 24; pile, 12° 2.
    Rayonnement de la tôle plombée $= 0,172 \times 3,73 =$ 0,641
Étain en feuilles, 100° 62; papier, 20,015; pile, 13°.
    Rayonnement de l'étain $= 0,57 \times 3,73 =$ 0,212
Tôle ordinaire, 100° 63; noir de fumée, 79° 09; pile, 12° 4.
    Rayonnement de la tôle, $0,69 \times 4,01 =$ 2,77
Tôle polie, 100° 56; noir de fumée, 25° 66; pile, 10° 06.
    Rayonnement de la tôle polie, $0,413 \times 4,01 =$ 0,453
Fonte neuve, 100° 96; noir de fumée, 87° 18; pile, 10° 06.
    (2) Rayonnement de la fonte neuve, $0,79 \times 4,01 =$ 3,17
Papier argenté, 100° 67; noir de fumée, 13° 01; pile, 9° 5.
    Rayonnement du papier argenté, $0,103 \times 4,01 =$ 0,417
Plaque de cuivre rouge poli, 101° 18; papier blanc, 13° 26; pile, 7° 40.
    Rayonnement du cuivre rouge, $0,0437 \times 3,73 =$ 0,163
Plaque de cuivre rouge poli, 100° 5; papier blanc, 12° 66; pile, 6° 8.
    Rayonnement du cuivre, $0,0437 \times 3,73 =$ 0,163
Cuivre argenté poli, 100° 4; papier blanc, 16° 66; pile, 12° 4.
    Rayonnement de l'argent poli, $0,0342 \times 3,73 =$ 0,13
Cuivre argenté poli, 99° 9; papier blanc, 16° 66; pile, 11° 80.
    Rayonnement de l'argent poli, $0,039 \times 3,77 =$ 0,14
Papier doré, 100° 3; papier blanc, 19° 33; pile, 11° 70.
    Rayonnement du papier doré, $0,0617 \times 3,73 =$ 0,23
Verre, 100° 64; noir de fumée, 81° 69; pile, 11° 9.
    Rayonnement du verre, $0,727 \times 4,01 =$ 2,91
Étoffe de laine mince, 100° 68; noir de fumée, 94° 79; pile, 16° 2.
    Rayonnement de la laine, $0,919 \times 4,01 =$ 3,68
Calicot, 100° 51; noir de fumée, 94° 70; pile, 13° 5.
    Rayonnement du calicot, $0,91 \times 4,01 =$ 3,65
Étoffe de soie, 100° 62; papier, 99° 76; pile, 13°.

(1) Les expériences par le refroidissement ont donné 3,77, l'erreur est à peu près de 1 pour 100.

(2) Les expériences par le refroidissement sur la fonte oxydée ont donné 3,36.

Rayonnement de la soie, $0,986 \times 3,73 =$ 3,68
Craie en poudre sur papier (étendue avec le doigt), 100°87; noir de fumée, 89°46; pile, 14°4.

Rayonnement de la craie, $0,827 \times 4,01 =$ 3,32
Poussière de bois très-fine, sur papier, 100°62; noir de fumée, 92°84; pile, 12°8.

Rayonnement de la poussière de bois, $0,881 \times 4,01 =$ 3,53
Charbon en poudre très-fine, 101°15; noir de fumée, 91°25; pile, 11°4.

Rayonnement du charbon, $0,853 \times 4,01 =$ 3,42
Sable très-fin, sur papier, 100°65; noir de fumée, 94°20; pile, 11°0.

Rayonnement du sable, $0,902 \times 4,01 =$ 3,62
Peinture à l'huile, 100°20; papier, 99°46; pile, 7°10.

Rayonnement de la peinture, $0,985 \times 3,73 =$ 3,67
Papier blanc, 18°33; papier mouillé, 15°4; pile, 11°6.

Rayonnement du papier mouillé, $1,41 \times 3,73 =$ 5,25
Papier blanc, 16°57; eau gommée, 15°2; pile, 10°4.

Rayonnement de l'eau gommée, $1,29 \times 3,73 =$ 4,81
Fer-blanc, 101°16; papier huilé (une seule feuille), 17°44; pile, 10°4.

Rayonnement du papier huilé, couche mince, $18,11 \times 0,44 =$ 7,96
Fer-blanc, 100°43; papier huilé (3 feuilles), 16°84; pile, 8°2.

Rayonnement du papier huilé, couche épaisse, $15,01 \times 0,44 =$ 6,60
Papier blanc, 100°75; papier huilé (3 feuilles mieux imbibées), 81°98; pile, 9°90.

Rayonnement du papier huilé, couche plus épaisse, $1,364 \times 3,73 =$ 5,08

148. Il résulte de ces expériences et de celles qui ont été faites sur le cylindre de fer-blanc recouvert de différents enduits : 1° que les matières ternes, quelle que soit leur couleur, ont à peu près le même pouvoir émissif; mais que le noir de fumée, déposé sur du papier par la flamme d'une chandelle, l'emporte notablement; 2° que le pouvoir émissif de l'eau et surtout celui de l'huile sont plus considérables que celui du noir de fumée. A ce sujet, il est important de remarquer que l'épaisseur du liquide, quand elle dépasse celle qui correspond au maximum de rayonnement, tend à diminuer le rayonnement apparent, parce que la surface du liquide est à une température moins élevée que le vase plein d'eau, et qu'on prend par conséquent pour le liquide une température trop élevée, ce qui donne par la formule un rayonnement trop faible; c'est ce que confirment les trois expériences faites sur l'huile.

J'ai constaté, par plusieurs expériences, qu'il faut, ainsi qu'on l'avait déjà reconnu, une certaine épaisseur de matière, pour obtenir le maximum de rayonnement; je rapporterai seulement les résultats des expériences faites sur un cylindre de cuivre, qui a été successivement recouvert de 1, 2, 3, 4 couches de noir de fumée; pour le même excès de température et la même température de l'enceinte, les vitesses du refroidissement ont été 0,0049; 0,0053; 0,0055; 0,0058. J'ai dû m'arrêter là, dans la crainte d'obtenir un accroissement d'effet résultant de l'accroissement de surface. Le pouvoir rayonnant, correspondant à la dernière vitesse, était encore inférieur au pouvoir rayonnant du noir de fumée. Dans toutes les expériences, le noir de fumée a été appliqué sur du papier, et une seule couche a toujours donné le maximum d'effet.

149. Pour déterminer le pouvoir rayonnant du marbre poli, j'ai observé le refroidissement d'un cylindre de marbre plein d'eau, isolé par les deux bouts avec du coton, quand la surface du vase était nue ou couverte de papier. Dans les mêmes circonstances, la durée du refroidissement a été de 17′ 25″ dans le premier cas, et de de 17′ 21″ dans le second. Ainsi on peut considérer le rayonnement du marbre comme différant peu de celui du papier.

Des expériences analogues, faites sur des cylindres de pierre, de bois de sapin, de bois de chêne et de bois de noyer, ont donné à peu près les mêmes résultats (1).

150. Lorsqu'un vase est environné de plusieurs enceintes, assez éloignées les unes des autres, pour que l'air se meuve facilement dans l'intervalle qui les sépare, le refroidissement du vase décroît très-rapidement avec le nombre des enveloppes. Mais quand les enveloppes sont très-rapprochées, il n'en est plus ainsi; la vitesse du refroidissement décroît très-lentement avec le nombre des enveloppes. Les expériences ont été faites avec un cylindre de fer-blanc couvert de papier, et isolé par les deux bouts, au moyen de deux cylindres de papier qui formaient les prolongements de sa surface et qui renfermaient du coton très-divisé. Sa surface a été recouverte successivement de 1, 2, 3, 4 feuilles de papier, maintenues à une distance de un demi-millimètre les unes des autres. Pour cela, on fixait à chaque extrémité du cylindre de fer-blanc une bande de carton mince de 3 millimètres de largeur, sur laquelle on collait les bords supérieurs et inférieurs de la nouvelle enveloppe de papier. Dans toutes les expériences, on a constamment observé la vitesse pour un même excès de température de 48° ; la température de l'enceinte n'a pas changé sensiblement; la surface totale du

(1) MM. Laprovostaye et Dessains ont déterminé les rapports des pouvoirs émissifs de l'argent pur dans différents états, du platine, de l'or, et du cuivre, à celui du noir de fumée, par deux méthodes différentes qui ont donné les mêmes résultats. Dans toutes les deux, les plaques chauffées à la même température ou à des températures différentes, agissaient successivement sur une des extrémités d'une pile thermo-électrique en communication avec un rhéomètre, et c'est par les déviations de l'aiguille, en les supposant proportionnelles aux intensités des faisceaux de chaleur rayonnante, que ces physiciens ont trouvé les rapports en question (*Annales de Chimie et de Physique*, t. XXII). Les seuls nombres qui se rapportent à mes expériences sont les suivants :

Argent pur bruni 0,025
Cuivre en lames.................. 0,019
Or en feuilles.................... 0,0128
J'ai trouvé, pour l'argent poli (cuivre plaqué)...... 0,034
—   pour le cuivre poli.................. 0,040
—   pour le papier doré................. 0,057 .

Les différences de ces résultats proviennent probablement de la différence de nature et d'état des corps.

vase était de $0^m 1014$, et celle de la partie cylindrique était de $0^m 0789$. Voici les résultats obtenus :

Cylindre couvert de papier; refroidissement par la surface totale.. $v = 0,00580$
Cylindre isolé par les deux bouts.............................. $v = 0,00464$
    —   une enveloppe.............. $v = 0,00436$
    —   deux enveloppes............. $v = 0,00355$
    —   trois enveloppes............. $v = 0,00313$
    —   quatre enveloppes............ $v = 0,00263$

On voit, à l'inspection des quatre derniers nombres, que la loi du refroidissement, pour les enveloppes très-éloignées les unes des autres, n'est point applicable aux enveloppes très-rapprochées ; car dans la dernière expérience, la vitesse n'est pas diminuée de moitié, tandis qu'elle aurait dû être réduite à 1/4, si la loi des enveloppes très-espacées avait eu lieu. A la vérité, il y avait un accroissement notable de surfaces, à peu près de 0,1, ce qui réduirait la dernière vitesse à 0,00237 ; mais ce chiffre est encore beaucoup plus considérable que celui qui correspond à la loi en question, et qui serait de 0,00116. Quand j'ai fait ces expériences, je croyais obtenir un décroissement de vitesse beaucoup plus rapide que le rapport inverse du nombre des enveloppes, attendu que l'air ne pouvant pas se mouvoir facilement dans des espaces étroits, je pensais que la transmission de la chaleur n'aurait lieu que par le rayonnement, mais je n'avais pas tenu compte de la transmission de la chaleur par l'air stagnant, qui est beaucoup plus grande qu'on ne serait tenté de le supposer.

Détermination des coefficients du refroidissement dû au contact de l'air.

151. Il résulte des expériences que nous avons rapportées, que la loi du refroidissement des corps par le contact de l'air est indépendante de la forme du corps et de la température de l'enceinte ; que, pour des excès de température compris entre 25° et 65°, la quantité de chaleur transmise, par mètre carré et par heure, est représentée par la formule $A = K't (1 + 0,0075t)$; que, pour d'autres excès de température, elle est représentée, d'après Dulong, par cette autre formule, $A = nt^{1,233}$ pour laquelle $n = 0,55K'$: dans toutes les deux, t représente l'excès de température du corps sur celle de l'enceinte. Mais nous avons vu, en même temps, que la valeur de K', et par conséquent celle de n, changent avec la forme et la grandeur du corps.

Les phénomènes qui se produisent dans la transmission de la chaleur par l'air sont très-compliqués ; l'air, après s'être échauffé sur les parties inférieures du corps, s'élève autour de sa surface, en s'échauffant toujours davantage et en produisant un appel d'air extérieur, résultant des variations de vitesses ascensionnelles par suite des variations de température ; en outre, il est certain, comme nous le verrons plus tard, que le refroidissement ne provient pas uniquement du contact de l'air avec la surface du corps, mais aussi d'une transmission directe à travers l'air à mesure qu'il se déplace. On conçoit facilement, d'après cela, qu'il serait impossible d'arriver, par des considérations théoriques, à des formules générales qui représenteraient les valeurs moyennes de K' pour tous les cas qui peuvent se présenter. J'ai cherché, par de nombreuses expériences, des formules qui représentent, au moins d'une manière approchée, les valeurs de K' pour les corps sphériques et des cylindres placés horizontalement ou verticalement ; ces deux derniers cas étant les seuls qui se rencontrent dans les applications.

152. *Vases sphériques.* — Nous avons trouvé précédemment que pour trois sphères, dont les rayons étaient $0^m 0746$, $0^m 1050$, $0^m 1538$, les coefficients de refroidissement par l'air étaient 3,52 ; 3,00 ; 2,63. Ces résultats peuvent être représentés par la formule

$$K' = 1,778 + \frac{0,13}{r}; \qquad (a)$$

car cette formule donne pour les trois sphères, les nombres 3,52 ; 3,00 ; 2,62.

153. *Cylindres horizontaux.* — Pour déterminer la transmission de la chaleur par l'air sur des cylindres horizontaux, je me suis servi de différentes méthodes.

J'ai d'abord employé deux cylindres de laiton poli, ayant $0^m 102$ et $0^m 138$ de diamètre, $0^m 135$ et $0^m 115$ de longueur, terminés à chaque extrémité par une demi-sphère ; ils étaient garnis chacun de deux agitateurs disposés comme pour des sphères, et pourvus d'un thermomètre placé au milieu ; chacun d'eux a été introduit dans l'enceinte à température constante, et la vitesse du refroidissement a été observée par les méthodes indiquées précédemment.

Pour le premier vase, on avait $P = 1^k 618$; la surface du cylindre, y compris les douilles et les pieds, était de $0^{mq} 0462$; la surface de la sphère était de $0^{mq} 0326$. J'ai retrouvé pour la vitesse du refroidissement, $v = 0,0000503t (1 + 0,0073t)$. Alors la quantité totale de chaleur M, perdue par heure, était

$$M = v \times 3600 \times 1,618 = 0,2930t + 0,00214t^2.$$

La quantité de chaleur émise par le rayonnement était

$$0,25 \times 0,0788t (1 + 0,0056t) = 0,0197t + 0,00011t^2.$$

En retranchant cette quantité de M, on trouve $0,273t + 0,00203\,t^2$ pour la chaleur perdue par le contact de l'air. Or, la quantité de chaleur perdue par le contact de l'air sur les deux demi-sphères, calculée par la formule (a), est égale à $0,141t + 0,00103t^2$. Par conséquent, le refroidissement dû au contact de l'air, sur la partie cylindrique du vase, s'obtiendra, en retranchant cette dernière quantité de celle qui représente le refroidissement par l'air, sur la surface totale ; on trouve ainsi :

$$0,132t = 0,00100t^2 = 0,132t\,(1 + 0,0075t);$$

et en divisant cette expression par la surface du cylindre, $0^m.0462$, on obtient :

$$A = 2,86t\,(1 + 0,0075t).$$

Pour le second vase, on avait $P = 3^k\,308$; la surface du cylindre, y compris les pieds et les douilles, était de $0^{mq}\,0700$; celle de la sphère était de $0^{mq}\,0598$. On a trouvé

$$M = 3,308 \times 3600 \times 0,0000365t\,(1 + 0,0073t) = 0,434t + 0,00316t^2.$$

La perte totale par le rayonnement était

$$0,25 \times 0,1297t\,(1 + 0,0056t) = 0,0324t + 0,0001815t^2.$$

La perte par l'air sur la sphère était, $0,2185t + 0,001595t^2$. En retranchant la seconde expression de la première, on trouve $0,184\,t + 0,00139\,^2t$, et par suite

$$A = 2,63t\,(1 + 0,0076t).$$

J'ai répété ces expériences, en recouvrant la partie cylindrique des deux vases avec du papier blanc ; en retranchant de la valeur de M le refroidissement de la sphère et celui du cylindre dû au rayonnement, j'ai obtenu des résultats fort peu différents de ceux que je viens de rapporter.

Pour observer le refroidissement par l'air sur des cylindres d'un plus petit diamètre, j'ai employé trois cylindres de fer poli, ayant pour longueur $0^m\,10$, $0^m\,20$, $0^m\,40$, un même diamètre de $0^m\,032$; terminés par des calottes sphériques ; remplis de mercure et placés horizontalement dans l'enceinte à température constante ; les deux parties de l'appareil étaient un peu écartées, pour laisser passer les tiges des thermomètres.

Dans ces expériences il y a une cause d'erreur dont il est important d'examiner l'influence. Quand un thermomètre est placé verticalement, le réservoir est soumis à une pression égale à la hauteur du mercure dans la tige, et cette pression disparaît complétement quand il est placé horizontalement ; ainsi, dans les mêmes circonstances, le thermomètre placé horizontalement doit indiquer une température plus élevée que quand il est vertical. Pour estimer cette différence, remarquons que la compression du mercure pour une atmosphère est de $0,0000055$, celle du verre de $0,0000033$, et que, dans le cas dont il s'agit, l'effet produit est la somme des effets produits sur le mercure et sur le verre : ainsi il est de 0,0000088 ; or la dilatation du mercure dans le verre, pour 1 degré est de $\frac{1}{6480} = 0,0001543$, et le rapport, $0,0000088 : 0,0001543 = 0,057$.

Ainsi, si la colonne de mercure avait 0,76 de hauteur, la différence des températures, indiquées par le même instrument dans ces deux positions, serait de 0° 057, et elle diminuerait à mesure que la colonne serait moins élevée. Je n'ai point eu égard à ces corrections qui sont de l'ordre des erreurs inévitables dans ces sortes d'expériences.

Les valeurs de M obtenues par ces trois cylindres ont été,

$$M = 0,072t \, (1 + 0,0073t).... \quad M = 0,123t \, (1 + 0,0073t).... \quad M = 0,222t \, (1 + 0,0073t).$$

Si on retranche la première de la seconde, la seconde de la troisième et la première de la troisième, on obtiendra le refroidissement sur une longueur de $0^m 10$, de $0^m 20$, de $0^m 30$; on trouve ainsi pour $0^m 10$ ces trois valeurs 0,051 ; 0,0495 ; 0,050. En admettant 0,050, comme la surface cylindrique est de $0^m 0105$, on obtient, pour la quantité de chaleur transmise par mètre carré et par heure, $4,76t \, (1 + 0,0073t)$; et, comme la quantité de chaleur transmise par le rayonnement du fer poli est $0,31 \, (1 + 0,0056t)$, on trouve pour le refroidissement dû à l'air,

$$A = 4,45t \, (1 + 0,0074t).$$

J'ai ensuite employé deux cylindres de fer-blanc, de $0^m 20$ de diamètre, et de $0^m 10$ et $0^m 20$ de hauteur, couverts de papier et placés horizontalement.

Le premier a donné. $M = 1,240t \, (1 + 0,0065t).$

Le second.......... $M' = 0,850t \, (1 + 0,0065t).$

La différence, $M - M' = 0,390t \, (1 + 0,0065t)$, représente le refroidissement sur une longueur de $0^m 10$; la surface de ce cylindre étant $0^{mq} 0628$, le refroidissement par unité de surface est égal à, $6,21t \, (1 + 0,0065t)$; et le refroidissement provenant du rayonnement étant égal à $3,77t \, (1 + 0,0056t)$, il s'ensuit que le refroidissement provenant de l'air est représenté par $2,44t \, (1 + 0,0078t)$.

Ainsi, pour des cylindres horizontaux ayant pour rayons $0^m 016$, $0^m 051$, $0^m 069$, $0^m 10$, les quantités de chaleur perdue, par mètre carré, par heure, et pour une différence de température de 1 degré, sont 4,45 ; 2,86 ; 2,63 et 2,44.

Ces nombres sont représentés d'une manière satisfaisante par la formule,

$$A = 2,058 + \frac{0,0382}{r} \, ;$$

car, pour les rayons des cylindres employés, on trouve, 4,45 ; 2,81 ; 2,61 et 2,44.

154. *Cylindres verticaux.* — Pour les cylindres verticaux, il y avait à examiner l'influence de la hauteur et celle de la section ; et ici se présentait une grande difficulté : Les vases sont toujours terminés par les deux bouts, et il fallait supprimer, dans les résultats des expériences, le refroidissement provenant de ces deux extrémités. Il est d'abord important de remarquer que ce refroidissement par les bouts, pour la même étendue de surface, est beaucoup plus petit que pour la partie latérale du cylindre ; en effet, à la partie inférieure, en la supposant parfaitement horizontale, l'air ne se renouvellerait que très-lentement ; il s'y établirait des couches d'air à température croissante de haut en bas, et la transmission de la chaleur n'aurait presque lieu qu'à travers de l'air immobile. A la partie supérieure, le même mode de transmission a encore lieu ; mais, comme les couches d'air, inégalement chaudes, ne sont pas en équilibre stable, il se forme des courants en sens contraires qui renouvellent l'air en contact avec la surface. Le refroidissement par les bouts du cylindre, quoique faible, comme je m'en suis d'ailleurs assuré par des expériences directes, ne pouvait pas être négligé ; je n'ai trouvé aucun moyen de le mesurer exactement, mais j'ai employé une disposition qui le rend très-faible et réellement négligeable. J'ai reconnu, par des expériences très-nombreuses faites par plusieurs procédés différents, que la conductibilité du coton était indépendante de sa densité ; du moins, dans des expériences qui ont donné les mêmes résultats, la densité de cette matière a varié de 0,007 à 0,7. Ainsi un mélange d'air et de coton, dans une proportion quelconque, possède la même conductibilité, ce qui ne peut s'expliquer qu'en admettant que la conductibilité de l'air en repos soit égale à celle de la matière textile du coton. Il résulte de là que, si on prolonge un cylindre métallique vertical, en dessus et en dessous, par des cylindres de papier remplis de coton cardé ou d'édredon, le refroidissement aura lieu comme si ces cylindres étaient remplis d'air immobile ; en outre, on peut regarder comme complétement nul le refroidissement par le cylindre supérieur, parce qu'il est environné d'air qui s'est échauffé contre le cylindre métallique.

155. *Influence de la hauteur.* — Pour observer l'influence de la hauteur sur les cylindres verticaux, j'ai employé deux groupes de cylindres de $0^m 10$, $0^m 20$, $0^m 40$ et $0^m 60$ de hauteur et de $0^m 032$ de diamètre ; le premier groupe était formé de tuyaux de fer étirés à surface polie, terminés par des calottes sphériques et remplis de mercure ; le mercure n'y était point agité et le thermomètre était placé dans l'axe du cylindre. Dans l'autre système, les tubes étaient en laiton de mêmes diamètres et de mêmes hauteurs que ceux de fer ; ils étaient remplis d'eau et renfermaient un agitateur, disposé comme dans les cylindres d'un grand diamètre, mais dont l'axe de rotation était placé à côté de l'axe du cylindre, afin de laisser une place libre pour le réservoir du thermomètre ; les figures 48 et 49

représentent, la première, une coupe verticale d'un des cylindres, et la seconde une coupe horizontale. Les cylindres de fer étaient simplement suspendus dans l'enceinte à température constante, mais ceux de cuivre étaient fixés dans des châssis par des tiges de bois de sapin très-minces, afin d'éviter les mouvements des vases résultant de celui qu'on imprime à l'axe de rotation de l'agitateur. Les figures 50 et 51 représentent la disposition de l'appareil.

Les deux cylindres de fer de $0^m 10$ et $0^m 20$ de hauteur ont donné des résultats réguliers qui s'accordent très-bien avec les formules des vitesses de refroidissement des autres vases ; mais pour ceux d'une plus grande hauteur, les valeurs de m, v : $(1 + 0,0073\ t)$ au lieu d'être constantes, allaient en croissant à mesure que la température s'abaissait. Pour faire disparaître cette anomalie, j'ai remplacé le thermomètre par un autre ayant un plus long réservoir, $0^m 20$; les variations sont devenues plus petites, mais elles étaient encore trop grandes pour qu'il fût permis de douter que, dans ces cylindres, la conductibilité du mercure ne fût suffisante pour maintenir l'égalité de température dans toute la longueur. Voici du reste les résultats obtenus avec le cylindre de $0^m 40$ et le thermomètre à long réservoir ; pour des excès de température de 74°, 63°, 34°, les valeurs de m ont été de 0,000204 ; 0,000222 ; 0,000240. D'après cela, j'ai renoncé à l'usage des cylindres de fer, dont la hauteur excédait $0^m 20$.

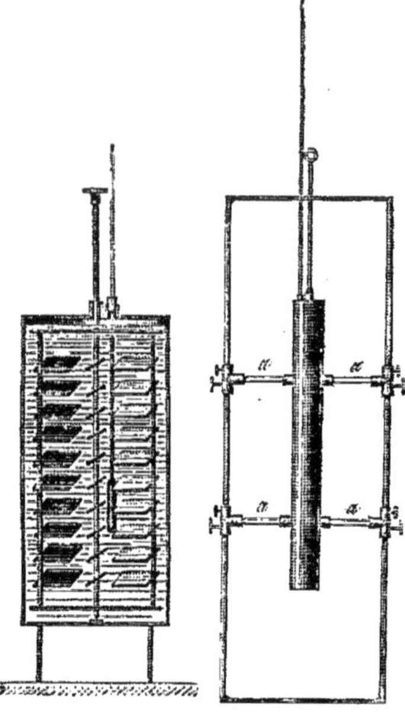

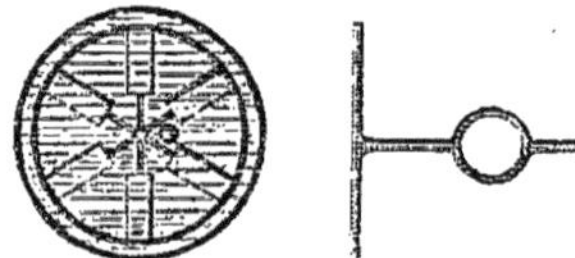

Fig. 48 et 49.   Fig. 50 et 51.

Les cylindres de cuivre pleins d'eau ont tous donné des résultats fort réguliers, et pour les hauteurs $0^m 10$, $0^m 20$, $0^m 40$, $0^m 60$, j'ai trouvé pour les valeurs de K' les nombres suivants : 5,20 ; 4,42 ; 4,00 ; 3,45.

Ces nombres sont sensiblement représentés par la formule

$$K' = 2,43 + \frac{0,8758}{\sqrt{h}} ;$$

car, pour les hauteurs désignées, elle donne 5,20 ; 4,38 ; 3,81 et 3,45.

Cette formule ne peut être considérée que comme une approximation peu précise, car elle ne s'accorde réellement qu'avec les valeurs extrêmes ; mais on ne pouvait pas espérer une grande exactitude dans ces sortes d'expériences, car les erreurs inévitables dans la détermination de la vitesse du refroidissement en produisent de plus grandes encore dans l'estimation de refroidissement provenant de l'air. Mais, un fait bien établi, c'est le décroissement de la valeur de K', à mesure que le cylindre augmente de hauteur; on le comprend d'ailleurs aisément, en remarquant que l'air s'échauffe toujours davantage à mesure qu'il s'élève. On est même étonné qu'il ne soit pas plus rapide; mais deux causes interviennent pour ralentir le décroissement; la première consiste dans la transmission directe de la chaleur de l'air en contact avec la surface du cylindre à l'air environnant; la seconde provient de ce que l'air, en s'élevant, tend à prendre des vitesses de plus en plus grandes et qu'il appelle l'air environnant.

Les cylindres dont je me suis servi avaient à peu près $0^m 1$ de circonférence, et, par conséquent, chaque décimètre de hauteur avait une surface égale à $0^{mq} 01$; on trouve alors, d'après la formule précédente, que pour des cylindres de $0^m 1$, $0^m 2$, $0^m 3$, $0^m 4$, $0^m 5$, $0^m 6$ de hauteur, les quantités de chaleur perdues, par heure et pour un excès de température de 1 degré, seraient

$$0,052 \quad 0,0866 \quad 0,1185 \quad 0,1438 \quad 0,1780 \quad 0,2070$$

et que les quantités de chaleur perdues par le 1er, le 2e, le 3e, le 4e, le 5e et le 6e décimètre de hauteur seraient

$$0,052 \quad 0,0316 \quad 0,0319 \quad 0,0303 \quad 0,0292 \quad 0,0290$$

ainsi, le décroissement d'effet diminue rapidement.

J'aurais bien désiré faire des expériences sur des tuyaux d'une plus grande hauteur; mais comme on ne pouvait pas opérer dans l'air libre, il aurait fallu employer des enceintes à température constante d'une grande hauteur, et il aurait été difficile d'agiter le liquide de manière à y établir à chaque instant la même température dans tous les points.

Il résulte, de ce que nous venons de dire, que le même cylindre ne se refroidit pas avec la même vitesse quand il est horizontal et quand il est vertical. Pour un cylindre de $0^m 032$ de diamètre, placé horizontalement, la quantité de chaleur transmise par mètre carré et par heure est de 4,45, et quand il est vertical, cette quantité, pour des hauteurs de $0^m 10$, $0^m 20$, $0^m 40$, $0^m 60$, est de 5,20 ; 4,40 ; 4,00; 3,45.

156. *Influence du diamètre.* — Pour reconnaître l'influence du diamètre des tuyaux, j'ai employé quatre cylindres de $0^m 20$ de hauteur et de $0^m 032$, $0^m 061$, $0^m 115$, $0^m 201$ de diamètre, couverts de papier et isolés par les deux bouts; ces expériences ont donné pour la valeur de K', 4,38; 4,00; 3,90; 3,66; nombres qui sont assez bien représentés par la formule

$$K' = 3,181 + \frac{0,1515}{\sqrt{r}};$$

car, pour les rayons correspondants aux quatre cylindres, elle donne 4,38 ; 4,05 ; 3,81 et 3,66.

Pour des cylindres ayant des rayons de $0^m 005$, $0^m 01$, $0^m 10$, $0^m 20$, $0^m 30$, $0^m 40$, $0^m 50$, $0^m 60$, la formule donne 5,32 ; 4,69 ; 3,66 ; 3,52 ; 3,46 ; 3,42 ; 3,39 ; 3,37.

Ce décroissement dans la perte de la chaleur par l'air semble singulier, mais il est facile de s'en rendre compte. Cette perte ne provient pas uniquement du contact de l'air avec le corps, mais d'une transmission directe à travers l'air qui l'environne, puisque l'air conduit la chaleur. Or, cette transmission, pour chaque élément vertical du cylindre, a lieu dans un espace angulaire dont l'ouverture augmente à mesure que le rayon du cylindre diminue. C'est d'ailleurs ce qui résulte des formules relatives à la conductibilité de la chaleur à travers les enveloppes cylindriques. Il est très-probable que cette circonstance a une grande influence sur le refroidissement, par l'air, des cylindres placés horizontalement et des sphères.

157. La formule relative à l'influence de la hauteur suppose que les cylindres ont $0^m 016$ de rayon ; celle qui représente l'influence des rayons est relative à des cylindres de $0^m 20$ de hauteur ; mais il est facile d'en déduire le refroidissement d'un tuyau vertical d'une hauteur h et d'un rayon r, en admettant que l'influence de la hauteur soit indépendante du diamètre, supposition très-probable. En effet, la perte de chaleur pour un cylindre de $0^m 20$ de hauteur et de $0^m 016$ de rayon est de 4,38, celle d'un cylindre de même hauteur et d'un rayon r étant, $3,181 + \dfrac{0,1515}{\sqrt{r}}$, le refroidissement du même cylindre pour une hauteur h sera égal au rapport de cette dernière expression à 4,38, multipliée par l'expression $2,43 + \dfrac{0,875}{\sqrt{h}}$. ainsi on aura,

$$K' = \left(3,181 + \frac{0,1515}{\sqrt{r}}\right)\left(2,43 + \frac{0,8758}{\sqrt{h}}\right) : 4,38 ,$$

ou

$$K' = \left(0,726 + \frac{0,0345}{\sqrt{r}}\right)\left(2,43 + \frac{0,8758}{\sqrt{h}}\right).$$

Pour une surface plane, il faudrait faire r infini, et la valeur de K' deviendrait

$$K' = 1,764 + \frac{0,636}{\sqrt{h}}.$$

Ces deux dernières formules ne peuvent être considérées, surtout la dernière, que comme des approximations peu précises, parce qu'elles sont fondées sur d'autres formules qui ne représentent les faits que dans une étendue assez limitée. Mais, pour toutes les applications relatives au chauffage, elles sont bien suffisantes, attendu que, dans toutes les circonstances qui peuvent se présenter, les courants d'air et les vents produisent des anomalies bien autrement importantes que les erreurs qui peuvent résulter de l'emploi de ces formules.

§ II. — TRANSMISSION DE LA CHALEUR

A TRAVERS LES CORPS MAUVAIS CONDUCTEURS.

158. Dans ces recherches, j'ai eu pour but de déterminer les coefficients de conductibilité des corps qui conduisent mal la chaleur, c'est-à-dire les nombres d'unités de chaleur qui traverseraient dans une heure des plaques formées de ces substances, ayant 1 mètre carré de surface, 1 mètre d'épaisseur, et dont les surfaces seraient maintenues à des températures qui différeraient de 1 degré.

Les expériences ont été faites en employant ces corps sous différentes formes, dont les effets avaient été calculés d'après la loi élémentaire de la transmission de la chaleur. Je n'ai point fait d'expériences qui eussent pour objet spécial la vérification de cette loi, parce qu'elle est une conséquence nécessaire du mode de propagation de la chaleur.

Cette loi consiste, comme on sait, en ce que le flux de chaleur qui traverse un élément d'un corps dans l'unité de temps, est proportionnel à sa surface, à la différence de température des deux faces perpendiculaires au sens de la propagation et en raison inverse de l'épaisseur de l'élément. Cette loi, comme je viens de le dire, se déduit rigoureusement de la nature du mouvement de la chaleur. En effet, considérons une plaque très-mince, d'un corps homogène, ayant l'unité de surface ; supposons que t représente la différence des températures des surfaces et que la quantité de chaleur qui passe à travers la plaque soit une fonction quelconque de t ; cette fonction étant continue et devenant nulle pour $t = 0$, pourra toujours être développée suivant les puissances croissantes de t, et ce développement ne renfermera point de terme constant ; mais alors, quand on suppose t infiniment petit, tous les termes peuvent être négligés par rapport au premier, par conséquent le flux de chaleur est déjà nécessairement proportionnel à l'excès de température. Remarquons maintenant que si les deux faces d'une plaque d'une épaisseur finie sont maintenues chacune à une température constante, après un certain temps, lorsque le régime sera établi, le flux de chaleur qui traversera la plaque traversera en même temps chacune des lames élémentaires dont la plaque est composée, puisqu'il n'y a point de variations intérieures de température. Cela posé, considérons une lame très-mince dont les faces aient une différence de température dt ; si on imagine que l'épaisseur soit doublée, la différence des températures de ces surfaces restant la même, pour chacune des lames élémentaires, cette différence sera $dt : 2$, et par conséquent la quantité de chaleur transmise sera 2 fois plus petite ; on trouverait de même, que si l'épaisseur de la lame devenait 3, 4, 5, 6 fois plus grande, la différence de température dt des deux surfaces extrêmes restant la même, la quantité de chaleur transmise par la lame deviendrait 3, 4, 5, 6 fois plus petite. Ainsi, la quantité de chaleur transmise, par unité de surface et pendant l'unité de temps, par une lame d'une épaisseur de et dont dt représente la différence de température des deux surfaces, est proportionnelle à $dt : de$, et peut être représentée par $Cdt : de$, C représentant une quantité constante.

Mais on ne peut pas savoir d'avance si le coefficient de conductibilité est réellement indépendant de la température, comme le calcul le suppose ; aussi j'ai toujours employé, pour un certain nombre de corps, des épaisseurs différentes, non-seulement comme contrôle des expériences, mais comme vérification de l'hypothèse dont je viens de parler.

Dans mes premières recherches, j'avais employé des méthodes qui n'étaient pas assez exactes pour donner, dans tous les cas, des résultats suffisamment approchés. Dans celles-ci, je n'ai rien négligé pour approcher aussi près que possible de la vérité. J'ai employé trois méthodes différentes que je décrirai successivement.

PREMIÈRE MÉTHODE.

159. Cette méthode consiste à observer le refroidissement d'une enveloppe sphérique, pleine d'eau chaude, formée de la matière dont on veut déterminer la conductibilité, et qui est plongée dans de l'eau maintenue à une température constante. Avant de décrire l'appareil que j'ai employé, j'entrerai dans quelques détails sur les phénomènes qui se produisent et sur l'influence du refroidissement de l'enveloppe, influence qui complique beaucoup la question.

Imaginons deux sphères de cuivre mince, concentriques, plongées dans l'eau, la sphère intérieure pleine d'eau chaude constamment agitée et l'intervalle des deux sphères rempli de la matière dont on veut mesurer la conductibilité. Désignons par R le rayon de la sphère intérieure, par R' celui de la sphère extérieure, par V l'excès de la température de l'eau intérieure sur celle du bain, ou celle de l'eau intérieure, celle du bain étant 0° ; par v la température d'une couche sphérique dont le rayon est x.

En supposant V constant, ce qui aurait lieu si l'eau intérieure était constamment réchauffée de manière à compenser la chaleur transmise à travers l'enveloppe, les enveloppes sphériques élémentaires conserveront la même température, et toutes seront traversées en même temps par la même quantité de chaleur. En désignant cette quantité par A, pour l'unité de temps, nous aurons

$$A = -C \times \frac{4\pi x^2 dv}{dx}.$$
[1]

En effet, dans le cas dont il s'agit, la quantité de chaleur qui passe à travers une enveloppe élémentaire est proportionnelle à la conductibilité C de la matière, à sa surface $4\pi x^2$, à la différence de température dv des deux faces, et en raison inverse de leur distance dx. Cette expression de la valeur de A semble indépendante de la densité et de la capacité calorifique de la matière, mais ces éléments entrent implicitement dans la valeur de C. L'équation [1] donne

$$Cdv = -\frac{A}{4\pi} \times \frac{dx}{x^2}. \qquad [2]$$

En intégrant cette équation entre les limites V et 0 pour v, et R et R′ pour x, on obtient

$$CV = \frac{A}{4\pi}\left(\frac{1}{R} - \frac{1}{R'}\right) \quad A = \frac{4\pi CRR'V}{R' - R}; \quad \text{et,} \quad C = \frac{A}{4\pi} \times \frac{(R' - R)}{RR'} \times \frac{1}{V}. \ [3]$$

Cette dernière formule donne la valeur de C, en supposant, comme nous l'avons dit, que V soit constant et qu'on connaisse A. Elle ne pourrait servir qu'autant qu'on maintiendrait la température intérieure, par exemple, au moyen d'un courant de vapeur, et qu'on mesurerait exactement la quantité de chaleur qu'elle fournit dans l'unité de temps, quantité qui est représentée par A. Mais comme ce mode d'expérience présenterait beaucoup de difficulté et d'incertitude, à cause, surtout, de l'eau entraînée mécaniquement par la vapeur, j'ai cherché à résoudre la question au moyen de la vitesse du refroidissement de l'eau renfermée dans la sphère intérieure.

Si la quantité de chaleur renfermée dans l'enveloppe était très-petite, relativement à celle qui se trouve dans l'eau de la sphère intérieure, il semble qu'on pourrait négliger la chaleur perdue par l'enveloppe ; alors, en observant la durée du refroidissement de 1° pour un excès de température V, on déduirait du poids de l'eau, de celui de son enveloppe et de sa capacité calorifique, la valeur de A correspondante, et, par suite, celle de C. Mais ce mode de calcul, même pour des enveloppes d'un poids très-petit, ne donne pas, pour des sphères enveloppantes de rayons différents, des résultats concordants. J'ai cherché ensuite à tenir compte du refroidissement de l'enveloppe, en supposant que le régime ne changeait pas, c'est-à-dire qu'à chaque instant les températures des couches sphériques se succédaient suivant la même loi, et calculant de combien il fallait augmenter le poids de l'eau intérieure pour compenser le refroidissement de l'enveloppe ; on trouve bien, par le calcul, que les quantités de chaleur perdues par chaque élément, pour prendre ces régimes successifs, s'écoulent dans le même temps que si elles avaient à traverser l'enveloppe totale, parce que, pour chacune d'elles, l'accroissement de la distance à parcourir est exactement compensé par l'accroissement d'excès de température ; mais les choses ne se passent pas

ainsi; car ce mode de calcul conduit encore à des valeurs de C fort inégales pour la même matière, quand on emploie des épaisseurs différentes. J'ai donc été obligé de résoudre la question, sans faire aucune
supposition sur l'état variable de la température dans les enveloppes
élémentaires.

Considérons une surface sphérique dont le rayon est x, la quantité
de chaleur qui la traversera pendant un instant infiniment petit dt,
sera $-4\pi x^2 C \dfrac{dv}{dx} dt$. La quantité de chaleur qui traversera la surface dont
le rayon est $x + dx$, s'obtiendra en changeant dans cette expression x
en $x + dx$, c'est-à-dire en y ajoutant sa différentielle par rapport à x.
Remarquons maintenant que si l'on retranche la seconde expression de
la première, la différence $4\pi C d\left(x^2 \dfrac{dv}{dx}\right) dt$, représentera la quantité de
chaleur qui sera restée dans l'enveloppe élémentaire comprise entre les
deux sphères dont les rayons sont x et $x + dx$; alors, si on divise cette
quantité par le volume de cette enveloppe et par la capacité calorifique
de la matière, on aura évidemment la variation de température qu'elle
éprouve dans le temps dt (Fourier, *Théorie analytique de la chaleur*,
p. 107); nous aurons donc

$$\frac{dv}{dt} = \frac{C}{c} d \frac{\left(x^2 \times \frac{dv}{dx}\right)}{x^2 dx} = \frac{C}{c}\left(\frac{d^2v}{dx^2} + \frac{2}{x}\frac{dv}{dx}\right). \qquad [a]$$

Cette équation est satisfaite en posant

$$v = \frac{e^{-\frac{C}{c}n^2 t}}{x} (A \cos nx + B \sin nx). \qquad [b]$$

et comme, pour $x = R'$, on doit avoir $v = 0$, quel que soit t, il faut
qu'on ait $A = 0$ et $nR' = \pi$; alors l'équation précédente devient

$$v = \frac{e^{-\frac{C}{c}\frac{\pi^2}{R'^2}t}}{x} \times B \sin \frac{\pi x}{R'}. \qquad [c]$$

Si nous supposons qu'à l'origine du temps, c'est-à-dire pour $t - 0$,
cette relation représente les valeurs de v dans les différentes couches de
l'enveloppe, pour $t = 0$ et $x = R$, nous aurons

$$V' = \frac{B}{R} \sin \pi \times \frac{R}{R'}; \quad \text{d'où}, \quad B = \frac{V'R}{\sin \pi \frac{R}{R'}};$$

alors l'équation [c] devient

$$v = \frac{e^{-\frac{C}{c}\frac{\pi^2}{R'^2}t}}{x} \times \frac{V'R}{\sin \pi \frac{R}{R'}} \times \sin \pi \frac{x}{R'}. \qquad [d]$$

Cette valeur de v n'est exacte qu'autant, comme nous l'avons supposé, qu'elle représente les températures des différents points de l'enveloppe à l'origine du temps ; dans ce cas, il est important de remarquer que la vitesse du refroidissement de chaque tranche, et par conséquent celle de la plus petite et celle de l'eau, sont proportionnelles aux excès de températures, car la valeur de $dv : dt$ est proportionnelle à v.

Si, à l'origine, les températures des différentes enveloppes élémentaires suivaient une tout autre loi que celle qui est indiquée par l'équation [d], la recherche de l'intégrale générale présenterait de très-grandes difficultés analytiques, et ne conduirait d'ailleurs à rien d'utile, puisque l'on ne connaît pas l'état initial de ces températures. Mais il résulte des calculs de Fourier, dans une question qui a la plus grande analogie avec celle qui nous occupe, le refroidissement d'un corps sphérique dans l'air, que l'intégrale générale se compose du terme que nous avons admis et d'une infinité d'autres qui forment une série très-convergente, et que les températures des différentes enveloppes élémentaires tendent toujours davantage à se rapprocher de celles qui correspondent à la relation qui est indiquée par le premier terme.

Reprenons maintenant l'équation [d], et cherchons à remplacer la variable t par la température V de la petite enveloppe élémentaire qui a pour rayon R, température qui est évidemment celle de l'eau qu'elle contient, et qui varie avec t. Pour $x = $R, l'équation [$d$] donne

$$V = V' \times e^{-\frac{C}{c}\frac{\pi^2}{R'^2}t} \; ; \text{ d'où, } \log V = \log V' - \frac{C}{c}\frac{\pi^2}{R'^2}t \times \log e; \text{ et, } t = \log\left(\frac{V'}{V}\right)\frac{cR'^2}{C\pi^2 \log e} \, ;$$

alors l'équation [d] devient

$$v = \frac{e^{-\log\left(\frac{V'}{V}\right)\frac{1}{\log e}}}{x} \times \frac{V'R}{\sin \pi \frac{R}{R'}} \times \sin \pi \frac{x}{R'} \cdots$$

Remarquons maintenant que, pendant un temps très-petit, on peut considérer les températures des enveloppes élémentaires comme constantes ; alors la quantité de chaleur qui traversera une couche sera proportionnelle à sa surface, à sa conductibilité et à $dv : dx$. Cette quantité de chaleur sera donc $-4\pi x^2 C \frac{dv}{dx}$, et, d'après l'équation précédente, elle sera représentée par

$$-4\pi V R C e^{-\log\left(\frac{V'}{V}\right)\frac{1}{\log e}} \times \left\{ \frac{\frac{\pi x}{R'} \times \cos \frac{\pi x}{R'} - \sin \frac{\pi x}{R'}}{\sin \frac{\pi}{R'}} \right\}.$$

Pour obtenir la quantité de chaleur qui traverse la première couche, il faudra faire $x=$R; mais cette quantité de chaleur est exactement celle qui sort de l'eau; nous la représenterons par PaV; P étant le poids de l'eau et a la vitesse du refroidissement divisée par V; on trouve alors

$$P a V = - 4\pi V' C R e^{-\log\left(\frac{V'}{V}\right)\frac{1}{\log e}} \times \left\{ \pi \frac{R}{R'} \times \frac{1}{\tang \frac{\pi R}{R'}} - 1 \right\},$$

ou

$$P a V = 4\pi V' C R e^{-\log\left(\frac{V'}{V}\right)\frac{1}{\log e}} \times A;$$

A représentant le facteur constant renfermé dans la parenthèse affecté du signe. — En prenant les logarithmes des deux membres de la dernière équation, on trouve

$$\log (P a V) = \log (4\pi V' \times C R A) - \log\left(\frac{V'}{V}\right); \quad \text{ou}, \quad \log (P a V) = \log (4\pi V C R A);$$

d'où,

$$C = \frac{P a}{4\pi R A}.$$

Telle est, en définitive, la valeur de C en fonction de tous les éléments de la question. Mais cette solution suppose nécessairement que la vitesse du refroidissement de l'eau a lieu de manière que $dv : dt$ soit proportionnel à V. Cette expression paraît être indépendante de la densité et de la capacité calorifique de la matière; mais l'influence de ces éléments se trouve dans la valeur de a.

Pour les deux enveloppes que j'ai employées, on a, P$=1^k$ 770 et R$=0^m$ 076; pour la première R$'=0^m$ 090; pour la seconde R$'=0^m$ 119. Il est évident que, dans le calcul de la valeur de A, il faut prendre pour π, 180° quand il s'agit d'une ligne trigonométrique, et 3,1415 quand il s'agit d'un facteur numérique. J'ai trouvé ainsi

$$\text{Pour la } 1^{re} \text{ enveloppe} \ldots\ldots\ldots\ldots \quad C = 1118 a \qquad [A],$$
$$\text{Pour la } 2^e \text{ enveloppe} \ldots\ldots\ldots\ldots \quad C = 3632 a \qquad [B].$$

Les valeurs de C ont été multipliées par 3600, afin que l'unité de temps soit une heure. Le mètre ayant été pris pour unité de longueur et les poids étant estimés en kilogrammes, il s'ensuit que les valeurs de C représentent les quantités de chaleur qui passeraient, par heure, à travers des plaques ayant 1 mètre carré de surface, 1 mètre d'épaisseur, et dont les deux surfaces seraient maintenues à des températures qui différeraient de 1 degré.

160. *Description de l'appareil*. — La figure 52 représente une coupe verticale de l'appareil. ABCD est un cadre en cuivre qui se place dans une cuve en fer plombé, pleine d'eau à la température ordinaire. Sur

là barre inférieure BC se trouvent trois roues dentées horizontales, E, F, G (*fig.* 53) ; la première E reçoit un mouvement de rotation par la tige verticale HI, fixée par la partie inférieure au centre de la roue et munie à sa partie supérieure de la manivelle K ; L est une douille destinée à maintenir la tige. La roue G est percée au centre d'une ouverture circulaire à travers laquelle passe la douille fixe M, dans laquelle

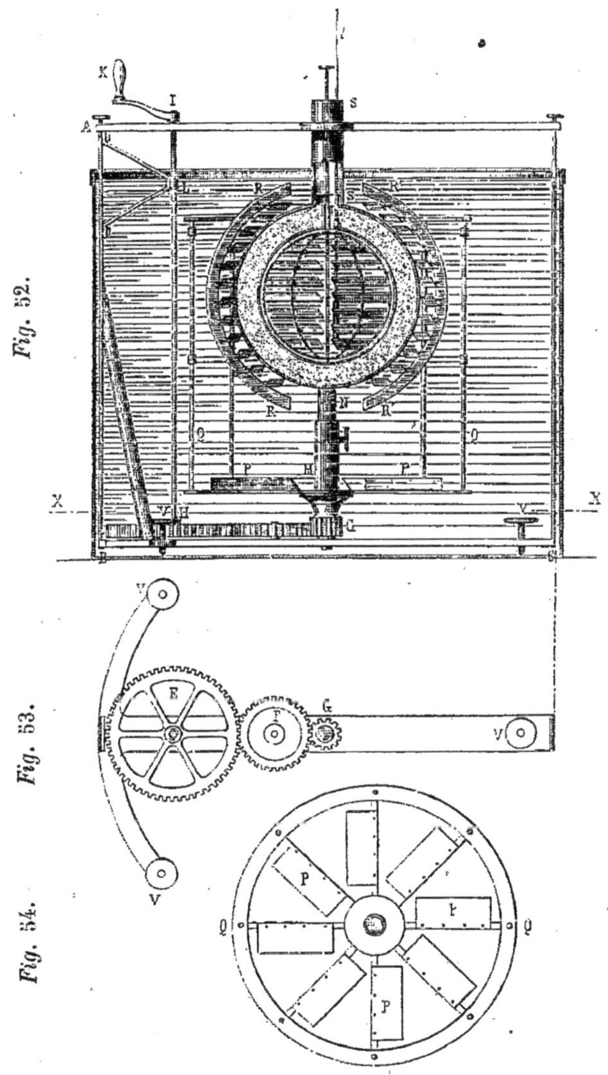

s'engage la tige N, soudée à la surface de la sphère extérieure destinée à la soutenir. La roue G porte un cercle horizontal PP (*fig.* 54) à huit rayons, garnis chacun d'une plaque de cuivre inclinée à 45°; à sa circonférence se trouvent huit tiges verticales Q, Q, reliées entre elles à la partie supérieure par un cercle horizontal; sur chacune de ces tiges on fixe, avec des vis, des portions de cercle R, R', garnies d'un grand nombre de petites plaques de cuivre inclinées dont les côtés les plus éloignés de RR' sont très-rapprochés de la surface extérieure de l'enveloppe sphérique. SS (*fig.* 52) est un cylindre de cuivre mastiqué à la partie supérieure de l'enveloppe extérieure; il recouvre trois douilles qui communiquent avec la sphère intérieure; dans l'une passe la tige du thermomètre, dans une autre la tige de l'agitateur, et la troisième, ordinairement fermée, peut recevoir un bouchon qui porte les tubes destinés à remplir le vase intérieur lorsque le niveau de l'eau a baissé. La surface extérieure de la petite sphère et la surface intérieure de la grande sont couvertes de noir de fumée. La surface de la sphère extérieure est composée de deux parties qui se réunissent par emboîtement; le joint est rendu étanche avec de la cire. Des thermomètres, qui ne sont point indiqués dans les figures, donnaient la température de l'eau du bain. Pendant toute la durée des expériences, l'eau interne était agitée par une disposition semblable à celle qui a été employée dans les expériences sur le refroidissement, et l'eau extérieure au moyen de la manivelle K. La vitesse du refroidissement se mesurait comme dans les expériences sur le refroidissement dans l'air, et on faisait de la même manière la correction relative à l'eau qu'on introduisait dans le vase, avant chaque série d'observations, pour le maintenir plein.

161. Voici maintenant les résultats obtenus dans plusieurs séries d'expériences.

Sable quartzeux passé au tamis de crin. — Petite enveloppe. Volume du sable, $1^d 22$. Poids du sable, $1^k 720$. Densité 1,44.

Excès de température.	Valeurs de a.	Valeurs de a corrigées.
43,93	0,000252	0,000246
30,62	0,000249	0,000247
18,62	0,000249	0,000248
11,73	0,000246	0,000246
7,49	0,000246	0,000246

Dans ces expériences, la température de l'eau du bain n'a varié que de 8° 30 à 9° 13.

L'égalité presque parfaite des valeurs de a, ramenées à ce qu'elles auraient été si le poids de l'eau eût toujours été de $1^k 770$, est un fait important, car il constate que la régularité du refroidissement s'est établie rapidement.

L'expérience, répétée sur le même sable avec la seconde enveloppe, avait d'abord donné des résultats variables; car, pour des excès de température 34,21; 25,89; 16,87, les valeurs de a ont été 0,000747;

0,000730; 0,000725; mais, dans deux autres séries d'expériences, les valeurs de a ont été sensiblement constantes; dans la dernière, pour les excès, 33,06; 31,90; 26,67, les valeurs de a ont été 0,000745; 0,000739; 0,000741. Le poids du sable était de 7^k 486; son volume de 5^d 22, et par conséquent sa densité de 1,43.

En admettant le nombre 0,000246 pour la première enveloppe, la formule [A] donne C = 0,275; le chiffre 0,000074 pour la seconde donne, par la formule [B], C = 0,268. Ces valeurs de C diffèrent aussi peu qu'on pouvait l'espérer.

162. *Poudre de bois d'acajou desséchée* à 50°. Petite enveloppe.

1re série. Densité, 0,31.

Excès de température....	62,37	50,30	44,25	19,26
Valeurs de a corrigées...	0,000058	0,000056	0,000059	0,000054

2e série. Densité, 0,33.

Excès de température....	46,08	37,39	28,77
Valeurs de a corrigées...	0,0000595	0,0000592	0,0000594

3e série. Densité, 0,30.

Excès de température....	55,02	46,32	20,64
Valeurs de a corrigées...	0,0000552	0,0000555	0,0000514

En prenant pour les valeurs de a, les nombres 0,000058; 0,000059; 0,000055; la formule [A] donne pour C, les nombres, 0,0648; 0,0659; 0,0614. Il est important de remarquer que ces nombres s'éloignent peu d'être exactement proportionnels aux densités, car leurs quotients par les densités sont, 0,208; 0,200; 0,204.

Je n'ai fait avec la grande enveloppe qu'une seule série d'expériences; le poids de la poudre était de 1^k 440, le volume 5^d 22, et par conséquent la densité était de 0,276.

Excès de température..	49,8	44,6	39,4	29,5	27,8
Valeurs de a corrigées.	0,0000293	0,00002703	0,0000242	0,0000233	0,0000236

Ici les valeurs de a décroissent constamment avec l'excès de température, probablement à cause de la faible conductibilité de l'enveloppe, résultant et de celle de la matière et de sa grande épaisseur. En supposant que les valeurs de a soient représentées par la formule $a = m + nt$, et déterminant les valeurs de m et de n par la première et dernière expression, on trouve

$$a = 0,0000164 + 0,00000026t.$$

Cette formule donne pour les valeurs intermédiaires des nombres qui se rapprochent beaucoup de ceux qui résultent de l'expérience; car les valeurs de a correspondantes aux cinq excès de température sont

0,0000293 ; 0,0000279 ; 0,0000266; 0,0000240 ; 0,0000236. Mais, dans cette expression, la valeur a s'approche constamment de 0,0000164 à mesure que l'excès de température diminue; en prenant cette valeur, l'équation [B] donne C = 0,059. En admettant, ce qui semble résulter des expériences faites sur la petite enveloppe, que la conductibilité de la matière dont il s'agit soit proportionnelle à sa densité, la valeur de C aurait dû être de 0,057. La différence provient probablement de ce que les valeurs de a suivent une autre loi que celle que nous avons supposée, et qu'elles se rapprochent d'une quantité plus petite que 0,0000164; en prenant 0,000016 pour la limite des valeurs de a, on trouve pour la valeur de C, 0,058.

163. *Coton en laine.* — J'ai fait un grand nombre d'expériences sur le coton en laine cardé, plus ou moins comprimé, et par conséquent sous différentes densités. Sans exceptions, j'ai toujours obtenu pour a des valeurs qui allaient en diminuant d'une manière notable avec l'excès de température, et ce qu'il y a de remarquable, la loi de ces décroissements n'a pas changé d'une manière sensible. Je n'ai opéré qu'avec la petite enveloppe.

1re série. Densité, 0,0077.

Excès de température...	61,5	42,8	23,3
Valeurs de a corrigées..	0,0000458	0,0000430	0,0000400

Ces nombres sont sensiblement représentés par la formule $a = 0,0000366 (1+0,0041t)$.

2e série. Densité, 0,0166.

Excès de température...	59,8	52,6	23,6	21,7
Valeurs de a corrigées..	0,0000411	0,0000406	0,0000369	0,0000361

Ces nombres sont sensiblement représentés par la formule $a = 0,0000332 (1 + 0,0041t)$.

3e série. Densité, 0,0332.

Excès de température...	59,3	52,4	31,7	27,4
Valeurs de a corrigées..	0,0000395	0,0000393	0,0000363	0,0000359

Ces nombres satisfont à très-peu près à l'équation $a = 0,0000321 (1 + 0,0041t)$.

4e série. Densité, 0,0576.

Excès de température...	51,9	34,6
Valeurs de a corrigées..	0,0000363	0,0000347

Ces nombres satisfont à la formule $a = 0,0000300 (1 + 0,0041t)$.

5e série. Densité, 0,0768.

Excès de température...	58,4	51,6	31,0	29,2
Valeurs de a corrigées..	0,0000410	0,0000400	0,0000384	0,0000382

Ces nombres sont sensiblement représentés par la formule $a = 0,0000328\ (1 + 0,0041t)$.

Pour calculer la conductibilité du coton dans ces différents états, il faut prendre pour a le coefficient de sa valeur générale ; on trouve alors par la formule [A] les résultats suivants :

$$d = 0,0077 \ldots\ldots\ldots\ldots\ c = 0,0409$$
$$d = 0,0166 \ldots\ldots\ldots\ldots\ c = 0,0371$$
$$d = 0,0332 \ldots\ldots\ldots\ldots\ c = 0,0359$$
$$d = 0,0576 \ldots\ldots\ldots\ldots\ c = 0,0335$$
$$d = 0,0768 \ldots\ldots\ldots\ldots\ c = 0,0366$$

Ainsi, pour des densités qui ont augmenté progressivement de 1 à 10, les conductibilités ont varié irrégulièrement et dans les limites des nombres 41 et 33. Ces différences peuvent être attribuées à de petits espaces libres dans lesquels l'air a pu se déplacer pendant le refroidissement. Cette explication est d'autant plus vraisemblable que l'édredon, matière beaucoup plus élastique, n'a jamais présenté de semblables anomalies, comme nous le verrons plus tard. Ainsi la conductibilité du coton en laine est indépendante de sa densité, ce qui ne peut s'expliquer qu'en admettant que la conductibilité de la matière textile soit égale à celle de l'air stagnant. Sa valeur moyenne serait à peu près de 0,037.

164. *Charbon en poudre*. — Les expériences faites sur le charbon en poudre ont donné des résultats peu satisfaisants. Non-seulement les valeurs de a ont diminué avec l'excès de température ; mais, de plus, la loi de décroissement n'était pas la même dans toutes les séries, comme cela a eu lieu pour le coton. Je pense que ces variations proviennent de l'absence complète d'élasticité dans le charbon en poudre, d'où il résultait que, par le refroidissement, la couche de charbon se séparait de la sphère enveloppante à la partie supérieure. Quoi qu'il en soit, je rapporterai les résultats obtenus, en donnant seulement les valeurs générales de a et les valeurs de C correspondantes ; dans le plus grand nombre des séries, les excès de température ont varié de 51 à 20 degrés.

1re série. Charbon ordinaire en poudre. $d = 0,32$.

$$a = 0,0000565\ (1 + 0,0075t) \ldots\ldots\ldots\ldots\ C = 0,063$$

2e série. Charbon ordinaire passé au tamis de crin. $d = 0,37$.

$$a = 0,0000603\ (1 + 0,0077t) \ldots\ldots\ldots\ldots\ C = 0,067$$

3e série. Charbon ordinaire passé au tamis de crin, desséché à 100°. $d = 0,36$.

$$a = 0,0000669\ (1 + 0,0037t) \ldots\ldots\ldots\ldots\ C = 0,074$$

4e série. Le même, mais comprimé $d. = 0,37$.

$$a = 0,0000670\ (1 + 0,0033t)\ldots\ldots\ldots\ldots\ C = 0,074$$

5e série. Le même passé au tamis de soie. $d = 0,36$.

$$a = 0,0000734\ (1 + 0,0038t)\ldots\ldots\ldots\ldots\ C = 0,082$$

6e série. Charbon ordinaire passé au tamis de crin, cal-
ciné au rouge blanc. $d = 0,29$.

$$a = 0,0000640\ (1 + 0,00341)\ldots\ldots\ldots\ldots\ C = 0,071$$

7e série. Le même, passé au tamis de soie. $d = 0,35$.

$$a = 0,000082\ldots\ldots\ldots\ldots\ldots\ldots\ldots\ldots\ C = 0,091$$

Malgré les anomalies que présentent ces expériences, on voit qu'il y
a bien peu de différence entre les charbons de bois ordinaires et ceux
qui ont été soumis au rouge blanc, lorsqu'ils sont en poudre. Mais on
ne peut rien en conclure relativement à ces charbons en morceaux,
parce qu'il y a une très-grande différence entre les facultés conductrices
d'un même corps en masse et en poudre, et que cette différence varie
avec la nature du corps. Ainsi le fer en limaille et le coke en poudre
ont à peu près la même faculté conductrice, et celles du fer en barre et
du coke en morceaux ont une différence énorme.

165. *Colle d'amidon.* — Je n'ai employé que la petite enveloppe. La
densité de cette colle était 1,017 ; 50 grammes de colle desséchée se
sont réduits à 6^g 5 ; ainsi la colle était composée de 87 parties d'eau et
de 13 de fécule.

Excès de température...	27,46	24,05	15,48	5,30
Valeurs de a corrigées...	0,000383	0,000389	0,000378	0,000354

En admettant le nombre 0,00038, qui résulte des trois premières expériences, la formule [A] donne $c = 0,425$. Il est probable que ce nombre
doit peu s'éloigner de la conductibilité de l'eau stagnante.

Ce mode d'expérience présentant de l'incertitude pour les corps très-
mauvais conducteurs qui donnent toujours pour a une valeur décroissante avec l'excès de température, et la construction de sphères creuses
avec les matériaux qu'on emploie généralement dans les constructions
présentant beaucoup de difficultés, j'ai dû chercher d'autres méthodes
exemptes de ces incertitudes et de ces difficultés.

DEUXIÈME MÉTHODE.

166. Imaginons deux cylindres concentriques de même hauteur,
isolés par les deux bouts, placés dans une enceinte à température con-

stante, le cylindre intérieur chauffé par de la vapeur d'eau, l'intervalle des deux cylindres occupé par la matière dont on veut mesurer la conductibilité, et supposons que nous ayons le moyen de mesurer à chaque instant la température de la surface extérieure. Il est évident que cette température ira d'abord en croissant, qu'après un certain temps elle restera stationnaire, et qu'à partir de cet instant, la quantité de chaleur qui traversera l'enveloppe sera égale à celle qui se disperse par la surface.

Cela posé, en désignant par r le rayon d'une enveloppe élémentaire, par h sa hauteur, par t sa température, par t', t'', t''' les températures de la vapeur, de la surface extérieure de l'enveloppe cylindrique et de l'air, par R, R' les rayons des deux cylindres, et enfin par Q $(t''-t''')$ la quantité de chaleur que perd, par heure et par mètre carré, la surface extérieure du cylindre, nous aurons, quand la permanence de température sera établie,

$$ -\frac{2\pi rhC\,dt}{dr} = 2\pi R'hQ\,(t''-t'''); \text{ ou, } C\,dt = -R'Q\,(t''-t''')\,\frac{dr}{r}; $$

et,

$$ C(t'-t'') = QR'(t''-t''')n(\log R' - \log R); \text{ d'où, } C = \frac{QR'n\,(t''-t''')\,(\log R' - \log R)}{t'-t''} \quad [C]. $$

n étant le module des tables de logarithmes, qui, comme on sait, est égal à 2,3025, et Q étant égal à $(K+K')(1+0,0065\,(t''-t'''))$.

Tout ce que nous venons de dire suppose nécessairement qu'un cylindre creux, formé d'un corps mauvais conducteur, se comporte, dans le refroidissement, comme un cylindre de mêmes dimensions plein d'eau constamment agitée; mais il n'en est pas exactement ainsi. En effet, quand un vase cylindrique vertical plein d'eau chaude se refroidit, il est en contact avec une enveloppe d'air, dont la température augmente de bas en haut; il résulte de là, que si une enveloppe cylindrique formée d'un corps mauvais conducteur était maintenue intérieurement à une température constante, sa surface extérieure étant exposée à l'air, et si on supposait que la transmission de la chaleur n'eût lieu que dans le sens des rayons et que le refroidissement ne s'effectuât que par le contact de l'air, quand le régime serait établi, la surface extérieure aurait une température croissante de bas en haut. Ces variations sont fort atténuées par la conductibilité de la matière dans tous les sens, et par le rayonnement, quand la surface du cylindre est terne; mais elles subsistent, comme je m'en suis assuré. Elles sont beaucoup plus marquées dans une enveloppe sphérique épaisse remplie de coton; car on peut constater, par le seul contact des mains, une différence de température très-sensible, aux extrémités du diamètre vertical. Il résulte de là, que pour déterminer la conductibilité par la méthode que nous venons d'indiquer, il faudrait connaître la hauteur à laquelle on devrait mesurer la

III.   30 température de la surface du cylindre, pour que la quantité de chaleur qu'il perd fût égale à celle qu'il perdrait si toute sa surface avait cette température. Pour éviter cette difficulté j'ai toujours employé des cylindres de $0^m 20$ de hauteur, j'ai mesuré la température de la surface au milieu de la hauteur, et j'ai déterminé la valeur de Q de manière à obtenir pour le sable quartzeux le même nombre que celui qui a été obtenu par le refroidissement dans l'eau, méthode qui ne présente aucune incertitude. Pour satisfaire à cette condition, la valeur de Q, déduite des formules relatives au refroidissement, doit être multipliée par 1,08. La valeur de Q, ainsi modifiée, donne pour la poussière de bois d'acajou les mêmes chiffres que ceux qui ont été obtenus par la première méthode, quoique la conductibilité de cette matière soit beaucoup plus petite que celle du sable; il est par conséquent très-probable que la correction dont nous venons de parler convient également pour les autres substances.

J'avais pensé à envelopper les corps solides d'une lame métallique et à placer les corps en poudre ou fibreux dans des cylindres de tôle, dans l'espoir que le métal répartirait également la température à la surface; mais l'uniformité de température ne s'établit pas, la température du milieu est trop petite et conduit à une valeur trop faible de la conductibilité.

Voici maintenant la description de l'appareil employé et du moyen dont je me suis servi pour mesurer la température de la surface des cylindres.

167. Pour les matières pulvérulentes, l'appareil se composait (*fig.* 55), d'un vase de fer-blanc *abcd*, cylindrique, vertical, de $0^m 20$ de hauteur, d'un diamètre variable et couvert de papier; il était surmonté d'un tube *ef* fermé en dessus par un bouchon à travers lequel passait la tige d'un thermomètre, dont le 100e degré dépassait de fort peu la surface supérieure du bouchon; ce tube était garni latéralement d'un tuyau *fg* communiquant avec un vase produisant de la vapeur; à sa partie inférieure, le vase était soudé à un tuyau *hik*, coudé en *i*, destiné à faire écouler l'eau provenant de la vapeur condensée et la vapeur en excès. A $0^m 02$ au-dessous du cylindre *abcd*, le tube *hi* était garni de trois petites tiges horizontales en fer, de $0^m 02$ de longueur, destinées à soutenir un plateau de bois *lm*, qu'on introduisait en enlevant le tube horizontal *ik*, et en faisant passer les tiges du tube à travers des fentes correspondantes, pratiquées dans le plateau : par un petit mouvement de rotation, le plateau se trouvait soutenu. Avant son introduction, on avait fixé sur la partie supérieure du plateau un cylindre de verre *npqr* très-mince, ouvert par les deux bouts, de même diamètre que le plateau, et maintenu au moyen d'une bande de papier collée à la fois sur le verre et sur le bois. Le cylindre de verre était recouvert de papier blanc sur

toute sa surface, et la feuille de papier dépassait ses deux extrémités, à
peu près de 0ᵐ 10. La matière qui devait être soumise à l'expérience

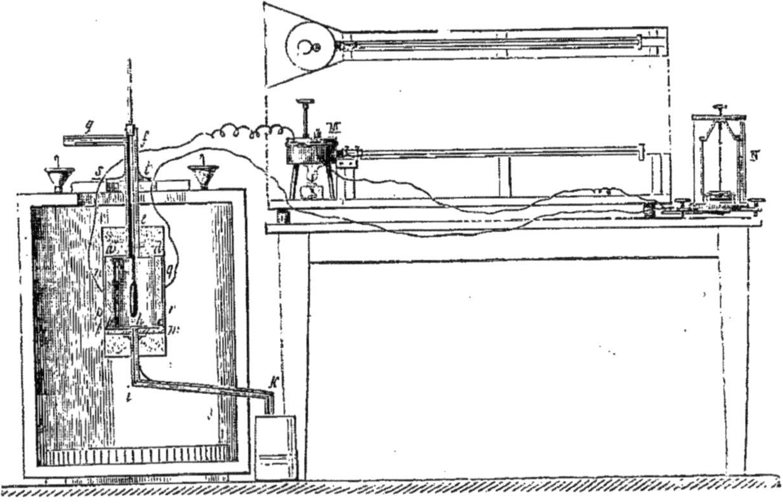

Fig. 55.

était placée entre les deux cylindres *abcd* et *npqr*, et on remplissait de
coton cardé les cylindres de papier qui formaient les deux prolongements du cylindre de verre. L'appareil que nous venons de décrire, était
suspendu dans la chambre à température constante, qui a été employée
pour les expériences sur le refroidissement, au moyen des tiges *st* qui
s'appuyaient sur les bords de l'orifice de la chambre. On faisait souvent
passer de la vapeur dans le cylindre de fer-blanc pendant deux ou trois
heures afin d'être bien assuré que le régime était établi.

168. La température de la surface extérieure du cylindre a été obtenue de la manière suivante. Un ruban de fer très-mince, de 1 centimètre de largeur, de 2 mètres de longueur, était soudé, à ses deux extrémités, à deux rubans de cuivre rouge de mêmes dimensions, l'une des
soudures et les parties adjacentes des rubans étaient appliquées contre
le cylindre de verre, l'autre sur la surface d'un vase cylindrique M, renfermant de l'eau dont on pouvait facilement faire varier la température,
et qui contenait un agitateur et un thermomètre ; enfin les deux extrémités libres des rubans de cuivre pouvaient être mises en communication avec un rhéomètre très-sensible N. Lorsqu'on voulait mesurer la
température de la surface du cylindre, on fermait le circuit et on élevait
la température de l'eau du vase, jusqu'à ce que l'aiguille du rhéomètre
revînt au zéro ; à cet instant, les deux soudures étaient à la même température, et par conséquent celle de la surface du cylindre était égale à
celle de l'eau du vase. Pour fixer les soudures à la surface des deux cy-

lindres, on employait une tresse de coton de 0^m 02 de largeur, qui enveloppait le ruban métallique et le pressait sur une très-grande partie de la circonférence du cylindre ; le ruban était maintenu serré par une boucle, et les extrémités libres du ruban sortaient par des fentes pratiquées dans la tresse. Le thermomètre destiné à indiquer la température de l'eau renfermée dans le vase, dont la surface était en contact avec la seconde soudure du circuit, était placé horizontalement, afin de rendre la lecture plus facile ; sa tige était protégée par une planche verticale placée un peu au-dessous ; on pouvait facilement estimer deux centièmes de degré ; le vase était chauffé par une lampe à alcool. Le rhéomètre construit par M. Ruhmkorff était assez sensible pour indiquer une différence de température d'un vingtième de degré entre les deux soudures.

169. On pourrait craindre que, dans ce mode d'expérience, le cylindre de verre n'eût une influence sensible sur les résultats ; mais comme son épaisseur, à peu près de 0^m 0005, était très-petite par rapport à celle de la matière qu'il enveloppait, et que la conductibilité du verre est très-grande relativement à celle des matières textiles et des poudres en général, cette influence était négligeable : c'est ce qu'il est d'ailleurs facile de reconnaître.

Considérons trois cylindres concentriques, de même hauteur h, dont nous représenterons les rayons par R, R', R'' ; le premier chauffé par la vapeur, l'intervalle du premier et du second rempli par une matière dont la conductibilité est C, l'intervalle du second et du troisième occupé par une matière ayant une conductibilité représentée par C' ; et supposons que le dernier soit exposé à l'air. En désignant par M la quantité de chaleur émise par heure par la surface extérieure, nous aurons, quand le régime sera établi :

$$M = -\frac{2\pi r h C d\theta}{dr} ; \quad \text{ou,} \quad C d\theta = -\frac{M}{2\pi h} \times \frac{dr}{r} ; \quad \text{et, par suite,}$$

pour la première enveloppe,

$$C(t - t') = \frac{M}{2\pi h} n (\log R' - \log R) ;$$

pour la seconde enveloppe,

$$C'(t' - t'') = \frac{M}{2\pi h} \times n (\log R'' - \log R').$$

Et comme $M = 2\pi R'' Q h (t'' - t''')$, ces deux équations deviennent :

$$C(t - t') = QR''(t'' - t''') n(\log R' - \log R) ; \quad \text{et} \quad C'(t' - t'') = QR''(t'' - t''') n \log R'' - \log R').$$

En éliminant t' entre ces deux équations, on trouve

$$C = \frac{C'QR''(t'' - t''') n (\log R' - \log R)}{C'(t - t'') - QR''(t'' - t''') n (\log R'' - \log R')}. \qquad [\text{D}]$$

Quand le second terme du dénominateur est très-petit par rapport au premier, on peut le supprimer, C' disparaît alors, et on retombe sur la valeur de C que nous avons trouvée précédemment. Or, le cylindre de verre que j'ai employé avait $0^m 0690$ de rayon extérieur, $0^m 0685$ de rayon intérieur, le cylindre de fer-blanc $0^m 04$; en résolvant l'équation [D] par rapport à t'', et prenant $Q = 8$, $t = 100^o$, $t' = 12^o$, $C' = 0,8$, et successivement, pour le sable $C = 0,27$, pour le coton $C = 0,036$; on trouve dans le premier cas $t'' = 53^o 95$, dans le second $t'' = 21^o 57$; avec ces nombres on trouve que les deux termes du dénominateur de l'équation [D] sont : pour le sable 36,84 et 0,16, et pour le coton 62,74 et 0,038 ; ainsi, pour ces deux corps, qui occupent les limites extrêmes des conductibilités observées, on voit que l'influence de l'enveloppe de verre est complétement négligeable.

170. J'ai aussi employé une enveloppe de papier collée sur trois cylindres de fer-blanc, de même axe et de même rayon, de $0^m 01$ de hauteur, maintenus par deux tiges étroites de fer-blanc (*fig.* 56) ; la bande de fer-blanc du milieu permettait de serrer le ruban métallique destiné à mesurer la température de la surface du cylindre. Cette méthode a donné sensiblement les mêmes résultats que le cylindre de verre, ce qui confirme ce que nous venons de dire relativement à la faible influence de cette enveloppe.

Fig. 56.

171. Pour les corps solides tels que les pierres, les marbres, le plâtre, etc., j'ai employé des cylindres creux, peints à l'huile intérieurement, et couverts de papier sur la surface extérieure ; le plus souvent, pour être mieux assuré que l'eau ne pût pas pénétrer la matière, la surface intérieure était couverte d'une feuille d'étain fixée avec de la colle de fécule. Les cylindres étaient fermés à chaque extrémité par une lame de caoutchouc, puis par un disque de bois ; pour ces cylindres, comme pour ceux de fer-blanc, la vapeur arrivait par la partie supérieure et s'écoulait par le bas. Ils étaient soutenus par la partie inférieure, et isolés par les deux bouts au moyen de cylindres de papier remplis de coton (*fig.* 57). Pour les bois, j'ai employé la même disposition, lorsqu'il s'agissait d'observer leur conductibilité perpendiculairement aux fibres ; mais pour l'observer parallélement, j'ai employé des portions de cylindres dont les surfaces étaient perpendiculaires aux fibres ; elles étaient fortement comprimées contre le cylindre de fer-blanc couvert de papier, qui avait un rayon égal à celui du cylindre intérieur des enveloppes de bois.

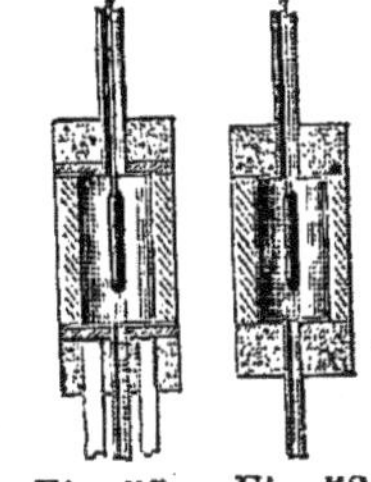

Fig. 57.   *Fig.* 58.

172. Quant aux papiers et aux étoffes, on les enroulait contre un cylindre de fer-blanc, toujours couvert de papier, et on les maintenait par une bande de papier fort, ayant une hauteur double

de celle du cylindre, qui était maintenue elle-même par le ruban métallique et la tresse qui l'enveloppait (*fig.* 5S).

173. Dans toutes ces expériences, une condition importante à remplir consiste à mettre la portion du ruban métallique qui environne le cylindre en contact avec sa surface dans la plus grande partie de la circonférence, à cause de la chaleur transmise par les parties libres du ruban, transmission qui abaisse la température de la soudure, d'autant plus que la longueur du ruban appliquée contre le cylindre est plus petite. Cette circonstance a une si grande influence, qu'on ne pourrait pas compter sur les résultats obtenus avec des cylindres d'un petit diamètre.

Malgré toutes ces précautions, toutes les fois que la température de la surface extérieure du cylindre s'approchait de 90°, ce qui arrivait quand la matière de l'enveloppe cylindrique conduisait bien la chaleur ou quand cette enveloppe n'avait qu'une faible épaisseur, je n'ai obtenu que des résultats peu concordants. Ainsi, toutes les expériences faites avec des cylindres de marbre et de pierre de liais, de 0^m 10 de diamètre intérieur et de 0^m 14 de diamètre extérieur, ont donné des résultats variables, et toujours trop petits, comme je m'en suis assuré depuis, et j'ai été obligé d'employer des enveloppes d'une plus grande épaisseur.

Il nous reste maintenant à dire comment la valeur de Q a été déterminée. Nous avons vu que pour un corps à surface terne dont la température était t', placé dans une enceinte à la température t'', et pour des excès de $t'-t''$, compris entre 25 et 65 degrés, la quantité M de chaleur perdue, par mètre carré et par heure, était donnée par l'équation

$$M = (K + K') (t' - t'') [1 + 0{,}0065 (t' - t'')].$$

D'après cette équation, $Q = (K + K') [1 + 0{,}0065 (t' - t'')]$; or, pour le papier, $K = 3{,}73$; et les valeurs de K' pour des cylindres de 0^m 20 de hauteur, et de différents diamètres sont données par la formule du n° 153 (page 451). On trouve alors que pour les rayons

$0^m 03$	$0^m 04$	$0^m 05$	$0^m 06$	$0^m 07$	$0^m 08$	$0^m 09$	$0^m 10$	$0^m 11$	$0^m 12$

les valeurs de $K + K'$, sont

7,78	7,66	7,59	7,53	7,50	7,46	7,41	7,37	7,36	7,35.

Mais, comme nous l'avons déjà dit, pour que les nouvelles expériences s'accordent avec celles qui ont été faites par l'observation du refroidissement dans l'eau, il faut que les valeurs de $K + K'$, ou celles de Q, soient multipliées par 1,08.

174. Les expériences sur un même corps ont toujours été répétées plusieurs fois ; et toujours le chauffage par la vapeur a été maintenu deux ou trois heures, afin qu'on fût bien certain que le régime était éta-

bli ; on s'assurait d'ailleurs, par des expériences réitérées, que la température de la surface du cylindre était constante. Au commencement de ces recherches, j'obtenais souvent de singulières anomalies, qui provenaient de ce que certaines précautions, dont j'ai parlé, n'avaient pas été prises ; je me contenterai de rapporter les résultats des expériences les plus récentes, de celles qui ont été faites dans des conditions qui ne présentent que les causes d'erreur inévitables dans dès expériences de cette nature.

Sable quartzeux...............	$d = 1,46$	$R' = 0,069$	$R = 0,040$	$C = 0,275$
»	$d = 1,46$	$R' = 0,069$	$R = 0,040$	$C = 0,270$
»	$d = 1,47$	$R' = 0,0405$	$R = 0,0255$	$C = 0,263$
»	$d = 1,47$	$R' = 0,0405$	$R = 0,0255$	$C = 0,277$
»	$d = 1,47$	$R' = 0,0405$	$R = 0,0255$	$C = 0,260$
»	$d = 1,47$	$R' = 0,0405$	$R = 0,0255$	$C = 0,277$
Poudre de bois d'acajou........	$d = 0,30$	$R' = 0,069$	$R = 0,010$	$C = 0,067$
»	$d = 0,32$	$R' = 0,069$	$R = 0,040$	$C = 0,068$
»	$d = 0,32$	$R' = 0,0405$	$R = 0,0255$	$C = 0,067$
» passée au tamis de soie.............	$d = 0,37$	$R' = 0,069$	$R = 0,040$	$C = 0,072$
Coton en laine...............	$d = 0,031$	$R' = 0,0405$	$R = 0,0255$	$C = 0,0395$
»	$d = 0,031$	$R' = 0,0405$	$R = 0,0255$	$C = 0,0398$
»	$d = 0,042$	$R' = 0,069$	$R = 0,040$	$C = 0,0410$
»	$d = 0,058$	$R' = 0,069$	$R = 0,040$	$C = 0,041$
Molleton de coton....	$d = 0,26$	$R' = 0,031$	$R = 0,0255$	$C = 0,0375$
»	$d = 0,26$	$R' = 0,0310$	$R = 0,0255$	$C = 0,0380$
»	$d = 0,26$	$R' = 0,0310$	$R = 0,0255$	$C = 0,0369$
»	$d = 0,210$	$R' = 0,048$	$R = 0,0255$	$C = 0,0407$
»	$d = 0,21$	$R' = 0,048$	$R = 0,0255$	$C = 0,0401$
Calicot neuf.	$d = 0,66$	$R' = 0,445$	$R = 0,040$	$C = 0,0500$
»	$d = 0,66$	$R' = 0,45$	$R = 0,040$	$C = 0,0505$
»	$d = 0,66$	$R' = 0,45$	$R = 0,040$	$C = 0,0518$
Laine cardée.............	$d = 0,028$	$R' = 0,069$	$R = 0,0405$	$C = 0,047$
»	$d = 0,055$	$R' = 0,069$	$R = 0,0405$	$C = 0,043$
»	$d = 0,068$	$R' = 0,069$	$R = 0,0405$	$C = 0,045$
»	$d = 0,082$	$R' = 0,069$	$R = 0,0405$	$C = 0,042$
Molleton de laine.......... ...	$d = 0,21$	$R' = 0,0305$	$R = 0,0255$	$C = 0,025$
»	$d = 0,20$	$R' = 0,047$	$R = 0,0405$	$C = 0,027$
»	$d = 0,193$	$R' = 0,0475$	$R = 0,0405$	$C = 0,024$
»	$d = 0,24$	$R' = 0,0475$	$R = 0,0405$	$C = 0,024$
»	$d = 0,19$	$R' = 0,0490$	$R = 0,0405$	$C = 0,022$
Édredon :...................	$d = 0,015$	$R' = 0,069$	$R = 0,0405$	$C = 0,0386$
»	$d = 0,030$	$R' = 0,069$	$R = 0,0405$	$C = 0,0388$
»	$d = 0,030$	$R' = 0,069$	$R = 0,0405$	$C = 0,0396$
»	$d = 0,061$	$R' = 0,069$	$R = 0,0405$	$C = 0,0388$
Toile de chanvre neuve........	$d = 0,54$	$R' = 0,0475$	$R = 0,0405$	$C = 0,052$
»	$d = 0,54$	$R' = 0,0475$	$R = 0,0405$	$C = 0,052$
Toile de chanvre vieille........	$d = 0,58$	$R' = 0,0450$	$R = 0,0405$	$C = 0,043$
Papier à écrire..........	$d = 0,85$	$R' = 0,0450$	$R = 0,0405$	$C = 0,0437$
»	$d = 0,85$	$R' = 0,0450$	$R = 0,0405$	$C = 0,0435$
Papier gris non collé......,....	$d = 0,48$	$R' = 0,045$	$R = 0,0405$	$C = 0,033$

Papier gris non collé............	$d = 0,48$	$R' = 0,051$	$R = 0,0405$	$C = 0,035$
Brique pulvérisée passée au tamis de soie....................	$d = 1,16$	$R' = 0,069$	$R = 0,010$	$C = 0,165$
»	$d = 1,16$	$R' = 0,069$	$R = 0,010$	$C = 0,161$
» (gros grains égaux (1).	$d = 1,00$	$R' = 0,069$	$R = 0,010$	$C = 0,139$
»	$d = 1,00$	$R' = 0,069$	$R = 0,040$	$C = 0,135$
» (poudre très-fine obtenue par décantat.).	$d = 1,55$	$R' = 0,069$	$R = 0,040$	$C = 0,140$
»	$d = 1,55$	$R' = 0,069$	$R = 0,010$	$C = 0,137$
»	$d = 1,55$	$R' = 0,069$	$R = 0,040$	$C = 0,146$
Fécule de pomme de terre.....	$d = 0,71$	$R' = 0,069$	$R = 0,040$	$C = 0,098$
Craie en poudre..............	$d = 0,92$	$R' = 0,0405$	$R = 0,0255$	$C = 0,108$
Craie en poudre lavée et séchée.	$d = 0,85$	$R' = 0,069$	$R = 0,040$	$C = 0,086$
»	$d = 1,02$	$R' = 0,069$	$R = 0,040$	$C = 0,103$
Cendre de bois...............	$d = 0,45$	$R' = 0,0405$	$R = 0,0255$	$C = 0,065$
»	$d = 0,45$	$R' = 0,0405$	$R = 0,0255$	$C = 0,068$
Charbon de bois en poudre.....	$d = 0,49$	$R' = 0,04075$	$R = 0,0255$	$C = 0,079$
Braise de boulanger, passée au tamis de soie..............	$d = 0,25$	$R' = 0,069$	$R = 0,010$	$C = 0,068$
»	»	»	»	$C = 0,068$
Charbon ordinaire, passé au tamis de soie.................	$d = 0,41$	$R' = 0,069$	$R = 0,04$	$C = 0,081$
»	»	»	»	$C = 0,082$
Coke pulvérisé...............	$d = 0,77$	$R' = 0,069$	$R = 0,04$	$C = 0,160$
»	»	»	»	$C = 0,156$
Limaille de fer...............	$d = 2,05$	$R' = 0,040$	$R = 0,0255$	$C = 0,157$
»	»	»	»	$C = 0,159$
Bioxyde de manganèse en poudre.	$d = 1,46$	$R' = 0,069$	$R = 0,04$	$C = 0,163$
Plàtre ordinaire gâché.........	$d = $ »	$R' = 0,188$	$R = 100$	$C = 0,331$
»	»	$R' = 0,231$	$R = 100$	$C = 0,331$
Pierre calcaire à bâtir, à gros grains....................	$d = 2,24$	$R' = 0,095$	$R = 0,055$	$C = 1,32$
»	$d = 2,22$	$R' = 0,1165$	$R = 0,0585$	$C = 1,27$
Bois de sapin, transmission perpendiculaire aux fibres.......	»	$R' = 0,0465$	$R = 0,0255$	$C = 0,093$
» parallèlement aux fibres.........	»	$R' = 0,0465$	$R = 0,0255$	$C = 0,170$
Bois de noyer, transmission perpendiculaire aux fibres......	»	$R' = 0,0465$	$R = 0,0255$	$C = 0,103$
»	»	»	»	$C = 0,103$
» parallèlement aux fibres.........	»	$R' = 0,0465$	$R = 0,0255$	$C = 0,174$
Bois de chêne, transmission perpendiculaire aux fibres......	$d = 0,664$	$R' = 0,0438$	$R = 0,0335$	$C = 0,200$

175. Comme, pour les matières poreuses telles que les bois et les pierres, on pouvait craindre, malgré une couche de peinture intérieure ou une lame d'étain, que la vapeur ne pénétrât à travers la matière et ne changeât la conductibilité, j'ai fait quelques expériences avec la disposition

(1) Ces grains ont été obtenus en enlevant les grains fins par le tamis de soie; et les grains trop gros par un tamis métallique.

suivante. On plaçait dans l'intérieur du vase un cylindre de fer-blanc d'un plus petit diamètre, chauffé par la vapeur, et du sable dans l'intervalle.

Dans le cas dont il s'agit, la valeur de la conductibilité de l'enveloppe cylindrique est précisément celle de C' dans l'équation [D]. Cette équation résolue par rapport à C' donne

$$C' = \frac{CQR'' (t'' - t''') \times n (\log R'' - \log R')}{C (t - t'') - QR'' (t'' - t''') n (\log R' - \log R)} . \qquad [F]$$

équation dans laquelle il faut prendre pour Q les valeurs que nous avons trouvées précédemment. Voici les résultats obtenus dans deux expériences faites sur des cylindres de bois de chêne bien secs.

1er cylindre. $R = 0,0255$; $R' = 0,0335$; $R'' = 0,0435$; $t = 100,3$; $t'' = 57,66$; $t''' = 13,61$;

$$Q = 7,62 \times 1,08 = 8,23;$$

pour ces nombres, la formule donne, $C' = 0,167$.
2° cylindre. $R = 0,0255$; $R' = 0,0335$; $R'' = 0,0530$; $t = 99,83$; $t'' = 46,96$; $t''' = 14,08$;

$$Q = 7,60 \times 1,08 = 8,208,$$

ces nombres donnent,

$$C' = 0,172 .$$

Ces résultats s'accordent assez bien entre eux; mais ils diffèrent, en moins, de près de un septième, de celui qui a été obtenu en chauffant directement un des cylindres de bois par la vapeur.

176. Au commencement de ces recherches, j'ai fait beaucoup d'expériences sur d'autres cylindres de marbre, de pierre, de verre, de bois, de sable humide, chauffés directement ou indirectement par la vapeur; quelques-unes s'accordaient avec des expériences plus récentes, d'autres, en plus grand nombre, ont donné des résultats beaucoup plus petits. J'ai pensé que ces erreurs provenaient de ce que le ruban métallique n'avait pas été appliqué sur une assez grande étendue de la surface du cylindre, et que, pour quelques-uns, notamment pour le verre, j'avais employé des cylindres d'un trop petit diamètre. Je devais reprendre ces expériences, qui avaient été faites à une époque où je ne connaissais qu'imparfaitement les conditions à remplir; mais j'ai préféré employer une autre méthode beaucoup plus simple, dans laquelle on se sert de plaques au lieu de cylindres.

TROISIÈME MÉTHODE.

177. Voici d'abord le principe de cette nouvelle disposition. Une plaque rectangulaire verticale, de la matière dont on veut déterminer la

conductibilité, est chauffée d'un côté par de la vapeur d'eau, sa surface opposée étant couverte de papier ; un vase, ayant une surface plane verticale égale à celle de la plaque et renfermant de l'eau dont on peut à volonté faire varier la température, est placé de manière que sa surface verticale, qui est aussi couverte de papier blanc, soit parallèle à la surface de la plaque. Entre ces deux surfaces et à égale distance de chacune d'elles, est placée une pile thermo-électrique communiquant avec un rhéomètre très-sensible. On chauffe la plaque, en mettant sa face extérieure en contact avec de la vapeur, pendant plusieurs heures, et quand on est certain que le régime est établi, on chauffe l'eau du vase jusqu'à ce que, par les actions simultanées des surfaces en regard des extrémités de la pile, l'aiguille du rhéomètre revienne au zéro ; alors la température de la surface libre de la plaque est égale à celle de l'eau du vase. Connaissant ainsi la température de la surface libre de la plaque, il est facile d'en déduire la conductibilité de la matière dont elle est formée.

178. Désignons par t, t', t'', les températures de la vapeur, de la surface libre de la plaque et de l'air, par M la quantité de chaleur que perd, par mètre carré et par heure, la surface libre de la plaque, par e son épaisseur, par S sa surface, et par C sa conductibilité. Nous aurons d'abord, en supposant que l'excès de t' sur t'' soit compris entre 25° et 65°, et que t'' diffère peu de 12°,

$$M = S (K + K') [(t' - t'') (1 + 0,0065) (t' - t'')], \quad \text{ou} \quad M = Q (t' - t'') ;$$

en désignant, comme précédemment, par Q l'expression $(K + K')$ $[1 + 0,0065 (t' - t'')]$, qui peut être calculée dans chaque cas particulier. Nous aurons ensuite évidemment

$$S \times Q (t' - t'') = \frac{SC(t - t')}{e} ; \quad \text{d'où l'on tire,} \quad C = \frac{eQ(t' - t'')}{t - t'} \qquad [F]$$

S'il y avait deux plaques superposées, en désignant leurs conductibilités par C et C', leurs épaisseurs par e et e', par t'_1, la température des deux surfaces en contact, on aura, quand le régime sera établi,

$$SQ(t' - t'') = \frac{SC(t - t'_1)}{e} ; \quad SQ (t' - t'') = \frac{SC' (t'_1 - t')}{e'} ;$$

d'où l'on tire

$$C' = \frac{Q (t' - t'') Ce'}{C (t - t') - Qe (t' - t'')} . \qquad [G]$$

Cette dernière équation servirait à déterminer C' si C était connu.

179. *Description de l'appareil.* — La figure 59 représente l'appareil vu en dessus ; les figures 60 et 61, les élévations des deux longues faces ;

la figure 62, une coupe verticale perpendiculaire aux deux élévations. Dans toutes ces figures, les mêmes lettres indiquent les mêmes objets.

ABCD est une caisse rectangulaire en tôle plombée, fermée de toutes parts et pleine d'eau ; elle est environnée d'une caisse en bois XXXX ; les fonds et les petites faces des deux caisses sont séparés par un intervalle de 6 centimètres ; les grandes faces de la caisse de tôle ne sont qu'en partie couvertes de bois. Les espaces

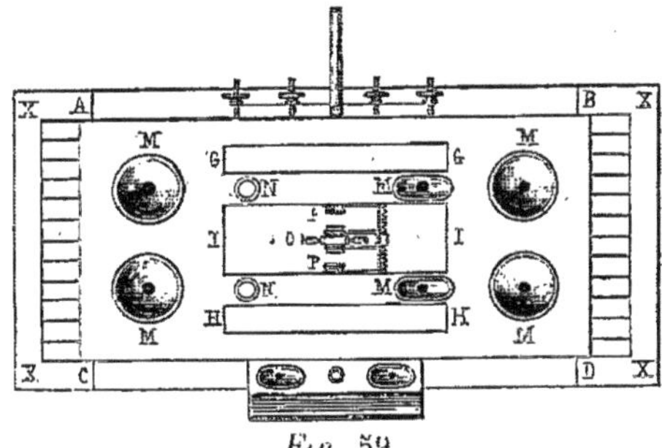

Fig. 59.

AXXC et BXXD qui séparent deux faces latérales de la caisse de tôle de celle de bois, renferment un grand nombre de plaques de tôle verticales, soudées à la caisse de tôle ; elles ont pour objet de donner à l'air qui traverse les canaux AXXC et BXXD la température de l'eau renfermée dans la caisse de tôle. GG et HH sont deux canaux rectangulaires verticaux qui traversent de part en part la caisse de tôle et qui communiquent par le dessous

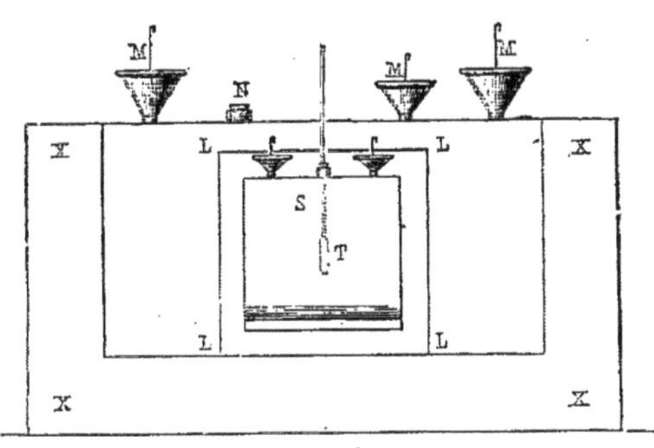

Fig. 60.

de la caisse avec les canaux AXXC et BXXD. II est un canal vertical pratiqué dans la caisse de tôle, mais qui ne la traverse pas de part en part.

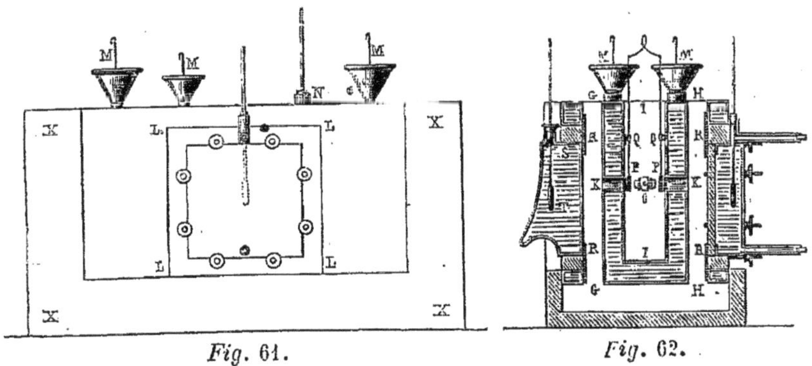

Fig. 61.

Fig. 62.

K et K (*fig.* 62) sont deux tubes circulaires horizontaux de même axe et de même diamètre, ouverts par les deux bouts. LL, LL sont des ouvertures rectangulaires de 0^m 20 de côté, percées dans les deux grandes faces de la caisse de tôle, qui s'ouvrent à l'extérieur et dans les canaux GG, HH. Ces canaux, ces cylindres et ces ouvertures, sont environnés d'eau. M, M, M, M sont des entonnoirs qui surmontent les tubulures par lesquelles passent des agitateurs. N, N, sont des tubulures traversées par les tiges des thermomètres. O est une pile thermo-électrique fixée dans le canal II, dans l'axe commun des deux tubes K, K et à égale distance de leurs extrémités voisines ; ses pôles communiquent avec un rhéomètre très-sensible qui n'est point indiqué dans les figures. P, P, sont des écrans solidaires, mobiles autour des axes Q, Q, destinés à intercepter les rayons de chaleur qui arrivent à la pile par les tubes K, K. Les ouvertures rectangulaires LL, LL sont destinées à recevoir les corps, dont les surfaces en regard de la pile doivent agir sur elle ; mais, comme les surfaces voisines de la pile doivent toujours être à la même distance de ses extrémités, les bords intérieurs des ouvertures LL, LL sont garnis de quatre petits arrêts R, R, R, R contre lesquels les corps viennent s'appuyer ; la figure 63, qui représente une des faces de la caisse, lorsque l'ouverture LLLL est libre, montre la disposition de ces arrêts.

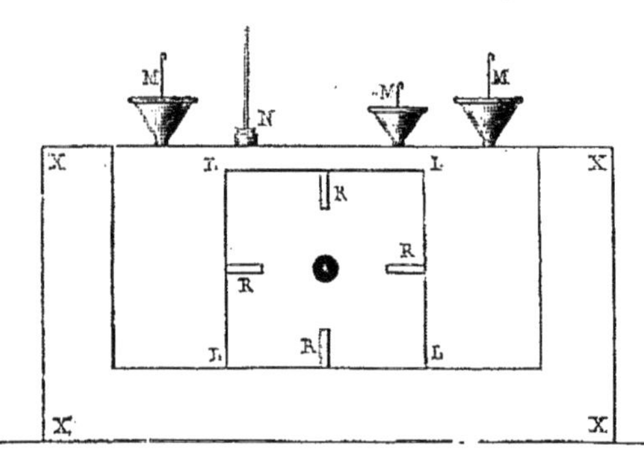

Fig. 63.

L'une des ouvertures L, L, L, L est toujours occupée par un vase de cuivre ST (*fig.* 63), plein d'eau, garni de deux agitateurs et d'un thermomètre très-sensible ; une partie de sa surface inférieure est disposée de manière que l'on puisse facilement la chauffer au moyen d'une lampe à alcool ; ce vase est environné d'un cadre en bois de sapin qui le sépare des bords de l'ouverture dans laquelle il est placé, afin d'éviter l'échauffement de l'eau de la caisse ; le vase est fixé dans sa position par de petits coins en bois.

Dans l'autre ouverture, on place les plaques dont on veut mesurer la conductibilité ; elles s'appuient sur des arrêts R, R, R, R, et sont chauffées sur l'autre face par la vapeur ; leurs dispositions sont différentes suivant que les matières sont solides ou pulvérulentes. Dans la figure 62 on a supposé qu'il s'agissait d'une matière solide ; la figure 64 représente, la disposition de l'appareil à une échelle un peu plus grande ; *abcd* est un vase rectangulaire en cuivre dont la face *ab* est percée d'une grande ouverture, comme on le voit dans les figures 66 et 67, qui représentent, la première la face *ab*, la seconde, une coupe du vase perpendiculaire à cette face. Le vase reçoit la vapeur par le tube *ef*, et l'eau condensée, ainsi que la vapeur en excès, s'échappe par le tube *gh*; une lame

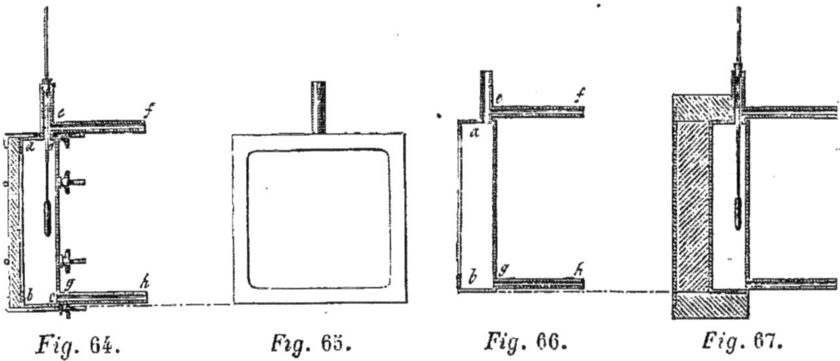

Fig. 64.   Fig. 65.   Fig. 66.   Fig. 67.

mince et étroite de caoutchouc est posée sur les bords de l'ouverture de la face *ab*, et, contre le caoutchouc, on applique la plaque que l'on maintient serrée par des tiges de cuivre terminées d'un côté par un crochet et de l'autre par un filet de vis et un écrou; le vase renferme un thermomètre qui donne la température de la vapeur, et il est environné d'un cadre en bois de sapin, comme le vase à eau qui se trouve dans l'autre ouverture; on le fixe de même par des coins en bois. La figure 67 représente la disposition employée pour les matières pulvérulentes, toutes les faces du vase à vapeur sont pleines; il est environné du cadre en bois qui doit l'isoler des bords de l'ouverture LLLL, et le cadre est fermé par une lame mince de verre ou de fer-blanc recouverte de papier sur les deux faces; le papier extérieur sert à la fixer. La matière pulvérulente est placée entre le vase à vapeur et la lame mince.

La figure 68 est une projection horizontale de la pile thermo-électrique et de la disposition employée pour régler sa position. *abcd* est la pile, *e* et *f* sont deux appendices communiquant avec les pôles et auxquels sont fixées les extrémités des fils qui communiquent avec le rhéomètre. La pile est soutenue par deux tiges *g*, *h*, fixées à une boîte *ik*, traversée par une crémaillère *lm* qui engrène dans un pignon qu'on peut

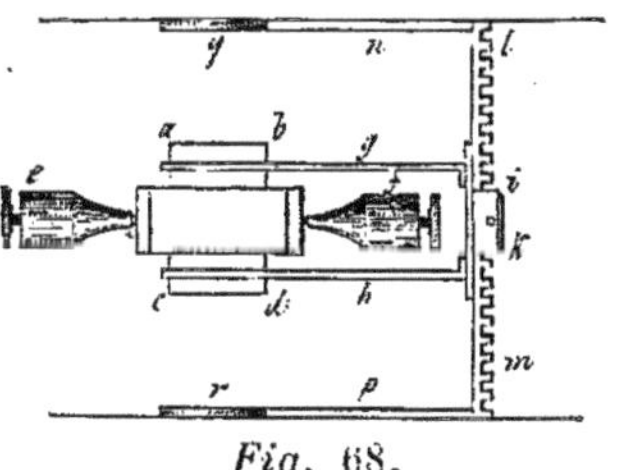

Fig. 68.

faire tourner avec une clef; par cette disposition, on peut amener la boîte au point convenable, quand les deux faces qui rayonnent sur ses extrémités sont les mêmes, et ont la même température. Pour qu'on puisse fixer la crémaillère, elle porte à ses extrémités deux tiges *p*, *n* qui se terminent chacune par un cercle taraudé intérieurement *q*, *r*; on visse dans ces cercles des cylindres qui passent dans les ouvertures K,K (*fig.* 62), et ces derniers sont maintenus en place par des cales en bois.

180. La figure 69 représente la disposition qui a été employée pour déterminer les rapports des pouvoirs rayonnants des corps, et dont il a

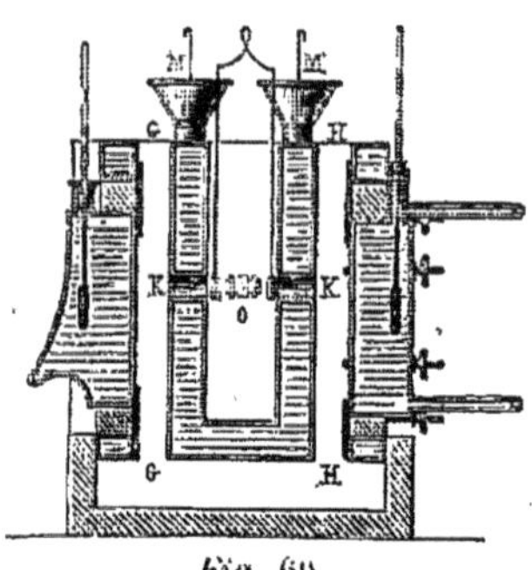
Fig. 69.

été déjà question. Dans les deux ouvertures LL,LL de l'appareil précédent se trouvent deux vases de cuivre; l'un est chauffé par la vapeur, l'autre renferme de l'eau dont on peut élever la température à un degré convenable; les surfaces des vases sont recouvertes des matières dont on veut mesurer les rayonnements, celui qui rayonne le moins étant du côté de la vapeur. Pour le verre, j'ai employé l'appareil représenté par les figures 64, 65 et 66, l'ouverture du vase étant fermée par une lame mince de verre retenue par le moyen indiqué précédemment pour des plaques épaisses.

181. Les premières expériences ont été faites avec les matières déjà employées dans les autres modes d'expériences; elles ont surtout été répétées sur l'édredon, pour lequel on n'a jamais remarqué d'anomalies, probablement parce que, en vertu de son élasticité, il se répand uniformément dans tout l'espace qu'il occupe. La surface de refroidissement ayant $0^m 15$ de hauteur, d'après la formule, relative au refroidissement des surfaces planes par le contact de l'air, on avait $K' = 3,41$, et comme la surface rayonnante était de papier, K était égal à $3,77$, par suite $K + K' = 7,18$, et $Q = 7,18 [1 + 0,0065(t' - t'')]$. Mais, avec cette valeur de Q, on trouve toujours des conductibilités trop petites, et, pour obtenir les mêmes résultats que dans les méthodes précédentes, il faut prendre pour $K + K'$ le nombre $8,64$, c'est-à-dire multiplier la valeur de Q, déduite des formules du refroidissement, par $1,203$. Cette anomalie m'a d'abord beaucoup étonné; mais, en y réfléchissant, on en voit bientôt la raison : le refroidissement d'un corps par l'air ne provient pas seulement de son contact avec ce fluide, mais aussi de la dispersion de la chaleur à travers l'air, dispersion qui doit être d'autant plus considérable, toutes choses égales d'ailleurs, que l'enceinte est plus rapprochée du corps; parce que la variation de température dans chaque tranche élémentaire augmente, à mesure que la distance du corps et de l'enceinte diminue. Deux autres causes peuvent aussi exercer une certaine influence; la valeur de K', relative aux surfaces planes, n'est pas d'une grande précision, parce qu'elle résulte de la formule trouvée pour les cylindres verticaux, qui n'a été vérifiée que pour des rayons renfermés dans des limites assez restreintes, et dans laquelle on a supposé le rayon infini; en outre, dans l'appareil que je viens de décrire, l'air s'écoulait par un canal étroit qui devait agir comme une cheminée,

et par conséquent, les mouvements de l'air n'étaient pas les mêmes que quand le corps se refroidit dans une grande enceinte. Quoi qu'il en soit, dans toutes les expériences que je vais rapporter, les valeurs de Q déduites des formules du refroidissement ont été multipliées par 1,203.

182. Voici maintenant les principaux résultats obtenus.

Édredon.

$d = 0,015$; $e = 0^m016$; $t = 99,9\overline{5}$; $t' = 29,36$; $t'' = 11,3$...... $C = 0,039$.
$d = 0,030$; $e = 0^m016$; $t = 99,83$; $t' = 28,15$; $t'' = 10,0$...... $C = 0,039$.

Sable quartzeux, le même que dans les expériences précédentes.

$d = 1,47$; $e = 0,015$; $t = 100,3$; $t' = 65,00$; $t'' = 9,32$........ $C = 0,277$

Sciure de bois d'acajou ordinaire.

$d = 0,32$; $e = 0,016$; $t = 99,88$; $t' = 40,20$; $t'' = 14,30$....... $C = 0,0700$

Sciure de bois d'acajou passée au tamis de soie.

$d = 0,407$; $e = 0,016$; $t = 99,45$; $t' = 40,21$; $t'' = 11^0$........ $C = 0,0800$
$d = 0,420$; $e = 0,016$; $t = 100$; $t' = 40,53$; $t'' = 11,2$....... $C = 0,0805$

Terre cuite.

$d = 1,98$; $e = 0,0175$; $t = 100,1$; $t' = 77,35$; $t'' = 12,8$....... $C = 0,60$.
$d = 1,85$; $e = 0,025$; $t = 100,6$; $t' = 67,89$; $t'' = 11,0$....... $C = 0,510$.
$d = 1,85$; $e = 0,025$; $t = 100,4$; $t' = 68,04$; $t'' = 12,6$....... $C = 0,500$.
$d = 1,85$; $e = 0,025$; $t = 100,4$; $t' = 70,44$; $t'' = 20$........ $C = 0,493$.

Briques pilées passées au tamis de soie.

$d = 1,21$; $e = 0,016$; $t = 99,95$; $t' = 58,85$; $t'' = 11,25$...... $C = 0,209$

Marbre blanc saccharoïde.

$d = 2,76$; $e = 0,015$; $t = 100,65$; $t' = 94,70$; $t'' = 11,2$....... $C = 2,80$.
$d = 2,77$; $e = 0,039$; $t = 98,8$; $t' = 86,74$; $t'' = 12,2$....... $C = 3,10$.
$d = 2,77$; $e = 0.039$; $t = 100,2$; $t' = 86,95$; $t'' = 12,4$....... $C = 2,81$.

Marbre gris à grain fin.

$d = 2,68$; $e = 0,0215$; $t = 100,8$; $t' = 94,32$; $t'' = 13,9$....... $C = 3,51$.

Pierre calcaire à grain fin.

$d = 2,17$; $e = 0,014$; $t = 100,33$; $t' = 90,25$; $t'' = 10,4$...... $C = 1,70$.
$d = 2,277$; $e = 0,025$; $t = 100,00$; $t' = 86,12$; $t'' = 11,8$...... $C = 1,71$.
$d = 2,277$; $e = 0,025$; $t = 100,00$; $t' = 86,51$; $t'' = 12,3$....·. $C = 1,74$.
$d = 2,343$; $e = 0,031$; $t = 100,65$; $t' = 86,98$; $t'' = 14,10$..... $C = 2,10$.

Plâtre commun très-fin.

$d = 1,25$; $e = 0,215$; $t = 100,2$; $t' = 72,61$; $t'' = 16,00$....... $C = 0,522$.

Plâtre de moulage très-fin.

$d = 1,25$; $e = 0,215$; $t = 100,2$; $t' = 68,24$; $t'' = 12,10$ .... $C = 0,445$.

Plâtre aluné fin.

$d = 1,73$; $e = 0,0215$; $t = 100,5$; $t' = 74,04$; $t'' = 10,2$ ..... $C = 0,634$.

Verre.

$d = 2,44$; $e = 0,0125$; $t = 100,21$; $t' = 84,90$; $t'' = 12$ ...... $C = 0,745$
$d = 2,550$; $e = 0,019$; $t = 100,84$; $t' = 82,01$; $t'' = 11,8$ ... . $C = 0,891$.

Bois de sapin, plaque taillée parallèlement aux fibres.

$d = 0,48$; $e = 0,012$; $t = 100,3$; $t' = 50,93$; $t'' = 11,3$ .... $C = 0,104$

Bois de chêne, plaque taillée parallèlement aux fibres.

$d = 0,61$; $e = 0,061$; $t = 99,9$; $t' = 69,24$; $t'' = 11,5$ .... $C = 0,209$.

Liége.

$d = 0,22$; $e = 0,026$; $t = 100,8$; $t' = 41,35$; $t'' = 9,8$ .... $C = 0,143$.
$d = 0,22$; $e = 0,026$; $t = 100,0$; $t' = 40,37$; $t'' = 9$ .... $C = 0,140$.

Gutta-percha.

$d = $ » $e = 0,026$; $t = 100,1$; $t' = 44,31$; $t'' = 9,1$ ... . $C = 0,174$.

Caoutchouc.

$d = $ » $e = 0,0105$; $t = 100,4$; $t' = 60,09$; $t'' = 10,9$ .... $C = 0,150$.
$d = $ » $e = 0,0105$; $t = 100,2$; $t' = 62,70$; $t'' = 11,0$ ...... $C = 0,147$.

183. On pourrait craindre, comme dans la seconde méthode, que, pour les matières pulvérulentes et pour les matières textiles, la lame de verre n'eût une influence sensible, mais il est facile de reconnaître qu'ici, comme pour les enveloppes cylindriques, cette influence est complétement négligeable. En·résolvant l'équation [G], par rapport à C, on trouve, comme pour l'équation [D], que l'influence de l'enveloppe dépend du second terme du dénominateur de la valeur de C; or, pour le sable et l'édredon, ce second terme est inférieur à 0,008 et 0,002 du premier; ainsi il peut être négligé.

184. J'avais le projet de déterminer la conductibilité de différents corps plus ou moins humides, de l'eau rendue immobile par une quantité plus ou moins grande de fécule, de la résine, de la cire, du suif; les expériences auraient pu être faites en employant le chauffage à la vapeur et deux plaques, dont l'une aurait servi à abaisser la température de la source de chaleur ; mais, comme contrôle de ces expériences, je dési-

rais faire des expériences directes au moyen d'une seule plaque, et j'ai été arrêté par la difficulté de produire un chauffage constant à une température très-inférieure à 100°.

185. Chacun des corps sur lesquels les expériences ont été faites, dans les différentes méthodes qui ont été employées, a une constitution physique qui n'est pas toujours la même ; or, comme la conductibilité varie avec la densité, excepté pour les matières textiles, qu'elle change avec l'état d'humidité des corps, pour les bois avec la direction des fibres, pour les marbres et les pierres, avec leur état de cristallisation, il s'ensuit que les nombres que nous avons trouvés, même en les supposant d'une parfaite exactitude, ne conviennent rigoureusement qu'aux matières sur lesquelles les expériences ont été faites. Pour les corps de même désignation, la conductibilité peut varier dans des limites plus ou moins étendues, mais les nombres que nous avons obtenus peuvent être considérés comme des approximations suffisantes pour toutes les applications.

FIN DES NOTES.

TABLE DES MATIÈRES

RENFERMÉES DANS LE TROISIÈME VOLUME.

NOTE PREMIÈRE.

NOTE DEUXIÈME.

FIN DU TROISIÈME ET DERNIER VOLUME.

Corbeil, typog. et stéréot. de Crété.

www.ingramcontent.com/pod-product-compliance
Ingram Content Group UK Ltd.
Pitfield, Milton Keynes, MK11 3LW, UK
UKHW022051120726
13694UKWH00001B/79